普通高等教育"十二五"规划教材

电子电气基础课规划教材

电工电子技术

（第二版）

主编 李 海 崔 雪

编写 张志毅 吴玉蓉 谭甜源

主审 曾建唐 李守成

中国电力出版社

CHINA ELECTRIC POWER PRESS

内 容 提 要

本书为普通高等教育"十二五"规划教材。

全书共 3 篇 13 章,内容由电路分析基础、电子技术基础和电工电子技术应用三篇组成。其中:电路分析基础篇包括电路元器件及其基本定律、电路定理及分析方法、电路的暂态分析、交流电路的稳态分析、磁路及磁耦合电路;电子技术基础篇包括基本放大电路、集成运算放大器、数字集成电路等;电工电子技术应用篇包括信号发生器及变换电路、电测技术与数据采集系统、电力电子技术基础、变压器和电动机及电气自动控制技术等。

本书可作为高等院校非电类不同专业的"电工及电子技术"、"电路及电子技术"、"电工电子学"或"应用电子学"等课程的本科教材,也可供其他相关专业师生以及工程技术人员参考使用。

图书在版编目(CIP)数据

电工电子技术/李海,崔雪主编. —2 版. —北京:中国电力出版社,2013.11

普通高等教育"十二五"规划教材

ISBN 978 - 7 - 5123 - 4853 - 0

Ⅰ.①电... Ⅱ.①李... ②崔... Ⅲ.①电工技术-高等学校-教材②电子技术-高等学校-教材 Ⅳ.①TM②TN

中国版本图书馆 CIP 数据核字(2013)第 200940 号

中国电力出版社出版、发行
(北京市东城区北京站西街 19 号 100005 http://www.cepp.sgcc.com.cn)
汇鑫印务有限公司印刷
各地新华书店经售

*

2007 年 6 月第一版
2013 年 11 月第二版 2013 年 11 月北京第三次印刷
787 毫米×1092 毫米 16 开本 30.5 印张 745 千字
定价 **49.00** 元

敬 告 读 者

本书封底贴有防伪标签,刮开涂层可查询真伪
本书如有印装质量问题,我社发行部负责退换

前　言

《电工电子技术》自 2007 年出版以来，受到了广大读者的关注，我们深表感谢。

通过多年的教学实践，我们对本书的内容体系进行了深入的研究，并作了适当修改和更新。

这次修订是在总结本书几年来使用情况的基础上进行的。修订时既保持了第一版的基本风格，又对某些内容作了编排微调，有的加以精简和压缩，有的适当展开或补充。总之力求本书适应不同内容需求的取舍和好教好学。

全书包括电路分析基础、电子技术基础和电工电子技术应用 3 篇共 13 章，第 1～5 章由李海修订，第 6、7 章由吴玉蓉修订，第 8 章由张志毅修订，第 9、10 章由谭甜源修订，第 11～13 章由崔雪编写。

本书编写参考和引用了许多同仁的优秀成果，在此对参考资料和成果原作者，表示衷心感谢。

本教材在修订的过程中得到武汉大学教务部、电气工程学院以及电工电子教学研究中心有关领导和同仁的关心和支持，在此表示衷心感谢。

书中难免有疏漏和不妥之处，恳请使用本书的教师、学生以及其他读者批评指正。

编　者

2013 年 4 月于武汉大学

第一版前言

为贯彻落实教育部《关于进一步加强高等学校本科教学工作的若干意见》和《教育部关于以就业为导向深化高等职业教育改革的若干意见》的精神，加强教材建设，确保教材质量，中国电力教育协会组织制订了普通高等教育"十一五"教材规划。该规划强调适应不同层次、不同类型院校，满足学科发展和人才培养的需求，坚持专业基础课教材与教学急需的专业教材并重、新编与修订相结合。本书为新编教材。

人们在生活、学习和生产实践中，对电工电子技术知识的需求正日益渗透到人类社会实践的各个领域。为了适应社会需求和教学改革的需要，我们以教育部最新颁布的高等学校工科本科基础课程"电工学"教学基本要求作为依据，结合教学改革的实践和需要，对传统的体系结构做了适当的整合，将电工技术和电子技术相互贯通，并以电路分析、电子技术和电工电子技术应用三大模块式结构组成《电工电子技术》一书。本书属于电工学系列教材，它适用于非电类不同专业的"电工及电子技术"、"电路及电子技术"、"电工电子学"或"应用电子学"等课程的教学。

本书编写的指导思想是，在内容上既考虑到电子信息技术的迅速发展，又考虑到它在非电类专业越来越广泛的应用，因此编写时既覆盖了教学基本要求所规定的全部内容，又增添了一些拓宽和加深的内容，以便满足非电类各专业的需要；在阐述上由浅入深，循序渐进，使之符合人们认识客观事物的规律，便于自学；适当反映了现代科学技术发展的新成就，并注意加强知识的综合和系统的概念，力求保证基础、体现先进、加强应用，处理好基础性、先进性和应用性的关系。在体系上本书注意各部分章节的有机联系，加强了各主要部分内容的逻辑性，便于读者应用和科技创新能力的培养。

本书的特点是将电工技术和电子技术相互贯通，精选和压缩传统内容，跟踪新技术的发展，强调电子技术应用和新技术的介绍；在内容组织上各模块既具有其独立性又注意不同组合时模块间的逻辑衔接关系，以便于不同专业的使用。本教材具有足够大的信息量，希望能为教师提供丰富的教学内容和选择的余地，也有利于开拓学生眼界和思路，便于学生自学。

本教材的内容除覆盖全部教学基本要求外，还充分考虑培养面向 21 世纪人才所必须具备的基础扎实、知识面宽、能力强和素质高的特点。为此，我们注意下列几点：

（1）重点保证"三基"，即基本理论、基本知识和基本技能方面的内容，从分立元件入手，建立概念，而重点放在集成电路。加强基本分析方法和集成电路芯片的使用，注重"三基"的培养和训练。

（2）尽可能反映现代电子技术的新成果、新技术，如零输入和零状态网络的引入，电力电子技术章节的设置，变频技术的介绍，电动机的变频调速及在"存储器"一章中增加了磁盘存储器和光盘存储器等内容，使教材的内容尽可能跟上时代发展的步伐。

（3）突出电子技术的应用知识，主要体现在两个方面：①从应用角度出发，重点介绍各种常用集成电路芯片的功能和使用方法；②与计算机应用相适应，加强接口电路的内容，如电压比较器，数/模、模/数转换器等。

（4）为了便于教与学，书中配有多种类型的例题和习题。例题是联系实际的典型例子，用来巩固基本知识和扩展基本内容，多数不必讲述，让学生自学理解。各章的习题大致可分为三种类型：一是在"基本要求"范围内的习题，用于加强概念，理解、掌握"基本要求"的内容；二是较难题，用于加深理解，起到举一反三之功用；三是接近实际的应用题，用于开拓学生视野，掌握实际应用知识。

全书包括电路分析基础、电子技术基础和电工电子技术应用3篇共11章，第1、2、3、5、8、9、11章及第6章6.1～6.4由李海编写，第4章由宋元胜编写，第6章6.5～6.8由张志毅编写，第7章由黎文安编写，第10章由崔雪编写。

本书由曾建唐教授审阅全稿，李守成教授审阅大纲，并提出了宝贵的意见和修改建议；在编写过程中，还得到武汉大学教务部和电工学课程组同志的关心和大力支持。在此，对主审及关心帮助本书出版的同志和单位一并致以诚挚的谢意。另外，本书在编写过程中参考和引用了许多同仁的优秀成果，在此对参考资料和成果的原作者，表示衷心的感谢。

由于编者学识水平有限，书中难免有疏漏和不妥之处，恳请使用本书的教师、学生以及其他读者批评指正。

编　者

2006 年 11 月于武汉大学

目　录

电子技术基础篇

电工电子技术应用篇

电路分析基础篇

第1章　电路元器件及其基本定律

电工和电子技术的实践过程中离不开电路。作为未来的工程师和科技工作者，掌握电工技术的有关理论知识和技能是极为重要的。学习电路主要掌握电路的基本规律及其计算方法，从而了解典型电路的特性，为今后的实际工作做好理论准备。但是，书本中所能介绍的电路毕竟是有限的，而今后工作中可能遇到的电路问题则是千变万化、层出不穷的，因此，应立足于掌握一些分析问题的方法，这样将会终生受益，在解决实际问题时就能得心应手，应付自如。

本章将从建立实际装置的电路符号入手，进而遵照电路的基本规律建立其数学模型，由此引出的一些基本概念是后面各章学习的基础。

1.1　电路及其基本物理量

一门严谨的学科理论，往往有若干已被公认的公理作为全部立论依据，以示无懈可击。电路理论发展至今已成为完整的理论体系也有它的理论支柱，即电荷守恒、能量守恒这两条公理和一条集中化假设——理想模型（元件）不具有空间几何尺寸。凡符合上述集中化假设条件的元件称集中参数元件，由此组成的电路称集中参数电路。集中参数电路中各部分的电压和电流仅是时间 t 的函数，可表示为 $u(t)$ 和 $i(t)$。而元件端钮上的电压和电流，可以用物理方法准确测定，不会因其测试位置的不同而异。凡不符合上述假设条件者，将要用分布参数表示。本课程只讨论集中参数电路。

1.1.1　电路及电路模型

人们在日常生活、生产和科学研究中，常遇到各种各样的电路，它们功能各异，结构繁简差别甚大，但不管差异如何，所有电路确有相同的组成部分，即都是由电源（信号源）、负载、控制开关和中间处理环节组成。

多种形式的电路，就其主要功能而言，可分为两类：一类是传输、分配和使用电能的电路，如照明电路、动力电路及电力系统。这类电路由于电压较高、电流和功率较大，习惯称为"强电"电路。另一类是传递、变换、存储和处理电信号的电路，如电子仪器设备、计算机、电视机、收音机等电路。这类电路通常电压较低、电流和功率较小，习惯称为"弱电"电路。

无论是电能的传输、分配和转换，还是信号的传递和处理，其中电源或信号源总是向电路输入能量推动电路工作，故称为激励源，简称激励；在激励作用下，电路各部分产生的电压、电流（经电路传递和处理后的信号）称为响应。有时根据激励和响应的因果关系，把激励称为输入，响应称为输出。

为了分析和研究电路，常采用模型化的方法，即在一定的条件下，对某物理过程忽略次要因素，用足以表示其主要特征的理想化"模型"来表示它，即用电路元件上物理量的数学关系（模型）来描述。这种理想化"模型"常称为电路元件，由电路元件构成的电路，称为实际电路的"电路模型"。电路理论所研究的电路就是电路模型。

1.1.2　电路的基本变量及其正方向

电路中存在着能量转换和能量交换两种物理过程。能量转换是指电能与非电能间的物理过程，能量交换是指电场能量与磁场能量间的物理过程。电路理论在研究这些物理过程时，要涉及物理学的电磁学中介绍的部分物理量。为了便于应用，以下对电工中最常用的基本物理量略加回顾。

1. 电流

单位时间内通过导体横截面的电量定义为电流强度，用以衡量电流的大小，电流强度简称电流，用小写字母 i 表示。电流强度的定义式为

$$i = \frac{\mathrm{d}q}{\mathrm{d}t} \tag{1-1}$$

若在任一瞬间通过导体截面的电量都是相等的，且方向也不随时间变化，这样的电流为恒定电流，称为直流，用大写字母 I 表示。

在 SI 国际单位制中，电流的基本单位为 A（安［培］），实用中常用的还有 mA（毫安），μA（微安），kA（千安）。$1\mathrm{mA}=10^{-3}\mathrm{A}$，$1\mu\mathrm{A}=10^{-6}\mathrm{A}$，$1\mathrm{kA}=10^{3}\mathrm{A}$。

物理学中规定正电荷运动的方向为电流的方向，即电流的实际方向。然而在分析复杂电路或交流电路时，往往是事先不知道电流的实际方向，但是分析计算时又必须要有电流的方向，于是引进正方向（即参考方向）以解决矛盾，所以正方向是为了便于分析而假设的物理量的方向。在假定参考方向下计算出的电流是一个代数量。当电流为正值时，实际方向与参考方向一致；为负值时，实际方向与参考方向相反。

在电路图中，电流的正方向多用箭头"→"标注，在文字符号中常用双下标表示，如 I_{ab} 表示电流的参考方向为由 a 指向 b。

2. 电位与电动势

从物理学中知道，电荷在电场中会受到电场力的作用，电场力要做功。电场力把单位正电荷从电场中某一点移至参考点所做的功，定义该点的电位，用大写字母 V 表示。在电路分析时，往往把参考点选在电路中的某一点，用符号"⊥"表示，并令其电位为零。于是电路中某点的电位为单位正电荷沿电路所约束的路径移至参考点电场力所做的功。

在电源内部，电源力（非电场力）把单位正电荷从电源的负极移至正极所做的功，也就是单位正电荷从低电位移至高电位所获的能量，称为电源的电动势，用字母 e 和 E 表示。电动势的方向由低电位指向高电位，即电位升高的方向。电动势的单位是 V（伏［特］）。

3. 电压

电路中任意两点之间的电位差便是这两点间的电压（降），在数值上等于电场力驱使单位正电荷从一点移到另一点时所做的功，其数学表达式为

$$u = \frac{\mathrm{d}w}{\mathrm{d}q} \tag{1-2}$$

法拉第发现：线圈两端之间的电压还可简单的表示为

$$u = \frac{\mathrm{d}\phi}{\mathrm{d}t} \tag{1-3}$$

在 SI 国际单位制中，电压的基本单位为 V（伏［特］），实用中常用的还有 mV（毫伏），μV（微伏），kV（千伏）。$1mV=10^{-3}V$，$1\mu V=10^{-6}V$，$1kV=10^{3}V$。

电压的实际方向是由高电位指向低电位，即电位降低的方向。在进行电路分析时也须采用假定正方向的方法来分析。

在电路图中，电压的正方向采用"＋"、"－"极性表示，在文字符号中用双下标表示，如 U_{ab} 表示电压的参考方向由 a 指向 b。

电压和电流的参考方向可以分别假设。但在电路分析时常把同一元件上的电压和电流参考方向选择一致，而称为关联参考方向。在采用关联参考方向时，如果标出了电路元件的电流参考方向时，则电压的参考方向就关联的确定了，且可以不再标出；同时还可以根据计算结果来判断元件的性质。本书在关联参考方向下，讨论元件的特性。

4. 功率与能量

功率是电路分析中常用的另一个物理量。单位时间内电路消耗（或吸收）的能量称为功率，其表达式为

$$p=\frac{\mathrm{d}w}{\mathrm{d}t} \tag{1-4}$$

功率的单位为 W（瓦［特］）。若每秒消耗 1J 的电能，则其功率为 1W。实用中常用的还有 mW（毫瓦），kW（千瓦）。$1mW=10^{-3}W$，$1kW=10^{3}W$。

若将式（1-4）右边乘以 $\frac{\mathrm{d}q}{\mathrm{d}q}$ 后改写，可以得到

$$p=\frac{\mathrm{d}w}{\mathrm{d}q}\frac{\mathrm{d}q}{\mathrm{d}t}$$

考虑式（1-1）和式（1-3）可得

$$p=ui \tag{1-5}$$

可见，功率揭示了电压、电流的效应，它可以用基本变量来表示，故称为复合变量。

对直流电，则功率为

$$P=UI \tag{1-6}$$

在电压和电流参考方向关联时，根据式（1-5）或式（1-6）计算的功率为正值时（$p>0$），表示该元件吸收功率（即消耗电能），所以该元件为负载；若为负值（$p<0$），则表示元件输出功率（即送出能量），可见该元件为电源。

一段时间内，元件（或电路）消耗的电能为

$$W=Pt \tag{1-7}$$

电能的单位为 J（焦［耳］），实用中常采用 kW·h（千瓦小时），工业上用"度"表示。1度电＝1kW·h。

1.2　电　路　基　本　元　件

电路元件按其引出端钮数目可分为二端元件和多端元件，按能量的转换关系可分为有源元件和无源元件，按其元件的数学模型又分为线性元件和非线性元件两大类。

有源元件又分为独立电源和受控源，无源元件又分为储能元件和耗能元件。

1.2.1　独立电源

若电源电压（或电流）的大小和变化规律取决于局外力的做功，具有这种特性的电源，称独立电源。独立电源包括电动势源和电激流源。

1. 电动势源

电动势源也称理想电压源，又称恒压源。其定义为：能维持端口电压为定值（常数或确定的时变函数），而与通过的电流无关的二端元件。其维持能力靠外力做功来实现，并用电动势描述，故称为电动势源，用 $e(t)$ 表示，其伏安特性及电路图形符号分别如图 1-1（a）、（b）所示。电路图形符号旁边的"＋"、"－"表示电源的极性（高低电位端），电动势表示电位的升高，故方向由"－"指向"＋"。当 $e(t)＝E$ 为常数时电源称为恒定电动势，若 $e(t)$ 按某种确定函数规律（如正弦）变化时则称为交变电动势，其波形如图 1-1（c）、（d）所示。

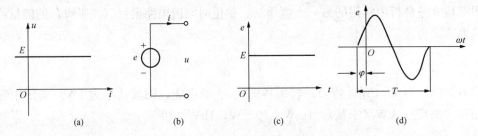

图 1-1　电动势源模型及变化规律

（a）伏安特性；（b）电路符号；（c）恒压源；（d）交变电动势

2. 电激流源

电激流源又称为理想电流源，又称恒流源。其定义为：能维持端口电流为定值（常数或确定的时变函数），而与两端的电压无关的二端元件，用 $i_s(t)$ 表示。其维持能力也是靠外力做功来实现。其伏安特性及电路图形符号分别如图 1-2（a）、（b）所示。若 $i_s(t)＝I_s$ 为常数时，称为恒定电激流源，若 $i_s(t)$ 按某种确定函数规律（如正弦）变化时则称为交变电激流源，其波形分别如图 1-2（c）、（d）所示。

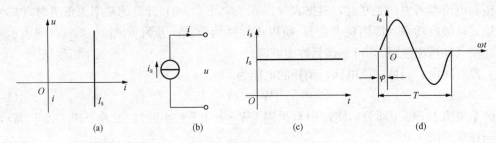

图 1-2　电激流模型及变化规律

（a）伏安特性；（b）电路图形符号；（c）恒流源；（d）交变电激流

1.2.2　无源元件

电阻元件、电容元件和电感元件是电路的基本无源元件。它们分别代表实际装置中的电磁能量与其他形式的能量的转换，电场能量、磁场能量的储存和变化的外部功能。

1. 电阻元件

电阻是对电阻器进行抽象而得的理想模型。既然是理想模型就应有确切的定义。电阻元件可定义为：在任一时刻 t，其特性可为 $u—i$ 平面中的一条曲线所表征的二端元件。该曲线称为电阻在某一时刻 t 的 $u—i$ 特性曲线，如图 1 - 3（a）所示曲线。

如果电阻的特性曲线在所有时间都是过原点的一条直线，则称之为线性电阻，否则称为非线性电阻。所以任何一个电阻可按照它是线性还是非线性、是时变还是定常归类。本课程主要讨论线性定常和非线性定常两类电阻。下面以线性定常电阻为例介绍电阻元件数学模型和电路图形符号。

由解析几何可知，线性定常电阻的特性曲线方程为

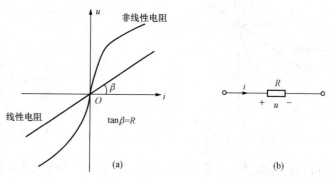

图 1 - 3　电阻元件模型
(a) $u—i$ 特性曲线；(b) 电路图形符号

$$u = Ri \quad 或 \quad i = Gu \tag{1 - 8}$$

式中：R 是电压与电流的比例系数，称它为电阻元件的参数，即 R 表示电阻，其单位为 Ω（欧［姆］）；$G = \dfrac{1}{R}$，称为电导，其单位为 S（西［门子］）。

式（1 - 8）反映了电阻元件上的电压 u 和电流 i 这两个基本变量的一种约束关系，即电压、电流关系，用文字符号 VCR 表示[1]，习惯称之为伏安关系。

从特性曲线来看，此时电压、电流是一个代数量，即电压、电流可能为正或为负。但是从物理方面看，电压、电流为正或为负并无实际意义。为了给电压、电流的正负赋予物理的解释，引进物理量的参考方向。有了参考方向后：电压、电流为正，则表示实际方向与参考方向一致；为负，则表示与参考方向相反。人们把参考方向说成是连通数学和物理的桥梁，可见在电路分析计算中参考方向是十分重要的。

同一元件上的电压和电流常假设为关联参考方向，在这种假定下，电阻上的功率总是正的。这种在电阻上电压、电流参考方向选择一致，又称为负载惯例。

2. 电容元件

电容是对电容器进行抽象而得到的理想模型，用它来表示实际装置中电场的外部特性。电容元件的定义为：在任一时刻 t，其特性能用 $q—u$ 平面上的一条曲线描述的二端元件。如果特性曲线在所有的时刻都是过原点的一条直线，如图 1 - 4（a）所示，则称为线性定常电容。

线性定常电容的特性曲线方程为 $q = Cu$，方程两边对时间求导则有

$$\frac{dq}{dt} = C\frac{du}{dt}$$

考虑电流的定义，上式可改写成

$$i = C\frac{du}{dt} \tag{1 - 9}$$

---

❶　VCR——Voltage Current Relation。

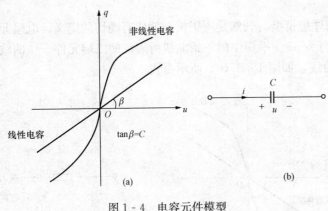

图 1-4 电容元件模型

(a) 特性曲线；(b) 电路图形符号

式 (1-9) 为电容元件的伏安关系 (VCR)，其中 C 是联系电流与电压变化率的比例系数，称之为电容元件的参数，其单位为 F（法[拉]）。

电容元件的伏安关系表明，任意时刻线性电容的电流与端电压的变化率成正比，与该时刻电压的大小及电压的"历史"情况无关。故在直流稳态情况下 $\dfrac{\mathrm{d}u}{\mathrm{d}t}=0$，即 $i=0$，电容元件相当于开路。

将式 (1-9) 与式 (1-8) 比较可知，电容是个动态元件，即电容的电压不能突变，这是因为实际的电容器的电流 $i(t)$ 不可能无穷大，也就是说 $\dfrac{\mathrm{d}u}{\mathrm{d}t}$ 不可能无穷大。所以电容的端电压只能连续变化，而不能跃变。

【例 1-1】 电路如图 1-5 (a) 所示，u_C 的变化波形如图 1-5 (b) 所示，电容 $C=500\mu\mathrm{F}$。试求 $i_c(t)$，并绘出波形图。

解 根据 u_C 的波形图可写出 u_C 的表达式

$$u_C(t)=\begin{cases}5t\,\mathrm{V}, & 0\leqslant t\leqslant 2\mathrm{s} \\ -5t+20\mathrm{V}, & 2\leqslant t\leqslant 4\mathrm{s} \\ 0\mathrm{V}, & t\geqslant 4\mathrm{s}\end{cases}$$

$u_C(t)$、$i_C(t)$ 取关联参考方向，由式 (1-9) 可得

$$i_C(t)=\begin{cases}2.5\mathrm{mA}, & 0\leqslant t\leqslant 2\mathrm{s} \\ -2.5\mathrm{mA}, & 2\leqslant t\leqslant 4\mathrm{s} \\ 0\mathrm{mA}, & t\geqslant 4\mathrm{s}\end{cases}$$

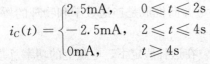

图 1-5 [例 1-1] 图

$i_C(t)$ 的波形如图 1-5 (c) 所示。

3. 电感元件

电感元件是对电感器进行抽象得到的理想模型，用它来代表实际装置中的磁场的外部功能。电感元件定义为：在任意时间 t，其特性为 $i-\phi$ 平面上的一条曲线所描述的二端元件，称为电感元件，如图 1-6 (a) 所示。如果特性曲线在所有时间内，都是通过原点的一条直线，则称为线性定常电感，本课程只讨论这类电感。

线性定常电感的特性曲线方程可写成 $\phi=Li$，方程两边对时间求导得

$$\frac{\mathrm{d}\phi}{\mathrm{d}t}=L\,\frac{\mathrm{d}i}{\mathrm{d}t}$$

$$u=L\,\frac{\mathrm{d}i}{\mathrm{d}t} \tag{1-10}$$

式 (1-10) 为电感元件的伏安关系 (VCR)，L 是联系电压与电流变化率的比例系数，故称之为电感元件的参数。其单位为 H（亨[利]）。同样借助于参考方向来统一电感元件的物

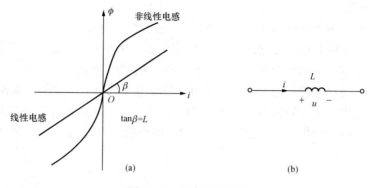

图 1 - 6　电感元件模型

（a）特性曲线；（b）电路符号

理模型和数学模型。其电路图形符号及参考方向如图 1 - 6（b）所示。

同电容元件一样，电感元件也是动态元件，不同的是电感元件上的电流不能突变，只能连续变化。

【例 1 - 2】　如图 1 - 7（a）所示电路中，i_s 的波形如图 1 - 7（b）所示，已知 $f = 50 \text{Hz}$，$L = 100 \text{mH}$。试求 $u_L(t)$，并绘出波形图。

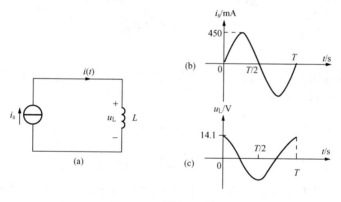

图 1 - 7　[例 1 - 2] 图

解　根据 i_s 的波形图可写出 i_s 的表达式

$$i_s = 450 \sin \omega t \quad (\text{mA})$$

$u_L(t)$、$i(t)$ 取关联参考方向，由式（1 - 10）可得

$$u = L \frac{\mathrm{d}i}{\mathrm{d}t} = 450 L \omega \cos \omega t = U_m \cos \omega t$$

$$\omega = 2\pi \times 50 = 314 \quad (\text{rad/s})$$

$$U_m = 314 \times 0.1 \times 0.45 = 14.1 \quad (\text{V})$$

$$u_L(t) = 14.1 \cos \omega t \quad (\text{V})$$

$u_L(t)$ 的波形如图 1 - 7（c）所示。

以上介绍了 R、L、C 三个基本的无源元件，一个实际装置可用这三种无源元件的适当组合来描述它的外部功能。但模拟实际器件的原则是择其主要者，弃之次要者。因此，即使同一器件，视其工作情况之不同，其主次也各异，而所有元件也各有区别。

1.2.3　受控源

在实际应用中（例如分析晶体管放大电路），还存在着电源的输出电压或电流的大小和变化规律受所在电路的其他某支路的电流或电压控制，不具有确定值。当控制量消失或为零时，该电源的电压或电流也将为零，具有这种特性的电源称为受控源。

根据受控源在电路中提供的是电压或电流，是受电压或电流的控制，受控源可分成四种类型，即电压控制电压源（VCVS）、电流控制电压源（CCVS）、电压控制电流源（VCCS）、电流控制电流源（CCCS）❶。受控电源的表示既考虑与独立电源符号的区别，又体现电压源和电流源的特点。

1. 理想受控源

所谓理想受控源，控制端消耗的功率为零，即电压控制的受控源输入电阻无穷大（$I_i = 0$），电流控制的受控源输入电阻为零（$U_i = 0$），其输出为恒定电压或电流。四种理想受控源模型如图 1-8 所示。

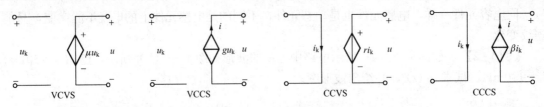

图 1-8　理想受控源

2. 受控源的特点

控制量与受控量的关系是通过控制系数反映出来的，若控制系数为常数，则称线性受控源。而理想受控源控制系数分别定义为

$$\left. \begin{array}{l} \text{VCVS 的转移电压比}\quad \mu = \dfrac{u}{u_k}, \text{CCVS 的转移电阻}\quad r = \dfrac{u}{i_k} \\[3mm] \text{VCCS 的转移电导}\quad g = \dfrac{i}{u_k}, \text{CCCS 转移电流比}\quad \beta = \dfrac{i}{i_k} \end{array} \right\} \tag{1-11}$$

在某些情况下，受控源虽然在电路中看成是激励，但是更常见的是用来模拟电子器件中发生的现象，反映受控量和控制量的依存关系。但值得注意的是，这一控制通常是单方向的，不存在反方向的控制作用。

1.3　电 路 基 本 定 律

电路元件的伏安关系反映了电路元件对其所在支路的电压和电流间所起的一种约束作用，故常把元件的伏安关系称为元件约束。当若干元件按某种组合构成电路后，元件上的电压、电流就不再是互不相关的变量了，在任何时刻它们除必须各自遵循其元件约束外，同时还要遵循相互间的约束关系，即所有连在同一结点上的支路电流和任意回路中各元件上的电

❶　VCVS——Voltage Controlled Voltage Source。
　　CCVS——Current Controlled Voltage Source。
　　VCCS——Voltage Controlled Current Source。
　　CCCS——Current Controlled Current Source。

压之间，将受到结构的约束，而基尔霍夫定律就是概括这种约束的基本定律。

1.3.1　电路结构术语

因电路结构约束必将涉及电路结构术语，为此先介绍有关电路结构的几个术语。

（1）支路。没有分支的一段电路，称为支路，用 b 作文字符号及支路数。如图 1 - 9 所示电路中，E_1 和 R_1、R_2、R_3、R_4、R_5、E_6 和 R_6 分别称支路。所以图示电路有 6 条支路，即支路数 $b=6$。每条支路上所有元件中流过同一个电流，该电流称为支路电流。含有电动势的支路称有源支路，否则称无源支路。

（2）结点。电路中三条及其以上的支路的汇聚点称为结点，用 n 作文字符号及结点数。图 1 - 9 所示电路中 a、b、c、d 点称结点，即结点 $n=4$。由此可见，支路是跨接在两结点间的一段电路，所以，电路中两结点间的电压称为支路电压。

（3）回路。从网络的一个结点出发，经过若干支路与结点，重回到起始结点（所有支路和结点只准经过一次），这样首尾相连的闭合路径，称为回路，用 t 作文字符号及回路数。如图 1 - 10 中，abdca、abcda、adbca 分别称为回路，按回路的定义，还可以选择很多回路。含有电动势的回路称有源回路，否则称无源回路。

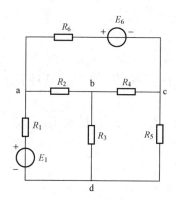

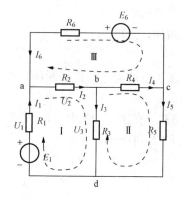

图 1 - 9　电路结构术语示意图　　　　图 1 - 10　支路电流及回路方向

（4）网孔。内部不包围任何支路的回路，称为网孔，用 m 作文字符号及网孔数。如图示电路中的回路 abda、cbdc 和 abca 又叫做网孔。图示电路的 $m=3$。但网孔是相对的。

1.3.2　基尔霍夫定律

为了便于理解，下面以图 1 - 10 所示具体电路为例来介绍其定律，首先假定各支路电流的参考方向和回路（网孔）的绕向，即回路的方向，如图中所示。

1. 基尔霍夫电流定律（KCL）❶

（1）KCL 的意义。基尔霍夫电流定律，是基于电荷守恒的电流连续性原理在电路问题中的表述。其内容可叙述为：对于集中参数电路的任一结点，在任一时刻，流出该结点的所有支路电流的代数和等于零。用数学语言表示 KCL 则为

$$\sum i = 0 \tag{1-12}$$

在支路电流的代数和中，设参考方向离开结点的电流带正号，参考方向指向结点的电流带负号；反之亦可。例如，对应图 1 - 10 中的结点 b 有

---

❶　KCL——Kirchhoff's Current Law。

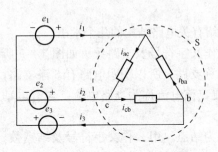

图 1-11　KCL 用于广义结点

$$I_2 - I_3 - I_4 = 0 \qquad ①$$

（2）KCL 的独立方程数。对图 1-10 中的结点 a、c、d 根据 KCL 都可以列一个电流方程，分别为

$$I_1 + I_6 - I_2 = 0 \qquad ②$$
$$I_4 - I_5 - I_6 = 0 \qquad ③$$
$$I_3 + I_5 - I_1 = 0 \qquad ④$$

如果把（①＋②＋③）×（−1），于是可得到方程④，以上这四个方程只有三个是独立的。一般来讲，n 个结点的电路，应用 KCL 只能列（$n-1$）个独立方程，所以 KCL 的独立方程数为（$n-1$）。

（3）KCL 的推广应用。基尔霍夫电流定律可以推广到电路中任何一个封闭面所包围的部分。如图 1-11 所示的电路中，封闭面 S 内有三个结点 a、b、c。在三个结点处，分别有

$$i_1 + i_{ba} - i_{ac} = 0$$
$$i_2 + i_{ac} - i_{cb} = 0$$
$$-i_3 + i_{cb} - i_{ba} = 0$$

将三个式子相加，便得

$$i_1 + i_2 - i_3 = 0$$

可见，流出（或流进）任一封闭面的电流代数和也是恒等于零的。这种假想的封闭面，称为广义结点。

【例 1-3】　在图 1-12 中，$I_1 = 2A$，$I_2 = -3A$，$I_3 = -2A$，试求 I_4。

解　由 KCL 可列出

$$-I_1 + I_2 - I_3 + I_4 = 0$$
$$-2 + (-3) - (-2) + I_4 = 0$$
$$I_4 = 3 (A)$$

由本例可见，式中有两套正负号，括号里的正负号是参考方向的选择带来的，负号表示电流的实际方向与参考方向相反；括号外的负号表示电流的参考方向是指向结点，正号表示电流的参考方向离开结点。

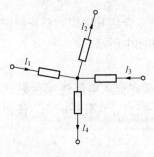

图 1-12　［例 1-3］图

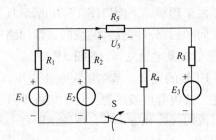

图 1-13　［例 1-4］图

【例 1-4】　在图 1-13 中，已知 $E_1 = 15V$，$E_2 = 13V$，$E_3 = 4V$，$R_1 = R_2 = R_3 = R_4 = 1\Omega$，$R_5 = 10\Omega$。试求，当 S 断开时电阻 R_5 上的电压 U_5 和电流 I_5。

解　KCL 应用于封闭面得

$$I_5 = 0$$
$$U_5 = R_5 I_5 = 0$$

2. 基尔霍夫电压定律（KVL）[1]

（1）KVL 的意义。基尔霍夫电压定律，是基于能量守恒的电位单值性原理在电路问题中的表述。其内容是：对于任一集中参数电路中的任一回路，在任一时刻，沿着回路的所有电压降的代数和等于电位升的代数和。用数学语言表述 KVL 则为

$$\sum u = \sum e \ \text{或} \sum Ri = \sum e \qquad (1\text{-}13)$$

（2）独立回路。应用 KVL 列方程时，首先要选择独立回路。对于有 n 个结点 b 条支路的电路，应用 KVL 只能列 m 个独立方程。换句话说，选网孔作为回路，列出的电压方程一定是相互独立的。所以一般选网孔为回路列电压方程。选好回路以后还须指定回路的绕行方向，即回路的方向。再根据前面已规定好的物理量的（关联）参考方向确定代数符号。凡是电压降、电动势的参考方向与回路的方向一致时定为正号，相反则定为负号。例如在图 1-10 中，对回路 I 列电压方程有

$$U_1 + U_2 + U_3 = E_1$$

显然，式（1-13）适合有源回路。对无源回路，因回路中无电动势，则 KVL 表示为

$$\sum u = 0 \ \text{或} \sum Ri = 0 \qquad (1\text{-}14)$$

即沿回路电压降的代数和等于零，它是基尔霍夫电压定律的另一种表达式。同样，凡电压正方向与回路方向一致的取正号，相反取负号。

例如在图 1-10 中，对回路 II 列电压方程有

$$-U_3 + U_4 + U_5 = 0$$

（3）推广应用。基尔霍夫电压定律可以由真实回路推广到虚拟回路，而不论该虚拟回路中实际的电路元件是否存在。如在图 1-14 所示开口电路中，应用 KVL 则可得到电压方程

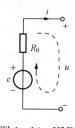

图 1-14　KVL
用于开口电路

$$u = e - R_0 i$$

1.4　元件连接及等效简化

电路分析的研究对象是由一些理想元件的相互连接所构成的各种电路。元件最简单的连接方式是串联和并联。

1.4.1　无源元件的串并联连接

1. 电阻的串、并联

（1）电阻的串联。若干元件顺次相接，流过同一电流，称为元件的串联。图 1-15（a）所示 R_1 和 R_2 为串联。

两个电阻串联可以用一个电阻 R 等效置换。设 R_1、R_2 都是线性电阻，则：R_1 的伏安关系为

$$u_1 = R_1 i$$

R_2 的伏安关系为

---

❶　KVL——Kirchhoff's Voltage Law。

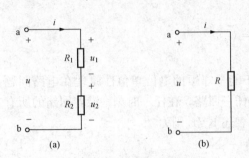

图 1 - 15　电阻串联

(a) 电路；(b) 等效电路

$$u_2 = R_2 i$$

串联后外接端钮上的电压为

$$u = u_1 + u_2 = R_1 i + R_2 i = (R_1 + R_2)i$$

元件 R 的伏安关系为

$$u = Ri$$

如果 R 等效于 R_1 与 R_2 的串联，则对外的伏安特性应相同，因此应有

$$R = R_1 + R_2$$

应当注意的是，上式不仅是一个计算公式，而更重要的是，它用精练的数学语言阐述了表达式的物理意义。特别是等号，不仅表示量值的相等，还有等效的含义。

如果一条支路有 n 个电阻串联时，其串联后的等效电阻为

$$R = \sum_{k=1}^{n} R_k \qquad (1 - 15)$$

（2）电阻并联。如图 1 - 16（a）所示，R_1 和 R_2 都连接在结点 a 及 b 之间，称为并联。其特点是各元件上具有相同的电压 u。

根据等效的原则，也可以找到一个等效元件 R 来置换。通过与上述相同的论证可得

$$R = \frac{R_1 R_2}{R_1 + R_2}$$

两个以上电阻并联，其等效参数用电导参数来表示比较方便，即等效电导参数为

$$G = \sum_{k=1}^{n} G_k \qquad (1 - 16)$$

同前一样，对上面两式要懂得并完全理解这一公式表达的物理意义。

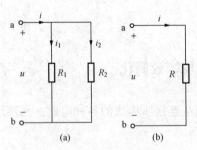

图 1 - 16　电阻并联

(a) 电路；(b) 等效电路

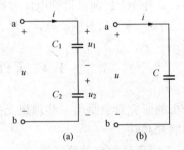

图 1 - 17　电容串联

(a) 电路；(b) 等效电路

2. 电容的串、并联

（1）电容的串联。若干元件接在同一支路上，称为元件的串联。图 1 - 17（a）所示 C_1 和 C_2 为串联连接。

根据等效的原则，两个电容串联也可以找到一个等效元件 C 来置换。对图 1 - 17（a）由 KVL 有

$$u = u_1 + u_2$$

因为 $u_1 = \dfrac{1}{C_1} \displaystyle\int_{\infty}^{t} i \mathrm{d}t$、$u_2 = \dfrac{1}{C_2} \displaystyle\int_{\infty}^{t} i \mathrm{d}t$，代入上式

$$u = \frac{1}{C_1}\int_{\infty}^{t} i\mathrm{d}t + \frac{1}{C_2}\int_{\infty}^{t} i\mathrm{d}t$$

$$= \left(\frac{1}{C_1} + \frac{1}{C_2}\right)\int_{\infty}^{t} i\mathrm{d}t = \frac{C_1 + C_2}{C_1 C_2}\int_{\infty}^{t} i\mathrm{d}t$$

所以 $$C = \frac{C_1 C_2}{C_1 + C_2} \tag{1 - 17}$$

如果一条支路有 n 个电容串联时，欲求等效电容一般不直接求 C，而是先求 $\frac{1}{C}$，即

$$\frac{1}{C} = \sum_{k=1}^{n} \frac{1}{C_k} \tag{1 - 18}$$

（2）电容的并联。图 1 - 18（a）所示，C_1 和 C_2 都连接在结点 a 及 b 之间，此称为并联。其特点是各元件上具有相同的电压 u。

根据等效的原则，也可以找到一个等效元件 C 来置换。由 KCL 有

$$i = i_1 + i_2$$

因为 $i_1 = C_1\dfrac{\mathrm{d}u}{\mathrm{d}t}$、$i_2 = C_2\dfrac{\mathrm{d}u}{\mathrm{d}t}$，代入上式

$$i = C_1\frac{\mathrm{d}u}{\mathrm{d}t} + C_2\frac{\mathrm{d}u}{\mathrm{d}t}$$

$$i = (C_1 + C_2)\frac{\mathrm{d}u}{\mathrm{d}t}$$

所以 $$C = C_1 + C_2$$

两个以上电容并联，其等效电容参数为

$$C = \sum_{k=1}^{n} C_k \tag{1 - 19}$$

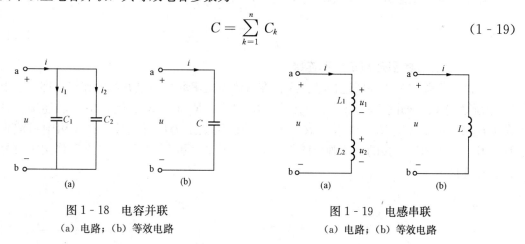

图 1 - 18　电容并联
(a) 电路；(b) 等效电路

图 1 - 19　电感串联
(a) 电路；(b) 等效电路

3. 电感的串、并联

出于强调电路的对偶特点，不妨介绍一下无互感电感的连接。

（1）电感的串联。图 1 - 19（a）所示 L_1 和 L_2 为串联。

根据等效的原则，也可以找到一个等效元件 L 来置换，由

$$u = u_1 + u_2$$

因为 $u_1 = L_1\dfrac{\mathrm{d}i}{\mathrm{d}t}$、$u_2 = L_2\dfrac{\mathrm{d}i}{\mathrm{d}t}$，代入上式得

$$u = L_1 \frac{\mathrm{d}i}{\mathrm{d}t} + L_2 \frac{\mathrm{d}i}{\mathrm{d}t}$$

$$= (L_1 + L_2) \frac{\mathrm{d}i}{\mathrm{d}t}$$

所以 $\qquad\qquad\qquad L = L_1 + L_2$

如果一条支路有 n 个电感串联时，其串联后的等效电感为

$$L = \sum_{k=1}^{n} L_k \qquad\qquad (1-20)$$

（2）电感的并联。如图 1-20（a）所示，L_1 和 L_2 都连接在结点 a 及 b 之间，此称为并联。其特点是各元件上具有相同的电压 u。

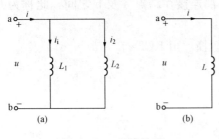

图 1-20　电感并联

(a) 电路；(b) 等效电路

根据等效的原则，也可以找到一个等效元件 L 来置换。通过与上述相同的论证可得

$$i = i_1 + i_2$$

因为 $i_1 = \dfrac{1}{L_1}\displaystyle\int_{\infty}^{t} u\mathrm{d}t$、$i_2 = \dfrac{1}{L_2}\displaystyle\int_{\infty}^{t} u\mathrm{d}t$，代入上式得

$$i = \frac{1}{L_1}\int_{\infty}^{t} u\mathrm{d}t + \frac{1}{L_2}\int_{\infty}^{t} u\mathrm{d}t$$

$$= \left(\frac{1}{L_1} + \frac{1}{L_2}\right)\int_{\infty}^{t} u\mathrm{d}t = \frac{L_1 + L_2}{L_1 L_2}\int_{\infty}^{t} u\mathrm{d}t$$

所以 $\qquad\qquad L = \dfrac{L_1 L_2}{L_1 + L_2} \qquad\qquad (1-21)$

如果有 n 个电感并联时，欲求等效电感，则先求 $\dfrac{1}{L}$，即

$$\frac{1}{L} = \sum_{k=1}^{n} \frac{1}{L_k} \qquad\qquad (1-22)$$

1.4.2　元件的星形与三角形连接

电路元件除串联或并联连接外，还存在着既不是串联也不是并联的连接，即"星形"和"三角形"连接，如图 1-21 所示。图中，R_1、R_2、R_3（或 R_3、R_4、R_5）的连接关系为三角形连接，R_1、R_3、R_4（或 R_2、R_3、R_5）的连接关系为星形连接，在实用中习惯把"星形"及"三角形"连接的电路画成图 1-22 所示形式，并用"Y"及"△"作文字符号象形的表示连接关系。

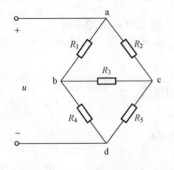

图 1-21　星形、三角形连接电路

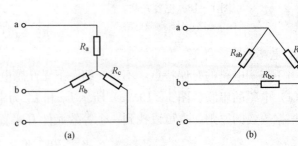

图 1-22　星形、三角形网络

(a) Y形网络；(b) △形网络

这两种连接方式都有三个与外电路连接的端钮，故称为三端网络或星形网络、三角形网络。

1.4.3　理想电源间的连接

1. 电动势源的串、并联

图 1-23（a）所示电路图，是两个电动势源相串联的电路。按图示的电压正方向，由 KVL 可得电压方程

$$u_s = u_{s1} + u_{s2}$$

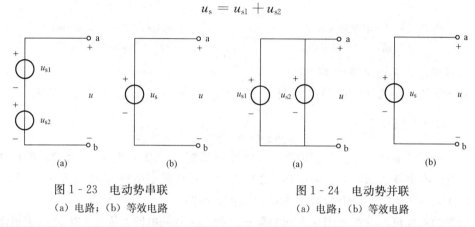

图 1-23　电动势串联
（a）电路；（b）等效电路

图 1-24　电动势并联
（a）电路；（b）等效电路

由等效原则，对外电路而言，可以用一个电动势源等效置换，如图 1-23（b）所示。对于 n 个电动势源相串联时，等效电动势源的电压等于各电源电压的代数和，即

$$u_s = \sum_{k=1}^{n} u_{sk} \tag{1-23}$$

极性与等效电压 u_s 相同者取正，相反则取负号。

电动势源的并联，必须满足电压相等且同极性端相连的原则，否则由电动势源组成的回路将违背 KVL。因此，规定只有电压相等、极性相同的电动势源才允许并联，如图 1-24（a）所示。此时，等效电动势源等于并联电动势源中的任意一个，如图 1-24（b）所示。图中 $u_s = u_{s1} = u_{s2}$。

2. 电激流源的串、并联

如图 1-25（a）所示，是两个电激流源相并联的电路，按图示电流的参考方向，由 KCL 可得

$$i_s = i_{s1} + i_{s2}$$

根据等效原则，对外电路而言，可以等效化简为一个电激流源，其电流值为 $i_{s1} + i_{s2}$，如图 1-25（b）所示。当 n 个电激流源并联时，等效电激流源的电流等于各并联电激流源电流的代数和，即

$$i_s = \sum_{k=1}^{n} i_{sk} \tag{1-24}$$

参考方向与等效电激流源 i_s 相同者取正号，相反取负号。

同电动势源并联相似，只有当电激流源的电流都相等且方向相同时才允许串联，如图 1-26 所示，否则就会违反 KCL。电流相等方向相同的电激流源串联后，等效电源的电流等于其中的任何一个，如图 1-26（b）所示。图中 $i_s = i_{s1} = i_{s2}$。

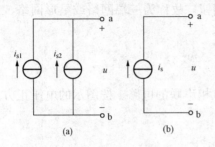

图 1-25 电激流源并联

（a）电路；（b）等效电路

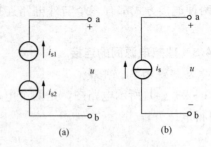

图 1-26 电激流源串联

（a）电路；（b）等效电路

3. 电动势源与电激流源的串、并联

电动势源与电激流源的串联，如图 1-27（a）所示。按图示电压的正方向，由 KVL 可得

$$u_{ab} = u_s + u_{is}$$

式中：u_{is} 是电激流源的端电压。它取决于外电路的需要，所以 u_{ab} 与 u_{is} 具有同样的性质，换句话说，有没有电动势源，电激流源都可以向外电路提供恒定电流 i_s 和电压 u_{ab}。所以从 ab 端的外特性来看等效于一个电激流 i_s 的电激流源，如图 1-27（b）所示。

用同样的方法可以分析及简化电动势源与电激流源并联电路，图 1-28 所示为电动势源与电激流源并联及等效简化电路。

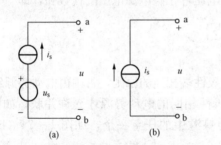

图 1-27 电动势源与电激流源串联

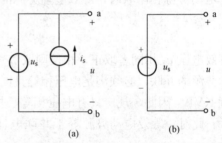

图 1-28 电动势源与电激流源并联

综合上述，可归纳出以下结论：

（1）若干电动势源串联或若干电激流源并联，可以分别合并简化成一个电动势源或电激流源。

（2）与电激流源相串联的元件（包括电动势源和电阻）在进行等效变换时称为多余元件，因为有没有它们都不改变电激流源对外电路提供的电流；与电动势源相并联的元件（包括电激流源和电阻）在进行等效变换时称为多余元件，因为有没有它们都不改变电动势源对外电路提供的电压。

（3）等效是指对外电路提供的电压和电流不变，对变换电路内部则是不等效的。等效变换时多余元件可以除去，即串联多余元件则短接，并联多余元件则开路。

【例 1-5】 化简图 1-29 中各含源二端网络。

解 根据与电激流串联元件和电动势源并联元件在等效变换中为多余元件的原则，2A 电激流与 R_2 串联，于是可简化为图（b）；在图（b）中，2A 电激流与 4V 电动势源并联，电激流是多余元件，于是可简化为图（c）；在图（c）中，4V 电动势源和 R_1 与 $-1A$ 电激流串联，于是可简化成图（d）。结果表明，对 ab 两端来讲，图（d）与图（a）是等效的。如果把多余元件推广应用，则由图（a）可一步求出图（d）的结果。

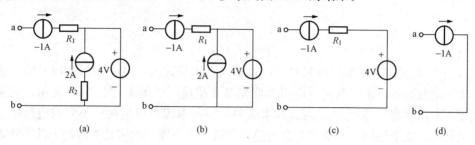

图 1-29　[例 1-5] 图

4. 有源元件与无源元件的串并联

除以上介绍的元件连接组合外，还有如图 1-30 所示的两种连接组合。这两种连接常当作单元电路，即有源支路。

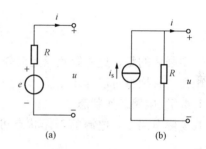

应用 KVL 和 KCL 可以得到这两个单元电路的 VCR。对图 1-30（a）应用 KVL，有

$$u = e - iR \tag{1-25}$$

对图 1-30（b）应用 KCL，有

$$i = i_s - Gu \tag{1-26}$$

图 1-30　有源元件与无源元件的连接
(a) 电动势与电阻串联；(b) 电激流与电阻并联

1.4.4　实际电源的电路模型

实际上的各种电源，除了能对外提供定值电压或电流外，还因为组成电源的材料都具有电阻，所以实际电源本身还会消耗一些电能。实际电源的外特性应该为图 1-31 中曲线①所示。可见实际电源的输出电压是随输出电流的增加而下降，曲线的变化率反映了组成电源的材料都具有电阻，称电源的内阻。显然，实际电源是一个非线性电阻。为了方便分析，假设内阻为线性电阻，如曲线②所示。

由图 1-31 可知 $\beta > 90°$，直线斜率 $\tan\beta$ 为负，即用 $-R_0$ 表示，于是由解析几何可得曲线②的方程为

$$u = e - R_0 i \tag{1-27}$$

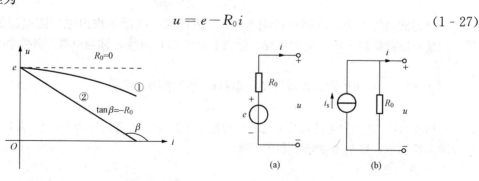

图 1-31　电源外特性　　　　　　图 1-32　实际电源模型
　　　　　　　　　　　　　　　　(a) 电压源；(b) 电流源

式（1-27）为实际电源的数学模型，比较式（1-25）和式（1-27）不难知道，实际

电源可用理想电压源与一个电阻串联模型来描述，如图 1-32（a）所示。该电路模型称为"电压—电阻模型"，简称电压源。

改写式（1-27），即两边同除以 R_0，得

$$\frac{u}{R_0} = \frac{e}{R_0} - i$$

进一步改写成

$$i = i_s - G_0 u \tag{1-28}$$

式（1-28）是实际电源数学模型另一种形式，比较式（1-26）和式（1-28）也不难知道，实际电源也可以由电激流与电阻并联模型来描述，如图 1-32（b）所示。它是电源的"电流—电阻模型"，简称电流源。结果表明，同一电源可以用两种不同的电路模型来表示。换句话说，能描述同一电源的两个电路对负载（外电路）来讲是等效的，其等效条件是

$$\left. \begin{array}{l} 内阻 R_0 \; 相等 \\ e = i_s R_0 \\ i_s = \dfrac{e}{R_0} \end{array} \right\} \tag{1-29}$$

需要强调的是，这种等效只是对外电路等效，对电源内部不等效。根据等效条件可知，实际电源两种模型可以等效互换，而理想电压源和理想电流源间不能等效互换。

1.4.5 电路工作状态

在实际电路中，电源的工作状态可能有三种，有载（即额定）工作状态、开路和短路状态。

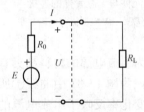

图 1-33　有载工作状态

1. 电路有载工作状态

电路的有载工作状态是指电路在激励的作用下，电路各部分具有电压、电流的工作状态。电源的有载工作状态就是指通过控制开关把电源与负载接通。此时称为电源的有载工作状态，如图 1-33所示。

此时电路中的电流为

$$I = \frac{E}{R_0 + R_L} \tag{1-30}$$

负载电阻两端的电压为

$$U = IR_L = E - IR_0 \tag{1-31}$$

对确定的电源来讲，电路中的电流与 R_L 成反比，电源的输出电压随电流的增加而下降。把端电压随负载电流变化的情况，绘成 $U = f(I)$ 曲线，称为电源的外特性曲线，如图 1-31 所示。

将式（1-31）两边同乘以电流 I 得电路的功率平衡方程为

$$I^2 R_L = EI - I^2 R_0 \quad 或 \quad P = P_E - \Delta P \tag{1-32}$$

式中：$P_E = EI$，电源发出的功率；$\Delta P = I^2 R_0$，电源内阻上消耗的功率；$P = UI = I^2 R_L$，是电源输出的功率，即电源供给负载的功率。

2. 电路的开路

若电路中的某一支路断开了，则该支路的工作状态称为开路。电源开路如图 1-34 所示。电路开路时，断开支路中的电流为零，断开点间电压称开路电压，用 U 表示。电源开路时，开路电压等于电动势，因为输出电流为零，故电源对外没有能量输出。开路时的特征

为 $I=0$，$P=0$，$R_L=\infty$，$U=E$。

3. 电路的短路

短路就是指负载或电源两端被电阻为零的导体直接接通。短路可能发生在电路的任意处，但最严重的是电源短路，如图 1-35 所示。

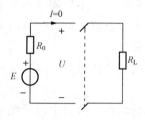

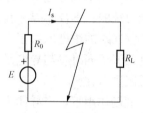

图 1-34　电源的开路　　　　　　　　图 1-35　电源短路

电源端发生短路时，电流不经负载，而直接从电源的正极经短路线流向负极，此时电流称短路电流，用 I_s 表示，其值等于 E/R_0。由于电源内阻 R_0 很小，所以短路电流一般很大。短路时，电源产生的电动势全部消耗在内阻上，由于短接线的电阻为零，所以电源的短电压为零。电源短路的特征为 $R_L=0$，$U=0$，$I_s=E/R_0$，$P=0$，$P_E=\Delta P=I_s^2R_0$。

值得注意的是：在电力系统中，短路通常是一种事故，应当尽力防止。产生短路的原因，通常是由于接线不慎或电气设备和线路的绝缘不良。为此，经常检查设备和线路的绝缘情况是十分必要的。为了防止短路事故引起的严重后果，可在电路中接入熔断器或自动保护器，以便在发生短路时，让故障电路及时自动与电源断开。当然，有时为了某种需要而有意将一段电路短路或进行某种短路试验，则是与短路事故完全不同的另一类问题。

1.5　半导体及二极管

导电能力介于导体与绝缘体之间的物质称为半导体，这类材料大都是三、四、五价元素，主要有硅、锗、磷、硼、砷、铟等，它们的电阻率在 $10^{-3}\sim10^7\ \Omega\cdot cm$。

半导体材料的广泛应用，并不是因为它们的导电能力介于导体与绝缘体之间，而是它们具有如下一些重要特性：

（1）热敏特性。金属的电阻率随温度的变化很小，半导体的导电能力对温度变化反应灵敏，电阻率随温度升高而显著降低。例如，锗在温度从 20℃升高到 30℃时，其电阻率就要降低 50% 左右。利用这种特性可以制成各种半导体热敏元件，用来检测温度变化。

（2）光敏特性。半导体的导电能力对光照敏感，光照可使半导体的电阻率显著减小。利用这种特性可以制成各种光敏元件。

（3）掺杂特性。若在本征半导体中加入微量的杂质（不同的半导体）后，其导电能力可增加几十万倍乃至几百万倍。例如在硅中掺入 1/100 的硼后，硅的电阻率会从 $21\times10^8\ \Omega\cdot mm^2/m$ 降到 $4\times10^3\ \Omega\cdot mm^2/m$ 左右。利用这种特性可构成 PN 结，进而制成半导体二极管、三极管、场效应管及晶闸管等各种不同用途的半导体器件。

1.5.1　PN 结

半导体元器件是现代电子技术的重要组成部分，而 PN 结则是构成各种半导体元器件的基本单元体，所以在介绍半导体元器件之前，需先了解 PN 结的形成及特性。

1. 半导体的导电原理

物质的导电是靠物体内带电粒子的移动而实现的，这种粒子称作载流子。在物理学中已经知道，半导体中的载流子有两种，即自由电子（●）和空穴（○）。

（1）本征半导体。化学成分绝对纯净的半导体叫做本征半导体。本征半导体中的载流子数量很少，导电能力很弱。本征半导体在热或光的激发下成对的产生自由电子和空穴，故称电子空穴对。电子空穴对的浓度取决于本征激发的强度。

半导体中两种载流子同时参与导电是半导体导电方式的最大特点，也是半导体和金属在导电原理上的本质区别所在。

总之，在外加电场作用下，半导体中出现两部分电流，即自由电子做定向移动而形成的电子电流和仍被原子核束缚的价电子递补空穴而形成的空穴电流。

（2）N 型和 P 型半导体。若在四价元素中掺入微量三价或五价元素（杂质），这种掺杂后得到的半导体称杂质半导体。根据掺入的杂质不同，杂质半导体分为 N 型和 P 型两大类。

1）N 型半导体。我们知道，半导体的化学键为共价键结构，若在四价的硅（或锗）晶体中掺入少量五价元素磷（P），晶体点阵中磷原子就会占据某些硅原子原来的位置，如图 1-36 所示。磷原子中的 5 个价电子只有 4 个能够和相邻的硅原子组成共价键结构，余下的一个电子因不受共价键的束缚，容易挣脱磷原子核的吸引而成为自由电子。于是自由电子数剧增，自由电子成为这种半导体的主要导电粒子，故称其为电子型半导体，自由电子带负电荷（Negative），故命名为 N 型半导体。N 型半导体中，由于自由电子数远大于空穴数，我们把数目多的载流子称多数载流子（简称多子），数目少的载流子称少数载流子（简称少子）。可见在 N 型半导体中，自由电子是多数载流子，空穴是少数载流子。

2）P 型半导体。若在硅（或锗）的晶体中掺入三价元素硼（B），由于硼原子只有 3 个价电子，因而在组成共价键结构时，因缺少一个价电子而多出一个空穴，如图 1-37 所示。于是空穴数目大量增加，空穴成为这种半导体的主要导电粒子，故称它为空穴型半导体，空穴带正电荷（Positive），故命名为 P 型半导体。在 P 型半导体中，空穴为多子，自由电子为少子。

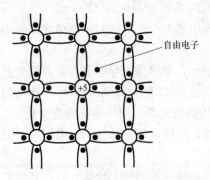

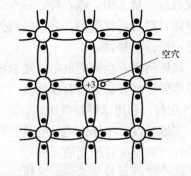

图 1-36　N 型半导体的共价键结构　　　　　图 1-37　P 型半导体的共价键结构

2. PN 结及其单向导电特性

虽然 P 型和 N 型半导体的导电能力比本征半导体增强了许多，但并不能直接用来制造半导体器件。通常采用一定的工艺手段，在一块晶片的两边扩散不同的杂质，分别形成 P 型半导体和 N 型半导体，在它们的交界面处就会形成 PN 结，PN 结是构成各种电子器件的最基本的积木块。它是现代电子技术迅速发展的物质基础。

（1）PN 结的形成。在交界面两边同类载流子出现很大的浓度差，在浓度差的作用下，多数载流子从高浓度方向低浓度方扩散。载流子扩散到彼区，与那里的异性载流子中和而消失，而在交界处两侧附近留下不能移动的带电离子，从而形成一层很薄的空间电荷区，如图 1-38 所示，这空间电荷区称为 PN 结。空间电荷区将产生一个内电场，该电场阻碍多数载流子的扩散，同时推动少数载流子（P 区的电子和 N 区的空穴）越过空间电荷区进入对方区域，这种载流子在电场作用下产生的运动称为漂移运动。漂移运动使交界面两侧 P 区和 N 区由于扩散运动而失去的空穴和电子得到一些补充。

由此可见，PN 结的形成过程中存在着两种载流子的运动：一种是多数载流子因浓度差而产生的扩散运动，一种是少数载流子在电场作用下产生的漂移运动。

载流子的扩散与漂移运动是相伴随而存在的一对矛盾。在一定的条件下二者达到动态平衡，于是 PN 结就处于相对稳定状态。

（2）PN 结的单向导电性。由于空间电荷区中的载流子极少，故 PN 结的电阻很大。PN 结电阻的大小与空间电荷区的厚度有关，厚度越厚电阻越大，反之越小。

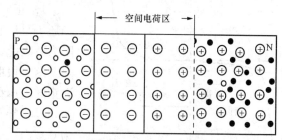

图 1-38　PN 结的形成

当 PN 结呈现低电阻值称为 PN 结导通，反之称为截止。

在实用中，为了改变、控制 PN 结的厚度，以改变和控制电阻的大小，常在 PN 结上施加一定的外加电压，此称为给 PN 结施加偏置电压，简称偏置。

如图 1-39（a）所示电路，在 PN 结 P 区接电源正极，N 区接电源负极，称为 PN 结外加正向电压，又叫正向偏置。PN 结正向偏置时，外电场与内电场方向相反，从而削弱了内电场，使得空间电荷区的宽度减小，多数载流子的扩散运动容易进行，形成较大的扩散电流，这时 PN 结处于导通状态。此时少数载流子的漂移运动减弱。所以在外加正向电压的 PN 结中，扩散电流占主导地位，PN 结呈现的电阻很低，在外电路中形成较大的流入 P 区的正向电流 I_F。

若将 PN 结 N 区接电源正极，P 区接电源负极，称为 PN 结外加反向电压，又叫反向偏置，如图 1-39（b）所示。PN 结反向偏置时，外电场与内电场方向相同，使得空间电荷区变宽，内电场增强，多数载流子的扩散运动难以进行，仅有少数载流子的漂移形成的数值很

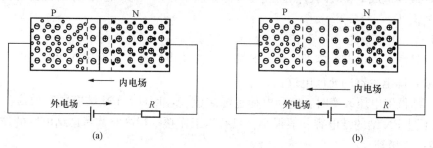

（a）　　　　　　　　　　　　　　　　　　（b）

图 1-39　PN 结单向导电特性

（a）PN 结的正偏；（b）PN 结的反偏

小的反向电流 I_R，又因少数载流子数目取决于本征激发（如温度）的强度，在一定温度下，反向电流几乎与外加电压的大小无关，故称为反向饱和电流，用 I_s 表示。PN 结反向偏置时，PN 结呈现很高的反向电阻，故处于截止状态。

总之，外加正向电压时，PN 结电阻很低，正向电流很大，PN 结处于导通状态；外加反向电压时，PN 结电阻很高，反向电流很小，PN 结处于截止状态。PN 结只有在正偏时才能导通的特性称 PN 结的单向导电特性。但要明确，截止并不意味电流为零，此时有少数载流子的漂移而形成的反向饱和电流。

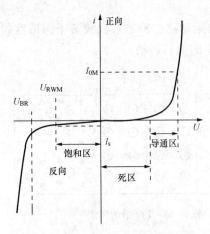

图 1-40　PN 结的伏安特性曲线

（3）PN 结的伏安特性。PN 结的单向导电性可用伏安特性曲线直观地描述，如图 1-40 所示。其伏安特性分为正向特性、反向特性和反向击穿特性三部分。

1）正向特性。当外加正向电压较低时，由于外电场还不足以克服 PN 结内电场对多数载流子扩散运动的阻力，因此，这时的正向电流近似为零，呈现较大的电阻。这一段曲线称为 PN 结的死区，正向电流为零的最大正向电压称为死区电压，其数值与材料及环境温度有关。硅半导体的死区电压约为 0.5V，锗半导体的约为 0.2V。

当正向电压超过死区电压后，内电场被大大削弱，PN 结的电阻变得很小，正向电流迅速增加，这时 PN 结真正导通。由于这段特性很陡，在正常工作范围内，正向电压变化很小，硅半导体的正向导通压降约为 0.6～0.7V，锗半导体约为 0.2～0.3V，当电流较小时取下限值，当电流较大时取上限值。

2）反向特性。当 PN 结上加反向电压时，少数载流子的漂移运动形成很小的反向饱和电流。反向电流具有正温度特性，即随温度的升高而增大；在一定电压范围内，反向电流的大小基本恒定，故称为反向饱和电流。

3）反向击穿特性。当外加反向电压过高时，反向电流突然增大，PN 结失去单向导电性，这种现象叫作 PN 结的反向击穿（电击穿）。产生击穿时的反向电压称为反向击穿电压。

如果 PN 结击穿后只要外加电压减小即可恢复常态，此称为电击穿。PN 结发生电击穿后，若不限制反向电流，将会使 PN 结温度升高。而结温升高会使反向电流继续增大，形成恶性循环，最终造成 PN 结因过热而烧毁（称作热击穿）。PN 结热击穿后便会失去单向导电性造成永久损坏。

3. PN 结的电容效应

电容器是指存储电荷的容器。电容效应则表现为电容器上的电压变化时，电容器存储的电荷有增减，即电容器的充放电过程。

当 PN 结偏置电压改变时，空间电荷也随之改变，因此，PN 结有电容效应。用结电容 C_j 表示。不过 PN 结的结电容一般很小，只有当工作频率很高时才考虑结电容的作用。

1.5.2　二极管

1. 二极管外形及其基本结构

半导体二极管是由一个 PN 结加上电极引出线和外壳构成的，P 区一侧引出的电极称为阳极 a，N 区一侧引出的电极称为阴极 k，其外形及电路图形符号如图 1-41（a）、（b）所示。半导体二极管有很多类型，按材料的不同，可分为硅管和锗管两种；按结构形式的不同，又可分为点接触型、面接触型和平面型等。

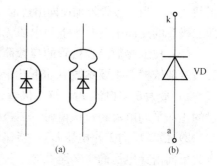

图 1-41　半导体二极管
（a）外形图；（b）电路图形符号

（1）点接触型二极管。其结构如图 1-42（a）所示，由三价金属铝的触丝与锗结合构成 PN 结。其特点是 PN 结的结面积很小，因而结电容小，适用于高频（可达几百兆赫）电路。但不能通过较大的电流，也不能承受高的反向电压，主要用于高频检波和开关电路。

（2）面接触型二极管。其结构如图 1-42（b）所示，PN 结是用扩散法或合金法做成的。其特点是 PN 结的结面积大，能通过较大的电流（可达几安），但结电容也大，适用于频率较低的整流电路。

（3）平面型二极管。其结构如图 1-42（c）所示。它是采用先进的集成电路制造工艺制成的。其特点是结面积较大时，能通过较大的电流，适用于大功率整流电路；结面积较小时，结电容较小，工作频率较高，适用于开关电路。

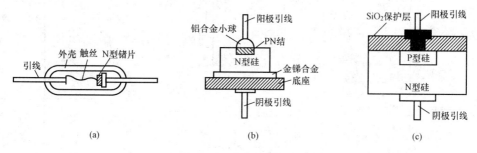

图 1-42　二极管的结构
（a）点接触型；（b）面接触型；（c）平面型

2. 二极管的伏安特性及参数

（1）伏安特性。普通二极管是 PN 结的正向特性的应用，所以它的伏安特性也就是 PN 结的正向特性，如图 1-43 所示。二极管是一种非线性元件，其中的电流 i_{VD} 和两端的电压 u_{VD} 间的函数关系可近似地表示为

$$i_{VD} = I_s(e^{\frac{u_{VD}}{V_T}} - 1) \qquad (1-33)$$

式中：I_s 为反向饱和电流；V_T 为温度的电压当量，常温（$T=300K$）时，$V_T=26mV$；u_{VD} 和 V_T 在式中采用同一单位。

式（1-33）称作半导体二极管的伏安特性方程。当二极管外加正向电压，且 $u_{VD} \gg V_T$ 时，式中的 $e^{u_{VD}/V_T} \gg 1$，故 1 可略去，即正向电压与电流近似为

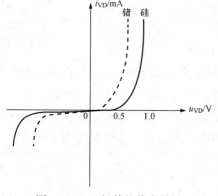

图 1-43　二极管的伏安特性

指数关系；当二极管外加反向电压时，u_{VD} 为负，若 $|u_{VD}| \gg V_T$，指数项接近于零，故 $i_{VD} \approx I_s$，即二极管的反向电流基本上与电压无关。

（2）技术参数。二极管的参数简要表明了二极管的性能和使用条件，是正确选择和使用二极管的依据，主要参数有如下几个：

1）最大正向电流 I_F，指二极管长时间使用时允许流过的最大正向平均电流。当实际流过的正向平均电流超过该值时，二极管将因 PN 结过热而损坏。

2）最高反向工作电压 U_R，指保证二极管不被击穿所允许施加的最高反向电压，一般规定为反向击穿电压的 1/2 至 2/3。

3）最大反向电流 I_{RM}，指二极管加上最高反向工作电压时的反向电流值，是衡量二极管温度性能的指标，反向电流越小，二极管受温度的影响也越小。

其他参数，如二极管的最高工作频率、最大整流电流下的正向压降、结电容等，可在需要时查阅产品手册，但要注意给出参数的测试条件和产品制造过程中难以避免的分散性。

3. 二极管的电路模型

由二极管的伏安特性可知，二极管是一种非线性电阻，非线性电阻的电路图形符号如图 1 - 44（b）所示。在非线性电阻的伏安特性曲线上的任意一点 Q，都可以定义两种电阻，即静态电阻 R_s 和动态电阻 r_d。下面以二极管为例来介绍静态电阻和动态电阻的意义。

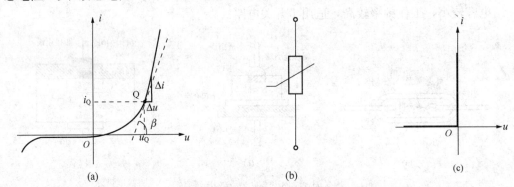

图 1 - 44　非线性电阻的伏安特性

（a）二极管的电阻参数；（b）非线性电阻；（c）伏安特性曲线

由图 1 - 44（a）的 Q 点可得静态电阻 R_s 和动态电阻 r_d 的表达式为

$$R_s = \frac{u_Q}{i_Q} \tag{1 - 34}$$

$$r_d = \lim_{\Delta i \to 0} \frac{\Delta u}{\Delta i} = \frac{du}{di} = \frac{1}{\tan\beta} \tag{1 - 35}$$

r_d 的几何意义如图 1 - 44（a）所示。由于在二极管正向压降仅为 0.5～0.7V 的正常工作范围内，当电源电压远大于二极管正向导通压降时，可将二极管近似看成理想二极管，其伏安特性曲线如图 1 - 44（c）所示。二极管正向导通时，忽略正向导通压降和电阻，二极管相当于短路；二极管反向截止时，忽略反向饱和电流，反向电阻无穷大，二极管相当于开路。

1.5.3　稳压管

1. 稳压管外形及电路符号

稳压二极管简称稳压管，又称齐纳二极管，是 PN 结电击穿恒压特性的应用，是一种用特殊工艺制造的面接触型硅半导体二极管。其外形和图形符号如图 1-45 所示。它在电路中与适当阻值的电阻配合能起稳定电压的作用。

2. 工作原理及伏安特性

稳压管正常工作在 PN 结的反向击穿特性，稳压管的伏安特性曲线形状与普通二极管的类似，如图 1-46 所示，只是稳压管的反向特性曲线比普通二极管的更陡一些。反向击穿后，电流在很大范围内变化，管子两端的电压变化很小，因此可以稳压。与普通二极管不同，它的反向击穿是可逆的，当去掉反向电压后，击穿可以恢复。

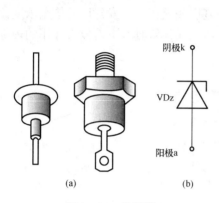

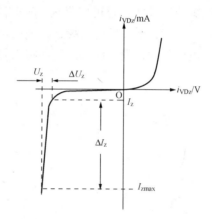

图 1-45　稳压管

（a）外形；（b）图形符号

图 1-46　稳压二极管的伏安特性曲线

3. 稳压管的主要参数

（1）稳定电压 U_z。稳定电压是稳压管在正常工作下管子两端的电压。一般手册中所给出的都是在通过规定的测试电流时管子两端的电压。由于工艺方面的原因，即使同一型号的稳压管，其稳压值也有一定的分散性，例如 2CW14 稳压管的稳定电压为 6～7.5V。

（2）稳定电流 I_z 和最大稳定电流 I_{zmax}。稳定电流是指工作电压等于稳定电压时的反向电流。最大稳定电流是指稳压管允许通过的最大反向电流。使用稳压管时，工作电流不能超过 I_{zmax} 值，否则稳压管将会发生热击穿而烧毁，所以，应注意采取适当的限流措施。

（3）最大耗散功率 P_{zm}。最大耗散功率是指稳压管不发生热击穿的最大功率损耗。$P_{zm}=U_z I_{zmax}$，已知 U_z 和 P_{zm} 和就可以求出 I_{zmax}。

（4）动态电阻 r_z。动态电阻是稳压管在反向击穿区稳定工作时，端电压的变化量与相应电流变化量的比值。它是衡量稳压管稳压性能的指标。r_z 愈小，则由 ΔI_z 引起的 U_z 变化量 ΔU_z 愈小，稳压性能愈好。

（5）电压温度系数 α_U。电压温度系数就是当温度变化 1℃时，U_z 变化的百分比数，用以表示稳压管的温度稳定性。一般来说，低于 6V 的稳压管，它的温度系数是负的；高于 6V 的稳压管，电压温度系数是正的；而 6V 左右的稳压管，稳压值受温度的影响就比较小。

1.6　双 极 晶 体 管

晶体管是电子电路的核心元件。它有两大类型：一是双极晶体管 BJT（Bipolar Junction Transistor），一是场效晶体管 FET（Field Effect Transistor）。双极晶体管是因为在工作过程中有自由电子和空穴两种载流子同时参与导电而得名。双极晶体管种类很多，按制造材料分硅管和锗管，按工作频率分高频管和低频管，按功率大小分大、中、小功率管等。

1.6.1　双极晶体管的结构

两个 PN 结则可以构成一个双极晶体管，其外形图、结构示意图和电路图形符号如图 1-47 （a）、（b）和（c）所示。由图 1-47 （b）可知，它由三个掺杂区（发射区、基区、集电区）和两个 PN 结（发射结和集电结）构成。由发射区、基区、集电区分别引出电极，命名为发射极 e、基极 b、集电极 c。根据各区的掺杂不同，双极晶体管有 NPN 和 PNP 两种类型，无论硅管还是锗管都可以做成 NPN 和 PNP 两种类型。BJT 制造工艺的特点是：基区很薄且掺杂浓度很低；发射区掺杂浓度很高，与基区相差很大；发射区的掺杂浓度比集电区高，而集电区尺寸比发射区大。这些特点是保证双极晶体管具有电流放大作用的内部条件。

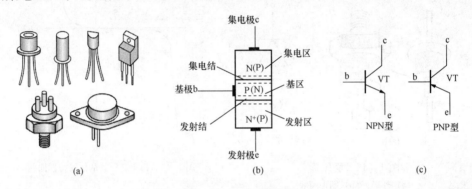

图 1-47　双极晶体管
（a）外形图；（b）结构示意图；（c）电路图形符号

1.6.2　双极晶体管的放大原理

1. 双极晶体管的放大工作条件

为了使双极晶体管具有放大作用，除上述的内部条件外，还必须具备适当的外部条件，即 PN 结偏置状态。双极晶体管的不同工作状态及其外部条件见表 1-1。

表 1-1　　　　　　　　　　　　双极晶体管工作状态及其外部条件

发射结偏置	集电结偏置	工作状态	应用
正偏	反偏	放大	放大电路
	正偏	饱和	开关电路
反偏	反偏	截止	开关电路
	正偏	倒置	

可见，要使双极晶体管工作在放大状态，则必须使发射结正偏，集电结反偏。在放大电路中，NPN 型和 PNP 型双极晶体管的工作原理类似，只是在使用时电源极性连接不同。

【例 1-6】　用万用表直流电压挡测得电路中双极晶体管（均为 NPN 硅管）各电极的对地电位如图 1-48 所示。试判断各双极晶体管分别工作于什么状态（截止，饱和，放大）。

解　（1）由图 1-48 （a）可以求得 $U_{BE}=0.2V$，小于硅管的死区电压 0.5V；$V_C>V_B$，集电结也反偏，故该管工作于截止状态。

（2）由图 1-48 （b）可以求得 $U_{BE}=0.7V$，发射结正偏；$V_C<V_B$，集电结也正偏，且

$U_{CE}=0.3V$，故该管工作在饱和状态。

（3）由图 1-48（c）可以求得 $U_{BE}=0.6V$，发射结正偏；$V_C>V_B$，集电结反偏，故该管工作在放大状态。

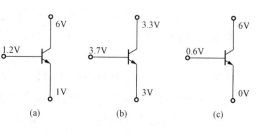

图 1-48　[例 1-6] 图

　　2. 内部载流子运动规律

　　双极晶体管在放大电路中有三种连接方式（或三种组态），即共发射极、共基极和共集电极连接，它是以输入与输出公共电极命名的，如图 1-49 所示。不论哪种连接方式，其内部载流子的传输过程相同。下面以共发射极接法的 NPN 管为例介绍载流子运动规律。

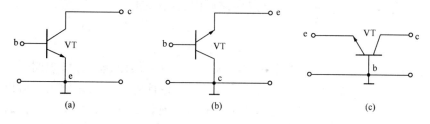

图 1-49　双极晶体管的连接组态
（a）共发射极连接；（b）共集电极连接；（c）共基极连接

　　共发射极电路中载流子的运动示意如图 1-50 所示。在发射结正向偏置电压的作用下，

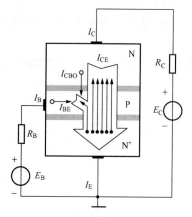

图 1-50　共发射极电路中载流子的运动

发射区的电子不断通过发射结扩散到基区，由于基区很薄且空穴浓度很低，发射区进入基区的电子只有一少部分与基区的空穴复合，而绝大部分继续扩散到集电结的边沿。当然，基区的空穴也会扩散到发射区，但因为基区的掺杂浓度很低，故形成的电流（图中未画出）很小，可以忽略。

　　由于集电结处于反向偏置，其空间电荷区中的电场很强，因此，扩散到集电结的边缘的电子在电场作用下作漂移运动越过集电结，被集电区收集。另外，电场的作用也会使集电区的空穴（少数载流子）向基区漂移，形成由集电区流向基区的反向饱和电流 I_{CBO}，其大小取决于少数载流子的浓度，因此很小。

　　发射区发射出的电子形成了发射极电流 I_E、在基区载流子的复合形成了基极电流 I_B 和集电区收集的载流子形成了集电极电流 I_C。它们之间的关系由 KCL 约束，即

$$I_E = I_C + I_B \qquad (1-36)$$

　　由于对 BJT 内部结构尺寸和掺杂浓度差异的特殊设计，致使管子工作在放大状态时，发射区所发射的电子在基区复合的比例以及被集电区收集的比例是基本确定的。由此形成 I_E、I_B 和 I_C 之间的比例关系确定，且在数值上 I_C 接近于 I_E 而远大于 I_B，即

$$\left. \begin{array}{l} I_C = \beta I_B \\ I_C = \dfrac{\beta}{1+\beta} I_E \end{array} \right\} \qquad (1-37)$$

式中：β 为电流放大系数，一般在 20～150 之间。

考虑 $I_C=\beta I_B$ 的关系后，式（1-36）改写为

$$I_E=(1+\beta)I_B \tag{1-38}$$

可见，当 I_B 一旦发生微小变化时，I_C、I_E 将应发生较大的变化。这就是 BJT 的电流放大作用，这种放大的实质是小电流控制大电流，即基极电流对集电极电流的控制作用。

1.6.3　双极晶体管的特性曲线及参数

在实际应用中常以共发射极接法时的输入特性曲线和输出特性曲线代表双极晶体管的特性曲线。这些特性曲线可用特性图示仪直观地显示出来，也可以通过实验的方法测试。

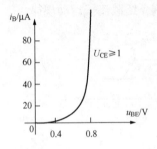

图 1-51　BJT 的输入特性

（1）输入特性曲线。共发射极输入特性曲线是指 U_{CE} 为参变量时，I_B 与 U_{BE} 之间的关系，即

$$i_B=f(u_{BE})\big|_{u_{CE}=常数} \tag{1-39}$$

图 1-51 是 NPN 型硅管的输入特性。

严格地讲，输入特性是一族曲线。分析表明，当 $U_{CE}>1V$ 时，集电结已反向偏置，并且内电场已足够大，可以把从发射区扩散到基区的电子中的绝大部分拉入集电区。此时如果保持 U_{BE} 不变，从发射区发射到基区的电子数就一定，这样再增大 U_{CE}，I_B 也就基本不变。就是说，$U_{CE}>1V$ 后输入特性曲线基本上是重合的。所以，通常只画出 $U_{CE}=1V$ 的一条输入特性曲线。

由图 1-51 可见，只有在 u_{BE} 大于死区电压时，I_B 才会出现。硅管的死区电压约为0.5V，锗管的死区电压不超过 0.2V，在正常工作情况下，硅管的发射结压降为0.6～0.7V，锗管的发射结压降为 0.2～0.3V。

（2）输出特性曲线。共发射极输出特性曲线是指 i_B 为参变量时，i_C 与 u_{CE} 之间的关系，即

$$i_C=f(u_{CE})\big|_{i_B=常数} \tag{1-40}$$

对应不同的 I_B 有不同的曲线，所以 BJT 的输出特性曲线是一族曲线，如图 1-52 所示。双极晶体管的不同工作状态对应输出特性曲线相应的工作区（见图 1-52）。

1）放大区。当 BJT 工作在放大状态时对应输出特性曲线上接近于水平部分，故这部分称为放大区，也称为线性区。放大区的特点是：i_C 的大小受 i_B 的控制，且 $\Delta I_C\gg\Delta I_B$，$\Delta I_C=\beta\Delta I_B$，它表明了双极晶体管的电流放大作用；各条曲线近似水平，则表明 i_C 与 u_{CE} 的变化基本无关，故呈现恒流特性，即双极晶体管相当于一受控恒流源，具有较大的动态电阻。

2）截止区。$I_B=0$ 对应的输出特性曲线以下的区域称为截止区。$I_B=0$ 时集电极电流为穿透电流 I_{CEO}，其值很小，若忽略不计，集电极与发射极之间相当于开路，即相当于一个断开的电子开关。

3）饱和区。当 $U_{CE}<U_{BE}$ 时，集电极电位低于基极，集电结与发射结均处于正向偏置，

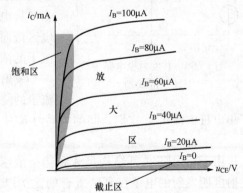

图 1-52　BJT 的输入特性曲线

BJT 工作在饱和状态。在饱和区，$\Delta I_C \neq \beta \Delta I_B$。饱和状态下集电极与发射极之间的电压 U_{CES} 称为饱和压降，其值很小，通常硅管约为 $0.3V$，锗管约为 $0.1V$。故双极晶体管相当于一个闭合的电子开关。截止区和饱和区统称双极晶体管的非线性区。

（3）主要参数。BJT 的参数用来表征其性能和适用范围，是选择元件、设计电路的依据。BJT 的参数很多，主要的有下面几个：

1）电流放大系数。当 BJT 接成共发射极电路时，静态（无输入信号）时集电极电流 I_C 与基极电流 I_B 的比值称为共发射极静态电流（直流）放大系数，即

$$\bar{\beta} = \frac{I_C}{I_B} \tag{1-41}$$

当 BJT 工作在动态（有输入信号）时，基极电流变化量 ΔI_B 与对应集电极电流变化量 ΔI_C 的比值称为动态电流（交流）放大系数，即

$$\beta = \frac{\Delta I_C}{\Delta I_B} \tag{1-42}$$

两者的含义虽然不同，但在输出特性曲线近于等间距（I_B 等差变化）水平且 I_{CEO} 很小的情况下，两者较为接近，因此实际应用中一般不作严格区分。常用的小功率 BJT 的 β 值约为 $20 \sim 150$。β 随温度升高而增大，在输出特性曲线反映为曲线上移且曲线的间距增大。

2）集—基极反向饱和电流 I_{CBO}。I_{CBO} 为当发射极开路时的集电极电流。I_{CBO} 由少数载流子的漂移运动形成的，受温度的影响很大。在室温下，小功率锗管的 I_{CBO} 约为几微安到几十微安，小功率硅管的 I_{CBO} 在 $1\mu A$ 以下，且温度稳定性优于锗管。

3）穿透电流 I_{CEO}。I_{CEO} 为基极开路时的集电极电流。I_{CEO} 受温度的影响很大，其数值约为 I_{CBO} 的 β 倍，I_{CBO} 愈大，β 愈高，BJT 的温度稳定性愈差。一般硅管的 I_{CBO} 比锗管的小 $2 \sim 3$ 个数量级。

4）集电极最大允许电流 I_{CM}。集电极电流 I_C 超过一定值时，BJT 的 β 值要下降。当 β 值下降到正常值 $2/3$ 时的集电极电流，称为集电极最大允许电流 I_{CM}。因此，在使用 BJT 时，I_C 超过 I_{CM} 并不一会使 BJT 损坏，但以降低 β 值为代价。

5）集—射极反向击穿电压 $U_{(BR)CEO}$。基极开路时，加在集电极和发射极之间的最大允许电压称为 $U_{(BR)CEO}$。当 BJT 的集—射极电压 $U_{CE} > U_{(BR)CEO}$ 时，集电结将被反向击穿，I_{CEO} 会突然大幅上升。

6）集电极最大允许耗散功率 P_{CM}。BJT 工作时集电极的功率损耗 $P_C = I_C U_{CEO}$。P_C 的存在使集电结的温度升高，若 $P_C > P_{CM}$，将会导致 BJT 过热损坏。

1.6.4 双极晶体管的简化小信号模型

如果 BJT 工作在特性曲线近似于直线的部分，而且工作信号是变化范围很小的小信号，那么在这小范围内，图 1-53（a）的电路可以用图 1-53（b）的线性电路模型等效。

由图可见，输入电阻等效为一个线性电阻 r_{be}。r_{be} 称为 BJT 的输入电阻，其意义如图 1-53（c）所示。它等于双极晶体管静态工作点 Q 处的动态电阻，即

$$r_{be} = \frac{\Delta U_{BE}}{\Delta I_B} \tag{1-43}$$

r_{be} 一般为几百欧到几千欧。低频小功率 BJT 的 r_{be} 常用下面数值公式估算

$$r_{be} \approx 200 + (\beta + 1)\frac{26}{I_{EQ}} \tag{1-44}$$

式中：I_{EQ} 为 Q 点对应的发射极电流，mA。

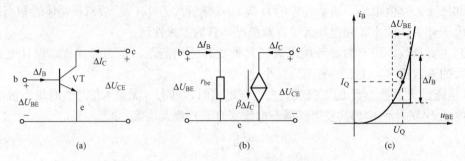

图 1-53 BJT 简化的小信号模型

(a) 元件电路；(b) 小信号模型；(c) r_{be} 的意义

在放大区，BJT 具有恒流特性，I_C 受 I_B 的控制，而与 U_{CB} 无关。因此，变化量 ΔI_C 也只受 ΔI_B 的控制，而与 U_{CE} 无关，于是集电极与发射极之间可用一个 $\Delta I_C = \beta I_C$ 的电流控制电流源（CCCS）来等效。

以上模型因忽略了 U_{CE} 对 I_B 和 I_C 的影响，故称为简化的小信号模型。

【例 1-7】 一个双极晶体管接在放大电路中，测得它的三只管脚上电位分别为 $V_1 = -6V$，$V_2 = -3V$ 和 $V_3 = -3.2V$。试判定该管的发射极、基极和集电极，说明它是一只什么材料和类型的晶体管。

解 本题的解题思路是：

(1) 基极一定居于中间电位。

(2) 根据双极晶体管发射结正偏电压时的 U_{BE}，对锗管为 0.2～0.3V，对硅管为 0.6～0.7V，可找出发射极 E，并可判断出是硅管还是锗管。

(3) 余下第三脚必为集电极。

(4) 若 $U_{CE} > 0$ 为 NPN 型管，若 $U_{CE} < 0$ 为 PNP 型管。

由以上思路可判定电位为 V_1 的应为集电极，电位为 V_2 的为发射极，电位为 V_3 的为基极。管子的类型是 PNP 锗管。

1.7　绝缘栅型场效晶体管

场效晶体管是利用外加电压产生的电场强度来控制其导电能力的一种半导体器件。所以场效晶体管是一种电压控制的单极型（仅有一种载流子［电子或空穴］参与导电）的半导体器件。其按结构可分为结型场效晶体管和绝缘栅型场效晶体管两大类。最常用的绝缘栅型场效晶体管为金属—氧化物—半导体（Metal Oxide Semiconductor）场效晶体管，通常简称 MOS 管。本书仅介绍工艺简单、应用广泛的 MOS 管。

绝缘栅型场效晶体管按导电沟道的不同，分为 N 沟道和 P 沟道两类；按导电沟道形成的原理不同，每一类又分为增强型和耗尽型两种。

1.7.1　N 沟道增强型 MOS 管

1. 基本结构

N 沟道绝缘栅型场效晶体管（称为 NMOS 管）的结构如图 1-54（a）所示。它以一块掺杂浓度较低的 P 型硅片作为衬底，在其中扩散两个掺杂浓度很高的 N^+ 型区，并引出两个电极，分别称为源极 S 和漏极 D。P 型硅片表面覆盖一层极薄的二氧化硅绝缘层，在两个 N^+ 型区之间的绝缘层上制作一个金属电极称为栅极 G。因栅极与其他电极及硅片之间是绝缘的，故有绝缘栅型场效晶体管之称。图 1 - 54（b）为增强型 MOS 管的电路图形符号。

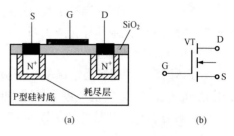

图 1 - 54　N 沟绝缘栅型场效晶体管
（a）结构示意；（b）电路图形符号

2. 工作原理

（1）导电沟道。由图 1 - 54（a）可见，漏极和源极之间是两个背靠背彼此串联的 PN 结，因此，无论漏极和源极之间加什么极性的电压，总是使其中的一个 PN 结处于反向偏置，反向电阻很高，漏极电流近似为零。

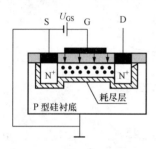

图 1 - 55　N 沟道增强型
MOS 管的工作原理

如图 1 - 55 所示，如果在栅极和源极之间加正向电压 U_{GS}，由于 SiO_2 绝缘层的存在，则无栅极电流。但是在 U_{GS} 的作用下，在 SiO_2 绝缘层中产生了一个垂直 P 型硅衬底的电场，其方向由栅极指向 P 型硅衬底。该电场将吸引衬底中的电子到达衬底的表层，由于受 SiO_2 绝缘层的阻止，而积聚在靠近绝缘层的衬底表面，于是形成了一层自由电子层，即 N 型薄层。它与 P 型硅衬底的电极性相反，故又称之为反型层。它将两个 N^+ 型区，即漏极和源极沟通。故称该自由电子层为导电沟道，因自由电子带负电，故称为 N 型导电沟道。这种只有在栅极和源极之间加正向电压 U_{GS} 时才形成导电沟道的称为增强型场效晶体管。

在增强型 MOS 管的电路图形符号中，其中源极 S 和漏极 D 间的连线是虚线，表示 $U_{GS}=0$ 时导电沟道尚未形成。

由于 MOS 管工作时只有一种极性的载流子（N 沟道是电子、P 沟道是空穴）参与导电，故亦称为单极型晶体管。

（2）栅源极 U_{GS} 对漏极电流 I_D 的控制作用。与双极晶体管的共发射极接法类似，MOS 管常采用共源极接法，如图 1 - 56 所示。

当栅—源电压 U_{GS} 为某一数值时，增强型 MOS 管的漏—源极之间形成 N 型导电沟道，在正电源 U_{DD} 的作用下，沟道中的电子从源极侧向漏极运动，形成漏极电流 I_D。如果栅—源电压增加，则导电沟道加宽，引起漏极电流 I_D 增大。因此，MOS 管是利用电场效应改变导电沟道来控制漏极电流 I_D 的。或者说，是利用 U_{GS} 控制漏极电流 I_D 的。所以，MOS 管的漏极电流 I_D 受栅—源电压 U_{GS} 的控制，MOS 管是一种电压控制元件。

与 BJT 相比 MOS 管具有输入电阻大、耗电少、噪声低、热稳定性好、抗辐射能力强等优点，常用于低噪声放大器的前级或环境条件变化较大的场合。另外，MOS 管的制造工艺比较简单，占用芯片面积小，特别适用于制造大规模集成电路。

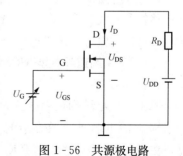

图 1 - 56　共源极电路

与 BJT 类似，MOS 管不仅可以通过 U_{GS} 对 I_D 的控制用于信号放大，而且也可以作为开关元件，通过 U_{GS} 控制其导通或关断，广泛应用于开关电路和脉冲数字电路中。

3. NMOS 管的特性曲线

由于 MOS 管的栅极是绝缘的，栅极电流 $I_G \approx 0$，因此不宜研究 I_G 和 U_{GS} 之间的关系。而用 i_D 和 u_{DS}、u_{GS} 之间的关系来描述 MOS 管的特性。下面以 NMOS 管为例介绍其特性。

（1）转移特性。转移特性是以 u_{DS} 为参数变量时，i_D 与 u_{GS} 之间的关系

$$i_D = f(u_{GS}) \big|_{u_{DS}=常数} \tag{1-45}$$

NMOS 管的转移特性曲线如图 1-57（a）所示。由图可以看出，只有 U_{GS} 大于一定的数值后，才会有漏极电流 I_D 出现。这个在一定的漏—源电压 U_{DS} 作用下，使 MOS 管由不导通变为导通的临界栅—源电压称为开启电压，记作 $U_{GS(th)}$。当 $0<U_{GS}<U_{GS(th)}$ 时，导电沟道尚未联通。不管漏—源电压 U_{DS} 的极性如何，总有一个 PN 结是反向偏置的，所以漏极电流 $I_D \approx 0$。只有当 $U_{GS}>U_{GS(th)}$ 时，才会有漏极电流 I_D 出现。可见转移特性反映了 U_{GS} 对 I_D 的控制特性。

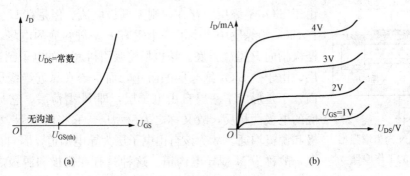

图 1-57　增强型 NMOS 管的特性曲线

（a）转移特性曲线；（b）输出特性曲线

（2）输出特性。输出特性是以 u_{GS} 为参数变量时，i_D 和 u_{DS} 之间的关系

$$i_D = f(u_{DS}) \big|_{u_{GS}=常数} \tag{1-46}$$

MOS 管的输出特性曲线亦称漏极特性曲线，如图 1-57（b）所示。当 U_{DS} 较小时，在一定的 U_{GS} 作用下，I_D 几乎随 U_{DS} 的增大而线性增大，I_D 增长的斜率取决于 U_{GS} 的大小。在这个区域内，漏极和源极之间可看作一个受 U_{GS} 控制的可变电阻，故称为可变电阻区。当 U_{DS} 较大时，I_D 几乎不再随 U_{DS} 的增大而变化，但在一定的 U_{GS} 下，I_D 随 U_{GS} 的增加而增长，故这个区域称为线性放大区或恒流区，用于放大时就工作在这个区域。

P 沟道增强型 MOS 管漏极电源、栅极电源的极性均与 N 沟道增强型 MOS 管相反，故其转移特性曲线在第三象限，如表 1-2 所示。也就是说，P 沟道增强型 MOS 管漏极和源极间应加负极性电源，栅极电位应比源极电位低 $|U_{GS(th)}|$ 时 MOS 管才能导通。

1.7.2　N 沟道耗尽型 MOS 管

1. 工作原理

图 1-58 为 N 沟道耗尽型 MOS 管的结构示意图和电路图形符号。它与增强型 MOS 管的结构基本相同，只是在制造的过程中，在二氧化硅绝缘层中掺入了大量正离子。当 $U_{GS}=0$ 时，在两个 N^+ 型区之间的 P 型衬底表面形成足够强的电场，这个电场将会排斥 P 型硅衬底

中的空穴，并把衬底中的电子吸引到表面，形成一个 N 型导电沟道，将两个 N$^+$ 型区即漏极和源极沟通。

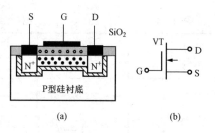

图 1-58 N 沟道耗尽型 MOS 管
(a) 结构示意图；(b) 电路图形符号

2. 耗尽型 NMOS 管的特性曲线

耗尽型 NMOS 管由于具有原始导电沟道，所以 $U_{GS}=0$ 时漏极电流已经存在，用 I_{DSS} 表示，称为饱和漏极电流。当 $U_{GS}>0$ 时，导电沟道加宽，I_D 增大；当 $U_{GS}<0$ 时，导电沟道变窄，I_D 将减小。NMOS 管的转移特性和输出特性如图 1-59 所示。

当 U_{GS} 减小（即向负值方向增大）到某一数值时，导电沟道消失 $I_D \approx 0$，耗尽型 NMOS 管处于夹断状态（即截止），此时的栅—源电压称为夹断电压 $U_{GS(OFF)}$，如图 1-59（a）所示。

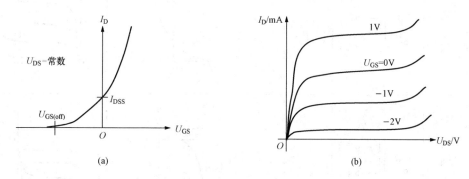

图 1-59 耗尽型 NMOS 管的特性曲线
(a) 转移特性曲线；(b) 输出特性曲线

可见，耗尽型 NMOS 管无论栅—源电压 U_{GS} 是正是负或是零，都能控制漏极电流 I_D，这一特点使其应用具有更大的灵活性。

实验表明，在图 1-59（b）所示输出特性曲线的恒流区内，N 沟道耗尽型 MOS 管的 I_D 可近似表示为

$$I_D = I_{DSS}\left[1 - \frac{U_{GS}}{U_{GS(Off)}}\right]^2 \tag{1-47}$$

增强型和耗尽型绝缘效应管的主要区别就在于是否有原始导电沟道。所以，如果要判别一个没有型号的 MOS 管是增强型还是耗尽型，只要检查它在零栅压下，在漏、源极间加压时是否能导通，就可作出判别。各种绝缘栅型场效晶体管的特性比较见表 1-2。

1.7.3 主要参数

1. 直流参数

(1) 开启电压 $U_{GS(th)}$。在一定的漏源电压 U_{DS} 作用下，使 MOS 管由不导通变为导通临界栅源电压称为开启电压。它是增强型 MOS 管的参数。

(2) 夹断电压 $U_{GS(off)}$。在一定的漏源电压 U_{DS} 作用下，当 U_{GS} 减小（即向负值方向增大）而漏极电流 I_D 也减小，当 $I_D=0$ 时所对应的 U_{GS} 称夹断电压。它是耗尽型 MOS 管的参数。

(3) 饱和漏极电流 I_{DSS}。当 $U_{GS}=0$ 时对应的漏极电流，称为饱和漏极电流。它是耗尽型 MOS 管的参数。

表 1 - 2　　　　　　　　　　　　各种绝缘栅型场效晶体管的特性比较

结构类型	工作方式	电路符号	电压极性		转移特性	输出特性
			U_{GS}	U_{DS}		
N 沟道	增强型	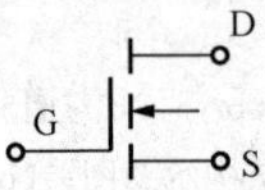	+	+	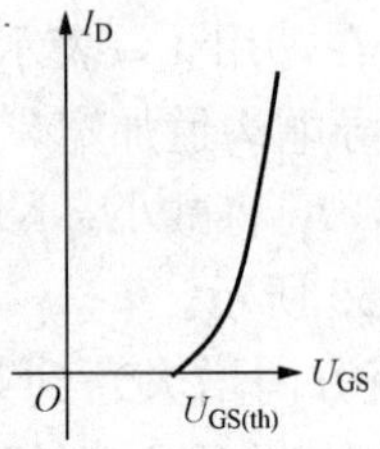	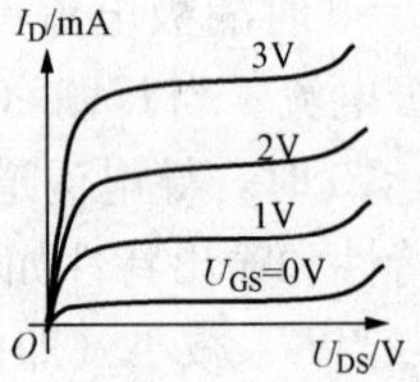
	耗尽型	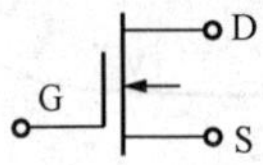	±	+	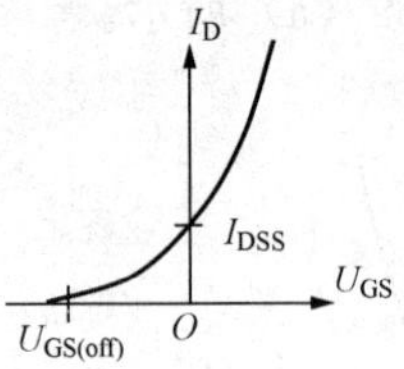	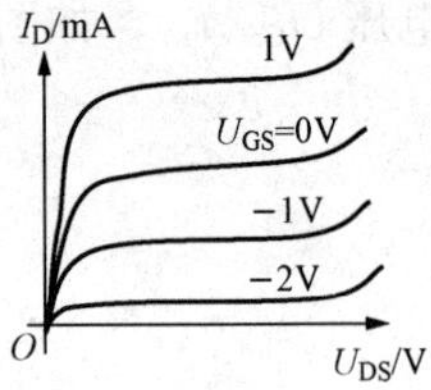
P 沟道	增强型	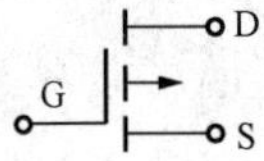	−		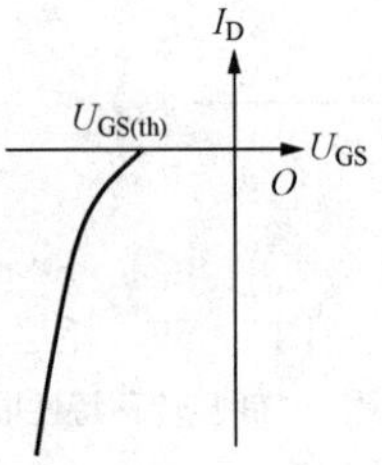	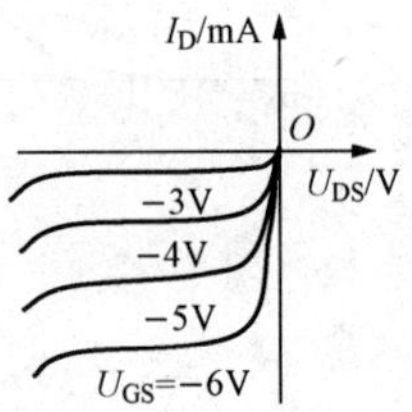
	耗尽型	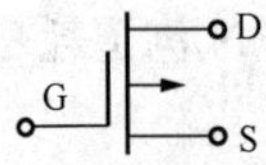	±	−	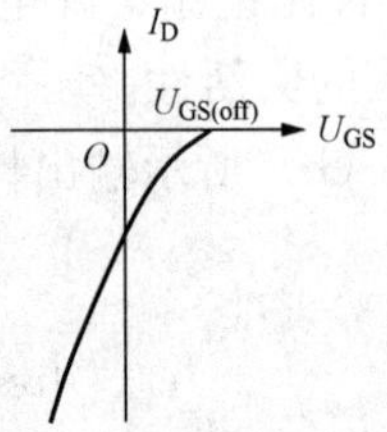	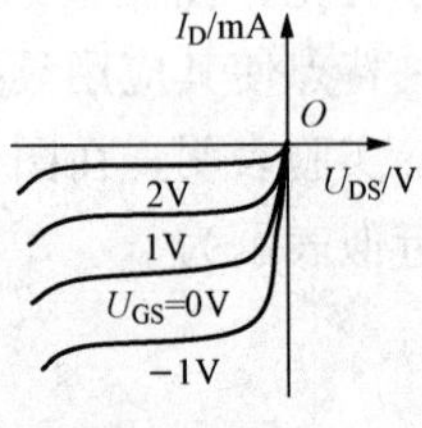

（4）栅—源直流输入电阻 R_{GS}。栅—源直流输入电阻是在漏、源两极短路的情况下，外加栅—源直流电压与栅极直流电流的比值。R_{GS} 一般大于 $10^9\,\Omega$。

2. 交流参数

（1）低频跨导 g_m。低频跨导是在 U_{DS} 为某一固定值时，漏极电流的微小变化 ΔI_D 和对应的输入电压变化量 ΔU_{GS} 之比，即

$$g_m = \frac{\Delta I_D}{\Delta U_{GS}}\Big|_{U_{DS}=\text{常数}} \tag{1 - 48}$$

其单位常采用 μS 和 mS [S 西（门子），是电导的单位]。它的大小是转移特性曲线在工作点处切线的斜率，工作点的位置不同，其数值也不同。

g_m 表征栅—源电压对漏极电流控制作用的大小，是衡量 MOS 管放大能力的参数。

（2）极间电容。场效晶体管存在栅源电容 C_{GS}、栅漏电容 C_{GD}、漏源电容 C_{DS}，它们都是

PN 结的势垒电容构成，其大小一般为 0.1~1pF。

3. 极限参数

（1）最大漏—源极击穿电压 $U_{DS(BR)}$，指漏区与衬底间的 PN 结反向击穿时的 U_{DS}。

（2）栅—源击穿电压 $U_{GS(BR)}$。栅—源击穿电压是在增大 U_{GS} 过程中，绝缘层击穿使 I_G 迅速增大时的 U_{GS} 值。

（3）最大漏极电流 I_{DM} 和最大耗散功率 P_{DM}。I_{DM} 是工作时允许通过的最大漏极电流。P_{DM} 是正常工作时，其漏极允许的耗散功率（$P_D = I_D U_{DS}$）最大值。

4. 使用注意事项

场效晶体管在使用时，除了不超过极限参数外，对 MOS 管还应特别注意感应电压过高而造成绝缘层击穿的问题。为了避免这种损坏，在保存时，必须将三个电极短接；在电路中，栅、源极间应有直流通路；焊接时应使电烙铁有良好的接地。

MOS 管的漏极和源极可以互换使用，但是有些产品源极与衬底连接在一起，这时漏极和源极不能对换，使用时必须注意。

1.7.4　MOS 管的简化小信号模型

和 BJT 一样，当 MOS 管在低频小信号状态下工作时，可以用它线性的小信号模型电路来代替。

MOS 管的输出特性曲线在线性放大区内具有恒流特性，即 I_D 仅受 U_{GS} 控制，与 U_{DS} 无关，由式（1-48）可知，$\Delta I_D = g_m \Delta U_{GS}$，因此可用一个电压控制电流源（VCCS）来建立 MOS 管简化的小信号模型，如图 1-60 所示。受控电流源 $g_m \Delta U_{GS}$ 受电压 ΔU_{GS} 的

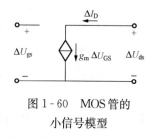

图 1-60　MOS 管的小信号模型

控制，由于 MOS 管的栅—源输入电阻很大，故可认为栅、源极间为开路。

1.8　半导体光电器件

光和电是不同形式的能量，二者可以相互转换。用于光、电能量或信号转换的半导体电子器件称为半导体光电器件。常用的光电器件，如发光二极管、激光三极管、光电池、光敏电阻、光电二极管、光电三极管、光耦合器等，具有响应速度快、传输损耗小、抗干扰能力强等突出优点，适用于能量转换、信息传输与显示、信号传感与隔离，因而在现代电子技术应用日趋广泛。

1.8.1　光电二极管

光电二极管又称光敏二极管。光电二极管使用时是反偏的，即应将阳极接低电位，阴极接高电位。光电二极管的管壳上有透明聚光窗，由于 PN 结的光电特性，当有光线照射时，光电二极管在一定的反向偏置电压范围内，其反向电流将随光照强度的增加而线性地增加。无光照时，光电二极管的伏安特性与普通二极管一样。光电二极管的图形符号如图 1-61 所示。

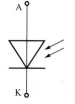

图 1-61　光电二极管图形符号

光电二极管的主要参数有：

（1）暗电流。暗电流是指无光照时的反向饱和电流，一般小于 $1\mu A$。

（2）光电流。光电流是指在额定照度下的反向电流，一般为几

十毫安。

（3）灵敏度。灵敏度是指在给定波长（如 $0.9\mu m$）的单位功率时，光电二极管产生的光电流，一般不小于 $0.5\mu A/\mu W$。

（4）峰值波长。峰值波长是指使光电二极管具有最大响应灵敏度（光电流最大）的光波长，一般光电二极管峰值波长在可见光和红外线范围内。

（5）响应时间。响应时间是指加定量光照后，光电流达到稳定值的 63% 所需的时间，一般为 10^{-7} s。

1.8.2　光电三极管

双极型光敏晶体三极管俗称光电三极管，其结构与普通 BJT 相似，而且也分 NPN 型和 PNP 型两类。光电三极管的管脚引线有三个的，也有两个的。三引线结构中，基极可以接偏置电路，用于预调工作点；两引线结构中，聚光窗口即为基极，只能由光照进行控制。它们的图形符号如图 1-62 所示。

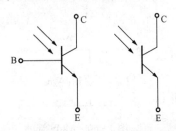

光电三极管的光电转换是在集电结进行的，与光电二极管相同。在光激发下产生的许多电子—空穴对（即光生载流子），其电子流向集电区被集电极所收集，空穴流向基区作为基极电流被放大 β 倍，其放大原理与普通 BJT 相同。

在光敏面积相同的条件下，光电流的放大作用使得光电三极管比光电二极管的灵敏度要高出约 β 倍。因此，光电三极管的光敏面积可以做得很小，更适用于要求较高封装密度的场合。光电三极管的特征参数和极限参数与光电二极管和普通 BJT 相似。

图 1-62　光电三极管图形符号

1.8.3　发光二极管

发光二极管是一种将电能直接转换成光能的固体器件，简称 LED（Light-emitting-Diode），其图形符号如图 1-63 所示。

和普通二极管相似，LED 也是由一个 PN 结构成，PN 结封装在透明管壳内。LED 之所以能发光，是由于它在结构、材料等方面与普通的二极管有所不同。它的 PN 结面做得比较宽，半导体材料的掺杂浓度也比普通二极管高得多，在正向导通时，电子和空穴直接复合，所释放出的能量大部分转换成光能。

LED 广泛用于信号指示和传输。作为显示器件，LED 的外形有方形、矩形和圆形等。除单个使用外，也常作为七段式数码显示器或矩阵式显示器件使用，用于显示数字和字符。

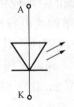

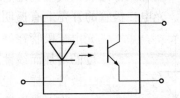

图 1-63　发光二极管图形符号　　　　图 1-64　光耦合器原理图

1.8.4　光耦合器

光耦合器简称为光耦，是发光器件和光电器件的组合体，图 1-64 为其原理示意图。使用时将电信号送入光耦合器输入侧的发光器件，发光器件将电信号转换成光信号，由输出侧的受光器件（光电器件）接收并再转换成电信号，由于输入与输出之间没有直接电气联系，信号传输是通过光耦合的，所以也称其为光电隔离器。

光耦合器常见的封装形式有管形金属壳真空密封式、双列直插封式和光导纤维连接式三种。这种光耦合器的发光器件和受光器件封装在同一不透明的外壳内，由透明、绝缘的树脂隔开。

光耦合器的发光器件常用发光二极管，受光器件则根据输出电路的不同要求，有光电二极管型，光电三极管型、光敏复合三极管型、光敏晶闸管型和光敏集成电路型等。

光耦合器有如下特点：

1）光耦合器的发光器件与受光器件互不接触，绝缘电阻很高，一般可达 $10^{10}\,\Omega$ 以上，并能承受 2000V 以上的高压，因此经常用来隔离强电和弱电系统。

2）光耦合器的发光二极管是电流驱动器件，输入电阻很小，一般来说，干扰源的内阻都比较大，且能量较小，很难使发光二极管误动作，所以光耦合器有极强的抗干扰能力。

3）光耦合器具有较高的信号传递速度，响应时间一般为数微秒，高速型光耦合器的响应时间可小于 100ms。

光耦合器的用途很广，常用于信号隔离转换，脉冲系统的电平匹配，微机控制系统的输入、输出接口等。

习　　题

1.1　判断图 1-65 中哪些元件是电源？哪些元件是负载？

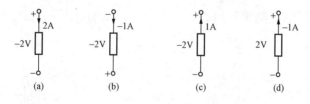

图 1-65　题 1.1 图

1.2　给图 1-66（a）所示 $C=1\mu F$ 的电路施加电压 u〔波形如图 1-66（b）所示〕，试绘出电容电流 i 的波形图。

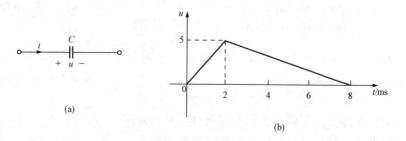

图 1-66　题 1.2 图

（a）电路；（b）电压波形

1.3 流经图1-67（a）所示电路的电流波形如图1-67（b）所示，已知$C=0.1$F，$u(0)=0$，试绘出电容电压u的波形图。

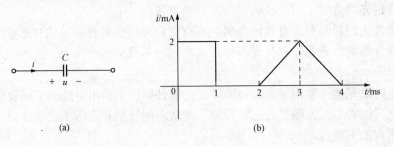

图1-67 题1.3图

(a) 电路；(b) 电流波形

1.4 图1-68（a）所示电路的电压波形和电流波形如图1-68（b）所示，求电容C。

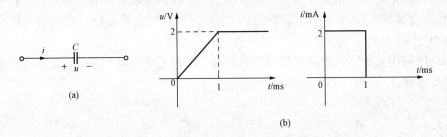

图1-68 题1.4图

(a) 电路；(b) 电压、电流波形

1.5 给$L=5$mH的电路施加如图1-69（b）所示的电压u，试绘出当$i(0)=0$时电感电流i的波形图。

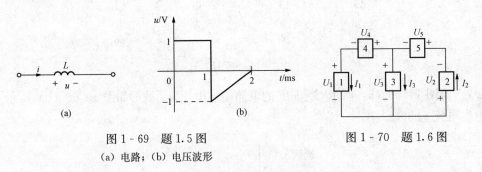

图1-69 题1.5图

(a) 电路；(b) 电压波形

图1-70 题1.6图

1.6 已知图1-70中五个元件的电流和电压分别为$I_1=-4$A，$I_2=6$A，$I_3=10$A，$U_1=140$V，$U_2=-90$V，$U_3=60$V，$U_4=-80$V，$U_5=30$V，其参考方向如图中所示。试判断：

(1) 各电流的实际方向和各电压的实际极性，并另画图表示。

(2) 哪些是电源？哪些是负载？它们的功率各是多少？

1.7 求图1-71所示各电路的电压、电流和功率。

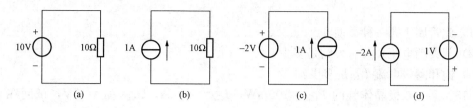

图 1 - 71　题 1.7 图

1.8　电路如图 1 - 72 所示。已知 $I_1 = 2A$，$I_s = 3A$，$E_2 = 10V$，求 E_2 的电流和发出的功率。

1.9　电路如图 1 - 73 所示。已知 $I_1 = 0.3A$，$I_2 = 0.5A$，$I_3 = 1A$，求 I_4。

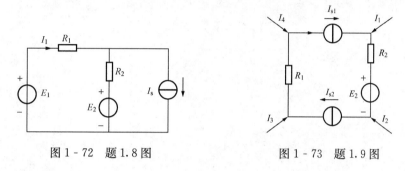

图 1 - 72　题 1.8 图

图 1 - 73　题 1.9 图

1.10　电路如图 1 - 74 所示。如选取 abcda 为回路绕向，试按 KVL 列出回路方程，并写出 U_{ab} 的两个表达式。

1.11　化简图 1 - 75 中各含源二端网络。

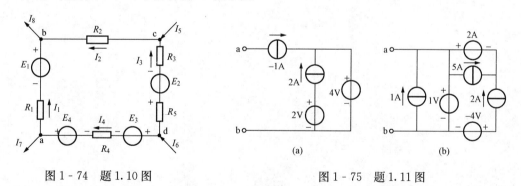

图 1 - 74　题 1.10 图

图 1 - 75　题 1.11 图

1.12　已知某一绝缘栅型场效应晶体管的输出特性曲线如图 1 - 76 所示。试由此图

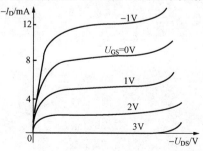

图 1 - 76　题 1.12 图

判断：

(1) 此管属于哪一种类型？

(2) 其夹断电压 $U_{GS(off)}$ 大约是多少？

(3) 饱和漏极电流 I_{DSS} 是多少？

1.13　某一双极晶体管的 $P_{CM}=100\text{mW}$，$I_{CM}=20\text{mA}$，$U_{CEO(BR)}=15\text{V}$，试问在下列三种情况下，哪种能正常工作？

(1) $U_{CE}=3\text{V}$，$I_C=10\text{mA}$；

(2) $U_{CE}=2\text{V}$，$I_C=40\text{mA}$；

(3) $U_{CE}=6\text{V}$，$I_C=20\text{mA}$。

第2章　电路定理及分析方法

电路的分析和研究，主要是通过对基本变量的定量分析和计算来达到目的的。线性电路的分析方法大致可分为两大类：其一，网络方程法。它是以电路的元件约束 VCR 和结构约束 KCL、KVL 为理论依据，选择适当的未知变量，建立一组独立方程并求解该方程组，最后得出所需要的支路电流、支路电压和其他量。其二，等效变换法。它是根据电路的一些性质和定理，对电路进行变换和简化使问题便于解决，从而达到分析计算的目的。为了便于突出主题，本章以直流电路为对象讨论分析方法。

在电路理论中，电路和网络两个概念并无根本区别，都是指按一定方式连接起来的电路元件的集合。但习惯网络是指较复杂的电路。根据习惯和需要本书也将采用不同的称谓。

2.1　简单电路的计算

2.1.1　电位计算及电路简化表示

1. 电位计算

在电路分析中，特别是在电子电路中，有时用电位的概念比电压概念显得方便。电子电路中常比较若干点间的电位高低，而电压仅用来比较某两点间的电位高低。

所谓电位，是指电路中某一点到参考点的电压。电路中的参考点，常选在电路中的某一结点，用接地符号"⊥"标示，它表示该点电位为零。电位用字母 V 表示。例如在图 2-1 中，我们选择 b 点为参考点，即设 b 点的电位为零

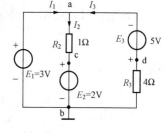

图 2-1　电位计算

$$V_b = 0$$

因为 $U_{ab} = V_a - V_b$ ，故

$$V_a = U_{ab} = E_1 = 3V$$

同理

$$V_c = U_{cb} = E_2 = 2V$$
$$V_d = U_{db} = V_a + E_3 = 8V$$

可以看出，电位实际上仍然是指的两点间的电压，即电路中任意点与参考点之间的电压。因此，电位的计算方法和计算电压的方法完全一样。

参考点可以选择电路中的任意一个结点，仍以图 2-1 为例，再选 a 点为参考点，则

$$V_a = 0$$

由 $U_{ab} = V_a - V_b$ ，得

$$V_b = -U_{ab} = -E_1 = -3V$$

又由 $U_{cb} = V_c - V_b$ ，得

$$V_c = U_{cb} + V_b = 2 - 3 = -1V$$

同理

$$V_d = U_{da} + V_a = 5V$$

结果表明，参考点选择不同，则各点电位亦不同，而任意两点间的电压却是不变的。由此可见，电位与参考点的选择有关，而电压则与参考点的选择无关。不指定参考点而讨论各点电位的高低是没有意义的。

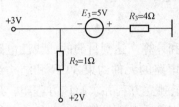

图 2-2　图 2-1 的简化电路

2. 电路的简化表示

在运用电位分析电路时，往往把电路画成简化的形式。图 2-2 所示电路就是图 2-1 所示电路的简化形式。

【例 2-1】　试求图 2-3（a）所示电路中的开关 S 断开及闭合时 a 点的电位。

解　图中接地符号虽有多个，其含义是等电位点，相当一根短接线连接在一起，并非多个参考点。所以开关 S 断开及闭合时的电路可分别改画成图 2-3（b）及（c）所示电路。

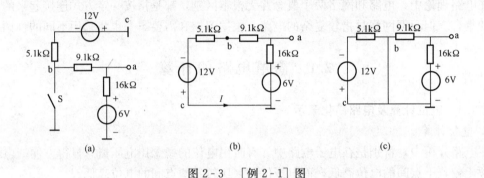

图 2-3　［例 2-1］图

当 S 断开时，由图 2-3（b）可列出电压方程（参考方向如图所示）为

$$(16+9.1+5.1)\times 10^3 I = 6+12$$

可得

$$I = \frac{18}{30.2\times 10^3} = 0.596\times 10^{-3}(A) = 0.596(mA)$$

于是

$$V_a = U_{ac} = -0.596\times 16 + 6 = -3.536(V)$$

当开关 S 闭合后，由图 2-3（c）看出，这时 b 点变成了零电位，使两个电源构成两个彼此无关的回路。a 点的电位只与 6V 电源的回路中电流有关，故得

$$V_a = U_{ab} = 9.1\times \frac{6}{16+9.1} = +2.175(V)$$

计算结果表明，由于开关 S 的接通，使 a 点电位由原来的 −3.536V 变为 +2.175V。

2.1.2　二极管电路分析

二极管的应用非常广泛，利用它的单向导电性，可组成各种应用电路，如整流电路、钳位电路、限幅电路、隔离电路等。

对二极管应用电路分析时，一般将二极管视为理想元件，即导通时，相当于短路；截止时，相当于开路。怎样判断二极管导通与截止呢？一般是假设二极管断开，然后求各二极管的阳极、阴极电位，据此来判断。下面介绍几种简单的应用电路。

1. 整流电路

利用二极管的单向导电性可以将交流电变为脉动的直流电，这种变换称为整流。其电路及电压波形如图 2-4 所示，设输入电压 $u_i = U_m \sin\omega t$。当输入电压 u_i 为正半周时，a 点电位高于 b 点的电位，二极管 VD 处于正向偏置而导通，负载电阻上的电压 $u_o = u_i$；当输入电压 u_i 为负半周时，a 点电位低于 b 点的电位，二极管 VD 处于反向偏置而截止，负载电阻上的电压 $u_o = 0$。负载 R_L 上电压 u_o 的波形如图 2-4（b）所示。u_o 仅在 u_i 的正半周期有波形，故称半波整流。

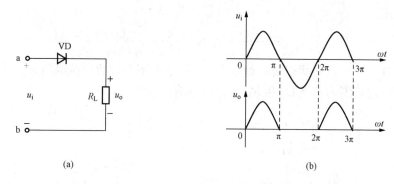

(a)　　　　　　　　　　(b)

图 2-4　整流电路

（a）电路图；（b）波形图

2. 限幅电路

图 2-5（a）为二极管双向限幅电路，用来限制输出电压的幅度。

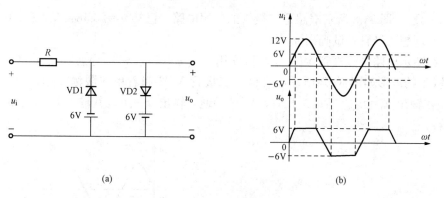

(a)　　　　　　　　　　(b)

图 2-5　二极管双向限幅电路

（a）电路图；（b）波形图

在 u_i 的正半周，当 $u_i < 6V$ 时，设 VD1、VD2 均截止，输出 $u_o = u_i$；当 $u_i > 6V$ 时，VD2 正偏导通，VD1 反偏截止，输出 $u_o = 6V$。在 u_i 的负半周，当 $u_i > -6V$ 时，设 VD1、VD2 均截止，输出 $u_o = u_i$；当 $u_i < -6V$ 时，VD1 导通，VD2 截止，输出 $u_o = -6V$。输入、输出波形如图 2-5（b）所示。

3. 二极管的钳位与隔离作用

二极管的钳位作用是指利用二极管正向导通压降相对稳定，且数值较小（有时可近似为零）的特点，来限制电路中某点的电位。二极管的隔离作用是指利用二极管截止时，通过的电流近似为零，两极之间相当于断路的特点，来隔断电路或信号的联系。

图 2-6 所示电路是二极管的钳位和隔离作用应用的电路。设 A 点电位 $V_A=0\text{V}$ 时，B 点电位 $V_B=6\text{V}$，这样看起来，VD1、VD2 二者均为正偏，但当合上电源后，VD1 比 VD2 先导通，亦称优先导通。二极管 VD1 导通后，使 V_o 钳制在 0V，即 $V_o=0\text{V}$，VD1 在此起着钳位的作用。这时 $V_B=+6\text{V}$，故 VD2 反偏而截止，B 点的电位对输出 V_o 没有影响，VD2 起到了将输出与输入隔离的作用。

4. 稳压电路

利用稳压管组成的简单稳压电路如图 2-7 所示。R 为限止流过稳压管电流的限流电阻，其值由下式确定

$$\frac{U_{i,\max}-U_Z}{I_{z,\max}+I_{L,\min}}<R<\frac{U_{i,\min}-U_Z}{I_{z,\min}+I_{z,\max}} \tag{2-1}$$

当稳压管处于反向击穿状态时，稳定电压 U_Z 基本不变，故负载电阻 R_L 两端的电压 U_o 基本稳定，在一定范围内不受 U_i 和 R_L 变化的影响。

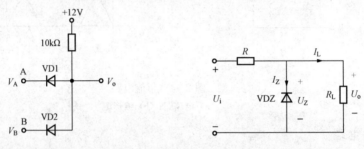

图 2-6　二极管的钳位和隔离作用应用　　　图 2-7　稳压管稳压电路

【例 2-2】　图 2-8 所示电路是二极管的应用电路，已知 $u=20\sin\omega t\text{V}$，$E=10\text{V}$。若将二极管看作理想二极管，试画出 u_o 的波形。

解　在图示电路中二极管 VD1 起整流作用，当 $u>0$ 时 VD1 导通，当 $u<0$ 时 VD1 截止，于是 U_1 的波形如图 (c) 所示脉动波。二极管 VD2 起着单向限幅作用，当 $u_1<E$ 时，VD2 截止，输出 $u_o=u_1$。当 $u_1>E$ 时，VD2 导通，输出 $u_o=E$。其输出电压 u_o 的波形如图 (d) 所示。

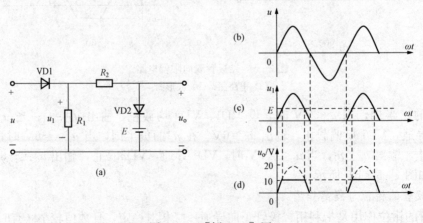

图 2-8　[例 2-2] 图
(a) 电路图；(b)、(c)、(d) 波形图

2.2　网 络 等 效 变 换

2.2.1　星形与三角形网络的等效互换

在无源网络化简的过程中，有时需要对星形和三角形网络进行等效互换，使其一些电路元件化成串（并）联关系，以便简化网络。

根据等效的定义，要使Y与△网络（如图 2-9 所示电路）等效，必须是对应端钮流入或流出的电流（如 I_a、I_b、I_c）对应相等，对应端钮间的电压（如 U_{ab}、U_{bc}、U_{ca}）也对应相等，也就是说经这样变化后，不影响电路其他部分的电压和电流。

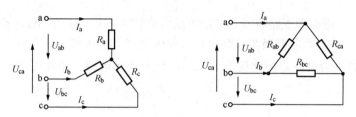

图 2-9　Y—△网络等效变换

当满足等效条件后，在Y形和△形两种接法中，对应的任意两端间的等效电阻也必须相等。如图 2-9 所示电路，设某一对应端开路时，其他两端间的等效电阻为

$$R_a + R_b = \frac{R_{ab}(R_{bc} + R_{ca})}{R_{ab} + R_{bc} + R_{ca}} （c 端开路，在 ab 端加电压）$$

同理

$$R_b + R_c = \frac{R_{bc}(R_{ca} + R_{ab})}{R_{ab} + R_{bc} + R_{ca}} （a 端开路，在 bc 端加电压）$$

$$R_c + R_a = \frac{R_{ca}(R_{ab} + R_{bc})}{R_{ab} + R_{bc} + R_{ca}} （b 端开路，在 ca 端加电压）$$

若已知一种连接参数，联立求解上式，可得另一种连接的等效参数，即

已知Y形连接的参数求△形连接的等效参数

$$\left.\begin{aligned} R_{ab} &= \frac{R_aR_b + R_bR_c + R_cR_a}{R_c} \\ R_{bc} &= \frac{R_aR_b + R_bR_c + R_cR_a}{R_a} \\ R_{ca} &= \frac{R_aR_b + R_bR_c + R_cR_a}{R_b} \end{aligned}\right\} \tag{2-2}$$

已知△形连接的参数求Y形连接的等效参数

$$\left.\begin{aligned} R_a &= \frac{R_{ab}R_{ca}}{R_{ab} + R_{ca} + R_{bc}} \\ R_b &= \frac{R_{bc}R_{ab}}{R_{ab} + R_{ca} + R_{bc}} \\ R_c &= \frac{R_{ca}R_{bc}}{R_{ab} + R_{ca} + R_{bc}} \end{aligned}\right\} \tag{2-3}$$

当 $R_a = R_b = R_c$，即电阻的Y形连接在对称的情况时，由式（2-2）可知

$$R_{ab} = R_{bc} = R_{ca} = R_{\triangle} = 3R_{Y} \qquad (2-4)$$

反之亦然，即

$$R_{Y} = \frac{1}{3}R_{\triangle} \qquad (2-5)$$

2.2.2 有源支路等效变换

有源支路等效变换法是根据电动势串联和电激流并联可以合并的原理以及电压源与电流源可等效互换来简化电路计算的方法。由第 1 章的有关内容可知，电压源和电流源模型也就是有源支路。然而，电压源和电流源等效互换就可以推广为有源支路的等效互换。所以，有源支路等效变换法实际是电压源和电流源等效互换的推广应用。下面以具体例子来说明其方法。

【例 2 - 3】　试用有源支路等效变换的方法计算图 2 - 10（a）中 3Ω 电阻中的电流 I。

解　根据电动势串联和电激流并联可以合并的原理，依次将有关支路如图 2 - 10（b）～（f）所示适当变换并合并，最后化简为图 2 - 10（g）所示电路，由此可得

$$I = \frac{2}{2+3} \times 2.5 = 1(\text{A})$$

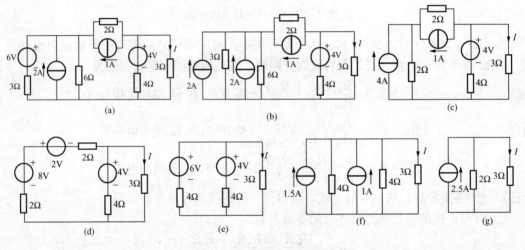

图 2 - 10　[例 2 - 3] 图

【例 2 - 4】　电路如图 2 - 11（a）所示。已知 $U_{S1} = 10\text{V}$，$I_{S} = 2\text{A}$，$R_1 = 1\Omega$，$R_2 = 2\Omega$，$R_3 = 5\Omega$，$R = 1\Omega$，试求：

（1）电阻 R 中的电流 I；

（2）理想电压源中的电流 I_{U1} 和理想电流源两端的电压 U_{IS}；

（3）电源发出的功率和负载消耗的功率。

解　（1）对电阻 R 中的电流 I 来讲，R_3、R_2 均属多余元件，故电路先简化成图 2 - 11（b），然后用有源支路等效互换的图 2 - 11（c），由此得

$$I_1 = \frac{U_{S1}}{R_1} = \frac{10}{1} = 10(\text{A})$$

$$I = \frac{I_1 + I_S}{2} = \frac{10 + 2}{2} = 6(\text{A})$$

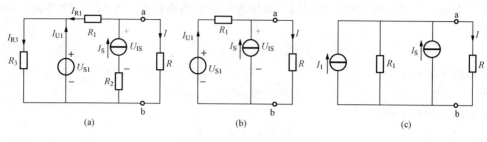

图 2 - 11　〔例 2 - 4〕图

（2）求理想电压源和 R_3 中的电流、求理想电流源两端的电压时，R_2、R_3 应当保留。计算得

$$I_{R1} = I_S - I = 2 - 6 = -4(\text{A})，\quad I_{R3} = \frac{U_{s1}}{R_3} = \frac{10}{5} = 2(\text{A})$$

于是理想电压源中的电流

$$I_{U1} = I_{R3} - I_{R1} = 2 - (-4) = 6(\text{A})$$

理想电流源两端的电压

$$U_{IS} = U + R_2 I_S = RI + R_2 I_S = 1 \times 6 + 2 \times 2 = 10(\text{V})$$

（3）求电路的功率，电源发出功率分别为

$$P_{U1} = -U_1 I_{U1} = -10 \times 6 = -60(\text{W})，\quad P_{IS} = -U_{IS} I_{IS} = -10 \times 2 = -20(\text{W})$$

负载消耗的功率分别为

$$P_R = RI^2 = 1 \times 36 = 36(\text{W})，\quad P_{R1} = R_1 I_{R1}^2 = 1 \times (-4)^2 = 16(\text{W})$$

$$P_{R2} = R_2 I_S^2 = 2 \times 2^2 = 8(\text{W})，\quad P_{R3} = R_3 I_{R3}^2 = 5 \times 2^2 = 20(\text{W})$$

负载消耗的功率等于电源发出的功率，功率平衡。

由以上可知，有源支路等效变换法是一种用简单的计算解复杂电路的有效方法，但它要求正确计算和画出每一步的等效电路。该方法的关键是每次变换的目的是要使下一步有电流源或电压源有利于合并简化，同时要保持电激流和电动势的方向一致。

2.3　网　络　方　程　法

2.3.1　支路电流法

支路电流法是分析计算复杂线性网络的网络方程法之一。它以各支路电流为求解对象，根据 KCL 和 KVL 分别建立结点电流独立方程和回路电压独立方程，然后联立求解各支路电流。一旦求出各支路电流，其他待求量（如电压和功率等）也就迎刃而解了。下面以图 2 - 12 所示电路为例来讨论这种方法的特点。

图 2 - 12 所示电路为 $n=2$、$b=3$、$m=2$ 网络。应用支路电流法求解时，必须列出 b 个关于支路电流的电流方程。因此应用 KCL 可以列出 $(n-1)$ 个独立方程，即 1 个独立方程。对结点 a 列方程，有

$$-I_1 + I_2 + I_3 = 0 \qquad ①$$

然后，再应用 KVL（$\sum RI = \sum E$）列 $b-n+1=m$ 个

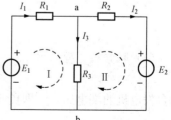

图 2 - 12　支路电流法

电压独立方程。于是选择以网孔为回路列电压方程，回路绕行方向如图 2 - 12 所示。对回路 Ⅰ 可列出

$$I_1R_1 + I_3R_3 = E_1 \qquad\qquad ②$$

对回路 Ⅱ 可列出

$$I_2R_2 - I_3R_3 = E_2 \qquad\qquad ③$$

联立方程①、②和③则有

$$\left.\begin{array}{l} -I_1 + I_2 + I_3 = 0 \\ R_1I_1 + R_3I_3 = E_1 \\ R_2I_2 - R_3I_3 = E_2 \end{array}\right\} \qquad (2 - 6)$$

式（2 - 6）为图 2 - 12 所示电路的支路电流方程，解此方程就可以求得各支路电流。

综合所述，支流电流法的求解步骤如下：

（1）确定支路电流的数目，并选择电流的参考方向。

（2）用 KCL 对 $n-1$ 个结点列电流方程。

（3）选择 $b-n+1$ 个独立回路（网孔），标定每个回路（网孔）的绕行方向，由 KVL 列出以支路电流为未知变量的电压方程。

（4）求解（2）及（3）所列的 b 个联立方程，即解出各支路电流。

（5）解出支路电流后，再应用元件的伏安关系求出各元件的电压。

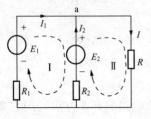

图 2 - 13　　[例 2 - 5] 图

【例 2 - 5】　图 2 - 13 所示电路为两台发电机并联运行，共同供电给负载。负载电阻 $R=24\Omega$。由于某种原因，两台发电机的电动势发生了差异，$E_1 =130V$，$E_2 =117V$，它们的内阻 $R_1 =1\Omega$，$R_2 =0.6\Omega$。用支路电流法，求每台发电机中的电流以及它们各自输出的功率。

解　（1）本题 $b=3$，各支路电流参考方向如图示。

（2）应用 KCL 列方程，对结点 a，则有

$$I = I_1 + I_2$$

（3）取网孔为独立回路，绕行方向如图 2 - 13 所示。

对回路 Ⅰ 列出

$$R_1I_1 - R_2I_2 = E_1 - E_2$$

对回路 Ⅱ 列出

$$R_2I_2 + RI = E_2$$

把电动势及电阻数值代入，即得

$$\left.\begin{array}{l} I = I_1 + I_2 \\ I_1 - 0.6I_2 = 13 \\ 0.6I_2 + 24I = 117 \end{array}\right\}$$

（4）联立解方程，得

$$I_1 = 10A, I_2 = -5A, I = 5A$$

两台发电机的端电压，亦即负载上的电压为

$$U = RI = 24 \times 5 = 120(\text{V})$$

由式（1 - 32）可得发电机 1（E_1、R_1）输出的功率

$$P_1 = E_1 I_1 - I_1^2 R_1 = 130 \times 10 - 100 \times 1 = 1200(\text{W})$$

发电机 2（E_2、R_2）输出的功率

$$P_2 = UI_2 = E_2 I_2 - I_2^2 R_2 = 117 \times (-5) - 25 \times 0.6 = -600(\text{W})$$

负号说明发电机 2（E_2、R_2）起负载作用，它从发电机 1（E_1、R_1）取用了 600W 功率。

2.3.2　结点电压法

结点电压法也是分析计算复杂网络的网络方程法之一。与支路电流法相比，结点电压法的优点是减少了联立求解网络方程的维数。

结点电压是电路中各结点到参考点的电压（即结点电位）。结点电压法是以结点电压为未知量，以 KCL 为变量的拓扑约束，列网络方程求解电路。结点电压法看似只体现了 KCL，但实际 KVL 是由电路的性质而自动满足的。下面仍以具体电路为例来说明结点电压法的特点。

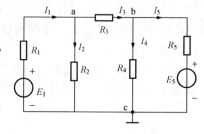

图 2 - 14　结点电压法

1. 结点电压（电位）方程

图 2 - 14 所示电路，$n=3$，$b=5$，取结点 c 为参考点，由 KCL 可列出 $n-1=2$ 个独立电流方程。

KCL 用于结点 a 和 b 可得

$$I_1 = I_2 + I_3 \qquad \text{①}$$
$$I_3 = I_4 + I_5 \qquad \text{②}$$

由 VCR 可得

$$I_1 = \frac{E_1 - U_a}{R_1}, \ I_2 = \frac{U_a}{R_2}$$

$$I_3 = \frac{U_a - U_b}{R_3}, \ I_4 = \frac{U_b}{R_4}, \ I_5 = \frac{-E_5 + U_b}{R_5}$$

将所有 VCR 代入方程①和方程②即可得到

$$\frac{E_1 - U_a}{R_1} = \frac{U_a}{R_2} + \frac{U_a - U_b}{R_3}$$

$$\frac{U_a - U_b}{R_3} = \frac{U_b}{R_4} + \frac{U_b - E_5}{R_5}$$

整理得

$$\left.\begin{array}{l} \left(\dfrac{1}{R_1} + \dfrac{1}{R_2} + \dfrac{1}{R_3}\right)U_a - \dfrac{1}{R_3}U_b = \dfrac{E_1}{R_1} \\[3mm] -\dfrac{1}{R_3}U_a + \left(\dfrac{1}{R_3} + \dfrac{1}{R_4} + \dfrac{1}{R_5}\right)U_b = \dfrac{E_5}{R_5} \end{array}\right\} \qquad (2 - 7)$$

采用电导形式可改为

$$\left.\begin{array}{l} (G_1 + G_2 + G_3)U_a - G_3 U_b = G_1 E_1 \\[2mm] -G_3 U_a + (G_3 + G_4 + G_5)U_b = G_5 E_5 \end{array}\right\} \qquad (2 - 8)$$

将方程写成一般形式（用数字作结点电压的下标）

$$\left.\begin{array}{l} G_{11}U_1 + G_{12}U_2 = I_{s_{11}} \\[2mm] G_{21}U_1 + G_{22}U_2 = I_{s_{22}} \end{array}\right\} \qquad (2 - 9)$$

方程中的 G_{11}、G_{22} 称为相应结点的自电导。自电导是连接该结点的所有电导之和，在方

程中自电导取正号，表示仅由该结点电位作用时，电流从该结点流出。$G_{12}=G_{21}$ 为结点间的互电导。在方程中互电导取负号，表明相邻结点的高电位驱使电流流向本结点。等式右端是流入该结点有源支路的电激流，G_1E_1 实际上是 E_1 和 R_1 串联有源支路的等效电流源的电激流，其余类推。电流指向结点取正号，反之取负号。

　　若电路是由 n 个结点构成的，则式（2-9）可写成一般形式，即

$$
\left.
\begin{aligned}
G_{11}U_1 + G_{12}U_2 + \cdots + G_{1(n-1)}U_{(n-1)} &= I_{s_{11}} \\
G_{21}U_1 + G_{22}U_2 + \cdots + G_{2(n-1)}U_{(n-1)} &= I_{s_{22}} \\
&\cdots\cdots \\
G_{(n-1)_1}U_1 + G_{(n-1)_2}U_2 + \cdots + G_{(n-1)(n-1)}U_{(n-1)} &= I_{s_{(n-1)(n-1)}}
\end{aligned}
\right\}
\qquad (2\text{-}10)
$$

式（2-10）右边的电流，应看成是与相应结点连接的有源支路电激流的代数和。

　　2. 弥尔曼定理

　　对于仅有两个结点的网络（如图 2-15 所示），则只能列 $n-1=1$ 个结点电压方程。取 b 点为参考点，则对 a 点列方程

$$(G_1+G_2+G_3+G_4)U_a = G_1E_1 + G_2E_2 + G_4E_4$$

$$U_a = \frac{G_1E_1+G_2E_2+G_4E_4}{G_1+G_2+G_3+G_4}$$

写成一般的形式
$$U_a = \frac{\sum G_kE_k}{\sum G_j} \quad \text{或} \quad \frac{\sum \dfrac{E_k}{R_k}}{\sum \dfrac{1}{R_j}} \qquad (2\text{-}11)$$

$$G_j = \frac{1}{R_j} \qquad (j=1,2,\cdots,b)$$

式（2-11）称为弥尔曼定理❶，其中 $k \leqslant b$。

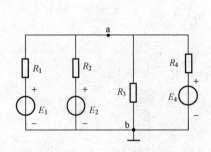

图 2-15　弥尔曼定理

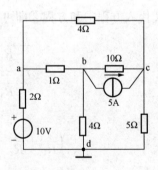

图 2-16　[例 2-6] 图

【例 2-6】　建立图 2-16 所示电路的结点电压方程。

　　解　设 U_a、U_b、U_c 为未知量，其电压方程为

$$\left(\frac{1}{2}+\frac{1}{4}+1\right)U_a - U_b - \frac{1}{4}U_c = \frac{10}{2}$$

$$-U_a + \left(1+\frac{1}{4}+\frac{1}{10}\right)U_b - \frac{1}{10}U_c = -5$$

---

❶　弥尔曼定理——Millman's theorem。

$$-\frac{1}{4}U_a - \frac{1}{10}U_b + \left(\frac{1}{10} + \frac{1}{4} + \frac{1}{5}\right)U_c = 5$$

【例 2 - 7】　电路如图 2 - 17 所示，R 均为 1Ω，求各结点电压。

解法一　任选三个结点电压作变量，即选 U_1、U_2、U_4，并设 3 点为参考点 $U_3 = 0$。由于 1V 电压源支路内无串联电阻，这给计算该支路电源电流带来困难，所以设该电源电流为 I，方向如图所示。建立电路方程式

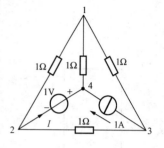

$$\left.\begin{array}{r} 3U_1 - U_2 - U_4 = 0 \\ -U_1 + 2U_2 = -I \\ -U_1 + U_4 = I + 1 \end{array}\right\}$$

由于方程数少于未知量数，所以应补足一个方程。补充方程可为

图 2 - 17　[例 2 - 7] 图

$$U_4 - U_2 = 1$$

从而解得　$U_1 = 0.6\text{V}$，$U_2 = 0.4\text{V}$，$U_3 = 0\text{V}$，$U_4 = 1.4\text{V}$。

解法二　有目的地选择参考点可以使未知量数目减少，若选电压源的负端 2 为参考点，则其正端 $U_4 = 1\text{V}$ 为已知，所以只需两个结点方程就可解出其余的结点电压，即

$$\left.\begin{array}{r} 3U_1 - U_3 - 1 = 0 \\ -U_1 + 2U_3 = -1 \end{array}\right\}$$

可解得　$U_1 = 0.2\text{V}$，$U_3 = -0.4\text{V}$，$U_2 = 0\text{V}$，$U_4 = 1\text{V}$。

可见适当选择参考点，可以减少未知量，从而使问题简化。由于解法一和解法二所选的参考点不同，所解得的各点电位值不同是理所当然的，但相应两点的电位差还是相等的。

2.4　分解法及端口网络

2.4.1　端口网络

在电路分析计算时，有时并不需要求出电路的全部支路电流和电压，而是只需要求出电路中某一支路或负载元件上的响应。这时采用支路电流法、结点电压法就嫌联立方程太多，于是常用分解的方法把一个"大"网络 N 划分成若干"小"网络，即若干子网络组成，如图 2 - 18 所示；然后，通过对子网络的逐一求解从而得到所需要的结果。

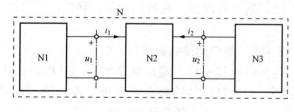

图 2 - 18　网络分解示意

对外只有两个端钮的网络整体称为二端网络或一端口网络，如图示的 N1、N3 子网络；对外有四个端钮的网络整体称为四端网络或二端口网络，如图示的 N2。在一般情况下，二端口网络的一个端口是信号的输入端口，另一个端口则为处理后信号的输出端口。习惯上输入端口称为端口 1，输出端口称为端口 2。

以上端口网络的内部结构和参数可以是详尽的电路模型，也可以是一个"黑匣子"。如果端口网络内部含有电源则称为有源端口网络，用 NS 表示；否则，为无源端口网络，用

N0 表示。如有源二端网络常用图 2-19 所示符号表示。

根据分解的思想,图 1-9 所示网络可以看成是由 N1、N2 和 N3 三个子网络组成,如图 2-20 所示。

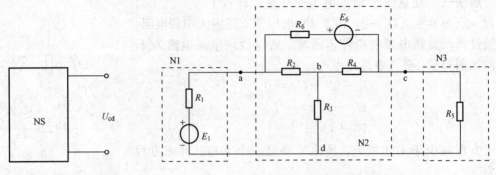

图 2-19 有源二端网络   图 2-20 详尽网络分解示意

在工程实际问题中,划分往往是根据各个子网络在整个电路中所起的不同作用而进行的,但是有些子网络本身就是不可分割的整体。根据分解的思想,子网络也可以进一步划分,如图 2-20 中的 N2 可划分成 N4、N5,如图 2-21 所示。

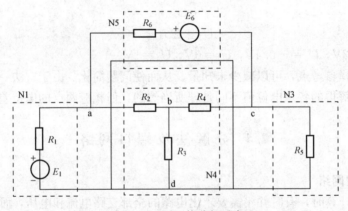

图 2-21 子网络分解示意

在理论分析中,这种划分也是十分有益的,划分可以突出分析的重点,强调研究对象,解决分析途径。

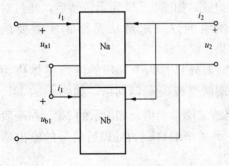

图 2-22 端口的串并联

2.4.2 端口网络的连接

与元件连接一样,端口网络间也应有确定的连接关系。端口网络的连接关系取决于端口的连接关系,对图 2-20 所示网络称为级联;端口也有串联和并联,如图 2-21 中的 N4 和 N5 两个二端口网络,它们输入端口为并联、输出端口也为并联。所谓端口并联就是两端口上加的是同一个电压。那么,端口串联就是流经两端口的电流为同一个电流。如图 2-22 所示的两个二端口网络,它们输入端口为串联,则输出端口为并联。

2.4.3 端口的伏安关系

划分后，端口的电压、电流往往是我们分析的主要对象，有时甚至是唯一的对象。所以在运用分解的概念来处理电路问题时，人们常用最有表征意义的伏安关系来描述端口特性，对于一端口网络只有一个方程，即

$$f(u,i) = 0$$

对二端口网络则是联立的两个方程，即

$$f_1(u_1, u_2, i_1, i_2) = 0$$
$$f_2(u_1, u_2, i_1, i_2) = 0$$

在运用分解的概念来处理电路问题时，主要是求得子网络的伏安关系，限于篇幅，本书仅介绍一端口网络伏安关系的求解方法。

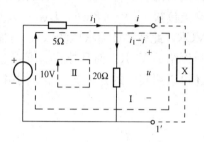

【例 2 - 8】 试求图 2 - 23 所示一端口网络的 VCR。

解 一端口网络的 VCR 是由它本身性质所决定，与外接电路无关，因此，可以在外接任意元件的情况下来求它的 VCR。其方法是列出整个电路的方程，但无须列出元件的 VCR，然后消去 u 和 i 以外的所有变量即可（这种方法称为消去法）。

图 2 - 23 ［例 2 - 8］图

对图 2 - 23 所示电路的回路 I 应用 KVL 有

$$10 = u + 5i_1$$

对回路 II 有
$$u = 20(i_1 - i) = 20i_1 - 20i$$

消去 i_1 可得

$$u = 8 - 4i$$

【例 2 - 9】 已知电路参数和二极管的正向伏安特性如图 2 - 24 所示，试求二极管的电流 I_{VD} 和电压 U_{VD}。

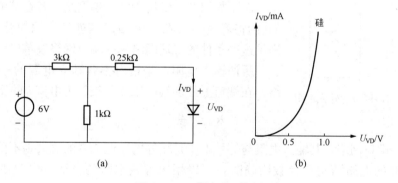

图 2 - 24 ［例 2 - 9］图

(a) 电路图；(b) 二极管的伏安特性

解 该电路为非线性电路，故常用图解法求解。根据分解法的思想，先把二极管与其余的部分分开，得到两个二端网络，其中二极管的伏安特性已知，只需求另一个二端网络的伏安特性。为了便于分析，在端口外接电激流来求 VCR，计算电路如图 2 - 25 （a）所示。由回路 I 有

$$3I_1 + 0.25I + U = 6$$

由回路Ⅱ有

$$-(I_1 - I) + 0.25I + U = 0$$

$$-I_1 + 1.25I + U = 0$$

消去 I_1 得

$$I = 1.5 - U$$

可见，端口的伏安特性是一条直线，如图 2 - 25（b）所示。联立求解（作图法）一端口网络的伏安特性和二极管的伏安特性，即可求得电压和电流，由直线与二极管特性曲线的交点读得 $I_{VD} = 0.8\text{mA}$，$U_{VD} = 0.7\text{V}$。该例采用了外施电流求电压的方法求端口网络的 VCR，此称"加流求压法"。也可以采用"加压求流法"，采用外施电压求电流的方法求端口网络的 VCR。而且外施电压或电流求电流或电压的方法是用实验方法确定 VCR 的依据。还可以用其他的方法求一端口网络的 VCR，后面再介绍。

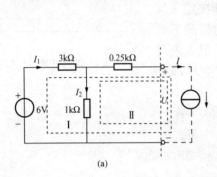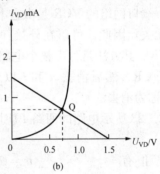

图 2 - 25   分解求解［例 2 - 9］图

这种运用分解的概念来处理电路问题是一种重要的分析方法，为人们所常用。

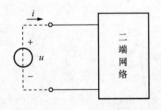

图 2 - 26   一端口网络的输入电阻

2.4.4   一端口网络的输入电阻

对于如图 2 - 26 所示的二端网络，若在其端钮间加电压 u，则将产生一个在一个端钮流进另一端钮流出的电流 i，满足这一条件的二端网络称一端口网络或单口网络。

所谓输入电阻，是指对不含独立电源的一端口电阻网络，在端口上外加端电压 u 与端钮上电流 i 的比值，即

$$R_{in} = \frac{u}{i} \tag{2-12}$$

对无源一端口网络，其输入电阻与等效电阻是相等的，但二者的含义则不同。当无源一端口网络内部的电路结构和参数明确时，可以用求等效电阻的方法（电阻串联、并联和 Y—△变换等方法）求输入电阻；当一端口网络内部含有受控源时，则必须按定义式（2 - 12）求输入电阻。

【例 2 - 10】   求图 2 - 27 所示二端网络的输入电阻 R_i。

解   用"加压求流法"，如图 2 - 27（b）所示。应用 KCL 得电流方程

$$I + \beta I_R - I_R = 0 \quad \rightarrow \quad I = (1 - \beta)I_R$$

将 $I_R = \dfrac{U}{R}$ 代入上式得 $I = (1 - \beta)\dfrac{U}{R} = \dfrac{1 - \beta}{R}U$，所以

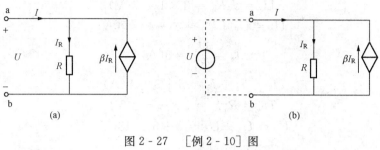

图 2 - 27 ［例 2 - 10］图

$$R_i = \frac{U}{I} = \frac{R}{1-\beta}$$

此例告诉我们，在求含有受控源二端网络的输入电阻时，不能用电阻串并联简化的方法求，而需要用"加压求流法"等方法。本例若 $\beta > 1$ 时，则输入电阻为负值，这是含有受控源二端网络的特点。

2.5 电路定理

电路有许多固有特性和性质，人们常用定理来描述这些特性。这里主要介绍常用的齐性定理、叠加定理、替代定理和等效电源定理。

2.5.1 齐性定理

在线性电路中，任何处的响应（电压、电流）与引起它的激励成比例，这是线性电路的线性规律，由这一规律可导出一个线性定理——齐性定理。

齐性定理指出：对于单个激励的线性电路，若激励扩大或缩小 k 倍，那么响应也扩大或缩小 k 倍。推广到 n 个激励同时作用时，则为 n 个激励同时扩大或缩小 k 倍，响应也扩大或缩小 k 倍。应该注意，这里的激励指的是独立电源。用齐性定理分析梯形电路特别有效。

【例 2 - 11】 图 2 - 28 所示一梯形电路，其所有电阻均为 1Ω，外施加电压为 1V，求通过各元件的电流。

解 这一电路的结构在本质上仍然是串、并联电路，对这种电路的计算，当然可以用前面介绍的方法，但是，运算过程很长，用齐性定理分析就显得非常简便。其方法是先设通过最后一个元件 R_8 的电流为 1A，向前推算，逐步求出通过各元件的电流（及电压），并得出产生如此大小电流（及电压）所需外

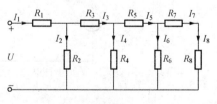

图 2 - 28 ［例 2 - 11］电路

施电压的大小；比较计算外施电压与实际的外施电压得其比值，即 k 值，然后对所有元件上的计算电流（及电压）乘以 k 进行修正，得出各元件上电流（及电压）的实际值。

设
$$I_8 = 1A$$
$$I_7 = I_8 = 1A$$
$$U_6 = U_7 + U_8 = R_7 I_7 + R_8 I_8 = 1 \times 1 + 1 \times 1 = 2(V)$$
$$I_6 = \frac{U_6}{R_6} = \frac{2}{1} = 2(A)$$
$$I_5 = I_6 + I_7 = 2 + 1 = 3(A)$$

$$U_5 = I_5 R_5 = 3 \times 1 = 3(\text{V})$$
$$U_4 = U_5 + U_6 = 3 + 2 = 5(\text{A})$$
$$I_4 = \frac{U_4}{R_4} = 5(\text{A})$$
$$I_3 = I_4 + I_5 = 5 + 3 = 8(\text{A})$$
$$U_3 = R_3 I_3 = 1 \times 8 = 8(\text{V})$$
$$U_2 = U_3 + U_4 = 8 + 5 = 13(\text{V})$$
$$I_2 = \frac{U_2}{R_2} = 13(\text{A})$$
$$I_1 = I_2 + I_3 = 13 + 8 = 21(\text{A})$$
$$U_1 = R_1 I_1 = 1 \times 21 = 21(\text{V})$$
$$U = U_1 + U_2 = 21 + 13 = 34(\text{V})$$

但实际上 $U=1\text{V}$，故电路中所有元件上的电流均需除以 34。这是因为我们假设的 I_8 需外加 34V 才得到 1A，这比实际情况都扩大了 34 倍。于是进行修正就可得到各元件中的实际电流，即 $I_1=0.6176\text{A}$、$I_2=0.382\text{A}$、$I_3=0.253\text{A}$、$I_4=0.147\text{A}$、$I_5=0.882\text{A}$、$I_6=0.588\text{A}$、$I_7=I_8=0.0294\text{A}$。

2.5.2　叠加定理

叠加定理是线性电路的重要定理。什么叫叠加定理呢？在回答这个问题之前，先来做下面的计算，即分别求出图 2-29（a）、（b）、（c）所示电路中的 I_1、I_1'、I_1''。

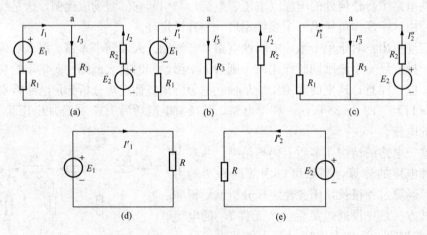

图 2-29　叠加定理

对图 2-29（a），用支路电流法求 I_1

$$I_1 + I_2 - I_3 = 0$$
$$I_1 R_1 + I_3 R_3 = E_1$$
$$I_2 R_2 + I_3 R_3 = E_2$$

解得　　　　　$$I_1 = \frac{(R_2 + R_3)E_1}{R_1 R_2 + R_2 R_3 + R_1 R_3} - \frac{R_3 E_2}{R_1 R_2 + R_2 R_3 + R_1 R_3} \qquad (2\text{-}13)$$

对图 2-29（b），求 I_1'，用串并联先化简电路，如图 2-29（d）所示，则

$$R = R_2 \mathbin{/\!/} R_3 + R_1 = \frac{R_1 R_2 + R_2 R_3 + R_1 R_3}{R_2 + R_3}$$

$$I_1' = \frac{(R_2 + R_3)E_1}{R_1 R_2 + R_2 R_3 + R_1 R_3} \qquad (2-14)$$

对图 2 - 29 （c），求 I_2''，电路简化为图 2 - 29 （e）所示，则

$$R = R_1 \mathbin{/\mkern-5mu/} R_3 + R_2 = \frac{R_1 R_2 + R_2 R_3 + R_1 R_3}{R_1 + R_3}$$

$$I_2'' = \frac{(R_1 + R_3)E_2}{R_1 R_2 + R_2 R_3 + R_1 R_3}$$

$$I_1'' = -\frac{R_3}{R_1 + R_3} I_2'' = -\frac{R_3 E_2}{R_1 R_2 + R_2 R_3 + R_1 R_3} \qquad (2-15)$$

把式 （2 - 14）与式 （2 - 15）相加与式 （2 - 13）比较，得

$$I_1' + I_1'' = \frac{(R_2 + R_3)E_1}{R_1 R_2 + R_2 R_3 + R_1 R_3} - \frac{R_3 E_2}{R_1 R_2 + R_2 R_3 + R_1 R_3}$$

　　不难看出，其方程右边正好等于 I_1 的表达式，从数学的角度讲，这是函数的可加性，用电工的理论解释，即图 2 - 29 （a）的物理过程可分解成图 2 - 29 （b）和图 2 - 29 （c）两种情况的合成，这就是线性电路的叠加性。线性电路的这一性质可叙述为：在线性电路中，若干独立电源同时作用电路时，电路中任何一个支路电流（或电压）都可以看成是由电路中各个独立电源单独作用时，在该支路中所产生的电流（或电压）分量的代数和，这就叫做叠加定理。

　　不难看出，借助于叠加定理可简化复杂电路的计算。然而叠加定理更重要的作用是，使我们加深了对线性电路特性的认识，即线性电路中各个激励所产生的响应是互不影响的。一个激励的存在并不会影响另一激励所引起的响应。若各个激励的频率不同，当共同作用于同一线性电路时，所得的响应也只包含激励的频率，不会产生新的频率成分。

　　正确理解叠加定理的关键在于正确理解除源的概念。考虑某一电源单独作用时，其余的电源不作用，叫做除源。更具体地讲，除源就是将电压源的电动势短接，将电流源的电激流开路，而电源的内阻均保留。

　　叠加定理只适用线性电路，且仅电压、电流满足叠加性，而功率不具有叠加性。

　　【例 2 - 12】　用叠加定理计算图 2 - 29 （a）所示电路中各个电流。设 $E_1 = 140\text{V}$，$E_2 = 90\text{V}$，$R_1 = 20\Omega$，$R_2 = 5\Omega$，$R_3 = 6\Omega$。

　　解　把图 2 - 29 （a）看成是图 （b）和图 （c）的叠加。在图 2 - 29 （b）中

$$I_1' = \frac{E_1}{R_1 + \dfrac{R_2 R_3}{R_2 + R_3}} = \frac{140}{20 + \dfrac{5 \times 6}{5 + 6}} = 6.16(\text{A})$$

$$I_2' = -\frac{R_3}{R_2 + R_3} I_1' = -\frac{6}{5 + 6} \times 6.16 = -3.36(\text{A})$$

$$I_3' = \frac{R_2}{R_2 + R_3} I_1' = \frac{5}{5 + 6} \times 6.16 = 2.8(\text{A})$$

在图 2 - 29 （c）中

$$I_2'' = \frac{E_2}{R_2 + \dfrac{R_1 R_3}{R_1 + R_3}} = \frac{90}{5 + \dfrac{20 \times 6}{20 + 6}} = 9.36(\text{A})$$

$$I_1'' = -\frac{R_3}{R_1 + R_3} I_2'' = -\frac{6}{20 + 6} \times 9.36 = -2.16(\text{A})$$

$$I''_3 = \frac{R_1}{R_1 + R_3} I''_2 = \frac{20}{20 + 6} \times 9.36 = 7.2(\text{A})$$

所以

$$I_1 = I'_1 + I''_1 = 6.16 - 2.16 = 4(\text{A})$$

$$I_2 = I''_2 + I'_2 = 9.36 - 3.36 = 6(\text{A})$$

$$I_3 = I'_3 + I''_3 = 2.80 + 7.2 = 10(\text{A})$$

叠加时还应注意参考方向，各分量电流的参考方向与总电流参考方向一致时取正，反之取负。

【例 2 - 13】 图 2 - 30 所示电路中，已知 $R_2 = R_3$ 且当 $I_s = 0$ 时，$I_1 = 2\text{A}$、$I_2 = I_3 = 4\text{A}$。求 $I_s = 16\text{A}$ 时的 I_1、I_2 和 I_3。

解 应用叠加定理，该问题看成是电激流源单独作用产生的电流分量和两个电动势源同时作用产生的电流分量的叠加。

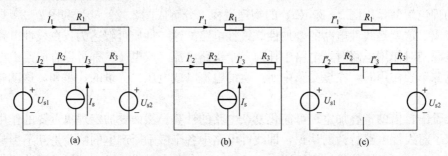

图 2 - 30　[例 2 - 13] 图

电激流单独作用时的等效电路如图 2 - 30（b）所示。R_1 上的电压为零，故 $I'_1 = 0$，则

$$I'_2 = -\frac{R_3}{R_2 + R_3} I_s = -8(\text{A})$$

$$I'_3 = \frac{R_2}{R_2 + R_3} I_s = 8(\text{A})$$

三个电源共同作用时

$$I_1 = 2 + 0 = 2(\text{A})$$

$$I_2 = 4 - 8 = -4(\text{A})$$

$$I_3 = 4 + 8 = 12(\text{A})$$

此例说明叠加定理适用于求解 n 个电源作用的电路，并且其中有一个电源发生变化的情况。

【例 2 - 14】 图 2 - 31 所示电路中的 N 为有源线性电阻性网络，当 $u_1 = u_2 = 0$ 时，$i_x = -10\text{A}$。若网络除源后：当已知 $u_1 = 2\text{V}$、$u_2 = 3\text{V}$ 时，$i_x = 20\text{A}$；当 $u_1 = -2\text{V}$、$u_2 = 1\text{V}$ 时，$i_x = 0$。求当 $u_1 = u_2 = 5\text{V}$ 时的电流 $i_x = ?$

解 根据题意，电路可分成网络内、外激励分别作用的叠加，并且已知网络内部激励作用时电流分量

$$i'_x = -10\text{A}$$

根据线性电路的性质可求的响应与激励关系，即

$$i''_x = au_1 + bu_2$$

代入已知条件后可求得 a 和 b

$$20 = 2a + 3b$$
$$0 = -2a + b$$

联立求解得 $a = 2.5$，$b = 5$，则

$$i''_x = 2.5u_1 + 5u_2$$

当外部激励作用时电流分量为

$$i''_x = 2.5 \times 5 + 5 \times 5 = 37.5(A)$$

内、外激励共同作用时电流为

$$i_x = i'_x + i''_x$$
$$= -10 + 37.5 = 27.5(A)$$

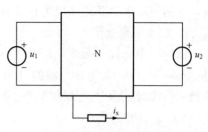

图 2 - 31　[例 2 - 14] 图

2.5.3　替代定理

替代定理具有广泛的应用，其意义可用图 2 - 32 解释，即在给定的任意一电阻网络中，若第 k 条支路的电压 u_k 和电流 i_k 为已知 [如图 2 - 32 (a) 所示]，那么，这条支路可以用一个具有电压等于 u_k 的电动势源替代 [如图 2 - 32 (b) 所示]，或用一个具有电流等于 i_k 的电激流源替代 [如图 2 - 32 (c) 所示]。替代后网络中所有的电压、电流均保持原值不变。这里第 k 支路可以是有源支路和无源支路，但若第 k 支路的电压或电流受网络 N 中的物理量控制时，该支路不能被替代。

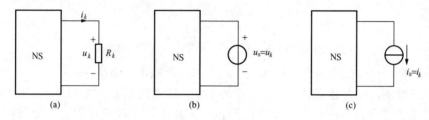

图 2 - 32　替代定理

图 2 - 33 示出了替代定理的应用实例，由图 (a) 可求得 $I_1 = 2A$、$I_2 = 1A$、$I_3 = 1A$，$u_3 = 8V$，其支路 3 可以用电压等于 8V 的电动势源替代，见图 (b)，或用电流等于 1A 的电激流源替代，见图 (c)。可以证明，替代前后的电路方程完全是相同的。应该指出的是，替代定理不仅适用电阻网络，而且也适用任何元件组成的网络。

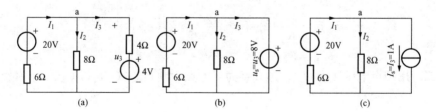

图 2 - 33　替代定理示例

2.5.4　戴维南—诺顿定理

1. 等效电源定理

等效电源定理指出：任何有源二端网络 [见图 2 - 34 (a)]，都可用一电动势串联内阻或电激流并联内阻的等效电路来代替 [见图 2 - 34 (b)、(c)]。等效电源定理对任一线性网络给出了一个理性认识的图景。等效电路的参数确定由戴维南和诺顿给出了解析和实验的方

法，于是使等效电源定理成为计算复杂网络响应的一种有力工具。

2. 戴维南定理[1]

任何一个有源二端线性网络都可以用一个电动势 e 和内阻 R_0 串联的电源来等效代替〔见图 2-34（b）〕，等效电源的电动势 e 等于该有源网络的开路电压。内阻 R_0 等于将网络内各独立电源置零值时，从网络端口求得的等效电阻。这就是戴维南定理。

*3. 诺顿定理[2]

对于任意一个线性有源二端网络，都可以用一个电流为 i_s 的电激流和内阻 R_0 并联的电源来等效代替〔见图 2-34（c）〕。等效电源的电激流 i_s 等于有源二端网络的短路电流。等效电源的内阻 R_0 等于有源二端网络中所有独立电源均除去后所得到的无源二端网络，从网络端口求得的等电阻。这就是诺顿定理。

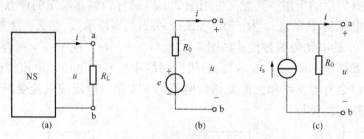

图 2-34 等效电源定理
(a) 有源二端网络；(b) 等效电压源；(c) 等效电流源

【例 2-15】   用戴维南定理求图 2-35（a）所示电路中的电流 I。

根据定理意义，首先必须求出戴维南等效支路，即求出图 2-35（d）中的 E 和 R_0。根据定理求 E 变为求开路电压，其开路电压用什么方法求，定理没作限定，故可用任何有效的方法求，下面将用不同的方法来求。

解   (1) 求开路电压。

解法一   用简单电路计算法，求 U_{ab}。先移去 R_4 得图 2-35（b），由图可写出

$$U_{ab} = U_{cb} + I_2 R_2$$

因开路，R_3 上的压降为零，故

$$U_{cb} = E_3 = 56V$$

$$I_2 = \frac{E_1}{R_1 + R_2} = \frac{126}{12 + 6} = 7(A)$$

$$U_{ab} = 56 + 7 \times 6 = 56 + 42 = 98 \ (V)$$

解法二   用结点电压法求 U_{ab}。选 b 点为参考点，则 $U_{ab} = U_a$，以 U_a、U_c 为变量列结点电压方程

$$\left.\begin{array}{l}\left(\dfrac{1}{12} + \dfrac{1}{6}\right)U_a - \left(\dfrac{1}{12} + \dfrac{1}{6}\right)U_c = \dfrac{126}{12} \\[3mm] -\left(\dfrac{1}{12} + \dfrac{1}{6}\right)U_a + \left(\dfrac{1}{12} + \dfrac{1}{6} + \dfrac{1}{8}\right)U_c = \dfrac{56}{8} - \dfrac{126}{12}\end{array}\right\}$$

---

[1] 戴维南定理——Thevenin theorem。

[2] 诺顿定理——Norton's theorem。

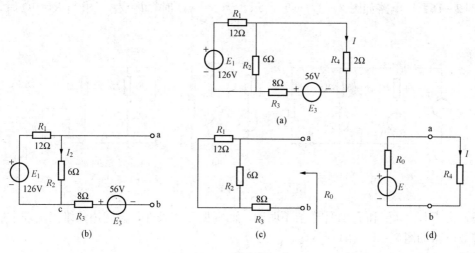

图 2 - 35　［例 2 - 15］图

解联立方程，即可求得 U_a、U_c。

由于本题比较特殊，U_c 实际上是已知的，故把 $U_c = 56V$ 代入上述任一方程即可求得 U_a，即

$$\frac{3}{12}U_a - \frac{3}{12} \times 56 = \frac{126}{12}$$

$$U_a = 98(\text{V})$$

（2）求等效内阻 R_0。图 2 - 35（b）除源后得图 2 - 35（c）所示无源网络，所以

$$R_0 = R_1 /\!/ R_2 + R_3 = \frac{12 \times 6}{12 + 6} + 8 = 12(\Omega)$$

解法三　用网络变换法。除上述方法外，还可以应用有源支路等效互换逐步化简最后一起求出 E_0 和 R_0，其过程如图 2 - 36 所示。

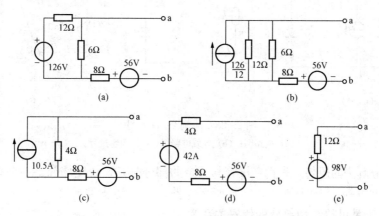

图 2 - 36　［例 2 - 15］解法三的化简过程

（3）求电流 I

由图 2 - 36（e）列方程并计算得

$$I = \frac{E}{R_0 + R_4} = \frac{98}{12 + 2} = 7(\text{A})$$

【**例 2 - 16**】 电路如图 2 - 37（a）所示，当 $R=4\Omega$ 时，$I=2A$。求当 $R=9\Omega$ 时，I 等于多少？

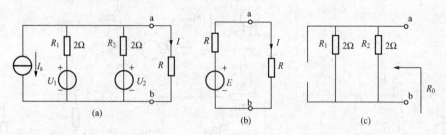

图 2 - 37 ［例 2 - 16］图

解 由于 U_1、U_2 和 I_s 具体数值不明确，而根据已知条件，该题用戴维南定理求解最简便。等效电路如图 2 - 37（b）所示。

求 R_0，其等效电路如图 2 - 37（c）所示，则

$$R_0 = 1\Omega$$

已知 $R=4\Omega$ 时，$I=2A$，则

$$E = I(R+R_0) = 2 \times 5 = 10(\text{V})$$

当 $R=9\Omega$ 时，则

$$I = \frac{E}{(R+R_0)} = \frac{10}{9+1} = 1(\text{A})$$

【**例 2 - 17**】 图 2 - 38（a）所示电路中，已知 $R_1=R_2=1\text{k}\Omega$，$R_3=0.2\text{k}\Omega$，$U_s=18\text{V}$，$I_s=10\text{mA}$，二极管的正向伏安特性如图 2 - 38（c）所示的 $I_{VD}=f(U_{VD})$。试求二极管的电流 I_{VD} 和电压 U_{VD}。

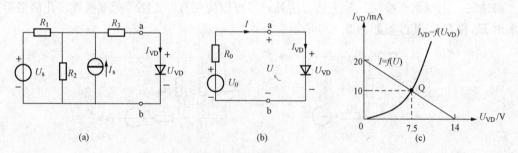

图 2 - 38 ［例 2 - 17］图
（a）电路图；（b）等效电路图；（c）图解过程

解 根据分解法的思想，先把二极管与其余的部分分开，线性部分是一个有源二端网络，根据戴维南定理可等效为图 2 - 38（b）所示电路，用有源支路等效互换可求得 $U_0=14\text{V}$，$R_0=0.75\text{k}\Omega$，于是可得线性部分的伏安关系为

$$U = U_0 - R_0 I = 14 - 0.75I$$

画出该曲线，如图 2 - 39（c）中 $I=f(u)$。该曲线与二极管的伏安特性 $I_{VD}=f(U_{VD})$ 的交点就是要求的电压电流，即 $I_{VD}=10\text{mA}$，$U_{VD}=7.5\text{V}$。该例告诉我们用戴维南定理求一端口网络的 VCR 的方法。

2.5.5　最大功率传输定理

1. 电路中的功率平衡

到此已知，任何一个电源或有源二端网络都可以化为一个电动势 E 和内阻 R_0 串联的等效支路，即最终获得一个既简单又典型的单回路电路，如图 2-39 所示。我们在研究这种电路时常关心其功率分配问题。由 KVL 可得

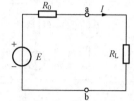

$$E = R_0 I + R_L I$$

两边同乘以 I

$$EI = R_0 I^2 + R_L I^2$$

上式各项的物理意义是：等式左端是电源给出的功率，用 P_E 表示；右端是内阻消耗的功率 $P_0 = R_0 I^2$ 与负载获得的功率 $P_L = I^2 R_L$ 之和。在电路中功率总是平衡的，即

图 2-39　单回路电路

$$P_E = P_0 + P_L \qquad (2\text{-}16)$$

式（2-16）为功率平衡方程。

2. 最大功率传输的条件

对图 2-39 所示电路，负载获得的功率为

$$P_L = I^2 R_L = \frac{E^2 R_L}{(R_L + R_0)^2}$$

若电源电动势 E 和内阻 R_0 为固定，负载 R_L 是可选择的，那么负载获得最大功率的条件可以用求极值的方法找到

$$\frac{\mathrm{d}P_L}{\mathrm{d}R_L} = \frac{E^2}{(R_L + R_0)^2} - \frac{2E^2 R_L}{(R_L + R_0)^3} = \frac{R_0 - R_L}{(R_L + R_0)^3} E^2$$

令 $\dfrac{\mathrm{d}P_L}{\mathrm{d}R_L} = 0$ 可得

$$R_L = R_0 \qquad (2\text{-}17)$$

在满足式（2-17）时负载能获得最大的功率，因而可以得出如下结论：含源线性二端网络传递给可变负载 R_L 的功率为最大的条件是负载 R_L 应与二端网络等效电阻相等。此即最大功率传递定理，或称最大功率匹配条件，即负载与电源匹配。

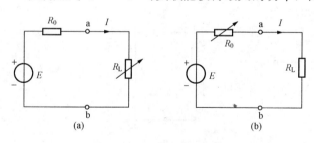

图 2-40　定理应用条件

(a) 负载可变内阻固定；(b) 内阻可变负载固定

应特别注意到上述定理的先决条件是含源线性二端网络给定（其等效内阻已定）而负载可变。如果负载给定而电源内阻可变的情况如图 2-40
(b) 所示，那只有在 $R_0 = 0$ 时负载能获得最大功率，而最大功率匹配条件因前提不同也就不适用了。

习　　　题

2.1　电路如图 2-41 所示。已知 $U_1 = 10\text{V}$，$E_1 = 4\text{V}$，$E_2 = 2\text{V}$，$R_1 = 4\Omega$，$R_2 = 2\Omega$，

$R_3 = 5\Omega$，求开路电压 U_{ab}。

2.2　电路如图 2-42 所示。求 A 点的电位 U_A。

2.3　电路如图 2-43 所示。在开关断开及闭合两种情况下，求 A 点的电位 U_A。

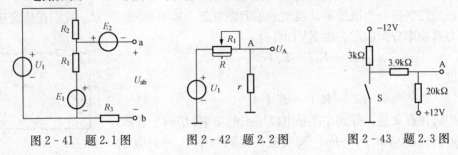

图 2-41　题 2.1 图　　　　图 2-42　题 2.2 图　　　　图 2-43　题 2.3 图

2.4　试求图 2-44 所示电路中 A 点的电位。

2.5　电路如图 2-45 所示。求电位 V_O。二极管的正向压降可忽略不计。

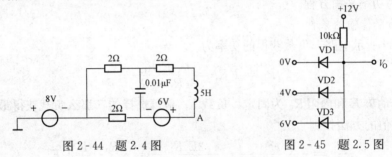

图 2-44　题 2.4 图　　　　　　　图 2-45　题 2.5 图

2.6　电路如图 2-46 所示。试判断 4 个二极管的工作状态并求电位 V_O。二极管的正向压降可忽略不计。

2.7　电路如图 2-47 所示。已知 $E_C = 12V$，$I_C = 3mA$，$R_C = 3k\Omega$，若三极管工作在放大状态，试求 a、b、c 点相对 e 点的电位。

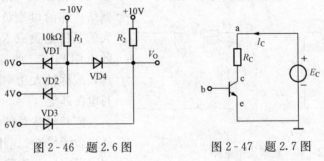

图 2-46　题 2.6 图　　　　　　图 2-47　题 2.7 图

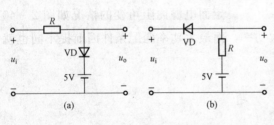

图 2-48　题 2.8 图

2.8　在图 2-48 所示的各电路中，已知 $E = 5V$，$u_i = 10\sin\omega t$（V）。二极管的正向压降可忽略不计，试分析并画出输出电压 u_o 的波形。

2.9　图 2-49 所示电路中，VDZ1 的稳定电压为 5V，VDZ2 的稳定电压为 7V，两稳压管的正向压降均为 0.5V。输入电压 $u_i =$

10sinωt（V），试画出输出电压 u_o 的波形图。

2.10　图 2-50 示电路中，若使 4V 电压源支路的电流为零，R 应取多大的值？若使该支路的电流为 0.068A，方向从 b 至 a，R 又应取多大的值？

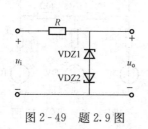

图 2-49　题 2.9 图

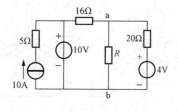

图 2-50　题 2.10 图

2.11　用有源支路的等效变换方法求图 2-51 所示各电路中 U 和 I 的值。

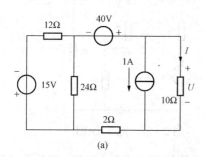

(a)

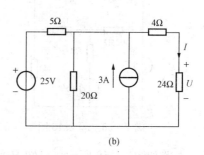

(b)

图 2-51　题 2.11 图

2.12　用有源支路的等效变换方法求图 2-52 所示电路中 R_4 上流过的电流。已知 $E=70V$，$I_s=8/5A$，$R_1=10\Omega$，$R_2=2\Omega$，$R_3=R_4=4\Omega$。

2.13　已知图 2-53 所示电路中，$V_a=0V$，求 U_s 的值？

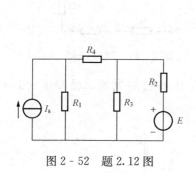

图 2-52　题 2.12 图

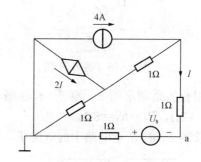

图 2-53　题 2.13 图

2.14　电路如图 2-54 所示。求开关 S 断开和接通两种情况下各支路的电流。

2.15　用结点电压法求图 2-55 所示电路中各支路电流。

2.16　电路如图 2-56 所示。已知 $E_1=5V$，$E_2=10V$，$I_s=2A$，各电阻值已标注在图中，求各电源的功率。

2.17　在图 2-57 中，已知 $E_1=125V$、$E_2=60V$、$R_1=40\Omega$、$R_2=120\Omega$、$R_3=30\Omega$、$R_4=60\Omega$，用结点电压法求各支路电流。（提示：可选结点③为参考点，则结点②的结点电

压 $U_2 = E_2$ 为已知，因此只有结点①的电压 U_1 为未知量。）

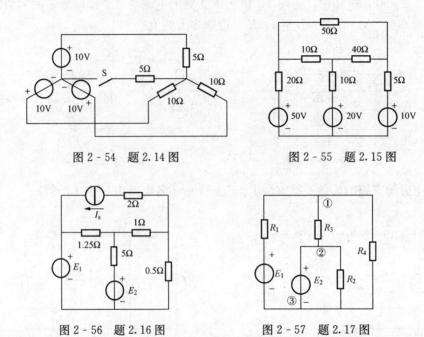

图 2 - 54　题 2.14 图　　　　　　图 2 - 55　题 2.15 图

图 2 - 56　题 2.16 图　　　　　　图 2 - 57　题 2.17 图

2.18　电路如图 2 - 58 所示。已知 $R_5 = 600\Omega$，其他电阻均为 300Ω，求开关 S 断开及闭合时 a、b 两端的等效电阻。

2.19　电路如图 2 - 59 所示。求 a、b 两端的等效电阻。

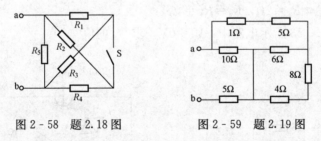

图 2 - 58　题 2.18 图　　　　　　图 2 - 59　题 2.19 图

2.20　用叠加原理求图 2 - 60 所示电路 R_1 中流过的电流。已知 $E = 10V$，$I_s = 2A$，$R_1 = 1\Omega$，$R_2 = 2\Omega$，$R_3 = R_4 = 3\Omega$。

2.21　求图 2 - 61 所示电路中的电流 I。

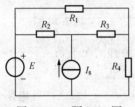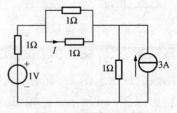

图 2 - 60　题 2.20 图　　　　　　图 2 - 61　题 2.21 图

2.22　电路如图 2 - 62 所示。已知 N 是线性无源电阻网络，且当 $I_s = 1A$、$E = 1V$ 时，$U_o = 0$；当 $E = 10V$、$I_s = 0$ 时，$U_o = 1V$。求当 $I_s = 10A$、$E = 0$ 时，$U_o = ?$

2.23　电路如图 2 - 63 所示。已知 $I_{s1}=2A$、$I_{s2}=3A$；当 $I_{s1}=0$ 时，I_{s2} 输出功率为 54W，$U_1=12V$；当 $I_{s2}=0$ 时，I_{s1} 输出功率为 28W，$U_2=8V$。求两个电源同时作用时，每个电源输出的功率。

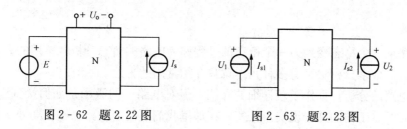

图 2 - 62　题 2.22 图　　　　　　图 2 - 63　题 2.23 图

2.24　电路如图 2 - 64 所示。已知 $R=3/4\Omega$，求 R 中流过的电流。

2.25　电路如图 2 - 65 所示。求 R_L 中流过的电流 I_L。

2.26　电路如图 2 - 66 所示。已知 $R=2/3\Omega$，求电阻 R 中流过的电流。

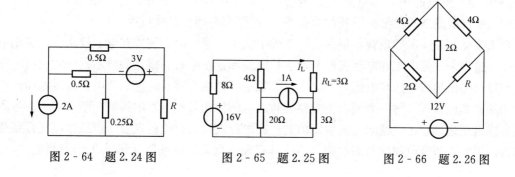

图 2 - 64　题 2.24 图　　　　图 2 - 65　题 2.25 图　　　　图 2 - 66　题 2.26 图

第3章　电路的暂态分析

分析电路从一个稳态变到另一个稳态的过程称为电路的暂态分析。常用的方法有数学和实验分析两种。数学分析法又有多种，本章只介绍常用的方法。

前面对电路的分析计算作了较详细的介绍，但对电路中的激励是如何接到电路中去的，或电路是何时开始工作的并未说明。其实，在那里我们是假定电路已经长期处于那种工作状态，即不随时间发生变化或周而复始按一定规律重复同样的变化。这种工作状态称为电路的稳定工作状态，简称稳态。一般来讲，电路接通电源后，并不是一开始就进入稳定的工作状态，而是经过短暂的过渡才能达到稳态。若把电路未接通电源前的状态也看成是一种稳态，这种电路从一个稳态变到另一个稳态的过渡过程称为电路的暂态。实际上，在有储能元件（电感和电容）的电路中，当电路产生换路（如开关的闭合与断开，电源电压大小、波形、频率的改变，电路参数及结构形式的改变等），电路都将产生过渡过程。

暂态持续的时间虽然短暂，但在实际工程中应用却很广泛。例如在电子技术中常利用电路的暂态过程来改善电流和电压波形及产生特定波形，在电视、雷达的显示器中常利用电路的暂态过程提供扫描电压与电流，在电子计算机中可利用电容器的充、放电暂态过程而实现运算功能，如此等等。另一方面由于电路的暂态，例如在某些电路的接通与断开的暂态过程中则可能出现远远超过电路元件的额定值的过高电压或过大电流的现象，以致使电气设备受到损害。因此，研究电路的暂态过程，不仅具有理论意义，而且具有重要的实用价值。

3.1　换路定则及电路暂态模型

电路产生过渡过程的根本原因是电路中有储能元件，而能量储蓄和释放都需要一定的时间来完成，即能量不能突变。因此，本节先从能量的角度讨论电感、电容的动态特性，介绍暂态模型及有关的概念。

3.1.1　电路中的储能元件

第一章里，我们从伏安关系出发讨论过电感、电容的动态特性，这里我们再从能量的角度来讨论电感电容的动态特性。

（1）电场能量。电容在任意瞬间吸收的功率为

$$p = ui = Cu\frac{\mathrm{d}u}{\mathrm{d}t} \tag{3-1}$$

在 u 和 i 选择关联参考方向时，p 为正值时表明元件消耗或吸收功率，p 为负值时表明元件发出或释放功率。但是电容元件并不能产生功率，是由于此前吸收的能量以电场能量的形式储存在电场中，届时释放出来的，可见电容元件是一个储能元件。它是表征能量交换的无源元件。它在任意时刻储存的能量为

$$W = \int_0^t p\mathrm{d}t = \int_0^u Cu\mathrm{d}u = \frac{1}{2}Cu^2 \tag{3-2}$$

（2）磁场能量。电感在任意瞬间吸收的功率为

$$p = ui = Li\frac{\mathrm{d}i}{\mathrm{d}t} \tag{3-3}$$

在 u 和 i 选择关联参考方向时，p 为正值时表明元件消耗或吸收功率，p 为负值时表明元件发出或释放功率。但是电感元件并不能产生功率，是由于此前吸收的能量以磁场能量的形式储存在磁场中，届时释放出来的，可见电感元件也是一个储能元件。它是表征能量交换的无源元件。它在任意时刻储存的能量为

$$W_{\mathrm{L}} = \int_0^t p\mathrm{d}t = \int_0^i Li\,\mathrm{d}i = \frac{1}{2}Li^2 \tag{3-4}$$

3.1.2　换路定则

由式（3-1）和式（3-3）可知，能量不能突变则体现在电感中的电流和电容上的电压不能突变。于是把 i_{L} 和 u_{C} 称为状态变量，则其他变量（i_{R}、u_{R}、u_{L}、i_{C}）称非状态变量。

所谓换路定则，是指状态变量（i_{L} 和 u_{C}）在换路时所遵循的规则和变化规律。能量不能突变则体现在电感中的电流和电容的电压连续性上。由数学可知，函数连续的充分必要条件是左极限等于右极限，于是有

$$\left.\begin{array}{c} i_{\mathrm{L}}(0^+) = i_{\mathrm{L}}(0^-) \\ u_{\mathrm{C}}(0^+) = u_{\mathrm{C}}(0^-) \end{array}\right\} \tag{3-5}$$

设 $t=0$ 时刻换路，$t=0^+$ 表示换路后的状态的起始时刻，$t=0^-$ 表示换路前的状态终了时刻。式（3-5）则称为换路定则，应用它可以方便的求得电感电流和电容电压的初始值。

3.1.3　*LC* 元件的暂态模型

电容和电感的暂态特性可用图 3-1（a）、（b）分别所示的模型描述，即电容用电动势源 u_{Cs} 与电容串联的有源支路表示［如图 3-1（a）所示］，电感用电激流源 i_{Ls} 与电感并联的有源支路表示［见图 3-1（b）］，要强调的是，这里的电动势源 u_{Cs} 和电激流源 i_{Ls} 是幅值分别为 $u_{\mathrm{C}}(0^+)$ 和 $i_{\mathrm{L}}(0^+)$，而随时间按指数规律衰减的函数，即

$$U_{\mathrm{CS}} = U_{\mathrm{C}}(0^+)\mathrm{e}^{-t},\ i_{\mathrm{LS}} = i_{\mathrm{L}}(0^+)\mathrm{e}^{-t}$$

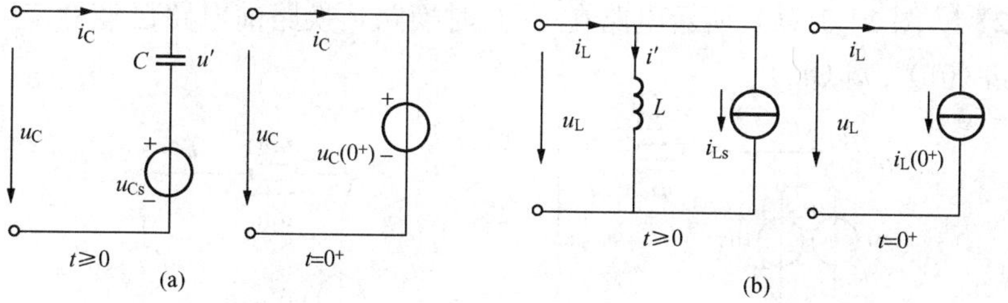

图 3-1　*LC* 的暂态模型

（a）电容；（b）电感

显然在 $t=0^+$ 时刻，电容电压 $u_{\mathrm{C}} = u_{\mathrm{C}}(0^+)$，电感中的电流 $i_{\mathrm{L}} = i_{\mathrm{L}}(0^+)$，于是在 $t=0^+$ 时刻电容等效一个电压等于 $u_{\mathrm{C}}(0^+)$ 的电动势源，电感等效一个电流等于 $i_{\mathrm{L}}(0^+)$ 的电激流源。可见 $t=0^+$ 时刻，电容模型中的 $u'=0$、电感模型中的 $i'=0$。

式（3-5）可以确定 u_{C} 和 i_{L} 的初始值，而且只能用于确定 u_{C} 和 i_{L} 的初始值。对于除 $u_{\mathrm{C}}(0^+)$ 和 $i_{\mathrm{L}}(0^+)$ 以外的其他电压、电流的初始值，由解 $t=0^+$ 瞬间的等效电路得到，即用电压等于 $u_{\mathrm{C}}(0^+)$ 的电动势源替代电容、用电流等于 $i_{\mathrm{L}}(0^+)$ 的电激流源替代电感而

得到 $t=0^+$ 瞬间的等效电路，然后用解稳态电路方法求出任意元件上的电压、电流的初始值，它们属于导出初始条件。下面我们举例说明导出初始条件的方法。

【例 3-1】 图 3-2（a）所示电路中，试确定在开关闭合后电压 u_C、i_L 和电流 i_L、i_C、i_R 及 i_k 的初始值。设开关闭合前电路已处于稳态。

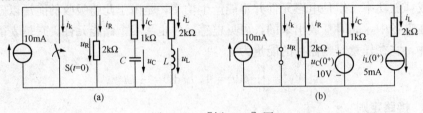

图 3-2　[例 3-1]图
(a) $t-0^-$；(b) $t=0^+$

解　由换路定则

$$u_C(0^+) = u_C(0^-) = 10\text{V}$$
$$i_L(0^+) = i_L(0^-) = 5\text{mA}$$

于是可作出 $t=0^+$ 瞬时的等效电路图，如图 3-2（b）所示。由 KCL 有

$$i_k + i_R + i_C + i_L = 10\text{mA}$$

由 KVL 有

$$i_C \times 10^3 + u_C(0^+) - u_L - 2i_L \times 10^3 = 0$$
$$2i_R \times 10^3 - u_C(0^+) - i_C \times 10^3 = 0$$
$$2i_R \times 10^3 = 0$$

联立求解可得各电压、电流的初始值，结果见表 3-1。

表 3-1　　　　　　　图 3-2 所示电路各电压、电流的初始值

	i_L	u_C	i_C	i_R	i_k	u_L	u_R
$t=0^+$	5mA	10V	−10mA	0	15mA	−10V	0

【例 3-2】 图 3-3（a）所示电路在 $t=0$ 时换路，换路前电路已经稳定。求换路后瞬间 $u_C(0^+)$、$i_C(0^+)$、$u_R(0^+)$。

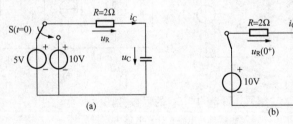

图 3-3　[例 3-2]图

解　根据换路定则有

$$u_C(0^+) = u_C(0^-)$$

而 $u_C(0^-)$ 是原稳态时电容电压，即 5V 电压源的开路电压，故有

$$u_C(0^+) = u_C(0^-) = 5\text{V}$$

电容 C 用 $t=0^+$ 时的等效电路替代，作出 0^+ 时刻等效电路，如图 3-3（b）所示。求解

该电路可得

$$u_R(0^+) - u_C(0^+) = 10 - 5 = 5 \ (\text{V})$$

$$i_C(0^+) = \frac{u_R(0^+)}{R} = \frac{5}{2} = 2.5(\text{A})$$

【例 3 - 3】　图 3 - 4（a）所示电路在换路前电路已经稳定，$t = 0$ 时换路，求 $u_C(0^+)$、$i_C(0^+)$、$u_L(0^+)$ 及 $i_R(0^+)$。

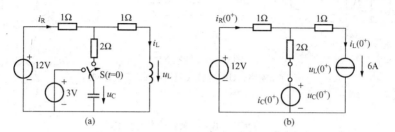

图 3 - 4　［例 3 - 3］图

解　由换路定则得

$$u_C(0^+) = u_C(0^-) = 3\text{V}$$

$$i_L(0^+) = i_L(0^-) = \frac{12}{1 + 1} = 6(\text{A})$$

根据 0^+ 时刻等效电路再求 $i_C(0^+)$、$u_L(0^+)$ 及 $i_R(0^+)$。其等效电路如图 3 - 4（b）所示。由弥尔曼定理求解该电路，得

$$u_{ab}(0^+) = \frac{12 + \dfrac{3}{2} - 6}{1 + \dfrac{1}{2}} = \frac{15}{2} \times \frac{2}{3} = 5(\text{V})$$

于是

$$i_C(0^+) = \frac{u_{ab}(0^+) - u_C(0^+)}{2} = \frac{5 - 3}{2} = 1(\text{A})$$

$$u_L(0^+) = u_{ab}(0^+) - 1 \times i_L(0^+) = 5 - 1 \times 6 = -1(\text{V})$$

$$i_R(0^+) = \frac{12 - u_{ab}(0^+)}{1} = \frac{12 - 5}{1} = 7(\text{A})$$

3.1.4　零输入与零状态分析法

利用 L 和 C 的暂态模型，图 3 - 2（a）所示电路换路后的电路可表示成图 3 - 5（a）所示电路。由 L 和 C 的暂态模型的特点可知，i_{Ls} 和 u_{Cs} 是电路中储能元件原始储存的能量，激励时它们是得不到补充的，所以 i_{Ls} 和 u_{Cs} 逐渐衰减，最后耗尽。而 I_s 是从外电路向网络输入能量，它始终能维持输入一个 I_s 的电流；可见 i_{Ls}、u_{Cs} 和 I_s 虽然都属激励，但特性截然不同，为此给予它们不同的称谓，即 I_s 称为输入，i_{Ls}、u_{Cs} 称为初始状态，简称状态。

根据线性电路的叠加原理，图 3 - 5（a）可以分解为图（b）和图（c）的叠加。图（b）称为零输入网络，其响应称为零输入响应。图（c）称为零状态网络，其响应称为零状态响应。而图（a）是输入和状态共同作用的网络，称为完全网络，其响应称为全响应。

根据线性电路的叠加原理有

全响应 = 零输入响应 + 零状态响应

这种把全响应分解成零输入响应和零状态响应的方法，反映了线性电路的叠加性，而且更突出地反映了原因与结果间的关系，故成为近代网络分析中的一种重要方法。

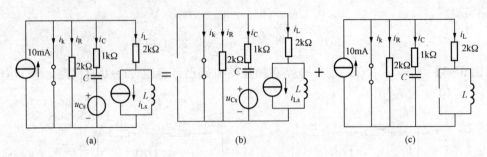

图 3 - 5　暂态网络

(a) 完全网络；(b) 零输入网络；(c) 零状态网络

3.2　*RC* 一阶电路的暂态分析

3.2.1　零输入响应

RC 电路的零输入响应的物理意义是已充电的电容器经过电阻放电的过程。在这个过程中，储存在电容器中的能量，在电路中形成电流，经过电阻逐渐将电场能量变为热能并消耗掉。下面讨论电压及电流的变化规律。

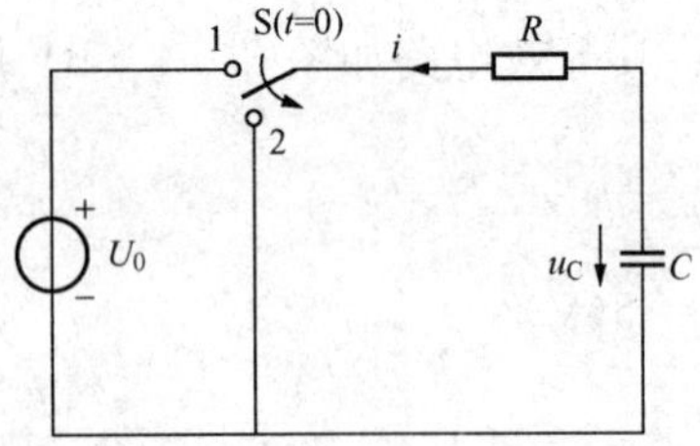

1. 电路方程及求解

如图 3 - 6 所示的 *RC* 电路，换路前电容器已充电，其电压为 U_0。当 $t=0$ 时换路，则电容元件将通过电阻 R 放电。在放电的过程中，电路的电流、电压将随时间而变化。在 $t=0^-$ 时，$u_C(0^-) = U_0$，换路后根据 KVL 可得电路方程为

$$u_C - iR = 0$$

图 3 - 6　*RC* 的零输入响应

因为　$i = -C \dfrac{\mathrm{d}u_C}{\mathrm{d}t}$，代入上式

$$RC \frac{\mathrm{d}u_C}{\mathrm{d}t} + u_C = 0 \tag{3 - 6}$$

式（3 - 6）为一阶齐次常微分方程，它描述的电路称为一阶电路。由数学可知齐次方程的通解应为

$$u_C = A\mathrm{e}^{pt} \tag{3 - 7}$$

式中：p 为特征根；A 为积分常数。

其特征方程为　　　　　　　　　　$RCp + 1 = 0$

故特征根为　　　　　　　　　　　$p = -\dfrac{1}{RC} \tag{3 - 8}$

积分常数可由电路的初始条件来确定。根据换路定则

$$u_C(0^+) = u_C(0^-) = U_0 \tag{3 - 9}$$

将式（3 - 8）与式（3 - 9）代入式（3 - 7）得

$$U_0 = A\mathrm{e}^{\frac{0}{RC}} = A$$

最后可得电容电压为

$$u_C = U_0 \mathrm{e}^{-\frac{1}{RC}t} \tag{3-10}$$

而电流为

$$i = -C\frac{\mathrm{d}u_C}{\mathrm{d}t} = \frac{U_0}{R}\mathrm{e}^{-\frac{1}{RC}t} \tag{3-11}$$

根据式（3-10）与式（3-11）可画出 u_C 和 i 随时间变化的关系，如图 3-7（a）、（b）所示。

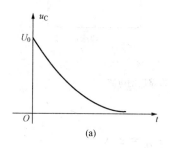 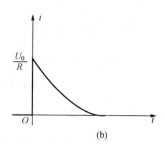

图 3-7　零输入响应的变化曲线

（a）电压曲线；（b）电流曲线

2. 时间常数

电容电压 u_C 与放电电流 i 衰减的快慢，取决于式（3-10）及式（3-11）中的衰减系数 $1/RC$，若令 $RC = \tau$，则 τ 具有时间量纲，即

$$[\tau] = [R][C] = 欧 \cdot \frac{库}{伏} = 欧 \cdot \frac{安 \cdot 秒}{伏} = \frac{欧}{欧} \cdot 秒 = 秒 \tag{3-12}$$

故称 $\tau = RC$ 为电路的时间常数。它是表征一阶电路过渡特性的物理量。τ 是这样一种特定时间：当换路后经过 τ 长的时间之后，电容器上的电压将下降到初始值的 37%。或者说 τ 是这样一段时间：如果 u_C 按照 $t=0$ 时刻的变化率衰减，经过 $t=\tau$ 就衰减完毕。也就是说，如果经过曲线的起始点 $u_C(0) = U_0$ 作曲线的切线，该切线所截时间轴的长度，就是时间常数 τ（如图 3-8 所示）。不仅如此，从曲线上任何一点作切线，都符合这一规律。

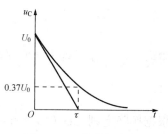

图 3-8　τ 的几何意义

时间常数越大，过渡过程越长，反之则过程越短。在 RC 电路中，R 或 C 越大，则 τ 越大，过渡过程就越长。因为 U_0、R 一定时，C 越大，则电容储存的电场能量越多，放电时间就会越长，而 U_0 和 C 一定，R 越大，则放电电流越小，也将延长放电时间。换路后相应物理量的衰减情况见表 3-2。

表 3-2　　　　　　　　　　　　　换路后相应物理量的衰减情况

t	0	τ	2τ	3τ	4τ	5τ	…	∞
$A\mathrm{e}^{-t/\tau}$	A	$0.368A$	$0.135A$	$0.05A$	$0.018A$	$0.007A$	…	0

从理论上讲，只有当 $t=\infty$ 时，指数函数才衰减到零，过渡过程才会结束，电路才达到稳态。实际指数函数开始衰减较快，以后越来越慢，所以在工程实际应用中，一般认为函数衰减到 5% 以下就算达到新的稳态了，因此，过渡过程的时间一般取（4~5）τ。

【例 3 - 4】　图 3 - 9（a）所示电路，开关在位置 1 时已稳定。在 $t=0$ 时 S 由 1 倒向 2，求 $t \geqslant 0$ 时的电流 $i(t)$。

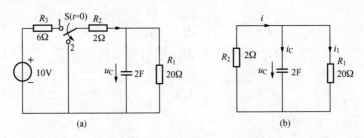

图 3 - 9　［例 3 - 4］图
(a) 换路前的电路；(b) 换路后的电路

解　由图 3 - 9（a）可知

$$u_C(0^-) = 10 \times \frac{2}{6+2+2} = 2(\text{V})$$

$t \geqslant 0$ 时的电路如图 3 - 9（b）所示，为了求 i 可先求 $u_C(t)$，即建立关于 u_C 的微分方程，根据 KCL，有

$$-i + i_C + i_1 = 0$$

由元件的伏安关系有

$$i_C = C\frac{\mathrm{d}u_C}{\mathrm{d}t}, \quad i = -\frac{u_C}{R_2}, \quad i_1 = \frac{u_C}{R_1}$$

代入 KCL 方程，并整理得

$$C\frac{\mathrm{d}u_C}{\mathrm{d}t} + \left(\frac{1}{R_1} + \frac{1}{R_2}\right)u_C = 0$$

令 $\frac{1}{R} = \frac{1}{R_1} + \frac{1}{R_2}$，即 $R = R_1 /\!/ R_2 = 1$（Ω），则

$$C\frac{\mathrm{d}u_C}{\mathrm{d}t} + \frac{1}{R}u_C = 0$$

根据换路定则，$u_C(0^+) = u_C(0^-) = 2\text{V}$，所以可用下述方程组描述 $t \geqslant 0$ 时 u_C 的变化规律，即

$$\left.\begin{array}{l} C\dfrac{\mathrm{d}u_C}{\mathrm{d}t} + \dfrac{1}{R}u_C = 0 \\ u_C(0^+) = 2 \end{array}\right\}$$

解方程得 $u_C = 2\mathrm{e}^{-\frac{1}{2}t} \,(t \geqslant 0)$，于是

$$i = -\frac{u_C}{R_2} = -\frac{u_C}{2} = -\mathrm{e}^{-\frac{1}{2}t} \,(t \geqslant 0)$$

【例 3 - 5】　电路如图 3 - 10（a）所示，开关闭合前电路已达稳态。当 $t=0$ 时将开关闭合，求 $t \geqslant 0$ 时的 u_C 与 i。

解　$u_C(0^-) = \dfrac{60}{60 + (20+20)} \times \dfrac{1}{6} \times 20 = 2(\text{V})$

根据换路定则

$$u_C(0^+) = u_C(0^-) = 2\text{V}$$

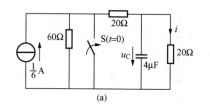
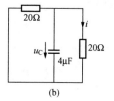

(a)   (b)

图 3 - 10　［例 3 - 5］图

（a）换路前的电路；（b）换路后的电路

$t=0^+$ 时的等效电路如图 3 - 10（b）所示，电容器放电回路的等效电阻 R 为两个 20Ω 的电阻并联，即 $R=10\Omega$，故电路的时间常数为

$$\tau = RC = 10 \times 4 \times 10^{-5} = 4 \times 10^{-5}(\text{s})$$

由式（3 - 10）和式（3 - 11）可得

$$u_C = u_C(0^+)\text{e}^{-\frac{t}{\tau}} = 2\text{e}^{-2.5 \times 10^4 t}(\text{V})$$

$$i = \frac{u_C}{20} = 0.1\text{e}^{-2.5 \times 10^4 t}(\text{A})$$

3.2.2　零状态响应

图 3 - 11 所示的电路，在 $t=0$ 时电容器经过电阻接入直流电源充电，这时的物理过程是：当开关 S 闭合时，$u_C(0^+) = u_C(0^-) = 0$，电源电压在 $t=0^+$ 瞬间全部降落在电阻上，因而这时电路的电流 $i(0^+) = \dfrac{U}{R}$，但随着电流注入，电容器上的电荷逐渐堆积，电容器上电压逐渐升高，电阻两端电压 u_R 逐渐减小，电流逐渐减小。这种情况一直持续到 $u_R = U_s$ 时，才告终止。这时，$u_R = 0$，$i = 0$。

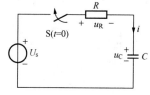

图 3 - 11　RC 的零状态响应

下面讨论电压及电流的变化规律。当 S 闭合后，根据 KVL 得电路方程

$$u_R + u_C = U_s$$

因为

$$u_R = Ri, i = C\frac{\text{d}u_C}{\text{d}t}$$

代入上式后得

$$RC\frac{\text{d}u_C}{\text{d}t} + u_C = U_s \qquad\qquad (3 - 13)$$

式（3 - 13）为线性常系数非齐次微分方程。其方程的解由对应齐次方程的通解 $u_{Ch} = A\text{e}^{pt}$ 和满足非齐次方程的一个特解 u_{Cp} 两部分组成，即

$$u_C = u_{Cp} + u_{Ch}$$

由数学及上节讨论结果可知

$$u_{Ch} = A\text{e}^{-\frac{1}{RC}t} \qquad\qquad (t \geqslant 0)$$

u_{Cp} 是方程式（3 - 13）的特解。实际上满足非齐次微分方程的任何一个解都可以充当特解，而一般情况下，取电路达到新的稳态时的解作为特解。在图 3 - 11 所示电路中，当达到稳态时，充电已终止，电容相当于开路，故电容电压的稳态解为

$$u_{Cp} = u_C(\infty) = U_s$$

于是式（3-13）的解为

$$u_C = U_s + Ae^{-\frac{t}{RC}}$$

由初始条件确定积分常数 A。当 $t = 0^+$ 时 $u_C(0^+) = u_C(0^-) = 0$，故有

$$u_C(0^-) = U_s + Ae^{\frac{0}{RC}}, \quad 0 = U_s + A$$

则

$$A = -U_s$$

最后可得电容的零状态响应 u_C 为

$$u_C = U_s - U_s e^{\frac{t}{RC}} = U_s(1 - e^{-\frac{t}{\tau}}) \tag{3-14}$$

而电流则为

$$i = C\frac{du_C}{dt} = \frac{U_s}{R}e^{-\frac{t}{\tau}} \tag{3-15}$$

u_C 和 i 的变化曲线如图 3-12（a）、（b）所示。

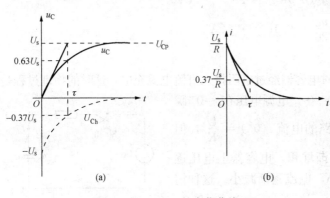

图 3-12 u_C、i 的变化曲线
(a) 电压曲线；(b) 电流曲线

与放电过程相似，充电过程的快慢也取决于时间常数 τ，即 RC 的乘积。τ 值较小，则充电达到稳态值就越快；相反，τ 值越大，则充电就越慢。通常认为 $t = 3\tau$ 时，u_{Ck} 衰减到其初值的 5%，u_C 达到 95% 的稳态值，电路即已进入稳态，充电过程视为结束。

充电过程中，由电源提供的能量，一部分转换为电场能量储存于电容器中，另一部分则被电阻转换成热能而消耗掉。可以证明，在零状态下充电，电源提供的能量只有一半储存于电容器，而另一半消耗在电阻上，即效率为 50%，且与电阻大小无关。

【例 3-6】 在图 3-13 所示电路中，已知 $E = 12V$、$R_1 = 3k\Omega$、$R_2 = R_3 = 6k\Omega$、$C_1 = C_2 = 5\mu F$，$t < 0$ 时开关 S 长期打开，$t = 0$ 时闭合。求 $t \geqslant 0$ 时的 i 和 u_C？

解 由题意可知，换路电路已处于稳态且 $u_C(0^-) = 0$，所以该问题是一个零状态响应问题。

（1）先求 u_C。由式（3-14）可知，零状态响应 u_C 为

$$u_C = u_C(\infty)(1 - e^{-\frac{1}{RC}t})$$

求时间常数 $\tau = RC$ 的等效电路如图 3-14 所示。由图可知

$$R = R_3 + R_1 /\!/ R_2 = 3 + 3 /\!/ 6 = 5(k\Omega)$$

$$C = C_1 + C_2 = 5 + 5 = 10(\mu F)$$

$$\tau = RC = 5 \times 10^3 \times 10 \times 10^{-6} = 50 \times 10^{-3} = 0.05(s)$$

$$u_C(\infty) = \frac{R_2 E}{R_1 + R_2} = 8(V)$$

所以
$$u_C = 8(1 - e^{20t})V$$

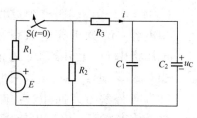

图 3 - 13　［例 3 - 6］图

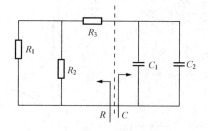

图 3 - 14　求图 3 - 13 时间常数等值电路

（2）求电流 i

$$i = C\frac{du_C}{dt} = \frac{8}{R}e^{-\frac{t}{RC}} = \frac{8}{5}e^{-20t} = 1.6e^{-20t}\,(\text{mA})$$

由例题可知，求取时间常数时应从换路后的电路去寻求，且 $\tau = RC$，其 R 应理解为从纯电容网络两端看无源电阻网络的等效电阻，而 C 也应理解为纯电容网络等效电容。

3.2.3　全响应

所谓全响应是指电路中储能元件的初始值不为零 $[u_C(0^+) \neq 0]$，而输入也不为零，两者同时共同作用于电路时所引起的响应。如图 3 - 15（a）所示电路，电容器已有初始电压 U_0，而当 $t = 0$ 时电路与直流电源接通，在 $t \geqslant 0$ 时间里，电路中的电压 u_C 和 i 则是全响应。

求解这种电路的方法很多，这里介绍利用叠加原理求解这类电路，即

全响应＝零状态响应＋零输入响应

根据线性电路的叠加性，图 3 - 15（a）电路可分解成图（b）和图（c）的叠加，即分解为零状态和零输入两种情况，然后按上述介绍的方法分别求出零输入响应和零状态响应。对图 3 - 15（b），设 u_{C1} 为电路的零状态响应，由式（3 - 14）得

$$u_{C1} = U_s(1 - e^{-\frac{t}{RC}}) = U_s(1 - e^{-\frac{t}{\tau}})$$

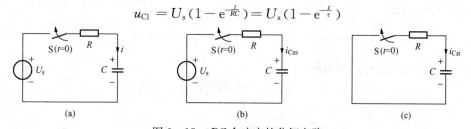

图 3 - 15　RC 全响应的分解电路
（a）完全网络；（b）零状态网络；（c）零输入网络

对图 3 - 15（c），设 u_{C2} 为电路的零输入响应，由式（3 - 10）得

$$u_{C2} = U_0(e^{-\frac{t}{\tau}})$$

因此，图 3 - 15（a）电路 u_C 的全响应为

$$u_C = u_{C1} + u_{C2} = U_s(1 - e^{\frac{t}{RC}}) + U_0 e^{-\frac{t}{RC}}$$
$$= U_s(1 - e^{\frac{t}{\tau}}) + U_0 e^{-\frac{t}{\tau}} \tag{3 - 16}$$

而电流 i 为

$$i = C\frac{du_C}{dt} = \frac{U_s}{R}e^{-\frac{t}{\tau}} - \frac{U_0}{R}e^{-\frac{t}{\tau}} \tag{3 - 17}$$

式中：第一项为 i 的零状态响应；第二项为 i 的零输入响应。

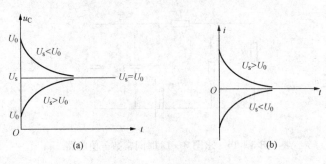

图 3 - 16　响应的变化曲线
(a) 电压曲线；(b) 电流曲线

由式（3 - 17）可见，当 $U_s >$ U_0 时，$i > 0$，表明整个过渡过程中电容一直处于充电状态，电容电压将由 U_0 上升到 U_s 为止；而当 $U_s < U_0$ 时，$i < 0$，表明电流实际方向与参考方向相反，即电容处于放电状态，电容电压将由 U_0 下降到 U_s 为止；当 $U_s = U_0$ 时，接通开关 S，则在 $t \geqslant 0$ 过程中，$i = 0$，$u_C = U_s$，说明此时电路换路后，并不产生过渡过程，其原因在于换路前后电容中的电场能量并未发生变化。由此可见，含有储能元件的动态电路在换路后是否产生过渡过程，取决于换路时初始状态与稳态分量在该瞬时的数值是否有差值而定。如果有差值就会出现过渡过程，否则就没有。图 3 - 16 (a)、(b) 画出了上述三种情况下 u_C 与 i 随时间的变化曲线。

【例 3 - 7】　电路如图 3 - 17 所示，开关 S1 与 S2 同时于 $t = 0$ 时闭合，且 $u_C(0^-) = 2\text{V}$，求 $t \geqslant 0$ 时的 u_C 及 i_C。

解　(1) 求电路的零状态响应。可应用叠加原理，当电压源单独作用时，u_C 的零状态响应为

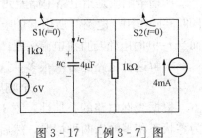

图 3 - 17　[例 3 - 7] 图

$$\frac{6}{1+1}(1 - e^{-\frac{t}{\tau}}) = 3(1 - e^{-500t})\,\text{V}$$

$$\tau = RC = \frac{1}{2} \times 10^3 \times 4 \times 10^{-6} = 2 \times 10^{-3}\,(\text{s})$$

当电激流单独作用时，u_C 的零状态响应

$$\frac{1}{1+1} \times 4(1 - e^{-\frac{t}{\tau}}) = 2(1 - e^{-500t})\,\text{V}$$

因此两种外施激励同时作用 u_{Czs} 为

$$u_{Czs} = 3(1 - e^{-500t}) + 2(1 - e^{-500t})$$
$$= 5(1 - e^{-500t})\,\text{V}$$

(2) 求零输入响应 u_{Czi}。由换路定则

$$u_C(0^+) = u_C(0^-) = 2\text{V}$$

而时间常数不变，因此 u_{Czi} 为

$$u_{Czi} = u_C(0^+)e^{-\frac{t}{\tau}} = 2e^{-\frac{t}{\tau}}$$

(3) 求电路的全响应 u_C

$$u_C = u_{Czs} + u_{Czi}$$
$$= 5(1 - e^{-\frac{t}{\tau}}) + 2e^{-500t}$$
$$= 5 - 3e^{-500t}\,(\text{V})$$

$$i_C = C\frac{\mathrm{d}u_C}{\mathrm{d}t} = 6e^{-500t} \qquad (\text{mA})$$

对于比较复杂的电路，分析其暂态过程时，还可以利用戴维南定理，将电路简化为一个 RC 串联电路后再计算。

【例 3 - 8】 在图 3 - 18（b）中，$R_1=3\text{k}\Omega$，$R_2=6\text{k}\Omega$，$C_1=C_2=20\mu\text{F}$，$C_3=40\mu\text{F}$，阶跃电压 $U=12\text{V}$，其波形如图 2 - 58（a）所示，试求输出电压 u_C。

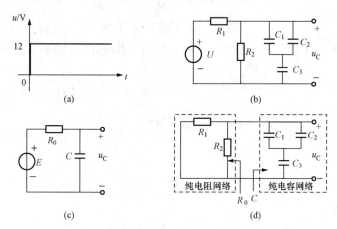

图 3 - 18　［例 3 - 8］图

(a) 电压 U 的波形 (b) 电路图；

(c) 等效电路；(d) 图 (b) 对应的无源网络

解　该题激励为阶跃电压，它相当于 12V 的直流电源通过一个开关 S 在 $t=0$ 时刻与电路接通，由于阶跃电压 $t=0^-$ 时等于零，即 u_C（0^-）$=0$，所以它是个零状态响应问题。

下面应用戴维南定理化简为 RC 串联电路来计算，即电路除电容元件外，其余部分用戴维南定理化简为等效电压源，如图 3 - 18（c）所示。其 R_0 和 C 需根据原电路对应的无源网络求解，如图 3 - 18（d）所示。其等效电容为

$$C=\frac{C_3(C_1+C_2)}{C_3+(C_1+C_2)}=\frac{40\times(20+20)\times10^{-12}}{[40+(20+20)]\times10^{-6}}=20\times10^{-6}(\text{F})$$

等效电源的内阻为

$$R_0=\frac{R_1R_2}{R_1+R_2}=\frac{3\times6\times10^6}{(3+6)\times10^3}=2(\text{k}\Omega)$$

其等效电源的电动势为

$$E=\frac{R_2U}{R_1+R_2}=\frac{6\times10^3\times12}{(3+6)\times10^3}=8(\text{V})$$

E 是幅值为 8V 的阶跃电压，其波形与图 3 - 18（a）曲线相似。由等效电路可得电路的时间常数为

$$\tau=R_0C=2\times10^3\times20\times10^{-6}=40(\text{ms})$$

参照式（3 - 14）得输出电压为

$$u_C=E(1-\text{e}^{-\frac{t}{\tau}})=8(1-\text{e}^{-\frac{t}{40\times10^{-3}}})=8(1-\text{e}^{-25t})(\text{V})$$

3.3 RL 一阶电路的暂态分析

RL 电路在自动控制系统中也是常用的一种电路，熟悉其性能，对工程技术人员来说，

也是非常必要的。RL 电路的暂态分析与 RC 电路相似。

3.3.1 零输入响应

图 3-19 所示电路中，在开关 S 打开之前电路已达到稳态，此时电感相当于短路，则

$$i_L(0^-) = \frac{U}{R_2} = I_0$$

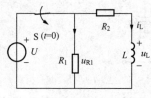

当 $t=0$ 时，断开开关 S，则电感元件将通过电阻（$R_1 + R_2$）放电。当 $t \geqslant 0$ 时，即电路换路后，据 KVL 可列出电路方程

$$u_L + R_1 i_L + R_2 i_L = 0$$

图 3-19 RL 的零输入响应

因为 $u_L = L \dfrac{\mathrm{d}i_L}{\mathrm{d}t}$，故得

$$L \frac{\mathrm{d}i_L}{\mathrm{d}i} + R i_L = 0 \qquad\qquad (3-18)$$

$$R = R_1 + R_2$$

式（3-18）的通解为

$$i_L = A e^{pt} \qquad\qquad (3-19)$$

特征方程为 $Lp + R = 0$，特征方程根 $p = -\dfrac{R}{L}$，代入式（3-19）得

$$i_L = A e^{-\frac{R}{L}t}$$

确定积分常数

$$i_L(0^+) = i_L(0^-) = \frac{U}{R_2} = I_0$$

$$i_L(0^+) = A e^{-\frac{R}{L}0} = I_0$$

代入式（3-19）得 i_L 为

$$i_L = I_0 e^{-\frac{R}{L}t} \qquad\qquad (3-20)$$

电感电压为

$$u_L = L \frac{\mathrm{d}i_L}{\mathrm{d}t} = -R I_0 e^{-\frac{R}{L}t} \qquad\qquad (3-21)$$

可见 RL 电路的时间常数为

$$\tau = \frac{L}{R} \qquad\qquad (3-22)$$

RL 电路中电流的衰减过程，实质上就是磁场能量逐渐消失的物理过程，到过渡过程结束，电感中储存的磁场能量将全部转换成电阻所消耗的热能。

【例 3-9】 如图 3-20 所示电路，换路前电路已处于稳态，$t=0$ 时换路（开关与①断开而与②接通），求 $t \geqslant 0$ 时的 i_L。

解 求电流的初始值，根据换路定则

$$i_L(0^+) = i_L(0^-) = \frac{3}{3+2} \times 10 = 6 \ (\mathrm{A})$$

求时间常数为

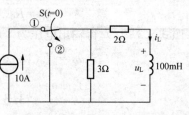

图 3-20 ［例 3-9］图

$$\tau = \frac{L}{R} = \frac{100 \times 10^{-3}}{2} = 0.05 \text{ (s)}$$

代入式（3-20）得

$$i_{\text{L}} = 6e^{-20t} \text{ (A)}$$

3.3.2　零状态响应

如图 3-21 所示电路，开关接通前，电感中的电流为零，即电路处于零初始状态。当 $t = 0$ 时接通开关，由于电感中的电流不能跃变，故电路的初始条件为

$$i_{\text{L}}(0^+) = i_{\text{L}}(0^-) = 0$$

当 $t > 0$ 后，电流由零逐渐增大，当电路到达稳态时，电感相当于短路，故电流的稳态值为

$$i_{\text{L}}(\infty) = \frac{U}{R}$$

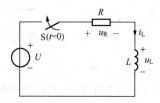

图 3-21　RL 的零状态响应

电路换路后，据 KVL 列出电路方程为

$$u_{\text{R}} + u_{\text{L}} = U$$

因 $u_{\text{R}} = Ri_{\text{L}}$，$u_{\text{L}} = L\dfrac{di_{\text{L}}}{dt}$，代入上式后得

$$L \frac{di_{\text{L}}}{dt} + Ri_{\text{L}} = U \tag{3-23}$$

式（3-23）为线性常系数非齐次微分方程。其方程的解由对应齐次方程的通解 $i_{\text{Lh}} = Ae^{pt}$ 和满足非齐次方程的一个特解 i_{Lp} 两部分组成，即

$$i_{\text{L}} = i_{\text{Lp}} + i_{\text{Lh}} \tag{3-24}$$

实际上满足非齐次微分方程的任何一个解都可以充当特解，而一般情况下，常取电路达到稳态时的解作为特解，即

$$i_{\text{Lp}} = \frac{U}{R}$$

对应齐次方程的通解为

$$i_{\text{Lh}} = Ae^{-\frac{R}{L}t}$$

所以解的形式为

$$i_{\text{L}} = Ae^{-\frac{R}{L}t} + \frac{U}{R} \tag{3-25}$$

将电流的初始条件代入便可确定积分常数 A，即

$$i_{\text{L}}(0^+) = \frac{U}{R} + Ae^{-\frac{R}{L} \cdot 0} = 0$$

$$\frac{U}{R} + A = 0$$

$$A = -\frac{U}{R}$$

所以电感中的电流为

$$i_{\text{L}} = \frac{U}{R} - \frac{U}{R}e^{-\frac{R}{L}t} = \frac{U}{R}\left(1 - e^{-\frac{t}{\tau}}\right) \tag{3-26}$$

电感上电压为

$$u_L = L\frac{\mathrm{d}i_L}{\mathrm{d}t} = U\mathrm{e}^{-\frac{t}{\tau}} \tag{3-27}$$

电阻上电压为

$$u_R = i_L R = U(1-\mathrm{e}^{-\frac{t}{\tau}}) \tag{3-28}$$

i_L、u_L 与 u_R 随时间变化的规律如图 3-22 所示。由图 3-22 可见，电流 i_L 是由零逐渐按指数规律增长最后趋于稳态值 $\dfrac{U}{R}$；u_L 则由零跃变到 U 后，立即按相同指数规律逐渐衰减而最后趋于零。换言之，电感 L 相当于由开路逐渐演变成短路。

图 3-22 u_R、i_L、u_L 变化曲线

RL 电路中电流的增长过程，实质上是就是磁场能量逐渐储存的物理过程。但在过渡过程中，电阻还将消耗一部分能量。与电容充电过程相似，可以证明在电阻中消耗的能量与电感最终储存的能量是相等的，各为电源供给能量的一半。

【例 3-10】 图 3-23 所示电路为输电线路继电保护的电路。其中虚线框内为继电器的等效电路，当其通过电流达 30A 时，继电器动作，使输电线路脱离电源，从而起到保护作用。如果负载电阻 $R_L=20\Omega$，输电线路电阻 $R_1=1\Omega$，继电器电阻 $R=3\Omega$，电感 $L=0.2\mathrm{H}$，电源电压 $U=220\mathrm{V}$，求负载被短路时需经多长时间继电器才会动作？

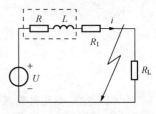

图 3-23 [例 3-10] 图

解 求初始值

$$i_L(0^+) = i_L(0^-) = \frac{220}{3+1+20} = 9.17(\mathrm{A})$$

负载被短路后，其稳态值为

$$i_L(\infty) = \frac{U}{R+R_1} = \frac{220}{4} = 55(\mathrm{A})$$

电路时间常数为

$$\tau = \frac{L}{R+R_1} = \frac{0.2}{4} = 0.05(\mathrm{s})$$

因此，当负载被短路后电流的表达式为

$$i_L = 55 + (9.17-55)\mathrm{e}^{-20t} = 55 - 45.83\mathrm{e}^{-20t}$$

令 $t=t_1$ 时刻继电器动作，此时电流 $i=30\mathrm{A}$，代入上式得

$$30 = 55 - 45.83\mathrm{e}^{-20t_1}$$

$$45.83\mathrm{e}^{-20t_1} = 25$$

等式两边取对数得 $20t_1=0.606$，故 $t_1=0.03$ （s）。

可见负载短路后，经过 0.03s 继电器就会动作，从而起到保护输电线路的作用。

3.4 一阶电路的三要素法

式（3-16）可改写为

$$u_C = U_s + (U_0 - U_s)\mathrm{e}^{-\frac{1}{RC}t} \tag{3-29}$$

由前面分析可知，U_0、U_s 和 $\tau=RC$ 分别为初始值、稳态值和时间常数，于是式（3 - 29）又可改写成

$$u_C = u_C(\infty) + [u_C(0^+) - u_C(\infty)]\mathrm{e}^{-\frac{t}{\tau}} \qquad (3 - 30)$$

结果表明，如果知道了 U_0、U_s 和 τ 就能唯一确定电压的变化规律或画出对应的变化曲线。故把 U_0、U_s 和 τ 称为解的三要素。而且它们都可以用稳态的方法求得，这样不解微分方程就可以求得解答。通常将这种求一阶电路的方法称为一阶电路的三要素法。

　　上面以电压为例介绍了三要素法的内容，实际上一阶电路各部分的电压、电流都可以用三要素法求得，于是式（3 - 30）可写成更一般的形式，即

$$f(t) = f(\infty) + [f(0^+) - f(\infty)]\mathrm{e}^{-\frac{t}{\tau}} \qquad (3 - 31)$$

$f(0^+)$ 的计算视具体内容不同计算方法也不同，但都是一种稳态计算。对于 $u_C(0^+)$ 和 $i_L(0^+)$ 由换路定则求得，对于 $u_R(0^+)$、$i_R(0^+)$、$u_L(0^+)$ 和 $i_C(0^+)$ 采用［例 3 - 1］介绍的导出法求解。$f(\infty)$ 由换路后的稳态电路求得。

　　时间常数 $\tau=RC$ 或 L/R，应从换路后的电路去寻求，其 R、L 和 C 应理解为纯电阻、电感和电容网络的等效参数。

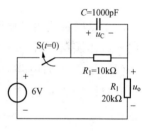

图 3 - 24　［例 3 - 11］图

　　需要指出的是，三要素法虽是一种简单易得的方法，但它所适应的条件必须是一阶线性定常电路。三要素法用于分析阶跃和恒定输入时特别方便。

【例 3 - 11】　　电路如图 3 - 24 所示。设 $u_C(0^-)=0$，开关在 $t=0$ 时闭合，求 $t\geqslant0$ 时的 u_C 与 u_o。

解　　（1）求初始值

$$u_C(0^+) = u_C(0^-) = 0$$
$$u_o(0^+) = U = 6\text{V}$$

（2）求稳态值

$$u_C(\infty) = \frac{R_1}{R_1 + R_2}U = \frac{10 \times 6}{30} = 2(\text{V})$$
$$u_o(\infty) = 6 - 2 = 4(\text{V})$$

（3）求时间常数

$$\tau = \left(\frac{R_1 R_2}{R_1 + R_2}\right)C$$
$$= \frac{20}{3} \times 10^3 \times 1000 \times 10^{-12} = \frac{2}{3} \times 10^{-5}(\text{s})$$

最后按三要素法公式计算得

$$u_C(t) = 2(1 - \mathrm{e}^{-1.5\times10^5 t})\text{V}$$
$$u_o(t) = 4 + 2\mathrm{e}^{-1.5\times10^5 t}\text{V}$$

【例 3 - 12】　　电路如图 3 - 25（a）所示，图中的开关 S 定时接通①和②，即当开关 S 处于位置①时，RC 串联电路处于短路状态，如果电容原已充电，则电容处于放电状态，达到稳态时，$u_C=0$。当 $t=0$ 时，将开关合到位置②，电路与恒压源接通，则电容开始充电，而当 $t=t_1$ 时，又将开关与②断开而与①接通。这一过程相当于按图（b）所示变化规律的激励作用于如图（c）所示电路。试求 u_R 及 u_C 的变化规律，并画出波形图。

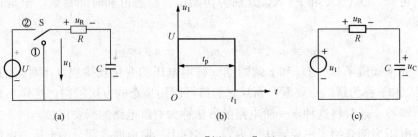

图 3-25 [例 3-12] 图

解 图（b）波形称为矩形波，t_p 为矩形波持续时间，称脉冲宽度。图（c）的电路响应称 RC 电路的矩形波响应。下面用上节介绍的一阶电路的三要素法来求解。

u_1 为分段常量信号，可以看成各常量在不同的时间段作用的信号，即

$$u_1 = \begin{cases} U & (0 \leqslant t \leqslant t_1) \\ 0 & (t \geqslant t_1) \end{cases}$$

对于分段常量信号作用的电路，可以分成若干常量在不同的时间段作用的电路，而各时间段间看作换路。对一阶电路可用三要素法按时间分段求解。

（1）设 $t<0$ 时电路为稳态，$t=0$ 时刻换路求在 $0 \leqslant t \leqslant t_1$ 时间段的 u_C 和 u_R。

此时初始值 $u_C(0^+) = u_C(0^-) = 0$，稳态值 $u_C(\infty) = U$，时间常数 $\tau = RC$，因此有

$$u_C = U(1 - e^{-\frac{t}{\tau}})$$

$$u_R = iR = RC \frac{du_C}{dt} = U e^{-\frac{t}{\tau}}$$

（2）$t=t_1$ 时电路又换路，求在 $t \geqslant t_1$ 时间段的 u_C 和 u_R。

此时，初始值应由前时段的表达式确定，即把 $t=t_p$ 代入 $u_C = U(1-e^{-\frac{t}{\tau}})$ 确定，即

$u_C(0^+) = u_C(0^-) = u_C(t_p) = U(1-e^{-\frac{t_p}{\tau}})$，稳态值 $u_C(\infty) = 0$，时间常数 $\tau = RC$，故此时

$$u_C = U(1 - e^{-\frac{t_p}{\tau}}) e^{\frac{t-t_p}{\tau}} \tag{3-32}$$

$$u_R = -U(1 - e^{-\frac{t_p}{\tau}}) e^{\frac{t-t_p}{\tau}} \tag{3-33}$$

此题告诉我们，在分析某一时刻电路又换路时，相应的 t 要换成 $(t-T)$，其中 T 为第二次换路的时刻。

（3）画 u_C 与 u_R 的波形。

由式（3-32）和式（3-33）可知，u_C 与 u_R 的波形不仅与时间常数 τ 有关，而且还与输入的矩形波持续时间 t_p 有关。图 3-26 画出了 $\tau \ll t_p$ 和 $\tau \gg t_p$ 两种情况下输出电压 u_R 与 u_C 的波形。

该例揭示了 RC 电路对矩形波响应的特性：当 $\tau \ll t_p$ 时，$u_C \approx u$，u_R 在输入突变时产生正、负尖脉冲，输入恒定时则没有波形。当 $\tau \gg t_p$ 时，$u_R \approx u$，u_C 在输入突变时没有变化，而在输入恒定时确有缓慢地变化。这一特性在实际中广泛应用，其相应的电路称为微分电路和积分电路。下面介绍这两种电路的结构特点。

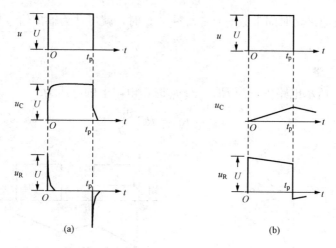

图 3 - 26 矩形波响应曲线

(a) $\tau \ll t_p$；(b) $\tau \gg t_p$

3.5 微分电路与积分电路

3.5.1 微分电路

图 3 - 27 (a) 所示电路中，当 $RC = \tau \ll t_p$ 时，而从电阻上输出电压为

$$u_2 = u_R = Ri = RC \frac{\mathrm{d}u_C}{\mathrm{d}t}$$

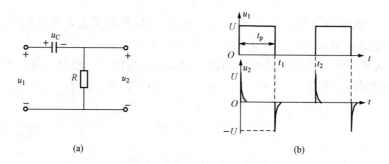

图 3 - 27 RC 微分电路

(a) 电路图；(b) 波形图

因为，$u_C \approx u_1$ 所以

$$u_2 = RC \frac{\mathrm{d}u_C}{\mathrm{d}t} \approx RC \frac{\mathrm{d}u_1}{\mathrm{d}t} \tag{3-34}$$

可见，输出电压 u_2 与输入电压 u_1 近似成微分关系。所以，图 3 - 27 (a) 所示电路称为微分电路。

图 3 - 27 (b) 中 u_2 的波形称为微分波形，即在 $t=0$ 时，输入信号的前沿被 RC 电路进行了微分，出现一个正向尖脉冲；输入信号的后沿也被微分，使得输出成为负的尖脉冲。可以说，微分电路突出了输入信号的变化特性，抑制了输入信号的恒定部分，这正是微分电路

的物理实质。一般地讲，时间常数 $\tau = \dfrac{1}{4}t_p \sim \dfrac{1}{5}t_p$ 时，就可认为输出信号与输入信号之间具有微分关系。

3.5.2　积分电路

图 3 - 28（a）所示电路中，当 $RC = \tau \gg t_p$ 时，电阻上的电压为

$$u_R = Ri = RC \frac{\mathrm{d}u_C}{\mathrm{d}t}$$

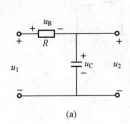

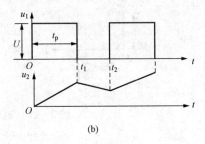

(a)　　　　　　　　　　　　　　　(b)

图 3 - 28　RC 积分电路

(a) 电路图；(b) 波形图

因为 $u_2 = u_C$、$u_R \approx u_1$，所以

$$u_1 \approx RC \frac{\mathrm{d}u_2}{\mathrm{d}t}$$

输出电压与输入电压的关系则为

$$u_2 \approx \frac{1}{RC} \int u_1 \, \mathrm{d}t \tag{3 - 35}$$

式（3 - 35）表明输出电压 u_2 与输入电压 u_1 近似成积分关系，所以图 3 - 28（a）所示电路称为积分电路，图 3 - 28（b）u_2 的波形称为积分波形。

积分电路使输出信号的突变受到了抑制，同输入信号比较，输出信号变得平缓了。一般地讲，如果电路时间常数 $\tau = (4 \sim 5)t_p$，就可以认为电路具有积分功能。

习　　　题

3.1　图 3 - 29 所示各电路原已稳定，求：

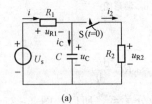

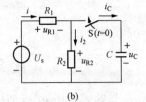

(a)　　　　　　　　　　　　　　　(b)

图 3 - 29　题 3.1 图

（1）开关闭合瞬间（$t = 0^+$），各支路电流及各元件电压的表达式；

（2）开关闭合电路到达新的稳态（$t = \infty$）后，各支路电流及各元件电压的表达式。

3.2 图 3 - 30 所示电路原已稳定，求：

(1) 开关断开瞬间（$t=0^+$）电路总电流和各元件电压的表达式；

(2) 开关断开电路到达新的稳态（$t=\infty$）后电路电流和各元件电压的表达式。

3.3 电路如图 3 - 31 所示，开关未闭合前各储能元件均不带电，求：

(1) 开关闭合瞬间各元件电流和电压值；

(2) 开关闭合电路到达新稳态后各元件电流和电压值。

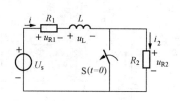

图 3 - 30 题 3.2 图

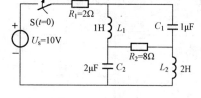

图 3 - 31 题 3.3 图

3.4 $100\mu F$ 的电容器，设其初始电压为 220V，今将其通过电阻 R 放电，当放电 0.06s 时测得电容电压 $u_C=10V$，试求电阻 R 的值。

3.5 图 3 - 32 所示电路原已稳定。当 $t=0$ 时将开关闭合，求 $t \geqslant 0$ 时的 u_C 与 i_C。

3.6 图 3 - 33 所示电路原已稳定。已知 $U=100V$，$R=10k\Omega$，$C=4\mu F$，求开关由位置①倒向位置②（$t=0$ 时）后 100ms 时的 u_C 与放电电流 i。

3.7 图 3 - 34 所示电路原已稳定。开关 S 在 $t=0$ 时闭合，求开关闭合后的电容电压 u_C 及流经开关的电流 i_k 的表达式。

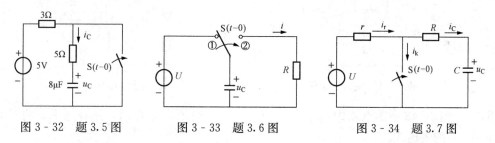

图 3 - 32 题 3.5 图　　　　图 3 - 33 题 3.6 图　　　　图 3 - 34 题 3.7 图

3.8 图 3 - 35 所示电路中，已知 $U=100V$，$R=1M\Omega$，$C=10\mu F$，开关在 $t=0$ 时闭合，且 $u_C(0^-)=0$。求开关闭合后 5、10、15、20、30s 时的电容电压 u_C 与电流 i，并作出其变化曲线。

3.9 在图 3 - 36 所示电路中各电容电压 $u_C(0^-)=0$。已知 $U_s=36V$，$R_1=12\Omega$，$R_2=4\Omega$，$C_1=6\mu F$，$C_2=3\mu F$，当 $t=0$ 时开关 S 闭合，求 $t>0$ 时的 u 与电流 i_C。

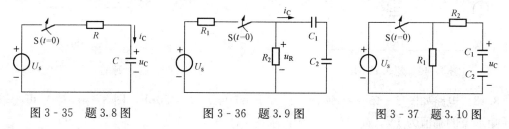

图 3 - 35 题 3.8 图　　　　图 3 - 36 题 3.9 图　　　　图 3 - 37 题 3.10 图

3.10 图 3 - 37 所示电路中各电容 $u_C(0^-)=0$。已知 $U_s=20V$，$R_1=12k\Omega$，

$R_2=6\text{k}\Omega$，$C_1=10\mu\text{F}$，$C_2=20\mu\text{F}$，求开关闭合后各电容两端电压 u_C。

3.11　电路如图 3 - 38 所示，开关闭合前 u_C（0^-）$=5\text{V}$。且 $I_\text{s}=1\text{A}$，$R_1=20\Omega$，$R_2=30\Omega$，$C=0.5\text{F}$，求开关断开后电路的全响应 u_C。

3.12　电路如图 3 - 39 所示，已知 $U_\text{s}=150\text{V}$，$R=2\text{M}\Omega$，$C=15\mu\text{F}$，电容原已充电，其 $q_0=750\mu\text{C}$，求电容电压 u_C 和充电电流 i，并作出 u_C 与 i 的变化曲线。

3.13　电路如图 3 - 40 所示，已知 $U_\text{s}=50\text{V}$，$R_1=10\text{k}\Omega$，$R_2=2.5\text{k}\Omega$，$C=10\mu\text{F}$ 开关闭合前电路已处于稳态，求开关闭合后的 u_C。

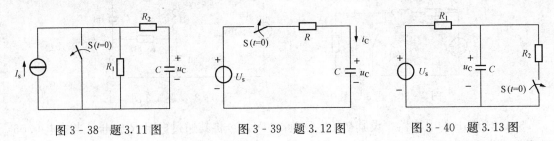

图 3 - 38　题 3.11 图　　　　图 3 - 39　题 3.12 图　　　　图 3 - 40　题 3.13 图

3.14　图 3 - 41 所示电路原已稳定。已知 $U_\text{s}=30\text{V}$，$C_1=2\mu\text{F}$，$R_1=10\Omega$，$C_2=1\mu\text{F}$，$R_2=20\Omega$，求开关断开后流经电源支路的电流。

3.15　图 3 - 42 所示电路原已稳定。$I_\text{s}=1\text{mA}$，$R_1=R_2=10\text{k}\Omega$，$R_3=20\text{k}\Omega$，$C=10\mu\text{F}$，$U_\text{s}=10\text{V}$，求开关接通后（$t\geq0$）的 u_C。

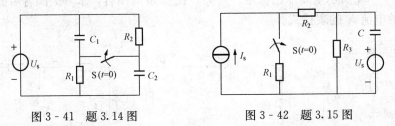

图 3 - 41　题 3.14 图　　　　　　　图 3 - 42　题 3.15 图

3.16　图 3 - 43 所示电路中，$u_\text{C}(0^-)=0$，当 $t=0$ 时闭合开关 S1，经 t_1 秒后又将开关 S2 闭合，求 u_C 的表达式。

3.17　图 3 - 44（a）所示 RC 电路中，其输入电压 u 的波形如图（b）所示，$u_\text{C}(0^-)=0$。设矩形波宽度 $t_\text{p}=RC$，求负脉冲的幅度 $-U$ 等于多大时才能在 $t=2t_\text{p}$ 时使 $u_\text{C}=0$。

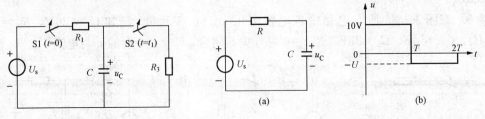

图 3 - 43　题 3.16 图　　　　　　　图 3 - 44　题 3.17 图

3.18　电路如图 3 - 45（a）所示，已知 $R=50\text{k}\Omega$，$C=20\text{pF}$，图 3 - 45（b）可得输入电压矩形波的幅值为 1V，u_C（0^-）$=0$，求：

（1）矩形波宽度 $t_\text{p}=2\mu\text{s}$ 时的电容电压 u_C 和电阻电压 u_R；

(2) $t_p = 20\mu s$ 时的 u_C 和 u_R。

3.19　图 3-46（a）所示电路中电容电压 u_C（0^-）$= 0$，输入电压波形如图（b）所示，$t_{p1} = 0.2s$、$t_{p2} = 0.4s$、$RC = 0.2s$，求输出电压 u_C 及电阻电压 u_R。

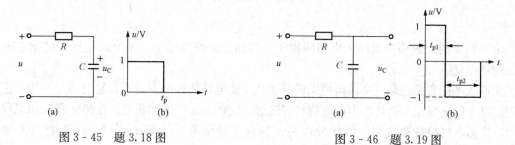

图 3-45　题 3.18 图　　　　　图 3-46　题 3.19 图

3.20　图 3-47 所示电路中，已知 $U_s = 120V$，$R_1 = 10\Omega$，$R_2 = 30\Omega$，$L = 0.1H$。当电路稳定后将开关闭合，求电路电流 i 并作出其变化曲线。

3.21　图 3-48 所示电路中，已知 $R_1 = 2\Omega$，$R_2 = 1\Omega$，$L_1 = 0.01H$，$L_2 = 0.02H$，$U_s = 6V$。试求：

(1) 当 S1 闭合后电路中的电流；

(2) 当 S1 闭合后电路达到稳态时再闭合 S2，S2 闭合后的 i_1 与 i_2。

3.22　图 3-49 所示电路中，已知 $U_{S1} = 12V$，$R_1 = 6\Omega$，$R_2 = 3\Omega$，$L = 1H$，$U_{S2} = 9V$，换路前已稳定，求开关闭合后的 i_1、i_2 和 i_L。

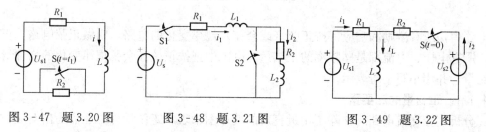

图 3-47　题 3.20 图　　　图 3-48　题 3.21 图　　　图 3-49　题 3.22 图

3.23　图 3-50 所示电路原已稳定，且已知 $I_s = 5/3A$，$U_s = 20V$，$R_1 = 12\Omega$，$R_2 = 6\Omega$，$r = 4\Omega$，$L = 0.1H$。当 $t = 0$ 时闭合开关，求 $t \geqslant 0$ 时的 u_C。

3.24　图 3-51 所示电路中，RC 支路是用来避免 S 断开时产生电弧的。今欲使开关断开后其端电压 $u_k(t) = E$，求电路参数 R、C、r、L 间的关系。

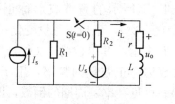
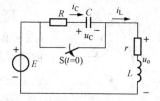

图 3-50　题 3.23 图　　　　　图 3-51　题 3.24 图

第4章 交流电路的稳态分析

由同频率的正弦信号激励的电路叫做正弦电路。正弦电路中，所有的电压、电流也都按正弦规律变化。

无论就理论意义还是从实用价值来说，正弦交流电路的地位都是不容忽视的。为什么它引起人们极大地重视呢？这是因为正弦信号（波形）比较容易产生和获得，在科学研究和工程技术中，许多电气设备和仪器。例如发电机、各种正弦信号发生器等，都是以正弦波为基本信号。

正弦信号还可以用相量表示。线性电路的正弦稳态分析可以借助于相量模型，利用复数的性质和计算方法，将微分和积分运算变换为代数的运算，从而使正弦稳态分析的数学演算得到简化。

利用线性电路的叠加性质，可把正弦稳态分析推广到非正弦周期信号激励的线性电路中去，使正弦信号的理论和应用得到丰富和发展。所以，本章引出的一些概念和分析方法，对后面的内容来说是很重要的。

4.1 正弦交流电路的概念

电路中，所有激励和响应都按正弦（或余弦）规律变化的电路，叫做正弦电路。正弦电路中，所有电压、电流都是同频率的正弦量。电工中把按正弦和余弦规律变化的物理量统称为正弦量，并用小写字母表示。

4.1.1 正弦量的三要素

在分析正弦交流电路时，除了用最直观的波形图来表示正弦量外，还需写出对应波形的数学解析式，即正弦函数表达式。图4-1所示波形对应的函数表达式为

$$u = U_m \sin(\omega t + \psi) \tag{4-1}$$

由数学知道，无论是画波形图还是写表达式，要唯一确定一个正弦量，都必须把握住正弦量的三个特征，即频率（周期）、幅值和初相位。

1. 周期和频率

我们把图4-1所示的完整波形称正弦波的一个波（或叫正弦量变化一次），于是正弦量变化一次所需的时间称为周期，用 T 表示，其单位为 s（秒）；单位时间内正弦量变化的次数称为正弦量的频率，用 f 表示，单位为 Hz（赫［兹］）。可见频率是周期的倒数，即

$$f = \frac{1}{T} \tag{4-2}$$

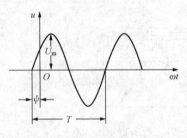

图4-1 正弦交流波形

周期和频率是描述正弦交流电变化快慢的物理量，它们表征正弦量变化快慢的特征。

我国和大多数国家的工业用电频率（常称工频）规定为 50Hz，少数国家（如美国、日

本）采用 60Hz。

在其他各技术领域里使用着不同的频率。例如，冶炼炉的频率是 200～300Hz 和 500～800Hz，高速电动机的频率是 150～2000kHz，无线广播电视中波段的频率是 530～1600kHz，短波段的频率是 2.3～23MHz，移动通信的频率是 900MHz 和 1800MHz 等。

描述正弦交流电变化快慢除用周期和频率外，还可以用角频率 ω 表示。它表示正弦量交变时，单位时间内所经历的弧度角。其单位为 rad/s（弧度/秒），它与 T 和 f 的关系为

$$\omega = \frac{2\pi}{T} = 2\pi f \tag{4-3}$$

在电路分析中，ω 出现的频率比 f 高。如在画波形图时常以 ωt 为横坐标，以便使得到的波形更具有通用性。

2. 幅值（最大值）

正弦量在任一瞬间的值称为瞬时值，用小写字母来表示，如 i、u 及 e 分别表示电流、电压及电动势的瞬时值。瞬时值中最大的值称为幅值或最大值，用带下标 m 的大写字母来表示，如 I_m、U_m 及 E_m 分别表示电流、电压及电动势的幅值。可见，幅值表征了正弦量的大小特征。

3. 相位及相位差

（1）相位：表示正弦量起始状态和变化进程的电角度称相位。其定义为

$$\alpha = \omega t + \psi \tag{4-4}$$

（2）初相位：$t=0$ 时的相位称初相位，简称初相，用 ψ 表示。在正弦电路中区别函数相位关系的是初相位，初相位不同，则函数到最大值的时间就不同。可见，初相位表征了正弦量初值的特征。

图 4-2 所示正弦量的三角函数表达式为

$$\left. \begin{array}{l} u = U_m \sin(\omega t + \psi_u) \\ i = I_m \sin(\omega t - \psi_i) \end{array} \right\} \tag{4-5}$$

它们的初相位分别为 ψ_u 和 ψ_i。

（3）相位差：两个同频率正弦量的相位之差或初相位之差，称为相位差角或相位差，用 φ 表示。于是上述 u 和 i 的相位差为

$$\varphi = (\omega t + \psi_u) - (\omega t - \psi_i) = \psi_u - (-\psi_i) \tag{4-6}$$

结果表明，同频率正弦量的相位差等于初相位之差。

图 4-2 所示 u 和 i 的初相位不同（称不同相），所以它们到达某一特定值（如正的幅值或零值）的时刻也就不同。用电工的术语来讲，先到达者为超前，后到达者为滞后。在图 4-2 中，u 超前 i 一个 φ 角。

若两同频率正弦量的相位差为零的话，则称两正弦量同相；相位差 $\varphi = 180°$ 时，则称反相。如图 4-3 所示波形中，i_1 和 i_2 同相，i_2 和 i_3 反相。

上述分析表明，最大值、角频率和初相位各自表征了正弦量一个方面的特征，因此，把最大值、角频率和初相位叫做正弦量的三要素。同时也告诉我们，表示正弦量也就是表征出正弦量的三个要素。任何方法只要能表征出正弦量的三个要素，那么该方法就可以唯一地表示一个正弦量。于是正弦量的有效表示方法较多。

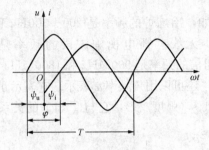
图 4-2　正弦量的相位差

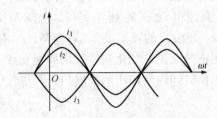
图 4-3　正弦量的同相与反相

4.1.2　正弦量的有效值

电功率、电能、机械力均能体现电流、电压的效果。直流量用电流和电压本身数值就能体现这种效果。但是交流量用瞬时值说明不了这样的效果，因为任何一个瞬时值代表不了其他的瞬时值。用最大值夸大了交流量的作用，用零值又取消了交流量的作用。因此，在交流电路分析中引进一个能反映正弦量做功效果的量值，即有效值。一个正弦电流的有效值是这样规定的：正弦电流 i 通过电阻 R 时将产生热量，如果在一个周期所产生的热量，恰好等于某一直流电流 I 以相同长的时间通过同一电阻时所产生的热量，则把这个直流电流 I 定义为该正弦电流 i 的有效值。它们之间的关系可根据焦耳—楞次定律来确定，即

$$\int_0^T i^2 R \mathrm{d}t = I^2 R T$$

由此可得正弦电流的有效值

$$I = \sqrt{\frac{1}{T}\int_0^T i^2 \mathrm{d}t} \tag{4-7}$$

式（4-7）不仅适用于正弦电流，而且也适用于任何周期性变化的交流。根据有效值的定义还可导出正弦量的有效值和最大值间简明的数量关系。设电流的瞬时表达式为

$$i = I_{\mathrm{m}}\sin\omega t$$

其有效值为

$$I = \sqrt{\frac{1}{T}\int_0^T I_{\mathrm{m}}^2 \sin^2 \omega t \, \mathrm{d}t} = \sqrt{\frac{I_{\mathrm{m}}^2}{T}\int_0^T \frac{1-\cos 2\omega t}{2}\mathrm{d}t}$$

$$= \sqrt{\frac{I_{\mathrm{m}}^2}{T}\left[\frac{t}{2}\right]_0^T - \frac{\sin 2\omega t}{4\omega}\bigg|_0^{2\pi}}$$

$$= \frac{I_{\mathrm{m}}}{\sqrt{2}} = 0.707 I_{\mathrm{m}} \tag{4-8}$$

结果表明，正弦量的有效值与最大值之间是 $\sqrt{2}$ 的关系。同时也表明，若已知最大值（或有效值），由式（4-8）可求得有效值（或最大值），不必再从定义出发去求有效值。

在工程上凡谈到电动势、电压、电流等数值，若无特殊声明，都是指有效值。正弦交流有效值用不带任何下标的大写字母表示，如 E、I、U 等。

4.1.3　正弦量的相量表示

前面介绍了两种表示正弦量的方法，即波形图和三角函数式。它们是正弦量的最基本且最直观的表示方法，它们最大的特点是正弦量的三个要素显示明确。但是这种表示法却不便

于正弦量的分析计算。所以，人们又寻求用相量表示正弦量的方法，所谓相量（phasor）就是用于表示时间函数的复矢量。它的数学基础是复数。为了便于应用，先简要地回顾一下电工常用的复数知识。

1. 复数

所谓复数，就是用来表示复平面里一个点的一对有序的实数。如图 4 - 4（a）中的 A 点，记作

$$A = (a,b)$$

由复数理论知道，任何复数 $A = (a,b)$ 都可以表示成实数 a 与纯虚数 jb 之和的形式，即

$$\left. \begin{aligned} A &= a + jb \\ a &= \text{Re}[A] \\ b &= \text{Im}[A] \end{aligned} \right\} \qquad (4 - 9)$$

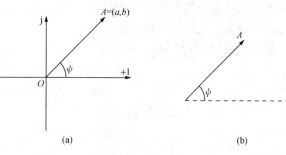

图 4 - 4　复数的几何表示

Re［］、Im［］分别表示对括号内的复数取实部和取虚部的线性数学算子。j 为虚数单位，$j = \sqrt{-1}$，式（4 - 9）为复数的代数式。除此之外，复数还可以用坐标原点到 A 点的一个有向线段表示，如图 4 - 4（a）所示。该有向线段习惯用图（b）的形式表示，根据矢量的坐标表示法，它还可以写成下列指数形式

$$A = |A| e^{j\psi} \quad \text{或} \quad A = |A| \underline{/\psi}$$

A 称为复矢量，$|A|$ 称为复矢量的模、ψ 称为复矢量的辐角。它与复数的代数式之间可由下列关系式转换

$$a = |A| \cos\psi, \quad b = |A| \sin\psi$$

$$|A| = \sqrt{a^2 + b^2}, \quad \psi = \tan^{-1} \frac{b}{a}$$

用复数表示正弦时间函数的过程中应用了一个很重要的数学公式——欧拉公式，即

$$e^{j\omega t} = \cos\omega t + j\sin\omega t$$

根据式（4 - 9）可得

$$\left. \begin{aligned} \cos\omega t &= \text{Re}[e^{j\omega t}] \\ \sin\omega t &= \text{Im}[e^{j\omega t}] \end{aligned} \right\} \qquad (4 - 10)$$

式中：$e^{j\omega t}$ 是模为 1，而角速度为 ω 的旋转复矢量，它揭示正弦时间函数可以用旋转复矢量虚轴上的投影来表示。

欧拉公式揭示出三角函数与指数函数之间的关系，从而开辟了用复数来表示正弦时间函数的途径。

2. 旋 转 因 子

由欧拉公式 $e^{j90°}$ 可写成

$$e^{j90°} = \cos90° + j\sin90° = j; \quad e^{-j90°} = \cos90° - j\sin90° = -j$$

于是有

$$\pm j = e^{\pm j90°}$$

它表明，在复平面里，一个复矢量乘以 $e^{j90°}$（或 $e^{-j90°}$），则相当于把原复矢量逆时针（或顺时针）旋转 90°，故 $e^{\pm j90°}$ 称为旋转 90°的因子。由此推广为 $e^{j\omega t}$，即如果一个相量乘上

$e^{j\omega t}$，则原复矢量以 ω 为角速度逆时针方向旋转。因此，把 $e^{j\omega t}$ 称作旋转因子。

3. 正弦量的相量表示法

上述分析表明，正弦时间函数可以用一个旋转矢复量表示，但在同一正弦电路中，所有的电压、电流都是同频率正弦量，即以相同的速度旋转，而且所有的旋转矢量之间则是相对静止的。这一事实告诉我们，在正弦电路中，可以用静止复矢量代替旋转矢量讨论问题，而得到的结论与用旋转矢量讨论的结果是相同的。换句话说，在正弦电路中，正弦量大小和相位这两个要素，是区别不同正弦量的特征。

如有正弦量 $u(t)$、$i(t)$ 分别为

$$\left.\begin{array}{l} u(t) = U_m \sin(\omega t + \psi_u) \\ i(t) = I_m \sin(\omega t + \psi_i) \end{array}\right\}$$

根据式（4-10），上式可分别写成

$$\left.\begin{array}{l} u(t) = \text{Im}[U_m e^{j(\omega t + \psi_u)}] = \text{Im}[U e^{j\psi_u} \sqrt{2} e^{j\omega t}] \\ i(t) = \text{Im}[I_m e^{j(\omega t + \psi_i)}] = \text{Im}[I e^{j\psi_i} \sqrt{2} e^{j\omega t}] \end{array}\right\}$$

比较 $u(t)$ 和 $i(t)$ 的旋转矢量表达式可知，在正弦电路中，真正能表示电压、电流特征的是各自与时间无关的复值常数，并称该复值常数为相量。如果模为正弦量的幅值时，称为最大值相量；模为正弦量的有效值时，则称为有效值相量。本书采用有效值相量。于是正弦量可以用相量表示，其模为正弦量的有效值，辐角为正弦量的初相位，如上述电压 u 和电流 i 的有效值相量为

$$u \Leftrightarrow \dot{U} = U e^{j\psi_u} \text{（或 } \dot{U} = U\underline{/\psi_u}\text{）}, \quad i \Leftrightarrow \dot{I} = I e^{j\psi_i} \text{（或 } \dot{I} = I\underline{/\psi_i}\text{）} \tag{4-11}$$

式中：$\dot{U}$、$\dot{I}$ 分别为 u 和 i 的相量，其运算遵循复数的规则。

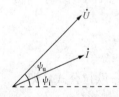

图 4-5 同频率正弦
量的相量图

这种用相量表示实函数的方法是人们的一种约定，它们之间只是对应关系，并非相等关系，所以不能写成 $u = \dot{U}$、$i = \dot{I}$。从对应关系的意义上讲，这种方法又称为符号法。

作为一个复数，相量在复平面上可用有向线段表示，相量在复平面上的图示称为相量图。相量图常省画坐标。图 4-5 画出的 $\dot{U}$ 和 $\dot{I}$，它们的参考相量是实轴，长度为有效值，与实轴正方向的夹角为正弦量的初相位。

必须强调指出的是：字母上加点（"·"）是一种强调的含义，它强调带点的复数是表示按正弦规律变化的时间函数，换句话说，并不是任何复数都有对应的正弦时间函数表达式。

【例 4-1】 试写出 $u_A = 220\sqrt{2}\sin 314t\,\text{V}$，$u_B = 220\sqrt{2}\sin(314t - 120°)\,\text{V}$，$u_C = 220\sqrt{2}\sin\times(314t + 120°)\,\text{V}$ 的相量式，并画出相量图。

解
$$\dot{U}_A = 220\underline{/0°} = 220\cos 0° + j220\sin 0° = 220 \text{ (V)}$$

$$\dot{U}_B = 220\underline{/-120°}$$
$$= 220\cos(-120°) + j220\sin(-120°)$$
$$= -110 - j110\sqrt{3}\text{(V)}$$

$$\dot{U}_C = 220\underline{/120°} = 220\cos 120° + j220\sin 120°$$

$$=-110+j110\sqrt{3}(\mathrm{V})$$

其相量图如图 4 - 6 所示。因为三个相量的频率相同，故可画在一个图中。

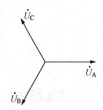

图 4 - 6　[例 4 - 1] 图

【例 4 - 2】　（1）已知电流的相量式 $\dot{I}=\dfrac{25}{\sqrt{2}}e^{-j30°}\mathrm{A}$，试写出瞬时表达式。

（2）已知电流瞬时表达式 $i=100\sin(\omega t+30°)\mathrm{A}$，试写出此电流的相量式。

解　（1）由相量式找瞬时表达式，必须将相量 $\dot{I}$ 乘以 $\sqrt{2}e^{j\omega t}$ 然后取虚部，即

$$i=\mathrm{Im}[\dot{I}\sqrt{2}e^{j\omega t}]=\mathrm{Im}[25e^{-j30°}e^{j\omega t}]$$
$$=\mathrm{Im}[25e^{j(\omega t-30°)}]$$
$$=25\sin(\omega t-30°)\mathrm{A}$$

熟练以后，由相量⇒瞬时表达式量，可直接写出。在相量法中有时又称相量电流为复电流。

（2）电流的最大值 $I_{\mathrm{m}}=100\mathrm{A}$，初相位为 $30°$，但是我们定义的相量都是指有效值相量，故

$$\dot{I}=\frac{100}{\sqrt{2}}e^{j30°}\mathrm{A}$$

【例 4 - 3】　已知复电流 $\dot{I}=8+j6\mathrm{A}$，试写出电流的瞬时表达式。

解　先求复电流的模和辐角

$$I=\sqrt{8^2+6^2}=10(\mathrm{A})$$
$$\varphi=\mathrm{arctg}\frac{6}{8}=36.9°$$

电流瞬时表达式为

$$i=10\sqrt{2}\sin(\omega t+36.9°)\mathrm{A}$$

4. 正弦量微分与积分的相量

前面曾提到过，正弦量用相量表示后，可将正弦稳态分析中求解微分方程的演算变换为求解相量的代数方程，这是我们所感兴趣的，也是人们乐意接受的。如何实现这个变换工作呢？这要从正弦量的微分与积分的相量谈起。

设 $i=\mathrm{Im}[\dot{I}\sqrt{2}e^{j\omega t}]$，则

$$\frac{\mathrm{d}i}{\mathrm{d}t}=\frac{\mathrm{d}}{\mathrm{d}t}\mathrm{Im}[\dot{I}\sqrt{2}e^{j\omega t}]$$
$$=\mathrm{Im}\left[\frac{\mathrm{d}}{\mathrm{d}t}(\dot{I}\sqrt{2}e^{j\omega t})\right]=\mathrm{Im}[j\omega\dot{I}\sqrt{2}e^{j\omega t}]$$
$$=j\omega\mathrm{Im}[\dot{I}\sqrt{2}e^{j\omega t}]$$
$$\frac{\mathrm{d}i}{\mathrm{d}t}\Rightarrow j\omega\dot{I} \tag{4-12}$$

结果表明：正弦量微分的相量为该正弦量的相量乘以 $j\omega$。

设 $i=\mathrm{Im}[\dot{I}\sqrt{2}e^{j\omega t}]$，则

$$\int_{-\infty}^{t} i\mathrm{d}t = \int_{-\infty}^{t} \mathrm{Im}[\dot{I}\sqrt{2}\,\mathrm{e}^{\mathrm{j}\omega t}]\mathrm{d}t = \mathrm{Im}\left[\int_{-\infty}^{t}\dot{I}\sqrt{2}\,\mathrm{e}^{\mathrm{j}\omega t}\,\mathrm{d}t\right] = \mathrm{Im}\left[\dot{I}\sqrt{2}\int_{-\infty}^{t}\mathrm{e}^{\mathrm{j}\omega t}\,\mathrm{d}t\right]$$

$$= \mathrm{Im}\left[\dot{I}\sqrt{2}\,\frac{1}{\mathrm{j}\omega}\int_{-\infty}^{t}\mathrm{e}^{\mathrm{j}\omega t}\,\mathrm{d}\omega t\right] = \mathrm{Im}\left[\dot{I}\sqrt{2}\,\frac{1}{\mathrm{j}\omega}\mathrm{e}^{\mathrm{j}\omega t}\right] = \mathrm{Im}\left[\frac{1}{\mathrm{j}\omega}\dot{I}\sqrt{2}\,\mathrm{e}^{\mathrm{j}\omega t}\right]$$

$$\int_{-\infty}^{t} i\mathrm{d}t \Rightarrow \frac{1}{\mathrm{j}\omega}\dot{I} \tag{4-13}$$

可见，正弦量积分的相量为该正弦量的相量除以 $\mathrm{j}\omega$。

由此看出，用相量表示正弦量后，正弦量的微分和积分问题转化为相量的代数问题。

4.2　电路约束的相量形式

用相量法分析正弦稳态电路时，电路约束都应该用相应的相量形式表示，即 VCR、KCL 和 KVL 及元件模型也都要用相应的相量形式来表示。

4.2.1　R、L、C 伏安关系的相量形式

假设二端元件上的电压、电流均为正弦量，且取关联参考方向，则元件所在支路的电压和电流分别为

$$u = U_\mathrm{m}\sin(\omega t + \psi_\mathrm{u}) = \mathrm{Im}[\sqrt{2}\dot{U}\mathrm{e}^{\mathrm{j}\omega t}]$$

$$i = I_\mathrm{m}\sin(\omega t + \psi_\mathrm{i}) = \mathrm{Im}[\sqrt{2}\dot{I}\mathrm{e}^{\mathrm{j}\omega t}]$$

1. 电阻元件

由式（1-7）有

$$u = Ri$$

电压、电流用旋转矢量表示后代入得

$$\mathrm{Im}[\sqrt{2}\dot{U}\mathrm{e}^{\mathrm{j}\omega t}] = R\,\mathrm{Im}[\sqrt{2}\dot{I}\mathrm{e}^{\mathrm{j}\omega t}] = \mathrm{Im}[\sqrt{2}R\dot{I}\,\mathrm{e}^{\mathrm{j}\omega t}]$$

因而有

$$\dot{U} = R\dot{I} \text{ 或 } \dot{I} = G\dot{U} \tag{4-14}$$

式（4-14）是电阻元件的相量形式的 VCR，与之对应的元件模型如图 4-7（a）所示。

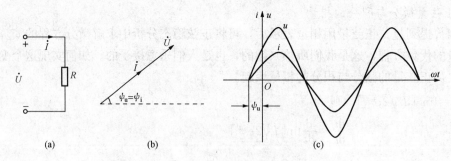

图 4-7　电阻元件的相量模型

（a）相量模型；（b）相量图；（c）波形图

VCR 的相量形式，包含大小、相位两个部分。式（4-14）可写成

$$U\mathrm{e}^{\mathrm{j}\psi_\mathrm{u}} = RI\mathrm{e}^{\mathrm{j}\psi_\mathrm{i}}$$

由两复数相等的充分条件可得

$$U = RI \\ \psi_{\mathrm{u}} = \psi_{\mathrm{i}} \Bigg\} \tag{4-15}$$

它表示电阻两端电压有效值等于电阻与电流有效值的乘积，且电阻两端的电压与电流是同相的。电阻元件两端电压和电流的相量及电压、电流的波形图如图 4-7（b）、（c）所示。

2. 电容元件

由式（1-9）知

$$i = C \frac{\mathrm{d}u}{\mathrm{d}t}$$

电压、电流用旋转矢量表示后代入得

$$\mathrm{Im}[\sqrt{2}\dot{I}\mathrm{e}^{\mathrm{j}\omega t}] = C \frac{\mathrm{d}}{\mathrm{d}t}\mathrm{Im}[\sqrt{2}\dot{U}\mathrm{e}^{\mathrm{j}\omega t}]$$

$$= \mathrm{Im}[\mathrm{j}\omega C\dot{U} \times \sqrt{2}\mathrm{e}^{\mathrm{j}\omega t}]$$

则有

$$\dot{U} = -\mathrm{j}\frac{1}{\omega C}\dot{I} = -\mathrm{j}X_{\mathrm{C}}\dot{I} \\ \dot{I} = \mathrm{j}\omega C\dot{U} = \mathrm{j}B_{\mathrm{C}}\dot{U} \Bigg\} \tag{4-16}$$

式（4-16）为电容元件 VCR 的相量形式，式中 $X_{\mathrm{C}} = \dfrac{1}{\omega C}$ 具有与 R 相同的量纲，是电容的限流参数，称为"容抗"，单位为 Ω。$B_{\mathrm{C}} = \omega C$ 与电导 G 的量纲相同，它是电容的导流参数，称为"容纳"，单位为 S。与之对应的相量模型如图 4-8(a) 所示。

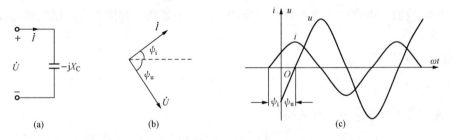

图 4-8 电容元件的相量模型

（a）相量模型；（b）相量图；（c）波形

式（4-16）的两种形式，前者描述其限流特性，而后者描述导流特性。而限流形式应用较多，故后面主要以限流形式来讨论元件的特性。相量形式的 VCR 同样包含大小关系和相位关系，于是式（4-16）可写成

$$U\mathrm{e}^{\mathrm{j}\psi_{\mathrm{u}}} = \frac{1}{\mathrm{j}\omega C}I\mathrm{e}^{\mathrm{j}\psi_{\mathrm{i}}} = -\mathrm{j}\frac{1}{\omega C}I\mathrm{e}^{\mathrm{j}\psi_{\mathrm{i}}} = \frac{1}{\omega C}I\mathrm{e}^{\mathrm{j}\psi_{\mathrm{i}}}\mathrm{e}^{-\mathrm{j}90^{\circ}} = \frac{1}{\omega C}I\mathrm{e}^{\mathrm{j}(\psi_{\mathrm{i}}-90^{\circ})}$$

由两复数相等的充分条件可得

$$U = \frac{1}{\omega C}I = X_{\mathrm{C}}I \\ \psi_{\mathrm{u}} = \psi_{\mathrm{i}} - 90^{\circ} \Bigg\} \tag{4-17}$$

由式（4-17）可得 $X_{\mathrm{C}} = \dfrac{U}{I}$、$\psi_{\mathrm{u}} - \psi_{\mathrm{i}} = -90^{\circ}$。前者描述了电容元件的限流特性；后者表示电

容的电流总是超前电压 $90°$，这表明电容不仅有限流特性，还有移相特性。其相量图与波形图如图 4-8 (b)、(c) 所示。

【**例 4-4**】 设有一电容器，其电容 $C=38.5\mu F$，电阻可忽略不计，接于 $50Hz$、$220V$ 的电压上，试求：

(1) 该电容的容抗 X_C；

(2) 电路中的电流 I 及其与电压的相位差；

(3) 若外加电压的数值不变，频率变为 $5000Hz$，重求以上各项。

解 (1) 求容抗 X_C 为

$$X_C = \frac{1}{2\pi f C} = \frac{1}{2 \times 3.14 \times 50 \times 38.5 \times 10^{-6}} \approx 80(\Omega)$$

(2) 求电流及相位差，根据题目给出的已知条件，这里还需选择一个参考相量。所谓参考相量，就是人为假设初相为零的物理量。本题选电压为参考相量，即 $\dot{U}=220e^{j0°}V$，则

$$\dot{I} = \frac{\dot{U}}{-jX_C} = \frac{220e^{j0°}}{80e^{-j90°}} = 2.75e^{j90°}(A)$$

即电流的有效值 $I=2.75A$，相位超前于电压 $90°$。

(3) 当频率为 $5000Hz$ 时，容抗为

$$X'_C = \frac{1}{2\pi f' C} = \frac{1}{2 \times 3.14 \times 5000 \times 38.5} \approx 0.8(\Omega)$$

可见容抗减小为原值的 $1/100$，因而电流增大到 100 倍，即 $I'=275A$，电流的相位仍超前于电压 $90°$。

该例告诉我们，电容的容抗与频率成反比，即频率越高，容抗越小，则电流越大。

3. 电感元件

由式 (1-10) 有

$$u = L\frac{\mathrm{d}i}{\mathrm{d}t}$$

电压、电流用旋转矢量表示后代入得

$$\mathrm{Im}[\sqrt{2}\dot{U}e^{j\omega t}] = L\frac{\mathrm{d}}{\mathrm{d}t}\mathrm{Im}[\sqrt{2}\,\dot{I}\,e^{j\omega t}] = \mathrm{Im}[j\omega L\dot{I}\sqrt{2}e^{j\omega t}]$$

因而有

$$\left.\begin{array}{l}\dot{U} = j\omega L\dot{I} = jX_L\dot{I} \\[2mm] \dot{I} = -j\dfrac{1}{\omega L}\dot{U} = -jB_L\dot{U}\end{array}\right\} \tag{4-18}$$

式 (4-18) 为电感元件 VCR 的相量形式，式中 $X_L=\omega L$ 具有与 R 相同的量纲，是电感元件的限流参数，称为"感抗"，单位为 Ω。$B_L=\dfrac{1}{\omega L}$ 与电导 G 的量纲相同，它是电感元件的导流参数，称为"感纳"，单位为 S。与之对应的相量模型如图 4-9 (a) 所示。

相量形式的 VCR 同样包含大小关系和相位关系，于是式 (4-18) 可改写成

$$Ue^{j\psi_u} = j\omega LIe^{j\psi_i} = \omega LIe^{j\psi_i} \cdot e^{j90°} = \omega LIe^{j(\psi_i+90°)}$$

由两复数相等的充分条件可得

$$\left.\begin{array}{l}U = \omega LI = X_L I \\[2mm] \psi_u = \psi_i + 90°\end{array}\right\} \tag{4-19}$$

由 (4 - 19) 可得 $X_L=\dfrac{U}{I}$、$\varphi_u-\varphi_i=90°$。前者描述了电感元件的限流特性，后者表示电感的电流总是滞后电压 $90°$。这表明电感也不仅有限流特性，还有移相特性。其相量图与波形图如图 4 - 9 (b)、(c) 所示。

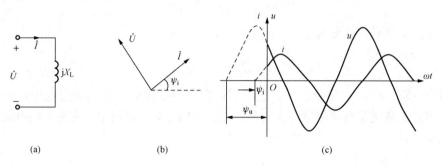

图 4 - 9　电感元件的相量模型

(a) 相量模型；(b) 相量图；(c) 波形

【例 4 - 5】　设有一电感线圈，其电感 $L=0.5\text{H}$，电阻可忽略不计，接于 50Hz、220V 的电压上，试求：

(1) 该电感的感抗 X_L；

(2) 电路中的电流 I 及其与电压的相位差；

(3) 若外加电压的数值不变，频率变为 5000Hz，重求以上各项。

解　(1) 求感抗 X_L 为

$$X_L=2\pi fL=2\times3.14\times50\times0.5=157(\Omega)$$

(2) 选电压为参考相量，即 $\dot{U}=220\text{e}^{\text{j}0°}\text{V}$，则

$$\dot{I}=\frac{\dot{U}}{\text{j}X_L}=\frac{220\text{e}^{\text{j}0°}}{157\text{e}^{\text{j}90°}}=1.4\text{e}^{-\text{j}90°}(\text{A})$$

即电流的有效值 $I=1.4\text{A}$，相位滞后于电压 $90°$。

(3) 当频率为 5000Hz 时，感抗为

$$X'_L=2\pi f'L=2\times3.14\times5000\times0.5=15\,700(\Omega)$$

可见感抗增大到 100 倍，因而电流减小为原值的 $1/100$，即 $I'=0.014\text{A}$，电流的相位仍滞后于电压 $90°$。

该例告诉我们，同一电感对不同频率的电流呈现不同感抗，频率越高，感抗越大，则电流越小；感抗与频率成正比，频率越高电感阻碍电流的作用越强。

4.2.2　基尔霍夫定律的相量形式

1. KCL 的相量形式

对任意时刻，在集中参数电路任意结点 KCL 的时域形式为

$$\sum_{k=1}^{m} i_k = 0$$

在正弦稳态电路中，用相量模型代替时域电路模型，各支路电流的相量形式为

$$\dot{I}_k = I_k \text{e}^{\text{j}\psi_{ki}}$$

于是

$$i_k=\text{Im}\left[\dot{I}_k\sqrt{2}\text{e}^{\text{j}\omega t}\right]$$

则
$$\sum_{k=1}^{m} \mathrm{Im}[\dot{I}_k \sqrt{2}\mathrm{e}^{\mathrm{j}\omega t}] = 0$$

由 Im〔　〕算子的线性特性，上式可写成
$$\mathrm{Im}\Big[\sum_{k=1}^{m} \dot{I}_k \sqrt{2}\mathrm{e}^{\mathrm{j}\omega t}\Big] = 0$$

上式要成立，则括号内必须为零，又因 $\mathrm{e}^{\mathrm{j}\omega t} \neq 0$，所以只有
$$\sum_{k=1}^{m} \dot{I}_k = 0 \qquad\qquad\qquad (4\text{-}20)$$

式（4-20）就是 KCL 的相量形式。它表明：在集中参数的正弦稳态电路中，流出（或流入）任意结点的各支路电流相量的代数和为零。在相量模型电路中，它对支路电流在结点处提出了约束条件。

2.KVL 的相量形式

在时域电路中，对任意时刻集中参数电路的任一回路 KVL 的表达式为
$$\sum_{k=1}^{m} u_k = 0$$

在正弦稳态电路中，各支路电压相量为
$$\dot{U}_k = U_k \mathrm{e}^{\mathrm{j}\psi_{ku}}$$
$$u_k = \mathrm{Im}[\dot{U}_k \sqrt{2}\mathrm{e}^{\mathrm{j}\omega t}]$$

于是有
$$\sum_{k=1}^{m} \mathrm{Im}[\dot{U}_k \sqrt{2}\mathrm{e}^{\mathrm{j}\omega t}] = 0$$

因 $\sum$、Im〔　〕可交换先后顺序，故上式可写成
$$\mathrm{Im}\Big[\sum_{k=1}^{m} \dot{U}_k \sqrt{2}\mathrm{e}^{\mathrm{j}\omega t}\Big] = 0$$

要使上式成立只有
$$\sum_{k=1}^{m} \dot{U}_k = 0 \qquad\qquad\qquad (4\text{-}21)$$

式（4-21）称为 KVL 的相量形式。它表明：在集中参数相量电路模型中，沿任意回路巡行一周，其各支路电压相量的代数和为零。

应用 KVL、KCL 的相量形式，有助于进行正弦稳态分析时直接建立相量形式的电路方程。

4.3　复阻抗与复导纳

前面对纯电阻、电感和电容元件定义了电阻、感抗和容抗参数。而实际电路中，往往同时包含有两种，甚至三种元件组成的电路。本节讨论元件组合后的综合特性。

4.3.1　复阻抗与复导纳的概念

图 4-10（a）所示为一个含有电阻、电容和电感的无源二端网络。从等效的观点讲，二端网络可以等效为一个元件，但是这个元件不再可能是纯元件中的任何一种，它应该是能反映 RLC 的综合特性的参数。这个参数称为复阻抗或复导纳，其电路符号和文字符号如图4-10（b）所示。

Z 称为复阻抗，其定义为

$$Z = \frac{\dot{U}}{\dot{I}} = |Z| e^{j\varphi} \qquad (4-22)$$

式中：$|Z|$ 为复阻抗的模，简称阻抗，（Ω）；φ 为复阻抗的辐角，简称阻抗角。

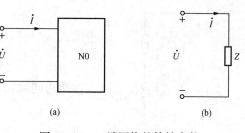

复阻抗的代数形式为 $\qquad Z = R + jX$

其实部 R 为电阻，虚部 X 称为电抗。由复数的指数和代数式的关系有

图 4-10　二端网络的等效参数

(a) 二端网络；(b) 复阻抗

$$|Z| = \sqrt{R^2 + X^2}$$

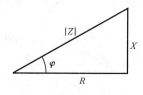

可见 R、X 和 $|Z|$ 构成了直角三角形，这个三角形称为阻抗三角形，如图 4-11 所示。复阻抗的倒数定义为复导纳，用 Y 表示，即

$$Y = \frac{1}{Z} = \frac{\dot{I}}{\dot{U}} = |Y| e^{-j\varphi} \qquad (4-23)$$

图 4-11　阻抗三角形

式中：$|Y|$ 为复导纳的模，简称导纳，（S）；φ 为导纳角。

复导纳的代数形式为 $\qquad Y = G - jB$

其实部 G 为电导分量，虚部 B 称为电纳分量。

值得强调的是，复阻抗和复导纳都是复数，是用于联系相量电流 $\dot{I}$ 和相量电压 $\dot{U}$ 的复系数，不是表示正弦量的相量，故字母 Z 和 Y 上不加圆点。

在交流电路的分析中，常把复阻抗和复导纳视为一个广义电路元件，并称为阻抗元件或导纳元件。式（4-22）和式（4-23）称为元件的 VCR，它们与直流电路中的欧姆定律的形式相似。故式（4-22）和式（4-23）又称为广义欧姆定律。所谓广义是指该元件可以描述 R、L、C 的所有不同组合情况。

对于单个电阻元件，复阻抗和复导纳分别为

$$\left.\begin{array}{l} Z_R = R \\ Y_R = \dfrac{1}{R} = G \end{array}\right\} \qquad (4-24)$$

对于单个电感元件，复阻抗和复导纳分别为

$$\left.\begin{array}{l} Z_L = jX_L \\ Y_L = \dfrac{1}{jX_L} = -jB_L \end{array}\right\} \qquad (4-25)$$

同理，对于单个电容元件复阻抗和复导纳分别为

$$\left.\begin{array}{l} Z_C = -jX_C \\ Y_C = \dfrac{1}{-jX_C} = jB_C \end{array}\right\} \qquad (4-26)$$

4.3.2　复阻抗和复导纳的计算

1. 串联电路的复阻抗

图 4-12 所示 RLC 串联电路，应用 KVL 有

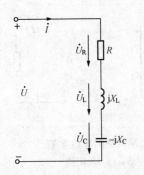

图 4 - 12　*RLC* 串联电路

$$\dot{U} = \dot{U}_R + \dot{U}_L + \dot{U}_C$$

考虑式（4 - 14）、式（4 - 16）和式（4 - 18）后，上式可改写成

$$\dot{U} = \dot{I}R + j\dot{I}X_L - j\dot{I}X_C = \dot{I}[R + j(X_L - X_C)]$$

方程两边同除以 $\dot{I}$ 则得

$$\frac{\dot{U}}{\dot{I}} = R + j(X_L - X_C) = R + jX$$

所以串联电路的复阻抗为

$$Z = R + jX = R + j(X_L - X_C) = |Z|e^{j\varphi} \quad (4 - 27)$$

电抗 $X = X_L - X_C$，由复数的指数和代数式的关系可得

$$\left. \begin{array}{l} |Z| = \sqrt{R^2 + (X_L - X_C)^2} \\[2mm] \varphi = \arctan \dfrac{X_L - X_C}{R} \end{array} \right\} \quad (4 - 28)$$

可见复阻抗的模和辐角（阻抗角）都决定于电阻和电抗参数。

　　为了便于讨论阻抗的综合特性，可把式（4 - 22）改写成

$$Z = \frac{\dot{U}}{\dot{I}} = \frac{Ue^{j\psi_u}}{Ie^{j\psi_i}} = |Z|e^{j\varphi}$$

由两复数相等的条件可知

$$\left. \begin{array}{l} |Z| = \dfrac{U}{I} \\[2mm] \varphi = \psi_u - \psi_i \end{array} \right\} \quad (4 - 29)$$

式（4 - 29）表明，复阻抗的模 $|Z|$ 联系了电压、电流的有效值，反映了三参数综合"限流"作用的大小，其辐角 φ 反映了电阻、电抗的综合"移相"特性。

　　【例 4 - 6】　有一个 $5.1k\Omega$ 的电阻，与一个 $1000pF$ 的电容串联，如图 4 - 13 所示。试计算该支路在 $30kHz$ 频率下工作时的复阻抗。

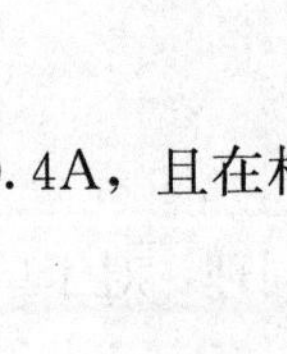

　　解　先求在 $30kHz$ 频率下电抗

$$X_C = \frac{1}{\omega C} = \frac{1}{2\pi \times 30 \times 10^3 \times 10^{-9}} = 5.31(k\Omega)$$

图 4 - 13　［例 4 - 6］图

则复阻抗为

$$Z = R - jX_C = 5.1 - j5.31 = 7.36e^{-j46.2°}(k\Omega)$$

　　【例 4 - 7】　有一铁芯线圈，当施加 $200V$ 工频电压时，线圈电流为 $0.4A$，且在相位上滞后于电压 $75°$，试求串联形式的等效电阻和电感。

　　解　按题给条件，设电压为参考相量，即

$$\dot{U} = U = 200V$$

$$\dot{I} = 0.4e^{-j75°}(A)$$

复阻抗

$$Z = \frac{\dot{U}}{\dot{I}} = \frac{200}{0.4e^{-j75°}} = 500e^{j75°}(\Omega)$$

换算成代数形式

$$Z = R + jX_L = 129 + j483(\Omega)$$

所以

$$R = 129\Omega, X_L = 483\Omega$$

相应的等效电感为

$$L = \frac{X_L}{\omega} = \frac{483}{2\pi \times 50} = 1.54(\text{H})$$

2. 并联电路的复导纳

图 4-14 为 RLC 并联电路。其参考方向取关联方向，由 $\sum \dot{I}_k = 0$ 有

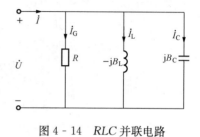

图 4-14　RLC 并联电路

$$\dot{I} = \dot{I}_G + \dot{I}_L + \dot{I}_C$$

考虑式（4-14）、式（4-16）和式（4-18）后，上式可改写成

$$\dot{I} = G\dot{U} + (-jB_L)\dot{U} + (jB_C)\dot{U}$$

方程两边同除以 $\dot{U}$ 则得

$$\frac{\dot{I}}{\dot{U}} = G - j(B_L - B_C)$$

于是可得该并联电路的复导纳为

$$Y = G - j(B_L - B_C) = G - jB = |Y|e^{-j\varphi} \tag{4-30}$$

其中 $B = B_L - B_C$ 称为电纳，它与导纳、电导的关系为

$$\left.\begin{array}{l} |Y| = \sqrt{G^2 + B^2} \\ \varphi = \arctan\dfrac{B}{G} \end{array}\right\} \tag{4-31}$$

以上分析表明，对串联电路的复阻抗由电阻、电抗直接相加求得，并联电路的复导纳由电导、电纳直接相加求得。但是，对并联电路的复阻抗、串联电路的复导纳不能用元件的逆参数直接相加求得，一般由复阻抗与复导纳互为倒数的关系求得。

串联电路的复导纳为

$$Y = \frac{1}{Z} = \frac{1}{R + jX} = \frac{R - jX}{R^2 + X^2} = \frac{R}{R^2 + X^2} - j\frac{X}{R^2 + X^2} \tag{4-32}$$

并联电路的复阻抗为

$$Z = \frac{1}{Y} = \frac{1}{G - jB} = \frac{G + jB}{G^2 + B^2} = \frac{G}{G^2 + B^2} + j\frac{B}{G^2 + B^2} \tag{4-33}$$

一般情况下，式（4-22）定义的复阻抗又称为一端口网络的输入阻抗或驱动点阻抗，它的实部和虚部都将是外施正弦激励角频率的函数，此时 Z 可写成

$$Z(j\omega) = R(\omega) + jX(\omega) \tag{4-34}$$

其实部 $R(\omega)$ 称为电阻分量，虚部 $X(\omega)$ 称为电抗分量。

【例 4-8】　试按［例 4-6］的数据，计算单个电阻和电容的电导和电纳，以及两个元件并联和串联时的复导纳。

解　［例 4-6］中已求得 $X_C = 5.31\text{k}\Omega$，而 $R = 5.1\text{k}\Omega$，由此，先计算单个元件的电导和电纳为

$$G = \frac{1}{R} = \frac{1}{5.1} = 0.196 \text{(mS)}$$

$$B_C = \frac{1}{X_C} = \frac{1}{5.31} = 0.188 \text{(mS)}$$

元件并联时的复导纳可由式（4-30）求得

$$Y_P = G - jB = G - j(-B_C) = 0.196 + j0.188 = 0.272e^{j43.8°} \text{(mS)}$$

元件串联的复导纳，仿照式（4-32）求得

$$Y_s = \frac{1}{R - jX_C} = \frac{R}{R^2 + X_C^2} + j\frac{X_C}{R^2 + X_C^2} = \frac{5.1}{5.1^2 + 5.31^2} + j\frac{5.31}{5.1^2 + 5.31^2}$$

$$= 0.0491 + j0.098 = 0.136e^{j46.2°} \text{(mS)}$$

4.3.3　正弦交流电路的综合特性

由电阻、电容和电感串联或并联的电路虽然不再是纯电阻、电容或电感电路了，它的综合特性仍可参照纯电阻、电感或电容电路的特性来描述，即把电压超前电流的电路称为感性电路，电压滞后电流的电路称为容性电路，电压与电流同相的电路称为电阻性电路。对具体电路而言，其电路的性质取决于感抗和容抗的大小，以串联电流为例则有：

当 $X_L > X_C$ 时，则复阻抗的虚部为正，即 $Z = R + jX = |Z|e^{j\varphi}$，此时电压超前电流一个 φ 角，电路呈感性。

当 $X_L < X_C$ 时，则复阻抗的虚部为负，即 $Z = R - jX = |Z|e^{-j\varphi}$，此时电压滞后电流一个 φ 角，电路呈容性。

当 $X_L = X_C$ 时，则复阻抗的虚部为零，即 $Z = R + j0 = |Z|e^{j0} = R$，此时电压与电流同相，电路呈电阻性。此时电路工作在一种特殊状态，即谐振状态。

4.3.4　电路的谐振

之所以说谐振是特殊状态，是因为电路谐振时在某些元件上会产生高电压或大电流。若产生高电压时，则称为电压谐振；若产生大电流，则称为电流谐振。电路谐振根据电路结构不同分串联谐振和并联谐振，一般串联谐振时易产生高电压，并联谐振时易产生大电流。下面以串联谐振为例讨论其谐振条件。根据谐振的定义，谐振时复阻抗的虚部等于零，即

$$\omega L - \frac{1}{\omega C} = 0$$

由此可得

$$\omega = \sqrt{\frac{1}{LC}}$$

ω 为电源的频率，$\sqrt{\frac{1}{LC}}$ 称电路的自然频率（又称固有频率），常记作 ω_0，即

$$\omega_0 = \frac{1}{\sqrt{LC}} \tag{4-35}$$

结果告诉我们，当电源（信号源）的频率 ω 等于电路的固有频率 ω_0 时，电路将发生谐振，即

$$\omega = \omega_0 = \frac{1}{\sqrt{LC}} \tag{4-36}$$

因此，ω_0 又称为谐振频率。上式也可写成

$$f = f_0 = \frac{1}{2\pi \sqrt{LC}} \tag{4-37}$$

4.4　正弦稳态分析的相量法

引入阻抗元件和导纳元件后，交流电路中电路约束的形式同直流电路的一样简单，而正弦交流电路的计算就转化求电压、电流的相量，故称此为相量法。

相量法又分为复数计算法和相量图法。前者是借助复阻抗和复导纳将直流电路的各种分析方法和电路定理推广到线性电路的正弦稳态分析，差别仅在于电路约束（VCR、KVL、KCL）、电路定理和电路方程都是以相量的形式描述的，而计算则是复数运算。而后者是在对较为简单的正弦交流电路进行分析计算时，首先定性画出相量图，再从中找出定量关系，从而简化电路计算。

4.4.1　正弦稳态分析的复数计算法

1. 阻抗串联电路

图 4-15（a）所示电路，是由 Z_1、Z_2 两个复阻抗元件串联的电路。

把 KVL 应用于这个开口电路，则有

$$\dot{U} = \dot{U}_1 + \dot{U}_2 = \dot{I}Z_1 + \dot{I}Z_2 = \dot{I}(Z_1 + Z_2) \tag{4-38}$$

两个串联的复阻抗可用一个等效复阻抗代替，等效电路如图 4-15（b）所示。根据等效电路可写出

$$\dot{U} = \dot{I}Z \tag{4-39}$$

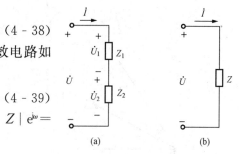

图 4-15　阻抗串联
(a) 串联电路；(b) 等值元件

比较上列两式，则得 $Z = Z_1 + Z_2$，进一步改写成 $|Z| e^{j\varphi} = |Z_1| e^{j\varphi_1} + |Z_2| e^{j\varphi_2}$。

因为 $e^{j\varphi_1} \neq e^{j\varphi_2} \neq e^{j\varphi}$，所以 $|Z| \neq |Z_1| + |Z_2|$

由此可见，只有等效复阻抗才等于各个串联复阻抗之和。在一般的情况下，等效复阻抗可写成

$$Z = \sum Z_k = \sum R_k + j\sum X_k = |Z| e^{j\varphi} \tag{4-40}$$

其中

$$|Z| = \sqrt{(\sum R_k)^2 + (\sum X_k)^2}$$

$$\varphi = \arctan \frac{\sum X_k}{\sum R_k}$$

上列各式中 $\sum X_k$ 中，X_L 取正号，X_C 取负号。

串联电路中，各阻抗元件上的电压，按复阻抗分压。两串联复阻抗元件上的电压分别为

$$\left. \begin{array}{l} \dot{U}_1 = \dfrac{Z_1}{Z_1 + Z_2} \dot{U} \\[3mm] \dot{U}_2 = \dfrac{Z_2}{Z_1 + Z_2} \dot{U} \end{array} \right\} \tag{4-41}$$

【例 4-9】　设有两个复阻抗 $Z_1 = 6.16 + j9\,\Omega$ 和 $Z_2 = 2.5 - j4\,\Omega$，它们串联接在 $\dot{U} = 220e^{j30°}$ V 的电源上。试用相量计算电路的电流 $\dot{I}$ 和各阻抗元件上的电压 $\dot{U}_1$ 及 $\dot{U}_2$，并作相量图。

解

$$Z = Z_1 + Z_2 = \sum R_k + j\sum X_k$$

$$= (6.16 + 2.5) + j(9 - 4)$$

$$= 8.66 + j5 = 10e^{j30°}(\Omega)$$

$$\dot{I} = \frac{\dot{U}}{Z} = \frac{220e^{j30°}}{10e^{j30°}} = 22(A)$$

$$\dot{U}_1 = \dot{I}Z_1 = 22(6.16 + j9)$$

$$= 22 \times 10.9e^{j55.6°}$$

$$= 239.8e^{j55.6°}(V)$$

$$\dot{U}_2 = \dot{I}Z_2 = 22(2.5 - j4)$$

$$= 22 \times 4.71e^{-j58°}$$

$$= 103.6e^{-j58°}(V)$$

　　在计算各量时应草绘出相量图，因为相量图给人以醒目的直观形象，能揭示我们如何求取各量。计算完成后，再按比例绘出正式的相量图，如图 4 - 16 所示。

　　2. 阻抗并联电路

　　图 4 - 17（a）是两导纳元件并联的电路。根据 KCL 有

$$\dot{I} = \dot{I}_1 + \dot{I}_2 = Y_1\dot{U} + Y_2\dot{U}$$

$$= \dot{U}(Y_1 + Y_2) \tag{4-42}$$

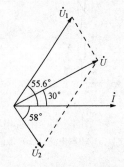

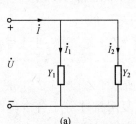

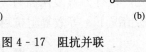

图 4 - 16　［例 4 - 9］图　　　　　　　　图 4 - 17　阻抗并联

　　　　　　　　　　　　　　　　　　　　（a）并联电路；（b）等值电路

　　两个并联的复导纳也可用一个等效复导纳 Y 来代替，如图 4 - 17（b）所示。由等效电路可得

$$\dot{I} = Y\dot{U} \tag{4-43}$$

比较上列两式，则得

$$Y = Y_1 + Y_2$$

上式改写成指数式

$$|Y|e^{-j\varphi} = |Y_1|e^{-j\varphi_1} + |Y_2|e^{-j\varphi_2}$$

因为 $e^{-j\varphi_1} \neq e^{-j\varphi_2} \neq e^{-j\varphi}$，所以

$$|Y| \neq |Y_1| + |Y_2|$$

由此可见，只有等效复导纳才等于各个并联复导纳之和。一般情况可写成

$$Y = \sum Y_k = \sum G_k - j\sum B_k = Ye^{-j\varphi} \tag{4-44}$$

其中

$$|Y| = \sqrt{(\sum G_k)^2 + (\sum B_k)^2}$$

$$\varphi = \arctan \frac{\sum B_k}{\sum G_k}$$

在上列各式的$\sum B_k$中，B_L取正号，B_C取负号。

交流并联电路中各并联导纳元件中的电流按复导纳比确定分流关系，即

$$\left.\begin{aligned} \dot{I}_1 &= \frac{Y_1}{Y_1 + Y_2} \dot{I} \\ \dot{I}_2 &= \frac{Y_2}{Y_1 + Y_2} \dot{I} \end{aligned}\right\} \tag{4-45}$$

在只有两个元件并联时，也可按复阻抗比确定分流关系，即

$$\left.\begin{aligned} \dot{I}_1 &= \frac{Z_2}{Z_1 + Z_2} \dot{I} \\ \dot{I}_2 &= \frac{Z_1}{Z_1 + Z_2} \dot{I} \end{aligned}\right\} \tag{4-46}$$

【例 4 - 10】　图 4 - 18（a）所示电路中，已知 $R_1 = 20\Omega$，$R_2 = 10\Omega$，$X_L = 10\Omega$，$U = 220V$。试求各支路电流的有效值，并作相量图。

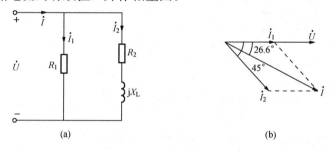

图 4 - 18　［例 4 - 10］图
(a) 电路图；(b) 相量图

解　本题虽只需确定各电流的有效值，但仍需从计算复阻抗着手，否则难以得到正确结果。

按题给条件，在本题中有

$$Z_1 = R_1 = 20\underline{/0°}\ \Omega$$

$$Z_2 = R_2 + jX_L = 10 + j10 = 14.1\underline{/45°}(\Omega)$$

选电压为参考相量

$$\dot{U} = 220\underline{/0°}V$$

$$\dot{I}_1 = \frac{\dot{U}}{Z_1} = \frac{220\underline{/0°}}{20} = 11A$$

$$\dot{I}_2 = \frac{\dot{U}}{Z_2} = \frac{220\underline{/0°}}{14.1\underline{/45°}} = 15.6\underline{/-45°}A$$

$$\dot{I} = \dot{I}_1 + \dot{I}_2 = 11 + 11 - j11 = 22 - j11$$

$$= 24.6\underline{/-26.6°}(A)$$

相量图如图 4 - 18（b）所示。各电流的有效值分别为

$$I_1 = 11A, \quad I_2 = 15.6A, \quad I = 24.6A$$

3. 复杂网络的计算

正弦激励下的复杂网络也可以像直流电路一样，用支路电流法、节点电压法、叠加原理和等效变换原理等各种方法求解。

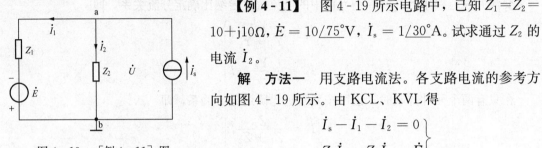

图 4 - 19 ［例 4 - 11］图

【例 4 - 11】 图 4 - 19 所示电路中，已知 $Z_1 = Z_2 = 10 + j10\Omega$，$\dot{E} = 10\underline{/75^\circ}V$，$\dot{I}_s = 1\underline{/30^\circ}A$。试求通过 Z_2 的电流 $\dot{I}_2$。

解 方法一 用支路电流法。各支路电流的参考方向如图 4 - 19 所示。由 KCL、KVL 得

$$\left. \begin{array}{r} \dot{I}_s - \dot{I}_1 - \dot{I}_2 = 0 \\ Z_1\dot{I}_1 - Z_2\dot{I}_2 = \dot{E} \end{array} \right\}$$

联立求解得

$$\dot{I}_1 = 0.85\underline{/30^\circ}(A), \quad \dot{I}_2 = 0.15\underline{/30^\circ}(A)$$

方法二 用结点电压法。由弥尔曼定理

$$\dot{U}_a = \frac{\dfrac{-\dot{E}}{Z_1} + \dot{I}_s}{\dfrac{1}{Z_1} + \dfrac{1}{Z_2}} = 2.08\underline{/75^\circ}(V)$$

$$\dot{I}_2 = \frac{2.08\underline{/75^\circ}}{10 + j10} = \frac{2.08\underline{/75^\circ}}{\sqrt{2}10\underline{/90^\circ}} = 0.15\underline{/30^\circ}(A)$$

方法三 用叠加原理求解。$\dot{E}$ 和 $\dot{I}_s$ 分别单独作用时的等效电路如图 4 - 20 所示。

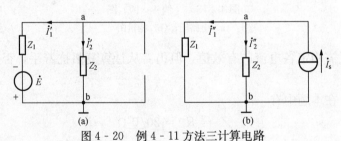

图 4 - 20 例 4 - 11 方法三计算电路

(a) $\dot{E}$ 单独作用；(b) $\dot{I}_s$ 单独作用

由图 4 - 20（a）有

$$\dot{I}_2' = -\frac{\dot{E}}{Z_1 + Z_2} = -0.35\underline{/30^\circ}(A)$$

由图 4 - 20（b）有

$$\dot{I}_2'' = \frac{Z_1}{Z_1 + Z_2}\dot{I}_s = \frac{\dot{I}_s}{2} = 0.5\underline{/30^\circ}(A)$$

通过 Z_2 的电流 $\dot{I}_2$ 为

$$\dot{I}_2 = \dot{I}_2' + \dot{I}_2'' = 0.15\underline{/30°}\text{A}$$

方法四　用戴维南定理求解。其计算电路如图 4 - 21 所示。

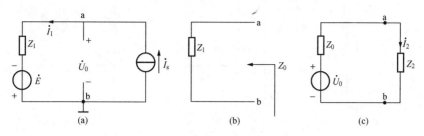

图 4 - 21　[例 4 - 11] 方法四计算电路图

(a) 求 $\dot{U}_0$；(b) 求 Z_0；(c) 求 $\dot{I}_2$

求开路电压。

由图 4 - 21 (a) 可得

$$\dot{U}_0 = Z_1 \dot{I}_s - \dot{E} = 4.14\underline{/75°}(\text{V})$$

由图 4 - 21 (b) 可得

$$Z_0 = Z_1 = 10 + \text{j}10$$

由图 4 - 21 (c) 可得

$$\dot{I}_2 = \frac{\dot{U}_0}{Z_0 + Z_2} = \frac{4.14\underline{/75°}}{20 + \text{j}20} = \frac{4.14\underline{/75°}}{28.28\underline{/45°}} = 0.15\underline{/30°}(\text{A})$$

可见在相量模型下，直流电路中介绍的各种分析方法都可推广到正弦稳态电路的分析。

4.4.2　正弦稳态分析的相量图法

在正弦稳态分析中，相量图是一种很重要的辅助分析手段。在电路计算时，首先定性画出相量图，再从中找出定量关系，从而简化电路计算。画相量图可在两种情况做出：一是当电路中的各相量为已知时可画出相量图，二是电路中的多个或全部相量为未知时画出相量图。在应用相量图法求解电路时，常用到电路的电压三角形和电流三角形这两个特点。下面以 RLC 串联电路为例，介绍电压三角形。

1. 串联电路的电压三角形

在全部相量为未知而画相量图时，一般假设某一正弦量的初相位等于零，然后以这个正弦量为基准，再来确定其他正弦量的初相。这个人为规定其初相位等于零的正弦量称为参考正弦量（或参考相量）。如图 4 - 22 (a) 所示串联电路中，选电流为参考相量，记作 $\dot{I} = Ie^{j0°} = I$。

根据 RLC 元件伏安关系的特点，若假定 $U_L > U_C$，可画出各电压与电流的相位关系，如图 4 - 22 (b) 所示。

应用 KVL 可得电压方程

$$\dot{U} = \dot{U}_R + \dot{U}_L + \dot{U}_C$$

相量方程可以理解为 $\dot{U}$ 是由 $\dot{U}_R$、$\dot{U}_L$、$\dot{U}_C$ 合成的。于是根据矢量合成的作图方法，可以把图 (b) 相量图改画成图 4 - 22 (c) 所示相量图。

图 (c) 中 $\dot{U}_X = \dot{U}_L + \dot{U}_C$ 称为电抗压降，它的大小取决于 U_L、U_C 的大小关系。$U_L >$

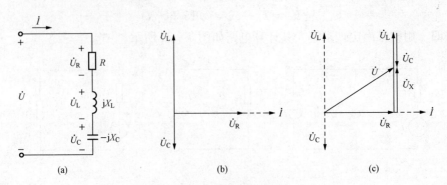

图 4 - 22 串联电路及其相量图

(a) RLC 串联电路图；(b) 电压相量图；(c) 电压三角形

U_C，$\dot{U}_X$ 超前 $\dot{I}$ 90°；$U_L < U_C$，$\dot{U}_X$ 滞后 $\dot{I}$ 90°。

由图可以看出，电压相量 $\dot{U}$、$\dot{U}_R$ 及 $\dot{U}_X$ 组成了一个直角三角形，称之为电压三角形。电压三角形简单明了描述了 RLC 串联电路中各电压相量的大小和相位关系以及与电流的相位关系。利用它可以采用几何的方法求得有关电压的有效值，即

$$U = \sqrt{U_R^2 + (U_L - U_C)^2} = \sqrt{U_R^2 + U_X^2} \qquad (4 - 47)$$

其中电抗压降 $U_X = U_L - U_C$，因假定了 $U_L > U_C$，即 $|\dot{U}_L| > |\dot{U}_C|$，$\dot{U}_X$ 与 $\dot{U}_L$ 同相，所以电压 $\dot{U}_X$ 超前电流 $\dot{I}$ 一个 φ 角，这样的电路称为电感性电路。

由电压三角形也可以确定 $\dot{U}$ 的相位，即

$$\varphi = \arctan = \frac{U_X}{U_R} \qquad (4 - 48)$$

2. 相量图法举例

下面用几个具体例子来说明相量图法的内容。

【例 4 - 12】 在图 4 - 23 (a) 所示的电路中 $U = 220\text{V}$，$U_C = 264\text{V}$，$U_{RL} = 220\text{V}$，$I = 4.4\text{A}$。试求 R、X_L 及 X_C。

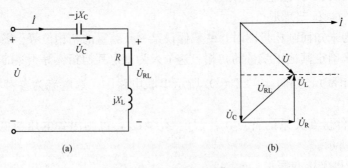

图 4 - 23 [例 4 - 12] 图

(a) 电路图；(b) 相量图

解 本题借助于相量图辅助分析，可简化计算。首先假定 $\dot{I}$ 为参考相量，即 $\dot{I} = I\mathrm{e}^{\mathrm{j}0°}$，然后定性画出相量图，再从中找出定量关系。由已知条件可知，由 U、U_C 和 U_{RL} 组成了一个

由 U_C 为底边的等腰三角形，由 U_R、U_L 和 U_{RL} 组成了一个直角三角形，且 $\dot U_R$ 与 $\dot I$ 同相，$\dot U_L$ 超前 $\dot I$ $90°$，于是画出相量图如图4 - 23（b）所示。由几何关系可知

$$U_L = \frac{U_C}{2} = 132(\text{V})$$

$$U_R = \sqrt{U_{RL}^2 - U_L^2} = \sqrt{220^2 - 132^2} = 176(\text{V})$$

于是有

$$X_C = \frac{U_C}{I} = \frac{264}{4.4} = 60(\Omega)$$

$$X_L = \frac{U_L}{I} = \frac{132}{4.4} = 30(\Omega)$$

$$R = \frac{U_R}{I} = \frac{176}{4.4} = 40(\Omega)$$

【例 4 - 13】　已知图 4 - 24（a）所示电路中，$X_{L1} = 10\Omega$，$R_2 = X_{L2} = 5\Omega$，$X_C = 10\Omega$，$U_2 = 100\text{V}$，计算 I_C，I_2，I_1，U_1 及 U。

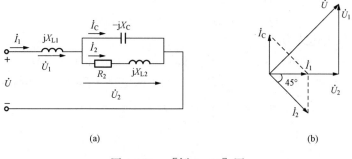

图 4 - 24　［例 4 - 13］图
(a) 电路图；(b) 相量图

解　用相量法分析电路时，常利用相量图帮助简化分析计算。该例可以说明这个事实。

设以 $\dot U_2$ 为参考相量作相量图。由题目已知 $U_2 = 100\text{V}$、$R_2 = X_{L2} = 5\Omega$，则 $\dot I_2$ 大小为 $10\sqrt{2}\text{A}$，且滞后 $\dot U_2$ $45°$，$\dot I_C$ 大小为 10A，且超前 $\dot U_2$ $90°$；作 $\dot I_2 + \dot I_C = \dot I_1$，可见由 $\dot I_2$、$\dot I_C$ 和 $\dot I_1$ 组成了一个等腰直角三角形，由此可知，则 $\dot I_1$ 大小为 10A，且与 $\dot U_2$ 同相位。求出 $\dot I_1$ 便可以求出 $\dot U_1$ 大小为 100V，相位超前 $\dot I_1$ $90°$，即超前 $\dot U_2$ $90°$，如图 4 - 24（b）所示。作 $\dot U = \dot U_2 + \dot U_1$，可见由 $\dot U$、$\dot U_2$ 和 $\dot U_1$ 也组成了一个等腰直角三角形，于是得 $\dot U$ 大小为 141.4V，相位超前 $\dot U_2$ $45°$。

在计算一些简单电路时，除以上的方法外，更常用的方法是，根据正弦交流的基本特点，而把大小和相位分开计算，如以下这个例子。

【例 4 - 14】　一个电感线圈，具有电阻 $R = 15\Omega$，电感 $L = 12\text{mH}$，与一理想电容器串联，电容 $C = 5\mu\text{F}$，将这串联电路接在电压 $u = 100\sin 5000t\,\text{V}$ 的电源上，试求电路的电流 i 及电压 u_C、u_L。

解　这是一个 R、L、C 串联电路，由题目已知电源电压为参考相量。首先求电路的阻抗为

感抗　　　　　　$X_L = \omega L = 5 \times 10^3 \times 12 \times 10^{-3} = 60$（Ω）

容抗　　　　　　$X_C = \dfrac{1}{\omega C} = \dfrac{1}{5 \times 10^3 \times 5 \times 10^{-6}} = 40$（Ω）

电抗　　　　　　$X = X_L - X_C = 60 - 40 = 20$（Ω）

根据阻抗三角形可知

$$|Z| = \sqrt{R^2 + X^2} = \sqrt{15^2 + 20^2} = 25(\Omega)$$

其阻抗角为

$$\varphi = \arctan \frac{X}{R} = \arctan \frac{20}{15} = 53.1°$$

因为 $X_L > X_C$，电路为感性电路，即电流滞后电压 53.1°，电流的幅值为

$$I_m = \frac{U_m}{|Z|} = \frac{100}{25} = 4(\text{A})$$

于是 i 的三角函数表达式为

$$i = 4\sin(5000t - 53.1°)\text{A}$$

根据电容的特点可知，电容上的电压滞后电流 90°，幅值为

$$U_{Cm} = X_C I_m = 40 \times 4 = 160(\text{V})$$

于是 u_C 的三角函数表达式为

$$u_C = 160\sin(5000t - 53.1° - 90°) = 160\sin(5000t - 143.1°)\text{V}$$

该电感线圈不是一个理想电感，它可用 R 和 L 的串联电路来模拟。电感线圈的阻抗为

$$|Z_L| = \sqrt{R^2 + X_L^2} = \sqrt{15^2 + 60^2} = 61.8(\Omega)$$

其阻抗角为

$$\varphi_L = \arctan \frac{\omega L}{R} = \arctan \frac{60}{15} = 76°$$

电感线圈上电压的幅值为

$$U_{Lm} = I_m |Z_L| = 61.8 \times 4 = 247.2(\text{V})$$

电感线圈上电压超前电流 76°，于是 u_L 的三角函数表达式为

$$u_L = 247.2\sin(5000t - 53.1° + 76°) = 247.2\sin(5000t + 22.9°)\text{V}$$

由于相量与正弦量的对应关系十分明显，不需任何换算，只要直接的对应写出，所以，也常以相量形式的解作为答案，在有明确要求时才写成正弦函数表达式。

4.5　正弦交流电路的功率

应用相量法求出电路中各处的电压和电流的有效值以及它们的相位差后，便可计算交流电路中的功率。由于交流电路的物理过程比直流电路复杂，既有能量转换又有能量交换，所以，描述功率行为的概念也就不像直流电路那样单一。

4.5.1　交流电路的功率概念

1. 复功率

用相量法分析电路的功率时，常引进辅助计算量复功率 $\tilde{S}$。图 4 - 25 所示为不含独立电源的一端口网络，端口电压、电流相量分别为 $\dot{U} = U e^{j\psi_u}$ 和 $\dot{I} = I e^{j\psi_i}$，其复功率定义为

$$\tilde{S} = \dot{U}\dot{I}^* = UIe^{j\varphi} = UI\cos\varphi + jUI\sin\varphi \qquad (4-49)$$

图 4 - 25　复功率定义

式中：$\dot{I}^*$ 为 $\dot{I}$ 的共轭复数；φ 为电压与电流的相位差角。

应强调指出的是，$\tilde{S}$ 不代表正弦量，而 $\dot{U}\dot{I}$ 是没有意义的。

2. 有功功率、无功功率和视在功率

设图 4 - 25 所示的二端网络的端口电压 $\dot{U}$ 超前电流 $\dot{I}$ 一个 φ 角，即感性电路，其相量图如图 4 - 26 （a）所示。如果将电压 $\dot{U}$ 分别向电流 $\dot{I}$ 的方向和垂直电流 $\dot{I}$ 的方向投影，可得到 $\dot{U}_a$ 和 $\dot{U}_r$，如图 4 - 26 （b）所示。

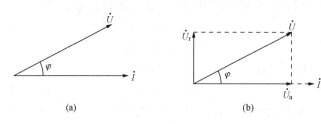

图 4 - 26　电压的有功分量与无功分量

（a）相量图；（b）相量分解

由图可见，$\dot{U}_a$ 与 $\dot{I}$ 同相，称为 $\dot{U}$ 的有功分量；$\dot{U}_r$ 与 $\dot{I}$ 正交，称为 $\dot{U}$ 的无功分量。它们的大小为

$$\left.\begin{array}{l} U_a = U\cos\varphi \\ U_r = U\sin\varphi \end{array}\right\} \qquad (4-50)$$

比较式（4 - 49）和式（4 - 50）可知：复功率的实部为电压的有功分量与电流的乘积，故称为有功功率，用 P 表示，单位为 W（瓦［特］）；而复功率的虚部为电压的无功分量与电流的乘积，故称为无功功率，用 Q 表示，单位为 var（乏）；复功率的模等于电压有效值与电流有效值的乘积，此称为视在功率，用 S 表示，即 $S=UI$，单位为 VA（伏·安）。于是式（4 - 49）可改写为

$$\tilde{S} = P + jQ \qquad (4-51)$$

而有功功率、无功功率和视在功率分别由下列公式计算

$$\left.\begin{array}{l} P = UI\cos\varphi \\ Q = UI\sin\varphi \\ S = UI \\ S = \sqrt{P^2 + Q^2} \end{array}\right\} \qquad (4-52)$$

3. 瞬时功率

式（4 - 52）对正弦交流电路的功率进行定量计算比较方便，但定性分析用功率曲线则概念明确，分析方便。功率曲线，即功率随时间变化的关系，故又称为瞬时功率。它等于任意瞬间端口电压和电流的乘积，即

$$p = ui \qquad (4-53)$$

可见，电路中的功率也是随时间而变化，但变化规律与电路参数性质有关。

4. 平均功率

定量分析功率时常根据式（4 - 52）计算，那么有功功率 P 与瞬时功率 p 又是什么关系呢？可以证明，有功功率正好等于瞬时功率的平均值，故又称为平均功率，其定义为

$$P = \frac{1}{T}\int_0^T p\,\mathrm{d}t \qquad (4-54)$$

由于交流电的周期性，瞬时功率在一周期内的平均值等价于它在长时间内的平均值，所以用瞬时功率在一周期内的平均值代表平均功率。

不同的元件其功率特性也不一样。下面从功率的角度再来了解 *RLC* 在交流电路中的特性。先分别介绍纯电阻、电感和电容电路的功率特性，然后介绍三者同时作用时的综合特性。

4.5.2　单纯元件的功率特性

前面从伏安特性方面讨论了电阻、电容和电感的特点，这里从功率方面再来讨论电阻、电容和电感的电路行为。

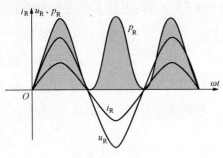

图 4 - 27　电阻元件的 u_R、i_R、p_R 波形

1. 电阻电路

如果图 4 - 25 所示一端口网络是纯电阻网络的话，那么端口的电压与电流同相位，即

$$u_R = U_m \sin \omega t$$

$$i_R = I_m \sin \omega t$$

瞬时功率随时间变化的规律为

$$p_R = u_R i_R = U_m I_m \sin^2 \omega t \qquad (4 - 55)$$

电阻元件的电压、电流及瞬时功率的波形如图 4 - 27 所示。由波形不难看出，$p_R \geqslant 0$，它表明电阻总是把电能转换成非电能，并且这种转换是不可逆的。

将式（4 - 55）代入式（4 - 54）求得电阻电路的平均功率为

$$
\begin{aligned}
P_R &= \frac{1}{T} \int_0^T U_{Rm} I_{Rm} \sin^2 \omega t \, \mathrm{d}t \\
&= \frac{1}{T} \int_0^T U_R I_R [1 - \cos 2\omega t] \mathrm{d}t \\
&= U_R I_R
\end{aligned}
$$

结果与式（4 - 52）计算结果是一致的。电阻消耗的功率还可以用下列公式计算

$$P_R = I_R^2 R = \frac{U_R^2}{R} \qquad (4 - 56)$$

电阻电路功率等于电压有效值与电流有效值的乘积，在形式上同直流电路的功率一样。但物理意义不同，这里 P_R 是平均功率，而 U_R 和 I_R 都是有效值。

在一个周期内电阻元件将电能转换成的热能为

$$W = \int_0^T p \, \mathrm{d}t$$

通常用下列公式计算电能

$$W_R = P_R T \qquad (4 - 57)$$

2. 电感电路

如果图 4 - 25 所示一端口网络是纯电感网络的话，那么端口的电压超前电流 90°，即

$$i_L = I_{Lm} \sin \omega t$$

$$u_L = U_{Lm} \sin(\omega t + 90°)$$

瞬时功率随时间变化的规律为

$$
\begin{aligned}
p_L &= u_L i_L = U_{Lm} \sin(\omega t + 90°) I_{Lm} \sin \omega t \\
&= U_{Lm} I_{Lm} \cos \omega t \sin \omega t \\
&= \frac{U_{Lm} I_{Lm}}{2} \sin 2\omega t
\end{aligned}
$$

$$p_{\mathrm{L}} = U_{\mathrm{L}} L_{\mathrm{L}} \sin 2\omega t \tag{4-58}$$

　　为使表达式简化起见，这里设电流为参考相量。电感元件的 u、i、p 波形如图 4 - 28 所示。

　　可见，电感电路中的瞬时功率，是以两倍电流的频率交变的。由 p_{L} 的波形图不难看出：在电源的第一个和第三个 $\frac{1}{4}$ 周期内，p_{L} 为正（u_{L}，i_{L} 符号相同）；第二个和第四个 $\frac{1}{4}$ 周期内，p_{L} 为负（u_{L}，i_{L} 一正一负）。瞬时功率为正，意味着电感处于用电状态，即从电源取用电能。瞬时功率为负，意味着电感处于发电状态，即把能量归还电源。电感的这一行为还可从它的电流变化情况辅助理解：在电

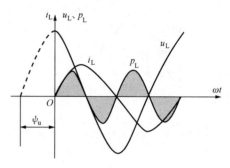

图 4 - 28　电感元件的 u_{L}、i_{L}、p_{L} 波形

源的第一个和第三个 $\frac{1}{4}$ 周期内，电流值在增大，即磁场在建立，电感线圈把电能逐渐转换成磁能而储存在磁场内；在第二个和第四个 $\frac{1}{4}$ 周期内，电流值逐渐减小，即磁场在消失，线圈释放出储存的能量并转换成电能而归还给电源。这是一种可逆的转换过程。若忽略电路中的电阻，线圈中的磁场能量将全部归还给电源，也就是说电路中没有能量损耗。这个结论还可以由电感的平均功率来证明，即

$$P_{\mathrm{L}} = \frac{1}{T} \int_0^T U_{\mathrm{L}} L_{\mathrm{L}} \sin 2\omega t \, \mathrm{d}t = 0 \tag{4-59}$$

由以上分析可知，电感元件在交流电路中，没有能量消耗，只有与电源（或电容）间的能量交换，所以电感元件的功率行为不能用有功功率来表示，而是用无功功率来表征的。由式 (4 - 52) 可知电感的无功功率为

$$Q_{\mathrm{L}} = U_{\mathrm{L}} I_{\mathrm{L}} \sin 90° = U_{\mathrm{L}} I_{\mathrm{L}} \tag{4-60}$$

　　可见，电感元件的功率行为是能量交换，而能量交换的规模是用瞬时功率的幅值，即最大交换速率来表示的。

　　3. 电容电路

　　如果图 4 - 25 所示一端口网络是纯电容网络的话，那么端口的电压滞后电流 90°，同样以电流为参考量，则有

$$i_{\mathrm{C}} = I_{\mathrm{Cm}} \sin \omega t$$
$$u_{\mathrm{C}} = U_{\mathrm{Cm}} \sin(\omega t - 90°)$$

瞬时功率随时间变化的规律为

$$p_{\mathrm{C}} = u_{\mathrm{C}} i_{\mathrm{C}} = U_{\mathrm{Cm}} \sin(\omega t - 90°) I_{\mathrm{Cm}} \sin \omega t$$
$$= -U_{\mathrm{Cm}} I_{\mathrm{Cm}} \cos \omega t \sin \omega t$$
$$p_{\mathrm{C}} = -U_{\mathrm{C}} I_{\mathrm{C}} \sin 2\omega t \tag{4-61}$$

电容元件的 u_{C}、i_{C}、p_{C} 波形如图 4 - 29 所示。

　　电容的瞬时功率也同电感一样，以两倍于电流的频率交变。电容在交流电路中也是起能量交换的作用。不过电容是以电场形式能量储存，以电场形式的能量归还电源。在第二个和

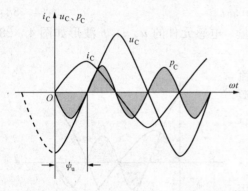

图 4 - 29　电容元件的 u_C、i_C、p_C 波形

第四个 $\frac{1}{4}$ 周期内，电压与电流方向相同，即电容元件充电，这时电容从电源取用电能储存在它的电场中，所以在这个时段内 p_C 是正的。在第一个和第三个 $\frac{1}{4}$ 周期内，电压与电流方向相反，这就是电容元件的放电。这时，电容元件放出在充电时所储存的能量，把它归还给电源，所以 p_C 是负值。若考虑电容为理想电容的话，电容归还给电源的能量等于充电时取用的电能，即电路中没有能量损失。这一点同样可由平均功率说明，即

$$P_C = \frac{1}{T}\int_0^T p_C \mathrm{d}t = -\frac{1}{T}\int_0^T U_C I_C \sin 2\omega t\,\mathrm{d}t = 0 \qquad (4 - 62)$$

由上分析可知，电容元件在交流电路中，没有能量消耗，只有与电源（或电感）间的能量交换，其交换规模是用无功功率来表征的。由式（4 - 52）得电容的无功功率为

$$Q_C = U_C I_C \sin(-90°) = -U_C I_C \qquad (4 - 63)$$

所以，电容元件的功率行为，也是用瞬时功率的幅值来表示的。

由上述分析可知，在交流电路中，电阻是耗能元件，而电感、电容属储能元件。

4.5.3　阻抗元件的功率特性

对于阻抗元件，若仍以电流为参考量，即 $\psi_i = 0$，则 $\psi_u = \varphi$，其中 φ 等于阻抗角。由此可得瞬时功率为

$$
\begin{aligned}
p = ui &= U_m \sin(\omega t + \varphi) I_m \sin\omega t \\
&= (U_m \cos\varphi \sin\omega t + U_m \sin\varphi \cos\omega t) I_m \sin\omega t \\
&= U_m I_m \cos\varphi \sin^2\omega t + \frac{U_m I_m}{2}\sin\varphi \sin 2\omega t
\end{aligned} \qquad (4 - 64)
$$

阻抗元件的 u、i、p 的波形如图 4 - 30 所示。

式（4 - 64）中的第一项始终大于或等于零（$\varphi \leqslant \pi/2$），它是瞬时功率中不可逆部分；第二项是瞬时功率中可逆部分，其值正负交替，它表明电场和磁场间进行能量交换，而没波形的阴影部分则表明能量在外施电源与一端口网络之间的交换。

由式（4 - 52）有

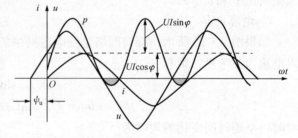

图 4 - 30　阻抗元件的 u、i、p 波形

$$S = \sqrt{P^2 + Q^2}$$

结果表明，S、P、Q 三者也构成了一个直角三角形，如图 4 - 31 所示。这个直角三角形称作功率三角形。由该三角形可得

$$\cos\varphi = \frac{P}{S} \qquad (4 - 65)$$

$\cos\varphi$ 表示电路的有功功率在总的视在功率中所占的比例，称之为电路的功率因数，φ 称为功率因数角。

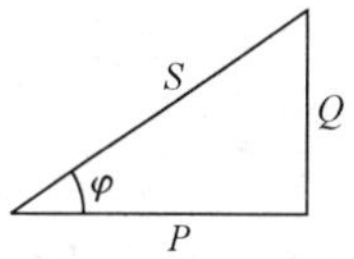

由前分析可知

$$
\begin{aligned}
S = UI &= I\sqrt{U_R^2 + (U_L - U_C)^2} \\
&= I\sqrt{U_R^2 + U_L^2 - 2U_L U_C + U_C^2} \\
&= \sqrt{U_R^2 I^2 + U_L^2 I^2 - 2U_L I U_C I + U_C^2 I^2} \\
&= \sqrt{(U_R I)^2 + (U_L I - U_C I)^2} \\
&= \sqrt{P^2 + (Q_L - Q_C)^2}
\end{aligned}
$$

图 4-31　功率三角形

所以 $\hspace{6em} Q = Q_L - Q_C \hspace{6em}$ (4-66)

Q_L、Q_C 分别称为感性无功和容性无功。同时由于在交流电路中，$P_L = P_C = 0$，于是 P 只能是电阻消耗的功率。

在式（4-66）中，当电路为感性时，$U_L > U_C$，故 $Q_L > Q_C$，相应有 $Q > 0$；电路为容性时，则有 $Q_L < Q_C$，$Q < 0$。

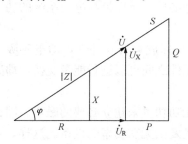

图 4-32　功率、电压、阻抗三角形

到此为止，我们引出了 3 个三角形，即电压三角形、阻抗三角形和功率三角形，三者之间为相似关系，如图 4-32 所示。

如果把功率三角形按比例缩小 I 倍，可得到电压三角形。再把电压三角形按比例缩小 I 倍，则得到阻抗三角形。三角形相似对应角相等，所以功率因数角、阻抗角、电压与电流相位差角其数值相等。这是一个重要结论，其重要性在于告诉我们可以通过多种途径计算 φ 角，给计算带来方便。但 φ 在不同的三角形中的物理意义是不同的，这也不可忽视。由此看来，要计算 φ 角的途径很多，所以一般 φ 比较容易得到。换句话说，φ 就像条纽带，把交流电路中的许多问题联系起来，给分析计算带来极大的方便。

【例 4-15】　试计算［例 4-10］中各支路及整个电路的平均功率、无功功率和视在功率。

解　按该题的数据，在 R_1 支路中有

$$
P_1 = \frac{U^2}{R_1} = \frac{220^2}{20} = 2420(\mathrm{W})
$$

$$
Q_1 = 0(\mathrm{var})
$$

$$
S_1 = UI_1 = 220 \times 11 = 2420(\mathrm{VA})
$$

在 R_2 与 X_L 的串联支路中有

$$
P_2 = I_2^2 R_2 = 15.6^2 \times 10 = 2420(\mathrm{W})
$$

$$
Q_2 = I_2^2 X_L = 15.6^2 \times 10 = 2420(\mathrm{var})
$$

$$
S_2 = UI_2^2 = 220 \times 15.6 = 3420(\mathrm{VA})
$$

或按功率三角形计算

$$
S_2 = \sqrt{P_2^2 + Q_2^2} = \sqrt{2420^2 + 2420^2} = 3420(\mathrm{VA})
$$

对整个电路可按功率三角形计算

$$P = P_1 + P_2 = 2420 + 2420 = 4840(\text{W})$$

$$Q = Q_1 + Q_2 = 0 + 2420 = 2420(\text{var})$$

$$S = \sqrt{P^2 + Q^2} = \sqrt{4840^2 + 2420^2} = 5410(\text{VA})$$

也可以先求 S，后求 P 和 Q，如

$$S = UI = 220 \times 24.6 = 5410(\text{VA})$$

$$P = S\cos\varphi = 5410\cos26.6° = 4840(\text{W})$$

$$Q = S\sin\varphi = 5410\sin26.6° = 2420(\text{var})$$

对于一个复杂电路，其中各部分平均功率之和必等于总平均功率，各部分无功功率之和也等于总无功功率，即

$$\left.\begin{array}{l} P_\Sigma = \sum P_k \\ Q_\Sigma = \sum Q_k \\ S_\Sigma = \sqrt{P_\Sigma^2 + Q_\Sigma^2} \end{array}\right\} \tag{4-67}$$

4.5.4 功率因数的提高

在电力系统中，功率因数的大小直接影响系统运行的经济性，所以提高电力系统的功率因数有着极为重要的意义。

从 p_L 和 p_C 的曲线可以知道，电感与电容能量的存储与释放具有互补性，即电感吸收能量之时，恰是电容放出能量之际。这表明在电感和电容元件之间可以进行能量交换，即感性无功与容性无功的相互补偿。

供电系统中的用电设备多数属感性负载，需要大量的无功功率来建立必要的磁场。因此感性负载是要消耗无功功率的。我们可以把电容元件看作是发出无功功率的设备。这样，可用电容补偿感性负载所需的无功，这便是提高系统功率因数的主要手段，称之为电容补偿。电容补偿多用并联方法实现。

设一感性负载用 RL 串联等效电路表示，见图 4-33（a）。其消耗的有功功率为 P，其功率因数为 $\cos\varphi_1$。若要把功率因数提高到 $\cos\varphi_2$，这时要并联多大的电容？

（1）未加并联电容前负载中的电流

$$I_1 = \frac{P}{U\cos\varphi_1}$$

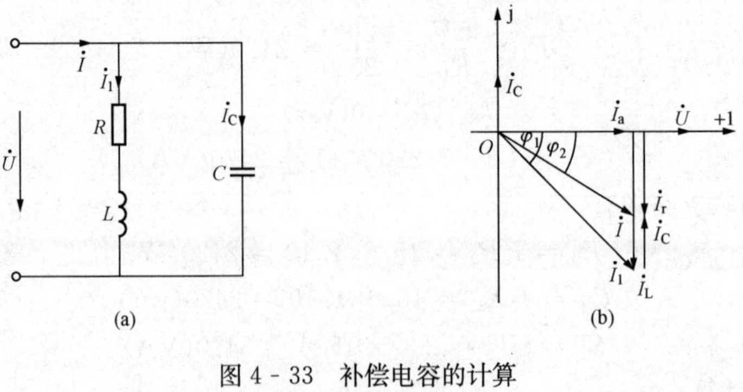

图 4-33 补偿电容的计算

（a）电路图；（b）相量图

$\dot{I}_1$ 是总电流，$\dot{I}_1$ 可以理解为由 $\dot{I}_a$ 和 $\dot{I}_L$ 两个相量的合成，如图 4-33（b）所示。

$$I_L = I_1 \sin\varphi_1 = \frac{P}{U}\tan\varphi_1 \tag{4 - 68}$$

（2）并联电容以后，在电容支路上产生 $\dot{I}_C$，与 $\dot{I}_L$ 相位相反，见图 4 - 33（b）。这时电路的总电流为 $\dot{I}$，无功电流为 $\dot{I}_r$，则无功电流的大小为

$$I_r = I_L - I_C \tag{4 - 69}$$

由电流三角形可求得 I_r 为

$$I_r = I\sin\varphi_2 = \frac{P}{U\cos\varphi_2}\sin\varphi_2 = \frac{P}{U}\tan\varphi_2 \tag{4 - 70}$$

把式（4 - 68）、式（4 - 70）代入式（4 - 69）得

$$I_C = \frac{P}{U}(\tan\varphi_1 - \tan\varphi_2) \tag{4 - 71}$$

因为

$$C = \frac{1}{\omega X_C} = \frac{I_C}{\omega U} \tag{4 - 72}$$

把式（4 - 71）代入式（4 - 72）得

$$C = \frac{P}{\omega U^2}(\tan\varphi_1 - \tan\varphi_2) \tag{4 - 73}$$

在电力系统中希望功率因数越高越好，但又不希望 $\cos\varphi = 1$。如果 $\cos\varphi = 1$，电路将发生谐振，从而给电路将带来严重的后果。关于谐振将在 4.8 节中讨论。

【例 4 - 16】　　有一电感性负载，接在 220V 的工频电网上，吸收的功率为 10kW，$\cos\varphi = 0.6$。若使功率因数提高到 0.9，求补偿电容 C 值。

解　根据式（4 - 73）求补偿电容 C，于是先求 $\tan\varphi_1$、$\tan\varphi_2$。

由 $\cos\varphi = 0.6$，$\varphi_1 = \cos\varphi^{-1} = \arccos 0.6 = 53.13°$，则

$$\tan\varphi_1 = 1.333$$

由 $\cos\varphi_2 = 0.9$，$\varphi_2 = \arccos 0.9 = 25.8°$，则

$$\tan\varphi_2 = 0.483$$

由式（4 - 73）求补偿电容 C 为

$$C = \frac{P}{\omega U^2}(\tan\varphi_1 - \tan\varphi_2) = \frac{10 \times 10^3}{314 \times 220^2}(1.333 - 0.483)$$

$$= 559 \times 10^{-6} = 559(\mu F)$$

4.6　三相电路及其应用

自从 19 世纪末世界上电力系统首次出现三相电路以来，它几乎占据了电力系统的全部领域。三相电路就是由频率相同、大小相等、相位互差 120° 的电动势组成的供电系统。

三相电路如此广泛应用，是因为三相电路有许多特点，研究三相电路的特点，无论从电路分析技巧方面（如利用对称性简化分析计算），还是从工程应用乃至日常生活及社会活动等方面，无疑是有意义的。

4.6.1　三相电路的概念

所谓三相电路，系指由三个电源连成一个整体的供电系统。图 4 - 34 所示的实际电路为三相电路。

4.6.2 三相电源和三相电压

1. 三相电源

典型的三相电源莫过于三相交流发电机。这种发电机中设有三组线圈，每一组线圈称为

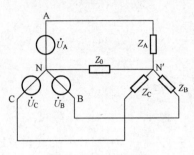

图 4-34 三相电路

一相绕组。每相绕组各引出两个端子，其中一个命名为首端，另一个命名为尾端。三相绕组的三个首端习惯用 A、B、C 命名，通常称之为端点，而尾端用 X、Y、Z 标注。同时三相电源也用 A、B、C 给各相命名，即 A 相、B 相、C 相。三相发电机运行时，它的三个绕组同时产生三个电动势。这三个电动势有相同的频率和有效值，并且当各电动势的正方向均为由尾端指向首端时，它们在相位上互差 120°。这样的三个电动势合称为对称三相电动势。若以 A 相电动势为参考相量时，则它们可表示为

$$
\left.\begin{aligned}
\dot{E}_A &= E \\
\dot{E}_B &= E\mathrm{e}^{-\mathrm{j}120°} \\
\dot{E}_C &= E\mathrm{e}^{\mathrm{j}120°}
\end{aligned}\right\} \tag{4-74}
$$

用相量图和正弦波形来表示时，则如图 4-35 所示。

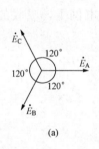

(a)

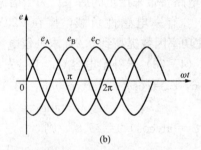

(b)

图 4-35 三相电动势的波形及相量图

三相交流电出现正幅值（或相应零值）的顺序称为相序，若相序为 A-B-C，我们称这个相序为正序。相应的，相序为 A-C-B，则称为负序。

2. 三相电压

（1）线电压与相电压。当三相发电机的绕组连成星形时，即将三个尾端连成一点 N，此点称为电源中性点，分别从端点和中性点各自引出一条线，便形成了三相四线制的交流电源，如图 4-34 所示。由端点引出的线称为端线（俗称火线），由中性点引出的线称中性线（或零线）。

电力工业中提供的低压交流电源，大多数采用三相四线的供电体制。日常生活中见到的只有两根导线的交流电源，则是这样三相电源中的一相，它是由一相端线和中性线所构成。

电源工作在星形连接时，可输出有两种不同电压等级的三相电压：一种是三条端线各自对中性线的电压——$\dot{U}_A$、$\dot{U}_B$、$\dot{U}_C$，它们称为相电压，记作 U_p；另一种是三条端线相互间的电压——$\dot{U}_{AB}$、$\dot{U}_{BC}$、$\dot{U}_{CA}$，它们称为线电压，用 U_l 作文字符号如图 4-36 所示。

（2）线电压与相电压的关系。由 KVL 有

$$\dot{U}_A = \dot{E}_A, \quad \dot{U}_B = \dot{E}_B, \quad \dot{U}_C = \dot{E}_C$$

结果表明，只要三相电动势对称，三相相电压也对称。

线电压与相电压的关系由一组电压方程来确定。在图 4-36 中分别对回路 ANBA、BNCB、CNAC 列电压方程，则有

$$\left.\begin{array}{c}\dot{U}_{AB} = \dot{U}_A - \dot{U}_B \\ \dot{U}_{BC} = \dot{U}_B - \dot{U}_C \\ \dot{U}_{CA} = \dot{U}_C - \dot{U}_A\end{array}\right\} \tag{4-75}$$

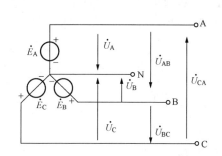

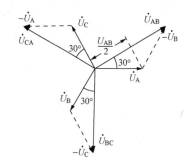

图 4-36　三相电源的输出电压　　　　　　图 4-37　三相电压的相量图

根据矢量作图方法，可以作出式（4-75）对应的相量图，如图 4-37 所示。由图可以看出，各线电压相量与对应的两个相电压相量组成了一个底角为 30° 的等腰三角形。由图可以得到相电压与线电压的相位关系。同时由几何关系可得到相电压与线电压的大小关系，以图示为例得

$$\frac{1}{2}U_{AB} = U_A\cos 30° = \frac{\sqrt{3}}{2}U_A$$

由此可得相电压与线电压的关系为

$$\dot{U}_{AB} = \sqrt{3}\dot{U}_A e^{j30°}; \quad \dot{U}_{BC} = \sqrt{3}\dot{U}_B e^{j30°}; \quad \dot{U}_{CA} = \sqrt{3}\dot{U}_C e^{j30°} \tag{4-76}$$

结果表明，对称三相电源输出的线电压也是对称的，线电压与相电压的关系为，$U_l = \sqrt{3}U_p$，而各线电压超前于相应相电压 30°。

三相四线电源可提供两组不同电压等级的对称三相电压，是这种电源的优点之一。

4.6.3　三相电路的计算

三相电路中电压、电流的特点与负载的连接形式有关。以下分别讨论不同连接形式的电压、电流的特点和计算。

1. 负载星形连接

（1）平衡负载星形连接的三相电路。若有三个负载，它的复阻抗都等于 Z（即 $Z_A = Z_B = Z_C = Z$ 或 $Z_{AB} = Z_{BC} = Z_{CA} = Z$），且平均分配到三相电源的各相，则这样的一组负载称为三相平衡负载。对称三相电源给三相平衡负载供电的系统称为对称三相电路。

实现平均分配的方式之一，是将三相负载按Y形连接，并与三相四线电源相连，如图 4-38所示。这称为带中性线的星形接法，或简称为Y。接法。

三相电路中的电流也有相电流与线电流之分。流经每相负载的电流称为相电流，用 I_p 作文

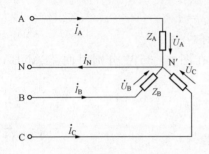

图 4 - 38　负载星形连接时的三相电流

字符号；流经端线（火线）中的电流称为线电流，用 I_1 作文字符号；流经中性线的电流称中性线电流用 I_N 表示。在负载作星形连接时，相电流即为线电流，即

$$I_p = I_l \qquad (4 - 77)$$

各相相电流分别为

$$\dot{I}_A = \frac{\dot{U}_A}{Z}; \quad \dot{I}_B = \frac{\dot{U}_B}{Z}; \quad \dot{I}_C = \frac{\dot{U}_C}{Z} \qquad (4 - 78)$$

因为相电压对称，而负载平衡，所以相电流也是对称三相电流。若设 $\dot{I}_A = I$，则有

$$\left. \begin{aligned} \dot{I}_A &= I \\ \dot{I}_B &= I e^{-j120°} = I\left(-\frac{1}{2} - j\frac{\sqrt{3}}{2}\right) \\ \dot{I}_C &= I e^{j120°} = I\left(-\frac{1}{2} + j\frac{\sqrt{3}}{2}\right) \end{aligned} \right\} \qquad (4 - 79)$$

中性线电流为

$$\begin{aligned} \dot{I}_N &= \dot{I}_A + \dot{I}_B + \dot{I}_C \\ &= I + I\left(-\frac{1}{2} - j\frac{\sqrt{3}}{2}\right) + I\left(-\frac{1}{2} + j\frac{\sqrt{3}}{2}\right) \\ &= I + I\left(-\frac{1}{2} - \frac{1}{2} + j\frac{\sqrt{3}}{2} - j\frac{\sqrt{3}}{2}\right) \\ &= I - I = 0 \end{aligned}$$

结果表明，对称三相电路，其中性线电流为零。

中性线电流为零，说明实际上可不连接中性线，即在电源和负载都对称的条件下，只要在电源与负载间连接三条端线，便能保证各负载正常工作，这种三相系统称为三相三线体制。如图 4 - 34 电路去掉中性线，便成为无中性线的星形接法的三相三线体制，即 Y—Y 体制。

在某些常见的交流用电设备中，其内部结构为三个相等的电路，并要求向它们提供对称的三相电压。这样的设备称为三相负载，例如，三相交流电动机和三相电炉等。另外一些用电设备，例如白炽灯泡，只能接到电源的一相上，它们称为单相负载。为了使三相电源在接近平衡负载条件下工作，要求负载均匀分配到电源的各相。即使如此，这类情况要求设置中性线，以保证各相负载正常运行，在三相四线制中，中性线一定要连接可靠，确保中性线畅通。为此，电力规范中要求中性线不允许接入刀闸和熔断装置。

【例 4 - 17】　有一星形连接的三相平衡负载，其复阻抗 $Z = 6 + j8\,\Omega$。电源电压对称，设 $u_{AB} = 380\sqrt{2}\sin(\omega t + 30°)$ V，试求三相电流。

解　因为负载平衡，可只取一相进行计算，其余两相由对称关系可直接写出（取 A 相，如图 4 - 39 所示），即

$$\dot{U}_A = \frac{\dot{U}_{AB}}{\sqrt{3}} e^{-j30°} = \frac{380 e^{j30°}}{\sqrt{3} e^{j30°}} = 220 e^{j0°} \ (V)$$

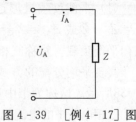

图 4 - 39　［例 4 - 17］图

$$Z = 6 + j8 = 10e^{j53.1°}(\Omega)$$

$$\dot{I}_A = \frac{\dot{U}_A}{Z} = \frac{220}{10e^{j53.1°}} = 22e^{-j53.1°}(A)$$

根据对称关系，B，C 两相的相电流为

$$\dot{I}_B = \dot{I}_A e^{-j120°} = 22e^{-j173.1°}(A)$$

$$\dot{I}_C = \dot{I}_A e^{j120°} = 22e^{j66.9°}(A)$$

（2）不平衡负载星形连接的三相电路。所谓不平衡负载是指三相负载不完全相同（即 $Z_A \neq Z_B \neq Z_C$ 或 $Z_{AB} \neq Z_{BC} \neq Z_{CA}$）。三相负载不平衡时应采用三相四线制供电，且中性线必须保证绝对畅通，否则三相负载上的电压不对称，有的相电压偏高，有的相电压偏低。偏高的相将导致设备损坏，偏低的相负载不能正常运行。

【例 4 - 18】 在图 4 - 40 所示电路中，电源电压对称，$U_1 = 380V$，负载为电灯泡，三相的电阻分别为 $R_A = 5\Omega$，$R_B = 10\Omega$，$R_C = 20\Omega$，试求中性线畅通和断开时负载相电压、负载电流及中性线电流。

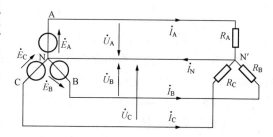

图 4 - 40 ［例 4 - 18］图

解 设 $\dot{U}_A = 220\underline{/0°}V$，$\dot{U}_B = 220\underline{/-120°}V$，$\dot{U}_C = 220\underline{/120°}V$。

（1）中性线畅通时，负载的相电压等于电源的相电压，即

$$U_p = \frac{U_1}{\sqrt{3}} = \frac{380}{\sqrt{3}} = 220(V)$$

如以 $\dot{U}_A$ 为参考相量，则

$$\dot{U}_A = 220(V)$$

$$\dot{U}_B = \dot{U}_A e^{-j120°} = 220e^{-j120°}(V)$$

$$\dot{U}_C = \dot{U}_A e^{j120°} = 220e^{j120°}(V)$$

各相电流为

$$\dot{I}_A = \frac{\dot{U}_A}{Z_A} = 44(A)$$

$$\dot{I}_B = \frac{\dot{U}_B}{Z_B} = \frac{220e^{-j120°}}{10} = 22e^{-j120°}(A)$$

$$\dot{I}_C = \frac{\dot{U}_C}{Z_C} = \frac{220e^{j120°}}{20} = 11e^{j120°}(A)$$

中性线电流为

$$\begin{aligned}
\dot{I}_N &= \dot{I}_A + \dot{I}_B + \dot{I}_C \\
&= 44e^{j0°} + 22e^{-j120°} + 11e^{j120°} \\
&= 44 + 22 \times \left(-\frac{1}{2} - j\frac{\sqrt{3}}{2}\right) + 11 \times \left(-\frac{1}{2} + j\frac{\sqrt{3}}{2}\right) \\
&= 44 - 11 - j11\sqrt{3} - 5.5 + j5.5\sqrt{3}
\end{aligned}$$

$$= 27.5 - j5.5\sqrt{3} = 29.1e^{-j19.1°}(A)$$

（2）当中线断开时，$N'N$ 间电压为

$$\dot{U}_{N'N} = \frac{\dfrac{\dot{U}_A}{Z_A} + \dfrac{\dot{U}_B}{Z_B} + \dfrac{\dot{U}_C}{Z_C}}{\dfrac{1}{Z_A} + \dfrac{1}{Z_B} + \dfrac{1}{Z_C}} = \frac{44\underline{/0°} + 22\underline{/-120°} + 11\underline{/120°}}{\dfrac{1}{5} + \dfrac{1}{10} + \dfrac{1}{20}}$$

$$= \frac{29.1\underline{/-19.1°}}{0.35} = 83.1\underline{/-19.1°} = 78.5 - j27.2(V)$$

三相负载上的相电压分别为

$$\dot{U}'_A = \dot{U}_A - \dot{U}_{N'N} = 220 - 78.5 + j27.2 = 144\underline{/10.9°}(V)$$

$$\dot{U}'_B = \dot{U}_B - \dot{U}_{N'N} = -110 - j110\sqrt{3} - 78.5 + j27.2 = 249.4\underline{/-139.1°}(V)$$

$$\dot{U}'_C = \dot{U}_C - \dot{U}_{N'N} = -110 + j110\sqrt{3} - 78.5 + j27.2 = 288\underline{/130°}(V)$$

计算结果表明，当中性线断开后，各相负载上的电压不对称，而且阻抗越小的相电压越低，阻抗越高的相电压越高。可见在三相四线制的系统中，中性线使得不对称星形负载得到基本对称的相电压，从而保证了负载的正常工作。

2. 负载三角形连接

如图 4 - 41 所示，若将三个负载分别跨接在电源的三条端线间，则构成三角形接法，或称△接法。

三角形接法也能实现负载的平均分配，并且只要电源对称，无论负载是否平衡，负载相电压总是对称的。不过这时的负载相电压等于电源线电压，所以同样的三相电源和负载，采用星形或三角形接法时，负载电流和功率并不相同。

负载作三角形连接后，各负载的相电流为

$$\dot{I}_{AB} = \frac{\dot{U}_{AB}}{Z}, \dot{I}_{BC} = \frac{\dot{U}_{BC}}{Z}, \dot{I}_{CA} = \frac{\dot{U}_{CA}}{Z} \tag{4-80}$$

电源端线中的电流分别为对应的两个相电流之差，即

$$\left.\begin{array}{l} \dot{I}_A = \dot{I}_{AB} - \dot{I}_{CA} \\ \dot{I}_B = \dot{I}_{BC} - \dot{I}_{AB} \\ \dot{I}_C = \dot{I}_{CA} - \dot{I}_{BC} \end{array}\right\} \tag{4-81}$$

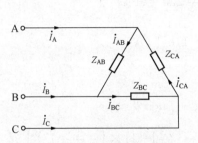

图 4 - 41　负载作三角形连接
时三相电流

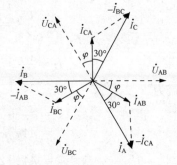

图 4 - 42　负载三角形连接时
电流的相量图

在对称的条件下，以上关系可表示成图 4 - 42 所示的相量图。不难看出，相电流和线电流都是三相对称电流，并且各线电流滞后对应的相电流30°，同时，由几何关系很容易得出，端线电流 I_1 与相电流 I_p 的大小关系，即

$$I_1 = \sqrt{3}I_p \qquad (4 - 82)$$

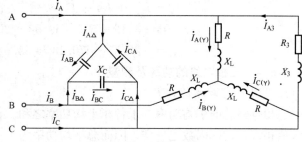

【例 4 - 19】 在图 4 - 43 所示的三相电路中，电源 $U_1 = 380\text{V}$，$R = 17.3\Omega$，$X_L = 10\Omega$，$X_C = 190\Omega$，$X_3 = 4\Omega$。试求各相电流和线电流。

图 4 - 43　[例 4 - 19] 图

解　该电路由两个对称三相负载和一个单相负载组成，先分别求出各个负载电流，对称负载计算一相。

设 $\dot{U}_{AB}$ 为参考相量，即 $\dot{U}_{AB} = 380\underline{/0°}\text{V}$，则

$$\dot{U}_{BC} = 380\underline{/-120°}\text{V}, \quad \dot{U}_{CA} = 380\underline{/120°}\text{V}$$

$$\dot{U}_A = 220\underline{/-30°}\text{V}, \quad \dot{U}_B = 220\underline{/-150°}\text{V}, \quad \dot{U}_C = 220\underline{/90°}\text{V}$$

三角形负载相电流为

$$\dot{I}_{AB} = \frac{\dot{U}_{AB}}{Z_A} = \frac{\dot{U}_{AB}}{-jX_C} = \frac{380\underline{/0°}}{190\underline{/-90°}} = 2\underline{/90°}(\text{A})$$

$$\dot{I}_{BC} = 2\underline{/90°} - 120° = 2\underline{/-30°}(\text{A})$$

$$\dot{I}_{CA} = 2\underline{/90°} + 120° = 2\underline{/-150°}(\text{A})$$

三角形负载线电流

$$\dot{I}_{A\triangle} = \sqrt{3}\dot{I}_{AB}\underline{/-30°} = 3.46\underline{/60°} = 1.73 + j3(\text{A})$$

$$\dot{I}_{B\triangle} = 3.46\underline{/60°} - 120° = 3.46\underline{/-60°} = 1.73 - j3(\text{A})$$

$$\dot{I}_{C\triangle} = 3.46\underline{/60°} + 120° = 3.46\underline{/180°} = -3.46(\text{A})$$

星形负载相电流等于线电流，即

$$\dot{I}_{AY} = \frac{\dot{U}_A}{Z_Y} = \frac{\dot{U}_A}{17.3 + j10} = \frac{220\underline{/-30°}}{20\underline{/30°}} = 11\underline{/-60°} = 5.5 - j9.53(\text{A})$$

$$\dot{I}_{BY} = 11\underline{/-60°} - 120° = 11\underline{/-180°} = -11(\text{A})$$

$$\dot{I}_{CY} = 11\underline{/-60°} + 120° = 11\underline{/60°} = 5.5 + j9.53(\text{A})$$

$$\dot{I}_{A3} = \frac{\dot{U}_{CA}}{Z_3} = \frac{\dot{U}_{CA}}{3 + j4} = \frac{380\underline{/120°}}{5\underline{/53.1°}} = 76\underline{/66.9°} = 29.8 + j69.9(\text{A})$$

三相电源的线电流为

$$\dot{I}_A = \dot{I}_{A\triangle} + \dot{I}_{AY} - \dot{I}_{A3}$$
$$= 1.73 + j3 + 5.5 - j9.53 - 29.8 - j69.9$$
$$= -22.57 - j76.43 = 79.7\underline{/-106°}(\text{A})$$

$$\dot{I}_B = \dot{I}_{B\triangle} + \dot{I}_{BY}$$

$$= 1.73 - j3 - 11 = -9.27 - j3$$

$$= 9.75\underline{/-162.1°}(A)$$

$$\dot{I}_C = \dot{I}_{C\triangle} + \dot{I}_{CY} + \dot{I}_{A3}$$

$$= -3.46 + 5.5 + j9.53 - 29.8 - j69.9$$

$$= -22.57 - j76.43 = 85.6\underline{/68.1°}(A)$$

4.6.4　三相电路的功率及测量

1. 三相电路功率的计算

三相电路总的平均功率等于各相平均功率之和。在对称的情况下，各相的电压和电流的有效值相等，功率因数也一样，因而总平均功率为

$$P = 3U_\text{p}I_\text{p}\cos\varphi \tag{4-83}$$

在星形接法中，$U_1 = \sqrt{3}U_\text{p}$，而 $I_1 = I_\text{p}$；在三角形接法中，则 $U_1 = U_\text{p}$，$I_1 = \sqrt{3}I_\text{p}$。如果用线量来表示功率的话，则两种接法都有

$$P = \sqrt{3}U_1I_1\cos\varphi \tag{4-84}$$

式（4-84）在实用中比较方便，因为 U_1 和 I_1 都是端钮上的量，便于测量。但是必须注意此式中的 φ 仍是相电压与相电流的相位差角，或每相负载的阻抗角。另外，式（4-84）也不能理解为同一电源和负载，按不同接法会得到相同的功率。

三相电路的总无功功率也等于为各相无功功率之和，而总视在功率与有功功率和无功功率间仍应满足功率三角形的关系。在对称条件下则有

$$Q = 3U_\text{p}I_\text{p}\sin\varphi = \sqrt{3}U_1I_1\sin\varphi \tag{4-85}$$

$$S = \sqrt{3}U_1I_1 \tag{4-86}$$

【例 4-20】　有一三相电动机，每相绕组的等效复阻抗 $Z = 29 + j21.8\Omega$。试求下列两种情况下的相电流、线电流以及电源输入的功率，并比较所得结果：

（1）绕组连成星形接于 380V 的电源上。

（2）绕组连成三角形接于 220V 的电源上。

解　（1）$U_1 = \sqrt{3}U_\text{p}$，$U_\text{p} = \dfrac{380}{\sqrt{3}} = 220$（V）

$$Z = 29 + j21.8 = 36.3e^{j36.9°}（\Omega）$$

$$\cos\varphi = 0.8$$

$$I_\text{p} = \frac{U_\text{p}}{Z} = \frac{220}{36.8} = 6.1（A）$$

$$I_1 = I_\text{p} = 6.1（A）$$

$$P = \sqrt{3}U_1I_1\cos\varphi = \sqrt{3} \times 380 \times 6.1 \times 0.8 = 3200（W）$$

（2）$U_1 = U_\text{p} = 220V$

$$I_\text{p} = \frac{U_\text{p}}{Z} = 6.1（A）$$

$$I_1 = \sqrt{3}I_\text{p} = \sqrt{3} \times 6.1 = 10.5（A）$$

$$P = \sqrt{3}U_1I_1\cos\varphi = \sqrt{3} \times 220 \times 10.5 \times 0.8 = 3200（W）$$

计算结果表明：两种情况下相电压、相电流及功率都未改变，仅线电流在（2）的情况下增

大为（1）情况下的 $\sqrt{3}$ 倍。

【例 4 - 21】　两组平衡负载并联运行。负载 1 连成三角形，吸收平均功率为 10kW，功率因数为 0.8；负载 2 连成星形，功率为 7.5kW，功率因数为 0.88，电源电压为 380V。试求电源的线电流。

解　先分别求 P_Σ、Q_Σ，即

$$S_1 = \frac{P_1}{\cos\varphi_1} = \frac{10 \times 10^3}{0.8} = 12.5(\text{kVA})$$

$$Q_1 = S_1 \sin\varphi_1 = 7.5(\text{kvar})$$

$$S_2 = \frac{P_2}{\cos\varphi_2} = \frac{7.5 \times 10^3}{0.88} = 8.52(\text{kVA})$$

$$Q_2 = S_2 \sin\varphi_2 = 4.05(\text{kvar})$$

$$P_\Sigma = P_1 + P_2 = (10 + 7.5) \times 10^3 = 17.5(\text{kW})$$

$$Q_\Sigma = Q_1 + Q_2 = (7.5 + 4.05) \times 10^3 = 11.55(\text{kvar})$$

故由功率三角形求 φ 比较方便，即

$$\varphi = \arctan\frac{Q}{P} = \arctan\frac{11.55}{17.5} = 33.4°$$

$$\cos\varphi = 0.83$$

根据式（4 - 84）计算线电流为

$$I_1 = \frac{17.5 \times 10^3}{\sqrt{3} \times 0.83 \times 380} = 32(\text{A})$$

2. 三相电路功率的测量

三相电路功率的测量分三相三线制和三相四线制两大类。

三相四线制电路中，负载不对称时，采用三表法测量。接线如图 4 - 44 所示。其三相有功功率为

$$P = P_A + P_B + P_C$$

若负载对称时，只需要一块功率表测量，如图 4 - 44 所示电路中的任意一块表都可以，其三相有功功率为

$$P = 3P_A = 3P_B = 3P_C$$

三相三线制电路中，无论负载对称与否，也不管负载如何连接，都采用两表法测量三相电路的总功率。接线如图 4 - 45 所示。下面以星形连接为例说明两表法的正确性。

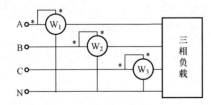

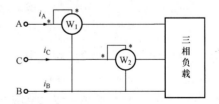

图 4 - 44　三表法测量三相电路功率　　　　图 4 - 45　两表法测量三相电路功率

三相负载的瞬时功率为

$$p = u_A i_A + u_B i_B + u_C i_C$$

三相三线制电路中

$$i_A + i_B + i_C = 0$$

于是有 $i_B = -(i_A + i_C)$ 代入功率式中有

$$p = u_A i_A - u_B i_A - u_B i_C + u_C i_C$$
$$= (u_A - u_B)i_A + (u_C - u_B)i_C$$
$$= u_{AB} i_A + u_{CB} i_C = p_1 + p_2$$

结果表明，两表法的一块瓦特表测量线电压 u_{AB} 与线电流 i_A，另一块瓦特表测量线电压 u_{CB} 与线电流 i_C，两个表的读数之和就是三相三线制电路的总功率，但是，任何一块表的读数不代表任何意义。

两表法在实用中得到广泛的应用。实际应用中的三相瓦特表，就是将两个单相瓦特表组合而成的，而接线端钮分两组。测量时接线请参考有关实验指导书。

4.6.5　安全用电

安全用电包括用电时的人身安全和设备安全。电气事故有其特殊的严重性。当发生人身触电时，轻则烧伤，重则死亡；当发生设备电气事故时，轻则损坏电器设备，重则引起火灾或爆炸。由于我们经常接触各种电气设备，因此必须十分重视安全用电问题，防止电气事故的发生。

1. 电击触电

绝大多数的触电事故发生在低压电力系统，常见的触电类型有以下三种：

（1）两相触电。两相触电是指人体两处同时触及两相带电体的触电，如图 4-46（a）所示。这时加在人体上的电压是线电压，通常为 380V。这是最危险的。

（2）电源中性点接地的单相触电。我国低压电力系统绝大部分采用中性点接地方式运行。当人体碰到一根相线时，电流从相线经人体，再经大地回到中性点，如图 4-46（b）所示。这时人体承受相电压，通常为 220V，也十分危险。触电电流跟脚与地面之间的绝缘好坏有很大关系。

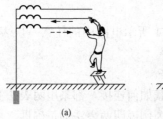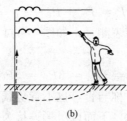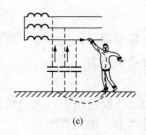

（a）　　　　　　　　　　（b）　　　　　　　　　　（c）

图 4-46　触电类型

（a）两相触电；（b）中性点接地的单相触电；（c）中性点不接地的单相触电

（3）电源中性点不接地的单相触电。少数局部地区的低压电力系统的中性点是不接地的，因输电线与大地之间有电容存在，当人体碰到一根相线时，交流电可通过分布电容而形成回路，如图 4-46（c）所示，也是危险的。

2. 接零或接地

电气设备的外壳大多是金属的，正常情况下并不带电，因为外壳与带电部分是有绝缘体隔开的。但万一绝缘损坏或外壳碰线，则外壳就会带电，这时人体一旦与其接触就可能造成单线触电事故。为此要采用保护接零或保护接地措施，以便有效地防止由设备外壳带电引起的触电事故。

（1）保护接零。保护接零又称保护接中，就是将电气设备的金属外壳与供电线路的零线（中性线）相连接，宜用于供电变压器副边中性点接地（称为工作接地）的低压电力系统中。

图 4 - 47（a）所示是三相电动机的保护接零，一旦电动机某一相绕组的绝缘损坏而与外壳相通时，就形成单相短路，迅速将这一相的熔断路烧断或使线路中的低压断路器断开，因而使外壳不再带电。即使在熔断路烧断前人体触及外壳，也由于人体电阻远大于线路电阻，通过人体的电流也是极微小的，对人体不会造成伤害。

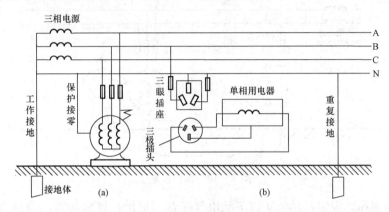

图 4 - 47 保护接零
（a）电动机外壳接零；（b）单相用电器外壳接零

单相用电设备的保护接零采用三极插头和三眼插座。把用电设备的外壳接在插头的粗脚或有接地标志的脚上，通过插座与零线相连，如图 4 - 47（b）所示。要注意正确接零，不可把保护性接零线就近接在用电设备的零线端子上，如图 4－48（a）所示，这样当中性线断开时，会将相线的电引至外壳造成触电事故。

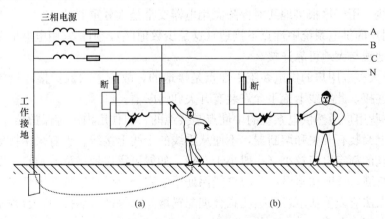

图 4 - 48 单相用电设备的正确接零
（a）错误；（b）正确

为了确保安全，保护接零必须十分可靠，严禁在保护接零的零线上装设熔断器和开关。除了在电源中性点进行工作接地外，还要在零线的一定间隔距离及终端进行多次接地，称为重复接地（见图 4 - 47）。

（2）保护接地。在中性点不接地的系统中是不允许采用保护接零的，因为当低压电力系统发生一相碰地时，系统可照常运行，这时大地与碰地的端线等电位，会使所有接在零线上的电气设备外壳呈现对地电压，相当于相电压，这是十分危险的。

在中性点不接地的系统中宜采用保护接地，即把电气设备的金属外壳通过导体和接地体与大地可靠地连接起来，如图 4 - 49 所示。当某相相线碰壳时，由于人体电阻远大于接地装置的电阻，故漏电电流几乎不从人体通过，从而保障了安全。

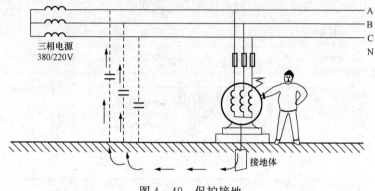

图 4 - 49　保护接地

《电气安装规程》规定：1000V 以下的电气设备，保护性接地装置的接地电阻应不大于 4Ω，接地体可用埋入地下的钢管、角钢或自来水管。通常是在电气设备比较集中的地方或必要的地方装设接地极，然后将各接地极用干线连接起来，凡需接地的设备都与接地干线连接，这样就形成了一个保护接地系统。

（3）家用电器的接零和接地。我国目前家用电器已逐渐普及，家用电器一般都是单相负载，许多具有金属外壳的家用电器使用三极插头，共有三根引出线。其中两根是负载引出线，一般分别接电源的端线和零线（220V）；另一根与金属外壳相连，专供接地或接零保护用，称为接地线。用好这根接地线对保障家用电器安全是十分重要的。

1）如果用户的供电系统中性点不接地（这是少数地区），则其家用电器应采取保护接地措施，即让接地线与大地可靠连接。

2）我国绝大多数用户的供电系统中性点是接地的，故应采取保护接零措施，即让接地线与零线可靠连接，此零线上绝不允许装有开关和熔断器。

3）目前一些用户虽然供电系统的中性点是接地的，但住房内没有保护接零的三眼插座，而入户的零线上又装有开关和熔断器，不便从零线的干线上接线，也有采用接地措施的。这是因为家庭熔丝的额定电流较小（一般小于 5A），如能可靠接地（$R_{\text{d}} < 4\Omega$），则接地故障电流足以使熔丝熔断，及时切除电源，故也能保证用电安全。但是这种在中性点接地系统中采用保护接地的做法应谨慎从事，必须注意合理配置熔丝和保证可靠接地，否则不但起不到保护作用，反而会招来危险。

4.7　非正弦交流电路

非正弦信号激励（或多个不同频率正弦信号同时激励）的线性电路为非正弦交流电路。

非正弦交流电路计算的原理是叠加原理。对非正弦信号激励的电路，须借助傅里叶级数，把函数表示成三角级数形式，然后根据线性电路的可叠加性，将问题转化为直流和正弦交流电路来计算。

在电工电子技术中经常遇到非正弦周期的电压、电流。例如数字电路中的脉冲电压，电子示波器中的锯齿波电压，整流器输出的电压等。其波形如图 4 - 50 所示。

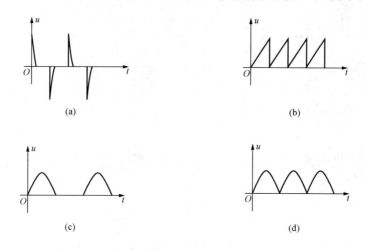

图 4 - 50　电工常见非正弦波

（a）脉冲波形；（b）锯齿波形；（c）半波整流波形；（d）全波整流波形

4.7.1　非正弦周期量的傅里叶级数

根据数学知识，一切满足狄里赫条件的周期性函数（电工中遇到的非正弦周期信号都满足此条件）都可展开为傅里叶三角级数。设非正弦周期量为 $f(\omega t)$，其角频率为 ω，则

$$f(\omega t) = A_0 + A_{1m}\sin(\omega t + \psi_1) + A_{2m}\sin(2\omega t + \psi_2) + \cdots$$

$$= A_0 + \sum_{k=1}^{\infty} A_{1m}\sin(k\omega t + \psi_k) \tag{4 - 87}$$

式中：A_0 是不随时间变化的常数，称为非正弦周期量的直流分量；$A_{1m}\sin(\omega t + \psi_1)$ 是与非正弦周期量同频率的正弦量，称为基波或一次谐波；$A_{2m}\sin(2\omega t + \psi_2)$ 是频率为非正弦周期量频率 2 倍的正弦量，称为二次谐波；以后各项依次称为三次谐波、四次谐波、…、等等。

式中除了直流分量和基波以外，其余各次谐波统称为高次谐波。由于傅里叶级数的收敛性，一般说，谐波次数越高，其幅值越小，因此，次数较高的谐波常可以忽略不计。

为了便于应用，把常见的非正弦周期量波形的傅里叶级数列于表 4 - 1。

4.7.2　非正弦周期量的有效值

在许多场合，除了要知道非正弦周期量的各次分量之外，常常还需知道它的有效值。周期量的有效值可由式（4 - 7）计算。借助谐波分解，非正弦周期电流的有效值可表示为

$$I = \sqrt{\frac{1}{T}\int_0^T i^2 \, dt}$$

$$= \sqrt{\frac{1}{T}\int_0^T \left[I_0 + \sum_{k=1}^{\infty} I_m\sin(k\omega t + \psi_k) \right]^2 dt} \tag{4 - 88}$$

表 4 - 1　　　　　　　　　　　常见的非正弦周期量波形的傅里叶级数

名称	波　　　形	傅里叶三角级数
矩形波	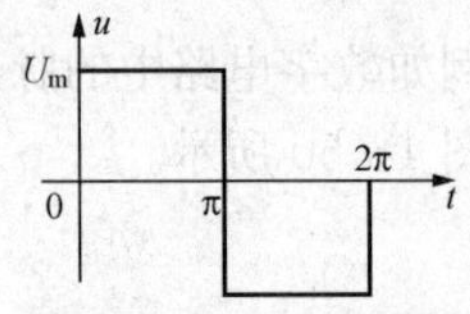	$f(\omega t) = \dfrac{4U_m}{\pi}\left(\sin\omega t + \dfrac{1}{3}\sin3\omega t + \dfrac{1}{5}\sin5\omega t + \cdots\right)$
三角波	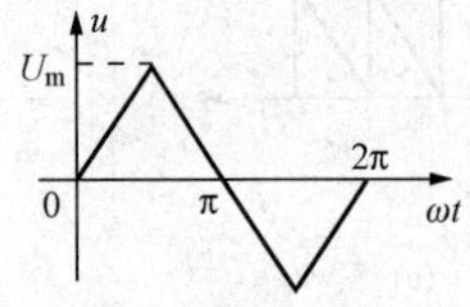	$f(\omega t) = \dfrac{8U_m}{\pi^2}\left(\sin\omega t - \dfrac{1}{9}\sin3\omega t + \dfrac{1}{25}\sin5\omega t - \cdots\right)$
锯齿波	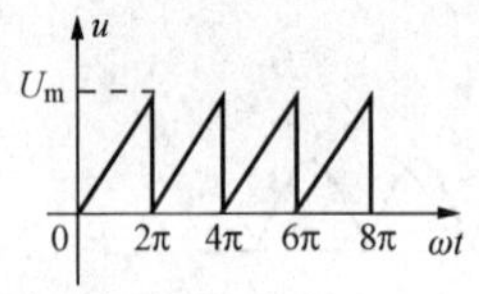	$f(\omega t) = \dfrac{U_m}{2} - \dfrac{U_m}{\pi}\left(\sin\omega t + \dfrac{1}{2}\sin2\omega t + \dfrac{1}{3}\sin3\omega t + \cdots\right)$
半波整流	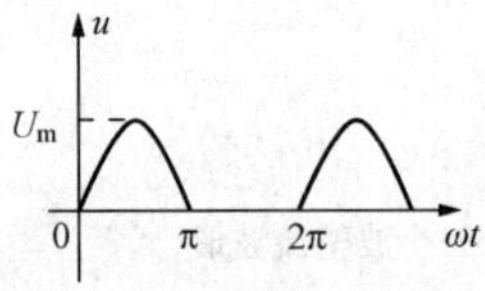	$f(\omega t) = \dfrac{U_m}{\pi}\left(1 + \dfrac{\pi}{2}\sin\omega t - \dfrac{2}{3}\cos2\omega t + \dfrac{2}{3\times5}\cos4\omega t - \cdots\right)$
全波整流	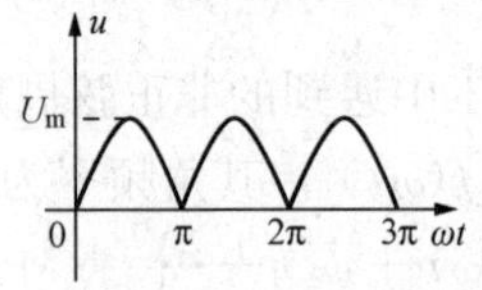	$f(\omega t) = \dfrac{2U_m}{\pi}\left(1 - \dfrac{2}{3}\cos2\omega t - \dfrac{2}{3\times5}\cos4\omega t - \dfrac{2}{5\times7}\cos6\omega t - \cdots\right)$

　　根据三角函数的正交性，式（4 - 88）方括号内展开后其频率不等的两项相乘在一个周期内的积分为零，于是可得下面结果

$$I = \sqrt{\frac{1}{T}\int_0^T I_0^2\,\mathrm{d}t + \sum_{k=1}^{\infty}\frac{1}{T}\int_0^T I_m^2\sin^2(k\omega t + \psi_k)\,\mathrm{d}t}$$

$$= \sqrt{I_0^2 + \sum I_k^2}$$

$$= \sqrt{I_0^2 + I_1^2 + I_2^2 + \cdots} \tag{4 - 89}$$

式（4 - 89）为非正弦周期电流的有效值，它等于各次谐波分量的有效值以及直流分量的平方和的开方。这一结论同样适用于电路中其他变量。

4.7.3　非正弦电流电路的分析步骤

非正弦交流电路的计算，通常可遵循下列步骤进行：

（1）将给定的非正弦周期信号分解成傅里叶级数（即谐波分析）。对电工中常见的信号，其傅氏级数可以通过查有关手册而获得。

（2）分别计算各分量单独激励时电路的响应。此时要特别注意的是：正确作出相应的谐波电路。之所以强调要正确，就是强调电路中的电抗要用相应的谐波电抗代替。同一电感或电容对不同频率谐波的电抗是不同的，若已知基波电抗（一般已知的电抗为基波电抗），则

各次谐波电抗可由下列公式计算

$$\left.\begin{array}{l} X_{Lk} = kX_{L1} \\ X_{Ck} = \dfrac{X_{C1}}{k} \end{array}\right\}$$ (4 - 90)

式中：X_{L1}、X_{C1} 分别称为电感、电容的基波电抗；X_{Lk}、X_{Ck} 称为 k 次谐波电抗。

（3）根据叠加原理将上述响应进行叠加。但应注意，总的响应必须用各次谐波分量的谐波表达式叠加，而不能用相量叠加。不同频率的正弦量的相量叠加是没有意义的。

【例 4 - 22】　图 4 - 51（a）所示为全波整流的滤波电路，已知 $L=5$H，$C=10\mu$F，负载电阻 $R=2000\Omega$，设滤波电路输入电压 u 的波形如图 4 - 51（b）所示，其中 $U_m=157$V。求负载电阻两端电压 u_R 各次谐波的幅值。设 $\omega=314$rad/s。

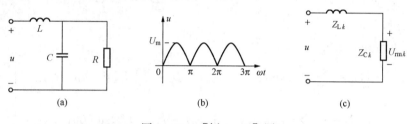

图 4 - 51　［例 4 - 22］图

解　参照表 4 - 1 把给定的电压 u 分解为傅里叶级数

$$u = \frac{4}{\pi}U_m\left(\frac{1}{2} - \frac{1}{3}\cos 2\omega t - \frac{1}{15}\cos 4\omega t - \cdots\right)$$

取到 4 次谐波，代入数据得

$$u = 100 - 66.7\cos 2\omega t - 13.33\cos 4\omega t\ (\text{V})$$

对直流分量电感相当于短路，电容相当于开路，故负载端电压的直流分量为

$$U_{R0} = 100\text{V}$$

对 2、4 次谐波分量，可用图 4 - 51（c）所示相量模型来计算，但要注意不同谐波的阻抗是不同的。对 2 次谐波

$$Z_{L2} = \text{j}2\omega L = \text{j}2\times 314\times 5 = 3140\underline{/90^\circ}\ (\Omega)$$

$$Z_{C2} = \frac{R\left(-\text{j}\dfrac{1}{2\omega C}\right)}{R - \text{j}\dfrac{1}{2\omega C}} = \frac{2000\left(-\text{j}\dfrac{10^6}{2\times 314\times 10}\right)}{2000 - \text{j}\dfrac{10^6}{2\times 314\times 10}}$$

$$= 158.5\underline{/-85.4^\circ}\ (\Omega)$$

$$Z_{L2} + Z_{C2} = \text{j}3140 + 12.7 - \text{j}158 = 12.7 + \text{j}2982 = 2982\underline{/89.8^\circ}\ (\Omega)$$

所以

$$U_{Rm2} = \frac{158.5}{2982}\times 66.7 = 3.55\ (\text{V})$$

对 4 次谐波

$$Z_{L4} = \text{j}4\omega L = \text{j}6280 = 6280\underline{/90^\circ}\ (\Omega)$$

$$Z_{C4} = \frac{2000(-\text{j}79.6)}{2000 - \text{j}79.6} = 79.5\underline{/-87.7^\circ}\ (\Omega)$$

$$Z_{L4} + Z_{C4} = \text{j}6280 + 3.19 - \text{j}79.6 = 6200\underline{/89.97^\circ}\ (\Omega)$$

所以
$$U_{Rm4} = \frac{79.5}{6200} \times 13.33 = 0.17 \ (\text{V})$$

可见滤波后，2 次谐波幅值仅为直流分量的 3.55%，比滤波前大为减小，4 次谐波就更小了。

4.7.4 非正弦交流电路的功率

1. 瞬时功率

设图 4-52 所示无源二端网络的电压和电流分别为

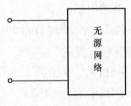

图 4-52 二端网络示意

$$u = U_0 + \sum_{k=1}^{\infty} U_{km}\sin(k\omega t + \psi_{ku})$$

$$i = I_0 + \sum_{k=1}^{\infty} I_{km}\sin(k\omega t + \psi_{ki})$$

则瞬时功率

$$
\begin{aligned}
p &= ui \\
&= \Big[U_0 + \sum_{k=1}^{\infty} U_{km}\sin(k\omega t + \psi_{ku})\Big]\Big[I_0 + \sum_{k=1}^{\infty} I_{km}\sin(k\omega t + \psi_{ki})\Big] \\
&= U_0 I_0 + U_0 \sum_{k=1}^{\infty} I_{km}\sin(k\omega t + \psi_{ki}) + I_0 \sum_{k=1}^{\infty} U_{km}\sin(k\omega t + \psi_{ku}) \\
&\quad + \sum_{k=1}^{\infty}\sum_{q=1}^{\infty} U_{km}I_{qm}\sin(k\omega t + \psi_{ku})\sin(q\omega t + \psi_{qi}) \\
&\quad + \sum_{k=1}^{\infty} U_{km}I_{km}\sin(k\omega t + \psi_{ku})\sin(k\omega t + \psi_{ki})(q \neq k)
\end{aligned}
\tag{4-91}
$$

2. 平均功率

非正弦交流电路的平均功率为瞬时功率在一周期内的平均值，也称为有功功率，即

$$P = \frac{1}{T}\int_0^T p\,\mathrm{d}t$$

把式 (4-91) 代入上式，由于三角函数的正交性，只有第一项和第五项积分不为零，其余积分均为零，即

$$
\begin{aligned}
P &= \frac{1}{T}\int_0^T \Big[U_0 I_0 + \sum_{k=1}^{\infty} U_{km}I_{km}\sin(k\omega t + \psi_{ku})\sin(k\omega t + \psi_{ki})\Big]\mathrm{d}t \\
&= U_0 I_0 + \sum_{k=1}^{\infty} U_k I_k \cos\varphi_k \\
&= U_0 I_0 + U_1 I_1 \cos\varphi_1 + U_2 I_2 \cos\varphi_2 + \cdots
\end{aligned}
\tag{4-92}
$$

由式 (4-92) 可知，非正弦交流电路的有功功率为直流分量构成的功率和各次谐波构成的功率之和，且只有同频率（同一次谐波）的电压和电流才能构成有功功率。

【例 4-23】 图 4-53 (a) 所示电路中的电压 $u = 10 + 141.4\sin\omega t + 70.7\sin(3\omega t + 30°)$ V，且已知 $X_{L1} = \omega L = 2\Omega$，$X_{C1} = \frac{1}{\omega C} = 15\Omega$，$R_1 = 5\Omega$，$R_2 = 10\Omega$。试求各支路电流及 R_1 支路吸收的平均功率。

解 由于题目已给定非正弦周期电压的傅里叶级数展开式，因此可直接进入第二步计算。直流分量单独作用时的电路如图 4-53 (b) 所示。按此电路计算各支路电流的直流

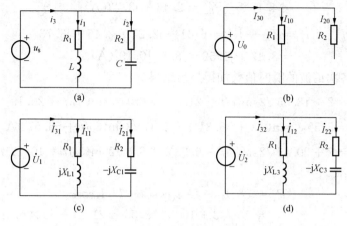

图 4 - 53　［例 4 - 23］图

分量

$$I_{10} = \frac{U_0}{R_1} = \frac{10}{5} = 2(\text{A})$$

$$I_{20} = 0$$

$$I_{30} = I_{10} = 2(\text{A})$$

基波 u_1 单独作用时的电路如图 4 - 53（c）所示。用相量法计算各支路电流基波分量的相量，已知

$$\dot{U}_1 = \frac{141.4}{\sqrt{2}} \underline{/0^\circ} = 100 \underline{/0^\circ}(\text{V}),$$

$$\dot{I}_{11} = \frac{\dot{U}_1}{R_1 + \text{j}X_{\text{L1}}} = \frac{100\underline{/0^\circ}}{5 + \text{j}2} = \frac{100\underline{/0^\circ}}{5.39\underline{/21.8^\circ}}$$

$$= 18.55\underline{/-21.8^\circ} = 17.22 - \text{j}6.29(\text{A})$$

$$\dot{I}_{21} = \frac{\dot{U}_1}{R_2 - \text{j}X_{\text{C1}}} = \frac{100\underline{/0^\circ}}{10 - \text{j}15} = \frac{100\underline{/0^\circ}}{18.03\underline{/-56.3^\circ}}$$

$$= 5.55\underline{/56.3^\circ} = 3.08 + \text{j}4.62\text{A}$$

$$\dot{I}_{31} = \dot{I}_{11} + \dot{I}_{21} = 17.22 - \text{j}6.89 + 3.08 + \text{j}4.62$$

$$= 20.3 - \text{j}2.27$$

$$= 20.43\underline{/-6.38^\circ}(\text{A})$$

三次谐波 u_3 单独作用时的相量模型如图 4 - 53（d）所示。用相量法计算，已知

$$\dot{U}_3 = \frac{70.7\underline{/30^\circ}}{\sqrt{2}} = 50\underline{/30^\circ}(\text{V})$$

$$\dot{I}_{13} = \frac{\dot{U}_3}{R_1 + \text{j}X_{\text{L3}}} = \frac{50\underline{/30^\circ}}{5 + \text{j}6} = \frac{50\underline{/30^\circ}}{7.81\underline{/50.19^\circ}}$$

$$= 6.4\underline{/-20.19^\circ} = 6.01 - \text{j}2.21(\text{A})$$

$$\dot{I}_{23} = \frac{\dot{U}_3}{R_2 - \text{j}X_{\text{C3}}} = \frac{50\underline{/30^\circ}}{10 - \text{j}5} = \frac{50\underline{/30^\circ}}{11.18\underline{/-26.57^\circ}}$$

$$= 4.47\underline{/56.57^\circ} = 2.46 + j3.73(A)$$
$$\dot{I}_{33} = \dot{I}_{13} + \dot{I}_{23} = 6.01 - j2.21 + 2.46 + j3.73$$
$$= 8.47 + j1.52 = 8.6\underline{/10.19^\circ}(A)$$

把各支路电流的各次谐波的瞬时值叠加得最后结果

$$i_1 = 2 + 18.55\sqrt{2}\sin(\omega t - 21.8^\circ) + 6.4\sqrt{2}\sin(3\omega t - 20.19^\circ)\,A$$
$$i_2 = 5.55\sqrt{2}\sin(\omega t + 56.31^\circ) + 4.47\sqrt{2}\sin(3\omega t + 56.57^\circ)\,A$$
$$i_3 = 2 + 20.43\sqrt{2}\sin(\omega t - 6.38^\circ) + 8.6\sqrt{2}\sin(3\omega t + 10.19^\circ)\,A$$

R_1 支路吸收的功率

$$P_1 = U_{10}I_{10} + U_1I_1\cos\varphi_1 + U_3I_3\cos\varphi_3$$
$$= 10 \times 2 + 100 \times 18.55\cos21.8^\circ + 50 \times 6.4\cos50.19^\circ$$
$$= 20 + 1722 + 205 = 1947(W)$$

因为该支路的平均功率实际上就是 R_1 上吸收的功率，故 R_1 支路吸收的平均功率还可这样计算

$$P_1 = I_1^2 R$$
$$I_1^2 = I_{10}^2 + I_{11}^2 + I_{13}^2 = 2^2 + 18.55^2 + 6.4^2 = 389.06$$
$$P_1 = 389.06 \times 5 = 1945(W)$$

计算结果与上面基本一致，出现的差值由舍入误差引起，是允许的。

【例 4-24】　图 4-54 所示电路为测量线圈电阻及电感电路图。测得电流 $I=15A$、$U=60V$、功率 $P=225W$，已知电源频率 $f=50Hz$。又从波形分析知道，电源电压除基波外还有 3 次谐波，其幅值为基波的 40%。根据以上的数据计算线圈的电阻及电感。若将电压 u 视为正弦时，电感 L 又为多少？

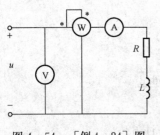

图 4-54　[例 4-24] 图

　　解　由题意可知，u 为正弦电压，其表达式可写成

$$u = \sqrt{2}U_1\sin(\omega t + \psi_1) + \sqrt{2}U_3\sin(3\omega t + \psi_3)$$
$$= \sqrt{2}U_1\sin(\omega t + \psi_1) + 0.4U_1\sqrt{2}\sin(3\omega t + \psi_2)$$

式中　$U_3 = 0.4U_1$。

由于电路的平均功率就是耗能元件电阻 R 消耗的功率，即

$$P = I^2 R$$

线圈电阻为　　$R = \dfrac{P}{I^2} = \dfrac{225}{15^2} = 1\,(\Omega)$

电压表读数为电压有效值，仿照式 (4-89) 有

$$U = \sqrt{U_1^2 + U_3^2} = \sqrt{U_1^2 + (0.4U_1)^2}$$
$$= \sqrt{1 + 0.16U_1} = 1.077U_1 = 60(V)$$

$$U_1 = \frac{60}{1.077} = 55.71(V)$$

电感的基波感抗为　　$X_{L1} = \omega L = 2\pi fL$

当基波单独作用时，可得基波电流相量计算式为

$$\dot{I}_1 = \frac{\dot{U}_1}{R + jX_{L1}}$$

其有效值为

$$I_1 = \frac{U_1}{\mid Z_1 \mid} = \frac{U_1}{\sqrt{R^2 + X_{L1}^2}}$$

同理可得 3 次谐波电流有效值为

$$I_3 = \frac{U_3}{\mid Z \mid} = \frac{U_3}{\sqrt{R^2 + X_{L3}^2}} = \frac{U_3}{\sqrt{R^2 + (3X_{L1})^2}} = \frac{0.4U_1}{\sqrt{R^2 + 9X_{L1}^2}}$$

电流的有效值为

$$I_1 = \sqrt{I_1^2 + I_3^2} = \sqrt{\left(\frac{U_1}{\sqrt{R^2 + X_{L1}^2}}\right)^2 + \left(\frac{0.4U_1}{\sqrt{R^2 + 9X_{L1}^2}}\right)^2} = 15(\text{A})$$

式中 U_1 及 R 前面已求出，故从此式中可解出 X_{L1}，即将上式两边平方

$$\frac{U_1^2}{R^2 + X_{L1}^2} + \frac{0.16U_1^2}{R^2 + 9X_{L1}^2} = 225$$

代入数据，整理得

$$0.653X_{L1}^4 + 8.44X_{L1}^2 + 1.09 = 0$$

$$X_{L1}^2 = \frac{8.44 + \sqrt{8.44^2 + 4 \times 0.653 \times 1.09}}{2 \times 0.653} = 13.1$$

$$X_{L1} = \sqrt{13.1} = 3.62 = 2\pi f L$$

$$L = \frac{X_{L1}}{2\pi f} = \frac{3.62}{2 \times 3.14 \times 50} = 11.5(\text{mH})$$

若将电压 u 视为正弦波，则

$$I = \frac{U}{\sqrt{R^2 + X_{L1}^2}} = \frac{60}{\sqrt{1 + X_{L1}^2}} = 15(\text{A})$$

解此式得

$$X_L = \sqrt{\left(\frac{60}{15}\right)^2 - 1} = \sqrt{15} = 3.87 = 2\pi f L$$

所以

$$L = \frac{X_L}{2\pi f} = \frac{3.87}{314} = 12.3 \ (\text{mH})$$

　　由此题计算可知，用实验方法测量线圈电感时，由于电源电压的非正弦将会引起误差。当然实际上未必这样严重，可根据具体情况予以考虑。

4.8　交流电路的频率特性

4.8.1　网络函数的概念

1. 网络函数定义

　　在交流电路中，为了更进一步讨论和研究响应与激励间的关系，我们引进网络函数的概念。对于一个给定的线性无源网络，它的响应与激励间的关系，可用网络函数来描述。当激励和响应都是频率（ω 或 $j\omega$）的函数时，我们定义

$$\text{网络函数} \ H(j\omega) = \frac{\text{响应函数} \ R(j\omega)}{\text{激励函数} \ E(j\omega)} \tag{4-93}$$

根据激励和响应是否属于同一端口，网络函数可分为两大类，即策动点函数和转移函数

（或传递函数）。所谓策动点函数是指激励和响应同属于一端口的（激励所在的点称策动点）。如激励为电流相量，响应为电压相量，二者同属于一个端口时，其网络函数就是策动点的复阻抗函数。所谓传递函数，是指激励和响应各属不同的端口时的网络函数。

2. 网络函数的几种表示法

一般来讲，网络函数是一个复数。对于某些网络函数，如输入复阻抗、输出复阻抗等，常常需要研究它的实部和虚部，即电阻分量和电抗分量。但对另一些网络函数，则常常需要研究它的模和辐角，即振幅频率特性（简称幅频特性）和相位频率特性（简称相频特性），如电子技术中常讨论电压放大倍数就属于这类问题。对于这类网络函数我们记为

$$
\begin{aligned}
H(\mathrm{j}\omega) &= H_{\mathrm{u}}(\omega)\mathrm{e}^{\mathrm{j}\theta(\omega)} \\
&= H_{\mathrm{u}}(\omega)\underline{/\theta(\omega)}
\end{aligned} \tag{4-94}
$$

式中：$H_{\mathrm{u}}(\omega)$ 是电压传递函数的模，称幅频函数；$\theta(\omega)$ 是电压传递函数的辐角，即相频函数。

频率响应作为网络函数必然是网络中各元件参数的四则运算的结果。由于复数形式的感抗和容抗都含有 $\mathrm{j}\omega$ 因子，经过四则运算后得到的将是关于 $\mathrm{j}\omega$ 的有理多项式。这个多项式可表示成一般的形式，即

$$
H(\mathrm{j}\omega) = K\frac{Q(\mathrm{j}\omega)}{P(\mathrm{j}\omega)} \tag{4-95}
$$

式中：K 为比例因子；$Q(\mathrm{j}\omega)$、$P(\mathrm{j}\omega)$ 分别为 $\mathrm{j}\omega$ 的 m 次和 n 次多项式，且次数最高的项系数为 1，$m \leqslant n$。有理多项式中 $\mathrm{j}\omega$ 的最高次数为网络函数的阶数。

在实际应用中，对电压（或电流）传递函数的幅频特性常用 dB（分贝）作单位表示。其定义为

$$
H(\omega)\mid_{\mathrm{dB}} = 20\lg H(\omega) \tag{4-96}
$$

在电子技术中，习惯称之为增益。

4.8.2 RC 电路的频率特性

1. 一阶 RC 电路的频率特性

由电阻和一个电容（或能等效化简成一个电容）组成的电路，它的微分方程是一阶的，而网络函数分母多项式 $P(\mathrm{j}\omega)$ 的最高次数 $n=1$。这种电路称为一阶 RC 电路。

一阶 RC 电路有两种基本形式，以下分别讨论它们的特性。

（1）低通电路。在图 4-55 所示的 RC 低通电路中，若取转移电压比作为所讨论的网络函数，则由分压关系可写出

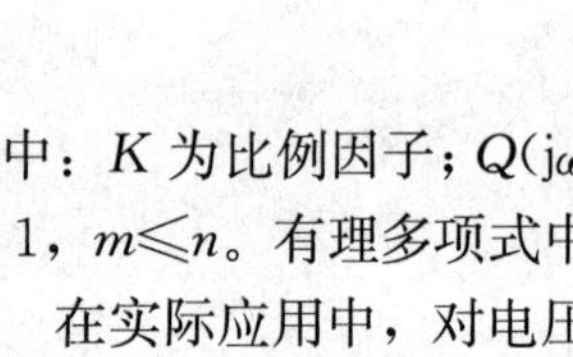

图 4-55　RC 低通电路

$$
H(\mathrm{j}\omega) = \frac{U_2(\mathrm{j}\omega)}{U_1(\mathrm{j}\omega)} = \frac{-\mathrm{j}\dfrac{1}{\omega C}}{R - \mathrm{j}\dfrac{1}{\omega C}} = \frac{1}{1 + \mathrm{j}\omega RC}
$$

令 $\omega_0 \triangleq \dfrac{1}{RC}$，代入上式，则网络函数可写成

$$
H(\mathrm{j}\omega) = \frac{1}{1 + \mathrm{j}\left(\dfrac{\omega}{\omega_0}\right)} = H(\omega)\underline{/\theta(\omega)} \tag{4-97}
$$

幅频函数

$$H(\omega) = \frac{1}{\sqrt{1 + \left(\dfrac{\omega}{\omega_0}\right)^2}} \tag{4-98}$$

相频函数

$$\theta(\omega) = -\arctan\frac{\omega}{\omega_0} \tag{4-99}$$

由式（4-98）可知，频率越高，网络的输出电压与输入电压的有效值之比越小。并且，当 ω 趋于 0 时，$H(\omega)$ 趋于 1，即 U_2 趋于 U_1；当 ω 趋于无穷大时，$H(\omega)$ 趋于 0，因而 U_2 也趋于 0。网络的幅频特性，即 $H(\omega)$ 随 ω 变化的曲线如图 4-56（a）所示。这种类型的特性称为低通特性，其电路称为低通电路，亦称低通滤波器。

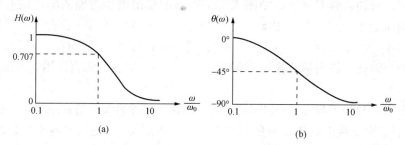

图 4-56　RC 电路的低通特性

（a）幅频特性；（b）相频特性

低通特性可以理解为，低频信号容易通过网络，而高频信号将受到阻截。为了定量地说明网络允许通过或阻截的频率范围，工程上常用截止频率来表示。所谓截止频率是指幅频特性下降到最大值的 0.707 倍时的频率。电路的截止频率是个重要的概念，在无线电技术中经常用它。对上述电路截止频率恰好等于电路的自然频率 ω_0，凡小于 ω_0 的频率信号都能通过该网络。于是 $\omega \leqslant \omega_0$ 的频率范围称为通频带，通频带的宽度称为带宽，用 BW 表示，即

$$BW = \omega_0 - 0 = \omega_0$$

如果用 dB 作单位表示电路的增益时，当 $\omega = \omega_0$ 时，$20\log(0.707) = -3\text{dB}$，所以又称 ω_0 为 3dB 频率。在无线电技术中约定，当输出下降到它的最大值 3dB 以下时，就可以认为该频率成分对输出的贡献可忽略不计。从功率的角度看，此时，输出的功率只是最大功率的一半，因此，3dB 频率点又称为半功率频率点。

图 4-56（b）给出了与式（4-99）对应的相频特性曲线，当 ω 由 0 向 ∞ 增加时，$\theta(\omega)$ 将由 $0°$ 趋向 $-90°$，而在截止频率 ω_0 处的相移角为 $-45°$。可见 $\theta(\omega) \leqslant 0$，说明输出总是滞后输入，因此图 4-55 所示网络也称为滞后移相电路。

（2）高通电路。在图 4-57 所示 RC 高通电路中，转移电压比为

$$H(j\omega) = \frac{U_2(j\omega)}{U_1(j\omega)} = \frac{R}{R + \dfrac{1}{j\omega C}} = \frac{1}{1 - j\dfrac{1}{\omega RC}}$$

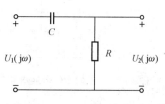

图 4-57　RC 高通电路

令 $\omega_0 = \dfrac{1}{RC}$，代入上式，则网络函数可写成

$$H(\mathrm{j}\omega) = \frac{1}{1 - \mathrm{j}\left(\dfrac{\omega_0}{\omega}\right)} = H(\omega)\underline{/\theta(\omega)} \tag{4-100}$$

幅频函数

$$H(\omega) = \frac{1}{\sqrt{1 + \left(\dfrac{\omega_0}{\omega}\right)^2}} \tag{4-101}$$

相频函数

$$\theta(\omega) = -\arctan\frac{\omega_0}{\omega} \tag{4-102}$$

由式（4-101）可知，频率越低，则图4-57网络的输出电压与输入电压的有效值之比越小。并且，当 ω 趋于0时，$H(\omega)$ 也趋于零；当 ω 趋于无穷大时，$H(\omega)$ 趋于1。$H(\omega)$ 随 ω 的变化情况如图4-58（a）所示。这是一种高通型的幅频特性，即只有高频信号容易通过而低频信号将受到阻截，特别是若输入含有直流分量，由于电容的隔直作用，输出端将完全没有直流分量。

图4-58（b）给出了与式（4-102）对应的相频率特性曲线。当 ω 由 θ 向∞增加时，$\theta(\omega)$ 是由 $90°$ 趋向 $0°$，而在截止频率 ω_0 处的相移角为 $45°$。$\theta(\omega) \geqslant 0$，它说明输出总是超前于输入，因此称这样的电路为超前移相电路。

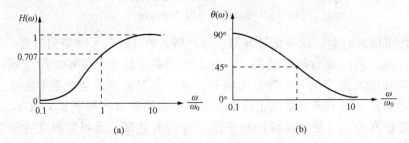

图4-58 RC 电路的高通特性

（a）幅频特性；（b）相频特性

2. 二阶带通电路

二阶网络函数描述的电路叫二阶电路。二阶电路的形式很多，它可以由电阻与两个独立的电容组成，也可以由 RLC 串联组成。这里我们仍以 RC 电路为例来介绍二阶 RC 电路的频率特性。

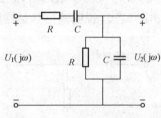

图4-59 二阶 RC 带通电路

图4-59所示是一种典型的二阶 RC 带通电路。频率很低时，$X_C \gg R$，并联部分接近于纯电阻，且阻抗远小于串联部分，电压比很小。频率很高时，$X_C \ll R$，并联部分接近于纯容抗，且阻抗远小于串联部分，电压比仍然很小。只有在中间的一些频率，串并联两部分的阻抗值比较接近，才有较高的转移电压比。由此可见，图4-59网络只能通过某一频率范围的信号，对过高或过低的频率都有阻截作用。这种类型的频率特性，称为带通特性，允许通过的频率范围，称为通频带。

图4-59电路的转移电压比为

$$H(j\omega) = \frac{U_2(j\omega)}{U_1(j\omega)} = \frac{\dfrac{R}{1+j\omega RC}}{R + \dfrac{1}{j\omega C} + \dfrac{R}{1+j\omega RC}}$$

$$= \frac{j\omega RC}{(j\omega RC)^2 + 3(j\omega RC) + 1}$$

令 $\omega_0 = \dfrac{1}{RC}$，则网络函数可写成

$$H(j\omega) = \frac{j\dfrac{\omega}{\omega_0}}{\left(j\dfrac{\omega}{\omega_0}\right)^2 + 3\left(j\dfrac{\omega}{\omega_0}\right) + 1} = \frac{1}{3 + j\left(\dfrac{\omega}{\omega_0} - \dfrac{\omega_0}{\omega}\right)} \qquad (4-103)$$

幅频函数为

$$H(\omega) = \frac{1}{\sqrt{3^2 + \left(\dfrac{\omega}{\omega_0} - \dfrac{\omega_0}{\omega}\right)^2}} \qquad (4-104)$$

在式（4-104）中，当 $\omega = \omega_0$ 时，$H(\omega_0) = \dfrac{1}{3}$。随着 ω 的增大，因分母部分渐近于 $\left(\dfrac{\omega}{\omega_0}\right)^2$，整个分式近似于 $\dfrac{\omega_0}{\omega}$，所以 $H(\omega)$ 趋于 0；若 ω 从 ω_0 开始下降，则分母部分渐近于 $\left(\dfrac{\omega_0}{\omega}\right)^2$，整个分式近似于 $\dfrac{\omega}{\omega_0}$，$H(\omega)$ 也趋于 0。于是幅频特性在 $\omega = \omega_0$ 处出现极值，而形成图 4-60（a）所示的尖峰曲线，$\omega_0 = \dfrac{1}{RC}$ 称为中心频率。$\omega < \omega_0$ 或 $\omega > \omega_0$ 时曲线急剧下降，在中心频率两侧，当 $H(\omega) = \dfrac{1}{3\sqrt{2}}$ 时，对应着 ω_L 或 ω_H，ω_L 为下限截止频率，ω_H 为上限截止频率。上、下限截止频率之差称为通频带宽度，用 BW 表示。即

$$BW = \omega_H - \omega_L$$

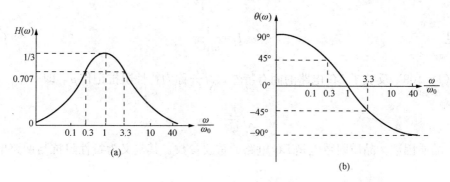

图 4-60　RC 网络的带通特性

（a）幅频特性；（b）相频特性

两个界限频率的确定，仍按一阶电路中的原则。对于图 4-59 网络，可按 $H(\omega) = \dfrac{1}{3\sqrt{2}}$ 来计算，即 $\omega_H = 3.3\omega_0$，$\omega_L = 0.3\omega_0$。

图 4 - 59 网络的相频特性为

$$\theta(\omega) = -\arctan\frac{\dfrac{\omega}{\omega_0} - \dfrac{\omega_0}{\omega}}{3} \tag{4 - 105}$$

在中心频率处，相位移为 0°；低频段相位移趋于 90°；高频段相位移趋于 -90°，如图 4 - 60 （b）所示。

4.8.3 LC 电路的频率特性

对于 LC 电路的频率特性，常重视 ω_0 附近的特性。在由 RLC 元件组成的网络中，若在某个特定的频率信号作用时，出现了网络端口上的电压和电流同相位，即 $\cos\varphi = 1$，这时端口阻抗呈现电阻性。电路分析中，将 RLC 电路呈现电阻性的现象称为谐振。

1. LC 电路的特性参数

电路谐振的特点可以用电路的特性参数描述，而这些特性参数只取决于元件参数，与电路的工作状态无关。所以，下面先介绍 LC 电路的特性参数，然后再讨论频率特性及其应用。

（1）特性阻抗。由式（4 - 35）可知 LC 电路的固有频率为

$$\omega_0 = \frac{1}{\sqrt{LC}} \tag{4 - 106}$$

如果上式两边同乘以 L，则得

$$\omega_0 L = \frac{L}{\sqrt{LC}} = \sqrt{\frac{L}{C}} \tag{4 - 107}$$

把式（4 - 35）改写成

$$\frac{1}{\omega_0} = \sqrt{LC}$$

如果上式两边同除以 C 后得

$$\frac{1}{\omega_0 C} = \sqrt{\frac{L}{C}} \tag{4 - 108}$$

由此可见

$$\omega_0 L = \frac{1}{\omega_0 C} \tag{4 - 109}$$

式（4 - 109）反映了 LC 电路的固有特性，$\sqrt{\dfrac{L}{C}}$ 称为特性阻抗记作 ρ，即

$$\sqrt{\frac{L}{C}} = \rho \tag{4 - 110}$$

（2）品质因数。品质因数也是 LC 电路的重要参数，其定义为特性阻抗与回路电阻的比值，即

$$Q = \frac{\rho}{R} = \frac{\omega_0 L}{R} = \frac{1}{\omega_0 CR} \tag{4 - 111}$$

2. LC 串联电路的频率响应

图 4 - 61 （a）所示为非正弦电压 u 作用的 RLC 串联电路。电路的工作状况将随频率的变动而变动，这是由于感抗和容抗随频率而变动造成的。根据非正弦电路的分析原理，各次谐波可用相量法分析，而 k 次谐波网络如图 4 - 61 （b）所示。对图 4 - 61 （b）所示电路的

输入阻抗为

$$Z(\text{j}\omega) = R + \text{j}\left(k\omega L - \frac{1}{k\omega C}\right)$$

当电源 u 中第 k 次谐波的频率等于电路的固有频率时，即 $k\omega = \omega_0$ 时输入阻抗为

$$Z(\text{j}\omega_0) = R + \text{j}\left(\omega_0 L - \frac{1}{\omega_0 C}\right)$$

由式（4-108）可得

$$Z(\text{j}\omega_0) = R \qquad\qquad (4-112)$$

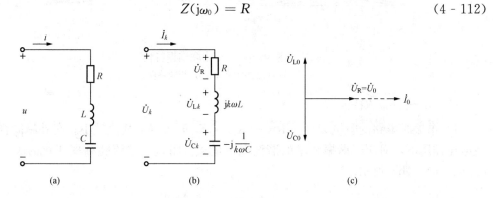

图 4-61 RLC 串联电路

(a) 电路图；(b) k 次谐波相量模型；(c) 谐振分量相量图

（1）谐振曲线。对于谐振电路，讨论频率响应时常重视谐振频率 ω_0 附近的特性，得到的频率特性曲线常称为谐振曲线。

图 4-61（a）电路以电阻电压 $\dot{U}_\text{R}$ 作为输出时，它的电压传递函数为

$$H(\text{j}\omega) = \frac{\dot{U}_\text{R}}{\dot{U}} = \frac{R}{R + \text{j}\left(\omega L - \frac{1}{\omega C}\right)}$$

$$= \frac{1}{1 + \text{j}\frac{1}{R}\left(\frac{\omega\omega_0 L}{\omega_0} - \frac{\omega_0}{\omega\omega_0 C}\right)} = \frac{1}{1 + \text{j}Q\left(\frac{\omega}{\omega_0} - \frac{\omega_0}{\omega}\right)} \qquad (4-113)$$

幅频特性

$$H(\omega) = \frac{1}{\sqrt{1 + Q^2\left(\frac{\omega}{\omega_0} - \frac{\omega_0}{\omega}\right)^2}} \qquad\qquad (4-114)$$

相频特性

$$\theta(\omega) = -\arctan Q\left(\frac{\omega}{\omega_0} - \frac{\omega_0}{\omega}\right) \qquad\qquad (4-115)$$

当 Q 取不同的值时，其幅频特性曲线与相频特性曲线分别如图 4-62（a）、（b）所示。

由图 4-62（a）可知，$\left(\frac{U_\text{R}}{U}\right)$ 的谐振曲线也具有带通特性，但串联谐振电路 BW 很窄。在信号电路中，常利用这一点，从含有许多不同频率的输入信号中选取某一特定频率的信号作为输出，电路的这一特性称为选择性。对带通电路来说，希望它能顺利通过频带以内的信号，同时能有效地抑制频带以外的信号。从特性曲线来看，Q 值越大，则曲线越尖，选择性

越好。

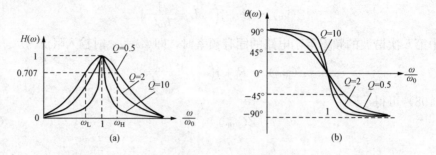

图 4 - 62　LC 串联谐振特性

(a) 幅频特性；(b) 相频特性

（2）串联谐振的特征

1）谐振时电路的阻抗 $Z = \sqrt{R^2 + (X_{Lk} - X_{Ck})^2} = R$，其值最小。在外施同样大小的谐波电压作用下，对应于谐振频率的谐波电流最大。阻抗、电流随频率变化的关系分别如图 4 - 63（a）、（b）所示。

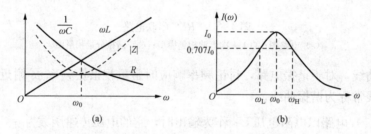

图 4 - 63　LC 串联电路的频率特性

(a) 阻抗的频率特性；(b) 电流的频率特性

2）电容电压与电感电压大小相等，相位相反，电阻上电压等于外施电压。若谐振回路的电阻值 $R \ll X_L = X_C$，这时会出现 $U \ll U_L = U_C$。这种现象称为过电压。过电压的程度可用品质因数来衡量，即

$$\frac{U_{L0}}{U_0} = \frac{U_{C0}}{U_0} = Q \tag{4 - 116}$$

这一特点在电子电路得到广泛应用，而在电力系统中，则要设法避免谐振的产生，因为电压谐振引起的高压将可能损坏电气设备。

从能量的角度考察发生串联谐振的原因是在谐振时，稳态的瞬时功率满足以下关系

$$p_L = u_L i = - u_C i = - p_C \tag{4 - 117}$$

它表示在任何时间内，储入电感中的能量恰好等于电容放出的能量，或者电感放出的能量恰好等于储入电容的能量。因此，外施激励只需供给电阻的能量消耗，便能维持电路中的电压和电流。交替地建立电感中的磁场和电容中的电场所需要的能量，不再取自外界，而是在电路内部自行平衡。

3. LC 并联谐振

串联谐振电路作为调谐选频用时，只宜连接到低内阻的信号源，而不宜作高内阻信号源

的负载。那么对于高内阻信号源，则应采用并联谐振电路才能实现选频的目的。

图 4 - 64 所示为 RLC 并联电路，与串联谐振定义相同，即端

口上的电压 $\dot{U}$ 与输入电流 $\dot{I}$ 同相时的工作状况称为谐振。由于发生在并联电路中，故称为并联谐振。并联谐振条件为 $\mathrm{Im}[Y(\mathrm{j}\omega)] = 0$。对图 4 - 64 所示电路的输入导纳为

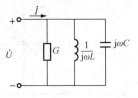

图 4 - 64　RLC 并联电路

$$Y(\mathrm{j}\omega) = G + \mathrm{j}\left(k\omega C - \frac{1}{k\omega L}\right)$$

由式（4 - 108）可知，只有当 $k\omega = \omega_0$ 时，虚部才会为零，即

$$Y(\mathrm{j}\omega_0) = G + \mathrm{j}\left(\omega_0 C - \frac{1}{\omega_0 L}\right) = G$$

所以并联谐振频率等于电路的固有频率，即

$$\left.\begin{aligned} \omega_0 &= \sqrt{\frac{1}{LC}} \\ f_0 &= \frac{1}{2\pi\sqrt{LC}} \end{aligned}\right\} \tag{4 - 118}$$

可见，并联谐振频率与串联谐振频率相同。在该频率条件下，并联谐振电路具有导纳 $|Y| = \sqrt{G^2 + B^2} = G$，其值最小，即电路的阻抗最大，因此在电源电压一定的情况下，电路中的电流将在谐振时达到最小，即

$$I_0 = UG \tag{4 - 119}$$

谐振时各并联支路的电流为

$$\left.\begin{aligned} I_\mathrm{G} &= UG \\ I_\mathrm{L} &= \frac{U}{2\pi f_0 L} \\ I_\mathrm{C} &= U(2\pi f_0 C) \end{aligned}\right\} \tag{4 - 120}$$

当 $\dfrac{1}{2\pi f_0 L} = 2\pi f_0 C \gg G$ 时可得 $I_\mathrm{L} = I_\mathrm{C} \gg I_0$，即谐振时，电感和电容支路的电流大小相等，且可能比总电流大许多倍。因此，并联谐振也称电流谐振。I_C 或 I_L 比 I_0 大的程度同样用品质因数来定量描述，即

$$\frac{I_\mathrm{C}}{I_0} = \frac{I_\mathrm{L}}{I_0} = Q \tag{4 - 121}$$

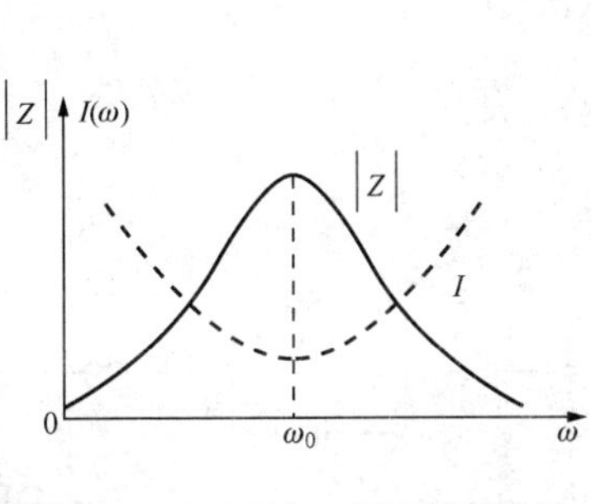

讨论并联谐振电路的频率响应时，常采用转移阻抗，即电路由电流源激励，而输出量为电压。这时，在谐振频率下电路两端的电压 $U = \dfrac{I}{|Y|}$ 达到最大值。因此可以观察到与串联谐振时相似的带通特性。反之，若电路仍用电压源激励，则观察到的将是电路的总电流在谐振频率出现最小值，如图 4 - 65 所示。

图 4 - 65　$|Z|$、I 的频率特性

以上分别介绍了 LC 电路的串联和并联谐振。但是还需要说明一点，电路中的谐振现象可能发生在电路的任何部分，即可能是整个电路，也可能是局部电路。

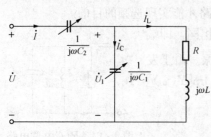

图 4 - 66　[例 4 - 25] 图

【例 4 - 25】　图 4 - 66 所示电路中，$R = 10\Omega$，$L = 250\mu H$，C_1、C_2 为可调电容，先调 C_1 使并联部分在 $f_1 = 10^4 Hz$ 时的阻抗最大，然后再调 C_2，使整个电路在 $f_2 = 0.5 \times 10^4 Hz$ 时的阻抗最小。试求：

(1) C_1、C_2 的值。

(2) 当 $U = 1V$，$f_1 = 10^4 Hz$ 时的电流 $\dot{I}$、$\dot{I}_L$ 和 $\dot{I}_C$。

解　依题意，当 $f_1 = 10^4 Hz$ 时，并联部分发生谐振，并联部分的复导纳最小，即

$$Y_1 = \frac{1}{R + j\omega_1 L} + j\omega_1 C_1$$

$$= \frac{R}{R^2 + (\omega_1 L)^2} - j\left[\frac{\omega_1 L}{R^2 + (\omega_1 L)^2} - \omega_1 C_1\right]$$

谐振时虚部为零，即 $\dfrac{\omega_1 L}{R^2 + (\omega_1 L)^2} - \omega_1 C_1 = 0$

于是　　　　　　　　$C_1 = \dfrac{L}{R^2 + (\omega_1 L)^2} = 0.721 \ (\mu F)$

当 $f_2 = 0.5 \times 10^4 Hz$ 时电路发生串联谐振，电路总阻抗为

$$Z = \frac{1}{j\omega_2 C_2} + \frac{1}{j\omega_2 C_2 + \dfrac{1}{R + j\omega_2 L}}$$

代入数据计算得

$$Z = 13.81 + j\left(5.693 - \frac{1}{\omega_2 C_2}\right)$$

谐振时　　　　　　　　$5.693 - \dfrac{1}{\omega_2 C_2} = 0$

于是　　　　　　　　　　$C_2 = 5.59 \ (\mu F)$

当 $f = f_1 = 10^4 Hz$ 时电路发生并联谐振，电路总阻抗为

$$Z = -j\frac{1}{\omega_2 C_2} + \frac{1}{Y_1} = 34.766\underline{/-4.7^\circ}(\Omega)$$

所以　　　　　$\dot{I} = \dfrac{\dot{U}}{Z} = \dfrac{1\underline{/0^\circ}}{34.766\underline{/-4.7^\circ}} = 28.8\underline{/4.7^\circ}(mA)$

$$\dot{U}_1 \frac{1}{Y_1}\dot{I} = \frac{R^2 + (\omega_1 L)^2}{R}\dot{I} = 1\underline{/4.7^\circ}(V)$$

$$\dot{I}_C = j\omega_1 C_1 \dot{U}_1 = 45.3\underline{/94.7^\circ}(mA)$$

$$\dot{I}_L = \frac{\dot{U}_1}{R + j\omega_1 L} = 53.7\underline{/-52.8^\circ}(mA)$$

【例 4 - 26】　图 4 - 67 所示电路中，u 为非正弦周期信号，电容 C 和电源的基波频率均为已知。试求当 L_1、L_2 为何值时，负载电阻 R 中无基波电流，而三次谐波电流与电源的三次谐波电压同相。

解　R 中无基波电流，说明 L_1 和 C 组成的部分电路

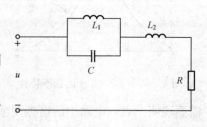

图 4 - 67　[例 4 - 26] 图

对基波产生谐振，于是有

$$\omega_1 L_1 = \frac{1}{\omega_1 C}$$

$$L_1 = \frac{1}{\omega_1^2 C} \qquad ①$$

负载电阻 R 中三次谐波电流与电源的三次谐波电压同相，即整个电路对三次谐波产生谐振，其三次谐波阻抗为

$$Z_{(3)} = R + j3\omega_1 L_2 + \frac{j3\omega_1 L_1 \dfrac{1}{j3\omega_1 C}}{j3\omega_1 L_1 + \dfrac{1}{j3\omega_1 C}}$$

$$= R + j3\omega_1 L_2 - j\frac{\dfrac{L_1}{C}}{3\omega_1 L_1 - \dfrac{1}{3\omega_1 C}}$$

$$3\omega_1 L_2 - \frac{\dfrac{L_1}{C}}{3\omega_1 L_1 - \dfrac{1}{3\omega_1 C}} = 0$$

由此解出

$$L_2 = \frac{L_1}{9\omega_1^2 L_1 - 1} \qquad ②$$

把式①代入式②得

$$L_2 = \frac{1}{8\omega_1^2 C}$$

所以当 $L_1 = \dfrac{1}{\omega_1^2 C}$、$L_2 = \dfrac{1}{8\omega_1^2 C}$ 时，负载电阻 R 中无基波电流，而三次谐波电流与电源的三次谐波电压同相。

习　　题

4.1　图 4 - 68 所示为某电路的电压、电流相量，并已知 $U = 220\text{V}$，$I_1 = 10\text{A}$，$I_2 = 5\sqrt{2}$ A。试分别用复数和三角函数式表示各正弦量。

4.2　已知正弦量 $\dot{U} = 220\underline{/30°}\text{V}$ 和 $\dot{I} = 4 - j3\text{A}$，试分别用三角函数式、波形图及相量图表示它们。

4.3　RLC 串联电路中，已知 $R = 500\Omega$，$L = 500\text{mH}$，$C = 0.5\mu\text{F}$。求在下列角频率下的复阻抗 Z：

(1) $\omega = 1000\text{rad/s}$；

(2) $\omega = 3000\text{rad/s}$。

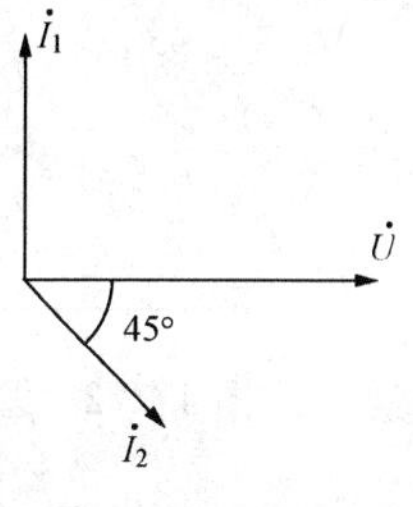

4.4　一线圈接在 $U = 120\text{V}$ 的直流电源上，电流为 20A。若接在 $f = 50\text{Hz}$、$U = 220\text{V}$ 的交流电源上，则电流为 28.2A。求线圈的电阻和电感。

图 4 - 68　题 4.1 图

4.5　一线圈接在频率 $f=\dfrac{100}{3.14}$ Hz 的交流电源上，由电表测得端电压 $U=220$V，电流 $I=11$A，有功功率 $P=1936$W。试计算线圈的电阻和电感，并求电路中的无功功率 Q。

4.6　图 4 - 69 所示一移相电路，如果 $C=0.01\mu$F，输入电压 $u_i=\sqrt{2}\sin6280t$V，今欲使输出电压 u_o 在相位上前移 $60°$，应配多大的电阻？此时输出电压的有效值 U_o 等于多少？

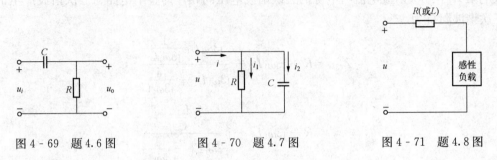

图 4 - 69　题 4.6 图　　　　　图 4 - 70　题 4.7 图　　　　　图 4 - 71　题 4.8 图

4.7　在图 4 - 70 所示电路中，$R=100\Omega$，$C=10\mu$F，$i=2\sin1000t$A，求二支路电流的有效值、三角函数式。

4.8　图 4 - 71 所示电路中有一感性负载，其额定电压 $U_N=220$V，额定功率 $P_N=1$kW，功率因数 $\cos\varphi=0.8$。电源电压 u 偏高，U 为 240V，频率 $f=50$Hz。欲使此负载工作在额定电压，可串入一个电阻或电感。试问：

(1) 如串联一电阻，其值应为多少？

(2) 如串联一电感，其值应为多少？

4.9　图 4 - 72 所示为两线圈串联的电路，$Z_1=6+j8\Omega$，$Z_2=8+j6\Omega$，外加电压 $u=100\sqrt{2}\sin314t$ V。试求：

(1) 电路中电流 $\dot{I}$ 和二阻抗上电压 $\dot{U}_1$、$\dot{U}_2$；

(2) 二阻抗的有功功率 P_1、P_2 和总的有功功率 P；

(3) 二阻抗的无功功率 Q_1、Q_2 和总的无功功率 Q；

(4) 二阻抗的视在功率 S_1、S_2 和总的视在功率 S；

(5) 验证 $P_1+P_2=P$，$Q_1+Q_2=Q$，$S_1+S_2\neq S$。

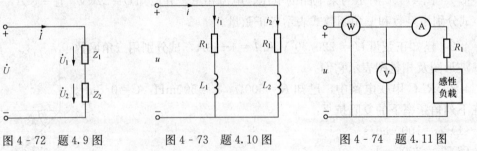

图 4 - 72　题 4.9 图　　　　　图 4 - 73　题 4.10 图　　　　　图 4 - 74　题 4.11 图

4.10　在图 4 - 73 所示电路中，已知 $R_1=3\Omega$，$X_1=4\Omega$，$R_2=8\Omega$，$X_2=6\Omega$，$u=220\sqrt{2}\sin314t$ (V)。试求：

(1) 支路电流 i_1、i_2 和总电流 i；

(2) 支路功率 P_1、Q_1、S_1 和 P_2、Q_2、S_2；

（3）总的功率 P、Q、S；

（4）验证 $P_1+P_2=P$，$Q_1+Q_2=Q$，$S_1+S_2\neq S$。

4.11 在图 4-74 所示电路中各表读数如下：电压表 220V，电流表 5A，功率表 940W。已知电阻 $R_1=22\Omega$。试计算感性负载的电阻 R 和感抗 X_L。

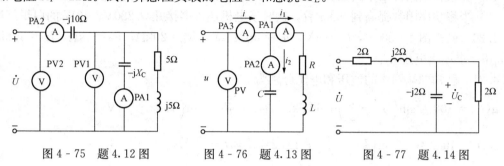

图 4-75 题 4.12 图 　　　 图 4-76 题 4.13 图 　　　 图 4-77 题 4.14 图

4.12 在图 4-75 所示电路中 PV1 读数为 100V，PA1 读数为 10A，试通过相量计算求电压表 PV2 和电流表 PA2 的读数。

4.13 在图 4-76 所示电路中，已知 $u=220\sqrt{2}\sin314t\text{V}$，$i_1=22\sin(314t-45°)\text{A}$，$i_2=11\sqrt{2}\sin(314t+90°)\text{A}$。试求各仪表读数及 R、L、C 的值。

4.14 在图 4-77 所示电路中，已知 $\dot U_C=1\underline{/0°}\text{V}$，求 $\dot U$。

4.15 图 4-78（a）为 40W 的日光灯接于

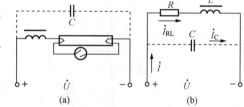

图 4-78 题 4.15 图

220V、50Hz 交流电源上。工作时灯管可看作纯电阻，镇流器可近似地看作纯电感，图（b）为其等效电路。

（1）如已知灯管两端电压等于 110V，试求镇流器的感抗和电感；

（2）该电路的功率因数等于多少？若将功率因数提高到 0.8，应并联多大的电容？

4.16 三相四线制供电线路的线电压 $U_l=380\text{V}$，设每相各装 220V、40W 的白炽灯 100 盏。试求：

（1）各线电流和中性线电流；

（2）如 A 相熔丝熔断，该相的电灯全部熄灭，试求各线电流和中性线电流。

4.17 图 4-79 中电源的线电压 $U_l=380\text{V}$。试回答：

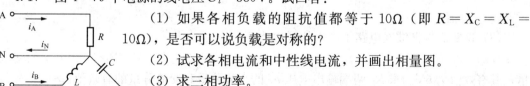

（1）如果各相负载的阻抗值都等于 10Ω（即 $R=X_C=X_L=10\Omega$），是否可以说负载是对称的？

（2）试求各相电流和中性线电流，并画出相量图。

（3）求三相功率。

4.18 有一对称三相负载，试比较在下列两种情况下负载中的相电流、端线中电流及负载所消耗的功率：

图 4-79 题 4.17 图 　　（1）连接成星形后接于线电压 380V 的三相电源。

（2）连接成三角形后接于线电压为 220V 的三相电源。

4.19　有一交流发电机，其额定容量为 10kVA、额定电压为 220V，今接一功率为 8kW、功率因数为 0.6 的感性负载，试问：

(1) 这时发电机输出电流是否超过其额定电流？

(2) 如果将电路的功率因数提高到 0.95，应并多大电容？这时发电机输出电流为多少？

(3) 当将功率因数提高到 0.95 后，这时发电机还可多接几只 220V、40W 的白炽灯泡？

4.20　已知图 4-80 中，$U_s=1$V，$u_1=\sin 314t$V，$R_1=20$kΩ，$R_2=4$kΩ，$R_3=1.5$kΩ，$C=5\mu$F。求输出电压 u_2。

4.21　已知二端网络的电压和电流分别为

$$u(t)=100\sqrt{2}\sin\left(\omega t-\frac{\pi}{4}\right)+60\sqrt{2}\sin 2\omega t+40\sqrt{2}\sin\left(3\omega t+\frac{\pi}{4}\right)\text{V}$$

$$i(t)=10+40\sqrt{2}\sin\left(\omega t+\frac{\pi}{4}\right)+20\sqrt{2}\sin\left(3\omega t+\frac{\pi}{4}\right)\text{A}$$

试求：

(1) 电压、电流的有效值；

(2) 网络消耗的有功功率。

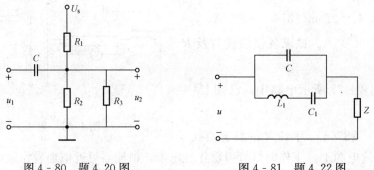

图 4-80　题 4.20 图　　　　　　图 4-81　题 4.22 图

4.22　图 4-81 中 $u=U_{m1}\sin(1000t+\psi_1)+U_{m3}\sin(3000t+\psi_3)$ V，$C=0.125\mu$F，要使基波畅通至负载 Z，而三次谐波不能到达负载，求 L_1 和 C_1 的值。

4.23　如图 4-82 所示 RLC 串联电路，电压 u 和电流 i 的高次谐波分别为

$$u=566\sin(3t+40°)+120\sin(9t-15°)\text{V}$$

$$i=I_{m3}\sin(3t+85°)+15\sin(9t-15°)\text{A}$$

试求：

(1) R、L 与 C 值；

(2) I_{m3} 值；

(3) 这些高次谐波在电路中产生的平均功率。

4.24　在图 4-83 所示电路中，输入电压 u_1 含有直流分量 6V，还有 1000Hz 的交流分量，其有效值为 6V。求 R_2 两端输出电压 u_2 的直流分量和交流分量的有效值。

4.25　某一收音机输入电路的电感约为 0.3mH，可变电容器的调节范围为 25～360pF。试问能否满足收听中波段 535～1605kHz 的要求。

4.26　一个电感为 0.25mH、电阻为 13.7Ω 的线圈与 85pF 的电容器并联，求该并联电路的谐振频率及谐振时的阻抗值。

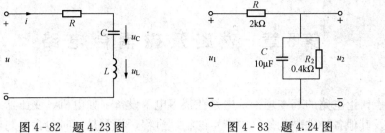

图 4-82　题 4.23 图　　　图 4-83　题 4.24 图

第 5 章　磁 路 及 磁 耦 合 电 路

前面重点讨论电路的基本理论，但是在很多电工设备（如电机、变压器、电磁铁、电工测量仪表以及其他各种铁磁元件）中产生的物理过程，常常是同时包含电与磁这两个紧密相关现象。分析时不仅有电路问题，同时还有磁路问题。只有同时掌握了电路和磁路问题的基本理论，才能对各种电工设备作全面分析。

5.1　磁　　路

磁路是用来将磁场聚集在空间一定范围内的总体，是磁通集中通过的路径，是电机与电器的重要组成部分。本章首先介绍磁路的基本知识。

5.1.1　磁路基本知识

1. 磁路的基本物理量

磁路的基本物理量仍是沿用磁场的基本物理量。这里物理量的单位都用国际单位制，下面先复习磁场的基本物理量。

（1）磁感应强度 B。磁感应强度（magnetic induction intensity）是表示磁场内某点的磁场强弱和方向的物理量，是一个矢量。其单位为 T（特［斯拉］）。$1T = 1Wb/m^2$（韦/米²）。

（2）磁通 Φ。穿过某一截面 S 的磁感应强度 B 的通量或者说穿过该截面的磁力线总数称为磁通（magnetic flux）。其定义为

$$\Phi = \oint_S B \mathrm{d}S \tag{5-1}$$

磁通的单位为 Wb（韦［伯］）。

（3）磁场强度 H。磁场强度（magnetic field intensity）是为了方便磁场的计算而引进的一个辅助量，也是一个矢量。它与磁感应强度 B 之间满足关系式

$$B = \mu H \tag{5-2}$$

式中：μ 是反映物质导磁能力的物理量，称为磁导率（permeability）。

在法定单位中，μ 的单位是 H/m（亨/米），H 的单位是 A/m（安/米）。

真空的磁导率用 μ_0 表示，它是一个常数，即

$$\mu_0 = 4\pi \times 10^{-7} \mathrm{H/m} \tag{5-3}$$

任意一种物质的磁导率 μ 和真空的磁导率 μ_0 的比值称为该物质的相对磁导率，用 μ_r 表示，其表达式为

$$\mu_r = \frac{\mu}{\mu_0} \tag{5-4}$$

自然界的物质按磁导率的大小，大体上可分成两大类。凡是 $\mu_r < 1$ 的物质称为非铁磁材料，而 $\mu_r \geqslant 1$ 的物质称为铁磁性材料。

2. 铁磁材料的磁性能

铁磁材料有铁、镍、钴及其合金材料，其磁导率 $\mu_r \gg 1$，可达数百、数千，乃至数万，

表明铁磁材料具有高导磁性。这是由于铁磁材料所特有的磁畴结构在外磁场作用下，由杂乱无章的状态转向为与外磁场同向排列而形成一个很强的磁化磁场，致使铁磁材料中的磁场大大增强，即铁磁材料在外磁场中具有被强烈地磁化（呈现磁性）的特性。但是当磁畴全部转向与外磁场方向一致后，即使外磁场再加强，磁化磁场也不会再增强了，这表明磁化已经达到饱和。

铁磁材料的磁状态一般由磁化曲线 B—H 来表示，如图 5 - 1 所示。磁化曲线（magnetization curve）可由实验获得。由图可见，开始时，随 H 值的增加 B 值增加较快，如 oa 段；后来随 H 值增加 B 值增加缓慢，如 ab 段；最后 B 值随 H 值增加得很少，如 b 点以后的一段，逐渐出现饱和现象，这种性质称为**磁饱和性**。

由于铁磁材料的磁化曲线是非线性的，所以磁导率 μ 不是常数，它随 H 而变化，并在接近饱和时逐渐减小。根据磁化曲线可画出 μ—H 曲线，如图 5 - 1 所示。

当铁芯线圈通有交流电流时，在交变磁场作用下，铁芯就受到交变磁化。在电流交变一次时，磁感应强度 B 随磁场强度 H 的变化关系如图 5 - 2 所示。由图 5 - 2 可见，当 H 减小时，B 减小总是落后于 H 的减小，当 H 已经减小到零时，B 并未减小到零。当 $H=0$ 时，$B=B_r$，B_r 称为剩磁感应强度，简称剩磁。如要去掉剩磁，需施加一反向磁场强度（$-H_c$），H_c 称为矫顽磁力。由此可见，磁感应强度 B 的变化滞后于磁场强度 H 的变化，这种现象称为磁滞现象。也就是说，铁磁材料具有**磁滞性**。

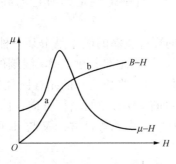

图 5 - 1 μ 与 H 的关系曲线

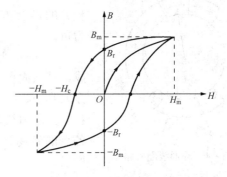

图 5 - 2 磁滞回线

图 5 - 2 所示的闭合曲线称为磁滞回线。不同的铁磁材料，因其各自的性能不同，而磁滞回线和磁化曲线亦不同。磁化曲线提供了 B 和 H 数据，是磁路计算的重要资料，可从电工手册查得。

铁磁材料按其磁性能，可分为两大类：一类是软磁性材料，它的磁滞回线形状较窄，磁导率高，剩磁和矫顽磁力较小，如纯铁、硅钢、坡莫合金等，可用来做电机、电器的铁芯；另一类是硬磁性材料，它的磁滞回线形状较宽，剩磁和矫顽磁力较大，如碳钢、钴钢、铁镍铝钴合金及稀土钴、稀土钕铁硼等，通常用来制造永久磁铁。

5.1.2 磁路基本定律

在变压器、电机和电磁铁等许多电器中，为了把磁场聚集在一定的空间范围之内，并且用尽可能小的励磁电流来获得所需要的足够强的磁场，通常把线圈绕在由铁磁材料制成一定形状的铁芯上。由于铁芯的磁导率比周围空气或其他非铁磁物质的磁导率高得多，所以当电流通过线圈时，它所产生的磁通的绝大部分经过铁芯而形成一个闭合的通路，这个磁通集中通过的路径称为磁路。图5-3（a）、（b）、（c）所示分别为变压器、电磁铁和四极直流电机的磁路。

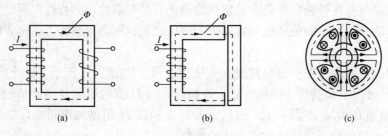

图5-3　不同结构的磁路

（a）变压器；（b）电磁铁；（c）四极直流电机

　　磁路的基本定律是由描述磁场性质的磁通连续性原理和安培环路定律（即全电流定律）推导出来的。

　　安培环路定律指出：在磁场中，沿任一闭合路径l，磁场强度矢量H的线积分，等于穿过该闭合路径所包围面的电流I的代数和。它的数学表达式为

$$\oint \vec{H}\ \vec{dl} = \sum I \tag{5-5}$$

式（5-5）中电流的正负是这样规定的，当电流的方向与积分的循行方向符合右手螺旋定则时，电流为正，反之为负。

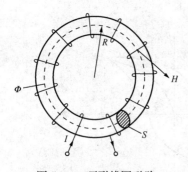

图5-4　环形线圈磁路

　　图5-4所示的环形线圈的磁路是由某一种铁磁材料构成，其截面积为S，平均磁路长度为l，线圈的匝数为N。今取其中心线（即平均磁路长度）的闭合路径为积分路径，且以其磁力线的方向作为积分的循行方向。由于中心线上各点的磁场强度矢量大小相等，方向又与$\mathrm{d}l$的方向一致，所以

$$\oint \vec{H}\ \vec{dl} = \oint H \mathrm{d}l \cdot \cos \vec{H}\ \vec{dl} = H \oint \mathrm{d}l = Hl$$

而电流的代数和则等于线圈的匝数N与电流I的乘积，因此

$$Hl = IN \tag{5-6}$$

如果磁路的平均长度远大于截面积的线性尺寸，则可认为磁通在截面内是均匀分布的，故可由式（5-1）和式（5-2）得

$$IN = Hl = \frac{B}{\mu}l = \frac{\varPhi}{\mu S}l$$

或

$$\varPhi = \frac{IN}{\dfrac{l}{\mu S}}$$

若令$F = IN$，$R_{\mathrm{m}} = \dfrac{l}{\mu S}$，则有

$$\varPhi = \frac{F}{R_{\mathrm{m}}} \tag{5-7}$$

式中：F 为磁动势（magneto motive force），（A·匝）；R_m 为磁阻（magnetic resistance），表示磁路对磁通具有阻碍作用的物理量。

式（5-7）在形式上与电路的欧姆定律相似，故称为**磁路欧姆定律**。由 $F=IN$ 可知，磁动势是由电流 I 产生的，故习惯上称 I 为励磁电流（或施感电流），它通过的线圈称为励磁线圈。

应当指出，由于铁磁材料的磁导率 μ 随磁场强度的大小而变化，不是一个常数，所以磁阻 R_m 也不是一个常数。因此难于用此定律对磁路进行定量的计算，但磁路欧姆定律对磁路作定性分析是重要的。

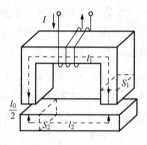

图 5-5 磁路图

工程上遇到的磁路有可能用不同 μ 的铁磁材料构成的，各处的截面积也不完全相同。例如图 5-5 所示的磁路，是由磁导率分别为 μ_1 和 μ_2 两种不同的铁磁材料以及中间夹有不大的空气隙组成。设它们的截面积分别为 S_1、S_2 和 S_0。如果把具有相同磁导率和相同截面的部分作为一段，则整个磁路可分成三段。设每段磁路的平均长度分别为 l_1、l_2 和 l_0，在这种由数段磁路串联的情况下，与串联电阻电路相似，磁路的总磁阻应等于各段磁路的磁阻之和，即

$$R_m = R_{m1} + R_{m2} + R_{m0}$$
$$= \frac{l_1}{\mu_1 S_1} + \frac{l_2}{\mu_2 S_2} + \frac{l_0}{\mu_0 S_0} \tag{5-8}$$

根据磁通连续性原理，通过各截面的磁通是相同的，故据磁路欧姆定律可得

$$F = \Phi R_m = \Phi \left(\frac{l_1}{\mu_1 S_1} + \frac{l_2}{\mu_2 S_2} + \frac{l_0}{\mu_0 S_0} \right)$$
$$= H_1 l_1 + H_2 l_2 + H_0 l_0 \tag{5-9}$$

其中
$$H_1 = \frac{B_1}{\mu_1} = \frac{\Phi}{\mu_1 S_1}, \quad H_2 = \frac{B_2}{\mu_2} = \frac{\Phi}{\mu_2 S_2}, \quad H_0 = \frac{B_0}{\mu_0} = \frac{\Phi}{\mu_0 S_0}$$

如果磁路中有多个励磁绕组，则其通式可写成

$$\sum F = \sum Hl \quad \text{或} \quad \sum IN = \sum Hl \tag{5-10}$$

从式（5-6）可知 $H = \frac{IN}{l}$，即在磁场中，某一点的磁场强度只与电流的大小、线圈的匝数及其几何位置有关，而与磁场媒质的磁导率无关，因此在计算磁路时，使用磁场强度这个物理量较为方便。所以式（5-9）和式（5-10）是计算磁路的主要公式。

由式（5-6）和式（5-7）可得到 $Hl = \Phi R_m$，这与电路中的 $U=IR$ 在形式上是相似的，故 Hl 称为磁压降。式（5-10）表明，在一个闭合磁路中，各段磁路的磁压降之和等于作用在该磁路的磁动势之和。

5.2 交流铁芯线圈电路

绕在铁芯上的线圈称为铁芯线圈，根据励磁电流的不同分为直流铁芯线圈和交流铁芯线圈。直流铁芯线圈用直流电流来励磁，其励磁电流的大小由线圈两端的电压与线圈的电阻来决定。直流磁路中的磁通在稳态下是不随时间变化的，不会在直流励磁线圈中产

生感应电动势，对励磁电流没有制约作用，线圈的电感只在电路的暂态过程中起作用。所以分析直流铁芯线圈的电路很简单，在一定的电压 U 下，线圈中的电流 I 只和线圈本身的电阻 R 有关，功率是 I^2R。而交流铁芯线圈是用交流电流来励磁的，其铁芯线圈的电磁关系、电压电流关系及功率损耗等方面和直流铁芯线圈有所不同。下面就详细讨论交流铁芯线圈电路的特点。

5.2.1　交流铁芯线圈中的物理过程

如图 5 - 6 所示为交流铁芯线圈。线圈的匝数为 N，电阻为 R。当施加正弦交流电压后，线圈中将出现交变电流 i。在交变磁动势 iN 的作用下产生交变的磁通，其绝大部分通过铁芯而闭合，这部分磁通称为主磁通或工作磁通，用 Φ 表示。此外还有很少部分磁通主要通过空气或其他非铁磁物质而闭合，这部分磁通称为漏磁通，用 Φ_σ 表示，这两种磁通都将在线圈中感应电动势，分别称为主磁电动势 e 和漏磁电动势 e_σ。

由于主磁通 Φ 是通过磁导率 μ 不是常数的铁芯而闭合的，所以 Φ 与 i 之间是非线性关系，即主磁路电感 L 不是常数。Φ、L 随 i 变化的关系和 B—H 磁化曲线及 μ—H 曲线的变化关系相似，如图 5 - 7 所示。可见铁芯线圈是一个非线性电感元件。

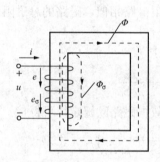

图 5 - 6　铁芯线圈的交流电路

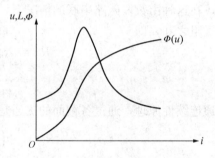

图 5 - 7　u、Φ 和 L 与 i 的关系

5.2.2　感应电动势的计算

由法拉第电磁感应定律可知感应电动势为

$$e = -\frac{\mathrm{d}\psi}{\mathrm{d}t} = -N\frac{\mathrm{d}\Phi}{\mathrm{d}t} \tag{5 - 11}$$

由于漏磁通主要经过空气而闭合，空气的磁导率 μ_0 为常数。所以 Φ_σ 与 i 之间为线性关系，故可用线性电路的方法求 e_σ，即

$$e_\sigma = -N\frac{\mathrm{d}\Phi_\sigma}{\mathrm{d}t} = -N\frac{\mathrm{d}\Phi_\sigma}{\mathrm{d}i}\frac{\mathrm{d}i}{\mathrm{d}t} = -L_\sigma\frac{\mathrm{d}i}{\mathrm{d}t} \tag{5 - 12}$$

式中：L_σ 为常数。

若用一个等效正弦电流代替 i，则式（5 - 12）可写成相量形式

$$\dot{E}_\sigma = -\mathrm{j}\omega L_\sigma \dot{I} = -\mathrm{j}X_\sigma \dot{I} \tag{5 - 13}$$

式中：$X_\sigma = \omega L_\sigma = 2\pi f L_\sigma$，称作铁芯线圈的漏磁感抗。

主磁通是经过铁芯而闭合，由于铁磁材料的饱和特性，致使 Φ 与 i 之间成非线性关系，故主磁电动势的计算不能采用与计算 e_σ 相同的方法计算，对主磁电动势可按下列方法计算。

设主磁通作正弦变化，即

$$\Phi = \Phi_m \sin\omega t$$

则主磁通在线圈中感应的电动势为

$$e = -N\frac{\mathrm{d}\Phi}{\mathrm{d}t} = -\omega N\Phi_m\cos\omega t$$

$$= 2\pi fN\Phi_m\sin(\omega t - 90°) = E_m\sin(\omega t - 90°) \tag{5-14}$$

可见，主磁通感应电动势 e 在相位上滞后于主磁通 $90°$。式中 $E_m = 2\pi fN\Phi_m$ 是主磁感应电动势的最大值，而有效值则为

$$E = \frac{E_m}{\sqrt{2}} = \frac{2\pi fN\Phi_m}{\sqrt{2}} = 4.44fN\Phi_m \tag{5-15}$$

其相量关系则为

$$\dot{E} = -\mathrm{j}4.44fN\dot{\Phi}_m \tag{5-16}$$

5.2.3 电压和电流关系

为了便于分析，通常把图 5-6 画成图 5-8 的形式，即把线圈的电阻和漏磁感抗画出，剩下的就是一个没有电阻和漏磁通的理想铁芯线圈。

铁芯线圈电路的电压和电流之间的关系在图 5-8 所示参考方向条件下，根据 KVL 可得

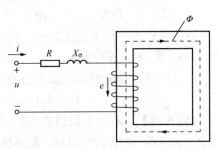

图 5-8 理想的铁芯线圈

$$u = Ri - e_\sigma - e \tag{5-17}$$

若用一个等效正弦电流来代替 i，则式（5-17）可用相量表示

$$\dot{U} = R\dot{I} - \dot{E}_\sigma - \dot{E} = R\dot{I} + \mathrm{j}X_\sigma\dot{I} - \dot{E} \tag{5-18}$$

可见，在交流铁芯线圈电路中，要保证励磁电流通过线圈，电源电压必须与主磁电动势、漏磁电动势和线圈电阻上的电压降三个分量相平衡。

通常由于线圈电阻 R 和漏磁感抗 X_σ 的数值较小，其上的电压降也较小，与主磁电动势相比可以忽略不计，因此，由式（5-18）可得

$$\dot{U} \approx -\dot{E}$$

在数值上由式（5-15）可得

$$U \approx E = 4.44fN\Phi_m \tag{5-19}$$

式（5-19）表明交流铁芯磁路中主磁通最大值 Φ_m 与外施电源电压有效值的直接数量关系，是一个非常有用的基本公式。

由式（5-19）可见，在电源频率 f、线圈匝数 N 一定的条件下，磁通最大值 Φ_m 与电压有效值成正比，由于 Φ 与 i 的变化关系满足 $B-H$ 曲线关系，所以 u 与 i 的变化关系也必满足 $B-H$ 曲线关系，如图 5-7 所示。又由于一般交流电气设备的铁芯都运行在接近饱和状态，由图 5-7 可见，在磁路饱和时，电压虽增加很少，但电流将增加很多，会使设备因过热而损坏，必须引起注意。

5.2.4 交流铁芯线圈中的功率

在交流铁芯线圈电路中，除了在线圈电阻上有功率损耗（通常称为铜损耗，用 ΔP_{Cu} 表示）外，处于交变磁化下的铁芯发热，会有功率损耗，并称其为铁损耗，用 ΔP_{Fe} 表示。铁损耗是由铁磁物质的磁滞和涡流现象产生的。

铁磁材料交变磁化的磁滞现象所产生的铁损耗称为磁滞损耗（hysteresis loss），它是铁磁物质内磁畴反复取向所产生的功率损耗。交变磁化一周在铁芯的单位体积内所产生的磁滞损耗与磁滞回线所包围的面积成正比。磁滞损耗是引起铁芯发热的原因之一。为了减小磁滞损耗，交流铁芯大多采用软磁性材料（如硅钢片等）做成。

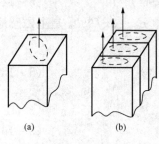

图 5 - 9　涡流

铁芯材料不仅是导磁材料，同时又是导电材料。因此，在交变磁通的作用下，铁芯内也要感应电动势和感应电流，它在垂直于磁通的铁芯平面内围绕磁力线呈旋涡状流动，如图 5 - 9（a）所示，常称为涡流。涡流在铁芯内所产生的功率损耗称为涡流损耗（eddy current loss）。为了减少涡流损耗，交流磁路的铁芯一般都采用 $0.35 \sim 0.5\text{mm}$ 厚的彼此绝缘的硅钢片叠成，将涡流限制在较小的截面内流动。其层叠方向如图 5 - 9（b）所示。

在交流磁通作用下，铁芯内的铁损差不多与铁芯内磁感应强度的最大值 B_m 的平方成正比，所以 B_m 不宜选得太大。

综上所述，交流铁芯线圈电路的有功功率为

$$P = UI\cos\varphi = I^2 R + \Delta P_{\text{Fe}} = \Delta P_{\text{Cu}} + \Delta P_{\text{Fe}} \qquad (5 - 20)$$

【例 5 - 1】　有一交流铁芯线圈，电源电压 $U = 220\text{V}$，电路中电流 $I = 4\text{A}$，瓦特计的读数 $P = 100\text{W}$，频率 $f = 50\text{Hz}$，漏感抗和线圈电阻上的电压降可以忽略不计。试求：

（1）铁芯线圈的功率因数；

（2）铁芯线圈的等效电阻、感抗并画出其等效电路。

解　（1）$\cos\varphi = \dfrac{P}{UI} = \dfrac{100}{220 \times 4} = 0.114$

（2）由于忽略了漏感抗和线圈电阻上的电压降，故 $E \approx U = 220\text{V}$。铁芯线圈的等效阻抗

$$|Z'| = \frac{U}{I} = \frac{220}{4} = 55(\Omega)$$

等效电阻等于

$$R' = R + R_0 = \frac{P}{I^2} = \frac{100}{4^2} = 6.25(\Omega) \approx R_0$$

式中：R 是线圈电阻；R_0 是和铁芯中能量损耗相应的等效电阻。

等效感抗等于

$$X' = X_\sigma + X_0 = \sqrt{|Z'|^2 - R'^2}$$
$$= \sqrt{(55)^2 - (6.25)^2} = 54.6(\Omega) \approx X_0$$

式中：X_σ 是漏磁感抗；X_0 是铁芯中能量储放（与电源发生能量互换相应）的等效感抗。

可见，一个理想的铁芯线圈交流电路可用具有电阻 R_0 和感抗 X_0 的支路来等效代替。因此，交流铁芯线圈的等效电路如图 5 - 10 所示。

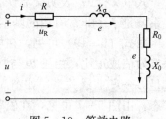

图 5 - 10　等效电路

5.3　互　感　线　圈

5.3.1　互感系数

1. 互感现象

互感是相对自感来讲的，所以首先来回顾一下自感现象。电路如图 5-11 所示，在线圈 N 中通电流 i_1（称施感电流），它所激发的磁通链为 $\Psi_{11}=N\Phi_{11}$。它与电流 i_1 成线性比例关系，即

$$\Psi_{11}=Li_1$$

其比例系数为

$$L=\frac{\Psi_{11}}{i_1} \qquad (5-21)$$

L 称为自感系数或自感。磁通变化所产生的电压为

$$u_1=\frac{\mathrm{d}\Psi_{11}}{\mathrm{d}t}=L\frac{\mathrm{d}i_1}{\mathrm{d}t} \qquad (5-22)$$

称为自感电压。这也是在关联参考方向下电感元件的伏安关系。

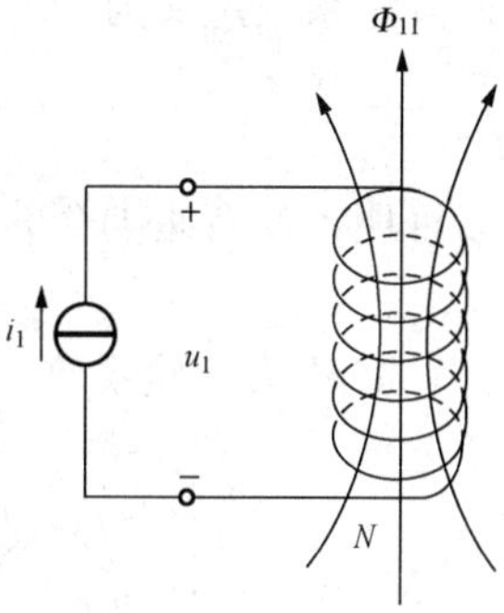

图 5-11　线圈的自感

互感是在自感的基础上稍做推广而得到的。互感是对两个线圈而言的，当在一个线圈通电流时，它所激发的磁通中的一部分将铰链附近的其他线圈。磁通变化，将在励磁线圈中产生自感电压的同时，也在磁通铰链的其他线圈中都将感应电压，这种现象称为互感应，其感应的电压称互感电压，如图 5-12 所示。在图 5-12（a）中，匝数为 N_1 的线圈中通电流 i_1（称施感电流），它所激发的磁通 Φ_{11} 中的一部分磁通 Φ_{21}❶不但穿过匝数为 N_1 的线圈，同时也穿过匝数为 N_2 的线圈，Φ_{21} 称为互感磁通，其互感磁链为 $\Psi_{21}=N_2\Phi_{21}$。同样，若在匝数为 N_2 的线圈中通一施感电流 i_2，它所激发的自感磁通为 Φ_{22}，自感磁通链为 $\Psi_{22}=N_2\Phi_{22}$。Φ_{22} 中穿过匝数为 N_1 的线圈的部分为互感磁通 Φ_{12}，互感磁链为 $\Psi_{12}=N_1\Phi_{12}$，如图 5-12（b）所示。

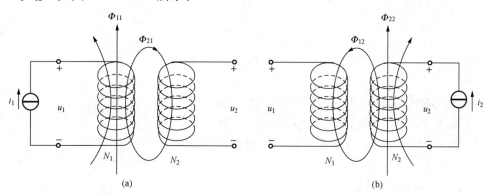

图 5-12　耦合磁通
(a) i_1 励磁；(b) i_2 励磁

---

❶　磁通（链）符号中双下标的含义：第 1 个下标表示场点，即互感磁通（链）所穿非励磁线圈的编号，第 2 个下标表示源点，即施感电流所在的线圈励磁的编号。

2. 互感 M

当周围空间是各向同性的线性磁介质时（如空气），每一种磁通链都与产生它的施感电流成正比。若电流的正方向选择与它产生的磁通的正方向符合右螺旋关系时，自感磁通链为

$$\psi_{11} = N_1 \Phi_{11} = L_1 i_1, \quad \psi_{22} = N_2 \Phi_{22} = L_2 i_2 \tag{5-23}$$

互感磁通链为

$$\psi_{12} = N_1 \Phi_{12} = M_{12} i_2, \quad \psi_{21} = N_2 \Phi_{21} = M_{21} i_1 \tag{5-24}$$

由此互感系数定义为

$$M_{12} = \frac{\psi_{12}}{i_2}, \quad M_{21} = \frac{\psi_{21}}{i_1} \tag{5-25}$$

可以证明，具有磁耦合的两个线圈间的互感系数相等，即

$$M_{12} = M_{21} = M \tag{5-26}$$

式中：M 称为互感系数，简称互感，单位与自感相同，为 H（亨［利］）。

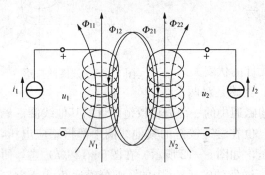

图 5-13　耦合系数

5.3.2　耦合系数

两个有耦合的线圈，如果在两个线圈中同时通以电流，其情形如图 5-13 所示。此时每个线圈的两端，在自感磁通和互感磁通的同时作用下，都将产生自感电压和互感电压。如果把彼此不铰链的那部分磁通（$\Phi_{11} - \Phi_{21}$）、（$\Phi_{22} - \Phi_{12}$）称为漏磁通。那么漏磁通量越小，铰链部分磁通量越大，则说明两个线圈耦合得越紧密。于是可用耦合系数来描述两个线圈耦合的越紧密程度。其耦合系数为

$$k = \frac{M}{\sqrt{L_1 L_2}} \tag{5-27}$$

考虑式（5-23）、式（5-25）、式（5-26）后上式改写为

$$k = \sqrt{\frac{\Phi_{12} \Phi_{21}}{\Phi_{11} \Phi_{22}}}$$

因为　　　　　　　　$\Phi_{11} > \Phi_{21}，\Phi_{22} > \Phi_{12}$，所以

$$0 \leqslant k \leqslant 1$$

$k = 0$ 表示二线圈间无耦合，即无磁通铰链，$\Phi_{21} = \Phi_{12} = 0$。

$k = 1$ 称为全耦合，即无漏磁通情况。$\Phi_{11} = \Phi_{21}$、Φ_{12}。对于绕在同一铁芯上的两个线圈，可以看作全耦合，如图 5-14 所示。

5.3.3　互感线圈的同极性端

具有互感的线圈，同一瞬间极性相同的端子，叫作同极性端。由于线圈被同一磁通铰链，故同极性端是确定的。同极性端对理论分析和实际工程应用都具有十分重要的地位。

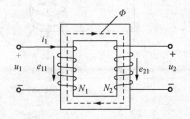

图 5-14　全耦合互感线圈

对于相对位置和线圈绕向确定的互感线圈的同极性端，可以借助右手螺旋定则来判断，即假定给互感线圈同时通以电流，且电流与磁通的方向符合右手螺旋定则，当各电流产生的

磁通是相互加强时（方向相同）则电流流进或流出的端子为同极性端，如图 5 - 15（a）所示。在画电路图时，为了简便起见，常常不是画出线圈的绕向以示同极性端，而是用一种标记来表示，即在极性相同的端子上标以相同的记号，常以·、△、*等作记号，如图 5 - 15（b）所示。

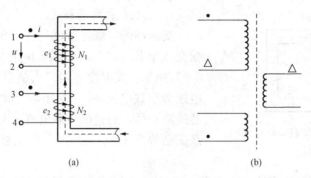

图 5 - 15　互感线圈的同极性端

(a) 同极性端的定义；(b) 同极性端的标记

5.4　理 想 变 压 器

变压器（transformer）是以互感现象为基础而制成的静止电器。它主要用于交流激励下实现不同回路间的能量或信号的传递。变压器具有变换电压、变换电流和变换阻抗的作用，在各个领域有着广泛的应用。

变压器是一个大家族，种类很多，外形和体积差异很大，但是它们的工作原理和基本结构是相同的。本章主要介绍变压器的工作原理及理想变压器。

5.4.1　变压器的工作原理

图 5 - 16 是变压器的原理示意图。变压器主要由铁芯和绕组两部分组成。铁芯是变压器的磁路部分，绕组是变压器的电路部分。接电源或信号源的绕组称一次绕组（或原绕组），和负载连接向负载提供信号或能量的绕组称二次绕组（或副绕组）。一次绕组和二次绕组均可以由一个或几个

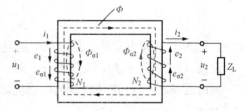

图 5 - 16　变压器原理电路示意图

线圈组成，使用时可根据需要把它们连接成不同的组态。下面以双绕组为例，介绍变压器的工作原理。为了讨论问题的方便，一次绕组和二次绕组的物理量分别用下标 1 和 2 作为标志。

在一次绕组（匝数为 N_1）的两端加上交流电压 u_1，一次绕组中便有电流 i_1 通过，形成磁动势 $i_1 N_1$，它产生的磁通绝大部分通过铁芯而闭合，从而在二次绕组中感应出电动势。如果二次绕组（匝数为 N_2）接有负载，那么二次绕组中就有感应电流 i_2 通过。二次绕组的磁动势 $i_2 N_2$ 也要产生磁通，其绝大部分也通过铁芯闭合。因此，铁芯中的磁通是一个由一次绕组、二次绕组的磁动势共同产生的合成磁通，称为主磁通，用 Φ 表示。主磁通穿过一次绕组和二次绕组而在其中感应出的电动势分别为 e_1 和 e_2。此外，一次绕组、二次绕组的

磁动势还分别产生漏磁通 $\Phi_{\sigma1}$ 和 $\Phi_{\sigma2}$（仅与本绕组相连），从而在各自的绕组中分别产生漏磁电动势 $e_{\sigma1}$ 和 $e_{\sigma2}$。

5.4.2　变压器的功能

变压器有三个作用，即变压、变流和阻抗变换。

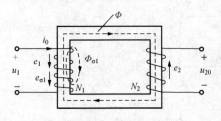

图 5 - 17　变压器空载运行原理图

1. 空载运行和变压比

变压器的空载运行就是在变压器的一次绕组加正弦交流电压 u_1，二次绕组开路（不接负载），如图 5 - 17 所示。此时变压器二次绕组中的电流 $i_2 = 0$，端电压为空载电压 u_{20}。变压器一次绕组电路和交流铁芯线圈一样，通过的空载电流 i_0 就是励磁电流，其空载磁动势为 $i_0 N_1$，由它产生主磁通 Φ，也产生漏磁通 $\Phi_{\sigma1}$。

主磁通在一次绕组中感应出电动势 e_1，在二次绕组中感应出电动势 e_2。当 e_1、e_2 与 Φ 的参考方向之间符合右手螺旋定则（如图 5 - 17 所示）时，由法拉第电磁感应定律可得

$$e_1 = -N_1 \frac{\mathrm{d}\Phi}{\mathrm{d}t}, \ e_2 = -N_2 \frac{\mathrm{d}\Phi}{\mathrm{d}t}$$

应注意 e_1、e_2 的性质不同，e_1 对 i_0 有阻碍、限制作用，而 e_2 的作用是促使电流 i_2 流动。根据式（5 - 15）可得的 e_1、e_2 有效值

$$\left.\begin{aligned} E_1 &= 4.44 f N_1 \Phi_{\mathrm{m}} \\ E_2 &= 4.44 f N_2 \Phi_{\mathrm{m}} \end{aligned}\right\} \tag{5 - 28}$$

由式（5 - 28）可得

$$\left.\begin{aligned} \frac{E_1}{N_1} &= 4.44 f \Phi_{\mathrm{m}} \\ \frac{E_2}{N_2} &= 4.44 f \Phi_{\mathrm{m}} \end{aligned}\right\} \tag{5 - 29}$$

式中：E/N 称为匝电动势，是电机学的重要概念。

由式（5 - 29）可知，变压器一次侧、二次侧的匝电势是相等的。

漏磁通 $\Phi_{\sigma1}$ 只与一次绕组铰链，感应出漏磁电动势

$$e_{\sigma1} = -L_{\sigma1} \frac{\mathrm{d}i_0}{\mathrm{d}t}$$

式中：$L_{\sigma1}$ 为一次绕组的漏磁电感。

上式用相量表示则为

$$\dot{E}_{\sigma1} = -\mathrm{j} X_{\sigma1} \dot{I}_0 \tag{5 - 30}$$

式中：$\dot{I}_0$ 为与 i_0 等效的正弦量的相量；$X_{\sigma1}$ 为一次绕组的漏磁感抗，$X_{\sigma1} = 2\pi f L_{\sigma1}$。

在一次绕组中除 e_1、$e_{\sigma1}$ 外，还有 i_0 在一次绕组电阻 R_1 上产生的电压降 $R_1 i_0$。根据 KVL 可得变压器一次绕组电路的电压平衡方程式为

$$u_1 = R_1 i_0 - e_{\sigma1} - e_1$$

其相量形式为

$$\dot{U}_1 = R_1 \dot{I}_0 - \dot{E}_{\sigma1} - \dot{E}_1 \tag{5 - 31}$$

由于 R_1、$X_{\sigma 1}$、$\dot{I}_0$ 都较小，$R_1 \dot{I}_0$、$X_{\sigma 1} \dot{I}_0$ 与 $\dot{E}_1$ 相比可忽略不计，故

$$\dot{U}_1 \approx -\dot{E}_1 \tag{5-32}$$

其有效值

$$U_1 \approx E_1 = 4.44 f N_1 \Phi_m \tag{5-33}$$

二次绕组电路的电压平衡方程式为

$$u_{20} = e_2$$

其相量形式为

$$\dot{U}_{20} = \dot{E}_2$$

其有效值为

$$U_{20} = E_2 = 4.44 f N_2 \Phi_m \tag{5-34}$$

由式（5-33）、式（5-34）可得一次侧、二次侧的匝电压 U_1/N_1、U_{20}/N_2，根据变压器一次侧、二次侧匝电压相等的特点可得

$$\frac{U_1}{N_1} = \frac{U_{20}}{N_2} \tag{5-35}$$

于是可得

$$\frac{U_1}{U_{20}} = \frac{N_1}{N_2} = k \tag{5-36}$$

由式（5-36）可见，变压器空载运行时，一次、二次绕组端电压的比值近似等于一次、二次绕组的匝数比，称为变压器的变比，用 k 表示。当一次、二次绕组的匝数不同时，变压器就可把某一数值的交流电压变换为同频率的另一数值的交流电压，这就是变压器的电压变换作用。

2. 变压器的负载运行与变流比

变压器二次绕组接负载 Z_L，于是二次绕组中就会产生电流 i_2，i_2 形成的磁动势 $i_2 N_2$ 对磁路产生影响，使一次绕组电路中的电流变为 i_1，如图 5-16 所示。此时，铁芯中的主磁通是由 $i_1 N_1$、$i_2 N_2$ 共同产生的。由于 i_1、i_2 和 Φ 的参考方向之间都符合右手螺旋定则，故合成磁动势为 $i_1 N_1 + i_2 N_2$。

参照式（5-31），此时一次绕组电路电压平衡方程式的相量形式为

$$\dot{U}_1 = R_1 \dot{I}_1 + j X_{\sigma 1} \dot{I}_1 - \dot{E}_1 \tag{5-37}$$

当变压器正常工作时，$R_1 \dot{I}_1$、$X_{\sigma 1} \dot{I}_1$ 仍可忽略不计，故电压平衡方程仍有式（5-33）的形式，即

$$U_1 \approx E_1 = 4.44 f N_1 \Phi_m$$

结果表明，Φ_m 决定于 U_1、f 和 N_1，而与负载基本无关。当 N_1 一定，U_1、f 不变时，负载时与空载时的 Φ_m 也基本不变。

同一变压器的铁芯（磁路）中，由于在负载与空载时主磁通的最大值 Φ_m 基本不变，故负载时的磁动势 $i_1 N_1 + i_2 N_2$ 和空载时的磁动势 $i_0 N_1$ 认为相等，即

$$i_1 N_1 + i_2 N_2 = i_0 N_1 \tag{5-38}$$

其相量形式为

$$\dot{I}_1 N_1 + \dot{I}_2 N_2 = \dot{I}_0 N_1$$

或

$$\dot{I}_1 N_1 = \dot{I}_0 N_1 - \dot{I}_2 N_2 \tag{5-39}$$

式（5-38）、式（5-39）为变压器磁路的磁动势平衡方程式。由式（5-39）可见，$\dot{I}_1 N_1$ 较空载时增加了一个和 $\dot{I}_2 N_2$ 大小相等、相位相反的分量 $-\dot{I}_2 N_2$，以抵消、补偿

$\dot{I}_2 N_2$ 的影响，保持 Φ_m 基本不变。

由于变压器空载电流 $\dot{I}_0$ 很小，约为额定电流的 $3\% \sim 8\%$，故当变压器额定运行时，$\dot{I}_0 N_1$ 可忽略不计，因此

$$\dot{I}_1 N_1 \approx - \dot{I}_2 N_2 \tag{5-40}$$

其有效值关系为

$$I_1 N_1 \approx I_2 N_2 \tag{5-41}$$

由式（5-41）可得

$$\frac{I_1}{I_2} \approx \frac{N_2}{N_1} = \frac{1}{k} \tag{5-42}$$

式（5-40）中的负号表示按选定的参考方向，$\dot{I}_1 N_1$ 与 $\dot{I}_2 N_2$ 近似反相位（实际方向相反），因而 $\dot{I}_2 N_2$ 对 $\dot{I}_1 N_1$ 有去磁作用。由式（5-42）可见，当变压器额定运行时，一次、二次绕组中的电流近似与一次、二次绕组的匝数成反比，这就是变压器的电流变换作用。另外，当负载电流 I_2 增加时，I_1 亦必随之增加。

3. 理想变压器及阻抗变换作用

(1) 理想变压器。理想变压器是实际的变压器抽象出来的理想化模型，当实际变压器满足以下三个理想条件时，就可以用理想变压器模型表示：

1) 无损耗。这意味着绕组的金属导线无电阻，即 $R_1 = 0$，$R_2 = 0$。

2) 全耦合。耦合系数 $k = \dfrac{M}{\sqrt{L_1 L_2}} = 1$，此时 $M = \sqrt{L_1 L_2}$。

3) L_1、L_2、M 均为无穷大，且保持 $\sqrt{\dfrac{L_1}{L_2}} = \dfrac{N_1}{N_2} = n$ 不变。

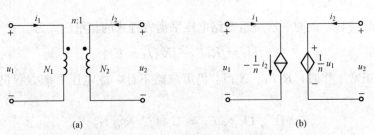

(a)   (b)

图 5-18   理想变压器

(a) 电感表示的模型；(b) 用受控源表示的模型

满足理想条件的变压器模型如图 5-18（a）所示。它是一个四端元件，其伏安关系为

$$\left. \begin{array}{l} u_1 = n u_2 \\ i_1 = - \dfrac{1}{n} i_2 \end{array} \right\} \tag{5-43}$$

式中：$n = N_1 / N_2$，称为理想变压器的变比。

理想变压器的电压、电流特性是通过一个参数 n 的代数方程组描述的，所以理想变压器不是动态元件。理想变压器还可以用受控源来表示，如图 5-18（b）所示。

若把理想变压器的特性方程相乘，则有

$$u_1 i_1 + u_2 i_2 = 0 \qquad (5\text{-}44)$$

式（5-44）表明输入到理想变压器的瞬时功率等于零，揭示了理想变压器既不耗能也不储能，而将能量由一次侧全部传递到二次侧输出。

实际变压器在电路分析时可用理想变压器代替，但对于正常运行的变压器要注意与理想变压器的区别，如实际变压器 i_1 不能为零，不能随便开路和短路，变压器不能变换直流电压和电流等。

（2）阻抗变换作用。变压器不仅能变换电压和电流，还能变换阻抗。如图 5-19（a）所示，在变压器二次侧接负载阻抗 $|Z_L|$。

$$|Z_L| = \frac{U_2}{I_2}$$

当忽略一次、二次绕组的阻抗、励磁电流和损耗，即把变压器看作是 R_1、$X_{\sigma1}$、R_2、$X_{\sigma2}$、ΔP 都等于零的理想变压器时，参考式（5-36）～（5-42）可得从变压器一次侧看进去的等效阻抗

$$|Z_L'| = \frac{U_1}{I_1} = \frac{\dfrac{N_1}{N_2}U_2}{\dfrac{N_2}{N_1}I_2} = \left(\frac{N_1}{N_2}\right)^2 |Z_L| = n^2 |Z_L| \qquad (5\text{-}45)$$

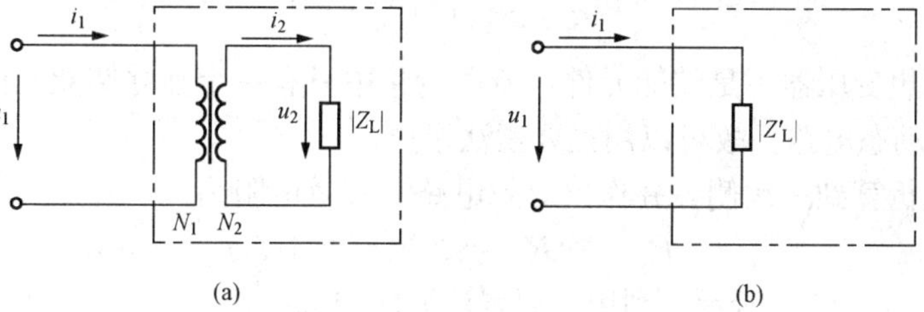

图 5-19　变压器的阻抗变换

$|Z_L'|$ 称为 $|Z_L|$ 折算到变压器一次侧的等效阻抗，即在变压器的二次侧接阻抗为 $|Z_L|$ 的负载，相当于电源接一个 $|Z_L'| = n^2 |Z_L|$ 的阻抗，对电源来说相当于变压器把负载阻抗 $|Z_L|$ 变换成 $|Z_L'|$，如图 5-19（b）所示。这就是变压器的阻抗变换作用。但这种变换只改变阻抗模的大小，并不改变阻抗的性质，即通过选择合适变比 n 可把 $|Z_L|$ 变换成所需要的数值。

在电子线路中常用变压器变换阻抗，使信号源和负载间达到阻抗匹配（即使 $|Z_L'|$ 等于信号源的内阻），以获得最大的传输功率。

【例 5-2】　在图 5-20 中，交流信号源的电动势 $E = 120\text{V}$，内阻 $R_0 = 800\Omega$，负载电阻 $R_L = 8\Omega$。试求：

（1）当 R_L 折算到一次侧的等效电阻 $R_L' = R_0$ 时，变压器的匝数比和信号源输出的功率；

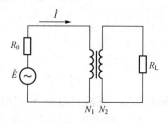

图 5-20　［例 5-2］图

（2）当将负载直接与信号源相连接时，信号源输出多大功率？

解　（1）变压器的匝数比

$$\frac{N_1}{N_2} = \sqrt{\frac{R_L'}{R_L}} = \sqrt{\frac{800}{8}} = 10$$

信号源的输出功率为

$$P = I^2 R_L' = \left(\frac{E}{R_0 + R_L'}\right)^2 R_L' = \left(\frac{120}{800 + 800}\right)^2 \times 800 = 4.5(\text{W})$$

（2）当负载直接接在信号源上时其输出功率为

$$P = I^2 R_L = \left(\frac{E}{R_0 + R_L}\right)^2 R_L = \left(\frac{120}{800 + 8}\right)^2 \times 8 = 0.176(\text{W})$$

【例 5 - 3】　图 5 - 21（a）所示电路，理想变压器变比为 2，开关 S 闭合前电容上无储能，$t = 0$ 时开关闭合，求 $t \geqslant 0$ 时的电压 $u_2(t)$。

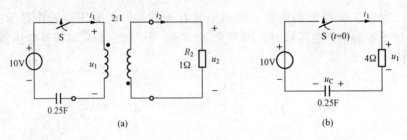

图 5 - 21　［例 5 - 3］图

解　由于理想变压器不是储能元件，所以电路中只有一个独立储能元件电容器，所以该问题是一阶 RC 动态电路，故可以用三要素法求解。

首先把负载折算到一次侧，并作出等效电路。等效电阻为

$$R_i = n^2 R_2 = 2^2 \times 1 = 4(\Omega)$$

等效电路如图 5 - 21（b）所示。利用三要素法先求出 u_C。

由 $u_C(0^+) = 0\text{V}$，$u_C(\infty) = 10\text{V}$，$\tau = 1\text{s}$，所以

$$u_C = 10(1 - e^{-t})$$

$$i_1 = i_C = C\frac{\mathrm{d}u_C}{\mathrm{d}t} = 0.25 \times 10e^{-t} = 2.5e^{-t}(\text{A})$$

由理想变压器电流变换关系得

$$i_2 = -ni_1 = -2 \times 2.5e^{-t} = -5e^{-t}(\text{A})$$

$$u_2 = R_2 i_2 = 1 \times (-5e^{-t}) = -5e^{-t}(\text{V}) \quad (t \geqslant 0)$$

习　　题

5.1　有一交流铁芯线圈接在电压 $U = 220\text{V}$，$f = 50\text{Hz}$ 的正弦交流电源上，线圈的匝数 $N = 733$，铁芯截面积 $S = 13\text{cm}^2$。试求：

（1）铁芯中磁感应强度最大值 B_m；

（2）若在此铁芯上再绕一个线圈，其匝数为 60 匝，当此线圈开路时，其两端电压为多少？

5.2　有一铁芯线圈，试分析铁芯中的磁感应强度、线圈中的电流和铜损 RI^2 在下列几种情况下将如何变化：

　（1）直流励磁——铁芯截面积加倍，线圈的电阻和匝数以及电源电压保持不变；

　（2）交流励磁——铁芯截面积加倍，线圈的电阻和匝数以及电源电压保持不变；

　（3）直流励磁——线圈匝数加倍，线圈的电阻及电源电压保持不变；

　（4）交流励磁——线圈匝数加倍，线圈的电阻及电源电压保持不变；

　（5）交流励磁——电流频率减半，电源电压的大小保持不变；

　（6）交流励磁——频率和电源电压的大小减半。

　　假设在上述各种情况下工作点在磁化曲线的直线段。在交流励磁的情况下，设电源电压与感应电动势在数值上近于相等，且忽略磁滞和涡流。铁芯是闭合的，截面均匀。

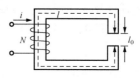

　　5.3　如图 5-22 所示磁路，已知铁芯的平均长度 $l=100\text{cm}$，铁芯各处截面 S 相等且均为 10cm^2，空气隙长度 $l_0=1\text{cm}$。当磁路中磁通 $\Phi=0.0012\text{Wb}$ 时，铁芯中磁场强度 $H=0.6\times10^3\text{A/m}$，试求铁芯和空气隙部分的磁阻、磁压降及励磁线圈的磁动势。

图 5-22　题 5.3 图

　　5.4　由硅钢片叠成的铁芯，铸钢做的衔铁和空气隙三部分组成磁路的直流电磁铁如图 5-23 所示，各部分尺寸（单位：cm）见图。今需要在空气隙中产生磁通 $\Phi_0=0.06\text{Wb}$，若线圈匝数 $N=1625$ 匝，求线圈中需要的电流 I。

　　5.5　有一线圈，其匝数 $N=150$ 匝，绕在铸钢制成的闭合铁芯上，铁芯的截面积 $S=10\text{cm}^2$，铁芯的平均长度 $l=75\text{cm}$。试求：

　（1）如果要在铁芯中产生磁通 $\Phi=0.001\text{Wb}$，计算线圈中应通入多大的直流电流？

　（2）若线圈中通入的电流为 2.5A 时，铁芯中的磁通 Φ 为多少？

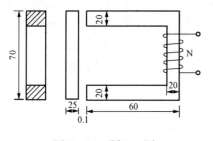

图 5-23　题 5.4 图

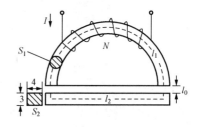

图 5-24　题 5.6 图

　　5.6　图 5-24 所示直流电磁铁由半圆形铁芯、励磁绕组和衔铁构成，铁芯和衔铁都由铸钢制成。铁芯和衔铁的平均长度 $l_1=36\text{cm}$，$l_2=26\text{cm}$，铁芯和衔铁的截面积分别为 $S_1=10\text{cm}^2$，$S_2=12$（cm^2）。若在绕组中通入电流后要求产生磁通 $\Phi=1\times10^{-3}\text{Wb}$，试求：

　（1）当空气隙 $l_0=0$，励磁电流 $I=2\text{A}$ 时，励磁绕组的匝数 N 为多少？

　（2）保持 $I=2\text{A}$，当 l_0 为 0.1、10cm 时，为了使磁通维持原值，绕组匝数各应为多少？

　（3）当 l_0 为 0.1、10cm 时，如绕组匝数不变，磁通维持为原值，则励磁电流各应为多少？

　　5.7　图 5-25 所示正弦磁通的磁路中，其铁芯由 0.5mm 的 D_{11} 硅钢片叠成，磁路截面积均匀且 $S=10\text{cm}^2$，磁路铁芯部分长度 $l=40\text{cm}$。欲在磁路中建立一个正弦磁通，频率为 50Hz，磁通最大值 $\Phi_m=1.4\times10^{-3}\text{Wb}$，线圈匝数 $N=500$ 匝，磁路损耗 $P_{\text{Fe}}=19.6\text{W}$，试求激磁电流。

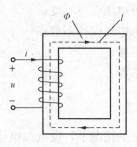

图 5-25　题 5.7 图

5.8　为了求出铁芯线圈的铁损，先将它接在直流电源上测得线圈的电阻为 1.75Ω，然后接在交流电源上测得电压 $U=120V$，功率 $P=70W$，电流 $I=2A$。试求铁损和线圈功率因数。

5.9　将一铁芯线圈接于电压 $U=100V$，频率 $f=50Hz$ 的正弦交流电源上，已知 $I_1=5A$，$\cos\varphi_1=0.7$。若将此线圈的铁芯抽出，再接于上电源上，则线圈的电流 $I_2=10A$，$\cos\varphi_2=0.05$。求此线圈的铜损与铁损。

5.10　一铁芯线圈接到电压 $U=100V$，频率 $f=50Hz$ 的正弦交流电源上，铁芯中的 $\Phi_m=2.25Wb$，求线圈的匝数。如果将铁芯线圈接于电压 $U=150V$，$f=50Hz$ 的正弦交流电源上，要保持 Φ_m 不变，问线圈匝数应该为多少？

5.11　某磁路的气隙长 2mm，截面积 $S=30cm^2$，求它的磁阻。若气隙中 $B=0.8T$，求气隙的磁压降。

5.12　有一交流铁芯线圈接到 $f=50Hz$ 的正弦交流电源上，在铁芯中得到磁通 $\Phi_m=2.25\times10^{-3}Wb$。在此铁芯上再绕一个线圈，其匝数为 200 匝。当此线圈开路时，求其两端的电压。

5.13　图 5-26 所示电路，输出变压器有抽头，以便接 8Ω 或 3.5Ω 的扬声器，两者都能达到匹配，求二次侧绕组两部分匝数之比 $\dfrac{N_2}{N_3}$。

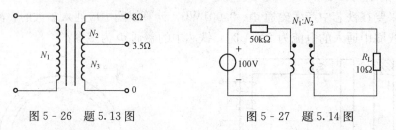

图 5-26　题 5.13 图　　　　　　　　　　图 5-27　题 5.14 图

5.14　电路如图 5-27 所示。试求：

(1) 求 R_L 获得最大功率时 $N_1:N_2$ 为多少？

(2) 此时 R_L 上获得的功率是多少？

5.15　图 5-28 所示理想变压器的变比为 $10:1$，求电压 $\dot{U}_2$。

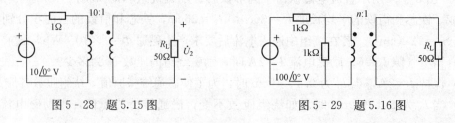

图 5-28　题 5.15 图　　　　　　　　　　图 5-29　题 5.16 图

5.16　电路如图 5-29 所示。欲使 R_L 获得最大功率，试确定理想变压器的变比 n。

5.17　电路如图 5-30 所示。欲使 R_L 获得最大功率，试确定理想变压器的变比 n。

5.18　电路如图 5-31 所示。已知电流表的读数为 10A，$U=10V$，试求阻抗 Z。

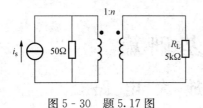

图 5 - 30　题 5.17 图

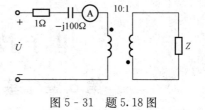

图 5 - 31　题 5.18 图

电子技术基础篇

第6章　基本放大电路

在电子电路中，放大电路是最基本的电路形式，它的作用是将微弱的电信号（电压、电流、功率）在允许的失真范围内放大到需要的幅度。在自动控制、电子测量、计算机、通信、地震预报、铁路、电视、广播等许多领域中都需要将微弱信号放大。微弱信号通常由一些非电物理量如温度、压力、转速、位移、震动、声音、图像等经过器件转换成微弱电信号，称为模拟信号，其电平与对应的物理量一样，是平滑的连续变化的，可取一定范围内的任意值。总之，放大电路在生产生活中的应用非常广泛。构成放大电路的重要元件是具有控制作用的有源半导体器件，如三极管、场效应晶体管等。放大电路的工作实质上是通过半导体器件把直流电源的能量转换为随着输入信号大小变化的能量输出给负载，故放大电路起到了能量控制和转换作用。

放大电路是以三极管为核心元件组成的电子电路，用来承担放大微弱信号的任务。根据三极管的连接组态不同，三极管可以组成共射极、共集电极和共基极放大电路。它们的特性和用途各有不同。本章介绍常用基本放大电路，将着重讨论它们的电路结构、工作原理、分析方法以及特点和应用。

6.1　放大器及技术参数

6.1.1　放大器及表示

放大电路又称放大器，是模拟电路的基本单元，在模拟信号的产生、变换和传递中广泛应用。它的主要功能是在微弱输入电信号（电流，电压）的控制下，将直流电源能量转换成一定强度并随输入信号变化的能量输出给负载。

放大器根据用途可以分为电压（或电流）放大器和功率放大器，根据工作频率可分为直流放大器和交流放大器，根据制造工艺还可分为分立元件放大器和集成放大器。目前，在直流及低、中频范围，集成放大器广泛应用。

放大器一般由多级构成，前面为若干级电压放大器，用于放大信号电压，后面为功率放大器，以得到足够的输出功率去驱动负载，如使伺服系统中的执行机构（步进电机、电磁铁、电磁阀等）动作等。

由于集成放大器的广泛应用，人们关注的往往是放大器的外部特性，即输入、输出特性，而对内部电路如何并不关心。所以对放大器外特性的研究，可借助于二端口网络进行，即将放大器表示为

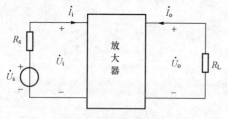

图 6-1　放大器示意图

$\dot{U}_s$ 为正弦信号源电压相量；R_s 为信号源的内阻；

$\dot{U}_i$ 和 $\dot{I}_i$ 分别是输入电压和输入电流相量；

$\dot{U}_o$ 和 $\dot{I}_o$ 分别是输出电压和输出电流相量；

R_L 为负载电阻

图 6-1 所示的二端口网络。在研究和测试中，常以正弦信号作为输入信号，此时电压、电流常以相量表示。

6.1.2 放大电路的主要技术指标

1. 放大倍数

根据双口网络理论，放大器的外特性可用转移特性（对放大器来说常称增益）A 表示。根据放大电路输入信号的条件和对输出信号的要求，放大电路可分为四种类型，所以有四种放大倍数的定义：①电压放大倍数为 $A_u = \dfrac{\dot{U}_o}{\dot{U}_i}$；②电流放大倍数 $A_i = \dfrac{\dot{I}_o}{\dot{I}_i}$；③互阻增益 $A_{ui} = \dfrac{\dot{U}_o}{\dot{I}_i}$；④互导增益 $A_{iu} = \dfrac{\dot{I}_o}{\dot{U}_i}$。

放大电路常用的放大倍数是电压放大倍数 A_u，A_u 是衡量放大电路放大能力的指标，即

$$A_u = \frac{\dot{U}_o}{\dot{U}_i} \tag{6-1}$$

考虑信号源内阻影响时的电压放大倍数称为源电压放大倍数，定义为输出电压与信号源电压的相量之比，用 A_{us} 表示

$$A_{us} = \frac{\dot{U}_o}{\dot{U}_s} \tag{6-2}$$

2. 输入电阻 r_i

如图 6-2 所示，对信号源而言，放大电路相当于它的负载。其等效的负载电阻称为放大电路的输入电阻 r_i，定义为

$$r_i = \frac{\dot{U}_i}{\dot{I}_i} \tag{6-3}$$

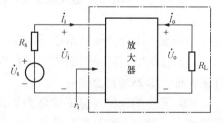

式中：$\dot{U}_i$ 和 $\dot{I}_i$ 为信号源输出电压和输出电流，即放大电路的输入电压和输入电流。

在 $\dot{U}_s$ 和 R_s 一定的情况下，r_i 越大，则放大电路从信号源索取的电流越小，且输入电压 $\dot{U}_i$ 越接近信号电压 $\dot{U}_s$，因此，为减小信号损失，一般要求放大电路的输入电阻大一些好。

图 6-2 放大器的输入电阻

3. 输出电阻 r_o

对负载而言，放大电路相当于一个具有内阻的电压源，当负载 R_L 变化时，放大电路的输出电压 U_o 随之变化，其等效的内阻为放大电路的输出电阻 r_o，如图 6-3 所示。

 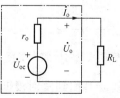

图 6-3 放大器的输出电阻

输出电阻 r_o 的求取有以下两种方式：

第一种方法为分析法。将图 6 - 1 电路的输入信号短路，即令 $\dot{U}_s = 0$，但保留信号源内阻，将输出端负载开路（$R_L = \infty$），外加一个交流电压 $\dot{U}$，它在输出端产生电流 $\dot{I}$，于是输出电阻为

$$r_o = \left. \frac{\dot{U}}{\dot{I}} \right|_{\substack{\dot{U}_s = 0 \\ R_L = \infty}} \tag{6 - 4}$$

第二种方法是实验法。这种方法是在输入端加入一个固定的交流电压 $\dot{U}_i$，先测量出负载开路时的输出电压 $\dot{U}_{oc}$，再接入负载电阻 R_L（阻值已知），测输出电压 $\dot{U}_o$，可以证明输出电阻 r_o 可计算为

$$r_o = \left(\frac{\dot{U}_{oc}}{\dot{U}_o} - 1 \right) R_L \tag{6 - 5}$$

输出电阻 r_o 是衡量放大电路带负载能力的，r_o 越小，接上负载后，负载两端输出电压下降较小，放大电路带负载能力越强。所以，放大电路的输出电阻 r_o 越小越好。

此外，放大电路还有通频带、输出功率、效率等指标，在后续有关章节加以讨论。

6.2　共发射极放大电路

由一个管子组成的放大电路称单管放大电路，它是组成其他放大电路的基本单元电路，下面以共发射极单管放大电路为例，说明放大电路的构成、工作原理及基本分析方法。

6.2.1　放大电路的组成及工作状态

1. 组成原则

单管放大电路是最基本单元电路，其组成原则是：

（1）任何瞬间三极管必须工作在放大状态，以保证信号能不失真的放大，这需要外部条件来保证，即外加直流电源。

（2）元件的安排要保证信号能从放大电路的输入端加到三极管上，经过放大后又能从输出端输出，并要求信号源和负载不受直流的影响，即没有直流输出。

（3）元件参数的选择要保证信号能不失真的放大，并能满足放大电路的性能指标要求。

根据上述原则构成最基本的单管共发射极放大电路如图 6 - 4 所示，该电路也称固定式偏置电路。

图 6 - 4 所示共射极放大电路由直流电源、三极管、电阻和电容组成。该电路有两个电流回路：一个是由发射极 E、信号源 U_s

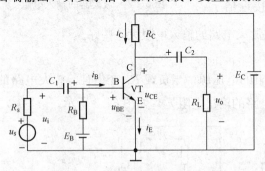

图 6 - 4　单管共发射极放大电路

和 R_s、电容 C_1、基极 B 回到发射极 E 的回路。该回路是放大电路的输入回路。另一个是从发射极 E 经电源 E_C、集电极电阻 R_C、集电极 C 回到发射极 E 的回路。该回路是放大电路的

输出回路。因输入回路和输出回路是以发射极为公共端的,故称为共发射极放大电路。

图 6 - 4 所示电路中各元件的作用如下:

(1) 三极管 VT。VT 是一个 NPN 型三极管,是电路的放大元件。由于能量是守恒的,经过三极管输出的较大能量由谁提供呢? 由直流电源 E_C 提供。由于输出端得到的能量较大的信号是通过三极管,受输入电流 i_B 控制的,故也可说三极管是一个控制元件。

(2) 集电极直流电源 E_C。它一方面保证集电结处于反向偏置,以使三极管工作在放大状态;另一方面又为放大电路提供能源。E_C 一般为几伏到几十伏。

(3) 基极电源 E_B 和基极电阻 R_B。E_B 的作用是使发射结处于正向偏置。R_B 称为偏置电阻,调节 R_B 的大小就可以改变基极电流 I_B 的大小,使放大电路获得合适的工作点。R_B 的阻值较大,一般约为几十千欧到几百千欧。

(4) 电容 C_1、C_2。C_1、C_2 分别为输入、输出隔直电容,又称耦合电容。只要 C_1、C_2 的电容足够大,对信号呈现的容抗就很小,相当于短路;对直流电路而言,C_1、C_2 的容抗为无穷大,相当于开路。因此它们具有两个作用:其一是隔直作用,C_1 隔断信号源与放大电路的直流通路,C_2 隔断放大电路与负载之间的直流通路,使信号源、放大电路、负载之间无直流联系,互不影响。其二是交流耦合作用,使交流信号畅通无阻。当输入端加上信号电压 u_i 时,可以通过 C_1 送到三极管的基极与发射极之间,而放大了的信号电压 u_o 则从负载 R_L 两端取出。C_1、C_2 一般采用极性电容(如电解电容),连接时一定要注意其极性,不能接反。C_1、C_2 容量较大,一般为几微法到几十微法。

(5) 集电极负载电阻 R_C。输入信号 u_i 变化,会引起三极管基极电流 i_B 的变化,从而引起集电极电流 i_C 的变化;而 i_C 的变化又引起 R_C 上的压降 $R_C i_C$ 的变化,使三极管集射极之间的电压 u_{CE} 变化。故 R_C 的作用是将集电极电流的变化转换为电压的变化送到输出端,实现将三极管的电流放大作用转换为电压放大作用。若没有 R_C,则三极管的集电极电位恒为 E_C,就不会有信号输出。R_C 一般取值为几千欧到几十千欧。

图 6 - 4 中采用 E_B 和 E_C 两个电源供电,考虑到 E_B 和 E_C 的负极是接在一起的,因此可用 E_C 来代替 E_B,从而可以减少电源的数目。一般 E_C 大于 E_B,只要适当增大 R_B,即可产生合适的基极电流 I_B。

在放大电路中,通常假设公共端电位为"零",作为电路中其他各点电位的参考点,在电路图上用接"地"符号表示;在实际装置中,公共端一般接在金属底板或金属外壳上。同时为了简化电路的画法,习惯上常不画出电源 E_C,而只在连接其正极的一端标出它对"地"的电压值 U_{CC} 和极性("+"或"-")。这样,图 6 - 4 所示的共发射极放大电路可等效为图 6 - 5 所示的电路。

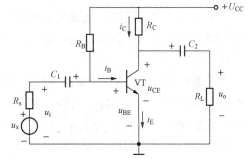

图 6 - 5 共发射极放大电路

2. 放大电路的工作状态

在放大电路中,既有直流电源形成的直流分量,又有交流信号源输入而产生的交流分量,交、直流分量叠加又形成合成量。为便于区分,表 6 - 1 中约定了电压、电流各量的符号。

（1）静态及直流通路。放大电路在未加入交流输入信号之前，或加入的输入信号为零时，电路中只有直流电源形成的直流分量。此时，由于三极管各极的电压和电流对应于三极管特性曲线上一个确定的点，故称该点为静态工作点，而放大电路所处的工作状态称为静态。静态工作点 Q 对应着 I_B、I_C 和 U_{CE}，也称为三极管的静态值，它可以根据直流通道计算。

表6-1　　　　　　　　　　　　　放大电路中电压和电流的符号

名称	直流分量	交流分量		合成量
		瞬时值	有效值	
基极电流	I_B	i_b	I_b	i_B
集电极电流	I_C	i_c	I_c	i_C
发射极电流	I_E	i_e	I_e	i_E
集—射极电压	U_{CE}	u_{ce}	U_{ce}	u_{CE}
基—射极电压	U_{BE}	u_{be}	U_{be}	u_{BE}

由于电容 C_1、C_2 的隔直作用，直流分量仅存在于 C_1、C_2 之间的部分电路，这部分电路称为放大电路的直流通路，如图6-6（a）所示。

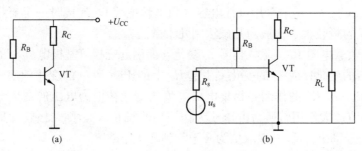

图6-6　放大电路的通路
(a) 直流通路；(b) 交流通路

（2）动态及交流通路。当放大电路有信号输入时，原直流通路各处的电压、电流都在静态的基础上叠加了一个交流分量，此时工作点的位置随时间按某一轨迹发生相应的变动，故此工作状态称为动态。

如果忽略电容 C_1、C_2 对交流分量的容抗和直流电源 U_{CC} 的内阻，即认为 C_1、C_2 和直流电源对交流信号不产生压降，可视为短路，于是图6-5电路可以改画成如图6-6（b）所示电路，它是交流分量的传输电路，即称为放大电路的交流通路。

从交流通路可以看出，发射极是交流信号输入、输出回路的公共端，故有"共发射极放大电路"之称。

3. 放大电路的工作原理

下面分析图6-5所示放大电路的工作原理。将图6-5重画如图6-7所示，该电路能将一个小的交流电压信号放大，获得一个更大幅值的交流电压输出信号。放大电路必须建立一个合适的静态工作点，才能起放大作用。建立静态工作点，是在无交流信号的输入（$u_i = 0$）下，选择合适的 R_B、R_C，使三极管的 I_B、U_{BE}、I_C 和 U_{CE} 的大小合适。由于 I_B 和 U_{BE} 决定三极管输入特性曲线上的一个点，I_C 和 U_{CE} 决定三极管输出特性曲线上的一个点，这四个参数称为放大电路的静态工作点，用 Q 表示。要使三极管能起放大的作用，Q 点必须位于三极管的线性放大区。

当放大电路输入端有小幅值的交流信号 u_i 输入时，u_i 通过 C_1 耦合到三极管的基极和发射极之间，叠加到静态工作电压 U_{BE} 上，三极管 B、E 之间的总电压 u_{BE} 和基极总电流 i_B 都在原有直流分量的基础上叠加了一个与输入信号波形相似的交流量。基极电流的变化被三极管放大 β 倍

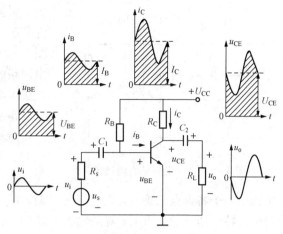

图 6-7　基本电压放大电路原理图

后，又引起集电极电流的变化，集电极电流的变化又引起 C、E 之间电压的变化。如果忽略耦合电容的容抗，则总量的表达式为

$$u_{BE} = U_{BE} + u_i \qquad (6-6)$$

$$i_B = I_B + i_b \qquad (6-7)$$

$$i_C = I_C + i_c \qquad (6-8)$$

式（6-8）中，由于 $i_C = \beta i_B$，$I_C = \beta I_B$，则

$$i_c = \beta i_b$$

$$
\begin{aligned}
u_{CE} &= U_{CC} - i_C R_C = U_{CC} - (I_C + i_c)R_C \\
&= (U_{CC} - I_C R_C) - i_c R_C \\
&= U_{CE} + u_{ce}
\end{aligned}
\qquad (6-9)
$$

其中，$u_{ce} = -i_c R_C$（假设没有接入负载）。

因为三极管 C、E 之间的电压总量为 $u_{CE} = U_{CE} + u_{ce}$，直流分量 U_{CE} 被 C_2 阻隔，交流分量被 C_2 耦合到输出端，得到输出电压信号 u_o。在未接负载的情况下，输出电压为

$$u_o = u_{ce} = -i_c R_C \qquad (6-10)$$

式（6-10）中的负号表明输出电压与输入电压的相位相反，这种作用称为反相，这种放大电路又称为反相放大电路。各电流和电压的波形如图 6-7 所示。三极管静态工作点的位置如图 6-7 各波形中的虚线位置。

共发射极放大电路是当三极管在输入信号整个周期内均工作在放大状态，不但维持着输出电压对输入电压的线性放大关系，而且通过基极电流 i_B 对集电极电流 i_C 的控制作用，实现了能量转换，使负载电阻从直流电源 U_{CC} 中获得比信号源提供的大得多的输出信号功率。共发射极放大电路既实现了电流放大又实现了电压放大。实际上，一个放大电路仅能放大电流或仅能放大电压，都能实现功率的放大。

6.2.2　静态分析

静态分析就是根据直流通路分析放大电路的直流工作情况，如静态工作点的设置与计算静态工作点的稳定等问题。静态分析的方法常用的有图解法和估算法。

1. 图解法

为了分析的方便，图 6-6（a）所示直流通路改画为图 6-8 所示电路。

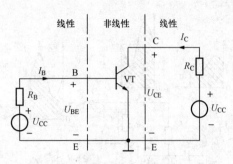

图 6 - 8　放大电路的直流通道

根据图解法的观点，把直流通路按线性和非线性分解。如果已知三极管的输入、输出特性曲线如图 6 - 9 所示。再根据线性部分分别求出输入、输出回路的电压-电流关系曲线，就可以通过作图的方法求晶体管的特性曲线与负载线的交点，即为放大电路的静态工作点。

对输入回路的线性部分有

$$U_{BE} = U_{CC} - R_B I_B \qquad (6 - 11)$$

式（6 - 11）描述 I_B 和 U_{BE} 关系的直线（偏置线）。它可以由两个特殊点来确定，即当 $I_B = 0$ 时，$U_{BE} = U_{CC}$；当 $U_{BE} = 0$ 时，$I_B = U_{CC}/R_B$。偏置线与输入特性曲线的交点 Q_B 就是输入回路的静态工作点，对应的静态值为 U_{BEQ}、I_{BQ}，如图 6 - 9（a）所示。

对输出回路的线性部分有

$$U_{CE} = U_{CC} - R_C I_C \qquad (6 - 12)$$

式（6 - 12）描述 I_C 和 U_{CE} 关系的直线（为直流负载线）。它同样可以由两个特殊点来确定，即当 $I_C = 0$ 时，$U_{CE} = U_{CC}$；当 $U_{CE} = 0$ 时，$I_B = U_{CC}/R_C$。负载线与输出特性曲线的交点 Q_C 就是输出回路的静态工作点，对应的静态值为 U_{CEQ}、I_{CQ}，如图 6 - 9（b）所示。

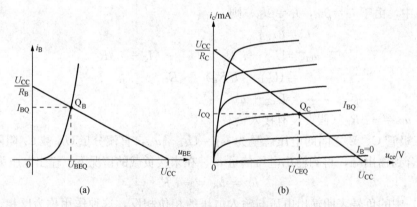

图 6 - 9　静态工作点的图解分析
（a）输入回路；（b）输出回路

2. 估算法

图 6 - 9 形象地描述了放大电路的静态工作情况，较明确地表达了静态工作的意义。但是实际的输入特性比较陡，即 PN 结的导通电压为一已知常数（硅管约 0.6V，锗管约 0.3V）。这样就可以根据直流通道进行估算，由式（6 - 11）可得基极电流为

$$I_B = \frac{U_{CC} - U_{BE}}{R_B} \approx \frac{U_{CC}}{R_B} \qquad (6 - 13)$$

而集电极电流为

$$I_C = \beta I_B \qquad (6 - 14)$$

集电极与发射极间的电压为

$$U_{CE} = U_{CC} - I_C R_C \qquad (6 - 15)$$

【例 6 - 1】　共发射极放大电路如图 6 - 5 所示，$R_B = 300\text{k}\Omega$，$R_C = 3\text{k}\Omega$，$\beta = 50$，$U_{CC} = 12\text{V}$，取 $U_{BE} = 0.6\text{V}$。试求放大电路的静态工作点 $Q(I_B、I_C、U_{CE})$。

解　根据图 6 - 6（a）所示的直流通路可得

$$I_B = \frac{U_{CC} - U_{BE}}{R_B} = \frac{12 - 0.6}{300 \times 10^3} = 0.038(\text{mA})$$

$$I_C = \beta I_B = 50 \times 0.038 = 1.9(\text{mA})$$

$$U_{CE} = U_{CC} - I_C R_C = 12 - (1.9 \times 10^{-3}) \times (3 \times 10^3) = 6.3(\text{V})$$

6.2.3　动态分析

动态分析的目的是了解放大电路在输入信号作用下的工作情况，如分析计算放大器的性能指标，研究静态工作点对放大性能的影响及大信号情况下的非线性失真，求放大电路的动态范围、确定放大电路的最佳工作点等。动态分析的常用方法有图解法和微变等效电路法。

1. 图解法分析波形质量

图解法能直观地显示出在输入信号作用下，放大电路各处的电压和电流波形的幅度大小及相位关系，可对放大电路的动态工作情况有较全面的定性了解。

动态分析的关键是了解工作点随输入信号变动的规律。在输入信号作用下，工作点将沿着交流负载线移动。所谓交流负载线，就是根据放大电路实际工作状况求得的负载线。因此，作交流负载线是用图解法分析动态情况的重要步骤。

（1）交流负载线。动态分析的图解法是在静态分析的基础上进行的，所以求交流负载线时，必须考虑直流电源电压和电容上直流电压的作用。换句话说，交流负载线是根据放大电路的原理图求得，而不是从交流通路中寻求。

为了便于理解，图 6 - 5 放大电路重新改画为图 6 - 10（a）所示电路，三极管的输入、输出侧的线性电路部分均可等效为有源支路，如图 6 - 10（b）所示。

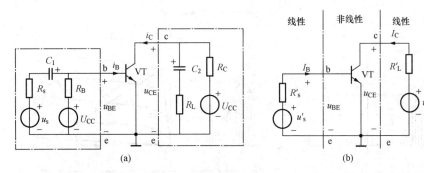

图 6 - 10　交流负载线求解电路

(a) 图 6 - 5 改画电路；(b) 图解法等值电路

实际在输入回路交流负载线与偏置线基本重合，即可用偏置线代替交流负载线。所以一般只关心输出回路的负载线，即

$$i_C = \frac{u'_{CC}}{R'_L} - \frac{u_{CE}}{R'_L} \tag{6 - 16}$$

其中 $R'_L = R_L // R_C$。式（6 - 16）描述了动态情况下，工作点移动的轨迹，即交流负载线。它同样可以由两个特殊点来确定，但是，u'_{CC} 准确计算比较困难。通常根据交流负载线

的特点，而采用辅助线法画交流负载线。

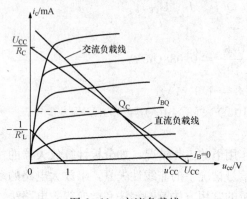

图 6-11　交流负载线

在动态情况下，当输入信号过零的时刻，放大电路的动态与静态相同，即此刻动态工作点与静态工作点重合，换句话说，交流负载线必经静态工作点；同时由式（6-16）可知交流负载线的斜率为 $-1/R'_\mathrm{L}$，于是先作一条斜率等于 $-1/R'_\mathrm{L}$ 的辅助线，然后过静态工作点作辅助线的平行线，即为所求交流负载线，如图 6-11 所示。

（2）给定输入信号求输出信号。当图 6-5 所示的电路输入幅值为 U_im 的正弦信号 u_i 后，由于 C_1 的耦合作用，使三极管基—射极的电压 u_BE 在原静态值 U_BE 的基础上发生变化，如图 6-12（a）所示，此时的 u_BE 为

$$u_\mathrm{BE} = U_\mathrm{BE} + U_\mathrm{im}\sin\omega t \tag{6-17}$$

由于三极管基—射的电压 u_BE 具有控制基极电流 i_B 的作用，基极电流 i_B 也将随 u_BE 在 I_B1 与 I_B2 之间变化。由于输入特性是非线性的，因此只有动态范围较小且静态值 U_BE 适当时，才可认为 i_b 随 u_i 按正弦规律变化。

当 i_B 在 I_B1 与 I_B2 之间变化时，交流负载线与输出特性曲线的交点 Q 也会在 Q1 与 Q2 之间沿着交流负载线变动，相应的 i_C 和 u_CE 的变化规律如图 6-12（b）所示。

由图 6-12（b）可见，集电极电流 i_C 和集—射极电压 u_CE 也都含直流分量和交流分量两部分，即

$$i_\mathrm{C} = I_\mathrm{C} + i_\mathrm{c} \tag{6-18}$$

$$u_\mathrm{CE} = U_\mathrm{CE} + u_\mathrm{ce} \tag{6-19}$$

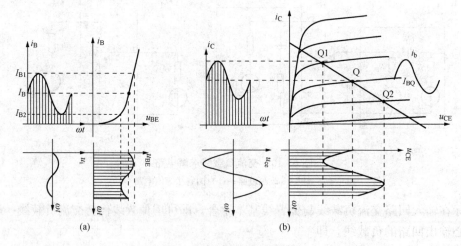

图 6-12　动态图解分析
（a）输入回路；（b）输出回路

电容 C_2 的存在，u_CE 中的直流分量受到隔离，而交流分量被耦合到放大电路的输出端，故输出电压为

$$u_\text{o} = u_\text{CE} - U_\text{CE} = u_\text{ce} \qquad (6-20)$$

综上所述，可总结出如下几点：

1）无输入信号时，三极管的电流、电压都是直流量。当放大电路输入交流信号后，i_B、i_C、u_CE 都在原来静态值的基础上叠加了一个交流分量。虽然 i_B、i_C、u_CE 的瞬时值是变化的，但它们的方向始终是不变的。

2）输出电压 u_o 为与 u_i 同频率的正弦波，且输出电压 u_o 幅度比输入电压 u_i 的幅度大得多。

3）电流 i_B、i_C 与输入电压 u_i 同相，而输出电压 u_o 与输入电压 u_i 反相，即共发射极放大电路具有反相作用。

（3）确定放大电路的最佳工作点。对一个放大电路来说，要求不失真的放大，否则就失去了放大的意义。但是，由于三极管是个非线性元件，而且是放大电路的核心，因此信号在放大过程中不可避免地存在着失真。例如，输入信号 u_i 是正弦电压，但由于三极管输入特性的非线性，基极电流的交流分量 i_b 并不是严格的正弦信号。这种失真称为非线性失真，但并不严重，在一定条件下可以忽略。

在放大电路中，静态工作点在放大过程中是决定信号动态变化好坏的关键，如果静态工作点选择不当，就可能使动态工作范围进入非线性区而产生严重的非线性失真，如图 6-13 所示。

若静态工作点设置得过低，如图中的 Q_L 点，则在输入信号的负半周，三极管进入截止区工作，i_b、i_c、u_ce 的波形都会出现严重失真，这种失真称为截止失真；若静态工作点设置得过高，如图中的 Q_H 点，则在输入信号的正半周，三极管进入饱和区工作，这时 i_c、u_ce 的波形都会出现严重失真，这种失真称为饱和失真。

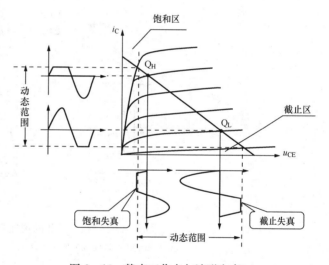

图 6-13 静态工作点与波形失真

因此，要放大电路不产生严重失真，必须要有一个合适的静态工作点 Q，Q 点应通过调整电路参数使之大致设置在交流负载线的中点，以使其动态范围尽可能大。即便如此，若输入信号 u_i 的幅值太大，以致使放大电路工作的动态范围超出特性曲线的线性范围，将引起更为严重的失真，这种失真既包含截止失真，也包含饱和失真。

采用图解的方法分析，有助于我们直观地理解放大电路的工作原理和信号放大的过程，但是，这种方法不便于对放大电路进行定量的分析和计算。

2. 放大电路的微变等效电路法

由图 6-9 所示可知三极管的输入、输出特性曲线都是非线性的，所以三极管电路是一个非线性电路。但是由图解法可知，当放大电路的静态工作点选择合适，输入信号幅值较小（即小信号），三极管静态工作点附近的特性曲线非常接近线性。因此，可以把非线性器件三极管用线性的小信号模型电路代替，从而把三极管放大电路当作线性电路分析，这就是小信号模型分析法，也称为微变等效电路法。微变指的是信号的变化量很小，即三极管在小信号情况下工作。在实际电路中，对于担任前几级放大的低频电压放大电路，通常恰是工作在小信号情况下，即输入、输出信号都比较小。因此，微变等效电路法对于分析低频小信号电压放大电路是非常有效的。微变等效电路是在交流通路基础上建立的，只能对交流等效，只能用来分析计算交流动态性能指标，而不能用来分析直流分量。

要分析一个放大电路的动态性能，首先要画出该放大电路的交流通路，然后再将三极管用它的微变等效模型来替代，得到放大电路的微变等效电路，最后按线性电路的一般分析方法进行求解。

（1）三极管的微变等效电路。三极管是一个三端元件，在放大电路中，它总是接成输入回路和输出回路的形式，而要放大的信号是个变化的电压或电流信号。

从三极管输入端 B、E 看，其伏安特性就是管子的输入特性，如图 6-14（a）所示。在输入信号的变化量很微小的条件下，特性曲线在静态工作点 Q 附近的工作段可认为是直线。因此，当 $U_{CE}=U_{CEQ}$ 时，微变量 Δu_{BE} 与 Δi_B 成正比，其比值用 r_{be} 表示，即

$$r_{be} = \frac{\Delta u_{BE}}{\Delta i_B}\bigg|_{U_{CE}=U_{CEQ}} \tag{6-21}$$

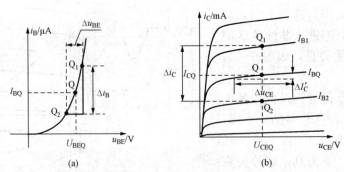

图 6-14　三极管参数的物理意义及图解求法
（a）由输入特性曲线求 r_{be}；（b）由输出特性曲线求 β 和 r_{ce}

当输入信号是正弦量 u_{be} 时，微变量就相当于小信号下的交流分量，式（6-21）可写成

$$r_{be} = \frac{u_{be}}{i_b}\bigg|_{U_{CE}=U_{CEQ}} \tag{6-22}$$

式中：r_{be} 为三极管的动态输入电阻，其值的大小与静态工作点的位置有关。但在线性区，输入电阻是一常数，因此三极管的输入电路可以用一个线性电阻 r_{be} 来等效代替，一般 r_{be} 的阻值为几百欧到几千欧。

常温下，低频小功率三极管的动态输入电阻 r_{be} 常用下式估算

$$r_{be} \approx 200(\Omega) + (\beta+1)\frac{26(\text{mV})}{I_E(\text{mA})} \tag{6-23}$$

式中：I_E 为发射极电流静态值；r_{be} 的单位为 Ω。

从三极管输出端 C、E 看，其伏安特性就是管子的输出特性，如图 6-14（b）所示。输出特性在放大区近似为一族与横轴平行的直线。输出回路的电流变化 Δi_C 只取决于输入电流的变化量 Δi_B，而与集电极电压的变化无关，即

$$\Delta i_{C} = \beta \Delta i_{B} = \beta(I_{B1} - I_{B2}) \tag{6-24}$$

当输入信号是正弦量 u_{be} 时，微变量就相当于小信号下的交流分量，式（6-24）可写成

$$i_{c} = \beta i_{b} \tag{6-25}$$

可见电路具有"恒流特性"。因此，三极管的输出端可以用一个等效的恒流源 βi_{b} 来代替。该恒流源在小信号条件下，β 是一个常数，由它确定 i_{c} 受 i_{b} 的控制关系；而当 $i_{b}=0$ 时，i_{c} 也不复存在了，可见它不是一个独立的电源，而是一个受基极电流 i_{b} 控制的受控恒流源。实际上，输出特性曲线并非完全水平，而是略为向上翘起，如图 6-14（b）所示。在 I_{B} 为常数的情况下，当 u_{CE} 增加 Δu_{CE} 时，i_{C} 也微微增加 $\Delta i'_{C}$，这两个变化量的比值可以用一个等效电阻 r_{ce} 来表示，即

$$r_{ce} = \frac{\Delta u_{CE}}{\Delta i'_{c}}\bigg|_{I_{B}=I_{BQ}} = \frac{u_{ce}}{i'_{c}}\bigg|_{I_{B}=I_{BQ}} \tag{6-26}$$

r_{ce} 为三极管的输出电阻，它表示管子输出电压与输出电流之间的关系。在小信号情况下，输出电阻 r_{ce} 也是一常数，一般 r_{ce} 的阻值为几十千欧到几百千欧。r_{ce} 的存在说明 i_{c} 并非完全与 u_{ce} 无关，即输出回路并非是个恒流源，而只是一个电流源，它的内阻就是 r_{ce}。因此，图 6-15（a）所示三极管的输出端可等效为一个受控恒流源 βi_{b} 与输出电阻 r_{ce} 的并联，如图 6-15（b）所示。将输入、输出回路的公共端发射极连接在一起，就得到图 6-15（b）所示的三极管的微变等效电路。由于 r_{ce} 阻值很大，常被视为开路。实际上，就是把管子输入端 B、E 用一个输入电阻 r_{be} 代替，而把输出端 C、E 看作是一个受控恒流源 βi_{b}，这就是三极管的简化微变等效电路，如图 6-15（c）所示。

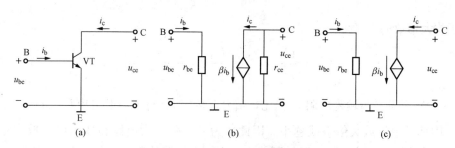

图 6-15　三极管及其微变等效电路

（a）三极管符号；（b）微变等效电路；（c）简化的微变等效电路

（2）共发射极放大电路的微变等效电路。图 6-5 所示放大电路的交流通路和微变等效电路分别如图 6-16（a）、（b）所示。

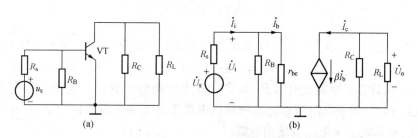

图 6-16　固定式偏置共发射极放大电路交流通路和微变等效电路

（a）交流通路；（b）微变等效电路

（3）共发射极放大电路的动态性能指标的分析。

1）. 电压放大倍数的计算。由图 6-16（b）所示的微变等效电路可得

$$\dot{I}_b = \frac{\dot{U}_i}{r_{be}}$$

$$\dot{U}_o = -\dot{I}_c R'_L = -\beta \dot{I}_b R'_L$$

其中

$$R'_L = R_C \mathbin{/\!/} R_L = \frac{R_C R_L}{R_C + R_L}$$

式中：R'_L 称为等效负载电阻。

由电压放大倍数的定义得

$$A_u = \frac{\dot{U}_o}{\dot{U}_i} = -\beta \frac{R'_L}{r_{be}} \tag{6-27}$$

式中的负号表明输出电压与输入电压信号反相。

A_u 除了与三极管的参数有关外，还与外接负载电阻有关，R_L 越小，$|A_u|$ 下降得越严重。

放大电路对信号源电压 $\dot{U}_s$ 的电压放大能力，可以直接用源电压放大倍数 A_{us} 来衡量。根据输入电压 $\dot{U}_i$ 对信号源电压 $\dot{U}_s$ 的分压关系

$$\dot{U}_i = \dot{U}_s \frac{r_i}{r_i + R_s} \tag{6-28}$$

由源电压放大倍数的定义得

$$A_{us} = \frac{\dot{U}_o}{\dot{U}_s} = \frac{\dot{U}_i}{\dot{U}_s} \frac{\dot{U}_o}{\dot{U}_i} = \frac{r_i}{r_i + R_s} A_u \tag{6-29}$$

由式（6-29）可见，与输入电阻 r_i 相比，信号源内阻 R_s 越大，源电压 $\dot{U}_s$ 加到 r_i 上的分压 $\dot{U}_i$ 越小，因而源电压放大倍也就越小。因此，为了增强放大电路整体的电压放大作用，对于电压源型的信号源，希望其内阻尽可能小，而放大电路的输入电阻 r_i 应尽可能大。

2）输入电阻的计算。当放大电路与信号源相连时，它将从信号源吸取一定的能量，所以放大电路对信号源相当于一个负载，从其输入端可等效为一个电阻，称为放大电路的输入电阻，用 r_i 表示。由图 6-16（b）所示的微变等效电路可得

$$r_i = \frac{\dot{U}_i}{\dot{I}_i} = R_B \mathbin{/\!/} r_{be} \tag{6-30}$$

r_i 是一交流电阻。r_i 越大，放大电路从信号源取用的电流越小，输入电压 U_i 越接近于 U_s。通常由于 $R_B \gg r_{be}$，放大电路的输入电阻 r_i 主要由三极管的输入电阻 r_{be} 决定。

3）输出电阻计算。对负载电阻 R_L 而言，放大电路为负载提供能量，相当于电源。根据等效电源定理，从负载电阻两端可以把放大电路等效为一个具有内阻 r_o 的电压源。等效电压源的内阻 r_o 称为放大电路的输出电阻。

由于放大电路的微变等效电路中含有受控源，求输出电阻 r_o 时，将独立电压源短路，独立电流源开路，受控源保留不变，断开负载电阻 R_L，然后在输出端外加一电压 $\dot{U}$，求出

此时流入输出端的电流 $\dot{I}$，则

$$r_o = \frac{\dot{U}}{\dot{I}}$$

对于图 6 - 16 （b），计算 r_o 时信号源电压 $\dot{U}_s = 0$，则 $\dot{I}_b = 0$，从而 $\dot{I}_c = 0$，从输出端看进去的等效电阻，即输出电阻为

$$r_o = R_C \qquad\qquad (6 - 31)$$

r_o 是一交流电阻，它是衡量放大电路带负载能力大小的参数。r_o 越小，接上负载后，负载两端输出电压下降得越少，放大电路带负载的能力越强，故放大电路的输出电阻 r_o 越小越好。

【例 6 - 2】 放大电路如图 6 - 5 所示，$R_B = 300\text{k}\Omega$，$R_C = 3\text{k}\Omega$，$\beta = 50$，$U_{CC} = 12\text{V}$。试计算下列三种情况下的 A_u、A_{us}、r_i 和 r_o：

（1）$R_s = 0$，$R_L = \infty$；

（2）$R_s = 0$，$R_L = 3\text{k}\Omega$；

（3）$R_s = 0.9\text{k}\Omega$，$R_L = 3\text{k}\Omega$。

解 直流通路的参数和静态工作点与 ［例 6 - 1］ 相同，由 r_{be} 的数值计算公式可得

$$r_{be} = 200 + (1 + \beta)\frac{26}{I_E}$$

$$= \left(200 + 51 \times \frac{26}{1.9}\right) \approx 0.9(\text{k}\Omega)$$

输入电阻、输出电阻与信号源内阻、负载电阻无关。由式 （6 - 30） 和式 （6 - 31） 可得

$$r_i = R_B \mathbin{/\mkern-5mu/} r_{be} \approx r_{be} \approx 0.9(\text{k}\Omega)$$

$$r_o = R_C = 3\text{k}\Omega$$

（1）$R_s = 0$、$R_L = \infty$ 时，$R_L' = R_C = 3\text{k}\Omega$，由式 （6 - 27） 得

$$A_{us} = A_u$$

$$A_u = -\beta\frac{R_L'}{r_{be}} = -50 \times \frac{3}{0.9} = -166.7$$

（2）$R_s = 0$、$R_L = 3\text{k}\Omega$ 时，仍有 $A_{us} = A_u$，则

$$R_L' = R_C \mathbin{/\mkern-5mu/} R_L = \frac{3 \times 3}{3 + 3} = 1.5(\text{k}\Omega)$$

$$A_u = -\beta\frac{R_L'}{r_{be}} = -50 \times \frac{1.5}{0.9} = -83.3$$

（3）$R_s = 0.9\text{k}\Omega$、$R_L = 3\text{k}\Omega$ 时，$R_L' = R_C \mathbin{/\mkern-5mu/} R_L = 1.5\text{k}\Omega$，则

$$A_u = -\beta\frac{R_L'}{r_{be}} = -50 \times \frac{1.5}{0.9} = -83.3$$

$$A_{us} = \frac{r_i}{r_i + R_s}A_u = \frac{0.9}{0.9 + 0.9}A_u$$

$$= \frac{1}{2}A_u = -41.7$$

从［例 6-2］中可以看出，如果信号源电压一定，信号源内阻 R_s 和负载电阻 R_L 的存在都会使输出电压降低。在 $R_s = 0$、$R_L = \infty$ 时，放大电路的电压放大倍数和源电压放大倍数都是最大的。

6.2.4　静态工作点的稳定

1. 影响静态工作点的因素

由于环境温度的变化、电源电压的波动、元器件老化形成的参数变化等影响因素，将使静态工作点偏移原本合适的位置，致使放大电路性能不稳定，甚至无法正常工作。环境温度的变化较为普遍，也不易克服，而且由于三极管是对温度十分敏感的元件，因此在诸多影响因素中，以温度的影响为最大。

温度对三极管参数的影响主要体现在以下三方面：

（1）从输入特性看，温度升高时 U_{BE} 将减小。在基本共发射极放大电路中，由于 $I_B = (U_{CC} - U_{BE})/R_B$，因此 I_B 将增大，但如果 $U_{CC} \gg U_{BE}$，I_B 的增加不明显。

（2）温度升高会使得三极管的电流放大倍数 β 增加。在取值不变的条件下，输出特性曲线之间的间距加大。

（3）当温度升高时三极管的反向饱和电流 I_{CBO} 将急剧增加。这是因为反向饱和电流是由少数载流子形成的，因此受温度影响比较大。

综上所述，在基本共发射极放大电路中，温度升高对三极管各种参数的影响，集中表现为集电极电流 I_C 增大，导致静态工作点 Q 上移而接近饱和区，容易产生饱和失真。因此稳定静态工作点的关键就在于稳定集电极电流 I_C。

2. 分压式偏置电路及稳定过程

当温度变化时，要使 I_C 维持近似不变，通常采用图 6-17 所示的分压式偏置共发射极放大电路。为了便于区分，通常将图 6-5 所示的基本共发射极放大电路称为固定式偏置共发射极放大电路。

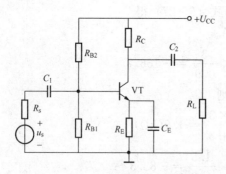

图 6-17　分压式偏置共发射极放大电路

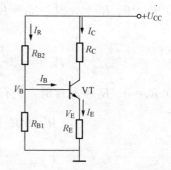

图 6-18　分压式偏置电路的直流通路

分压式偏置共发射极放大电路的直流通路如图 6-18 所示，R_{B1}、R_{B2} 构成了一个分压电路，设置它们的参数使 $I_R \gg I_B$。这样做的目的在于，可以忽略微安级的 I_B，使基极电位 V_B 不受温度的影响而基本稳定，即

$$V_B \approx \frac{R_{B1}}{R_{B1} + R_{B2}} U_{CC} \tag{6-32}$$

引入发射极电阻 R_E 后，由直流通路可得

$$U_{BE} = V_B - V_E = V_B - R_E I_E \tag{6-33}$$

若使 $V_B \gg U_{BE}$，则

$$I_C \approx I_E = \frac{V_B - U_{BE}}{R_E} \approx \frac{V_B}{R_E} \tag{6-34}$$

I_C 的大小基本上与三极管参数无关，可以近似认为 I_C 不受温度影响，即静态工作点 Q 基本稳定。即使三极管的特性不一样，I_C 值也不会有大的改变。这在电子产品批量生产中，有利于克服三极管器件的参数分散性，或在电路需要维修时，提高器件的互换性。

由上述分析可见，静态工作点 Q 基本稳定有两个近似条件：V_B 基本不变、$V_B \gg U_{BE}$。为了保证 V_B 基本不变，希望 I_R 越大越好，亦即 R_{B1}、R_{B2} 越小越好，但从减小电源消耗的角度来看，I_R 不宜太大，通常选取 $I_R = (5 \sim 10)I_B$；为了使 $V_B \gg U_{BE}$，V_B 应尽可能高，但 V_E 也随之增高，使 U_{CE} 减小，即减小了输出电压的动态范围，因此通常选取 $V_B = (5 \sim 10)U_{BE}$ 或 $U_{CE} = (1/3 \sim 1/2)U_{CC}$。

稳定静态工作点的过程可以表示如下：

$$T(℃) \uparrow \to I_C \uparrow \to V_E(I_E R_E) \uparrow \to U_{BE}(V_B - V_E) \downarrow \to I_B \downarrow$$
$$I_C \downarrow \longleftarrow$$

当 I_C 因温度的升高而增加时，I_E 随之增大，发射极电阻 R_E 上的压降即发射极电位 V_E 也将随之升高。由于 V_B 基本不变，使 V_E 与 V_B 的差值即发射结电压 U_{BE} 减小，于是受 U_{BE} 的控制 I_B 也将减小，进而抑制了 I_C 的变化，使得 I_C 随温度增加的大部分被 I_B 的减小所抵消。这一过程实质上是一个反馈调节过程，也就是由发射极电阻 R_E 反映出被控制量 I_C 的变化，而后再通过控制量 I_B 来抑制 I_C 变化的过程。

从稳定静态工作点的角度来说，R_E 越大，调节作用越强，稳定性也越好；但如果 R_E 过大，会使得 V_E 过高，U_{CE} 过小，导致动态范围变小。因此 R_E 的值不宜太大，小电流情况下一般为几百欧到几千欧，大电流情况下为几欧到几十欧。如图 6-17 所示电路，在 R_E 上并联了一个大容量的极性电容 C_E，它具有旁路交流的作用，称 C_E 为旁路电容。旁路电容的存在对放大电路直流分量没有影响，但对交流信号相当于短接 R_E，避免了在发射极电阻 R_E 上产生交流压降，否则这种交流压降被送回到输入回路，将减弱加到基—射极间的输入信号，导致电压放大倍数下降。C_E 一般取几十微法到几百微法。

【例 6-3】 在图 6-17 所示的分压式偏置电路中，$U_{CC} = 16V$，$R_C = 3k\Omega$，$R_E = 2k\Omega$，$R_{B1} = 20k\Omega$，$R_{B2} = 40k\Omega$，$R_L = 3k\Omega$，$\beta = 50$。试求：

(1) 取 $U_{BE} = 0.7V$ 时放大电路的静态工作点 Q（I_B、I_C、U_{CE}）；

(2) 输入、输出电阻和放大倍数。

解 (1) 确定静态工作点。根据图 6-18 所示的直流通路，由式（6-32）可得

$$V_B \approx \frac{R_{B1}}{R_{B1} + R_{B2}} U_{CC}$$

$$= \frac{20 \times 10^3}{(40 + 20) \times 10^3} \times 12 = 4(V)$$

满足 $V_B = (5 \sim 10)U_{BE}$ 的近似条件，由式（6-34）可得

$$I_C \approx I_E = \frac{V_B - U_{BE}}{R_E} = \frac{4 - 0.7}{2 \times 10^3} = 1.65 \times 10^{-3} = 1.65(mA)$$

基极电流为

$$I_B = \frac{I_C}{\beta} = \frac{1.65}{50} = 0.033(\text{mA})$$

根据直流通路，集—射极电压为

$$U_{CE} = U_{CC} - (R_C + R_E)I_C = 16 - (3+2) \times 10^3 \times 1.65 \times 10^{-3}$$
$$= 7.3(\text{V})$$

（2）求 r_i、r_o 和 A_u。画出图 6 - 17 的微变等效电路，如图 6 - 19 所示。

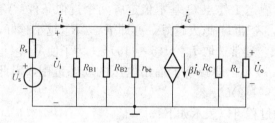

图 6 - 19　图 6 - 17 的微变等效电路

输入电阻 r_i 为 R_{B1}、R_{B2} 和 r_{be} 三电阻的并联，即

$$r_{be} = 200 + (1+\beta)\frac{26}{I_E} = 200 + (1+50)\frac{26}{1.65} = 1(\text{k}\Omega)$$

$$r_i = R_{B1} \,/\!/\, R_{B2} \,/\!/\, r_{be} = 60 \,/\!/\, 20 \,/\!/\, 1 = 0.94(\text{k}\Omega)$$

由式（6 - 31）有

$$r_o = R_C = 3\text{k}\Omega$$

电压放大倍数为

$$A_u = \frac{-\beta R'_L}{r_{be}} = \frac{-50 \times 1.5}{0.94} = -80$$

计算 $R'_L = R_C \,/\!/\, R_L = 3 \,/\!/\, 3 = 1.5(\text{k}\Omega)$。如果考虑信号源内阻 R_s 的影响，放大电路的电压放大倍数为

$$A_{us} = \frac{\dot{U}_o}{\dot{U}_s} = \frac{-\beta R'_L}{r_{be}} \frac{r_i}{R_s + r_i}$$

从上式可见，当 $r_i \gg R_s$ 时，R_s 对 A_u 影响很小。因此，一般要求放大电路的输入电阻 r_i 大些好。

6.3　射　极　输　出　器

根据输入与输出回路公共端的不同，单管放大电路有三种基本组态。除了第 6.2 节讨论的共发射极组态外，还有共集电极和共基极组态。这三种组态在电路结构和性能上有各自的特点，但基本分析方法一样。本节介绍应用极广泛的射极输出器，即共集电极放大电路。

共集电极放大电路的原理图如图 6 - 20（a）所示，图中 u_s 和 R_s 是信号源的源电压及内阻，图 6 - 20（b）是它的交流通路。从交流通路可见，输入信号加在基极与集电极之间，输出信号从发射极与集电极之间取出，输入回路与输出回路的公共电极是集电极，所以称之为共集电极放大电路。由于信号是从发射极输出，故又称为射极输出器。

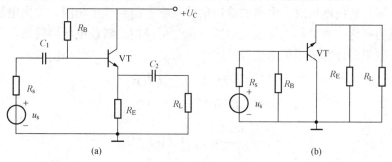

图 6 - 20　共集电极放大电路

（a）原理电路；（b）交流通路

1. 静态分析

图 6 - 21 所示电路为射极输出器的直流通路，由直流通路可得

$$U_{CC} = I_B R_B + U_{BE} + V_E$$

其中　　　　　　$$V_E = I_E R_E = (1 + \beta) I_B R_E$$

式中：V_E 为发射极直流电位。

所以　　　　　$$I_B = \frac{U_{CC} - U_{BE}}{R_B + (1 + \beta) R_E} \tag{6 - 35}$$

$$I_E = (1 + \beta) I_B \approx I_C \tag{6 - 36}$$

$$U_{CE} = U_{CC} - I_E R_E \tag{6 - 37}$$

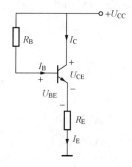
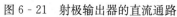

图 6 - 21　射极输出器的直流通路

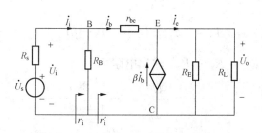

图 6 - 22　射极输出器的微变等效电路

2. 动态分析

（1）电压放大倍数的计算。射极输出器的微变等效电路如图 6 - 22 所示，由此可得

$$\dot{U}_i = \dot{I}_b r_{be} + (1 + \beta) \dot{I}_b R'_L$$

其中　　　　　　$$R'_L = R_E \mathbin{/\mkern-5mu/} R_L$$

因为　　　　　$$\dot{U}_o = \dot{I}_e R'_L = (1 + \beta) \dot{I}_b R'_L$$

故　　　$$A_u = \frac{\dot{U}_o}{\dot{U}_i} = \frac{(1 + \beta) R'_L}{r_{be} + (1 + \beta) R'_L} \tag{6 - 38}$$

式（6 - 38）可以表明三个含义：一是 A_u 为正，说明输出电压与输入电压同相；二是 $A_u <$ 1，说明射极输出器没有电压放大作用，但因发射极电流比基极电流扩大了 $(1 + \beta)$ 倍，故具

有电流放大作用；三是由于 $r_{be} \ll (1+\beta)R'_L$，因此 A_u 接近为1，说明输出电压跟随输入电压变化。综上所述，共集电极放大电路的输出信号与输入信号波形相同，输出电压幅值总是跟随输入电压幅值变化，故共集电极放大电路又称为射极输出器或电压跟随器。

（2）输入电阻的计算。根据微变等效电路，有

$$\dot{U}_i = \dot{I}_b r_{be} + (1+\beta)\dot{I}_b R'_L$$

$$= \dot{I}_b [r_{be} + (1+\beta)R'_L]$$

$$r'_i = \frac{\dot{U}_i}{\dot{I}_b} = r_{be} + (1+\beta)R'_L$$

若考虑 R_B 的分流作用，则输入电阻为

$$r_i = \frac{\dot{U}_i}{\dot{I}_i} = R_B // r'_i = R_B // [r_{be} + (1+\beta)R'_L] \tag{6-39}$$

式中：$(1+\beta)R'_L$ 可以理解为发射极电阻折算到基极电路的等效电阻。

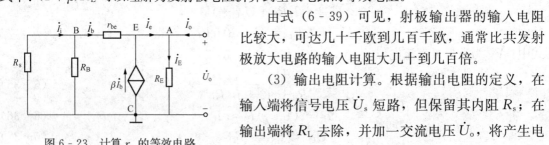

图6-23 计算 r_o 的等效电路

由式（6-39）可见，射极输出器的输入电阻比较大，可达几十千欧到几百千欧，通常比共发射极放大电路的输入电阻大几十到几百倍。

（3）输出电阻计算。根据输出电阻的定义，在输入端将信号电压 $\dot{U}_s$ 短路，但保留其内阻 R_s；在输出端将 R_L 去除，并加一交流电压 $\dot{U}_o$，将产生电流 $\dot{I}_o$，如图6-23所示。对于图6-23中的A点，由 KCL 可得

$$\dot{I}_o = -\dot{I}_e + \dot{I}_E = -\dot{I}_b - \beta\dot{I}_b + \dot{I}_E = \frac{\dot{U}_o}{r_{be}+R'_s} + \beta\frac{\dot{U}_o}{r_{be}+R'_s} + \frac{\dot{U}_o}{R_E}$$

式中，$R'_s = R_s // R_B$，输出电阻为

$$r_o = \frac{\dot{U}_o}{\dot{I}_o} = \frac{1}{\dfrac{1+\beta}{r_{be}+R'_s} + \dfrac{1}{R_E}} = \frac{R_E(r_{be}+R'_s)}{(1+\beta)R_E + (r_{be}+R'_s)} \tag{6-40}$$

通常 $(1+\beta)R_E \gg (r_{be}+R'_s)$，且 $\beta \gg 1$，故

$$r_o \approx \frac{r_{be}+R'_s}{\beta} \tag{6-41}$$

可见射极输出器的输出电阻很小，一般约为几十至几百欧，因此射极输出器的输出具有一定的恒压特性。

由上述动态分析可知，射极输出器虽然没有电压放大作用，但有电流放大和功率放大作用。由于射极输出器具有输入电阻大和输出电阻小的特点，因此，在多级放大电路中，常作为输入级、输出级和缓冲级电路而得到广泛应用。用作输入级，由于输入电阻大，使信号源内阻上的压降相对较小，大部分信号电压都能送到放大电路的输入端上，从而提高放大电路的输入电压；用作输出级，由于其输出电阻小，当负载电流变动较大时，其输出电压变化很小，从而可以提高放大电路的带负载能力；用作缓冲级，在多级放大电路中，将射极输出器

接在两级共射极放大电路之间，利用输入电阻大的特点，以提高前一级的电压放大倍数；利用输出电阻小的特点，减小后一级信号源内阻，从而提高了前后两级的电压放大倍数，隔离了级间的相互影响，提高多级放大电路整体的工作性能。

【例 6 - 4】 在图 6 - 20 （a）所示的射极输出器中，$U_{CC}=12V$，$\beta=60$，$R_B=200k\Omega$，$R_E=2k\Omega$，$R_L=2k\Omega$，信号源内阻 $R_s=100\Omega$。试求：

（1）静态值；

（2）A_u、A_{us}、r_i 和 r_o。

解 （1）计算静态值

$$I_B = \frac{U_{CC}-U_{BE}}{R_B+(1+\beta)R_E} = \frac{12-0.6}{200+(1+60)\times 2} = 0.035(mA)$$

$$I_C \approx I_E = (1+\beta)I_B = (1+60)\times 0.035 = 2.14(mA)$$

$$U_{CE} = U_{CC}-I_E R_E = (12-2.4\times 10^{-3}\times 2\times 10^3) = 7.72(V)$$

（2）计算 A_u、A_{us}、r_i 和 r_o

$$r_{be} = 200+(1+\beta)\frac{26}{I_E} = 200+61\times \frac{26}{2.14} = 0.94(k\Omega)$$

$$R'_L = R_E /\!/ R_L = 1(k\Omega), \quad R'_s = R_s /\!/ R_B \approx 100(\Omega)$$

$$A_u = \frac{(1+\beta)R'_L}{r_{be}+(1+\beta)R'_L} = \frac{(1+60)\times 1}{0.94+(1+60)\times 1} = 0.98$$

$$r_i = R_B /\!/ [r_{be}+(1+\beta)R'_L] = \frac{200\times 61.94}{200+61.94} = 47.1(k\Omega)$$

$$r_o \approx \frac{r_{be}+R'_s}{\beta} = \frac{940+100}{60} = 17.3(\Omega)$$

$$A_{us} = \frac{r_i}{r_i+R_s}A_u = \frac{47.1}{47.1+0.1}\times 0.98 \approx 0.98$$

6.4 共基极放大电路

共基极放大电路的电路原理图如图 6 - 24 （a）所示，图中 u_s 和 R_s 是信号源的电压及内阻，图 6 - 24 （b）是它的交流通路。从交流通路可见，输入信号加在发射极和基极之间，输出信号从集电极与基极之间取出，输入回路与输出回路的公共端是基极，所以称之为共基极放大电路。

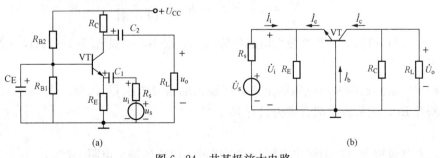

图 6 - 24 共基极放大电路

(a) 电路原理图；(b) 交流通路

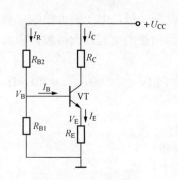

图 6-25　共基极放大
电路的直流通路

1. 静态分析

图 6-25 所示电路为图 6-24（a）的直流通路，与分压式偏置共射极放大电路的直流通路一样，求静态工作点的方法也一样。

$$V_B \approx \frac{R_{B1}}{R_{B1} + R_{B2}} U_{CC}$$

$$I_C \approx I_E = \frac{V_B - U_{BE}}{R_E} \approx \frac{V_B}{R_E}$$

$$I_B = \frac{I_E}{(1 + \beta)}$$

$$U_{CE} = U_{CC} - I_C(R_C + R_E)$$

2. 动态分析

（1）电压放大倍数。共基极放大电路的微变等效电路如图 6-26 所示，由此可得

$$\dot{U}_i = -\dot{I}_b r_{be}$$

$$\dot{U}_o = -\dot{I}_c R'_L$$

式中：$R'_L = R_C /\!/ R_L$

则电压放大倍数

$$A_u = \frac{\dot{U}_o}{\dot{U}_i} = \frac{-\beta \dot{I}_b R'_L}{-\dot{I}_b r_{be}}$$

$$= \frac{\beta R'_L}{r_{be}} \qquad (6-42)$$

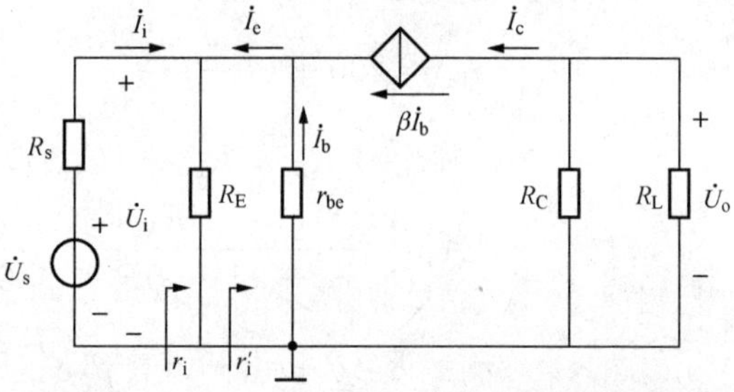

图 6-26　共基极放大电路的微变等效电路

式（6-42）表明：共基极放大电路的电压放大倍数与图 6-5 所示的共发射极放大电路的电压放大倍数［见式（6-27）］相同，但输出电压与输入电压同相，所以有足够的电压放大能力，从而实现功率放大。

（2）输入电阻。根据图 6-26 所示的微变等效电路，可得

$$\dot{U}_i = -\dot{I}_b r_{be}$$

令 $r'_i = \dfrac{\dot{U}_i}{-\dot{I}_e}$，则

$$r'_i = \frac{-\dot{I}_b r_{be}}{-(1+\beta)\dot{I}_b} = \frac{r_{be}}{1+\beta}$$

则输入电阻为

$$r_i = \frac{\dot{U}_i}{\dot{I}_i} = R_E /\!/ r'_i = R_E /\!/ \frac{r_{be}}{(1+\beta)} \qquad (6-43)$$

由式（6-43）可知，共基极放大电路的输入电阻很小，一般 r_{be} 为 1~2kΩ，β 若为 100，则输入电阻约为十几到几十欧。

（3）输出电阻。根据输出电阻的定义，将输入端信号电压 $\dot{U}_s$ 短路，则 $\dot{I}_b = 0$，$\dot{I}_c = 0$，在输出端断开 R_L，则从输出端看进去只有 R_C，故

$$r_o = R_C \qquad (6-44)$$

可见，共基极放大电路的输出电阻与共射极放大电路的输出电阻一样。

由上述动态分析可知，共基极放大电路的输入回路电流为 $\dot{I}_e$，而输出回路的电流为 $\dot{I}_c$，

所以没有电流放大作用，但有电压放大作用，从而实现功率放大。此外，共基极放大电路的输出电压和输入电压同相；输入电阻小，输出电阻较大；高频特性较好，广泛应用于高频或宽带放大电路中。在某些场合，共基极放大电路也可以作为电流缓冲器使用。

【例 6-5】　共基极放大电路如图 6-27 所示，已知 $\beta = 100$，$U_{BE} = 0.6V$，其他参数已标在图中。试完成：

（1）求静态工作点；

（2）画出微变等效电路；

（3）计算放大电路的输入电阻 r_i、输出电阻 r_o 和电压放大倍数 A_u。

解　（1）直流通路如图 6-28 所示。求静态工作点

$$V_B = \frac{R_{B1}}{R_{B1} + R_{B2}} U_{CC} = \frac{10}{10 + 20} \times 12 = 4(V)$$

$$I_E = \frac{V_B - U_{BE}}{R_E} = \frac{4 - 0.6}{4700} = 0.723(mA)$$

$$I_B = \frac{I_E}{1 + \beta} = \frac{0.723}{101} = 7.16(\mu A) \qquad I_C = \beta I_B = 0.716(mA)$$

$$U_{CE} = U_{CC} - I_C(R_C + R_E) = 12 - 0.716 \times (6.8 + 4.7) = 3.77(V)$$

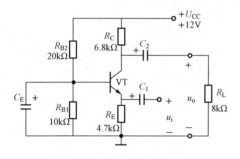

图 6-27　[例 6-5] 图

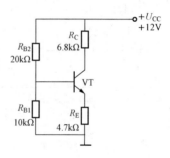

图 6-28　图 6-27 直流通路

（2）微变等效电路如图 6-29 所示。

（3）求 r_i、r_o 和 A_u。

$$r_{be} = 200 + (1 + \beta) \frac{26}{I_E}$$

$$= 200 + (1 + 100) \frac{26}{0.723}$$

$$= 3.83(k\Omega)$$

$$\dot{U}_i = -\dot{I}_b r_{be} = -\frac{\dot{I}_e r_{be}}{1 + \beta}$$

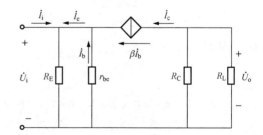

图 6-29　图 6-27 的微变等效电路

$$r_i' = \frac{\dot{U}_i}{-\dot{I}_e} = \frac{r_{be}}{1 + \beta} = \frac{3.83}{101} = 0.038(k\Omega)$$

$$r_i = r_i' \mathbin{/\mkern-5mu/} R_E = 0.038(k\Omega)$$

$$r_o = R_C = 6.8(k\Omega)$$

$$\dot{U}_i = -\dot{I}_b r_{be}, \ \dot{U}_o = -\dot{I}_c R_L' = -\beta \dot{I}_b R_L'$$

$$R'_L = \frac{R_C R_L}{R_C + R_L} = \frac{6.8 \times 8}{6.8 + 8} = 3.68(\text{k}\Omega)$$

$$A_u = \frac{\dot{U}_o}{\dot{U}_i} = \frac{\beta R'_L}{r_{be}} = \frac{100 \times 3.68}{3.83} = 96.1$$

6.5 三种基本放大电路的性能比较

前面已经介绍了三极管的共发射极组态、共集电极组态和共基极组态三种放大电路的原理、静态分析、动态分析以及电路特点等。三种基本放大电路的基本特性见表 6-2 所示。

表 6-2　　　　　　　　　　　　　三极管三种基本放大电路的基本特性

	共发射极放大电路	共集电极放大电路	共基极放大电路
简化交流通路			
电压放大倍数 A_u	$-\dfrac{\beta R'_L}{r_{be}}$ $(R'_L = R_C /\!/ R_L)$ （大，反相）	$-\dfrac{(1+\beta)R'_L}{r_{be}+(1+\beta)R'_L}$ $(R'_L = R_E /\!/ R_L)$ （略小于1，同相）	$\dfrac{\beta R'_L}{r_{be}}$ $(R'_L = R_C /\!/ R_L)$ （大，同相）
输入电阻 r_i	$R_B /\!/ r_{be}$ （较小）	$R_B /\!/ [r_{be}+(1+\beta)R'_L]$ （大）	$R_E /\!/ \dfrac{r_{be}}{1+\beta}$ （小）
输出电阻 r_o	R_C （较大）	$\dfrac{r_{be}+R'_s}{1+\beta} /\!/ R_E$ $(R'_s = R_s /\!/ R_B)$ （小）	R_C （较大）
适用场合	既能放大电流又能放大电压，从而功率放大倍数最大；r_i 较小，r_o 较大，频带较窄；常作为低频电压放大电路的单元电路	只能放大电流，不能放大电压，具有电压跟随的特点；r_i 大，r_o 小；可作为高阻抗输入级和低阻抗输出级以及隔离级	只能放大电压，不能放大电流；r_i 小，r_o 较大；高频放大性能好；常用于高频或宽带放大电路中，也用作电流缓冲器

6.6 场效应晶体管共源极放大电路

在 1.7 节中介绍了场效应晶体管的结构、工作原理、特性曲线和参数等，它与三极管在结构和工作原理上都有本质的区别，但都能实现对输出回路电流的控制且具有形状类似的输出特性曲线。场效应晶体管是压控型器件，用栅极电压控制漏极电流，而三极管是流控型器件，用基极电流去控制集电极电流。二者虽然控制方法不同，但都实现了对输出回路电流的控制。因此，用它们组成放大电路时，电路结构和组成原则基本上是相同的，故场效应晶体管放大电路也有三种基本组态，即共源极、共漏极、共栅极放大电路，分别与三极管的共发射极、共集电极、共基极组态相对应。其中共源极放大电路应用较多，故本节仅以绝缘栅型场效应晶体管（MOSFET）构成的共源极放大电路为例，来讨论场效应晶体管放大电路的工作原理。

6.6.1 静态分析

场效应晶体管放大电路的原理与三极管放大电路十分相似，三极管是 i_B 控制 i_C，U_{CC} 和 R_C 确定后，其静态工作点决定于 I_B，即放大电路依靠调整基极电流 I_B 来获得合适的静态工作点；MOSFET 是 u_{GS} 控制 i_D，因而 U_{DD} 和 R_D、R_S 确定后静态工作点由 U_{GS} 决定。场效应晶体管放大电路的偏置电路形式较多，常用的有自给式偏置和分压式偏置两种。

1. 自给式偏置电路

图 6 - 30 所示为由耗尽型 NMOS 管构成的自给式偏置共源极放大电路。电路中设置的栅极电阻 R_G 使栅极和地之间形成直流通路，并可泄漏栅极可能出现的感应电荷，使栅极不会形成电荷积累而产生高电位。

静态时，因栅极电源 $I_G \approx 0$，故栅极电位 $V_G \approx 0$，源极电流 I_S（等于漏极电流 I_D）在源极电阻 R_S 上的压降为 $U_S = R_S I_S$。此时，栅极偏置电压为

$$U_{GS} = -U_S = -R_S I_S = -R_S I_D \tag{6-45}$$

可见，栅源偏压是由场效应管自身的电流产生的，故称自给式偏置。

与三极管共发射极放大电路相同，为了避免源极电阻 R_S 对交流信号的放大产生抑制作用而降低电压放大倍数，故与电阻 R_S 并联一个容量较大的旁路电容 C_S。由于 MOSFET 的输入电阻高，故耦合电容 C_1 的容量可取得小一些，约为 $0.01 \sim 0.047 \mu F$，C_2 的容量视负载的情况而定。栅极电阻 R_G 用于构成栅—源极间的通路，其值不能太小，否则将降低放大电路的输入电阻，一般取 $200 k\Omega \sim 10 M\Omega$。源极电阻 R_S 决定静态偏置值，一般为几千欧，漏极电阻 R_D 影响放大电路的电压放大倍数，一般取几十千欧。

2. 分压式偏置电路

N 沟道增强型 MOSFET 由于没有原始导电沟道，工作时栅—源电压 U_{GS} 为正，所以不能采用自给式偏置的方法构成共源极放大电路，而是采用分压式偏置电路，这种分压式偏置电路也可以用于耗尽型 MOSFET 共源极放大电路，如图 6 - 31 所示电路。图中 R_{G1} 和 R_{G2} 为栅极分压电阻，为了提高放大电路的输入电阻，在分压电路与 MOSFET 的栅极之间接入电阻 R_G，静态时流经 R_G 的电流 $I_G \approx 0$，故栅极电位为

$$V_G = \frac{R_{G2}}{R_{G1} + R_{G2}} U_{DD} \tag{6-46}$$

栅—源极间的偏置电压为

$$U_{GS} = V_G - V_S$$
$$= \frac{R_{G2}}{R_{G1} + R_{G2}} U_{DD} - R_S I_D \tag{6-47}$$

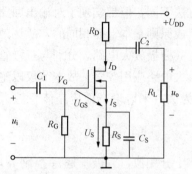

图 6 - 30　自给式偏置共源极放大电路

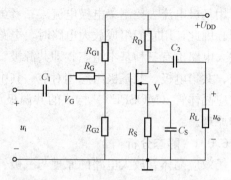

图 6 - 31　分压式偏置共源极放大电路

式中 $V_S = R_S I_D$ 是源极电位。对于 N 沟道耗尽型 MOSFET，$U_{GS} < 0$，故要求 $R_S I_D > V_G$；对于 N 沟道增强型 MOSFET，$U_{GS} > 0$，故要求 $R_S I_D < V_G$。

对于耗尽型 MOSFET，由式（6 - 47）可知

$$I_D = I_{DSS}\left(1 - \frac{U_{GS}}{U_{GS(off)}}\right)^2 \tag{6 - 48}$$

式（6 - 48）与式（6 - 45）联立求解就可确定图 6 - 30 电路的静态工作点 I_D 和 U_{GS}；而与式（6 - 47）联立求解就可确定图 6 - 31 电路的静态工作点 I_D 和 U_{GS}。而增强型 MOS 管，则需用图解法确定。

6.6.2　动态分析

图 6 - 31 所示的分压偏置共源极放大电路的交流通路如图 6 - 32（a）所示。将交流通路中 MOSFET 用其小信号模型替换，可画出放大电路的微变等效电路，如图 6 - 32（b）所示。其中栅极 G 与源极 S 之间的动态电阻 r_{gs} 被认为无穷大，相当于开路。漏极电流 $\dot{I}_d$ 只受 $\dot{U}_{gs}$ 控制，而与 $\dot{U}_{ds}$ 无关。

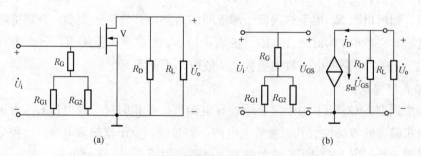

图 6 - 32　分压偏置共源电路的微变等效电路
（a）交流通路；（b）微变等效电路

由微变等效电路，输出信号为

$$\dot{U}_o = -\dot{I}_d R'_L = -g_m \dot{U}_{gs} R'_L \tag{6 - 49}$$

式中：R'_L 为放大电路的等效负载电阻，$R'_L = R_D /\!/ R_L$。

因输入信号 $\dot{U}_i = \dot{U}_{gs}$，故电压放大倍数为

$$A_u = \frac{\dot{U}_o}{\dot{U}_i} = \frac{-g_m \dot{U}_{gs} R'_L}{\dot{U}_{gs}} = -g_m R'_L \tag{6 - 50}$$

式中的负号表示输入与输出电压相位相反。

由微变等效电路的输入回路，可求放大电路的输入电阻

$$r_{\mathrm{i}} \approx R_{\mathrm{G}} + R_{\mathrm{G1}} \mathbin{/\mkern-5mu/} R_{\mathrm{G2}} \tag{6-51}$$

一般 $R_{\mathrm{G}} \gg R_{\mathrm{G1}} \mathbin{/\mkern-5mu/} R_{\mathrm{G2}}$，故 $r_{\mathrm{i}} \approx R_{\mathrm{G}}$。由此可见，在输入端接入电阻 R_{G}，可以显著提高放大电路的输入电阻。

由微变等效电路的输出回路，可求放大电路的输出电阻

$$r_{\mathrm{o}} = R_{\mathrm{D}} \tag{6-52}$$

由分析可知，MOSFET 放大电路具有很高的输入电阻，所以适合作为多级放大电路的输入级，尤其对于具有高内阻的信号源，只有采用场效应晶体管放大电路才能有效放大信号。

【例 6-6】 在图 6-31 所示的放大电路中，$U_{\mathrm{DD}} = 20\mathrm{V}$，$R_{\mathrm{D}} = 10\mathrm{k}\Omega$，$R_{\mathrm{L}} = 10\mathrm{k}\Omega$，$R_{\mathrm{G1}} = 200\mathrm{k}\Omega$，$R_{\mathrm{G2}} = 51\mathrm{k}\Omega$，$R_{\mathrm{G}} = 2\mathrm{M}\Omega$，$R_{\mathrm{S}} = 10\mathrm{k}\Omega$，电压信号源内阻 $R_{\mathrm{ss}} = 10\mathrm{k}\Omega$，MOSFET 为 N 沟道耗尽型，漏极饱和电流 $I_{\mathrm{DSS}} = 0.9\mathrm{mA}$，夹断电压 $U_{\mathrm{GS(off)}} = -4\mathrm{V}$，跨导 $g_{\mathrm{m}} = 1.5\mathrm{mA/V}$。试求：

（1）静态值；

（2）A_{u}、A_{us}、r_{i} 和 r_{o}。

解 （1）计算静态值

$$V_{\mathrm{G}} = \frac{R_{\mathrm{G2}}}{R_{\mathrm{G1}} + R_{\mathrm{G2}}} U_{\mathrm{DD}} = \frac{51 \times 10^{3}}{(200 + 51) \times 10^{3}} \times 20 \approx 4(\mathrm{V})$$

$$U_{\mathrm{GS}} = V_{\mathrm{G}} - R_{\mathrm{S}} I_{\mathrm{D}} = 4 - 10 \times 10^{3} I_{\mathrm{D}}(\mathrm{V})$$

上式与 MOSFET 的转移特性计算公式

$$I_{\mathrm{D}} = I_{\mathrm{DSS}} \left(1 - \frac{U_{\mathrm{GS}}}{U_{\mathrm{GS(off)}}} \right)^{2} = 0.9 \times 10^{-3} \times \left(1 - \frac{U_{\mathrm{GS}}}{-4} \right)^{2}$$

联立解得

$$I_{\mathrm{D}} = 0.5 \ (\mathrm{mA}), \ U_{\mathrm{GS}} = -1 \ (\mathrm{V})$$

由此可得

$$U_{\mathrm{DS}} = U_{\mathrm{DD}} - (R_{\mathrm{D}} + R_{\mathrm{S}}) I_{\mathrm{D}} = 20 - (10 + 10) \times 10^{3} \times 0.5 \times 10^{-3} = 10(\mathrm{V})$$

（2）计算 A_{u}、A_{us}、r_{i} 和 r_{o}。由微变等效电路得

$$A_{\mathrm{u}} = -g_{\mathrm{m}} R_{\mathrm{L}}' = -1.5 \times \frac{10 \times 10}{10 + 10} = -7.5$$

$$r_{\mathrm{i}} \approx R_{\mathrm{G}} + R_{\mathrm{G1}} \mathbin{/\mkern-5mu/} R_{\mathrm{G2}} \approx R_{\mathrm{G}} = 2(\mathrm{M}\Omega)$$

$$r_{\mathrm{o}} = R_{\mathrm{D}} = 10(\mathrm{k}\Omega)$$

$$A_{\mathrm{us}} = \frac{r_{\mathrm{i}}}{r_{\mathrm{i}} + R_{\mathrm{ss}}} A_{\mathrm{u}} = \frac{2 \times 10^{3}}{2 \times 10^{3} + 10} \times (-7.5) \approx -7.5$$

6.7 多 级 放 大 电 路

单级放大电路的电压放大倍数一般只达几十倍，往往不能满足实际应用的要求，而且，也很难同时兼顾各项性能指标。为了获得足够高的放大倍数或考虑输入、输出电阻的特性要求，实用放大电路通常由多个单级放大电路级联构成，称为多级放大电路。根据各单级放大

电路所处位置和要求的不同，多级放大器分为输入级、中间级和输出级三部分。通常把与信号源相连接的第一级放大电路称为输入级，与负载相连的末级放大电路称为输出级，输出级与输入级之间的放大电路称为中间级。级与级之间、信号源与放大电路之间，放大电路与负载之间的连接方式称为耦合方式。

6.7.1　多级放大电路的耦合方式

常用的耦合方式有四种，即直接耦合、阻容耦合、变压器耦合和光电耦合。阻容耦合和变压器耦合只适用于放大交流信号，直接耦合和光电耦合既适用于放大交流信号，也适用于放大直流信号。变压器耦合的特点与阻容耦合相似，其主要优点是可以获得阻抗匹配，多用于射频放大器和大功率输出场合。但由于变压器体积大、成本高、而且高频特性和低频特性差，所以除特殊场合一般很少采用变压器耦合方式。光电耦合的主要特点是具有很强的抑制外界干扰和噪声的能力，广泛应用于宽频带隔离放大器、音频隔离放大器和串联型直流稳压电源中。无论采用哪一种耦合方式，都必须做到各级放大电路都有合适稳定的静态工作点；不引起信号失真；前一级的输出信号能够顺利传输到后一级的输入端。本书只介绍直接耦合方式和阻容耦合方式。

1. 阻容耦合

用电容来连接单级放大电路是一种简单且常用的耦合方式。如图 6 - 33 所示电路为两级阻容耦合放大电路，电容 C_1 与信号连接，C_2 连接两级放大电路，C_3 连接负载 R_L。由于耦合电容与后一级输入电阻组成 RC 电路，故称这种连接方式为阻容耦合。

阻容耦合方式充分利用了电容"隔直流、通交流"的作用。其主要优点是各级的静态工作点都是相互独立的，便于静态值的分析、设计和调试；但缺点是不适于传输缓慢变化的信号，而且在集成电路中由于难以制造大容量的电容器，因而受到很大限制。

2. 直接耦合

放大变化缓慢的直流信号时，必须采用直接耦合，即把前一级的输出端直接接到下一级的输入端，而不采用电抗性元件连接，如图 6 - 34 所示。

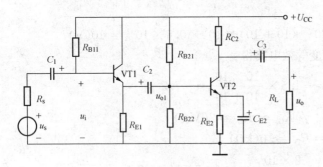

图 6 - 33　两级阻容耦合放大电路

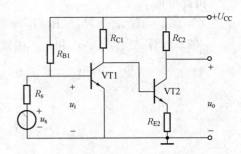

图 6 - 34　直接耦合放大电路

由于直接耦合方式没有采用电抗性元件，因此既能放大交流信号，也能放大直流信号。更重要的是便于集成化，实际的集成线性放大电路一般都是采用直接耦合方式。这种特殊的耦合方式，决定了直接耦合放大电路的特殊问题，其中最突出的是零点漂移问题，即如果将直接耦合放大电路的输入端短路或接固定的直流电压，其输出应有一固定的直流电压，即静态输出电压。但是，实际上输出电压会随时间变化而偏离初始值作缓慢的随机波动，这种现象称为零点漂移，简称零漂。

造成零漂的原因有很多，其中，最主要的原因是放大电路的静态工作点受温度影响而产生波动。在直接耦合的多级放大电路中，即使第一级电路产生微小的波动，也会被后级电路当作信号逐级放大，导致末级输出端出现较大幅度的零漂。放大电路的级数越多，放大倍数越大，零漂的幅度就越大，严重时，将会把真正的输出信号"淹没"，甚至使后级电路进入饱和或截止状态而无法正常工作。在直接耦合放大电路中抑制零点漂移最有效措施是在电路结构上进行改进。直接耦合和阻容耦合的优缺点见表 6-3 所示。

表 6-3　　　　　　　　　　　**直接耦合和阻容耦合的比较**

	直接耦合	阻容耦合
定义	放大电路级与级之间不通过任何元件直接相连	放大电路级与级之间通过电容连接
优点	具有良好的低频特性，可以对缓慢信号进行放大，适合于直流（零频）放大电路。容易将电路集成在一块硅片上，构成放大器	由于电容的隔直作用，各级直流通路相互独立，静态工作点互不影响，所以对静态工作点的分析、设计、调试如同单管放大器一样，简单方便
缺点	由于直接耦合方式前后级直接相连，工作点必然相互影响，这不仅使静态工作点分析复杂化，同时带来两个需要解决的问题：一是级间电平配置问题；二是零点漂移问题	电容对低频信号呈现的电抗大，传递低频信号的能力弱，所以不能反映直流成分的变化，不适合放大缓慢变化的信号。为了减小耦合电容对信号的衰减，耦合电容的选取一般在几十微法到几百微法，这样大的电容是不可以集成化的。所以，阻容耦合只适用于分立元件的交流放大电路

6.7.2　多级放大电路的输入级——差分电路

多级放大器中的第一级称输入级，因为输入信号须先经过这一级放大。由于它的位置决定了它的特殊性。输入级一般要求有较高的输入阻抗、抗干扰能力强，具有抑制零点漂移的功能等特殊要求。为此，多级放大电路的输入级常采用差分结构的放大电路，即差分放大电路。差分放大电路在模拟集成电路中应用最为广泛。

1. 差分放大电路

基本的差分放大电路如图 6-35 所示，它由两个对称的单管共发射极放大电路组成，它要求两个三极管特性一致，两侧的参数对称。该路有两个输入端和两个输出端，信号可以从两输入端之间输入，此称为双端输入；也可以从输入端与地之间输入，此称为单端输入。输出也是如此，可双端输出，也可单端输出。组合起来，输入和输出方式有双端输入和双端输出、双端输入和单端输出、单端输入和双端输出、单端输入和单端输出四种方式。下面先以双端输入和双端输出为基础介绍差分放大电路的工作原理。

图 6-35 所示电路中的输入信号 u_{i1} 和 u_{i2} 的关系有三种可能：①u_{i1} 和 u_{i2} 大小相等、相位相同，此称为共模信号；②u_{i1} 和 u_{i2} 大小相等、相位相反，此称差模信号；③u_{i1} 和 u_{i2} 大小和相位是任意的，即既不是差模，也不是共模信号，此称为比较信号。

2. 差分放大电路的工作原理

（1）双端输入—双端输出方式。如图 6-36 所示电路为双入—双出方式的差分放大电路，其输入信号 u_i 加在两个输入端之间，输出信号 u_o 从两个输出端之间取出，它们分别是两个共发射极单管放大电路输入电压和输出电压的差值，即

$$u_i = u_{i1} - u_{i2}$$

$$u_o = u_{o1} - u_{o2}$$

(6-53)

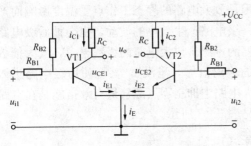
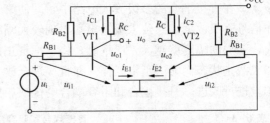

图 6 - 35　基本差分放大电路　　　　图 6 - 36　双端输入—双端输出差分放大电路

1）差模输入。加在两个输入端之间的输入信号 u_i，被两个输入端对地的输入电阻分压，它们各分得 u_i 的一半，但极性相反，即

$$u_{i1} = \frac{1}{2}u_i, \quad u_{i2} = -\frac{1}{2}u_i$$

这相当于在两个输入端加了一对大小相等而极性相反的信号，即差模信号。由于两侧电路对称，因此两个单管共发射放大电路的电压放大倍数 A_u 相等，即

$$u_{o1} = A_u u_{i1}, \quad u_{o2} = A_u u_{i2}$$

由式（6-53）可得

$$u_o = u_{o1} - u_{o2} = A_u(u_{i1} - u_{i2}) = A_u u_i$$

u_o 与 u_i 的比值称为差模电压放大倍数，即

$$A_d = \frac{u_o}{u_i} = A_u \qquad (6 - 54)$$

以上分析表明，差分放大电路的差模电压放大倍数等于单管共发射极放大电路的电压放大倍数。

2）共模输入。当在两个输入端加上一对大小相等、极性相同的输入信号 $u_{i1} = u_{i2} = u_{ic}$ 时，输出信号为

$$u_{oc1} = u_{oc2} = A_u u_{ic}$$

$$u_{oc} = u_{oc1} - u_{oc2} = 0$$

其共模电压放大倍数为

$$A_c = \frac{u_{oc}}{u_{ic}} = 0 \qquad (6 - 55)$$

可见，差分放大电路对共模信号没有放大作用，即完全抑制了共模信号。这一特点可以用来抑制零点漂移，因为由温度变化等原因在电路两边引起的漂移量是大小相等、极性相同的，与输入端加上一对共模信号的效果一样，因此，对称的两个单管放大电路因零点漂移引起的输出端电压的变化量虽然存在，但大小相等，相对的输出漂移电压等于零。

由于实际的电路很难做到完全对称，因而完全依靠电路的对称性来抑制零点漂移，其抑制作用有限，为了进一步提高电路对零点漂移的抑制作用，可以在尽可能提高电路对称性的基础上，通过减小两个单管放大电路本身的零点漂移来抑制整个差分放大电路的零点漂移，如图 6 - 37 所示典型的差分电路在发射极接入公共电阻 R_E 正是出于这一目的。R_E 能够稳定电路的工作点，从而减小零点漂移的范围。更重要的是 R_E 对共模信号有很强负反馈的作

用，因而大大降低了电路对共模信号的放大能力，起到了抑制零点漂移的作用，同时 R_E 对差模信号相当于短路，即差模信号在 R_E 压降等于零。

显然，R_E 的阻值越大，抑制零点漂移的效果越好，但是为了建立合适的静态工作点，U_{EE} 也必须增加。因此在集成电路中常用恒流源来代替 R_E，由于恒流源的静态电阻不大，其上的直流压降也就不大，因而不用增加 U_{EE}；而恒流源的动态电阻很大，因而抑制零点漂移的效果很好。

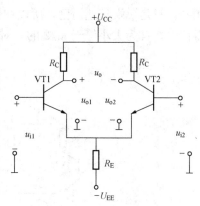

图 6 - 37 典型差分放大电路

3）比较输入。既非共模，又非差模，大小和相对极性任意的两个输入信号称为比较信号，实际应用中常见的多为这种信号。在这对比较信号的作用下，差分放大电路的输出电压为

$$u_o = A_{u1} u_{i1} - A_{u2} u_{i2} = A_u (u_{i1} - u_{i2}) \tag{6-56}$$

式中两个单管放大电路电压放大倍数 $A_{u1} = A_{u2} = A_u$，对应图 6 - 35 所示的电路 A_u 为负值。

由式（6-56）可见，输出电压的数值和极性均与偏差值（$u_{i1} - u_{i2}$）有关。与输入信号本身的大小无关。由此可以认为，差模信号和共模信号是两种特殊情况下的比较信号。

有时为了便于分析。可以将比较信号分解为共模分量和差模分量的叠加。例如，u_{i1} 和 u_{i2} 是同极性的信号，设 $u_{i1} = 10\text{mV}$、$u_{i2} = 6\text{mV}$。我们可以将 u_{i1} 分解成 8mV 与 2mV 之和，即 $u_{i1} = 8\text{mV} + 2\text{mV}$；而把 u_{i2} 分解成 8mV 与 2mV 之差，即 $u_{i2} = 8\text{mV} - 2\text{mV}$。这样就可以认为 8mV 是输入信号中的共模分量，而 +2mV 和 -2mV 则是输入信号的差模分量，由此就可以对两种分量分别进行分析和处理了。

对差分放大电路而言：差模信号是需要放大的有用信号，故希望差模电压放大倍数 A_d 较大；而共模信号需要抑制的无用信号，故希望共模电压放大倍数 A_c 越小越好。为了全面衡量差分放大电路放大差模信号和抑制共模信号的能力，通常以共模抑制比 K_{CMRR} 作为评价指标。其定义为差分放大电路的差模电压放大倍数 A_d 与共模电压放大倍数 A_c 的比值，即

$$K_{CMRR} = \left| \frac{A_d}{A_c} \right| \tag{6-57}$$

或用对数形式表示为

$$K_{CMRR} = 20 \lg \left| \frac{A_d}{A_c} \right| \tag{6-58}$$

其单位为 dB（分贝）。

显然，K_{CMRR} 越大越好，在电路完全对称的情况下，$A_c = 0$，$K_{CMRR} \to \infty$。但实际上，电路不可能完全对称，K_{CMRR} 也不可能为无穷大。

（2）单端输入—单端输出方式。在掌握双端输入—双端输出电路的基础上，只要再了解单端输入—单端输出电路即可，其余电路也就不难理解了。

单端输入—单端输出的差分放大电路如图 6 - 38（a）、（b）所示，可见，单端输入—单端输出的差分放大电路又有两个工作情况。尽管信号 u_i 由单端输入，但实际上与双端输入

相同，只是一端接地而已，所以在恒流源动态电阻的耦合作用下，两个管子的输入端同时取得信号，且为大小等于 $u_i/2$ 的一对差模信号，对于图 6-38（a）有

$$u_{i1} = \frac{1}{2}u_i, \quad u_{i2} = -\frac{1}{2}u_i$$

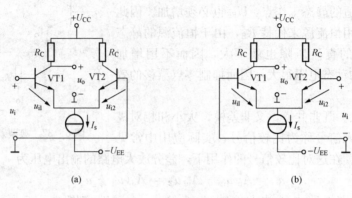

(a)　　　　　　　　　　　　(b)

图 6-38　单端输入—单端输出方式差分放大电路

（a）反相输入；（b）同相输入

对于图 6-38（b）有

$$u_{i1} = -\frac{1}{2}u_i, \quad u_{i2} = \frac{1}{2}u_i$$

在图 6-38（a）所示电路中，设 $u_i > 0$，则

$$u_i > 0 \rightarrow u_{i1} > 0 \rightarrow i_{c1} > 0 \rightarrow u_o < 0$$

由于输入和输出电压的相位相反，故称反相输入。

在图 6-38（b）所示电路中，设 $u_i > 0$，则

$$u_i > 0 \rightarrow u_{i1} < 0 \rightarrow i_{c1} < 0 \rightarrow u_o > 0$$

由于输入和输出电压同相，故称同相输入。

由图 6-38（a）可得输出电压为

$$u_o = A_u u_{i1} = \frac{1}{2}A_u u_i$$

差模电压放大倍数

$$A_d = \frac{u_o}{u_i} = \frac{1}{2}A_u \tag{6-59}$$

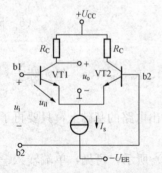

图 6-39　同相与反相输入端

结果表明，差分放大电路在 u_i 相同时，单端输出的差模电压放大倍数只有双端输出时的一半。

如果把同相输入和反相输入组合起来，就构成了双入—单出的方式，如图 6-39 所示。此时当输出端一旦确定后，那么各输入端与输出端的相对极性也就确定了，如图6-39所示电路，b1 与输出端的极性（相位）相反，故 b1 端称为反相输入端，而 b2 与输出端的极性（相位）相同，故 b2 端称为同相输入端。

6.7.3 多级放大电路的输出级——互补对称电路

放大器的负载通常都需要一定的推动功率，所以，多级放大器的末级（输出级）一般采用能够输出足够功率的功率放大电路。

功率放大电路与电压放大电路都是利用晶体管的电流放大作用在输入信号的控制下实现能量的转换与控制，但两种放大电路解决问题的侧重点有所不同。功率放大器的任务是向负载提供足够大的功率，通常工作在大信号状态。因任务不同，在电路结构和工作方式上有明显的差异。

1. 功率放大电路的类型

按三极管工作点 Q 在特性曲线上位置的不同，放大电路可分为甲类、甲乙类、乙类三种工作状态，如图 6 - 40 所示。

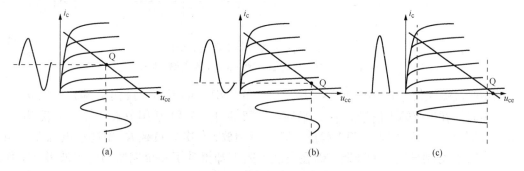

图 6 - 40 放大电路的工作状态
(a) 甲类；(b) 甲乙类；(c) 乙类

当 Q 点设置在交流负载线的中间时，整个信号周期内都有静态电流流通，称这种工作状态为甲类，如图 6 - 40 (a) 所示，在这种状态下，无论有无放大信号，电源所供给的功率均为 $P_s = U_{CC} I_C$。没有信号输入时，P_s 全部消耗在三极管和电阻上；有信号输入时，P_s 的一部分转换为有用的输出功率 P_o，信号愈大，输出功率也愈大。可以证明，在理想情况下，甲类功率放大电路的最高效率也只能达到 50%。

为了提高放大电路的效率，必须在保证输出功率 P_o 的同时，减小电源供给的功率 P_s，即降低功放管的损耗 P_V。有效的措施是将 Q 点沿交流负载线下移，使集电极静态电流 I_C 值减小，如图 6 - 40 (b) 所示。这种工作状态称为甲乙类。若将 Q 点再向下移至 $I_C = 0$ 处，则静态的功放管损耗为最小，这种工作状态称为乙类，如图 6 - 40 (c) 所示。

功率放大电路的输出功率、效率和失真三者之间是相互影响的，由图 6 - 40 (b) 和图 6 - 40 (c) 可看出，功率放大电路在甲乙类和乙类状态下工作时，虽然可以降低静态功耗、提高效率，但却产生了严重的波形失真。因此，对于甲乙类和乙类功率放大，必须妥善解决效率和失真之间的矛盾，解决的方法通常是在电路结构上采取措施。目前应用较多的是互补对称结构的功率放大电路，而且这种电路适合于功率放大电路的集成。

2. 互补对称放大电路

(1) 乙类互补对称放大电路。

图 6 - 41 (a) 所示电路为两个射极输出器构成的基本乙类互补对称放大电路。VT1 为 NPN 型晶体管，VT2 为 PNP 型晶体管，两管基极相连作为输入端，发射极相连作为输出

端，连接负载电阻 R_L。为了提高效率，电路去除偏流电阻，使射极输出器工作于乙类状态。VT1、VT2 分时工作，即分别工作于信号的正、负半周期。为了使输出波形正负半周对称，VT1、VT2 管的特性和参数要求完全对称，且正负电源大小相等。

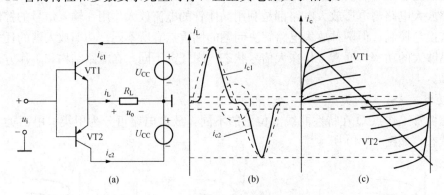

图 6‑41　基本乙类互补对称放大电路

(a) 电路图；(b) 负载电流波形；(c) 晶体管输出特性

静态时，输入信号 $u_i=0$，NPN 型的 VT1 和 PNP 型的 VT2 均截止，输出电压 $u_o=0$。

动态时，在正弦输入信号 u_i 的正半周，VT2 截止，VT1 承担放大任务，负载 R_L 中通过电流 i_{c1}；在 u_i 的负半周，VT1 截止，VT2 承担放大任务，负载 R_L 中通过电流 i_{c2}。虽然 VT1、VT2 只分别导通半个周期，而在负载电阻上却得到了一个完整的电流波形，工作波形如图 6‑41 (b) 所示。其负载电流为

$$i_L = i_{c1} - i_{c2} \tag{6-60}$$

由于两个单管电路上、下对称，而有输入信号时 VT1、VT2 轮流导通，故组成了推挽式电路，同时两个管子互补对方缺少的半周期，所以这种电路又称为互补对称电路，它是功率放大电路中广泛应用的基本单元电路。

从负载电流波形 i_L 可以看出，在 VT1、VT2 交替工作的过程中，当输入电压 u_i 经过 VT1 和 VT2 输入特性的死区时，而基极电流 i_{b1}、i_{b2} 约为零，对应的 i_{c1}、i_{c2} 也接近于零，使得负载 R_L 中的电流在正、负半周的交接处出现波形失真，这种失真称为交越失真。

要减小交越失真，就必须外加偏置电压，将静态工作点适当提高，以避开输入特性的死区，使得电路工作于甲乙类状态。

(2) 甲乙类互补对称放大电路。

1) OCL 互补对称放大电路。如图 6‑42 所示电路是一种输出端不接电容的甲乙类互补对称放大电路。它在乙类互补对称放大电路的基础上增加了偏置电阻 R_{B1} 和 R_{B2}，由于二极管具有静态电阻大而动态电阻极小的特点，在 VT1 和 VT2 的基极间设置两只二极管 VD1 和 VD2，利用静态时 VD1 和 VD2 上产生的正向压降，给 VT1 和 VT2 的发射结提供大于死区电压的偏置电压，使 VT1、VT2 管静态时都处于微通状态，动态时 VT1 和 VT2 轮流导通时交替就比较平滑，于是就克服了交越失真。由于电路完全对称，静态时 VT1 和 VT2 管的电流相等，负载电阻 R_L 上没有直流电流流过。因此输出端直接接至负载，不需电容耦合，故称这种电路为无输出电容的互补对称放大电路，简称 OCL（Output Capacitor‑Less）电路。

2）OTL 互补对称放大电路。OCL 电路需要两个电源，在一些较简单的电路中，可以用一个大容量电容 C 代替负电源，电路如图 6-43 所示。

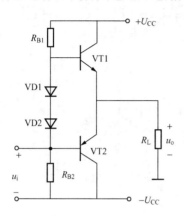 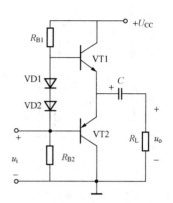

图 6-42　OCL 互补对称放大电路　　　　图 6-43　OTL 互补对称放大电路

静态时，可按对称要求通过静态设置使得 $|U_{CE1}|=|U_{CE2}|=\dfrac{1}{2}U_{CC}$，则电容 C 上的电压等于 $U_{CC}/2$。

动态时，在正弦输入信号 u_i 的正半周，VT1 放大，VT2 截止，U_{CC} 通过 VT1 对 C 充电，负载 R_L 中通过电流 i_{c1}；在 u_i 的负半周，VT2 放大，VT1 截止，电容 C 充当电源，通过 VT2 向负载 R_L 放电，R_L 中通过电流 i_{c2}。这种电路的输出端与负载是通过电容耦合的，而不是采用传统的变压器耦合，故称为无输出变压器的互补对称放大电路，简称 OTL（Output Transformer-Less）电路。

为了提高效率，在设置甲乙类互补对称放大电路的偏置时，应尽可能接近乙类，因此，通常甲乙类电路的参数估算或电路分析可以近似的按乙类电路进行。

3）准互补对称放大电路。OCL 和 OTL 互补对称电路的优点是线路简单，效率较高，但要求有一对特性相同的 NPN 和 PNP 型功率管。这在输出功率较大时，在不同类型的管子中配对特性相同的管子，是比较难的。因此常将两个（或多个）晶体管通过一定的方式连接成一个等效的晶体管，称为复合管或达林顿管。如图 6-44 所示电路就是用复合管代替图 6-43 中的 VT1 管和 VT2 管的准互补对称放大电路。其管子的连接及等效类型如图 6-45 所示。

复合管的类型及其等效电极可根据其各电极电流方向及各电极电流之间的关系与普通单管类比来确定。复合管的特点是其型类与第一个管子相同，而特性曲线决定于第二个管子。由图 6-45 可以看出，只要 VT3、VT4 的特性相同，就可以得到一对不同类型而特性完全对称的复合管。由特性完全对称的复合管构成的互补对称电路称为准互补对称放大电路，如图 6-44 所示。图中 VT1 发射极和 VT2 集电极所接的电阻 R_{E1} 和 R_{C2} 分别为 VT1 和 VT2 的穿透电流提供泄放通路，以免穿透电流被输出管放大；同时为 VT3 和 VT4 提供反向饱和电流的泄放通路以减小 VT3 和 VT4 的穿透电流。可以证明：$\beta'=\beta_1\beta_2$，$r'_{be}=r_{be1}+(1+\beta_1)r_{be2}$。

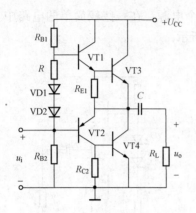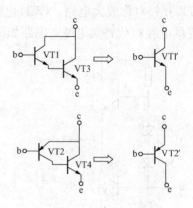

图 6-44　准互补对称放大电路　　　　图 6-45　复合管的类型

6.7.4　多级放大电路的分析

1. 多级放大电路的静态分析

对于阻容耦合多级放大电路，由于电容的隔直作用，各级电路的静态工作点各自独立，互不影响，因此可以分别计算各自的静态工作点，方法同单级放大电路一样。

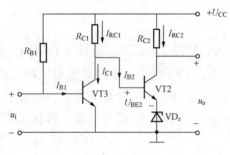

图 6-46　［例 6-7］图

直接耦合多级放大电路，由于前、后级之间存在直流通路，因此不能各级独立的计算静态工作点。在分析具体电路时，为了简化计算过程，常常首先找出最容易确定的环节，然后再计算其他各处的静态电压和电流。有时候，只能通过联立方程来求解。

【例 6-7】　在图 6-46 所示的两级直接耦合放大电路中，$U_{CC}=24V$，VT1、VT2 的基—射极电压均取 0.7V，电流放大倍数分别为 $\beta_1=45$，$\beta_2=40$，$R_{B1}=240k\Omega$，$R_{C1}=3.9k\Omega$，$R_{C2}=500\Omega$，稳压管 VD_Z 的工作电压 $U_Z=4V$。试计算各级的静态工作点。

解　VT1 的集电极电位为

$$V_{C1}=U_{BE2}+U_Z=(0.7+4)=4.7(V)$$

因此

$$I_{RC1}=\frac{U_{CC}-V_{C1}}{R_{C1}}=\frac{24-4.7}{3.9}=4.95(mA)$$

而

$$I_{B1}\approx\frac{U_{CC}}{R_{B1}}=\frac{24}{240}=0.1(mA)$$
$$I_{C1}=\beta_1 I_{B1}=45\times0.1=4.5(mA)$$

则

$$I_{B2}=I_{RC1}-I_{C1}=(4.95-4.5)=0.45(mA)$$
$$I_{C2}=\beta_2 I_{B2}=40\times0.45=18(mA)$$

故

$$U_o = V_{C2} = U_{CC} - I_{C2}R_{C2}$$
$$= (24 - 18 \times 10^{-3} \times 0.5 \times 10^3) = 15(V)$$
$$U_{CE2} = V_{C2} - V_{E2} = (15 - 4) = 11(V)$$

2. 多级放大电路的动态分析

（1）电压放大倍数。在多级放大电路中，由于各级之间是级联关系，上一级的输出，就是下一级的输入，所以总的电压放大倍数为各级电压放大倍数的乘积，即

$$A_u = A_{u1}A_{u2}A_{u3}\cdots A_{un} = \prod_{k=1}^{n} A_{uk} \tag{6-61}$$

值得注意的是，计算多级放大电路的每一级电压放大倍数时，必须考虑前、后级之间的影响，比较简单的方法是将后一级的输入电阻作为前一级的负载电阻来处理。

（2）输入电阻和输出电阻。一般说来，多级放大电路的输入电阻就是输入级（第一级）的输入电阻，而输出电阻就是输出级（末级）的输出电阻，由于总的放大倍数等于各级放大倍数的乘积，所以在选择输入级、输出级电路形式和参数时，就可以使之主要服从于输入、输出电阻的要求，而由中间级来满足放大倍数的要求。

在具体计算输入、输出电阻时，仍可利用已有的公式。不过，有时它们不仅和本级参数有关，也与中间级的参数有关。例如，输入级为射极输出器时，它的输入电阻还与下级的输入电阻有关，这一点需要特别注意。

【例6-8】 在图6-47所示的两级阻容耦合放大电路中，$U_{CC} = 24V$，VT1、VT2的电流放大系数 $\beta_1 = \beta_2 = 50$，$U_{BE1} = U_{BE2} = 0.6V$，$R_{B1} = 1M\Omega$，$R_{E1} = 27k\Omega$，$R_{B2} = 43k\Omega$，$R_{B3} = 82k\Omega$，$R_C = 10k\Omega$，$R_{E2} = 510\Omega$，$R_{E3} = 7.5k\Omega$。试求两级放大电路的电压放大倍数和输入、输出电阻。

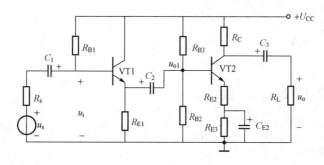

图6-47 ［例6-8］图

解 （1）先计算各级的静态工作点

$$I_{B1} = \frac{U_{CC} - U_{BE1}}{R_{B1} + (1+\beta)R_{E1}} = \frac{24 - 0.6}{10^3 + 51 \times 27} \approx 0.01(mA)$$

$$I_{C1} = \beta_1 I_{B1} = 50 \times 0.01 = 0.5(mA)$$

$$U_{CE1} = U_{CC} - I_{C1}R_{E1} = (24 - 0.5 \times 10^{-3} \times 27 \times 10^3) = 10.5(V)$$

$$V_{B2} = \frac{R_{B2}}{R_{B2} + R_{B3}}U_{CC} = \frac{43}{43 + 82} \times 24 = 8.26(V)$$

$$I_{C2} \approx I_{E2} = \frac{V_{B2} - U_{BE2}}{R_{E2} + R_{E3}} = \frac{8.26 - 0.6}{0.51 + 7.5} = 0.956(mA)$$

$$U_{CE2} \approx U_{CC} - I_{C2}(R_{E2} + R_{E3} + R_C)$$
$$= [24 - 0.956 \times 10^{-3} \times (0.51 + 7.5 + 10) \times 10^3] = 6.78(V)$$

（2）电压放大倍数。图6-47所示电路的微变等效电路如图6-48所示。第一级为射极输出器，不考虑信号源内阻和负载的影响，电压放大倍数为

$$A_{u1} = \frac{(1 + \beta_1)R'_{L1}}{r_{be1} + (1 + \beta_1)R'_{L1}}$$

其中
$$r_{be1} = 200 + (1 + \beta_1)\frac{26}{I_{E1}} = 200 + 51 \times \frac{26}{0.5} = 2.85(k\Omega)$$

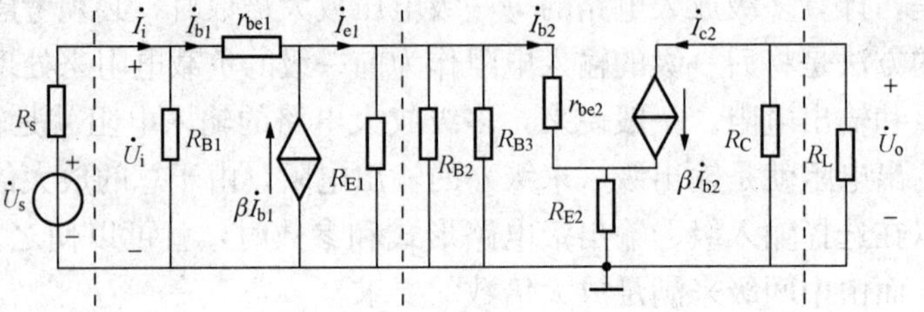

图6-48 图6-47所示电路的微变等效电路

$$R'_{L1} = R_{E1} \ /\!/ \ r_{i2}$$

而
$$r_{i2} = [r_{be2} + (1 + \beta_2)R_{E2}] \ /\!/ \ R_{B2} \ /\!/ \ R_{B3}$$

由
$$r_{be2} = 200 + (1 + \beta_2)\frac{26}{I_{E2}} = 200 + 51 \times \frac{26}{0.956} = 1.59 \ (k\Omega)$$

得
$$r_{i2} = 14 \ (k\Omega)$$

所以
$$A_{u1} = \frac{51 \times \dfrac{27 \times 14}{27 + 14}}{2.85 + 51 \times \dfrac{27 \times 14}{27 + 14}} = \frac{470.2}{473.15} = 0.994$$

第二级电压放大倍数（空载放大倍数）为

$$A_{u2} = -\frac{\beta_2 R_C}{r_{be2} + (1 + \beta_2)R_{E2}} = -\frac{50 \times 10}{1.59 + 51 \times 0.51} = -18.1$$

所以
$$A_u = A_{u1}A_{u2} = 0.994 \times (-18.1) = -18$$

（3）输入电阻

$$r_i = r_{i1} = [r_{be1} + (1 + \beta_1)R_{E1} \ /\!/ \ r_{i2}] \ /\!/ \ R_{B1}$$
$$= \left(2.85 + 51 \times \frac{27 \times 14}{27 + 14}\right) /\!/ \ R_{B1}$$
$$= \frac{473 \times 1000}{1473}$$
$$= 321(k\Omega)$$

（4）输出电阻

$$r_o = r_{o2} \approx R_C = 10k\Omega$$

习 题

6.1 试说明图 6 - 49 中各电路能否放大交流信号？为什么？

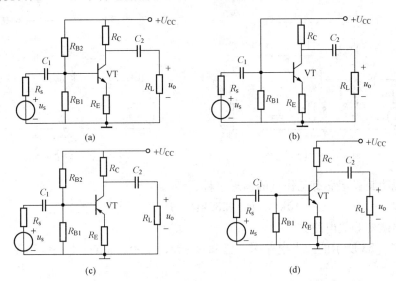

图 6 - 49 题 6.1 图

6.2 放大电路如图 6 - 50 所示，已知 $U_{CC}=12V$、$R_B=240k\Omega$、$R_C=3k\Omega$，三极管的输出特性如图 6 - 50（b）所示。

（1）试用直流通路估算静态值 I_B、I_C、U_{CE}；

（2）试用图解法求放大电路的静态工作点；

（3）在静态（$u_i=0$）时 C_1、C_2 上的电压各为多少？并标出极性。

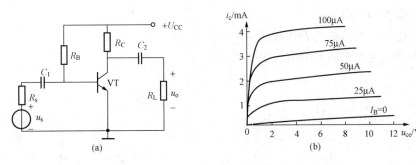

图 6 - 50 题 6.2 图

6.3 在题 6.2 中，若 $U_{CC}=10V$，要求 $U_{CE}=5V$、$I_C=2mA$，试求 R_B 和 R_C 的阻值。

6.4 在题 6.2 中，若已知 $\beta=40$、$R_L=6k\Omega$，试用微变等效电路计算电压放大倍数 A_u，并在图 6 - 50（b）中分别画出输出端开路和 $R_L=6k\Omega$ 时的交流负载线。

6.5 图 6 - 51 所示的放大电路中，已知 $U_{CC}=24V$、$R_C=3.3k\Omega$、$R_E=1.5k\Omega$、$R_{B1}=10k\Omega$、$R_{B2}=33k\Omega$、$R_L=5.1k\Omega$、$R_s=1k\Omega$，$\beta=66$。

（1）试求静态值 I_B、I_C、U_{CE}；

（2）画出微变等效电路；

（3）计算电压放大倍数 A_u 和 A_{us}；

（4）计算放大电路的输入电阻 r_i 和输出电阻 r_o。

6.6 图 6-52 为集电极—基极偏置放大电路。

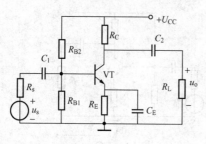 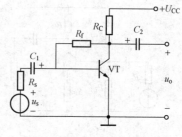

图 6-51 题 6.5 图　　　　图 6-52 题 6.6 图

（1）试说明其稳定静态工作点的物理过程；

（2）设 $U_{CC}=20$V，$R_C=10$kΩ，$R_f=330$kΩ，$\beta=50$，试求其静态值；

（3）画出微变等效电路。

6.7 图 6-53 所示的放大电路中，已知 $\beta=60$、$r_{be}=1.8$kΩ、$U_s=15$mV，其他参数已标在图中。

（1）试求静态值；

（2）画出微变等效电路；

（3）计算放大电路的输入电阻 r_i 和输出电阻 r_o；

（4）计算电压放大倍数 A_u、A_{us} 和输出电压 U_o；

（5）若 $R_f=0$，再计算 r_i、r_o、A_u、A_{us} 和 U_o，并与 $R_f=100$Ω 时的计算结果进行比较。

6.8 单管放大电路如图 6-54 所示。

（1）画出直流通路；

（2）画出微变等效电路；

（3）写出电压放大倍数的表达式；

（4）写出输入电阻和输出电阻的表达式。

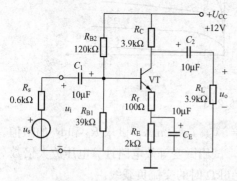 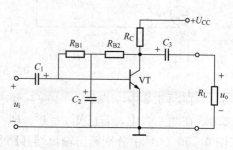

图 6-53 题 6.7 图　　　　图 6-54 题 6.8 图

6.9 共基极放大电路如图 6-55 所示，已知 $\beta=100$，其他参数已标图中。

（1）试求静态值；

（2）画出微变等效电路；

（3）计算放大电路的输入电阻 r_i、输出电阻 r_o 和电压放大倍数 A_u。

6.10　在图 6 - 56 所示放大电路中，VT1、VT2 构成复合管，已知 $\beta_1 = 50$、$\beta_2 = 10$、$U_{BE1} = U_{BE1} = 0.6V$、$U_{CC} = 12V$。

（1）计算放大电路的静态值；

（2）画出微变等效电路；

（3）求输入电阻 r_i 和电压放大倍数 A_u。

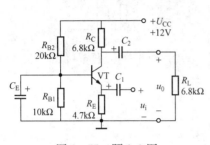

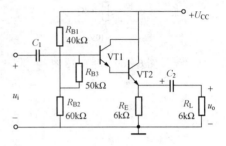

图 6 - 55　题 6.9 图　　　　　　　　　图 6 - 56　题 6.10 图

6.11　为提高放大电路的负载能力，多级放大电路的末级常采用射极输出器，共射、共集两级阻容耦合放大电路如图 6 - 57 所示。已知 $R_1 = 51k\Omega$，$R_2 = 11k\Omega$，$R_3 = 5.1k\Omega$，$R_4 = 51\Omega$，$R_5 = 1k\Omega$，$R_6 = 150k\Omega$，$R_7 = R_L = 3.3k\Omega$，$\beta_1 = \beta_2 = 50$，$U_{BE} = 0.7V$，$U_{CC} = 12V$。

（1）求各级的静态工作点；

（2）求电路的输入电阻 r_i 和输出电阻 r_o；

（3）试分别计算 R_L 接在第一级输出端和第二级输出端时的电压放大倍数。

6.12　图 6 - 58 所示电路为源极输出器。已知 $U_{DD} = 12V$，$R_s = 12k\Omega$，$R_{G1} = 1M\Omega$，$R_{G2} = 500k\Omega$，$R_G = 1M\Omega$，$g_m = 0.9mA/V$。试求：

（1）静态值 I_D、U_{Ds}（设 $U_G \approx U_s$）；

（2）电压放大倍数 A_u、输入电阻 r_i。

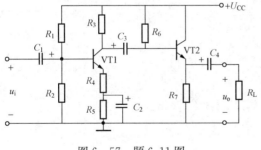

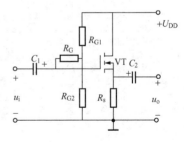

图 6 - 57　题 6.11 图　　　　　　　　　图 6 - 58　题 6.12 图

6.13　图 6 - 59 所示电路中 VT1、VT2 为硅管。求 VT2 的静态工作点和放大电路的差模电压放大倍数。

6.14　图 6 - 60 所示电路中，设各管的发射结压降为 0.6V。试求：

（1）该放大电路是什么电路？

（2）VT4、VT5 起什么作用？

（3）静态时，要求 $U_A=0$，这时的集电极电位 U_{C3} 应调到多少？

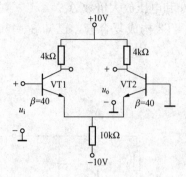

图 6-59　题 6.13 图

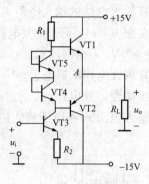

图 6-60　题 6.14 图

第7章　集成运算放大器

　　所谓集成电路，就是采用工艺的手段，使材料、元件和电路融为一体，形成不可分割的固体组件。与分立元件电路相比，集成电路具有密度高、引线短、外部焊点少，可靠性高等优点。就集成度而言，集成电路分为小规模、中规模、大规模和超大规模，超大规模集成电路，在只有几十平方毫米的芯片上，集成上百万个元件。

　　集成运算放大器实质上是一个具有高增益直接耦合的多级放大电路。由于该电路最初用于模拟计算机中对信号的运算，故人们习惯称之为运算放大器。随着集成运算放大器性能的不断完善，它的应用已远远超过了模拟运算的范畴，在自动控制、测量、信号变换等方面获得了广泛应用。而今该电路并非仅用于信号的运算。

　　本章介绍集成运算放大器的特性及其在信号运算、信号处理方面的应用，有关集成运算放大器的其他方面的应用将在后续章节中介绍。

7.1　集成运算放大器简介

7.1.1　集成运算放大器的电路组成

　　集成运算放大器可分为通用运算放大器和专用运算放大器。专用运算放大器是某一两个指标特别突出的运算放大器，有高输入阻抗、低漂移、宽带、高速、高反压等特性。

　　集成运算放大器（简称集成运放）内部是一个具有高放大倍数的多级直接耦合放大电路，其内部电路虽然各不相同，但其基本结构一般由输入级、中间级、输出级和偏置电路等部分组成。其内部电路组成框图如图7-1所示。

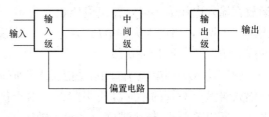

图7-1　集成运放内部电路组成框图

　　输入级是集成运放的重要组成部分，通常要求其输入电阻高，零点漂移小。输入级一般采用具有恒流源的差动放大电路，因此有同相和反相两个输入端。

　　中间级主要进行电压放大，为了提高电压放大倍数，一般由共发射极放大电路构成，并采用有源负载，其放大倍数可达 10^5 以上。此外，中间级还具有电平位移及输入、输出方式转换的作用。常采用复合管和有源负载的高增益的放大电路。

　　输出级是集成运放内部电路的最后一级，要求其输出电阻小，带负载能力强，能输出足够大的电流和功率。一般多采用互补对称功率电路或射极输出器。

　　偏置电路的作用是为上述的各级放大电路设置合适的静态工作点，一般采用各种形式的恒流源电路。

　　集成运放的电路模型是一个三端元件，其电路符号如图7-2所示，它有两个输入端和一个输出端，它们对参考点的电压（即各端的电位）分别用 u_+、u_- 和 u_o 表示。若输入信号

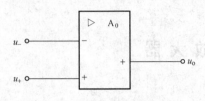

图 7 - 2　集成运放的电路符号

分别由单端输入时其输出的相位则不同，当输出与输入同相位时对应的输入端称为同相输入端，用"＋"标记，当输出与输入反相位时对应的输入端称为反相输入端，用"－"标记。输出端用"＋"标记。

集成运放是个多引脚的芯片，不同型号的运放芯片引脚数也不尽相同。一般除输入、输出端钮外，通常还有正负电源端、调零端、消振端等。使用时应查有关手册确认。

7.1.2　集成运算放大器的主要技术参数

集成运放的技术参数有十几个，它们是正确合理使用集成运放的依据。下面讨论几种常用的技术参数：

（1）开环差模电压放大倍数 A_{od}。集成运放的开环差模电压放大倍数 A_{od} 是指在标称电源电压和规定的负载下，输入和输出之间无反馈时，输出电压与输入差模电压之比，也称为开环电压增益，通常用分贝表示，即

$$A_{od} = 20 \lg \left| \frac{u_o}{u_+ - u_-} \right| (\text{dB}) \tag{7-1}$$

它是影响集成运放运算精度的重要指标，A_{od} 越大，集成运放构成的运算电路越稳定，运算精度也越高。A_{od} 值常在 $10^5 \sim 10^7$ 左右，即 $100 \sim 140\text{dB}$ 左右。

（2）共模抑制比 K_{CMRR}。集成运放的共模抑制比 K_{CMRR} 的定义与差分放大电路相同。K_{CMRR} 是衡量集成运放放大差模信号和抑制共模信号能力的，因此其值越大越好。集成运放的 K_{CMRR} 一般为 $80 \sim 120\text{dB}$。

（3）输入失调电压 U_{IO}。U_{IO} 是指使输出电压为零而在输入端加的补偿电压。理想的集成运放在输入电压为零时，输出电压也应为零。但由于输入级电路参数的不完全匹配而造成输出的"失调"，用输入失调电压 U_{IO} 表示。它反映了集成运放输入级电路的对称程度和电位的配合情况。一般为毫伏级。

（4）输入失调电流 I_{IO}。I_{IO} 是指流入集成运放差动输入级的静态基极电流之差。它主要由输入级差分对管的不对称所引起的。由于信号源内阻的存在，I_{IO} 的存在会引起误差输入电压，所以希望 I_{IO} 越小越好。一般为纳安级。

（5）最大共模输入电压 U_{ICM}。U_{ICM} 是在标称电源电压下允许加在输入端的最大共模电压。当共模输入电压超过此值时，会引起集成运放内部某些晶体管截止或饱和，使之不能正常工作或共模抑制比明显下降。

（6）最大差模输入电压 U_{IDM}。U_{IDM} 是两个输入端之间所允许施加的最大电压。超过这一数值，运放的输入级差放对管中的一个管子将会发生反向击穿。

（7）差模输入电阻 r_{id}。r_{id} 是指输入端对差模信号呈现的动态电阻。r_{id} 越大，从信号源吸取的电流越小。双极晶体管输入级的集成运放，r_{id} 一般为几兆欧；场效应管输入级的集成运放，r_{id} 一般为几十兆欧至几百兆欧。

（8）输出电阻 r_o。r_o 是指从集成运放输出端看进去的等效电阻。r_o 越小越好，集成运放的 r_o 一般为几十欧至几百欧。

除上面介绍的参数外，集成运放的参数还有输入偏置电流、宽带、输入失调电压温漂、输入失调电阻温漂等。

7.1.3　电压传输特性

1. 集成运放的电压传输特性

集成运放的输出电压 u_o 与两个输入电压之差（$u_+ - u_-$）间的关系称为电压传输特性。典型集成运放的电压传输特性曲线如图 7-3 所示。

从图 7-3 可以看出，集成运放的电压传输特性分为线性区（放大区）和非线性区（正、负饱和区）。

电压传输特性的斜线部分就是线性区，斜线的斜率就是集成运放的开环差模电压放大倍数 A_{od}。当集成运放工作在线性工作区时，u_o 和（$u_+ - u_-$）之间是线性关系，即

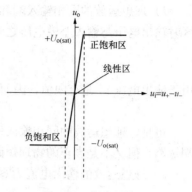

图 7-3　集成运放的
电压传输特性

$$u_o = A_{od}(u_+ - u_-) \tag{7-2}$$

电压传输特性的水平直线部分为非线性区。当集成运放工作在非线性区时，输出电压 u_o 只能是正饱和值 $+U_{o(sat)}$ 和负饱和值 $-U_{o(sat)}$，其值接近正、负电源电压值。

集成运放的开环差模电压放大倍数 A_{od} 一般很大，因而集成运放的线性工作区很窄，在开环的情况下很容易进入非线性区，例如一个集成运放的输出电压的正负饱和值为 $\pm14V$，$A_{od} = 4 \times 10^5$，那么只有当 $|u_+ - u_-| < 35\mu V$ 时运放工作在线性区，超过这一数值运放就要进入非线性区，所以要使集成运放工作在线性区，通常要引入负反馈。

2. 理想运算放大器

（1）理想化的基本条件。为简化分析计算，通常将集成运放看成是理想运算放大器，所谓的理想运算放大器就是将实际的集成运放性能指标理想化。理想化的基本条件是：

1）开环差模电压放大倍数 $A_{od} = \infty$。

2）差模输入电阻 $r_{id} = \infty$。

3）输出电阻 $r_o = 0$。

4）共模抑制比 $K_{CMRR} = \infty$。

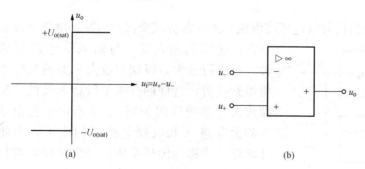

图 7-4　理想集成运算放大器
(a) 电压传输特性；(b) 电路符号

理想运算放大器的电压传输特性和电路符号分别如图 7-4（a）、（b）所示，符号中的"∞"表示理想运放开环差模电压放大倍数为无穷大。

实际上并不存在理想运算放大器，但目前，集成运放的性能指标已做得很高，实际集成运放的性能指标与理想运放比较接近，在分析它们组成的电路时，将运放当作理想运算放大器处理，已能满足工程精度的要求。

（2）两个重要结论。根据理想运放的性能指标，可以得出理想运放工作在线性区的两个重要结论：

1）理想运放的同相输入端和反相输入端的电位相等。根据式（7-2），运放工作在线性区时输出电压与输入差模电压之间的关系为

$$(u_+ - u_-) = \frac{u_o}{\infty}$$

由于输出电压 u_o 是有限值，因而可以得出 $u_+ - u_- = 0$，即

$$u_+ = u_- \tag{7-3}$$

可见，理想运放的同相输入端和反相输入端的电位是相等的，这等效于运放的两个输入端短路，但又不是真正的物理短路，所以称为**"虚短"**。

2）理想运放的输入电流为零。由输入电阻的定义可得输入电流为

$$i_{id} = \frac{u_i}{r_{id}} \tag{7-4}$$

因为理想运放的差模输入电阻 $r_{id} = \infty$，所以输入电流为零。这说明两输入端之间相当于开路，但又不是真正的物理断开，所以称为**"虚断"**。

"虚短"和"虚断"是简化运放电路分析的重要辅助概念，常把利用"虚短"和"虚断"简化电路分析的方法称为"虚短虚断法"。

值得注意的是，上述两个重要结论只适用于运放工作在线性区，如果工作在非线性区时，两个输入端的输入电流也等于零，输出电压则是正负饱和电压，即

当 $u_+ > u_-$ 时，$u_o = +U_{o(sat)}$；

当 $u_+ < u_-$ 时，$u_o = -U_{o(sat)}$。

7.2　放大电路中的负反馈

反馈是自动控制原理中的一个基本概念。此前已多处提到，这是因为在电子放大电路中，广泛应用负反馈来改善放大电路工作性能。本节集中讨论放大电路中的负反馈问题。

7.2.1　反馈的基本概念

将放大电路（或系统）输出信号（电压或电流）的一部分或全部通过某种电路（反馈电路）送回到输入端，与输入信号进行比较，再进行放大，以期使放大电路的某些性能得到改善，这样的技术手段称为反馈。反馈放大电路的框图如图7-5所示。它由基本放大电路 A 和反馈电路 F 构成了一个闭合环路，常称为闭环系统。与之对应，若只有基本放大电路 A，且输入端与输出端之间没有任何外部元件相连接构成的系统，称为开环系统。

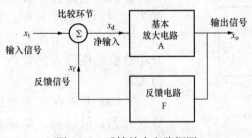

图7-5　反馈放大电路框图

图7-5中 x 表示信号，它既可以表示电压，也可以表示电流。信号的传输方向如图中箭头所示，x_i、x_o、x_f 分别为输入、输出和反馈信号。x_i 和 x_f 在输入端进行比较，若反馈信号 x_f 增强输入信号 x_i（净输入增加），则称为正反馈，即

$$x_d = x_i + x_f \tag{7-5}$$

反之，若反馈信号 x_f 削弱了输入信号 x_i（使净输入减小），称为负反馈，即

$$x_d = x_i - x_f \tag{7-6}$$

由式（7-6）可知，负反馈时 $x_d < x_i$。要使 $x_d < x_i$，则必然有 x_d、x_i 和 x_f 同相。

在单级集成运放组成的反馈放大电路中，如果反馈信号加在反相输入端，由于反相输入端的信号与输出信号的极性相反，将使反相输入端的净输入信号减小，故成称为负反馈；如果反馈信号加在同相输入端，由于同相输入端的信号与输出信号的极性相同，于是使同相输入端的净输入信号增强，故称为正反馈。

运算放大器作线性应用时，大多是采用负反馈，正反馈常用在运算放大器作为非线性应用的电路中。本节将主要讨论负反馈问题。

图 7-6 所示电路为负反馈放大电路的框图。设 x 为正弦量并用相量表示，基本放大电路的放大倍数为

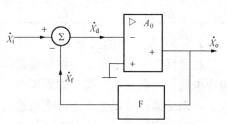

$$A_0 = \frac{\dot{X}_o}{\dot{X}_d} \tag{7-7}$$

式中：A_0 称为开环放大倍数。

图 7-6　负反馈放大电路框图

引入负反馈后，反馈信号与输出信号之比称为反馈系数，即

$$F = \frac{\dot{X}_f}{\dot{X}_o} \tag{7-8}$$

引入负反馈后的净输入信号为

$$\dot{X}_d = \dot{X}_i - \dot{X}_f \tag{7-9}$$

考虑以上各式，开环放大倍数为

$$A_0 = \frac{\dot{X}_o}{\dot{X}_i - \dot{X}_f} \tag{7-10}$$

引入负反馈后的放大倍数称为闭环放大倍数，即包括反馈电路在内的整个放大电路的放大倍数，其表达式为

$$A_f = \frac{\dot{X}_o}{\dot{X}_i} = \frac{A_0}{1 + A_0 F} \tag{7-11}$$

其中

$$A_0 F = \frac{\dot{X}_o}{\dot{X}_d} \frac{\dot{X}_f}{X_o} = \frac{\dot{X}_f}{\dot{X}_d} \tag{7-12}$$

由式（7-6）可知，负反馈时 $\dot{X}_i$、$\dot{X}_f$ 与 $\dot{X}_d$ 同相，故 $A_0 F$ 为正实数，$1 + A_0 F$ 为大于 1 的正实数。因此，由式（7-11）可知，$A_f < A_0$。这是因为放大电路引负反馈后，使得净输入信号减小，从而导致输出信号减小，放大倍数降低。放大倍数降低的幅度取决于 $|1 + A_0 F|$ 的大小，$|1 + A_0 F|$ 称为反馈深度，其值越大，反馈作用越强，A_f 也就越小。

应该注意，上述放大倍数 A_0 和 A_f 指广义的放大倍数，不一定就是电压放大倍数，反馈类型不同，量纲也不同，A_0、F 和 A_f 的含义见表 7 - 1。

表 7 - 1　　　　　　　　　　　四种反馈类型对应的 A_0、F 和 A_f

类型 项目	电压串联	电压并联	电流串联	电流并联
$A_0=\dfrac{\dot{X}_o}{\dot{X}_d}$	$A_{u0}=\dfrac{\dot{U}_o}{\dot{U}_{id}}$	$A_{r0}=\dfrac{\dot{U}_o}{\dot{I}'_i}$	$A_{g0}=\dfrac{\dot{I}_o}{\dot{U}_{id}}$	$A_{i0}=\dfrac{\dot{I}_o}{\dot{I}'_i}$
$F=\dfrac{\dot{X}_f}{\dot{X}_o}$	$F_u=\dfrac{\dot{U}_f}{\dot{U}_o}$	$F_g=\dfrac{\dot{I}_f}{\dot{U}_o}$	$F_r=\dfrac{\dot{U}_f}{\dot{I}_o}$	$F_i=\dfrac{\dot{I}_f}{\dot{I}_o}$
$A_f=\dfrac{\dot{X}_o}{\dot{X}_i}$	$A_{uf}=\dfrac{\dot{U}_o}{\dot{U}_i}$	$A_{rf}=\dfrac{\dot{U}_o}{\dot{I}_i}$	$A_{gf}=\dfrac{\dot{I}_o}{\dot{U}_i}$	$A_{if}=\dfrac{\dot{I}_o}{\dot{I}_i}$

7.2.2　负反馈的类型

在负反馈放大电路中，如果反馈信号取自输出电压，则称电压反馈；如果反馈信号取自输出电流，则称电流反馈。如果反馈信号以电压的形式与输入电压串联相减，则称为串联反馈；如果反馈信号以电流的形式与输入电流并联相减，则称为并联反馈。因此根据反馈信号采样方式和反馈电路的输出端口与基本放大电路输入端口的连接方式不同，负反馈分为电压串联反馈、电压并联反馈、电流串联反馈、电流并联反馈四种不同类型的反馈，其结构框图如图 7 - 7 所示。当反馈信号取自输出电压时，则有

$$\dot{X}_f = F\dot{X}_o = F\dot{U}_o \tag{7-13}$$

这种反馈信号正比于输出电压的反馈，称为电压反馈，如图 7 - 7（a）、（b）所示；如果反馈信号取自输出电流时，则有

$$\dot{X}_f = F\dot{X}_o = F\dot{I}_o \tag{7-14}$$

所以，反馈信号正比于输出电流的反馈，称为电流反馈，如图 7 - 7（c）、（d）所示。

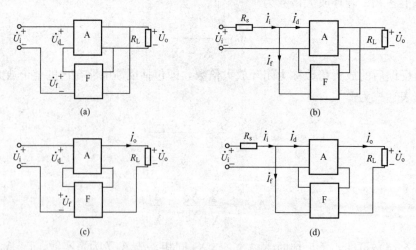

图 7 - 7　反馈放大电路结构框图

（a）电压串联反馈；（b）电压并联反馈；（c）电流串联反馈；（d）电流并联反馈

当反馈电路的输出端口与基本放大电路输入端口串联时，$\dot{X}_i$、$\dot{X}_d$、$\dot{X}_f$ 均以电压的形式

表现，在输入回路有电压方程

$$\dot{U}_d = \dot{U}_i - \dot{U}_f \tag{7-15}$$

这种 $\dot{X}_i$、$\dot{X}_d$、$\dot{X}_f$ 在输入回路均以电压的形式表现，且由 KVL 约束，这种反馈连接称为串联反馈，如图 7-7（a）、（c）所示。而两端口并联，则在输入端有

$$\dot{I}_d = \dot{I}_i - \dot{I}_f \tag{7-16}$$

此时 $\dot{X}_i$、$\dot{X}_d$、$\dot{X}_f$ 均以电流的形式表现，且由 KCL 约束，这种反馈连接称为并联，如图 7-7（b）、（d）所示。

下面以运算放大电路为例介绍负反馈电路，以期达到正确判断反馈组态并掌握各自特点。在运算放大电路中，反馈信号是从反馈电路的输出端加到运算放大器的反相输入端，从而实现负反馈。现将运算放大电路的四种基本负反馈电路分别叙述如下。

1. 电压串联负反馈

图 7-8（a）是电压串联负反馈电路的典型电路，为了便于理解将其改画成图 7-8（b）所示电路。由图（b）可知，由运放组成基本放大电路，由 R_1、R_f 组成反馈电路。根据运放的"虚断"特点，分析可得反馈电压为

$$u_f = \frac{R_1}{R_1 + R_f} u_o = F u_o \tag{7-17}$$

在输入回路，输入电压 u_i、反馈电压 u_f 和净输入电压 u_d 必须遵循 KVL，即

$$u_d = u_i - u_f \tag{7-18}$$

以上分析可知，反馈信号加在运放的反相输入端，同时反馈电路的输出端口与基本放大电路输入端口为串联，且反馈信号的存在依赖于输出电压 u_o，故图 7-8 所示电路为电压串联负反馈。

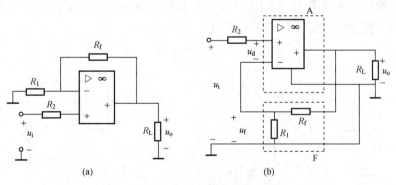

图 7-8　电压串联负反馈电路

(a) 典型电路；(b) 用二端口表示

2. 电压并联负反馈

图 7-9（a）、（b）是电压并联负反馈电路的典型电路和改画后的电路。由图 7-9（b）可知，由运放组成基本放大电路，R_f 组成反馈电路。应用运放的"虚断"和"虚短"的特点，可得反相端的电位 $u_- = 0$，近似接地，在反相输入而同相端接地的电路中，该点称为"虚地"。于是反馈电流 i_f 正比于输出电压 u_o，即

$$i_f = -\frac{1}{R_f} u_o \tag{7-19}$$

在输入端，输入电流 i_i、反馈电流 i_f 和净输入电流 i_d 必须遵循 KCL，即

$$i_d = i_i - i_f \tag{7-20}$$

以上分析可知，反馈信号加在运放的反相输入端，而反馈电路的输出端口与基本放大电路输入端口为并联，且反馈信号的存在依赖于输出电压 u_o，故图 7 - 9 所示电路为电压并联负反馈。

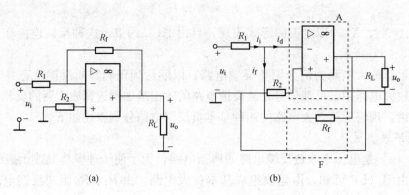

图 7 - 9 电压并联负反馈电路
(a) 典型电路；(b) 用二端口表示

电压负反馈的特点是稳定输出电压。当输入电压 u_i 一定时，如果输出电压 u_o 由于某种原因（如负载变化）而减小，通过负反馈的自动调整作用，结果使输出电压回升，以抵消下降量而趋于维持恒定。

3. 电流串联负反馈

图 7 - 10 (a)、(b) 是电流串联负反馈电路的典型电路和端口表示的电路。由图 7 - 10 (b) 可知，反馈信号为电阻 R_f 上的压降 u_f，而且反馈电压依赖于运放的输出电流 i_o，利用运放的"虚断"概念，可得反馈电压 u_f 正比于输出电流 i_o，即

$$u_f = R_f i_o \tag{7-21}$$

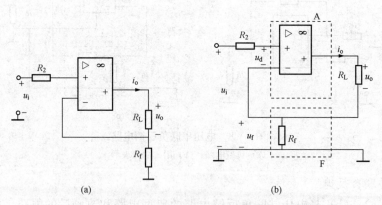

图 7 - 10 电流串联负反馈电路
(a) 典型电路；(b) 用端口表示

在输入回路，输入电压 u_i、反馈电压 u_f 和净输入电压 u_d 必须遵循 KVL，即

$$u_d = u_i - u_f \tag{7-22}$$

与前面同样的分析方法可以判断，图 7 - 10 所示电路为电流串联负反馈。

4. 电流并联负反馈

图 7-11（a）、（b）是电流并联负反馈电路的典型电路和端口表示的电路。由图 7-11（b）可知，反馈信号为电阻 R_f 上的电流 i_f，而且反馈电流依赖于运放的输出电流 i_o，利用运放的"虚断"和"虚地"概念，R_f 和 R_3 可以当作并联处理，于是反馈电流为

$$i_f = \frac{R_3}{R_3 + R_f} i_o \tag{7-23}$$

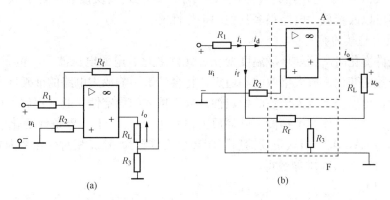

图 7-11 电流并联负反馈电路

（a）典型电路；（b）用端口表示

在输入端，输入电流 i_i、反馈电流 i_f 和净输入电流 i_d 必须遵循 KCL，即

$$i_d = i_i - i_f \tag{7-24}$$

与前面同样的分析方法可以判断，图 7-11 所示电路为电流并联负反馈。

电流负反馈的特点是稳定输出电流。在 u_i 一定的条件下，不论何种原因（如负载变化）使 i_o 减小，通过负反馈的自动调整，将牵制 i_o 的减小而维持恒定。

7.2.3 反馈类型的判断

（1）正反馈和负反馈的判断。采用瞬时极性法判别反馈的极性。假设输入电压在某一时刻的极性，分析同一时刻反馈信号的极性，确定对净输入信号的影响，从而判断是正反馈还是负反馈。对于复杂的电路，特别是多个运放组成的电路，这种方法很奏效。对于单个运放组成的反馈电路可用更简洁的方法，即若反馈支路接到反相输入端为负反馈；若反馈支路接到同相输入端为正反馈。

（2）串联反馈和并联反馈的判断。根据反馈信号与输入信号在放大电路输入端比较方式的不同可分为串联反馈和并联反馈。如果输入信号、反馈信号和净输入信号三者构成回路，则为串联反馈；如果输入信号、反馈信号和净输入信号三者连接成一个点，则为并联反馈。

判别串联反馈和并联反馈更简单的方法是根据反馈电路与输出端的连接形式来分析。如果反馈信号与输入信号分别接于运放的两个不同的净输入端，则为串联反馈；如果反馈信号与输入信号分别接于运放的同一净输入端，则为并联反馈。

（3）电压反馈和电流反馈的判断。采用负载短路法判别电压反馈和电流反馈，即把负载电阻短路后，如果反馈信号仍然存在，则为电流反馈；反之则为电压反馈。这是因为把负载电阻短路，相当于令输出电压为零，若反馈信号随之消失，说明反馈信号正比于输出电压，应为电压反馈；若反馈信号依然存在，说明反馈信号与输出电压无关，应为电流反馈。

判别电压反馈和电流反馈更简单的方法是根据反馈电路与输出端的连接形式来分析。若反馈信号直接从输出端引出，或与负载电阻并联一分压器对输出电压分压后引出反馈信号，则为电压反馈；若与负载电阻串联一取样电阻后引出反馈信号，则为电流反馈。

7.2.4　负反馈对放大电路性能的影响

在放大电路中，为了改善放大电路的性能指标，通常采用负反馈技术。由式（7-11）可知，闭环放大倍数 A_f 比开环放大倍数 A_0 要小，即引入负反馈后降低了放大倍数，但以此为代价，却可以改善放大电路很多其他的工作性能。

1. 提高放大倍数的稳定性

当外界条件变化时（例如环境温度变化、元件老化、电源电压波动、负载变化等），都会引起放大倍数的变化。放大倍数的不稳定，将会严重影响放大电路的准确性和可靠性。采用负反馈技术，可以提高放大倍数的稳定性。放大倍数的稳定性，通常用放大倍数相对变化率表示。设放大电路工作在中频段，开环放大倍数为 A_0，由于外界条件变化引起放大倍数的相对变化率为 dA_0/A_0，引入负反馈后，闭环放大倍数为 A_f 其相对变化率为 dA_f/A_f。

将式（7-11）对 A_0 求导数得

$$\frac{dA_f}{dA_0} = \frac{1}{1+A_0 F} - \frac{A_0 F}{(1+A_0 F)^2} = \frac{1}{(1+A_0 F)^2} = \frac{A_f}{A_0} \times \frac{1}{1+A_0 F}$$

或

$$\frac{dA_f}{A_f} = \frac{1}{1+A_0 F} \times \frac{dA_0}{A_0} \tag{7-25}$$

式（7-25）表明，引入反馈后，虽然放大倍数从 A_0 减小到 A_f，但放大倍数的稳定性却提高了 $(1+A_0 F)$ 倍。负反馈深度越深，放大电路越稳定。电流负反馈具有稳定输出电流、电压负反馈具有稳定输出电压就是这个道理。

2. 减小非线性失真

由于放大电路中含有非线性元件，因此输出信号会产生非线性失真，尤其是输入信号幅度较大时，非线性失真更严重，可将输出端的失真信号反送到输入端，使信号发生某种程度的失真，经过放大之后，就可使输出信号的失真得到一定程度的补偿。这过程可以用图7-12定性说明。从本质上说，负反馈利用了失真的波形来改善波形的失真，因此只能减小失真，而不能完全消除失真。

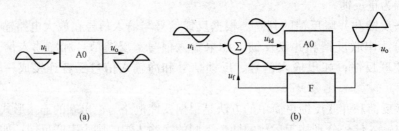

图7-12　负反馈改善波形示意

（a）无反馈时的波形；（b）有反馈时的波形

3. 负反馈对输入电阻和输出电阻的影响

引入负反馈后放大电路的输入电阻和输出电阻都将受到一定的影响，反馈类型不同，这种影响也不同。

负反馈对输入电阻的影响取决于反馈电路与放大电路在输入端的连接方式。串联反馈使输入电阻增加，并联反馈使输入电阻减小。

对输出电阻的影响与反馈信号的取样是电压还是电流有关。放大电路的输出对于负载（包括后级电路）来说相当于电源（或信号源），可分别用电压源和电流源等效。由第一章知道，电压源的内阻越小输出电压越稳定；电流源的内阻越大，输出电流越稳定。据此，电压负反馈具有稳定输出电压 u_o 的作用，这就意味着与开环放大电路相比，输出电阻更小，因此电压负反馈有减小输出电阻的作用；同理可得，电流负反馈有增大输出电阻的作用。

4. 展宽通频带

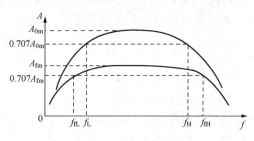

引入负反馈可以改善放大电路的频率特性。在中频段，开环放大倍数 A_{0m} 较高，反馈信号也较大，因而使闭环放大倍数降低较多，从 A_{0m} 降至 A_{fm}，如图 7 - 13 所示。而在低频段和高频段，开环放大倍数较低，反馈信号也较小，因而闭环放大倍数降低得较小，使得下限频率和上限频率由开环时的 f_L 和 f_H 变成了 f_{fL} 和

图 7 - 13　通频带展宽

f_{fH}，从而使放大电路的通频带展宽。当然，这也是以牺牲放大倍数为代价的。

7.3　集成运放在信号运算方面的应用

利用集成运放工作在线性区时的特性，可以构成比例、加减、积分与微分、对数与指数、乘法与除法等运算电路。由于篇幅限制，下面介绍比例、加减、积分与微分电路。

要使运放工作在线性区，必须引入负反馈。此时电路的输出与输入关系几乎与集成运放本身的特性无关，而主要由外接反馈网络的参数所决定。通常利用"虚短"和"虚断"概念对工作于线性区的集成运放电路进行分析。

7.3.1　比例运算

所谓比例运算电路是指电路的输出电压与输入电压为线性比例关系。当比例关系大于 1 时为放大电路。

1. 反相比例运算电路

输入信号经阻抗送到反相输入端，而同相端经阻抗接地，这种输入组态称反相输入。反相比例运算电路为反相输入组态，如图 7 - 14 所示。由于同相端接地，利用"虚短"和"虚断"分析可知，反相输入端的电位和地的电位相等，即等于零，但又不是真正接地，通常这种情况称为"虚地"。如图 7 - 14 中 a 点，利用"虚地"会使反相输入组态电路分析更为简化。

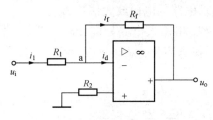

图 7 - 14　反相比例运算电路

在结点 a 电流的代数和应等于零，因 $i_d = 0$（"虚断"），于是可得

$$i_1 = i_f$$

反相输入，同相接地的电路中，a 点为"虚地"，于是有

$$i_1 = \frac{u_i - u_-}{R_1} = \frac{u_i}{R_1} \quad i_f = \frac{u_- - u_o}{R_f} = \frac{-u_o}{R_f}$$

所以

$$\frac{u_i}{R_1} = -\frac{u_o}{R_f}$$

由此得输出电压为

$$u_o = -\frac{R_f}{R_1} u_i \tag{7-26}$$

由此可知 u_o 和 u_i 之间成比例运算关系，负号表示 u_o 和 u_i 相位相反，故称反相比例，其比例系数为电路的电压放大倍数，即

$$A_{uf} = \frac{u_o}{u_i} = -\frac{R_f}{R_1} \tag{7-27}$$

如果选择电阻 $R_1 = R_f$，则 $A_{uf} = -1$，即 $u_o = -u_i$，此时电路称为反相器。

由于一般集成运放的最大输出电流 I_{om} 为 $\pm (5 \sim 10)$ mA，由图 7-14 可知输出电流等于流经反馈电阻 R_f 的电流，而 R_f 上的电压等于 u_o，且为伏特级，故 R_f 至少取千欧以上的数量级。一般配用几千欧至几十千欧。

电路中的电阻 R_2 为平衡电阻，$R_2 = R_1 /\!/ R_f$，其作用是使静态时同相输入端和反相输入端的电流相等，以保证运放的输入级差分放大电路的对称性，消除放大器的偏置电流及其漂移的影响。

在图 7-14 所示的电路中，由于反馈电阻 R_f 跨接在输出端和反相输入端之间，反馈电流 i_f 依赖于输出电压 u_o，若把输出电压短接，则反馈电流为零，故引入的是电压反馈。反馈信号与输入信号接于同一个输入端，故为并联反馈。因此，反向比例运算电路引入的是电压并联负反馈。实际上，在集成运放构成的电路中，净输入电流 i_d 并不真正为零，只是数值非常小。

电路中运放的反相输入端为"虚地"，所以电路的输入端与运放的反相输入端之间的电阻就是电路的输入电阻

$$r_{if} = R_1 \tag{7-28}$$

虽然理想运放的输入电阻为无穷大，但反相比例运算电路的输入电阻并不高，原因是电路引入的是并联负反馈。

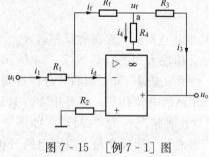

图 7-15 ［例 7-1］图

【例 7-1】 为了用低值电阻实现高放大倍数的比例运算，常用 T 型网络代替反馈电阻 R_f，电路如图 7-15 所示，试求电路的电压放大倍数 A_{uf}。

解 该电路为反相输入电路，同相输入端接地，可利用"虚地"的概念简化分析，即 $u_- = u_+ = 0$，

$$i_1 = \frac{u_i - u_-}{R_1} = \frac{u_i}{R_1}$$

$$i_f = \frac{u_- - u_f}{R_f} = \frac{-u_f}{R_f}$$

再根据"虚断"可得 $i_1 = i_f$，于是

$$u_f = -\frac{R_f}{R_1} u_i$$

在结点 a 有 $i_f = i_3 + i_4$，即

$$-\frac{u_f}{R_f} = \frac{u_f - u_o}{R_3} + \frac{u_f}{R_4}$$

将 $u_f = -\dfrac{R_f}{R_1} u_i$ 代入上式，经整理得电压放大倍数为

$$A_{uf} = \frac{u_o}{u_i} = -\frac{1}{R_1}\left(R_f + R_3 + \frac{R_f R_3}{R_4}\right)$$

该电路也是一个反相比例运算电路，但其电压放大倍数 A_{uf} 不仅与电阻 R_1 和 R_f 有关，而且还与电阻 R_3 和 R_4 有关，因此可以在不改变 R_f 和 R_3 的情况下，通过调整 R_4 的阻值来改变电压放大倍数 A_{uf} 的大小。

【例 7 - 2】 图 7 - 16 所示电路为由理想运算放大器组成的放大电路，求该电路的输入输出关系和输入电阻。

解 该电路为反相输入组态电路，可以利用"虚地"来简化分析。由 A1 构成的电路图可得输入输出关系为

$$u_o = -\frac{R_2}{R_1} u_i$$

由电路图求输入电流为

$$i_i = i_1 - i$$

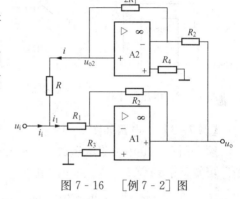

图 7 - 16 ［例 7 - 2］图

图中 A2 也为反相比例器，于是有

$$u_{o2} = -\frac{2R_1}{R_2} u_o = -\frac{2R_1}{R_2} \times \left(-\frac{R_2}{R_1} u_i\right) = 2u_i$$

因此

$$i_i = i_1 - i = \frac{u_i}{R_1} - \frac{u_{o2} - u_i}{R}$$

$$i_i = \frac{u_i}{R_1} - \frac{2u_i - u_i}{R} = \left(\frac{1}{R_1} - \frac{1}{R}\right)u_i$$

$$R_i = \frac{u_i}{i_i} = \frac{RR_1}{R - R_1}$$

结果表明，当选择 $R = R_1$ 时，则输入电阻为无穷大。

2. 同相比例运算电路

输入信号由同相输入端输入，而反相输入端经阻抗接地，这种输入组态称同相输入。同相比例运算电路为同相输入组态，如图 7 - 17 所示。根据"虚短"和"虚断"的特点可得

$$u_- = u_+ = u_i、\quad i_1 = i_f$$

其中

$$i_1 = \frac{0 - u_i}{R_1} = -\frac{u_i}{R_1}$$

$$i_f = \frac{u_- - u_o}{R_f} = \frac{u_i - u_o}{R_f}$$

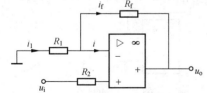

图 7 - 17 同相比例运算电路

于是输出电压为 $-\dfrac{u_i}{R_1} = \dfrac{u_i - u_o}{R_f}$

$$u_o = \left(1 + \frac{R_f}{R_1}\right)u_i \qquad (7 \text{-} 29)$$

由式（7-29）可知，u_o 和 u_i 成比例运算关系，且相位相同，故称同相比例，其闭环电压放大倍数为

$$A_{uf} = \frac{u_o}{u_i} = 1 + \frac{R_f}{R_1} \qquad (7 \text{-} 30)$$

由式（7-30）可知，u_o 和 u_i 的比例关系只与 R_1 和 R_f 有关，而与集成运放本身的参数无关。平衡电阻应为 $R_2 = R_1 /\!/ R_f$。

分析图 7-17 所示电路可知，同相比例运算电路引入的是电压串联负反馈，因而其输入电阻为集成运放的输入电阻，即为无穷大。

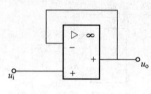

图 7-18　电压跟随器

根据式（7-29）和式（7-30），如果使 $R_1 = \infty$ 或 $R_f = 0$，则电路就演变为图 7-18 所示电路，该电路的电压放大倍数 $A_{uf} = 1$，电路的输出电压和输入电压大小相等相位相同，u_o 随 u_i 变化，所以该电路也称为电压跟随器或同号器。电压跟随器输入电阻高、输出电阻低，具有良好的跟随和隔离作用，所以应用很广泛。

【例 7-3】　电路如图 7-19 所示，已知 $R_1 = R_2 = R_3 = R_4$。试求 u_o 与 u_i 的关系。

解　图 7-19 中两集成运放均是同相输入组态，可采用"虚短虚断法"分析，根据"虚断"可知，$i_1 = i_2$，$i_3 = i_4$；根据"虚短"可知，$u_a = u_{i1}$，$u_b = u_{i2}$，于是

由 $i_1 = i_2$，可得 $\dfrac{u_{o1} - u_a}{R_1} = \dfrac{u_a - u_{o2}}{R_2}$，即 $u_{o1} - u_{i1} = u_{i1} - u_{o2}$

由 $i_3 = i_4$，可得 $\dfrac{u_{o2} - u_b}{R_3} = \dfrac{u_b - 0}{R_4}$，即 $u_{o2} = 2u_b = 2u_{i2}$

所以，$u_{o1} = 2u_{i1} - u_{o2} = 2u_{i1} - 2u_{i2} = 2(u_{i1} - u_{i2}) = 2u_i$

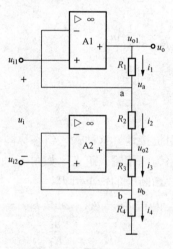

图 7-19　[例 7-3] 图

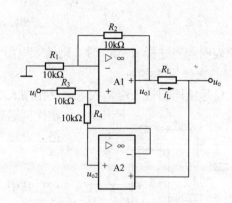

图 7-20　[例 7-4] 图

【例 7-4】　电路如图 7-20 所示，试证明 $i_L = \dfrac{u_i}{R_L}$。

解　图 7-20 中运放 A1 为同相比例放大器，A2 为电压跟随器 $u_{o2} = u_o$，由图 7-20

可知，

$$i_L = \frac{u_{o1} - u_o}{R_L}$$

$$u_{A1+} = u_o + u_{R4} = u_o + \frac{u_i - u_o}{R_3 + R_4} R_4 = u_o + \frac{u_i - u_o}{10 + 10} \times 10 = u_o + \frac{u_i - u_o}{2} = \frac{u_i + u_o}{2}$$

又　　　　　　　$$u_{o1} = \left(1 + \frac{R_2}{R_1}\right) u_{A1+} = 2u_{A1+} = 2 \times \frac{u_i + u_o}{2} = u_i + u_o$$

于是有　　　　　$$i_L = \frac{u_{o1} - u_o}{R_L} = \frac{u_i + u_o - u_o}{R_L} = \frac{u_i}{R_L}$$

7.3.2　加法与减法运算

1. 加法运算电路

（1）反相输入加法运算电路。加法运算电路能够实现多个模拟量的求和运算，图 7 - 21 是一个三输入信号的反相输入加法运算电路。

电路中 $u_- = u_+ = 0$，因而可以得出

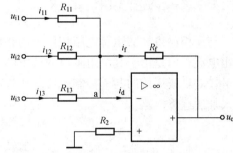

$$i_{11} = \frac{u_{i1} - u_-}{R_{11}} = \frac{u_{i1}}{R_{11}}$$

$$i_{12} = \frac{u_{i2} - u_-}{R_{12}} = \frac{u_{i2}}{R_{12}}$$

$$i_{13} = \frac{u_{i3} - u_-}{R_{13}} = \frac{u_{i3}}{R_{13}}$$

$$i_f = \frac{u_- - u_o}{R_f} = -\frac{u_o}{R_f}$$

图 7 - 21　反相输入加法运算电路

由"虚断"可知 $i_- = 0$，所以 $i_{11} + i_{12} + i_{13} = i_f$

由此可得输出电压与各输入电压的关系为

$$u_o = -R_f \left(\frac{u_{i1}}{R_{11}} + \frac{u_{i2}}{R_{12}} + \frac{u_{i3}}{R_{13}}\right) \tag{7 - 31}$$

当 $R_{11} = R_{12} = R_{13} = R_1$ 时，式（7 - 31）为

$$u_o = -\frac{R_f}{R_1}(u_{i1} + u_{i2} + u_{i3}) \tag{7 - 32}$$

如果 $R_{11} = R_{12} = R_{13} = R_1 = R_f$，则

$$u_o = -(u_{i1} + u_{i2} + u_{i3}) \tag{7 - 33}$$

平衡电阻 R_2 应为

$$R_2 = R_{11} /\!/ R_{12} /\!/ R_{13} /\!/ R_f \tag{7 - 34}$$

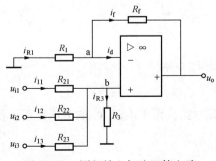

（2）同相输入加法运算电路。加法运算也可以采用同相输入的方式，图 7 - 22 是具有三个同相输入量的加法运算电路。下面分析该电路输出电压与各个输入电压的关系。根据"虚断虚短法"，有 $i_+ = i_- = i_d = 0$，$u_+ = u_-$。对于 a 点，有 $i_{R1} = i_f$，则

$$\frac{0 - u_+}{R_1} = \frac{u_+ - u_o}{R_f}$$

图 7 - 22　同相输入加法运算电路

可得，$u_o = R_f \left(\frac{1}{R_1} + \frac{1}{R_f}\right) u_+$

对于 b 点，有 $i_{11} + i_{12} + i_{13} = i_{R3}$，则

$$\frac{u_{i1} - u_+}{R_{21}} + \frac{u_{i2} - u_+}{R_{22}} + \frac{u_{i3} - u_+}{R_{23}} = \frac{u_+}{R_3}$$

可得

$$u_+ = R_P\left(\frac{u_{i1+}}{R_{21}} + \frac{u_{i2}}{R_{22}} + \frac{u_{i3}}{R_{23}}\right)$$

式中　$R_P = R_3 /\!/ R_{21} /\!/ R_{22} /\!/ R_{23}$，$R_N = R_1 /\!/ R_f$

$$u_o = R_f \frac{R_p}{R_N}\left(\frac{u_{i1}}{R_{21}} + \frac{u_{i2}}{R_{22}} + \frac{u_{i3}}{R_{23}}\right) \tag{7-35}$$

考虑两个输入端对地电阻应相等的平衡条件 $R_P = R_N$，则

$$u_o = R_f\left(\frac{u_{i1}}{R_{21}} + \frac{u_{i2}}{R_{22}} + \frac{u_{i3}}{R_{23}}\right) \tag{7-36}$$

如果进一步选择电阻使 $R = R_f = R_{21} = R_{22} = R_{23}$，则

$$u_o = u_{i1} + u_{i2} + u_{i3} \tag{7-37}$$

与反相输入加法运算电路相比，同相输入加法运算电路的输入电阻高，几乎不从信号源取用电流。但是由于其电阻阻值的调整和平衡电阻的选取比较复杂，且具有较高的共模输入分量，对集成运放的共模抑制比要求比较高，因此在对输入电阻要求不高时，常常采用反相输入加法运算电路。

2. 减法运算电路

减法运算电路如图 7-23 所示，两个输入端都有信号输入，故称为差分输入。

分析减法电路用叠加原理比较简单，图 7-24 （a）和图 7-24 （b）分别是输入信号 u_{i1} 和 u_{i2} 单独作用时的电路图。

可见图 7-24 （a）为 u_{i1} 单独作用时的反相比例运算电路，其输出电压 u_o' 为

$$u_o' = -\frac{R_f}{R_1}u_{i1}$$

图 7-23　减法运算电路

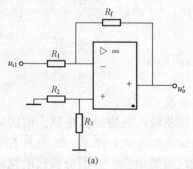

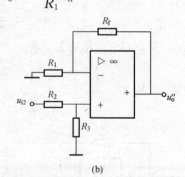

(a)　　　　　　　　　　(b)

图 7-24　用叠加原理分析减法运算电路

（a） u_{i1} 单独作用；（b） u_{i2} 单独作用

可见图 7-24 （b）为 u_{i2} 单独作用时的同相比例运算电路。由于电阻 R_3 的分压作用，使同相输入端电位 $u_+ = \dfrac{R_3}{R_2 + R_3}u_{i2}$，所以输出电压 u_o'' 为

$$u_o'' = \left(1 + \frac{R_f}{R_1}\right)u_+ = \left(1 + \frac{R_f}{R_1}\right)\frac{R_3}{R_2 + R_3}u_{i2}$$

因此 u_{i1} 和 u_{i2} 同时作用时输出电压为

$$u_o = u_o' + u_o'' = \left(1 + \frac{R_f}{R_1}\right)\cdot\frac{R_3}{R_2 + R_3}u_{i2} - \frac{R_f}{R_1}u_{i1} \tag{7-38}$$

当 $R_1=R_2$、$R_3=R_f$ 时，式（7-38）为

$$u_o = \frac{R_f}{R_1}(u_{i2} - u_{i1}) \tag{7-39}$$

当 $R_1=R_2=R_3=R_f$，则

$$u_o = (u_{i2} - u_{i1}) \tag{7-40}$$

由式（7-40）可知，图7-23所示的电路的输出电压与输入电压的差值成正比，因而实现了减法运算。

【例7-5】 已知电路如图7-25所示，求电路的输出电压与输入电压的关系。

解　解法一　利用"虚短虚断法"直接列方程求解。根据"虚短"的概念可知，运放 A1 的反相输入端电压为 u_{i1}。运放 A2 的反相输入电位为 u_{i2}。根据"虚断"的概念可知，R_1 和 R_2 上的电流相等。运放电阻 R_1 接在运放 A1 和运放 A2 的反相输入端之间，因而电阻 R_1 两端电位差应为 $u_{i1} - u_{i2}$，于是流过 R_1 的电流 i_1 为：

$$i_1 = \frac{u_{i1} - u_{i2}}{R_1} = \frac{u_{o1} - u_{o2}}{2R_2 + R_1}$$

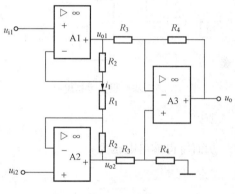

图7-25　[例7-5]图

即

$$u_{o1} - u_{o2} = \left(\frac{R_1 + 2R_2}{R_1}\right)(u_{i1} - u_{i2}) = \left(1 + \frac{2R_2}{R_1}\right)(u_{i1} - u_{i2})$$

对于运放 A_3，由"虚短虚断法"，可以得出输出电压为

$$u_o = -\frac{R_4}{R_3}(u_{o1} - u_{o2}) = -\frac{R_4}{R_3}\left(1 + \frac{2R_2}{R_1}\right)(u_{i1} - u_{i2})$$

若用 u_{id} 表示差模信号，即 $u_{id}=u_{i1}-u_{i2}$，则

$$u_o = -\frac{R_4}{R_3}\left(1 + \frac{2R_2}{R_1}\right)u_{id}$$

解法二　利用电路的对称特点简化分析求解。由图7-25可知，由 A1、A2 组成的部分电路为双端输入双端输出的差分电路，于是可知在 R_1 的中心点必为地电位。所以

$$u_{o1} = \left(1 + \frac{R_2}{0.5R_1}\right)u_{i1} \quad u_{o2} = \left(1 + \frac{R_2}{0.5R_1}\right)u_{i2}$$

所以

$$u_{o1} - u_{o2} = \left(1 + \frac{2R_2}{R_1}\right)(u_{i1} - u_{i2})$$

由 A3 组成的差分输入电路有

$$u_o = -\frac{R_4}{R_3}(u_{o1} - u_{o2})$$

$$u_o = -\frac{R_4}{R_3}\left(1 + \frac{2R_2}{R_1}\right)(u_{i1} - u_{i2})$$

当 $u_{i1} = u_{i2}$ 即输入共模信号时，输出电压 u_o 为零。

由上面的分析可知，该电路放大差模信号时，抑制共模信号，从电路结构上看，电路中的运放 A1 和运放 A2 均采用同相输入方式，输入电阻高，而且由于电路结构对称，抑制共模信号能力强，该电路适于放大弱信号，是测量仪表中常用的基本电路。

7.3.3　积分与微分运算

1. 积分运算电路

(1) 基本积分电路。所谓积分电路，系指电路的输出与输入的积分成比例，其基本积分

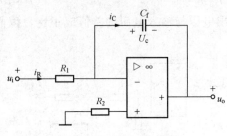

图 7-26　基本积分运算电路

运算电路如图 7-26 所示。它属反相输入组态，其分析方法与反相比例运算电路相同。

根据"虚断"的特点分析可得

$$i_C = i_R$$

利用"虚地"可得　　　$i_R = \dfrac{u_i}{R_1}$；　$u_o = -u_C$

因为　　　$i_C = C\dfrac{du_C}{dt} = -C\dfrac{du_o}{dt}$

所以　　　　　　　　　　　$-C\dfrac{du_o}{dt} = \dfrac{u_i}{R_1}$

从而可得输出电压为

$$u_o = -\frac{1}{C}\int i_C dt = -\frac{1}{R_1 C}\int u_i dt \qquad (7-41)$$

式（7-41）表明积分电路的输出电压与输入电压的积分成比例。

(2) 阶跃响应。当输入电压 u_i 是幅值为 U_i 的阶跃信号，根据式（7-41）输出电压 u_o 随时间变化的表达式为

$$u_o = -\frac{1}{R_1 C}\int_0^t U_i dt = -\frac{U_i}{R_1 C}t \qquad (7-42)$$

由式（7-42）可知，当电路的输入信号为阶跃信号时，输出电压按线性规律变化。理想积分器输出电压的波形如图 7-27 所示。

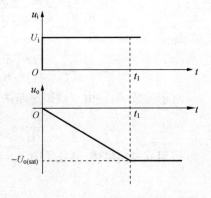

图 7-27　积分器的阶跃响应

当积分时间足够大时，u_o 达到集成运放输出负饱和值 $-U_{o(sat)}$ 时，积分作用停止，运放进入非线性工作状态。如果此时去掉输入电压，即 $u_i = 0$，由于电容无放电回路，输出电压 u_o 将维持在 $-U_{o(sat)}$ 数值。只有当外加 u_i 变为负值时，电容将反方向充电，输出电压绝对值从此开始减小，即反方向积分，退出集成运放的饱和状态。

(3) 存在的问题及解决的办法。实际积分器的特性与理想积分器的特性有一定的差距，实际积分器当输入电压为零时仍会产生缓慢变化的输出电压，这种现象称为漂移或爬行现象。

克服积分漂移的方法之一是积分电容并联一电阻 R_f，如图 7-28 所示。由于电阻 R_f 引

入了直流负反馈，故有效的抑制 U_{I0}、I_{I0} 造成的积分漂移。但时间常数 R_fC_f 应远大于积分时间 t，否则也会造成较大的积分误差。

【例 7 - 6】　求图 7 - 29 所示电路的输出电压 u_o 与输入电压 u_i 的关系式。

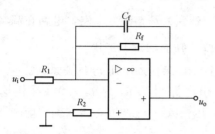 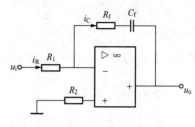

　　　图 7 - 28　克服积分漂移的积分运算电路　　　　　　图 7 - 29　［例 7 - 6］图

解　由图 7 - 29 所示电路可以列出

$$u_o - u_- = -R_f i_C - u_C = -R_f i_C - \frac{1}{C_f}\int i_C \mathrm{d}t$$

$$i_R = \frac{u_i - u_-}{R_1}$$

因为电路中 $u_- = 0$（反相输入端为虚地）、$i_R = i_C$，所以

$$u_o = -\left(\frac{R_f}{R_1}u_i + \frac{1}{R_1C_f}\int u_i \mathrm{d}t\right) \tag{7 - 43}$$

图 7 - 29 所示的电路可看成把反相比例运算电路和积分电路组合起来得到的，因此称之为比例—积分调节器，简称 PI（Proportion Integral）调节器。

2. 微分运算电路

（1）基本微分运算电路。电路的输出电压与输入电压的微分成比例的电路称微分电路。其基本运算电路如图 7 - 30 所示。它属于反相输入组态，与积分电路结构的区别是电路中的电容和电阻的位置互换了。

利用"虚地"概念可得 $u_C = u_i$，由"虚断"可得 $i_f = i_C$，于是有

$$i_f = i_C = C\frac{\mathrm{d}u_C}{\mathrm{d}t} = C\frac{\mathrm{d}u_i}{\mathrm{d}t}$$

进而可以得出输出电压

$$u_o = -i_f R_f = -R_f C\frac{\mathrm{d}u_i}{\mathrm{d}t} \tag{7 - 44}$$

式（7 - 44）表明，微分电路的输出电压与输入电压的微分成比例。

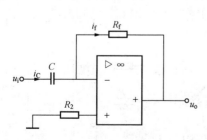 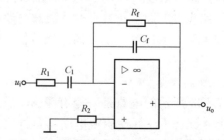

　　　图 7 - 30　基本微分运算电路　　　　　　图 7 - 31　实用微分运算电路

（2）实用微分运算电路。由于基本微分电路的输出电压与输入电压的变化率成正比，因此输出电压对输入信号的变化十分敏感，尤其是对高频干扰和噪声信号。所以，电路的抗干扰性能较差。为此常采用图 7-31 所示的实用微分运算电路，电路中增加 R_1 和 C_f。正常工作频率范围内，使 $R_1 \ll \dfrac{1}{\omega C_1}$，$\dfrac{1}{\omega C_f} \gg R_f$，图 7-31 就变为基本微分电路，电路在高频情况下上述关系不成立，而使高频时的电压放大倍数下降，从而抑制了干扰。

【例 7-7】　求图 7-32 所示的电路的输出电压 u_o 与输入电压 u_i 的关系式。

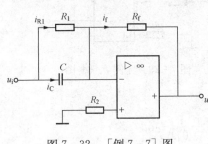

图 7-32　[例 7-7] 图

解　由电路可知 $u_- = u_+ = 0$（反相输入端为"虚地"），因而 $u_C = u_{R1} = u_i$，再根据"虚断"可以得出 $i_f = i_{R1} + i_C$，从而 $i_f = i_{R1} + i_C = \dfrac{u_i}{R_1} + C\dfrac{du_i}{dt}$ 时可以得出电路的输出电压为

$$u_o = -i_f R_f = -\left(\frac{R_f}{R_1} u_i + R_f C \frac{du_i}{dt} \right) \quad (7-45)$$

图 7-32 所示的电路可看成是把反相比例运算电路和微分电路组合而成的，因此称之为比例—微分调节器，简称 PD（Proportion Differential）调节器。

7.4　集成运算放大器在信号处理方面的应用

集成运算放大器在自动控制系统中常用作信号处理，如有源滤波、信号采样保持、信号比较及精密整流等。本节介绍有源滤波器和电压比较器。

7.4.1　有源滤波器

在 4.8 节中介绍了由电阻、电容、电感这些元件组成的无源滤波器。无源滤波器的主要缺点是带负载能力差，滤波特性随负载变化而变化，这一缺点常常不符合信号处理的要求。克服这个缺点的方法通常是在无源滤波器与负载之间加上一个高输入电阻低输出电阻的隔离电路，最简单的方法是加上一级集成运放，这样就构成了有源滤波器。由于运放的输入电阻大、输出电阻很小，不仅可以减小负载对滤波特性的影响，而且增强了电路的带负载能力，同时还能放大信号。在有源滤波器中，集成运放起放大的作用，所以工作在运放的线性区。有源滤波器只适用于信号处理，不适用于高电压大电流的负载。通常，直流电源中整流后的滤波电路均采用无源滤波器；在大电流负载时，采用 LC 电路。

滤波电路对信号的频率具有选择性，即能够使特定频率范围的信号通过，而使其他频率的信号迅速衰减，即阻止其通过。滤波电路按照工作频率范围可分为低通滤波器、高通滤波器、带通滤波器等。

1. 低通滤波器

图 7-33 所示的电路是一个有源 RC 低通滤波电路，它是在无源 RC 低通滤波电路与负载之间加上一个同相比例运算电路（如不需要放大也可以是电压跟随器），而构成的一阶有源低通滤波器。

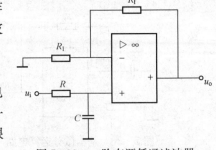

图 7-33　一阶有源低通滤波器

在图 7 - 33 所示的电路中，由 RC 电路可以得出

$$\dot{U}_+ = \dot{U}_C = \frac{\dfrac{1}{j\omega C}}{R + \dfrac{1}{j\omega C}}\dot{U}_i = \frac{1}{1 + j\omega RC}\dot{U}_i$$

根据同相比例运算关系式（7 - 29）可以得出

$$\dot{U}_o = \left(1 + \frac{R_f}{R_1}\right)\dot{U}_+ = \left(1 + \frac{R_f}{R_1}\right)\frac{1}{1 + j\omega RC}\dot{U}_i$$

令 $f_o = \dfrac{1}{2\pi RC}$ （即 $\omega_0 = \dfrac{1}{RC}$），则可得电压放大倍数为

$$A_u = \frac{\dot{U}_o}{\dot{U}_i} = \left(1 + \frac{R_f}{R_1}\right)\frac{1}{1 + j\dfrac{f}{f_0}} = \left(1 + \frac{R_f}{R_1}\right)\frac{1}{1 + j\dfrac{\omega}{\omega_0}} \qquad (7 - 46)$$

根据式（7 - 46），当 $\omega = 0$ 可以得到电路的通带放大倍数

$$A_{u0} = 1 + \frac{R_f}{R_1} \qquad (7 - 47)$$

当 $\omega = \omega_0 = \dfrac{1}{RC}$ 时，根据式（7 - 46）和式（7 - 47）可以得出

$$A_u = \frac{A_{u0}}{\sqrt{2}} \qquad (7 - 48)$$

所以 $\omega_0 = \dfrac{1}{RC}$ 为滤波器的上限截止角频率。若频率 ω 为变量时，式（7 - 46）可改写为

$$A(j\omega) = \frac{U_o(j\omega)}{U_i(j\omega)} = \frac{A_{u0}}{1 + j\dfrac{\omega}{\omega_0}} \qquad (7 - 49)$$

式（7 - 49）为滤波器的频率特性，其幅频特性为

$$A(\omega) = \frac{A_{u0}}{\sqrt{1 + \left(\dfrac{\omega}{\omega_0}\right)^2}} \qquad (7 - 50)$$

其相频特性为

$$\varphi(\omega) = -\arctan\frac{\omega}{\omega_0} \qquad (7 - 51)$$

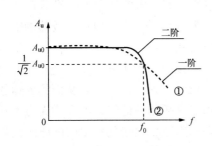

图 7 - 34　有源低通滤波器的幅频特性

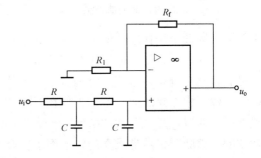

图 7 - 35　二阶有源低通滤波器

由式（7-50）可以得到电路的幅频特性如图 7-34 中的曲线①所示。

为了改善滤波效果，使 $f > f_0$ 时，信号衰减得更快，在图 7-33 所示的一阶低通滤波器的基础上再增加一级 RC 电路就构成了二阶有源低通滤波器，如图 7-35 所示，其幅频特性如图 7-34 中的曲线②所示。

2. 高通滤波器

把低通滤波器的 R 和 C 的位置互换，便得到高通滤波电路，如图 7-36 所示。

用前面分析低通滤波器的方法，可以得出图 7-36 所示的一阶有源高通滤波器电路的电压放大倍数为

$$A_u = \frac{\dot{U}_o}{\dot{U}_i} = \left(1 + \frac{R_f}{R_1}\right) \frac{1}{1 - \mathrm{j}\dfrac{f_0}{f}} \tag{7-52}$$

$f_0 = \dfrac{1}{2\pi RC}$ 为截止频率。由式（7-52）可以得出电路的幅频特性如图 7-37 中的曲线①所示。

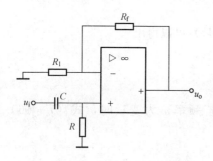

图 7-36　一阶有源高通滤波器

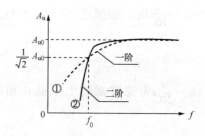

图 7-37　有源高通滤波器的幅频特性

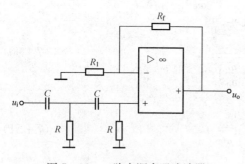

图 7-38　二阶有源高通滤波器

在图 7-36 所示电路的基础上再增加一级 RC 电路，就构成了二阶有源高通滤波，如图 7-38 所示，其幅频特性如图 7-37 中的曲线②所示。

7.4.2　电压比较器

电压比较器是用来比较两输入电压大小的电路。它有两个输入端和一个输出端。通常，一个输入信号为固定不变的参考电压，另一个为变化的信号电压，而输出信号用高电平或低电平两种状态来描述，因此电压比较器的输出信号属于数字性质的信号。由于电压比较器的输入信号可以为连续变化的模拟量，输出为数字信号，因此它可用于模拟信号到数字信号的变换，在自动检测和自动控制等领域有广泛的应用。另外，它还是波形产生和变换的基本单元电路。

电压比较器中的集成运放不是工作在开环状态，就是引入了正反馈，从而集成运放工作在非线性区，所以"虚短"和"虚地"不成立，但由于理想运放的输入电阻为无穷大，因此集成运放的"虚断"仍然是成立的。下面主要介绍单门限电压比较器和双门限电压比较器的特点及电压传输特性，同时阐明电压比较器的组成特点和分析方法。

1. 单门限电压比较器

（1）电路和工作原理。图 7 - 39（a）所示电路，其运放的同相输入端接一个参考电压 U_{REF}，而反相端加输入信号 u_i，就构成了单门限电压比较器，其输入信号与参考电压进行比较后输出不同的电位。

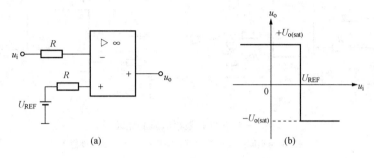

图 7 - 39　单门限电压比较器及电压传输特性

（a）电路图；（b）传输特性

1）当 $u_i > U_{REF}$ 时，$u_o = -U_{o(sat)}$。

2）当 $u_i < U_{REF}$ 时，$u_o = +U_{o(sat)}$。

电压比较器输入与输出的关系可以用电压传输特性描述，如图 7 - 39（b）所示。根据参考电压和输入信号接在运放的同相端还是反相端，电压比较器可分为反相输入比较器和同相输入比较器两类电路。如果不接参考电压（相应端接地），即 $U_{REF} = 0$，则称为过零比较器，电路和传输特性如图 7 - 40 所示。零比较器的输出在输入信号每次经过零点时都要跳变。

（2）电压比较器的阈值电压。使电压比较器输出发生跳变的输入电压值称为阈值电压 U_T，亦称门限电压。可见，一般电压比较器的 $U_T = U_{REF}$，而过零比较器的 $U_T = 0$，它们都只有

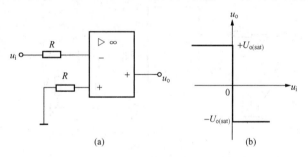

图 7 - 40　零比较器电路及电压传输特性

（a）电路图；（b）传输特性

一个阈值电压，故称单值比较器或单门限比较器。在电压比较器电路中，阈值电压 U_T 是分析输出电平翻转的关键参数。

（3）具有限幅措施的比较器。为了适应后级电路的需要，减小输出电压，常在电路中采用稳压管限幅。图 7 - 41（a）、（b）所示电路均为具有限幅措施的比较器。图 7 - 41（a）中，R_Z 和 VD_Z 组成的稳压电路可以限制比较器输出电压的幅度，从而获得合适的输出电压范围。R_Z 为限流电阻，VD_Z 是由两个稳压管相对连接而成的双向稳压管，两个稳压管的稳定电压均应小于集成运放的最大输出电压。当 $u_i > U_{REF}$ 时，$u_o = +U_Z$；当 $u_i < U_{REF}$ 时，$u_o = -U_Z$。图 7 - 41（b）所示电路中的限幅稳压管接在运放的输出端和反相输入端之间，这种接法存在负反馈支路。假设稳压管截止，则集成运放必然工作在开环状态，输出电压为 $+U_{o(sat)}$ 或 $-U_{o(sat)}$。这样，必将击穿稳压管而工作在稳压状态，于是运放工作在线性区，集成运放的净输入电压和净输入电流均近似为零，可以起到保护运放输入级的作用；由于运放

工作时没有进入非线性区，在输入电压过零时运放内部晶体管不需要从截止区进入饱区或从饱和区进入截止区，所以能够提高输出电压的变化速度。

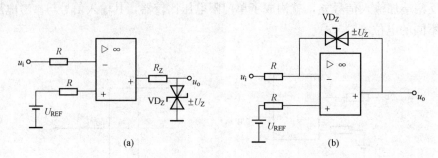

图 7-41　具有限幅措施的比较器

（a）输出端与地间接稳压管；（b）输出端与输入端间接稳压管

（4）单门限电压比较器的应用。单门限电压比较器主要用于波形变换、整形以及电平检测等电路。如利用过零比较器输入信号每次过零时输出电压极性来确定输入电压的极性，也可以利用这种电路进行波形变换，如把正弦波变成矩形波。

【例 7-8】　电路如图 7-42（a）所示，输入电压 u_i 为一正弦电压，并已知 $RC \ll T/2$。试分析并画出电压 u''_o、u'_o 和 u_o 的波形。

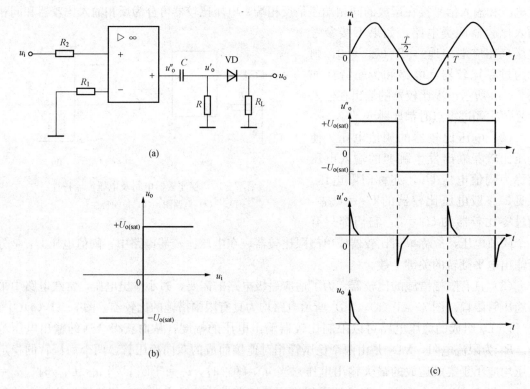

图 7-42　［例 7-8］图

（a）电路；（b）传输特性；（c）输入和输出电压波形

解　1）由图 7-42（a）可知，运放构成同相输入过零比较器，其传输特性如图 7-42

（b）所示。

2）u_i 为正弦波电压，u''_o 为矩形波电压，其幅值为运放输出的正负饱和值。

3）因为 $RC \ll T/2$，故 RC 组成微分电路，u'_o 为周期性的正负尖脉冲。

4）二极管 VD 起削波作用，削去负尖脉冲，使输出限于正尖脉冲。

5）输入和输出电压波形如图 7 - 42（c）所示。

2. 双门限电压比较器

（1）滞回比较器。单门限电压比较器虽然电路简单、灵敏度高，但抗干扰能力差，当输入信号电压接近阈值电压时，很容易因微小的干扰信号而发生输出电压的误码跳变。为了克服这一缺点，应使电路具有滞回的输出特性，提高抗干扰能力。如图 7 - 43（a）、（b）所示为基本的滞回比较器电路及其电压传输特性。

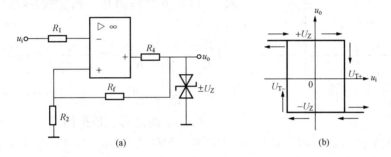

图 7 - 43　滞回比较器

(a) 电路；(b) 传输特性

在图 7 - 43（a）所示电路中引入正反馈，运放工作在非线性区，电路的输出电压有两种取值，即 $u_o = \pm U_Z$，根据电路可以得出同相输入端电压为

$$u_+ = \frac{R_2}{R_2 + R_f} u_o = \pm \frac{R_2}{R_2 + R_f} U_Z$$

根据阈值电压的定义，当 $u_+ = u_-$ 时输出端的状态将发生变化，此时对应的 u_i 即为比较器的阈值电压 U_T。因而电路有两个阈值电压，分别为

1）当 $u_o = +U_Z$ 时，阈值电压为

$$U_{T+} = \frac{R_2}{R_2 + R_f} U_Z \tag{7 - 53}$$

2）当 $u_o = -U_Z$ 时，阈值电压为

$$U_{T-} = -\frac{R_2}{R_2 + R_f} U_Z \tag{7 - 54}$$

设电路初始状态为 $u_o = +U_Z$，则阈值电压为 U_{T+}，如果此时电路的输入电压从 $u_i < U_{T+}$ 变为 $u_i > U_{T+}$，则电路的输出电压跳变到 $u_o = -U_Z$ 状态，对应的阈值电压也由 U_{T+} 变为 U_{T-}。这时 u_i 必须下降到 U_{T-} 以下（即 $u_i < U_{T-}$）时才能使电路的输出跳回 $u_o = +U_Z$ 状态。

反之，如果电路初始状态为 $u_o = -U_Z$，阈值电压为 U_{T-}，此时当电路的输入电压从 $u_i > U_{T-}$ 变为 U_{T+} 时，则电路的输出电压跳变到 $u_o = +U_Z$ 状态，对应的阈值电压也由 U_{T-} 变为 U_{T+}。这时 u_i 必须增大到 U_{T+} 以上（即 $u_i > U_{T+}$）时才能使电路的输出跳回到 $u_o = -U_Z$ 状态。

从上面的两个过程可以看出，电路具有滞回的输出特性，两个阈值电压之差（ΔU）称为回差，并且

$$\Delta U = (U_{T+} - U_{T-}) = \frac{2R_2}{R_2 + R_f} U_Z \tag{7-55}$$

如果将图 7 - 43（a）所示滞回比较器的同相输入端电阻 R_2 的接地端改为接参考电压，则电压传输特性产生水平方向的平移。

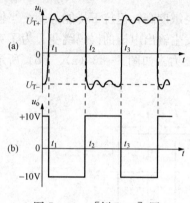

(a)

(b)

图 7 - 44　［例 7 - 9］图

【例 7 - 9】　电路如图 7 - 43（a）所示。设 $R_1 = 10\text{k}\Omega$，$R_2 = 20\text{k}\Omega$，$R_f = 20\text{k}\Omega$，$R_4 = 1\text{k}\Omega$，$U_Z = \pm10\text{V}$，输入信号 u_i 的波形如图 7 - 44（a）所示。试求门限电压和画出输出电压 u_o 的波形。

解　（1）求门限电压。由式（7 - 53）和式（7 - 54）有

$$U_{T+} = \frac{R_2}{R_2 + R_f} U_Z = \frac{20}{20 + 20} \times 10 = 5(\text{V})$$

$$U_{T-} = -\frac{R_2}{R_2 + R_f} U_Z = -\frac{20}{20 + 20} \times 10 = -5(\text{V})$$

（2）画出 u_o 的波形。根据图 7 - 43（a）所示电路，可画出 u_o 的波形。当 $t = 0$ 时，由于 $u_i < U_{T-} = -5\text{V}$，所以 $u_o = 10\text{V}$，以后 u_i 在 $u_i < U_{T+} = 5\text{V}$ 内变化，u_o 保持 10V 不变。

当 $t = t_1$ 时，由于 $u_i \geqslant U_{T+}$，u_o 由 10V 下跳到 −10V，门限电压由 $U_{T+} = 5\text{V}$ 变为 $U_{T-} = -5\text{V}$，以后 u_i 在 $u_i > U_{T-} = -5\text{V}$ 内变化，u_o 保持 −10V 不变。

当 $t = t_2$ 时，$u_i < U_{T-} = -5\text{V}$，$u_o$ 又由 −10V 上跳到 10V，门限电压由 $U_{T-} = -5\text{V}$ 变为 $U_{T+} = 5\text{V}$，以后 u_i 在 $u_i < U_{T+} = 5\text{V}$ 内变化，u_o 保持 10V 不变。

依次类推，可画出 u_o 的波形。如图 7 - 44（b）所示。由图可见，虽然 u_i 的波形很不"整齐"，而输出波形则是一个近似矩形波，说明了滞回比较电路具有抗干扰的能力。

（2）窗口比较器。单门限比较器和滞回比较器当输入电压 u_i 单方向变化时，输出电压 u_o 只跳变一次，因此只能检测出 u_i 与一个电压值的大小关系。实际应用中常需要监视输入电压 u_i 是否在两个给定的电压之间，一旦越限输出立即给出电压跳变信号，具有这种检测功能的电路，其电压传输特性呈窗口形状，故称为窗口比较电路。图 7 - 45（a）、（b）是一种窗口比较器电路及其电压传输特性，图中参考电压 $U_H > U_L$。

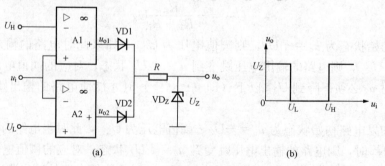

(a)　　　　　　　　　　　　　　　　(b)

图 7 - 45　窗口比较器

(a) 电路；(b) 传输特性

当输入电压 $u_i > U_H$ 时，$u_{o1} = +U_{o(sat)}$，$u_{o2} = -U_{o(sat)}$。因而二极管 VD1 导通，VD2 截止，所以电路的输出电压 $u_o = U_Z$。

当输入电压 $u_i < U_L$ 时，$u_{o1} = -U_{o(sat)}$，$u_{o2} = +U_{o(sat)}$，因而二极管 VD1 截止，VD2 导通，所以电路的输出电压 $u_o = U_Z$。

当输入电压 $U_L < u_i < U_H$ 时，$u_{o1} = -U_{o(sat)}$，$u_{o2} = -U_{o(sat)}$，因而二极管 VD1 和 VD2 都截止，所以电路的输出电压 $u_o = 0$。

可见，二极管 VD1 和 VD2 发挥了不可取代的作用，它可以防止一个运放输出高电平、另一个运放输出低电平时流过运放输出级的电流过大而使运放损坏。

7.5　集成运放的选择和使用

使用集成运放时，为了达到使用的要求和精度，并避免在调试的过程中损坏器件，故在选型、使用和调试时应注意下列一些问题。

7.5.1　合理选择集成运放型号

集成运放按性能指标可分为通用型、高阻型、高速型、高精度型、低功耗型、大功率型等；按制造工艺可分为双极型、CMOS 型等；按供电方式可分为单电源供电和双电源供电；按每个芯片上集成的运放个数可分为单运放、双运放和四运放。在设计集成运放的应用电路时，应根据具体情况综合考虑输入信号的特点、负载的性质、电路的精度要求、功耗的要求、供电电源、工作环境以及芯片的价格等多种因素，选择适当的型号，有时还要做一些实验来帮助选择。

（1）高输入阻抗型。这类运放主要用作测量放大器、模拟调节器、有源滤波器及采样—保持电路，以减轻信号源的负载。典型的有 5G28 型，其 r_{id} 可达 $10^{10}\,\Omega$。

（2）低漂移型。这类运放一般用于精密检测、精密模拟计算、自控仪表、人体信息检测等。其信号量为毫伏或微伏级的微弱信号。典型的有 5G7650 型，其 $U_{I0} = 1\mu V$。

（3）高速型。该类型运放一般用于快速模—数和数—模转换器、有源滤波器、锁相环、精密比较器、高速采样—保持电路和视频放大器等，要求输出对输入的响应迅速。

（4）低功耗型。该型的一般用于遥测、遥感、生物医学和空间技术研究等要求能源消耗有限制的场合，其电压可低达 1.5V。

（5）高压型。该型的一般用于为获得高输出电压的场合。典型的 3583 型电源电压达 $\pm 150V$。

（6）大功率型。该型的一般用于输出功率要求大的场合。典型的如 MCEL165 型，在电源电压为 18V 的情况下，最大输出电流达 5.5A。而一般集成运放最大输出电流仅为 5～10mA。

7.5.2　集成运放电路的调零

集成运放电路在使用时，要求零输入时为零输出。为此除了要求运放的同相和反相两输入端的外接直流通路等效电阻保持平衡外，还再采用调零电位器进行调节。有些运放有专用的引脚接调零电位器，如图 7 - 46（a）所示。

对于没有专用调零引脚的运放器件，可在输入端采取调零电路措施。如图 7 - 46（b）所

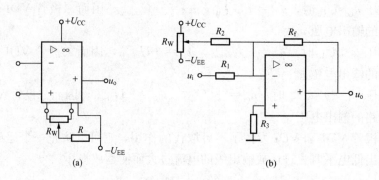

图 7 - 46　集成运放的调零

（a）专用引脚接调零电位器；（b）输入端外接调零电阻

示为反相输入调零，也可以在同相输入调零。采用这种方法调零时，应注意对电压传输特性和输入阻抗的影响。

　　若在调零的过程中，输出端电压始终偏向电源某一端电压，这样无法调零。其原因可能是接线有错或有虚焊，运放成为开环工作状态。若在外部因素均排除后，仍不能调零，可能是器件损坏。

7.5.3　集成运放的保护措施

　　为了防止在使用集成运放时被损坏，应根据电路具体情况采取相应保护措施。保护措施一般分为输入端保护、输出端保护、电源端保护等。

　　（1）输入端保护。当在集成运放的输入端所加的差模电压或共模电压过高时，会使运放不能正常使用甚至损坏。如当运放受到强的干扰信号或同相输入应用时，共模信号过大，会使输入级三极管的集电结处于正偏，形成集电极与基极信号极性相同，于是通过外电路形成正反馈，而使输出电压突然骤增而维持不变，即产生所谓的自锁现象。这时运放器件出现不能调零或信号加不进去的情况。但集成运放尚未损坏，暂时切断电源，重新通电后可恢复工作。但自锁严重时，也会损坏运放器件。为此，可在运放输入端加限幅保护，如图 7 - 47 （a）所示的电路用于反相输入对差模信号过大的限幅保护，图 7 - 47 （b）所示的电路用于同相输入对共模信号过大的限幅保护。

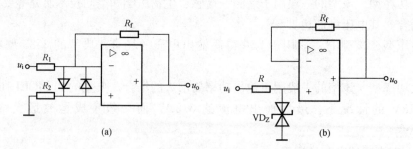

图 7 - 47　输入端限幅保护

（a）反相输入；（b）同相输入

　　（2）输出端保护。输出端的保护通常采用由限流电阻和稳压管组成的电路来限制输出电压和电流，电路如图 7 - 48 所示。也可以在输出端与输入端间接稳压管，像图 7 - 41 （b）的连接方式。

（3）电源端保护。为防止把电源的极性接反，可在电流端串联二极管来保护，如图
7-49所示。

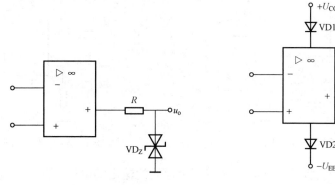

图7-48 输出端保护   图7-49 电源端保护

习　题

7.1　在图7-50中，已知 $R_1=R_2=R_3=R_f=100\text{k}\Omega$。求电路的电压放大倍数。

7.2　电路如图7-51所示，求输出电压 u_o 与输入电压 u_{i1}、u_{i2} 的运算关系式。

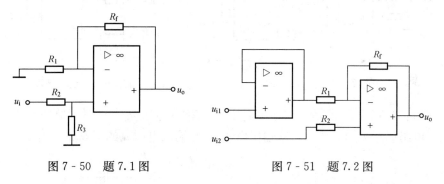

图7-50 题7.1图   图7-51 题7.2图

7.3　电路如图7-52所示，求输出电压 u_o 与输入电压 u_{i1}、u_{i2} 的运算关系式。

7.4　在图7-53所示电路中，已知 $R_1=R_{f2}$，$R_3=R_{f1}$。求输出电压 u_o 与输入电压 u_{i1}、u_{i2} 的运算关系式。

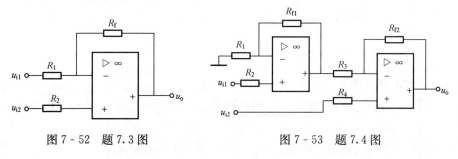

图7-52 题7.3图   图7-53 题7.4图

7.5　电路如图7-54所示，求输出电压 u_o 与各输入电压运算关系式。

7.6　电路如图 7-55 所示，已知 $R_1=R_3=10\text{k}\Omega$，$R_2=R_f=20\text{k}\Omega$，输入电压 $u_i=10\text{V}$。求输出电压 u_o。

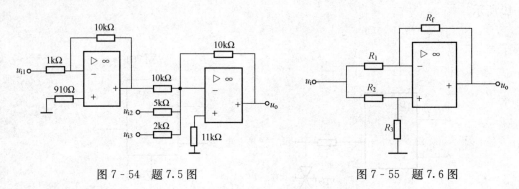

图 7-54　题 7.5 图　　　　　　　　　图 7-55　题 7.6 图

7.7　电路如图 7-56 所示，求电压 u_o（两个运放的输出端电压的差值）与输入电压 u_i 的运算关系式。

7.8　在图 7-57 所示电路中，已知 $u_{i1}=1\text{V}$、$u_{i2}=2\text{V}$、$u_{i3}=3\text{V}$、$u_{i4}=4\text{V}$、$R_1=R_2=2\text{k}\Omega$、$R_3=R_4=R_f=1\text{k}\Omega$。计算输出电压 u_o 的值。

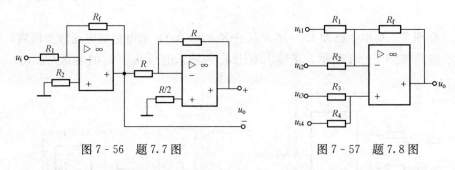

图 7-56　题 7.7 图　　　　　　　　　图 7-57　题 7.8 图

7.9　电路如图 7-58 所示，求输出电压 u_o 与输入电压 u_{i1}、u_{i2} 的运算关系式。

7.10　电路如图 7-59 所示，求输出电压 u_o 与输入电压 u_i 的运算关系式。

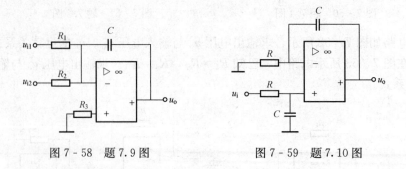

图 7-58　题 7.9 图　　　　　　　　　图 7-59　题 7.10 图

7.11　已知电路如图 7-60 所示，求输出电压 u_o 与输入电压 u_{i1}、u_{i2} 的运算关系式。

7.12　图 7-61 所示的电路是一个 PID 调节器，求输出电压 u_o 与输入电压 u_i 的运算关系式。

7.13　已知一个负反馈放大电路的 $A_0=300$，$F=0.01$。试求：

(1) 负反馈放大电路的闭环电压放大倍数 A_{uf} 为多少？

（2）如果由于某种原因使 A_0 发生 $\pm 6\%$ 的变化，则 A_{uf} 的相对变化量是多少？

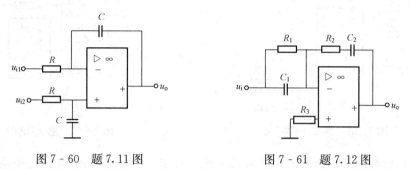

图 7 - 60 题 7.11 图   图 7 - 61 题 7.12 图

7.14 图 7 - 62 所示的电路中，希望降低输入电阻或稳定输出电流，试问应引入什么样的反馈？并在图上添画上反馈电路。

7.15 图 7 - 63 所示的电路中，设开环放大倍数 $A_{u0}=10^4$，$R_1=10\text{k}\Omega$，$R_F=250\text{k}\Omega$，$R_2=9.6\text{k}\Omega$。试求：

（1）闭环放大倍数 A_{uf}；

（2）当放大器的 $\dfrac{\mathrm{d}A_{u0}}{A_{u0}}$ 为 5% 时，$\dfrac{\mathrm{d}A_{uf}}{A_{uf}}$ 是多少？

（3）若 $r_{i0}=1000\text{k}\Omega$，其闭环输入电阻如何变化？

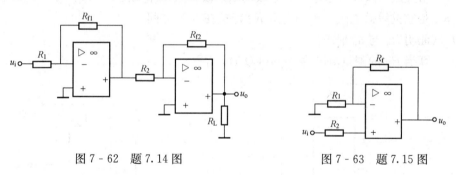

图 7 - 62 题 7.14 图   图 7 - 63 题 7.15 图

7.16 在图 7 - 64 所示的电路中，已知 $R_1C_1 < R_2C_2$。分析电路属于哪种类型的滤波器，并求出其通频带。

7.17 在图 7 - 65 所示的电压比较电路中，已知 $U_{REF}=3\text{V}$，稳压管 $U_Z=5\text{V}$，电阻 $R_2=R_f=10\text{k}\Omega$。试分析电路的工作原理，并画出其电压传输特性。

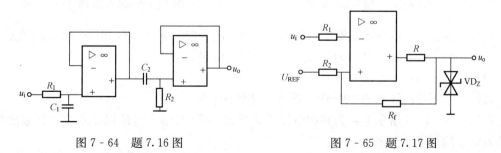

图 7 - 64 题 7.16 图   图 7 - 65 题 7.17 图

7.18 在图 7 - 66 所示的电压比较电路中，已知参考电压 $U_{REF}=2\text{V}$，稳压管的稳定电压 $U_Z=2\text{V}$，电阻 $R_1=R_2=10\text{k}\Omega$。试分析电路的功能，并画出电压传输特性曲线。

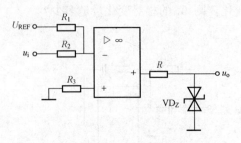

图 7 - 66　题 7.18 图

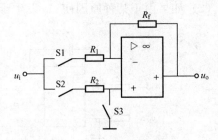

图 7 - 67　题 7.19 图

7.19　电路如图 7 - 67 所示，已知 $R_f = R_1$。试求下列情况下 u_o 和 u_i 的关系式。

(1) S1 和 S3 闭合，S2 断开时，$u_o = ?$

(2) S1 和 S2 闭合，S3 断开时，$u_o = ?$

(3) S2 闭合，S1 和 S3 断开时，$u_o = ?$

(4) S1、S2、S3 都闭合时，$u_o = ?$

7.20　分别按下列要求各设计一个比例放大电路（要求画出电路，并标出电阻值）。

(1) 电压放大倍数等于 -5，输入电阻为 $20\text{k}\Omega$；

(2) 电压放大倍数等于 5，$u_i = 0.75\text{V}$，反馈电阻 R_f 中的电流等于 0.1mA。

7.21　用集成运放和普通电压表组成的欧姆表，其电路如图 7 - 68 所示，电压表满量程为 2V，R_M 是它的等效电阻，被测电阻 R_X 跨接在 MN 之间。

(1) 试证明 R_X 与 u_o 成正比；

(2) 计算当 R_X 的测量范围为 $0 \sim 10\text{k}\Omega$ 时，$R = ?$

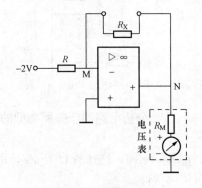

图 7 - 68　题 7.21 图

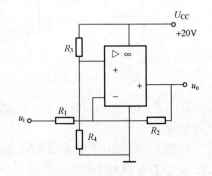

图 7 - 69　题 7.22 图

7.22　在图 7 - 69 所示电路中，$R_1 = R_4 = R$，$R_2 = 2R$，$R_3 = 5R$，求 u_o 和 u_i 的关系式。

7.23　图 7 - 70 所示电路为测量晶体管 β 值的电路。

(1) 标出 e、b、c 各点的电位；

(2) 若电压表的读数为 200mV，试求晶体管的 β 值。

7.24　图 7 - 71 所示电路为移相电路，即当 $R_1 = R_f$ 时输出电压幅度不变，其输出电压与输入电压的相位差可调。

(1) 证明 $A_f = \dfrac{\dot{U}_o}{\dot{U}_i} = \dfrac{1 - j\omega RC}{1 + j\omega RC}$，其中 ω 为输入信号的角频率；

（2）写出 A_f 的幅值 $|A_f|$ 和相角 φ 的表达式；

（3）分析当 R 变化时，输出电压与输入电压的相位差 φ 的变化范围。

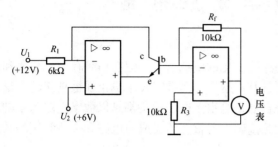

图 7 - 70　题 7.23 图

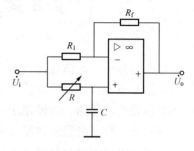

图 7 - 71　题 7.24 图

第8章　数字集成电路

在模拟电路中，电信号通常是随时间连续变化的模拟信号。但在信号存储、分析和传递时，数字信号更为方便，所以数字电路更具有优越性。而数字技术也正在被越来越广泛地应用，例如计算机、通信、数控系统、办公自动化等很多电子设备都是以数字电路为基础的。

本章先介绍数字电路的数学基础，在此基础上着重介绍集成门电路和一些常用的数字部件，以及数字电路的分析与设计方法。

8.1　数字电路的数学基础

数字信号在时间上和数值上均是离散的。数字信号又称脉冲信号，它只有低电平和高电平两种状态（0 和 1），因而广泛采用二进制来计算（表示数值）和编码。在数字电路中，逻辑代数是电路分析和设计的数学工具。

8.1.1　数制与编码

数码通常有两种功能：一是表示数量大小，二是作为事物的代码。表示数量大小则涉及数制，作为代码则涉及码制。

1. 数制

数制，即计数进位体制的简称。日常生活中人们会遇到许多计数体制。其中应用最广泛的是十进制，在数字电路中常用二进制（2^n 进制），即便是十进制数也是用二进制编码表示。

（1）数码及基数。用作记数的符号，称为数码。一种数制中所允许的数码个数叫基数，用 N 表示，例如：

二进制：0、1 两个数码，其基数 $N=2$；

八进制：0 1 2 3 4 5 6 7　八个数码，其基数 $N=8$；

十六进制：0 1 2 3 4 5 6 7 8 9 A B C D E F　十六个数码，其基数 $N=16$。

（2）位置计数法及位权。用有限的数码来表示任何一个数的有效方法是位置记数法，即将数码并列放在不同的位置组成数串。在数串中，同一数码在不同的位置所表示的数值不同，这是因为不同位的权重不同，第 i 位的权重为：$W_i = N^{(i-1)}$。二进制各位的权自左向右降低，即分别为 $2^{(i-1)} \cdots 32\ 16\ 8\ 4\ 2\ 1$。

一个 N 进制数位置记数法的表示形式为

$$N = a_{n-1} \times N^{n-1} + \cdots + a_0 \times N^0 + a_{-1} \times N^{-1} + a_{-2} \times N^{-2} + \cdots + a_{-m} \times N^{-m}$$

$$= \sum_{i=-m}^{n-1} a_i N^i \tag{8-1}$$

式中：n 为整数部分的位数；m 为小数部分的位数；N 为计数体制的基数；a_i 为第 i 位的系数（取 $0 \sim N-1$ 中的任何一个）；N^i 为第 i 位的权。

2. 码制

（1）编码及分类。所谓编码，就是用一定位数的二进制数码的特定组合来表示数值、字母、符号，这种与数值、字母、符号一一对应关系的代码，称作编码。编码时所必须遵循的规则叫码制。

用于编码的二进制数码的位数由被表示对象的数目决定。一位二进制数码只有"0"和"1"两种可能组合，最多只能表示两个不同对象；两位二进制数码有"00"、"01"、"10"、"11"四种组合状态，最多可以表示 4 个不同对象，一般来说，n 位二进制数码最多有 2^n 种组合状态，因而最多可以表示 2^n 个不同的对象。如果已知要表示的对象数量为 M，则可用 $2^n > M$ 这一关系来确定编码所需要的最少的二进制数码的位数。

编码按其编码方法分为有权码和无权码两大类。有权码，即编码与十进制数之间存在着简单的数学关系。无权码，即编码与十进制数本身不存在任何联系。

用四位二进制码的 16 种状态中的 10 个状态来表示十进制的数码，其选择方法有 $N_{BCD} = \dfrac{16!}{(16-10)!} \approx 2.9 \times 10^{10}$ 种选择法，但绝大多数实施起来困难，仅有少数几种可以应用。常用的几种编码如表 8 - 1 所示。

表 8 - 1　　　　　　　　　　　常　用　编　码

状态	自然二进制码	有权码			无权码	
		8421BCD	2421BCD	5421BCD	余三码	格雷码
0000	0	0	0	0		0
0001	1	1	1	1		1
0010	2	2	2	2		3
0011	3	3	3	3	0	2
0100	4	4	4	4	1	7
0101	5	5		5	2	6
0110	6	6		6	3	4
0111	7	7		7	4	5
1000	8	8		5	5	15
1001	9	9		6	6	14
1010	10			7	7	12
1011	11		5	8	8	13
1100	12		6	9	9	8
1101	13		7			9
1110	14		8			11
1111	15		9			10

（2）常用 BCD 编码

BCD 编码（Binary—Coded Decimal），称 BCD 码或二—十进制代码，亦称二进码十进数，是一种用二进制的数字编码形式来表示的十进制代码。这种编码形式利用了四位二进制数来表示一个十进制的数码，使二进制和十进制之间的转换得以快捷的进行。常用的 BCD 码如表 8 - 1 所示。

1）8421 码。在这种码制中从左到右每一位的权值分别为 8、4、2、1，故称为 8421 码。在这种码制中，其系数为 1 的那些位的权值之和就是所表示的十进制数码。换句话说，把一个 8421BCD 码看作一个二进制数，所对应的十进制数就是它所表示的十进制数码。在 8421 码中每一位权都是固定的，所以它是一种恒权码。常见的恒权码还有 2421BCD 码、5421BCD 码。

2）余 3 码。在这种码制中，由于它的每个字符编码比相应的 8421 码多 3，故称为余三码。根据余 3 码的编码规则可知，余 3 码不是恒权码。

8.1.2　逻辑代数

逻辑代数是 1847 年由英国数学家乔治·布尔（George Boole）首先创立的，所以通常人们又将逻辑代数称为布尔代数。逻辑代数与普通代数有着不同概念，逻辑代数表示的不是数的大小之间的关系，而是逻辑关系，它仅有两种状态即：0 和 1。它是分析和设计数字电路系统的数学基础。

1. 逻辑代数的基本概念

（1）逻辑变量。为了摆脱逻辑学研究中繁琐的逻辑推理，英国数学家乔治·布尔（George Boole）提出用一套有效的符号建立逻辑思维的数学模型，而将复杂的逻辑推理抽象为一种简单的符号演算。在逻辑代数里，也是用字母来表示其值可以变化的量，这些字母称为逻辑变量，用大写的英文字母和字母上冠以反号表示，如 A 称原变量，$\overline{A}$ 称反变量。需要注意的是，在普通代数里，变量的取值可以是任意实数，而逻辑代数是一种二值代数系统，在逻辑代数里，任何逻辑变量的取值只有两种可能性—即取值 1 或取值 0，而且逻辑值 0 和 1 不像普通代数中那样具有数量的概念，而是用来表示矛盾的双方和判断事件真伪的形式符号，无大小、正负之分。在数字系统中，开关的接通与断开，电压的高和低，信号的有和无，晶体管的导通与截止等两种稳定的物理状态，均可用 1 和 0 这两种不同的逻辑值来表示。

（2）逻辑函数。几个逻辑变量间的某种因果关系，称逻辑关系，描述这种关系的表达式，称为逻辑表达式或逻辑函数。逻辑表达式由原、反变量和逻辑运算符（＋、·）组成。在逻辑代数中只有逻辑加"＋"和逻辑乘"·"两种逻辑运算符号。

（3）逻辑状态。逻辑代数与普通代数类似，其变量有定义域，函数有值域，但是与普通代数又有很大的差别，无论是函数还是变量，都只有两种取值，"1"和"0"，我们把"1"和"0"称为逻辑状态，读做"逻辑 1"和"逻辑 0"。

（4）正、负逻辑系统。"1"和"0"表示某事物的两种状态，这两种状态可分别用原变量、反变量来表示。若将原变量规定为"1"，反变量规定为"0"的系统，称为正逻辑系统；将原变量规定为"0"，反变量规定为"1"的系统，称为负逻辑系统。在正逻辑系统中，高电位用"1"表示，低电位用"0"表示。本书采用正逻辑系统。

2. 基本逻辑及运算

人们在进行逻辑推理时，常采用三种最基本的逻辑运算，即"与"逻辑、"或"逻辑、"非"逻辑。

（1）"与"逻辑。设事件为函数，决定事件的条件为变量，只有决定某一事件的条件全部具备后，该事件才发生。那么这个事件（输出函数）与条件（输入变量）的因果关系就是"与"逻辑关系。例如在图 8-1 所示的电路中，开关 A

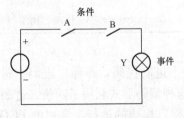

图 8-1　与逻辑的电路解释

和开关 B 串联，只有开关 A 和开关 B 同时闭合时，灯 Y 才会亮，体现了"与"逻辑关系。

在正逻辑系统中，规定开关接通为"1"、断开为"0"，电灯亮为"1"、不亮为"0"，则这种逻辑关系用逻辑代数式表示为

$$Y = A \cdot B \tag{8-2}$$

式中逻辑变量 A 和变量 B 之间的运算称为"与"运算，也称为逻辑乘，Y 是运算结果。

逻辑函数还可以用表格表示，即把 n 个输入变量的 2^n 个组合状态及其对应的输出函数的逻辑值列在一个表格内以表示逻辑关系，这种表格称为逻辑函数真值表（逻辑状态表）。"与"逻辑函数的真值表、逻辑符号及逻辑运算规则如表 8-2 所示。

表 8-2　　　　　　　　与逻辑函数真值表、逻辑符号及逻辑运算规则

逻辑代数式	真值表			逻辑符号	逻辑规则
	A	B	Y		
Y = A · B	0 0 1 1	0 1 0 1	0 0 0 1	A —┐ B —┘ & — Y	有0出0 全1出1

实现基本逻辑运算的电路称为逻辑门，实现与逻辑的电路称为"与"门，变量 A 和变量 B 为逻辑门的输入，Y 为逻辑门的输出，其逻辑符号如表 8-2 所示。

（2）"或"逻辑。在决定事件的条件中，只要有一个具备，事件就发生，这样的因果关系称为"或"逻辑关系。例如在图 8-2 所示的电路中，开关 A 和开关 B 并联，只要开关 A 和开关 B 中的任何一个闭合，灯 Y 就会亮，体现了"或"逻辑关系。

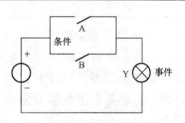

图 8-2　或逻辑的电路解释

"或"逻辑关系用逻辑代数式表示为

$$Y = A + B \tag{8-3}$$

式（8-3）中逻辑变量 A 和变量 B 之间的运算称"或"运算，也称为逻辑加。

应当注意，逻辑加法和普通二进制的加法的意义是不同的，普通代数二进制加法 $1+1=10$ 表示两个二进制数进行加法运算，而逻辑运算 $1+1=1$ 表示"或"逻辑关系。在数字电路中，把实现"或"运算的单元电路称为"或"门。"或"逻辑函数的真值表、逻辑符号及逻辑运算规则如表 8-3 所示。

表 8-3　　　　　　　　或逻辑函数真值表、逻辑符号及逻辑运算规则

逻辑代数式	真值表			逻辑符号	逻辑规则
	A	B	Y		
Y = A + B	0 0 1 1	0 1 0 1	0 1 1 1	A —┐ B —┘ ≥1 — Y	有1出1 全0出0

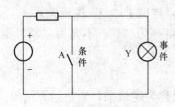

图 8-3　非逻辑的电路解释

（3）"非"逻辑。如果事件的发生总是以相反的条件为依据，即：当条件满足时，事件不发生；当条件不满足时，事件才会发生，这种因果关系就是"非"逻辑关系。例如在图 8-3 所示的电路中，开关 A 与电灯 Y 并联，开关 A 闭合时灯不亮，而开关 A 断开时灯却亮，体现了非逻辑关系。

"非"逻辑关系用逻辑代数式表示为

$$Y = \overline{A} \qquad (8-4)$$

式（8-4）中对逻辑变量 A 的运算称为非运算，也称为逻辑求反运算。这里 A 称为原变量，$\overline{A}$ 称为反变量。在数字电路中，把实现"非"运算的单元电路称为"非"门。非逻辑函数的真值表、逻辑符号及逻辑运算规则如表 8-4 所示。逻辑符号中的"○"表示求非的含义。

表 8-4　　　　　　　　　非逻辑函数真值表、逻辑符号及逻辑运算规则

逻辑代数式	真值表		逻辑符号	逻辑规则
$Y = \overline{A}$	A	Y		有 0 出 1
	0	1	A ─▷○─ Y	有 1 出 0
	1	0		

3. 常用的复合逻辑运算

人们在研究实际问题时发现，事物的各个因素之间的逻辑关系往往要比单一的与、或、非复杂得多。不过它们都可以用与、或、非的组合来实现。含有两种或两种以上的逻辑运算的逻辑函数称为复合逻辑函数。常用的复合逻辑运算有与非、或非、异或、同或等。

（1）"与非"逻辑。"与非"逻辑是"与"逻辑运算和"非"逻辑运算的组合，其逻辑代数式表示为

$$Y = \overline{A \cdot B} \qquad (8-5)$$

"与非"运算的顺序是先与后非。　数字电路中，把实现"与非"运算的单元电路称为"与非"门。与非逻辑函数的真值表、逻辑符号及逻辑规则如表 8-5 所示。

表 8-5　　　　　　　　　与非逻辑函数真值表、逻辑符号及逻辑运算规则

逻辑代数式	真值表			逻辑符号	逻辑规则
$Y = \overline{A \cdot B}$	A	B	Y		有 0 出 1
	0	0	1	A ─┐ & ○─ Y	全 1 出 0
	0	1	1	B ─┘	
	1	0	1		
	1	1	0		

（2）"或非"逻辑。"或非"运算是"或"逻辑运算和"非"逻辑运算的组合，其逻辑代数式表示为

$$Y = \overline{A + B} \qquad (8-6)$$

"或非"运算的顺序是先或后非。数字电路中，把实现"或非"运算的单元电路称为"或非"门。其逻辑函数的真值表、逻辑符号及逻辑运算规则如表 8-6 所示。

表 8 - 6 或非逻辑函数真值表、逻辑符号及逻辑运算规则

逻辑代数式	真值表			逻辑符号	逻辑规则
	A	B	Y		
$Y = \overline{A+B}$	0	0	1	A ─┐ ≥1 ├─○ Y B ─┘	有 1 出 0 全 0 出 1
	0	1	0		
	1	0	0		
	1	1	0		

（3）"异或"逻辑。对于有两个输入变量的逻辑函数，当两个输入变量状态不同时，输出（函数）为"1"，反之为"0"。这种因果关系称"异或"逻辑，其逻辑代数式表示为

$$Y = A\overline{B} + \overline{A}B = A \oplus B \tag{8-7}$$

异或逻辑函数的真值表、逻辑符号及逻辑运算规则如表 8 - 7 所示。

表 8 - 7 异或逻辑函数真值表、逻辑符号及逻辑运算规则

逻辑代数式	真值表			逻辑符号	逻辑规则
	A	B	Y		
$Y = A\overline{B} + \overline{A}B = A \oplus B$	0	0	0	A ─┐ =1 ├─ Y B ─┘	相反出 1 相同出 0
	0	1	1		
	1	0	1		
	1	1	0		

（4）"同或"逻辑。对于有两个输入变量的逻辑函数，当两个输入变量状态相同时，输出（函数）为"1"，反之为"0"。这种因果关系称"同或"逻辑，其逻辑代数式表示为

$$Y = AB + \overline{AB} = A \odot B \tag{8-8}$$

"同或"逻辑函数的真值表、逻辑符号及逻辑运算规则如表 8 - 8 所示。

表 8 - 8 同或逻辑函数真值表、逻辑符号及逻辑运算规则

逻辑代数式	真值表			逻辑符号	逻辑规则
	A	B	Y		
$Y = AB + \overline{A}\,\overline{B} = A \odot B$	0	0	1	A ─┐ =1 ├─○ Y B ─┘	相反出 0 相同出 1
	0	1	0		
	1	0	0		
	1	1	1		

8.1.3 逻辑定理及规则

根据逻辑代数中的三种基本运算，可以推导出一些基本公式和定理，形成了一些运算规则，熟悉、掌握并会应用这些规则，对于掌握数字电子技术十分重要。

1. 基本定律

根据逻辑代数中的三种基本运算可以推导出一些常用的逻辑运算公式，表 8 - 9 列出了变量与常量及变量自身的运算公式，表 8 - 10 列出了变量与变量间的运算公式。

表 8-9　　　　　　　　　　　　　变量与常量及变量自身的运算公式

公理		自等律	0—1 律	互补律
$0 \cdot 0=0$　$1 \cdot 1=1$	$1+1=1$　$0+0=0$	$\overline{0}=1$	$A \cdot 1=A$	$A+1=1$	$A+\overline{A}=1$
$0 \cdot 1=1 \cdot 0=0$	$1+0=0+1=1$	$\overline{1}=0$	$A+0=A$	$A \cdot 0=0$	$A\overline{A}=0$

表 8-10　　　　　　　　　　　　　　变量与变量间的运算公式

交换律	$A \cdot B=B \cdot A$　　　　$A+B=B+A$
结合律	$ABC=(AB)C$　　$A+(B+C)=(A+B)+C$
分配律	$A(B+C)=AB+AC$　$(A+B)(A+C)=A+BC$
反演律（摩根定理）	$\overline{A \cdot B}=\overline{A}+\overline{B}$　　$\overline{A+B}=\overline{A} \cdot \overline{B}$
吸收律	$A+AB=A$　$A(A+B)=A$　$AB+A\overline{B}=A$ $A(\overline{A}+B)=AB$　$A+\overline{A}B=A+B$
还原律	$\overline{\overline{A}}=A$
重叠律	$A+A=A$　　$A \cdot A=A$

　　上述逻辑代数的运算公式，有些与普通代数的公式形式相同，很容易证明，有些则体现了逻辑代数特有的规律，难于直接用代数法证明，对这样的公式可以用列真值表的方法来证明。对真值表完全相同的两个逻辑函数，称它们逻辑相等，即两个逻辑函数相等。

　　2. 逻辑代数的基本定理

　　（1）代入定理。对于任何一个逻辑等式，如果把等式两边的某一变量都代以另外一个逻辑式，则等式仍然成立。这就是代入定理。

　　利用代入定理可以扩大已知等式的应用范围。例如，已知等式 $\overline{A+B}=\overline{A} \cdot \overline{B}$。如果把等式两边的变量 A 用 C+D 代替，则可得到下面等式：

$$\overline{C+D+B}=\overline{C+D} \cdot \overline{B}$$

　　（2）反演定理。对于任意一个逻辑式 Y，如果将其中所有的"·"换成"+"、"+"换成"·"、"0"换成"1"、"1"换成"0"，原变量换成反变量、反变量换成原变量，那么所得的逻辑表达式就是 $\overline{Y}$。这个规则称为反演定理。

　　【例 8-1】　求 $Y_1=\overline{A}B+A\overline{B}C+CD$ 和 $Y_2=\overline{A} \cdot \overline{BC\overline{DE}}$ 的反函数。

　　解　利用反演定理可直接写出

$$\overline{Y}_1=(A+\overline{B}) \cdot (\overline{A}+B+\overline{C}) \cdot (\overline{C}+\overline{D})$$

$$\overline{Y}_2=A+\overline{\overline{B}+\overline{C}+\overline{\overline{D}+\overline{E}}}$$

在应用反演定理时要注意两点：

　　1）必须遵循先括号、然后乘、最后加运算顺序。

　　2）不属于单个变量上的非号应保留不变或者保留非号下的表达式不变而去掉非号。

　　（3）对偶定理。对于任意一个逻辑式 Y，如果将式中所有的"·"换成"+"、"+"换成"·"、"0"换成"1"、"1"换成"0"，原、反变量保持不变，则所得到的新的逻辑表达式称为函数 Y 的对偶式，记作 Y'。当然 Y 和 Y' 互为对偶式。

　　例如　$Y=A(B+C)$，则 $Y'=A+BC$；$Y=A+(B\overline{C})$，则 $Y'=A(B+\overline{C})$。

如果两个逻辑式相等，那么它们的对偶式也相等，这一规则称对偶定理。例如，已知 A $+BCD = (A+B)(A+C)(A+D)$，则根据对偶规则可得到

$$A(B+C+D) = AB+AC+AD$$

当证明了某两个逻辑表达式相等之后，根据对偶定理，则它们的对偶式也必然相等。

8.1.4 逻辑函数的表示

逻辑函数可以分别用逻辑真值表、逻辑函数式、逻辑图和卡诺图表示，下面分别介绍这几种表示方法。

1. 逻辑真值表

表征逻辑函数的输入取值和输出取值之间全部可能对应情况的表格，称为逻辑真值表。真值表直观明了，输入变量取值一旦确定后，就可以在真值表中查出相应的函数值，把一个实际逻辑问题抽象为数学问题时用真值表最方便，所以，在数字电路的逻辑设计过程中，首先就要根据给定的逻辑功能要求列出对应的真值表。

在列逻辑真值表时，输入变量的所有状态组合（n 个输入变量有 2^n 种可能取值组合）最好按二进制数递增的顺序排列，以避免遗漏和重复。

【例 8 - 2】 有一 T 形走廊，在相会处有一灯，在进入走廊的 A、B、C 三地各有控制开关，都能独立控制灯的亮灭。任意闭合一个开关，灯亮；任意闭合两个开关，灯灭；三个开关同时闭合，灯亮。设 A、B、C 代表三个开关（输入变量），开关闭合其状态为"1"，断开为"0"；灯 Y（输出变量）亮为"1"，灯灭为"0"。试列出表示该逻辑函数的逻辑真值表。

解 列出 A、B、C 三个输入变量的所有取值组合（共 8 种），根据题意的逻辑关系分别列出对应于各种输入变量取值组合的输出变量 Y 的结果，将输入变量取值从 000 到 111 依次递增的顺序排列，得真值表如表 8 - 11 所示。

表 8 - 11　　　　　　　　　　　　三地控制一灯的逻辑真值表

A	B	C	Y
0	0	0	0
0	0	1	1
0	1	0	1
0	1	1	0
1	0	0	1
1	0	1	0
1	1	0	0
1	1	1	1

2. 逻辑函数式

用来表示逻辑变量因果关系运算的代数式称逻辑函数式，亦称逻辑表达。逻辑表达式的基本形式有"与—或"和"或—与"两种。在逻辑表达式中，仅用"·"连接起来的一串逻辑变量（可以是原变量，也可以是反变量），称为"与项"，亦称"积项"。由若干"与项"进行"或"运算构成的表达式，称为"与—或"表达式。如下面的逻辑函数式即为一"与—或"表达式。

$$Y = \overline{A}B\overline{C} + ABC + \overline{A}\,\overline{B}C + A\overline{B}\,\overline{C} \tag{8-9}$$

在逻辑表达式中，仅用"＋"连接起来的一串逻辑变量（可以是原变量，也可以是反变量），称为"或项"。若干"或项"进行"与"运算构成的表达式，称为"或—与"表达式。又称"和之积"形式。如下面的逻辑表达式即为"或—与"表达式。

$$Y = (A+B+C)(A+\overline{B}+\overline{C})(\overline{A}+B+\overline{C})(\overline{A}+\overline{B}+\overline{C}) \qquad (8-10)$$

同一函数的"与—或"和"或—与"表达式不是唯一的，且繁简不一，但具有特征和代表意义的表达式则是唯一的，此称为函数的标准表达式，即标准的"与—或"和标准的"或—与"式。本书只介绍标准"与—或"式。

在有 n 个输入变量的逻辑函数中，若函数的每个与项中每个变量均以原变量或反变量的形式在与项中只出现一次（所以该与项中应该有 n 个因子），则这样的与项称为该逻辑函数的最小项。这样的"与—或"表达式称为标准的"与—或"表达式，亦称最小项表达式。有 n 个输入变量的函数其最小项表达式是函数输出为"1"的最小项相加。所以［例 8 - 2］三地控制一灯的逻辑函数的最小项表达式即如式（8 - 9）所示。

逻辑函数除用标准"与—或"式的形式表示外，还可以用最小项编号来表示。n 个输入变量一共有 2^n 个最小项，其最小项编号按变量的状态构成的二进制数所对应的十进制数，如三变量逻辑函数的最小项 $\overline{A}B\overline{C}$ 记为 m_2，四变量逻辑函数的最小项 $A\overline{B}C\overline{D}$ 记为 m_{10}。三变量逻辑函数的最小项编号见表 8 - 12。

表 8 - 12   逻辑函数的三变量最小项编号

最小项	A	B	C	对应十进制数（i）	最小项编号
$\overline{A}\,\overline{B}\,\overline{C}$	0	0	0	0	m_0
$\overline{A}\,\overline{B}C$	0	0	1	1	m_1
$\overline{A}B\overline{C}$	0	1	0	2	m_2
$\overline{A}BC$	0	1	1	3	m_3
$A\overline{B}\,\overline{C}$	1	0	0	4	m_4
$A\overline{B}C$	1	0	1	5	m_5
$AB\overline{C}$	1	1	0	6	m_6
ABC	1	1	1	7	m_7

于是三地控制一灯的逻辑函数用最小项编号可表示为

$$Y(ABC) = \sum m(1,2,4,7) \qquad (8-11)$$

3. 逻辑图

将逻辑表达式中的逻辑关系式用相应的逻辑门表示并进行适当地连接就构成了逻辑图，一般逻辑门都是由电路实现的，并有相应的集成器件，因此逻辑图又称作逻辑电路图。例如图 8 - 4 所示的逻辑图为三地控制一灯的逻辑电路图。

4. 卡诺图（阵列图）

卡诺图是一个与函数的最小项一一对应的方格阵列图，是由美国工程师卡诺（Krnauglh）提出的，因此叫卡诺图。

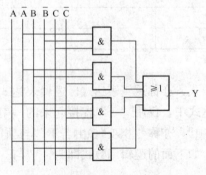

图 8 - 4   三地控制一灯逻辑电路

在图 8-5 的卡诺图中，每个最小项对应一个小方格，各个最小项之间按照最小项逻辑相邻的规则排列。所谓逻辑相邻是指只有一个变量不同（互为反变量）的两个最小项是逻辑相邻关系。在卡诺图中，几何相邻的方格中的最小项必须是逻辑相邻的。图 8-5 画出了两变量、三变量和四变量的卡诺图。

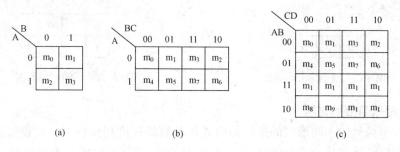

图 8-5　卡诺图

(a) 两变量卡诺图；(b) 三变量卡诺图；(c) 四变量卡诺图

在三变量逻辑函数的最小项卡诺图中，BC 的取值是按照 00、01、11、10 的顺序排列；在四变量逻辑函数的最小项卡诺图中，AB 和 CD 取值也是按 00、01、11、10 的顺序排列。这一顺序不是正常的二进制从小到大的顺序，这样排列是为了满足几何相邻的最小项也逻辑相邻的要求。

在卡诺图中，根据逻辑相邻也应是几何相邻的原则，则任何一行和一列两端的最小项也是逻辑相邻的，例如四变量的最小项 m_0 和 m_2、m_0 和 m_8、m_4 和 m_6 等等，要它们几何相邻，则卡诺图应是上下、左右闭合的图形。

用卡诺图来表示逻辑函数的具体做法是：先将逻辑函数化成最小项表达式，然后填卡诺图，即把和式中各最小项所对应的方格填入 1，其余的方格填入 0（或空白），这样就得到了逻辑函数的卡诺图。

【例 8-3】　把逻辑函数 $Y=\overline{A}BC+AC$ 变换成标准的"与—或"式。

解

$$Y = \overline{A}BC + AC$$
$$= \overline{A}BC + AC(B+\overline{B})$$
$$= \overline{A}BC + ABC + A\overline{B}C$$

A＼BC	00	01	11	10
0	0	0	1	0
1	0	1	1	0

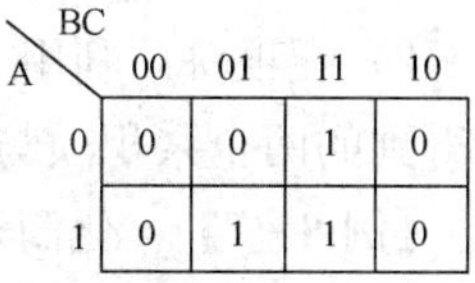

图 8-6　[例 8-3] 图

如果给出的逻辑函数式不是"与一或"形式，应首先把它展开成"与一或"式，再变换成标准"与一或"式。

【例 8-4】　求逻辑函数式 $Y=\overline{AC+\overline{\overline{BC}}}+AB$ 的卡诺图。

解　先将 $Y=\overline{AC+\overline{\overline{BC}}}+AB$ 变换成"与一或"表达式，然后再求其最小项表达式。

$$Y = \overline{AC + \overline{\overline{BC}}} + AB = \overline{AC} \cdot \overline{BC} + AB$$
$$= (\overline{A}+\overline{C}) \cdot \overline{B}C + AB = \overline{A}\,\overline{B}C + AB$$
$$= \overline{A}\,\overline{B}C + AB(C+\overline{C}) = \overline{A}\,\overline{B}C + ABC + AB\overline{C}$$

【例 8-5】　求逻辑函数 $Y(A,B,C,D) = \sum m(0,1,2,5,6,7,8,9,10,13,14)$ 的卡诺图。

解　求用最小项编号表示的函数的卡诺图极为方便，画出四变量卡诺图，对应编号填入

1 即可。图 8-8 是逻辑函数 Y 的卡诺图。

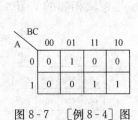

A\BC	00	01	11	10
0	0	1	0	0
1	0	0	1	1

图 8-7　[例 8-4] 图

A\BC	00	01	11	10
00	1	1	0	1
01	0	1	1	1
11	0	1	0	1
10	1	1	0	1

图 8-8　[例 8-5] 图

8.1.5　逻辑函数的化简

　　同一个逻辑函数的不同形式的逻辑函数式，其繁简程度相差较大，在设计逻辑电路时，经常需要把逻辑函数式化简成最简形式，即"与-或"逻辑式中所含的乘积项最少，同时每个乘积项中所包含的变量数也是最少的"与-或"式。常用的化简方法有代数化简法、卡诺图化简法和列表法。本书介绍前两种方法。

　　1. 逻辑函数的代数化简法

　　代数化简法就是利用逻辑代数中的公式和定理对逻辑函数进行化简，在化简较复杂的逻辑函数时，需要灵活、交替地综合利用多个基本公式和多种方法才能获得比较理想的化简结果。由于实际的逻辑函数式的形式是多种多样的，因此应用代数法化简时没有固定的规律可循，化简能否得到满意的结果，与使用者掌握公式的熟练程度和运用技巧有关。下面介绍公式化简法中常用的几种经验方法。

　　1) 并项法。利用 $A+\overline{A}=1$，将两项合并为一项。

　　【例 8-6】　化简逻辑函数式 $Y=ABC+A\,\overline{B}\,\overline{C}+A\,\overline{B}\,C+AB\overline{C}$。

　　解　　$Y = ABC + AB\overline{C} + A\,\overline{B}\,C + A\,\overline{B}\,\overline{C}$

　　　　　　$= AB(C+\overline{C}) + A\overline{B}(C+\overline{C}) = AB + A\overline{B} = A(B+\overline{B}) = A$

　　2) 配项法。利用 $B=B\,(A+\overline{A})$，对函数式中的某一乘积项上乘以 $A+\overline{A}$，然后展开，把得到的两个乘积项与其他项合并化简。

　　【例 8-7】　化简逻辑函数式 $Y=AB+\overline{A}\,\overline{C}+B\overline{C}$。

　　解　　$Y = AB + \overline{A}\,\overline{C} + B\overline{C} = AB + \overline{A}\,\overline{C} + B\overline{C}(A+A)$

　　　　　　$= AB + \overline{A}\,\overline{C} + AB\overline{C} + \overline{A}\,B\,\overline{C} = AB(1+\overline{C}) + \overline{A}\,\overline{C}(1+B)$

　　　　　　$= AB + \overline{A}\,\overline{C}$

　　3) 加项法。利用 $A+A=A$，在逻辑函数式中加入其中某一乘积项的相同项，然后合并化简。

　　【例 8-8】　化简逻辑函数式 $Y=ABC+\overline{A}BC+A\,\overline{B}C$。

　　解　　$Y = ABC + \overline{A}BC + A\,\overline{B}C$

　　　　　　$= ABC + \overline{A}BC + A\,\overline{B}C + ABC$

　　　　　　$= BC(A+\overline{A}) + AC(B+\overline{B})$

　　　　　　$= BC + AC$

　　4) 吸收法。利用 $A+AB=A$，消去多余项。

　　【例 8-9】　化简逻辑函数式 $Y = \overline{B}C + A\,\overline{B}C(D+E)$。

解　$Y = \overline{BC} + \overline{BC}A(D+E) = \overline{BC}[1 + A(D+E)] = \overline{BC}$

5) 消因子法。利用 $A + \overline{A}B = A + B$ 消去 $\overline{A}B$ 项中的一个因子。

【例 8 - 10】　化简逻辑函数式 $Y = \overline{C} + ABC$。

解　$Y = \overline{C} + ABC = \overline{C} + AB$

用公式法化简逻辑函数，带有一定的试探性，往往需要经过认真分析、综合运用上述方法及其他逻辑代数定理公式，才能达到化简的目的。

在进行逻辑电路设计时，有时需要用已选定的逻辑门实现，于是逻辑函数式需进行变换。例如想要用"与非"门实现某一逻辑函数时，应该设法将逻辑函数式变换成只含有与非运算的形式。

【例 8 - 11】　试用"与非"门实现逻辑函数 $Y = AB + BC$。

解　由摩根定理变换可得

$$Y = AB + BC = \overline{\overline{AB} \cdot \overline{BC}}$$

变换后可用三个与非门来实现。

2. 逻辑函数的卡诺图化简法

(1) 一般逻辑函数的化简。卡诺图法在变量较少（变量≤4）时，具有直观、迅速的特点。利用卡诺图逻辑相邻的性质，在卡诺图上可用矩形圈（卡诺圈）圈画，圈画在一起的 2^i 个标"1"的相邻最小项可以合并为一项，并消去原、反变量被同时圈中的 i 个变量。一个矩形圈内最小项的公共部分就是这个矩形圈合并后得到的乘积项。

下面对［例 8 - 5］所示函数用卡诺图法化简。该函数的卡诺图如图 8 - 8 所示，此函数可化简为四个与项之和，即可圈 4 个卡诺圈，分别如图 8 - 9（a）、（b）、（c）、（d）所示。

逻辑函数的最简"与—或"式为 $Y = \overline{C}D + C\overline{D} + \overline{B}\,\overline{D} + \overline{A}BD$。

概括上述，用卡诺图化简逻辑函数的一般步骤为：

1) 根据已知逻辑函数求其卡诺图。

2) 在卡诺图上画卡诺圈，合并最小项。画卡诺矩形圈时应遵循：

a) 卡诺圈必须是由 2^i（$i = 0、1、2、\cdots$）个逻辑相邻的"1"方格组成的方形阵列。卡诺圈"能大不小"，圈的最小项越多，消去的变量越多。

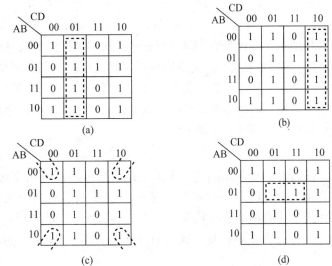

图 8 - 9　卡诺圈及合并的与项
(a) 卡诺圈──→$\overline{C}D$；(b) 卡诺圈──→$C\overline{D}$；
(c) 卡诺圈──→$\overline{B}\,\overline{D}$；(d) 卡诺圈──→$\overline{A}BD$

b) 每个 1 方格可以属于多个卡诺圈。

c) 既要把每个 1 方格都圈定，又要使卡诺圈的数量最少。

d) 每个卡诺圈中至少应包含一个不属于其他卡诺圈的 1 方格，以保证卡诺圈的独立性。

3）每个圈合并为一个乘积项，所有乘积项加起来就得到逻辑函数的最简"与—或"式。

【例 8-12】　用卡诺图化简逻辑函数 $F(A,B,C,D) = \sum m(0,1,2,3,4,5,6,7,8,9,10,11,14,15)$。

解　画出函数的卡诺图如图 8-10 所示，进行化简可得

$$F(A,B,C,D) = \overline{A} + \overline{B} + C$$

（2）特殊情况的处理。实际应用中遇到的逻辑问题往往还有许多特殊情况，这就要求对具体问题作出具体分析和处理。下面介绍几种常见的特殊情况及处理方法。

1）在卡诺图中圈 0 方格化简函数。在卡诺图中，如果 1 方格远比 0 方格多时，有时圈 0 方格比圈 1 方格简单。这种方法是先求出非函数 $\overline{Y}$，再对 $\overline{Y}$ 求非，其结果与圈 1 方格化简得到的函数是相同的，例如对例 8-12 采用圈 0 方格化简，如图 8-11 所示。

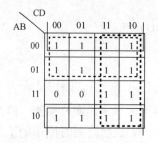
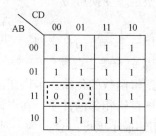

图 8-10　[例 8-12] 图（一）　　　图 8-11　[例 8-12] 图（二）

$$\overline{Y} = AB\overline{C} \quad \overline{\overline{Y}} = \overline{AB\overline{C}} \quad Y = \overline{A} + \overline{B} + C$$

结果与圈 1 方格化简法相同，而这种方法的卡诺图更简单清晰。

2）具有无关最小项的逻辑函数及其化简。在某些逻辑问题中，其输入变量间存在着某种相互制约，使得函数中某些最小项根本就不可能出现，或者即使出现也不影响函数的功能，这类最小项称为无关最小项或无关项，用 d 表示。把具有这一特征的函数称为具有无关最小项的逻辑函数，一般表示为

$$Y = \sum m_i + \sum d_j (i \neq j) \tag{8-12}$$

在真值表和卡诺图中，无关项用×或 φ 表示。由于函数与无关最小项无关，所以，无关最小项可以随意加到函数表达式中，或从表达式中去掉，都不会影响函数的功能。换句话说，在真值表和卡诺图中，"×"可以看作是"1"，也可以看作是"0"。根据这一特点，在化简这类函数时，通过对无关最小项进行适当的取舍，可使逻辑函数得到更好的简化。

【例 8-13】　化简函数 $Y(A,B,C,D) = \sum m(3,4,5,10,12) + \sum d(0,2,13,14,15)$

解　先不利用无关项化简，由图 8-12（a）得

$$Y(A,B,C,D) = \overline{ABC} + B\overline{CD} + \overline{BCD} + A\overline{BC}$$

利用无关最小项化简，由图 8-12（b）得

$$Y(A,B,C,D) = B\overline{C} + \overline{BC}$$

可见利用无关最小项可得到更简化的逻辑函数表达式。

3）多输出逻辑函数的简化。在实际应用中，常大量存在根据同一组输入变量产生多个输出的情况，对于根据同一组输入变量而有多输出的电路，必须保证整个电路为最简，所以

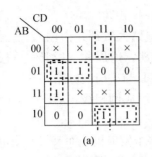
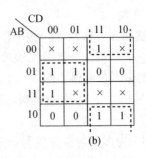

图 8-12 ［例 8-13］图
(a) 未利用无关项；(b) 利用无关项

在逻辑函数化简时，要把多个输出函数当做一个整体考虑，以整体最简为目标，因此，就要充分利用各输出函数的共同部分。例如某逻辑电路有两个输出函数，其对应的卡诺图如图 8-13 所示。

在用卡诺图化简时，若以单个函数最简为目标可得

$$\left.\begin{array}{l} Y_1 = A\overline{B} + A\overline{C} \\ Y_2 = AB + BC \end{array}\right\} \quad (8-13)$$

若以整个函数最简为目标可得

$$\left.\begin{array}{l} Y_1 = A\overline{B} + AB\overline{C} \\ Y_2 = BC + AB\overline{C} \end{array}\right\} \quad (8-14)$$

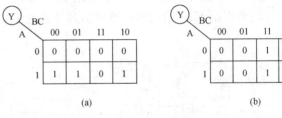

图 8-13 多输出函数卡诺图
(a) Y_1 卡诺图；(b) Y_2 卡诺图

比较式（8-13）和式（8-14），式（8-14）尽管单个函数表达式未达到最简，但从整体上看，由于恰当地利用两个函数的公共部分，使两个函数表达式中的不同"与项"由 4 个减少为 3 个，从而使整体得到了进一步简化。

综合上述，衡量多个输出逻辑函数最简的标准是：所有逻辑表达中包含的不同"与项"总数最少，在此条件下，再求各不同"与项"中所含变量最少。要达到这一目标，函数简化的关键是充分利用各输出函数之间的公共部分。

8.2 集成逻辑门电路

用来实现基本逻辑运算和复合逻辑运算的单元电路称为门电路，门电路是数字电路中的基本逻辑单元。门电路的符号用对应的逻辑运算的图形符号表示。最早的门电路是由分立元件构成的，目前常用的门电路都有集成电路产品可供选用。

8.2.1 TTL 门电路

常用的数字集成电路主要有 TTL（Transistor-Transistor Logic）电路和 CMOS（Complementary Metal-Oxide Semiconductor）电路两种。

国产的 TTL 电路有 CT74、CT74H、CT74S、CT74LS、CT74AS 和 CT74ALS 等系列产品，目前在一般场合应用较多的是 74LS 系列。下面以 74 系列 TTL 电路为例讲解几种门电路的工作原理和应用。

1. TTL 与非门

（1）电路结构和工作原理。各个系列的 TTL 门电路大致都是由输入级、倒相级和输出级组成，因为它们的输入级和输出级都采用三极管结构，所以称三极管—三极管逻辑电路，简称 TTL 电路或 T²L 电路。图 8-14 是 3 输入的 TTL 与非门的电路。

在电路中 VT1、R_1 组成输入级，VT2、R_2、R_3 组成倒相级，VT3、VT4、R_4 和 VD1 组成输出级。

输入级 VT1 为多发射极三极管，这种三极管有多个发射极，而基极和集电极是共用的。每个发射极和共用基极之间都各自形成独立的发射结。它相当于发射极独立而基极和集电极分别并联在一起的 3 个三极管，如图 8-14（b）所示。

图 8-14（a）中 VT3、VT4 组成推拉式输出结构，在电路参数的配合下，VT3 和 VT4 管总是有一个导通而另一个截止。此种结构可以减小输出电阻，又叫做图腾柱（toteempole）输出电路。这种输出电路具有较强的负载驱动能力。为了确保 VT3 管饱和导通时 VT4 管能够可靠地截止，在 VT4 管发射极串进了一个二极管 VD1。VD2 为输入端的钳位二极管，用来限制 VT1 的饱和深度以提高开关速度，它还可以限制输入端出现的负极性干扰脉冲。

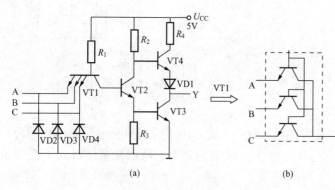

图 8-14　TTL 与非门
(a) 电路；(b) 多发射极三极管

设电源电压 $U_{CC}=5V$，输入低电平信号 $U_{il}=0.2V$，输入高电平信号 $U_{ih}=3.6V$，PN 结导通电压为 0.7V，三极管的饱和压降 $U_{ces}=0.2V$。

当 A、B、C 全是高电平时，VT1 发射结截止，U_{CC} 通过 R_1 和 VT1 的集电结向 VT2 和 VT3 提供基极电流，使 VT2 和 VT3 饱和导通，这时 $u_{b1}=U_{bc1}+U_{be2}+U_{be3}=0.7V+0.7V+0.7V=$ 2.1V，而 $u_{c2}=U_{ces2}+U_{be3}=0.2V+0.7V=0.9V$，因此使 VT4 和 VD1 都截止，电路的输出电压 $u_o=U_{ces3}=0.2V$，为低电平 U_{ol}。

当 A、B、C 中有一个接低电平，VT1 管中对应的一个发射结就会导通，其基极电位为 $V_{b1}=U_{il}+U_{be1}=0.2V+0.7V=0.9V$，此电位不致使 VT2 和 VT3 管导通，所以 VT2 和 VT3 管都截止，而电源 U_{CC} 通过电阻 R_2 向 VT4 提供基极电流，使 VT4 和 VD1 都导通（电流流入外接负载）。此时如果忽略电阻 R_2 上的压降，则电路的输出电压 $u_o \approx U_{CC}-U_{be4}-U_{VD1}$ $=5V-0.7V-0.7V=3.6V$，为高电平（U_{oh}）。

综上所述，图 8-14 所示电路具有与非逻辑功能，即只有输入全是高电平时输出才为低电平，输入只要有一个为低电平输出就为高电平。

（2）电压传输特性。电压传输特性，即输

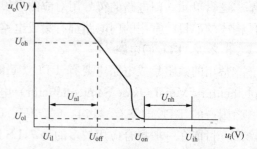

图 8-15　TTL 与非门的电压传输特性

出电压与输入电压的关系曲线。如果把与非门的一个输入端接一个可变的直流电源，其余输入端接高电平，当输入电压 U_i 从零逐渐增加到高电平，输出电压便会作出相应的变化，于是可得到 TTL 与非门的电压传输特性，如图 8-15 所示。由图可见：当 U_i 从零开始增加时，在一定的范围内输出的高电平基本不变，当 U_i 上升到一定数值后，输出很快下降为低电平，如果当 U_i 继续增加，输出低电平基本不变。

（3）常用特性参数。由电压传输特性可以定义以下五个主要特性参数：

1）标准高电平输出 U_{oh} 和标准低电平输出 U_{ol}。在实际应用中，通常规定高电平最小值和低电平的最大值。TTL 与非门当 $U_{CC}=5V$ 时 $U_{oh}=2.4V$，$U_{ol}=0.4V$。

2）开门电平 U_{on} 和关门电平 U_{off}。开门电平 U_{on} 是指保证输出为标准低电平时的最低输入高电平；关门电平 U_{off} 是指保证输出为标准高电平时的最高输入低电平。如图 8-15 中所示。对于 TTL 与非门，一般规定 $U_{on}=2.0V$，$U_{off}=0.8V$。

3）阈值电压 U_{th}。当输入电压 U_i 上升到某一数值时，VT3 由截止转为导通，而 VT4 截止，输出电压急剧下降为低电平，此时的输入电压称为阈值电压或门槛电压，记作 U_{th}。在近似分析时，U_{th} 是判断 TTL 与非门工作状态的关键参数。TTL 与非门的 $U_{th} \approx 1.4V$。

4）输入端噪声容限。噪声容限系指输出为规定的极限值时，允许输入波动的最大范围，它反映了门电路的抗干扰能力。

输入为高电平时的噪声容限为

$$U_{nh} = U_{ih} - U_{on} \qquad (8-15)$$

输入为低电平时的噪声容限为

$$U_{nl} = U_{off} - U_{il} \qquad (8-16)$$

U_{nh}、U_{nl} 越大表示抗干扰能力越强。

5）扇出系数。扇出系数是指门电路所能够驱动的同类门电路的最大数目，它表示与非门带负载的能力。一般的集成电路手册中不给出扇出系数，可根据门电路的参数按公式计算得出，如下式所示，然后取两个结果中绝对值较小的一个。

$$N_{ol} = \frac{I_{ol(max)}}{I_{il(max)}}$$

$$N_{oh} = \frac{I_{oh(max)}}{I_{ih(max)}} \qquad (8-17)$$

2. 其他类型的 TTL 门电路

（1）其他逻辑功能的 TTL 门电路。在实际的数字系统中，为了便于实现各种不同的逻辑函数，在 TTL 门电路的定型产品中，除了与非门外，还有或非门、与门、或门、异或门、与或非门和反相器等几种常见的类型。它们尽管功能不同，但输入、输出端的电路结构与 TTL 与非门的基本相同，故不再一一赘述。

（2）TTL 集电极开路门电路。在逻辑电路中，有时需要把逻辑门的输出端直接相连来实现与逻辑关系，这种方法称为"线与"。具有推拉式输出结构的门电路是不适合"线与"的，因为这种门电路无论是输出高电平还是输出低电平，VT4 和 VT3 总有一个是导通的，输出电阻总是比较小。如果线与，输出高电平的门将向输出低电平的门灌入电流，这会使该门中的电流远远超过正常工作电流，以至于使门电路过载而被烧坏。解决"线与"安全性的方法是采用集电极开路的输出结构，即输出三极管 VT3 的集电极开路，所以也叫做 OC

（Open Collector）门电路。集电极开路门电路的输出级不是推拉式电路，图 8 - 16 是集电极开路与非门的逻辑电路及逻辑符号。

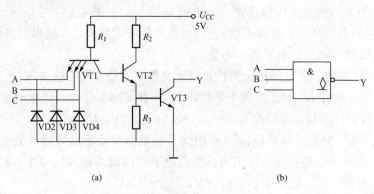

(a)　　　　　　　　　　　　　　　　(b)

图 8 - 16　集电极开路与非门
(a) 逻辑电路；(b) 逻辑符号

OC 门电路工作时通常需要外接负载电阻和电源。另外有些 TTL OC 门电路的输出管尺寸较大，因而可以承受较大的电流和较高的电压，如 7406、7407 等，它们的最大耐压值（外接电源电压）为 30V，输出管允许的最大负载电流为 40mA。

（3）TTL 三态输出门电路。利用 OC 门电路虽然可以实现"线与"的功能，但工作速度和负载能力有所下降，为了保持推拉式的优点，还能作线与连接，人们又开发了一种三态"与非"门。

与一般的门电路相比，三态门电路的输出状态除了有高电平和低电平外，还有第三种状态即高阻状态。图 8 - 17 所示是一种控制端低电平有效的三态输出与非门的逻辑电路及逻辑符号。

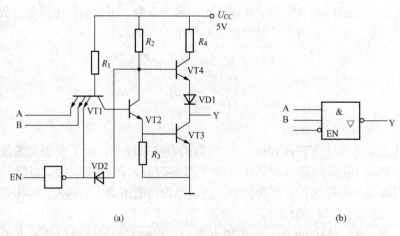

(a)　　　　　　　　　　　　　　　　(b)

图 8 - 17　三态输出与非门
(a) 逻辑电路；(b) 逻辑符号

当控制端 EN 为低电平时，二极管 VD2 截止，电路处于普通的与非门工作状态，实现与非逻辑关系 $Y = \overline{A \cdot B}$，电路的输出不是高电平就是低电平。

当控制端 EN 为高电平时，VT1 发射结导通，VT2 和 VT3 截止；同时 VD2 导通，从而使 VT4 的基极电位被钳位在 0.7V，因而 VT4 也截止。这时由于 VT3 和 VT4 都截止，所以输出端 Y 相对于电路的其他部分（电源和地）都是断开的，呈现为高阻抗状态。

利用三态门可以实现在同一根信号线（总线）上分时传送多路信号。图 8-18（a）是用三态输出反相器实现单向总线数据传输的电路。控制各三态门的使能控制端，使任何时刻只有一个三态门向总线传送数据（使能端有效），而使其他三态门处于高阻状态（使能端无效），这样就可以把各个三态门的输出信号分时传送到总线上，而互不干扰。

图 8-18（b）是利用三态门实

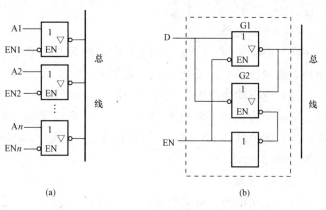

图 8-18　用三态门实现总线数据传输
(a) 单向总线数据传输；(b) 双向总线数据传输

现双向总线数据传输，当 EN＝0 时，G2 为高阻输出状态，D 端数据经 G1 反相后传输到总线；当 EN＝1 时，G1 为高阻输出状态，总线上的数据经 G2 反相后传输到 D 端。

8.2.2　CMOS 门电路

在数字集成电路中除了 TTL 门电路外，MOS 型数字集成电路应用也很广泛。MOS 型数字集成电路分为 NMOS 电路、PMOS 电路和 CMOS 电路。CMOS 电路是互补（Completementary）MOS 电路的简称。所谓"互补"是指由 N 沟道增强型和 P 沟道增强型场效应管组合而成的门电路，两管子工作状态具有互补性。CMOS 门电路具有电路简单、输入电阻高、功耗小、带负载能力强、抗干扰能力强、允许电源波动范围大、工作速度与 TTL 电路接近等优点，从而得到广泛应用。下面介绍几种基本的 CMOS 门电路。

1. CMOS 反相器

(1) 电路结构。CMOS 反相器是构成各种 CMOS 门电路的基本单元电路。其原理电路如图 8-19 所示。这是一个有源负载反相器，其中 VT1 作为开关管（驱动管），VT2 为 VT1 的负载，故称负载管。它们的漏极连在一起作为反相器的输出端，栅极连接在一起作为反相器的输入端，CMOS 反相器采用正电源，负载管的源极接电源正极，驱动管的源极接地。这种电路要求电源电压大于两管子开启电压的绝对值之和，即

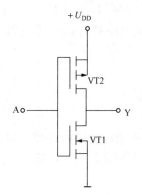

图 8-19　CMOS 反相器

$$U_{DD} > |U_{GS(th)1}| + U_{GS(th)2} \tag{8-18}$$

该电路不仅从结构上具有互补性，而且两个管子在工作状态上也是互补的，即两个管子总是一个导通，另一个截止。

(2) 逻辑功能分析。当输入为低电平时（设 $U_i=0V$），$U_{GS1}=0<U_{GS(th)}$，VT1 截止，而 $U_{GS2} \approx U_{DD} > U_{GS(th)}$，VT2 导通，所以输出电位约等于 U_{DD}，为高电平，$U_{oh}=U_{DD}$。

当输入为高电平（设 $U_i=U_{DD}$）时，$U_{GS1}=U_{DD}>U_{GS(th)}$，VT1 导通，而 $U_{GS2}=0V<U_{GS(th)}$，VT2 截止，所以输出为低电平，$U_{ol} \approx 0V$。

可见该电路具有反相器的功能。由于在工作时只有一个管子导通，电流很小，因而静态功耗小。另外由于 VT1、VT2 导通电阻小，负载电容的充电或放电很快，因而提高了工作速度。

2. CMOS 与非门

（1）电路结构。将两个或以上 CMOS 反相器负载管的源极和漏极分别并接，而驱动管串接，就构成了 CMOS 与非门，如图 8-20 所示。

（2）逻辑功能分析。当 A、B 中有一个低电平时，则相应的驱动管就截止，负载管就导通，则输出为高电平。只有当 A、B 全是高电平时，则所有的驱动管（VT1，VT2）都导通，所有的负载管（VT3，VT4）都截止，则输出为低电平。因此，该电路具有与非的逻辑功能，即 $Y = \overline{AB}$。

3. CMOS 或非门

（1）电路结构。将两个或以上 CMOS 反相器的负载管的源极和漏极串接，而驱动管的源极和漏极分别并接就构成了 CMOS 或非门，如图 8-21 所示。

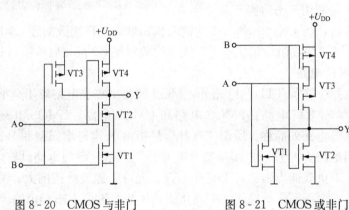

图 8-20　CMOS 与非门　　　　　图 8-21　CMOS 或非门

（2）逻辑功能分析。当 A、B 中有一个高电平时，相应的驱动管就导通，负载管就截止，则输出为低电平。只有当 A、B 全是低电平时，所有的驱动管（VT1，VT2）都截止，所有的负载管（VT3，VT4）都导通，则输出为高电平。因此，该电路具有或非的逻辑功能，即 $Y = \overline{A+B}$。

8.3　组合逻辑电路的分析和设计方法

按照逻辑功能的不同特点，数字电路可分为组合逻辑电路和时序逻辑电路两大类。如果在任意时刻电路的输出状态只取决于输入的即时状态，而与电路原来的状态无关，这样的数字电路称为组合逻辑电路。

8.3.1　组合逻辑电路的分析方法

组合逻辑电路分析的任务是根据给定的逻辑电路图，分析其逻辑功能。通常按如下的步骤进行：

1）根据给定的逻辑图从输入到输出（或从输出到输入）逐级写出逻辑表达式。

2）化简和变换逻辑函数式，以便得到标准"与—或"表达式。

3）根据标准"与一或"表达式列出逻辑真值表。

4）根据化简后的逻辑函数式或逻辑真值表说明电路的逻辑功能。

组合逻辑电路分析的流程框图，如图 8-22 所示。

$$逻辑电路图 \rightarrow 逻辑函数式 \rightarrow 化简函数 \rightarrow 列真值表 \rightarrow 逻辑功能$$

图 8-22 组合逻辑电路分析流程

【例 8-14】 分析图 8-23 所示电路的逻辑功能。

解 根据电路图可写出各个门电路的输出为

$$Y = \overline{Y_2 + Y_3 + Y_4}$$

把 $Y_2 = AY_1$、$Y_3 = BY_1$、$Y_4 = CY_1$ 代入 Y 式，得

$$Y = \overline{Y_1 A + Y_1 B + Y_1 C} = \overline{Y_1(A + B + C)}$$

把 $Y_1 = \overline{ABC}$ 代入上式，得

$$Y = \overline{\overline{ABC}(A + B + C)}$$

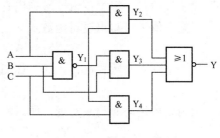

图 8-23 [例 8-14] 图

应用摩根定理进一步化简可以得出

$$Y = ABC + \overline{A}\,\overline{B}\,\overline{C}$$

根据上式列出逻辑真值表 8-13。

根据逻辑真值表可知，当 A、B、C 相同时输出 Y 为"1"，否则输出 Y 为"0"。电路的这种功能为"判一致"。

表 8-13   [例 8-14] 表

A	B	C	Y
0	0	0	1
0	0	1	0
0	1	0	0
0	1	1	0
1	0	0	0
1	0	1	0
1	1	0	0
1	1	1	1

8.3.2 组合逻辑电路的设计方法

组合逻辑电路设计的任务是根据给定的逻辑要求，画出最简单的逻辑电路图，通常按如下的步骤进行：

1）分析逻辑要求确定输入变量和输出变量，并给逻辑状态赋值，即定义逻辑"0"和"1"的含义。

2）根据给定逻辑要求列出真值表。

3）根据真值表写出逻辑函数式，并进行化简和变换。根据设计规模要求对逻辑函数式进行相应的化简。如小规模设计，则应将逻辑函数式化成最简形式。

4）根据化简、变换后的逻辑函数式画出逻辑电路图。

组合逻辑电路设计的流程框图，如图 8-24 所示。

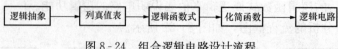

图 8-24 组合逻辑电路设计流程

【例 8-15】 设计一个三人表决逻辑电路，逻辑要求为少数服从多数，要求用与非门实现。

解 把三个人的表决意见看作输入变量，分别用 A、B、C 表示，用"1"表示同意、用"0"表示反对；把表决结果看作输出逻辑变量，用 Y 来表示，用"1"表示表决通过，用"0"表示没通过。根据逻辑要求列出真值表 8-14。

根据真值表可写出逻辑函数式

$$Y = \overline{A}BC + AB\overline{C} + A\overline{B}C + ABC$$

用卡诺图对函数式进行化简，如图 8-25 (a) 所示，得出最简与一或式为

$$Y = AB + BC + AC$$

因为要求用与非门来实现，所以需要对逻辑表达式进行交换。由摩根定理可得

$$Y = AB + BC + AC = \overline{\overline{AB} \cdot \overline{BC} \cdot \overline{AC}}$$

由此可以画出图 8-25 (b) 所示的逻辑电路图。

表 8-14   [例 8-15] 表

输 入			输 出
A	B	C	Y
0	0	0	0
0	0	1	0
0	1	0	0
0	1	1	1
1	0	0	0
1	0	1	1
1	1	0	1
1	1	1	1

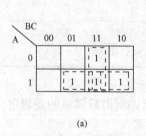

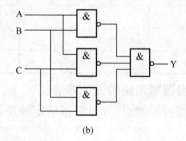

(a)   (b)

图 8-25 [例 8-15] 图
(a) 卡诺图；(b) 逻辑电路图

【例 8-16】 设计一位半加器和全加器电路。

解 实现加法运算的逻辑电路称为加法器，1 位加法器分为半加器和全加器。只考虑两个加数本身而不考虑来自低位的进位的两个 1 位二进制数的相加运算叫做半加，实现半加运算的电路叫做半加器。根据半加器的逻辑要求，半加器有两个输入端（两个加数 A 和 B）和

两个输出端（本位 S 和向高位的进位 C）。根据二进制加法运算规则，可以列出半加器的真值表 8 - 15。

表 8 - 15		[例 8 - 16] 表（一）		
输　入			输　出	
A	B		C	S
0	0		0	0
0	1		0	1
1	0		0	1
1	1		1	0

根据真值表可写出输出变量 S 和 C 的表达式

$$S = \overline{A}B + A\overline{B} = A \oplus B$$

$$C = AB$$

由此可见，半加器可由一个异或门和一个与门组成，如图 8 - 26（a）所示。图 8 - 26（b）是半加器的逻辑符号。

两个多位二进制数相加时，除了最低位以外，每一位都应考虑来自低位的进位，即把两个对应位的加数和来自低位的进位三者加起来，这种运算称为全加。实现全加运算的电路叫做全加器。

如果用 A_i 和 B_i 表示两个对应位的加数，用 C_{i-1} 表示来自低位的进位，用 S_i 表示和，用 C_i 表示向高位的进位，则根据二进制加法运算规则，可以列出全加器的真值表 8 - 16。

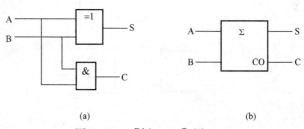

图 8 - 26 [例 8 - 16] 图（一）

(a) 逻辑电路；(b) 逻辑符号

表 8 - 16			[例 8 - 16] 表（二）	
输　　入			输　　出	
A_i	B_i	C_{i-1}	C_i	S_i
0	0	0	0	0
0	0	1	0	1
0	1	0	0	1
0	1	1	1	0
1	0	0	0	1
1	0	1	1	0
1	1	0	1	0
1	1	1	1	1

根据真值表可以写出 S_i 和 C_i 的表达式

$$S_i = \overline{A_i}\,\overline{B_i}C_{i-1} + \overline{A_i}B_i\overline{C_{i-1}} + A_i\overline{B_i}\,\overline{C_{i-1}} + A_iB_iC_{i-1}$$

$$C_i = \overline{A_i}B_iC_{i-1} + A_i\overline{B_i}C_{i-1} + A_iB_i\overline{C_{i-1}} + A_iB_iC_{i-1}$$

全加器是一个多输出函数的电路，化简时以整体最简为目标，经观察分析，S_i 的表达式已不能化简，但可以进行如下变换。

$$S_i = \overline{A_i}\overline{B_i}C_{i-1} + \overline{A_i}B_i\overline{C_{i-1}} + A_i\overline{B_i}C_{i-1} + A_iB_iC_{i-1}$$
$$= (\overline{A_i}\overline{B_i} + A_iB_i)C_{i-1} + (\overline{A_i}B_i + A_i\overline{B_i})\overline{C_{i-1}}$$
$$= \overline{(A_i \oplus B_i)}C_{i-1} + (A_i \oplus B_i)\overline{C_{i-1}}$$
$$= (A_i \oplus B_i) \oplus C_{i-1}$$

C_i 虽然可以化简成更简化的形式，但为了整个电路最简，充分利用 C_i 和 S_i 的公共部分，通过观察选择 C_i 也进行如下变换。

$$C_i = \overline{A_i}B_iC_{i-1} + A_i\overline{B_i}C_{i-1} + A_iB_i\overline{C_{i-1}} + A_iB_iC_{i-1}$$
$$= (\overline{A_i}B_i + A_i\overline{B_i})C_{i-1} + A_iB_i(\overline{C_{i-1}} + C_{i-1})$$
$$= (A_i \oplus B_i)C_{i-1} + A_iB_i$$

可见，C_i 和 S_i 的公共有 $A_i \oplus B_i$ 部分，由此可画出全加器的逻辑图如图 8-27（a）所示，图 8-27（b）是全加器的逻辑符号。

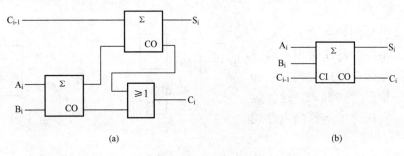

图 8-27　［例 8-16］图（二）
(a) 逻辑电路；(b) 逻辑符号

全加器是构成算术运算电路的基本电路，现已有定型集成电路产品供实际需要时选用，如双全加器 74LS183，该芯片内部包含两个独立的全加器。全加器除作运算单元外，还有多种应用功能，如用全加器可以组成一个表决器。

8.4　常用组合逻辑功能器件

8.4.1　编码器

将某一信号（输入）变换为某一特定的代码（输出）的逻辑电路称为编码器。它是一个多端输入多端输出的逻辑系统。按其允许同时输入的编码信号的多少，编码器分为普通编码器和优先编码器。

1. 普通编码器

编码器任一时刻只允许有一个输入信号要求编码，否则将发生编码混乱，这样的编码器称为普通编码器。

图 8-28 所示框图为 3 位二进制编码器，$I_0 \sim I_7$ 是 8 个被编码的输入信号，Y_2、Y_1、Y_0 是输出的 3 位二进制代码，输入和输出均为高电平有效。这种编码器有 8 个输入端，3 个输出

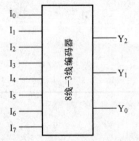

图 8-28　3 位二进制编码器

端，故称为 8 线—3 线（8/3 线）编码器。其逻辑真值表见表 8-17。

在真值表中，每一行的 $I_0 \sim I_7$ 中仅有一个取值为 1，因此可以直接写出各输出变量的表达式

$$Y_0 = I_1 + I_3 + I_5 + I_7 = \overline{\overline{I_1} \cdot \overline{I_3} \cdot \overline{I_5} \cdot \overline{I_7}}$$

$$Y_1 = I_2 + I_3 + I_6 + I_7 = \overline{\overline{I_2} \cdot \overline{I_3} \cdot \overline{I_6} \cdot \overline{I_7}}$$

$$Y_2 = I_4 + I_5 + I_6 + I_7 = \overline{\overline{I_4} \cdot \overline{I_5} \cdot \overline{I_6} \cdot \overline{I_7}}$$

由此可以画出图 8-29 所示的图 8-28 的逻辑电路图。

表 8-17　　　　　　　　　　　　　3 位二进制编码器真值表

输　　入								输　　出		
I_0	I_1	I_2	I_3	I_4	I_5	I_6	I_7	Y_2	Y_1	Y_0
1	0	0	0	0	0	0	0	0	0	0
0	1	0	0	0	0	0	0	0	0	1
0	0	1	0	0	0	0	0	0	1	0
0	0	0	1	0	0	0	0	0	1	1
0	0	0	0	1	0	0	0	1	0	0
0	0	0	0	0	1	0	0	1	0	1
0	0	0	0	0	0	1	0	1	1	0
0	0	0	0	0	0	0	1	1	1	1

2. 优先编码器

优先编码器对每个输入端排定了优先顺序，它允许同时有多个输入编码信号有效，但是只对有效信号中优先级别最高的一个进行编码。

常见的集成优先编码产品有：由 TTL 电路构成的 8 线—3 线优先编码器 74LS148、10 线—4 线优先编码器 74LS147 等。下面以 74LS148 为例介绍集成电路选用时应了解的内容。

图 8-30 是 8 线—3 线优先编码器 74LS148 的逻辑符号，表 8-18 是 74LS148 的逻辑功能表。该编码器有 8 个信号输入端（$I_0 \sim I_7$）、3 个编码输出端（A_0、A_1、A_2），输入和输出均为低电平有效。除了上述的 8 个输入端和 3 个输出端外，还设置了使能输入端 EI 和用于扩展编码功能的输出端 EO、GS。

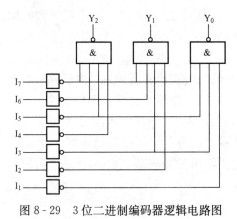

图 8-29　3 位二进制编码器逻辑电路图　　　　　图 8-30　8/3 线优先编码器
　　　　　　　　　　　　　　　　　　　　　　　　　74LS148 的逻辑符号

表 8 - 18　　　　　　　　　　　　　74LS148 的逻辑功能表

输　入									输　出				
EI	I_0	I_1	I_2	I_3	I_4	I_5	I_6	I_7	A_2	A_1	A_0	GS	EO
1	×	×	×	×	×	×	×	×	1	1	1	1	1
0	1	1	1	1	1	1	1	1	1	1	1	1	0
0	×	×	×	×	×	×	×	0	0	0	0	0	1
0	×	×	×	×	×	×	0	1	0	0	1	0	1
0	×	×	×	×	×	0	1	1	0	1	0	0	1
0	×	×	×	×	0	1	1	1	0	1	1	0	1
0	×	×	×	0	1	1	1	1	1	0	0	0	1
0	×	×	0	1	1	1	1	1	1	0	1	0	1
0	×	0	1	1	1	1	1	1	1	1	0	0	1
0	0	1	1	1	1	1	1	1	1	1	1	0	1

EI 为使能输入端，低电平有效，EI＝0 时，编码器工作；EI＝1 时，无论 8 个输入端为何种状态，3 个输出端均被封锁在高电平，且 EO 和 GS 也输出高电平。

EO 为使能输出端（输出选通端），低电平有效，只有在 EI＝0 且所有输入端都为 1 时，其输出为 0，否则输出为 1。它可以与同类芯片的 EI 端相接，组成更多输入端的编码器。

GS 为编码工作状态标志，低电平有效，当 EI＝0 且至少有一个输入端为 0（即至少有一个输入信号有效）时，其输出为 0，表明编码器处于编码工作状态，否则输出为 1。通过 GS 端的输出状态，可以区分功能表中第 2 行和第 10 行输出 $A_2A_1A_0$ 均为"111"的两种情况。当 GS＝1 时，编码器处于非编码状态，对应于 8 个输入端输入都为 1（无效输入）的情况，故表中第 2 行的"111"为非编码输出；GS＝0 时，编码器处于编码状态，故表中第 10 行的"111"为编码输出，为对输入信号 I_0 的编码。

由逻辑功能可以看出，输入信号的优先次序为输入 $I_7 \sim I_0$，输入 I_7 的优先级最高，输入 I_0 的优先级最低。当输入 I_7 为 0 时，无论其他输入端是 0 还是 1（表中用×表示），编码器只对输入 I_7 编码，输出为 000；当输入 I_7 为 1、输入 I_6 为 0 时，无论其他输入端是 0 还是 1，编码器只对输入 I_6 编码，输出为 001；其他情况依此类推。

8.4.2　译码器

译码是编码的逆过程，是将具有特定含义的二进制码进行辨别，并转换成控制信号，实现这一功能的电路称译码器。译码器是多端输入、多端输出的组合逻辑电路。

按功能，译码器分通用译码器和显示译码器两大类。通用译码器包括变量译码器和代码变换译码器。变量译码器是 n 线—2^n 线译码器，代码变换译码器是 4 线—16 线的二—十进制译码器。显示译码器是与几种显示器件配套使用的译码器，它可分为共阴极、共阳极和 CMOS 显示译码器。

1. 变量译码器

变量译码器有 n 个输入端，2^n 个输出端，其输入是二进制代码，对应于每一种输入代码，只有其中一个输出端为有效电平，其余输出端为非有效电平。输入的代码有时也叫地址码，即每一个输出端有一个对应的地址码。常用的集成译码器产品有：由 TTL 电路构成的 2 线—4 线译码器 74LS139、3 线—8 线译码器 74LS138、4 线—16 线译码器 74LS154 等。下面以 74LS139 和 74LS138 为例说明二进制译码器的工作原理和逻辑功能。

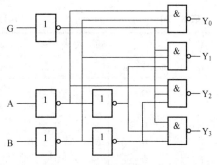

图 8 - 31　74LS139 内部的一个 2 线—4 线译码器逻辑电路图

74LS139 是双 2 线—4 线译码器，内部含有两个相同的 2 线—4 线译码器，图 8 - 31 是 74LS139 内部的一个 2 线—4 线译码器的逻辑图。由逻辑图可知，74LS139 中的每个译码器除了两个代码输入端 A、B 和 4 个译码输出端 Y_0、Y_1、Y_2、Y_3 外，还设有一个使能输入端 G。

由逻辑图可以写出逻辑式为

$$Y_0 = \overline{G\,\overline{A}\,\overline{B}},\ Y_1 = \overline{G\overline{A}B},\ Y_2 = \overline{GA\overline{B}},\ Y_3 = \overline{GAB}$$

表 8 - 19 是 74LS139 中一个 2 线—4 线译码器的逻辑功能表，输出为低电平有效，使能输入端 G 低电平有效。当 G＝0 时，译码器处于译码工作状态，在译码工作状态下，4 种输入代码 00、01、10、11 分别对应于输出 Y_0、Y_1、Y_2、Y_3 有效；当 G＝1 时，译码器被禁止，无论输入端 A、B 为何种状态，所有输出端均被封锁在高电平。

表 8 - 19　　　　　　　　　　　　74LS139 的逻辑功能表

输 入			输 出			
G	B	A	Y_0	Y_1	Y_2	Y_3
1	×	×	1	1	1	1
0	0	0	0	1	1	1
0	0	1	1	0	1	1
0	1	0	1	1	0	1
0	1	1	1	1	1	0

图 8 - 32 是 3 线—8 线译码器 74LS138 的逻辑符号，表 8 - 20 是其逻辑功能表。

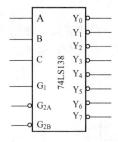

图 8 - 32　74LS138 的逻辑符号

74LS138 除了 3 个代码输入端 A、B、C 和 8 个译码输出端 Y_0～Y_7 外，还有三个使能输入端 G_1、G_{2A} 和 G_{2B}。译码输出端 Y_0～Y_7 为低电平有效。使能输入端 G_1 高电平有效，G_{2A} 和 G_{2B} 低电平有效。当 G_1＝1、$G_{2A}+G_{2B}$＝0 时译码器处于工作状态，否则译码器被禁止。利用译码器的这三个辅助控制端可以方便地扩展译码器的功能。

由表 8 - 20 可以得出译码器 74LS138 输出端 Y_0 的逻辑函数式为

$$\overline{Y_0} = G_1 \cdot \overline{G_{2A}} \cdot \overline{G_{2B}} \cdot \overline{C} \cdot \overline{B} \cdot \overline{A}$$

$$Y_0 = \overline{G_1 \cdot \overline{G_{2A}} \cdot \overline{G_{2B}} \cdot \overline{C} \cdot \overline{B} \cdot \overline{A}}$$

其他各输出端的逻辑表达式请读者自行推导。由二进制译码器的功能可知，二进制译码器的输出与输入变量的各个最小项一一对应，根据这一特点，可以用二进制译码器很方便地实现逻辑函数。

表 8 - 20 74LS138 的 逻 辑 功 能 表

输 入					输 出							
G_1	$G_{2A}+G_{2B}$	C	B	A	Y_0	Y_1	Y_2	Y_3	Y_4	Y_5	Y_6	Y_7
0	×	×	×	×	1	1	1	1	1	1	1	1
×	1	×	×	×	1	1	1	1	1	1	1	1
1	0	0	0	0	0	1	1	1	1	1	1	1
1	0	0	0	1	1	0	1	1	1	1	1	1
1	0	0	1	0	1	1	0	1	1	1	1	1
1	0	0	1	1	1	1	1	0	1	1	1	1
1	0	1	0	0	1	1	1	1	0	1	1	1
1	0	1	0	1	1	1	1	1	1	0	1	1
1	0	1	1	0	1	1	1	1	1	1	0	1
1	0	1	1	1	1	1	1	1	1	1	1	0

【例 8 - 17】 用 74LS138 实现逻辑函数 $Y=\overline{X}YZ+X\overline{Y}Z+XY\overline{Z}+XYZ$。

解 第一步：将 3 个使能端按允许译码的条件进行处理，即 G_1 接高电平（$G_1=1$），G_{2A} 和 G_{2B} 接地，根据 74LS138 的逻辑功能表可以确定，译码器各输出端的逻辑表达式为

$$\overline{Y}_3=\overline{C}BA \quad \overline{Y}_5=C\overline{B}A \quad \overline{Y}_6=CB\overline{A} \quad \overline{Y}_7=CBA$$

第二步：将输入变量 X、Y、Z 分别接到 C、B、A 端，给定的逻辑函数式中的 4 个最小项与译码器输出的对应关系为

$$\overline{Y}_3=\overline{C}BA \quad \overline{Y}_5=C\overline{B}A \quad \overline{Y}_6=CB\overline{A} \quad \overline{Y}_7=CBA$$

因此给定的逻辑函数可以表示为

$$Y=\overline{A}BC+A\overline{B}C+AB\overline{C}+ABC=\overline{Y}_3+\overline{Y}_5+\overline{Y}_6+\overline{Y}_7$$

应用摩根定理有

$$Y=\overline{Y_6 \cdot Y_5 \cdot Y_3 \cdot Y_7}$$

根据要求，用 74LS138 和一个四输入的与非门（74LS20）可实现逻辑函数，其连接如图 8 - 33 所示。

2. 二—十进制代码变换译码器

二—十进制译码器的逻辑功能是把十进制的 0～9 十个数码的 BCD 码翻译成 10 个对应的输出信号。

74LS42 是二—十进制译码器，图 8 - 34 是其逻辑符号，表 8 - 21 是其逻辑功能表，输出为低电平有效。它将输入的十个 8421BCD 代码 0000～1001 分别译成对应的输出信号 Y_0～Y_9。

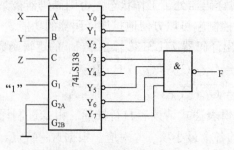

图 8 - 33 ［例 8 - 17］图

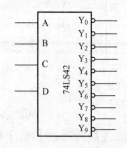

图 8 - 34 74LS42 的逻辑符号

3. 七段显示译码器

在数字系统中经常采用七段显示器显示十进制数，常用的七段显示器有 LED 显示器（半导体数码管）和 LCD 显示器（液晶显示器）等，它们可以用数字集成电路来驱动。

七段式数码显示器简称数码管，其结构如图 8-35（a）所示。COM 为公共端，两个 COM 引脚于数码管内部连接。数码管每个字段内置一个 LED，选择不同字段发光，可显示不同的字形。数码管制造时分共阴极和共阳极两种接法，分别如图 8-35（b）和（c）所示。相对于公共端来说，共阴极数码管某一字段接高电位时发光，共阳极数码管某一字段接低电位时发光。

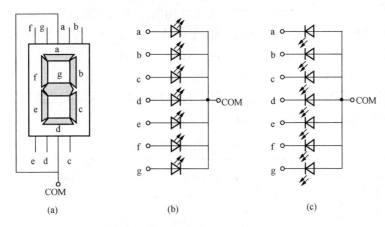

图 8-35 七段式数码显示器
(a) 结构；(b) 共阴极；(c) 共阳极

表 8-21　　　　　　　　　　　74LS42 的 逻 辑 功 能 表

序号	输 入				输 出									
	D	C	B	A	Y_0	Y_1	Y_2	Y_3	Y_4	Y_5	Y_6	Y_7	Y_8	Y_9
0	0	0	0	0	0	1	1	1	1	1	1	1	1	1
1	0	0	0	1	1	0	1	1	1	1	1	1	1	1
2	0	0	1	0	1	1	0	1	1	1	1	1	1	1
3	0	0	1	1	1	1	1	0	1	1	1	1	1	1
4	0	1	0	0	1	1	1	1	0	1	1	1	1	1
5	0	1	0	1	1	1	1	1	1	0	1	1	1	1
6	0	1	1	0	1	1	1	1	1	1	0	1	1	1
7	0	1	1	1	1	1	1	1	1	1	1	0	1	1
8	1	0	0	0	1	1	1	1	1	1	1	1	0	1
9	1	0	0	1	1	1	1	1	1	1	1	1	1	0

七段显示译码器的功能是把 8421BCD 码译成七段显示器的驱动信号，驱动七段显示器显示出对应于 8421BCD 码的十进制数码。常用的集成七段显示译码器有驱动共阳极显示器的 74LS47、74LS247 和驱动共阴极显示器的 74LS48、74LS49、74LS248、74LS249 等。下面以 74LS47 为例介绍七段显示译码器的功能和应用。

图 8-36 是 74LS47 的逻辑符号，表 8-22 是其逻辑功能表。74LS47 有 4 个输入端 A、B、C、D（输入 8421BCD 码）和七个驱动输出端 a、b、c、d、e、f、g（低电平有效，驱动共阳极

图 8-36　74LS47 的
逻辑符号

显示器），除此之外还设置了三个辅助控制端 LT、RBI、BI/RBO。

LT 端为试灯输入，低电平有效，用于检查七段显示器能否正常发光。当 LT＝0 时，无论其他输入端是什么状态，输出 a、b、c、d、e、f、g 都为 0，显示器显示字形 8。

RBI 为灭零输入，低电平有效，用于熄灭不希望显示的"0"（如多位数字显示时有效数字前面或后面没有意义的"0"）。当输入代码 DCBA＝0000 时，如果使 LT＝1，RBI＝0，则输出 a、b、c、d、e、f、g 都为 1，使本来该显示的 0 熄灭。

BI/RBO 作为输入端使用时称为灭灯输入端（BI），低电平有效，BI＝0 时，无论其他输入端是什么状态，输出 a、b、c、d、e、f、g 都为 1，显示器熄灭。BI/RBO 作为输出端使用时称为灭零输出端（RBO），只有当输入代码为 DCBA＝0000，而且灭零输入信号有效即 RBI＝0 时，RBO 才输出低电平，表示译码器处于灭零状态。

在多位数字显示系统中，把某些相邻芯片的 RBI 端和 RBO 端配合使用，可以实现熄灭有效数字前面和后面没有意义的"0"的功能。

表 8-22　　　　　　　　　　　　　74LS47 的逻辑功能表

数字或功能	输入						BI/RBO	输出							显示字形
	LT	RBI	D	C	B	A		a	b	c	d	e	f	g	
0	1	1	0	0	0	0	1	0	0	0	0	0	0	1	
1	1	×	0	0	0	1	1	1	0	0	1	1	1	1	
2	1	×	0	0	1	0	1	0	0	1	0	0	1	0	
3	1	×	0	0	1	1	1	0	0	0	0	1	1	0	
4	1	×	0	1	0	0	1	1	0	0	1	1	0	0	
5	1	×	0	1	0	1	1	0	1	0	0	1	0	0	
6	1	×	0	1	1	0	1	1	1	0	0	0	0	0	
7	1	×	0	1	1	1	1	0	0	0	1	1	1	1	
8	1	×	1	0	0	0	1	0	0	0	0	0	0	0	
9	1	×	1	0	0	1	1	0	0	0	1	1	0	0	
10	1	×	1	0	1	0	1	1	1	1	0	0	1	0	
11	1	×	1	0	1	1	1	1	1	0	0	1	1	0	
12	1	×	1	1	0	0	1	0	1	1	1	1	0	0	
13	1	×	1	1	0	1	1	0	1	1	0	1	0	0	
14	1	×	1	1	1	0	1	1	1	1	0	0	0	0	
15	1	×	1	1	1	1	1	1	1	1	1	1	1	1	
灭灯	×	×	×	×	×	×	0	1	1	1	1	1	1	1	
灭 0	1	0	0	0	0	0	0	1	1	1	1	1	1	1	
试灯	0	×	×	×	×	×	1	0	0	0	0	0	0	0	

8.4.3　数据选择器

数据选择器（Multiplexer，简称 MUX）又称多路开关或多路调制器。数据选择器的功能是在数据选择信号（亦称地址码）的控制下，从多路输入数据中选择其中一路作为输出。

数据选择器的集成芯片种类很多，常用的有 2 选 1（如 74LS157、74LS158）；4 选 1（如 74LS153）；8 选 1（如 74LS151）；16 选 1（如 74LS150）。下面以 74LS153 为例说明数

据选择器的工作原理和逻辑功能。

74LS153是双4选1数据选择器，内部含两个相同的4选1数据选择器，图8-37是其中一个4选1数据选择器的逻辑电路图。D_0、D_1、D_2、D_3是数据输入端，A_1、A_0是选择输入端（地址码输入端）。G是使能端（低电平有效），Y是数据输出端。根据逻辑图可以写出数据输出Y的逻辑函数式为

$$Y = D_0\overline{A_1}\,\overline{A_0}\,\overline{G} + D_1 A_1 \overline{A_0}\,\overline{G} + D_2\overline{A_1} A_0 \overline{G} + D_3 A_1 A_0 \overline{G}$$

由此可列出74LS153的逻辑功能表如表8-23所示。

由逻辑图和逻辑功能表可知，当G＝1时，无论数据选择信号是什么状态，输出Y总等于0；在G＝0时，输入地址码00、01、10、11分别对应于输入数据D_0、D_1、D_2、D_3被选中，作为输出信号。

数据选择器是一种灵活方便、开发性很强的组合逻辑器件，它不仅用于数据的总线传输，还可以用于逻辑函数的产生，例如常用数据选择器作为逻辑函数发生器。

从图8-37的逻辑表达式可以看出，当使能端G＝0时，Y是B、A和输入数据D_i的与或函数，它的表达式可以写成

$$Y = \sum_{i=0}^{3} D_i m_i$$

上式中的m_i是B、A构成的最小项。显然，当D_i＝1时，其对应的最小项m_i在与或表达式中出现；当D_i＝0时，对应的最小项就不出现，利用这一点，就可以实现逻辑函数。

已知逻辑函数，利用数据选择器构成函数发生器的过程是将函数变换成最小项表达式，

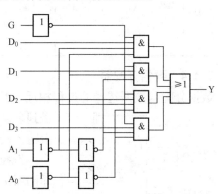

图8-37 74LS153的1/2逻辑电路图

根据最小项表达式确定各数据输入端的常量的取值。将数据选择器的地址信号B、A作为函数的输入变量，数据输入D_i作为控制信号，控制各最小项在输出逻辑函数中是否出现，使能端G始终保持低电平，这样数据选择器就成为一个逻辑函数发生器。

表8-23   **74LS153 的逻辑功能表**

使 能	地 址 输 入		输 出
G	A_1	A_0	Y
1	×	×	0
0	0	0	D_0
0	0	1	D_1
0	1	0	D_2
0	1	1	D_3

【例8-18】 用数据选择器74LS151实现逻辑函数$Y = \overline{A}BC + A\overline{B}C + AB\overline{C}$。

解 74LS151是8选1数据选择器，表8-24是它的逻辑功能表，其逻辑符号如图8-38所示。图中A、B、C是数据选择输入端（地址码输入端），G是使能端（低电平有效），Y是同相输出端，W是反相输出端。

$Y = \overline{A}BC + A\overline{B}C + AB\overline{C}$已经是最小项表达式，将该式写成如下的形式

$$Y = \overline{A}BC + A\,\overline{B}C + AB\,\overline{C} = D_3 m_3 + D_5 m_5 + D_6 m_6$$

显然，D_3、D_5、D_6 都应该等于 1，而式中没有出现的最小项 m_0、m_1、m_2、m_4、m_7 的控制变量 D_0、D_1、D_2、D_4、D_7 都应该等于 0，由此可以画出该逻辑函数发生器的逻辑图如图 8-38 所示。

表 8-24　　　　74LS151 的逻辑功能表

使能	地址输入			输出	
G	A	B	C	Y	W
1	×	×	×	0	1
0	0	0	0	D_0	$\overline{D}_0$
0	0	0	1	D_1	$\overline{D}_1$
0	0	1	0	D_2	$\overline{D}_2$
0	0	1	1	D_3	$\overline{D}_3$
0	1	0	0	D_4	$\overline{D}_4$
0	1	0	1	D_5	$\overline{D}_5$
0	1	1	0	D_6	$\overline{D}_6$
0	1	1	1	D_7	$\overline{D}_7$

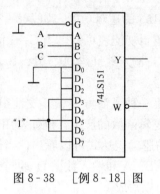

图 8-38　[例 8-18] 图

8.4.4　数据分配器

数据分配与数据选择的过程相反。数据分配器的功能是把一个数据源来的数据根据需要送到多个不同的输出端上去，输入数据被送到哪个输出端上由输入的地址码控制。

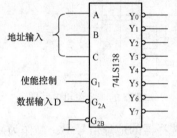

图 8-39　用 74LS138 实现
数据分配器

带控制端的二进制译码器可以作为数据分配器使用。如译码器 74LS138 作为数据分配器的逻辑原理图如图 8-39 所示。将 G_{2A} 作为数据输入端，G_{2B} 端接低电平，G_1 端作为使能端，A、B、C 端作为选择输出端的输入。就可以把 G_{2A} 端的数据根据地址码分配到 $Y_0 \sim Y_7$ 8 个输出端上，具体电路连接方法如图 8-39 所示，表 8-25 是用 74LS138 实现数据分配器的逻辑功能表。

用 74LS138 实现数据分配器时，如果把 G_1 端作为数据输入端，则数据以反码的形式输出。

表 8-25　　　　　　　　74LS138 实现数据分配器的逻辑功能表

输　入						输　出							
G_1	G_{2A}	G_{2B}	C	B	A	Y_0	Y_1	Y_2	Y_3	Y_4	Y_5	Y_6	Y_7
0	×	0	×	×	×	1	1	1	1	1	1	1	1
×	1	0	×	×	×	1	1	1	1	1	1	1	1
1	D	0	0	0	0	D	1	1	1	1	1	1	1
1	D	0	0	0	1	1	D	1	1	1	1	1	1
1	D	0	0	1	0	1	1	D	1	1	1	1	1
1	D	0	0	1	1	1	1	1	D	1	1	1	1
1	D	0	1	0	0	1	1	1	1	D	1	1	1
1	D	0	1	0	1	1	1	1	1	1	D	1	1
1	D	0	1	1	0	1	1	1	1	1	1	D	1
1	D	0	1	1	1	1	1	1	1	1	1	1	D

8.5 双 稳 态 触 发 器

在数字系统中，为了组成各种逻辑功能的电路，除了 8.2 节介绍的门电路外，还需要一种具有记忆功能的基本逻辑单元——触发器。触发器具有"0"和"1"两个稳定状态，触发器的输出状态不仅和当时的输入有关，而且还与以前的输出状态有关，这是触发器和门电路的根本区别。

根据是否能保持稳定输出状态的不同，触发器可分为双稳态触发器、单稳态触发器和无稳态触发器。按逻辑功能的不同，触发器可分为 R—S 触发器、D 触发器、J—K 触发器和 T（T'）触发器；按触发方式的不同分电平触发器和边沿触发器两类；按电路结构的不同，又分为基本触发器、同步触发器、主从触发器和维持阻塞型触发器。本节介绍双稳态触发器，单稳态触发器和无稳态触发器将在第 9 章介绍。

8.5.1 R—S 触发器

1. 基本 R—S 触发器

用两个与非门可以构成基本 R—S 触发器，其逻辑电路如图 8-40（a）所示，图 8-40（b）是它的逻辑符号。$\overline{R}_D$ 端称为直接置 0 端或直接复位端，$\overline{S}_D$ 称为直接置 1 端或直接置位端。其中，R_D 和 S_D 文字符号上的"非线"符号，表明这种触发器的输入信号为低电平有效。Q、$\overline{Q}$ 端为输出端，正常情况下 Q 和 $\overline{Q}$ 应保持相反的状态，通常将 Q 端的状态规定为触发器的状态，即 Q=1 时称触发器为 1 状态、Q=0 时称触发器为 0 状态。触发器的逻辑功能分析如下：

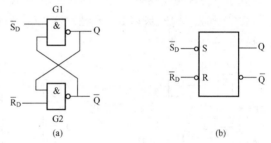

图 8-40 与非门构成的基本 R—S 触发器
（a）逻辑电路；（b）逻辑符号

（1）$\overline{R}_D=0$，$\overline{S}_D=1$。当 $\overline{R}_D=0$、$\overline{S}_D=1$ 时，不论触发器的初始状态如何，都会使 Q=0、$\overline{Q}=1$，即触发器为 0 状态。当 $\overline{R}_D$ 由 0 恢复到 1 时，由于 Q 端 0 信号的作用，触发器的 0 状态保持不变。

（2）$\overline{R}_D=1$，$\overline{S}_D=0$。当 $\overline{R}_D=1$、$\overline{S}_D=0$ 时，不论触发器的初始状态如何，都会使 Q=1、$\overline{Q}=0$，即触发器为 1 状态。当 $\overline{S}_D$ 由 0 恢复到 1 时，由于 $\overline{Q}$ 端 0 信号的作用，触发器的 1 状态保持不变。

（3）$\overline{R}_D=1$，$\overline{S}_D=1$。如果触发器原来处于 Q=0、$\overline{Q}=1$ 的 0 状态，则 Q=0 反馈到 G_2 的输入端，使 G_2 的输出 $\overline{Q}=1$，$\overline{Q}=1$ 又反馈到 G_1 的输入端，使 G_1 的输出 Q=0，所以电路保持 0 状态不变。如果触发器原来处于 Q=1、$\overline{Q}=0$ 的 1 状态，则电路同样保持 1 状态不变，即当 $\overline{R}_D=1$、$\overline{S}_D=1$ 时，触发器保持原状态不变。

（4）$\overline{R}_D=0$，$\overline{S}_D=0$。当 $\overline{R}_D=0$、$\overline{S}_D=0$ 时，会使 Q=$\overline{Q}$=1，若 $\overline{R}_D$、$\overline{S}_D$ 同时由 0 变 1，则无法判断 Q 和 $\overline{Q}$ 究竟哪一个为 1、哪一个为 0，因此称这种情况为不定状态，触发器在正常工作时，不允许 $\overline{R}_D$ 和 $\overline{S}_D$ 同时为 0 的情况出现。

由上可知，在输入信号作用下，触发器可从一个稳定状态转换到另一个稳定状态。基本

R—S 触发器的逻辑功能可用状态表来描述，如表 8 - 26 所示。

图 8 - 41 所示是与非门构成的基本 R—S 触发器在输入 $\overline{R}_D$ 和 $\overline{S}_D$ 给定时的波形图。

表 8 - 26　基本 R—S 触发器的状态表

$\overline{R}_D$	$\overline{S}_D$	Q^{n+1}
0	0	不定
0	1	0
1	0	1
1	1	不变

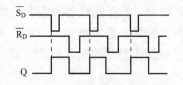

图 8 - 41　基本 R—S 触发器的波形图

因为输入端 $\overline{S}_D$、$\overline{R}_D$ 为低电平有效，故在逻辑符号中用在输入端引线上靠近方框处加小圆圈表示。基本 R—S 触发器也可用或非门构成，限于篇幅这里不再赘述。

基本 R—S 触发器的特点是可以直接置位和复位，其缺点是不便控制。在数字系统中，为了协调各部分有序工作，常常要求一些触发器在同一时刻动作，于是基本 R—S 触发器的应用受到了限制，这时需要用同步 R—S 触发器。

2. 同步 R—S 触发器

同步 R—S 触发器就是带有时钟控制的 R—S 触发器。其逻辑电路和逻辑符号如图 8 - 42 所示。G_1 和 G_2 构成基本 R—S 触发器，G_3 和 G_4 构成控制电路，S 和 R 是信号输入端，CP 是时钟脉冲输入端。

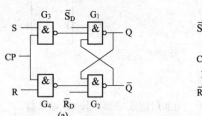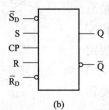

图 8 - 42　同步 R—S 触发器
(a) 逻辑电路；(b) 逻辑符号

同步 R—S 触发器在同步时钟脉冲作用下能根据输入信号同时改变输出状态，而在没有同步时钟脉冲输入时，触发器保持原状态不变，这个同步时钟脉冲简称为时钟脉冲 CP。同步 R—S 触发器的功能分析如下：

CP=0 时，G_3 和 G_4 同时被封锁，其输出均为 1，S、R 的信号不会影响触发器的输出，同步 R—S 触发器的状态保持不变，即 $Q^{n+1}=Q^n$。CP=1 时，G_3 和 G_4 打开，S、R 的信号可以通过这两个门控制基本 R—S 触发器的状态，这时触发器的输出状态由 S、R 端的信号和电路的原有状态 Q^n 决定，由此实现 CP 信号对触发器状态变化的同步作用。为了研究同步 R—S 触发器的逻辑功能，假设在时钟脉冲 CP=1 期间，S、R 端的信号保持不变。

(1) S=0、R=0，在 CP=1 以后，G_3 和 G_4 的输出均为 1，相当于基本 R—S 触发器的输入信号均为 1，触发器的输出状态保持不变，即 $Q^{n+1}=Q^n$。

(2) S=1、R=0，在 CP=1 以后，G_3 输出为 0，G_4 输出为 1，使基本 R—S 触发器置 1，即 $Q^{n+1}=1$。

(3) S=0、R=1，在 CP=1 以后，G_3 输出为 1，G_4 输出为 0，使基本 R—S 触发器置 0，即 $Q^{n+1}=0$。

(4) S=1、R=1，在 CP=1 以后，G_3 和 G_4 的输出均为 0，使 G_1 和 G_2 的输出均为 1，当 CP 由 1 变为 0 后，触发器的状态无法确定，即 Q^{n+1} 为任意态。

根据以上分析，可以得到同步 R—S 触发器的状态表，如表 8-27 所示。图 8-43 所示是同步 R—S 触发器的工作波形图。

表 8-27　同步 R—S 触发器的状态表

CP	S	R	Q^{n+1}	功能
0	×	×	Q^n	存储
1	0	0	Q^n	存储
1	0	1	0	复位
1	1	0	1	置位
1	1	1	不定	不允许

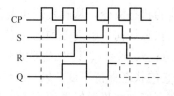

图 8-43　同步 R—S 触发器的工作波形图

在同步 R—S 触发器的逻辑电路图中，$\overline{S}_D$ 和 $\overline{R}_D$ 称为异步置位和异步复位端，它们不受时钟脉冲 CP 的控制，它们的作用是人为地置 0 或置 1。一般用来在工作之初，预先使触发器处于某一个给定的状态，在触发器正常工作时 $\overline{S}_D$ 和 $\overline{R}_D$ 必须接高电平。

需要说明的是，同步 R—S 触发器在 CP=1 期间，输入信号都能影响触发器的输出状态，这种触发方式称为电平触发方式。电平触发式的触发器在 CP=1 期间，输入信号的变化可能使触发器发生多次翻转，这种两次或两次以上翻转的现象称为触发器的"空翻"，因此同步 R—S 触发器的抗干扰能力不强。为了防止触发器的"空翻"，在结构上多采用主从型触发器和维持阻塞型触发器。

8.5.2 J—K 触发器

无论是基本 R—S 触发器还是同步 R—S 触发器，它们都存在不确定的状态，而用 F_1 和 F_2 两个同步 R—S 触发器，另外附加两个与门和一个非门组成如图 8-44（a）所示的逻辑电路，它不仅避免了不确定的状态，而且还增强了逻辑功能。

图 8-44（a）中 F_1 为主触发器，F_2 为从触发器，组合起来称为主从触发器。J—K 是整个主从触发器的输入端，故称

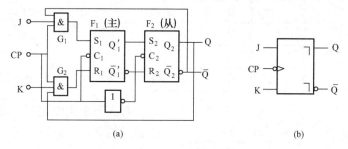

图 8-44　主从 J—K 触发器
(a) 逻辑电路；(b) 逻辑符号

J—K 触发器。它利用 Q 和 $\overline{Q}$ 不可能同时为 1 的特点，将输出反馈到两个与门的输入端，当 CP=1 时，使两个与门的输出不可能同时为 1，避免了输出状态不定的情况。触发器的逻辑功能分析如下。

（1）J=1、K=1。当 CP=1 时，设触发器的原始状态为 Q=0、$\overline{Q}$=1，则 G_2 的输出为 0，使主触发器的 R=0；而 G_1 的输出为 1，使主触发器的 S=1，使得 Q'_1=1、$\overline{Q}'_1$=0。由于从触发器被封锁（它的 CP=0），所以触发器的输出状态不变。当 CP 由 1 变到 0 后，主触发器被封锁，从触发器打开，触发器的输出状态由 F_1 的输出端 Q' 的状态决定，它使 Q 由 0 变 1，$\overline{Q}$ 由 1 变 0；若触发器的初始状态为 Q=1、$\overline{Q}$=0，分析方法同上，但分析结果和上述情况相反，使 Q 由 1 变 0，$\overline{Q}$ 由 0 变 1。因此，在 J=1、K=1 的情况下，每来一个时钟脉冲，触发器的状态都要翻转成和原来的状态相反的状态，使 $Q^{n+1}=\overline{Q^n}$。

（2）J＝1、K＝0。设触发器的初始状态为0。当CP＝1时，G_2的输出为0，G_1的输出为1，使主触发器置为1态，从触发器的状态不变。CP由1变到0后，主触发器的信号被送到从触发器中，使Q由0变1，$\overline{Q}$由1变0，即触发器变为1态。如果触发器原来为1态，当CP＝1时，由于主触发器的S＝0、R＝0，它保持原状态不变，CP由1变到0后，由于主触发器的状态没变，从触发器也就保持原状态不变。这说明只要J＝1、K＝0，不论触发器的初始状态如何，触发器均为1态。

（3）J＝0、K＝1。设触发器的初始状态为0，当CP＝1时，由于主触发器的S＝0、R＝0，所以它的状态保持不变，CP由1变到0后，由于主触发器的状态没变，从触发器也就保持原状态不变；如果触发器原来为1态，当CP＝1时，由于主触发器的S＝0、R＝1，使$Q'＝0$、$\overline{Q'}＝1$。CP由1变到0后，主触发器的信号被送到从触发器中，使Q由1变0，$\overline{Q}$由0变1。这说明只要J＝0、K＝1，不论触发器的初始状态如何，触发器均为0态。

（4）J＝0、K＝0。不论触发器的初始状态是什么，当CP＝1时，由于J＝0、K＝0，会使主触发器的S＝0、R＝0，所以主触发器的状态保持不变。CP由1变到0后，由于主触发器的状态没变，从触发器也就保持原状态不变。所以只要J＝0、K＝0，触发器的状态就保持不变。

根据以上分析，可以得到J—K触发器的状态表，如表8-28所示。

主从J—K触发器的工作波形如图8-45所示。根据J—K触发器的功能表可以画出J—K触发器次态Q^{n+1}的卡诺图，如图8-46所示。

表8-28　J—K触发器的状态表

J	K	Q^{n+1}	功能
0	0	Q^n	存储
0	1	0	复位
1	0	1	置位
1	1	$\overline{Q^n}$	计数

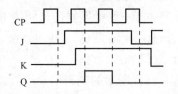

图8-45　主从J—K触发器的工作波形图

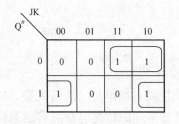

图8-46　J—K触发器的
次态卡诺图

对次态卡诺图化简，可以得到J—K触发器的逻辑功能表达式如下：

$$Q^{n+1} = J\,\overline{Q^n} + \overline{K}Q^n \tag{8-19}$$

式（8-19）称为J—K触发器的特性方程。

由触发器的逻辑电路图可以知道，主从J—K触发器在时钟信号CP＝1期间，主触发器接收输入信号，它的状态发生改变，从触发器的状态不变；在CP由1变0时（即在CP的下降沿），从触发器按照主触发器的状态翻转，也就是说触发器具有在时钟脉冲的下降沿翻转的特点，这一特点在触发器的逻辑符号中，用在触发器的时钟信号CP输入端靠近方框处加一个小圆圈表示。

J—K触发器应用比较灵活，在J—K触发器的基础上可以很方便地转换得到其他功能的触发器，如D触发器、T触发器和T′触发器。

值得注意的是，因为主触发器是一个同步触发器，所以在CP＝1期间，输入信号始终作用于主触发器，输入信号的任何变化（包括干扰）都会引起主触发器状态的变化，这样为了使主从触发器不发生逻辑错误，符合特性表的结论，主从 J—K 触发器要求 J、K 端的输入信号在时钟 CP 的上升沿到来之前输入，并且要一直保持到时钟下降沿到来之后，这时用 CP 下降沿到达时的输入信号来决定触发器的次态才是正确的。但是在 CP 下降沿到达之前（即在 CP＝1 期间），如果干扰信号使主触发器状态变化，则将导致从触发器误翻转。可见，主从 J—K 触发器的抗干扰能力不强，而边沿触发方式可以提高输入端的抗干扰能力。

8.5.3　D（Delay）触发器

边沿触发器允许在 CP 触发沿来到前一瞬间加入输入信号。这样，输入端受干扰的时间大大缩短，受干扰的可能性也就降低了。下面介绍一种目前用得较多的维持—阻塞型的边沿 D 触发器，其逻辑图和逻辑符号分别如图 8-47（b）和图 8-47（a）所示，该触发器由 6 个与非门组成，其中 D 为输入端，门 G_1 和 G_2 构成基本 RS 触发器。下面分析该触发器的工作原理。

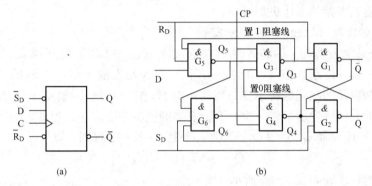

图 8-47　维持阻塞型 D 触发器

（a）逻辑符号；（b）逻辑电路

（1）CP＝0 时，门 G_3 和 G_4 被封锁，其输出 $Q_3＝Q_4＝1$，触发器的状态不变。同时，因为 Q_3 接到了 G_5 的输入端，Q_4 接到了 G_6 的输入端，把这两个门打开，可以接收输入信号，使 $Q_5＝\overline{D}$，$Q_6＝\overline{Q_5}＝D$。触发器处于翻转等待状态，一旦 CP＝1，触发器将按 Q_5、Q_6 的状态翻转。

（2）当 CP 由 0 变 1 时，触发器翻转。当 CP 由 0 变 1 时，门 G_3、G_4 打开，它们的输出 Q_3 和 Q_4 的状态由门 G_5、G_6 的输出状态决定。设 D＝0，则 $Q_3＝\overline{Q_5}＝D＝0$，$Q_4＝\overline{Q_6}＝\overline{D}＝1$。由基本 R—S 触发器的逻辑功能可知，触发器的输出 Q＝0＝D。当 D＝1 时，则 $Q_3＝\overline{Q_5}＝D＝1$，$Q_4＝\overline{Q_6}＝\overline{D}＝0$。由基本 R—S 触发器的逻辑功能可知，触发器的输出 Q＝1＝D。

（3）触发器翻转后，在 CP＝1 时输入信号被封锁。门 G_3、G_4 打开后，它们的输出 Q_3 和 Q_4 的状态是互补的，即必定有一个是 0，如果 $Q_3＝0$，则经 G_3 输出至 G_5 输入的反馈线将 G_5 门封锁，即封锁了 D 通往基本 R—S 触发器的路径；这条反馈线起到了使触发器维持在 0 状态和阻止触发器变为 1 状态的作用，所以这条反馈线称为置 0 维持线，置 1 阻塞线。如果 $Q_4＝0$，则 Q_4 把 G_3 和 G_6 封锁，D 通往基本 R—S 触发器的路径也被封锁。Q_4 至 G_6 的反馈线起到了使触发器维持在 1 状态的作用，称为置 1 维持线；Q_4 至 G_3 的反馈线起到了阻止触发器置 0 的作用，称为置 0 阻塞线。所以该触发器称为维持—阻塞型触发器。

由上分析可知，边沿触发器的次态仅取决于 CP 边沿（上升或下降沿）到达时刻输入信号的状态，而与此边沿时刻以前或以后的输入状态无关，因而它的可靠性高，抗干扰能力强。

触发器的逻辑功能为：输出端 Q 的状态随着输入端 D 的状态而变化，但总比输入端状态的变化晚一步，即某个时钟脉冲到来之后 Q 的状态和该脉冲到来之前 D 的状态一样，故称此触发器为 D（Delay）触发器。

表 8 - 29　D 触发器的状态表

D^n	Q^{n+1}
0	0
1	1

D 触发器的逻辑功能可以表示为

$$Q^{n+1} = D^n \qquad (8-20)$$

D 触发器的状态表如表 8 - 29 所示。

在这种维持阻塞型触发器中，输出状态的变化发生在时钟脉冲由 0 变 1 的时刻，是上升沿触发翻转。为了和下降沿触发翻转相区别，在逻辑符号中时钟脉冲 CP 输入端靠近方框处不加小圆圈。维持阻塞型 D 触发器避免了在 CP＝1 期间，触发器状态随输入信号发生变化的情况，因而使触发器的工作更加可靠。

8.5.4　T 触发器（Toggel）和 T′触发器

如果将 J—K 触发器的 J 端和 K 端直接连接在一起，并命名为 T 端，就构成了 T 触发器，如图 8 - 48（a）所示。当 T＝0 时，相当于 J—K 触发器 J＝K＝0 时的情况，在时钟脉冲的作用下，触发器的状态保持不变；当 T＝1 时，相当于 J—K 触发器 J＝K＝1 时的情况，来一个时钟脉冲，则触发器翻转一次。T 触发器的逻辑功能表达式也即它的特性方程可以由 J—K 触发器的特性方程 $Q^{n+1}＝J\overline{Q^n}+\overline{K}Q^n$，令其 J＝K＝T 得到，即

$$Q^{n+1} = T\overline{Q^n} + \overline{T}Q^n \qquad (8-21)$$

T 触发器的状态表如表 8 - 30 所示。

T 触发器的功能：T 为 1 时，触发器是计数状态；T 为 0 时，是保持状态。

如果使 T 触发器的输入端 T 恒等于 1，则构成 T′触发器，如图 8 - 48（b）所示。所以 T′触发器的特性方程为（方程 $Q^{n+1}＝T\overline{Q^n}+\overline{T}Q^n$ 中的 T 取 1）

$$Q^{n+1} = \overline{Q^n} \qquad (8-22)$$

表 8 - 30　T 触发器的状态表

T	Q^n	Q^{n+1}
0	0	0
0	1	1
1	0	1
1	1	0

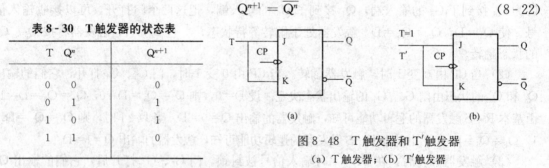

图 8 - 48　T 触发器和 T′触发器
(a) T 触发器；(b) T′触发器

由式（8-22）可知，T′触发器是每来一个时钟脉冲 CP，触发器的状态变换一次。T′触发器具有计数功能，故 T′触发器又称为计数触发器。

8.5.5　触发器逻辑功能的转换

虽然各种触发器的逻辑功能不同，但是按照一定的原则，进行适当的变换，就可以将一种逻辑功能的触发器转换成另一种逻辑功能的触发器。如前面用 J—K 触发器构成 T 触发器和 T′触发器，除此之外还有以下几种触发器的逻辑功能的转换。

1. 由 D 触发器构成 T 触发器和 T′触发器

T 触发器的特性方程为 $Q^{n+1}＝T\overline{Q^n}+\overline{T}Q^n$，D 触发器的特性方程为 $Q^{n+1}＝D$，使这两

个特性方程相等，由此得

$$Q^{n+1} = D = T\overline{Q^n} + \overline{T}Q^n = T \oplus Q^n$$

根据上式即可画出由 D 触发器构成的 T 触发器，如图 8 - 49（a）所示。

将 T=1 代入方程 $Q^{n+1} = D = T\overline{Q^n} + \overline{T}Q^n = T\overline{Q^n} = \overline{Q^n}$ 中便得由 D 触发器构成的 T′ 触发器的特性方程，即

$$Q^{n+1} = D = \overline{Q^n}$$

根据上式即可画出由 D 触发器构成的 T′ 触发器，如图 8 - 49（b）所示。

2. 将 J—K 触发器转换成 D 触发器

J—K 触发器的特性方程为 $Q^{n+1} = J\overline{Q^n} + \overline{K}Q^n$，D 触发器的特性方程为 $Q^{n+1} = D$，比较两个式子，将 D 触发器的特性方程进行下面的变换，则有

$$Q^{n+1} = D = D(Q^n + \overline{Q^n}) = DQ^n + D\overline{Q^n}$$

将上面的方程和 J—K 触发器的特性方程 $Q^{n+1} = J\overline{Q^n} + \overline{K}Q^n$ 比较，令 J=D、K=$\overline{D}$，则可将 J—K 触发器转换成 D 触发器，电路如图 8 - 50 所示。变换后的 D 触发器是在时钟脉冲的下降沿翻转。

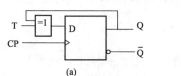
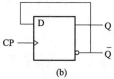
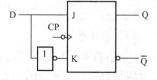

图 8 - 49　D 触发器构成的 T 触发器和 T′ 触发器　　　　图 8 - 50　J—K 触发器转换为
（a）T 触发器；（b）T′ 触发器　　　　　　　　　　　　　　D 触发器

8.6　常用时序逻辑电路

时序逻辑电路由触发器或触发器加组合逻辑电路组成，电路的输出状态不仅取决于当时的输入状态，还和电路的原来状态有关。典型的时序逻辑电路有寄存器、计数器等。

根据电路中各触发器状态变化的特点，时序逻辑电路分为同步时序电路和异步时序电路。在同步时序电路中，所有存储单元状态的变化都是在同一时钟信号操作下同时发生的。而在异步时序电路中，存储单元状态的变化不是同时发生的。在异步时序电路中，可能有一部分电路有公共的时钟信号，也可能完全没有公共的时钟信号。

8.6.1　时序逻辑电路的分析方法

分析一个时序电路，就是要找出给定时序电路的逻辑功能，也就是要具体找出电路在输入变量和时钟信号作用下，电路状态和输出状态的变化规律，从而了解电路的特性和用途。这就需要先根据电路中触发器的特征方程、驱动方程和时钟方程，求出电路的状态方程，通过运算找出全部状态翻转过程的状态翻转表（真值表）或时序图（工作波形），那么电路的逻辑功能和工作情况便一目了然了。这种求电路全部状态的过程，称为时序逻辑电路的分析。

分析时序电路时，一般可按如下步骤进行：

（1）根据给定的逻辑图，写出每个触发器的驱动方程（即触发器输入信号的逻辑函数式）。

（2）把驱动方程代入到触发器的特性方程，得到每个触发器的状态方程，也就得到了整

个电路的状态。

（3）根据给定的逻辑图写出电路的输出方程（即输出信号的逻辑函数式）。

（4）依次假设电路的初态，代入电路的状态方程、输出方程，求出电路的次态及输出，列出完整的状态转换真值表或工作波形。

（5）确定时序电路的逻辑功能。

以上是分析一些比较复杂的时序电路所需遵循的步骤，但在分析一些比较简单的时序电路（如寄存器）时，也可能仅用其中几个步骤，就能弄清楚电路的逻辑功能，甚至直观地就可以得到它的逻辑关系。

8.6.2　寄存器

寄存器是计算机和其他各类数字系统中用来存放二进制数据和代码的电路，在各类数字系统中都有着广泛的应用。它的基本组成单元是双稳态触发器。按照功能的不同，寄存器可分为数码寄存器和移位寄存器两大类。数码寄存器只能并行输入/输出数据（所谓并行是指在一个时钟脉冲控制下，各位数码同时存入或取出）。移位寄存器中的数据可以在移位脉冲作用下逐位右移或左移，数据既可以并行输入/并行输出，也可以串行输入/串行输出、串行输入/并行输出（串行是指在一个时钟脉冲作用下，每次只移入或移出一位数码），十分灵活，用途也很广泛。

1. 数码寄存器

数码寄存器除用触发器作为主要部件外，为了控制数码的输入和输出，还附加了一些逻辑门，共同构成完整的数码寄存器。

图 8-51 所示是一个能够寄存 4 位二进制代码的数码寄存器，它由 4 个边沿 D 触发器和 4 个与门构成。4 位待存的数码 $d_3 d_2 d_1 d_0$ 与 4 个 D 触发器的 D 端相连。当发出存数脉冲时，

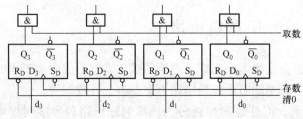

4 个触发器的输出 Q_3、Q_2、Q_1、Q_0 分别与 4 位数码 $d_3 d_2 d_1 d_0$ 相同，实现数码存入的操作。当需要取出数码时，发出一个取数脉冲，打开 4 个与门，4 位数码分别从 4 个与门输出。只要不存入新的数码，原来的数码可以重复取出，并一直保持下去。当寄存器需

图 8-51　D 触发器组成的 4 位二进制代码的数码寄存器

要清零时，在 $\overline{R}_D$ 端加一个清零负脉冲即可实现。显然，这种寄存器属于并行输入、并行输出寄存器。

2. 移位寄存器

移位寄存器除具有寄存数码的功能外，还具有将数码移位的功能。移位寄存器按照移位方式分类，可分为单向移位寄存器和双向移位寄存器。单向移位寄存器具有左移或右移功能，双向移位寄存器则兼有左移和右移的功能。

（1）单向移位寄存器。图 8-52 所示是一个由边沿 D 触发器组成的 4 位单向移位（右移）寄存器。在存数操作前，一般用清零负脉冲对各个触发器清零，当出现第一个移位脉冲时，待存数码的最高位和 4 个触发器的数码同时右移一位，即待存数码的最高位存入 Q_0，而寄存器原存数码的最高位从 Q_3 溢出；当出现第二个移位脉冲时，待存数码的次高位和寄存器中的 4 位数码又同时右移一位。依次类推，在 4 个移位脉冲作用下，4 个触发器的数码同时右移 4 次，

待存的 4 位数码便可存入寄存器。

移位寄存器中的数码可从 Q_3、Q_2、Q_1、Q_0 并行输出，也可从 Q_3 串行输出，但这时需要继续输入 4 个移位脉冲才能从寄存器中取出存放的 4 位数码。

（2）双向移位寄存器。图 8-53 所示为一个由边沿 D 触发器构成的 4 位双向移位寄存器。D_{SR} 是串行右移输入端，D_{SL} 是串行左移输入端。每个触发器的数据输入端

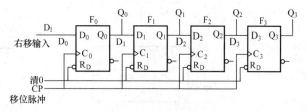

图 8-52　由边沿 D 触发器组成的
4 位单向移位寄存器

D 都与一个由与或门组成的转换控制门相连，移位方向决定于移位控制端 M。触发器的接法：

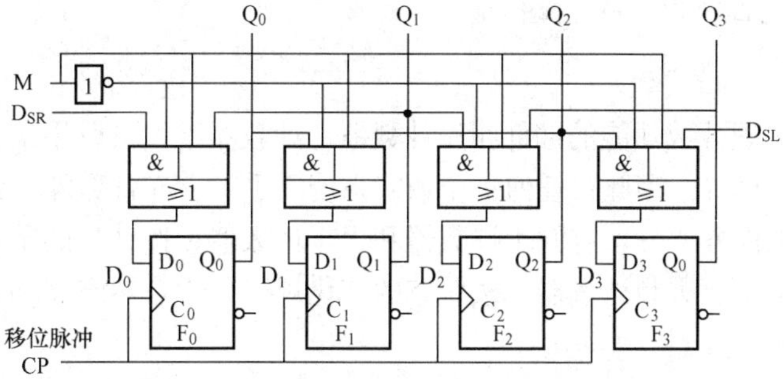

$$F_0 \qquad D_0 = \overline{M}D_{SR} + MQ_1$$
$$F_1 \qquad D_1 = \overline{M}Q_0 + MQ_2$$
$$F_2 \qquad D_2 = \overline{M}Q_1 + MQ_3$$
$$F_3 \qquad D_3 = \overline{M}Q_2 + MD_{SL}$$

当 M=0 时，$D_0 = D_{SR}$，$Q_0^{n+1} = D_{SR}$；$D_1 = Q_0$，$Q_1^{n+1} = Q_0$；$D_2 =$

图 8-53　由边沿 D 触发器组成的 4 位双向移位寄存器

Q_1，$Q_2^{n+1} = Q_1$；$D_3 = Q_2$，$Q_3^{n+1} = Q_2$；即 $F_0 \rightarrow F_3$，双向移位寄存器右移。

当 M=1 时，$D_0 = Q_1$，$Q_0^{n+1} = Q_1$；$D_1 = Q_2$，$Q_1^{n+1} = Q_2$；$D_2 = Q_3$，$Q_2^{n+1} = Q_3$；$D_3 = Q_{SL}$，$Q_3^{n+1} = D_{SL}$；即 $F_3 \rightarrow F_0$，双向移位寄存器左移。

3. 集成寄存器 74LS194

中规模集成电路 74LS194 是一种具有左移、右移、清零、数据并入、并出、串入、串出等多种功能的双向移位寄存器，其逻辑符号如图 8-54（a）所示，图 8-54（b）是引脚排列图。图中 $\overline{CR}$ 为清零端，$D_0 \sim D_3$ 为并行数码输入端，D_{SR} 为右移串行数码输入端，D_{SL} 为左移串行数码输入端，M_0 和 M_1 为工作方式控制端，$Q_0 \sim Q_3$ 为并行数码输出端，CP 为移位脉冲输入端。CT74LS194 的逻辑功能表见表 8-31。

表 8-31　　　　　　　　　　　　　**CT74LS194 的逻辑功能表**

输　入										输　出				说　明
$\overline{CR}$	M_0	M_1	CP	D_{SL}	D_{SR}	D_0	D_1	D_2	D_3	Q_0	Q_1	Q_2	Q_3	
0	×	×	×	×	×	×	×	×	×	0	0	0	0	清零
1	×	×	0	×	×	×	×	×	×	保　　持				
1	1	1	↗	×	×	d_0	d_1	d_2	d_3	d_0	d_1	d_2	d_3	并行置数
1	0	1	↗	×	1	×	×	×	×	1	Q_0	Q_1	Q_2	右移输入 1
1	0	1	↗	×	0	×	×	×	×	0	Q_0	Q_1	Q_2	右移输入 0
1	1	0	↗	1	×	×	×	×	×	Q_1	Q_2	Q_3	1	左移输入 1
1	1	0	↗	0	×	×	×	×	×	Q_1	Q_2	Q_3	0	左移输入 0
1	0	0	×	×	×	×	×	×	×	保　　持				

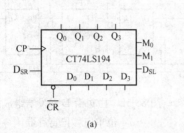
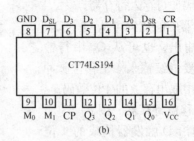

图 8-54　CT74LS194 芯片

(a) 逻辑功能图；(b) 引脚排列图

8.6.3　计数器

计数就是计算输入脉冲的个数。实现计数功能的部件叫做计数器。计数器不仅可以用来计数，也能用来定时、分频和进行数字运算等。因此，任何一个数字系统几乎都含有计数器。计数器的种类繁多。按时钟脉冲的控制工作方式分，有同步计数器和异步计数器；按计数的基数分，有二进制计数器、十进制计数器和任意进制计数器；按状态的变化规律分为自然态序和非自然态序，前者包括加法计数器和减法计数器。

1. 同步计数器

计数脉冲引至构成计数器的所有触发器的时钟输入端，<u>应翻转的触发器能同时翻转，触发器的时钟端不是由其他触发器来控制</u>，具有这种特征的计数器称为同步计数器。

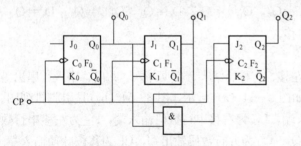

图 8-55　同步二进制加法计数器

在同步计数器中，由于各触发器处在同一个时钟脉冲作用下，其翻转是同步的，因而其计数速率较高，并不会出现所谓的中间状态。

（1）同步二进制计数器。图 8-55 所示是由 3 个 J—K 触发器和 1 个与门构成加法计数器。它是一个几进制的计数器呢？下面以此为例介绍同步计数器的分析方法。

1）根据时序逻辑电路的一般分析步骤，首先写方程式：

时钟方程　$C_0 = C$、$C_1 = C$、$C_2 = C$

驱动方程　$J_0 = K_0 = 1$，$J_1 = K_1 = Q_0^n$、$J_2 = K_2 = Q_0^n Q_1^n$

状态方程：J—K 触发器的特性方程为 $Q^{n+1} = J \overline{Q^n} + \overline{K} Q^n$

将驱动方程代入特性方程得

$$Q_0^{n+1} = \overline{Q_0^n} \qquad\qquad\qquad\qquad\qquad C 下降沿$$

$$Q_1^{n+1} = Q_0^n \overline{Q_1^n} + \overline{Q_0^n} Q_1^n \qquad\qquad\qquad C 下降沿$$

$$Q_2^{n+1} = Q_0^n Q_1^n \overline{Q_2^n} + \overline{Q_0^n Q_1^n} Q_2^n \qquad\qquad C 下降沿$$

2）列状态表。由于是同步计数器，所以不需考虑时钟条件。设触发器的初始状态为 0 态（$Q_2^n Q_1^n Q_0^n = 000$），通过计算可列出其真值表，如表 8-32 所示。

表 8 - 32   **同步二进制计数器真值表**

输入脉冲数	初 态			次 态		
	Q_2^n	Q_1^n	Q_0^n	Q_2^{n+1}	Q_1^{n+1}	Q_0^{n+1}
1	0	0	0	0	0	1
2	0	0	1	0	1	0
3	0	1	0	0	1	1
4	0	1	1	1	0	0
5	1	0	0	1	0	1
6	1	0	1	1	1	0
7	1	1	0	1	1	1
8	1	1	1	0	0	0

3）把状态表转换为时序图，如图 8 - 56 所示。

4）确定时序逻辑电路的逻辑功能。由状态表可以看出，它是按二进制加法规律递增计数，即按自然态序变化，所以它是 3 位二进制加法计数器，计数长度 $N=2^3=8$。

对图 8 - 55 所示电路仔细观察可知，电路中的 J—K 触发器的 J 端和 K 端直接连接在一起，实际是把 JK 触发器作 T 触发器使用，而且电路的连接方式为

$$T_n = Q_0 Q_1 Q_2 \cdots Q_{n-1}(其中 \ n \neq 0, T_0 = 1)$$

同理可以组成同步二进制减法计数器。如图 8 - 57 所示，从图中可以看出同步二进制减法计数器和同步二进制加法计数器的区别在于减法计数器的驱动端 T_n 为

$$T_n = \overline{Q_0} \ \overline{Q_1} \ \overline{Q_2} \cdots \overline{Q_{n-1}}(n \neq 0, T_0 = 1)$$

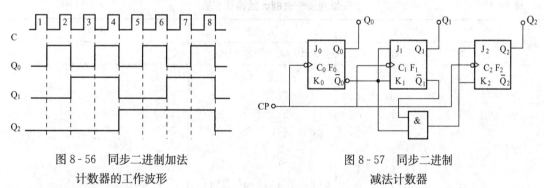

图 8 - 56 同步二进制加法   图 8 - 57   同步二进制
       计数器的工作波形   减法计数器

减法计数器的分析方法和过程与同步加法计数器相同，这里就不再赘述。另外，利用 JK 触发器再加上若干的与或门电路可以设计出同步二进制可逆计数器，关于这方面的电路请参考有关书籍。

（2）同步十进制计数器。同步计数器除了二进制计数器以外，同步十进制计数器也是常用的一种。同步十进制计数器的分析方法与二进制计数器相同。下面以图 8 - 58 所示电路为例进行分析。

1）根据逻辑电路写出各触发器的驱动方程

$$J_0 = K_0 = 1$$

$$J_1 = Q_0^n \ \overline{Q_3^n}, K_1 = Q_0^n$$

$$J_2 = K_2 = Q_0^n Q_1^n$$

$$J_3 = Q_0^n Q_1^n Q_2^n, K_3 = Q_0^n$$

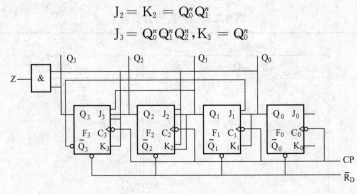

图 8-58　同步十进制计数器

2）写出输出方程。Z 是向高位进位的输出信号，其输出方程为

$$Z = Q_3^n Q_0^n$$

3）将驱动方程代入 J—K 触发器的特性方程得到状态方程

$$Q_0^{n+1} = \overline{Q_0^n}$$

$$Q_1^{n+1} = Q_0^n \, \overline{Q_1^n} \, \overline{Q_3^n} + \overline{Q_0^n} Q_1^n$$

$$Q_2^{n+1} = Q_0^n Q_1^n \, \overline{Q_2^n} + \overline{Q_0^n Q_1^n} Q_2^n$$

$$Q_3^{n+1} = Q_0^n Q_1^n Q_2^n \, \overline{Q_3^n} + \overline{Q_0^n Q_1^n} Q_3^n$$

4）依次假设电路的初态，代入电路的状态方程、输出方程，求出电路的次态及输出，列出其完整的状态转换真值表（或画出波形图），如表 8-33 所示。

表 8-33　　　　　　　　　　一位同步十进制计数器状态表

输入脉冲数	初　态				次　态				进位
	Q_3^n	Q_2^n	Q_1^n	Q_0^n	Q_3^{n+1}	Q_2^{n+1}	Q_1^{n+1}	Q_0^{n+1}	Z
1	0	0	0	0	0	0	0	1	0
2	0	0	0	1	0	0	1	0	0
3	0	0	1	0	0	0	1	1	0
4	0	0	1	1	0	1	0	0	0
5	0	1	0	0	0	1	0	1	0
6	0	1	0	1	0	1	1	0	0
7	0	1	1	0	0	1	1	1	0
8	0	1	1	1	1	0	0	0	0
9	1	0	0	0	1	0	0	1	1
10	1	0	0	1	0	0	0	0	0
无	1	0	1	0	1	0	1	1	0
效	1	0	1	1	0	1	0	0	1
状	1	1	0	0	1	1	0	1	0
态	1	1	0	1	0	1	1	0	1
	1	1	1	0	1	1	1	1	0
	1	1	1	1	0	0	0	0	1

根据表 8 - 33 可以很方便画出电路工作时的时序图,如图 8 - 59 所示。

由状态转换表可知,电路如果从 0000 开始计数,且计数顺序按二进制递增,那么在第九个计数脉冲输入后,电路进入 1001 状态,同时产生一个输出进位信号。当第十个计数脉冲输入后,电路返回到 0000 状态。由状态转换表可知,$Q_3 Q_2 Q_1 Q_0$ 按自然态序变化,而且是按照 8421BCD 码变化的,因此该电路是一个 8421BCD 码十进制计数器。

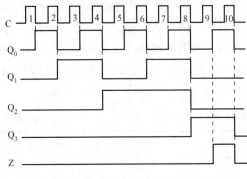

图 8 - 59 同步十进制加法计数器的时序图

用 n 个触发器构成的电路应该有 2^n 个状态,凡使用了的状态叫做有效状态,没有使用的状态叫做无效状态。在 CP 脉冲作用下,电路在有效状态中依次转换的循环叫做有效循环,而在无效状态中的循环叫做无效循环。由于电源或干扰等原因,电路一旦进入无效状态后,在 CP 脉冲作用下,能够自动返回到有效循环的电路叫做能自启动电路,否则就叫做不能自启动电路。显然,只有不能自启动的电路才有无效循环。用四个触发器构成的图 8 - 58 所示电路中,0000 ~ 1001 十个状态是有效状态,其余的六个状态 1010 ~ 1111 为无效状态。在正常情况下,计数器是不会出现无效状态的。由状态转换表 8 - 33 可知,由于干扰等原因,计数器一旦进入无效状态,经过 1 ~ 6 个计数脉冲输入后,能自动返回到有效状态。因此该电路是能够自启动的。

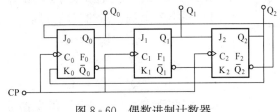

图 8 - 60 偶数进制计数器

(3) 任意进制计数器。计数器除十进制和二进制计数器外,还有任意进制计数器,即 N 进制计数器。所谓 N 进制计数器,就是每来 N 个计数脉冲,计数器的状态重复一次。显然任意进制计数器可分为偶数和奇数进制两大类。下面以 3 位 J—K 触发器组成的偶数和奇数进制触发器为例,介绍任意进制计数器的组成特点,图 8 - 60 所示电路为一偶数进制的计数器,下面分析该电路的功能。

1) 首先写出各个触发器的驱动方程

$$J_0 = \overline{Q_2^n} \quad K_0 = Q_2^n$$
$$J_1 = Q_0^n \quad K_1 = \overline{Q_0^n}$$
$$J_2 = Q_1^n \quad K_2 = \overline{Q_1^n}$$

2) 将驱动方程代入 J—K 触发器的特性方程得到状态方程

$$Q_0^{n+1} = \overline{Q_2^n}$$
$$Q_1^{n+1} = Q_0^n$$
$$Q_2^{n+1} = Q_1^n$$

3) 依次假设电路的初态,代入电路的状态方程,求出电路的次态,列出完整的状态转换真值表(或画出波形图),如表 8 - 34 所示。由状态转换真值表 8 - 34 可以看出,电路每经过 6 个 CP 脉冲计数器状态重复一次,所以该计数器是六进制计数器,由状态转换表可以方便地得到工作波形图。

以上电路的结构特点是把 F_2 的输出 $\overline{Q_2}$ 加到 J_0 端，Q_2 加到 K_0 端，此结构称为扭环形计数器。对 n 个触发器构成的扭环形计数器，它的模数❶ $M = 2n$，即是一个偶数进制的计数器。该计数器进入无效状态后，必须加复位信号才能回到有效状态，故该计数器无自启动能力。由状态转换真值表 8-34 可以看出，该计数器的输出状态按非自然态序变化，即 6 个脉冲到来时，将计数器再预置为 "000"，完成一个循环。

表 8-34　　　　　　　　　　　　　　　同步六进制计数器状态表

输入脉冲数	初 态			次 态		
	Q_2^n	Q_1^n	Q_0^n	Q_2^{n+1}	Q_1^{n+1}	Q_0^{n+1}
1	0	0	0	0	0	1
2	0	0	1	0	1	1
3	0	1	1	1	1	1
4	1	1	1	1	1	0
5	1	1	0	1	0	0
6	1	0	0	0	0	0
无效状态	0	1	0	1	0	0
	1	0	1	0	1	0

如果将图 8-60 电路中的 $\overline{Q_1}$ 反馈到 J_0 端，得到如图 8-61 所示的计数器，它的功能又如何呢？下面分析该电路的逻辑功能。

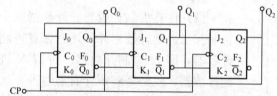

图 8-61　奇数进制计数器

1）写出各个触发器的驱动方程

$$J_0 = \overline{Q_1^n} \quad K_0 = Q_2^n$$
$$J_1 = Q_0^n \quad K_1 = \overline{Q_0^n}$$
$$J_2 = Q_1^n \quad K_2 = \overline{Q_1^n}$$

2）将驱动方程代入 J—K 触发器的特性方程得到状态方程

$$Q_0^{n+1} = \overline{Q_1^n}\,\overline{Q_0^n} + \overline{Q_2^n}Q_0^n$$
$$Q_1^{n+1} = Q_0^n$$
$$Q_2^{n+1} = Q_1^n$$

3）依次假设电路的初态，代入电路的状态方程，求出电路的次态，列出完整的状态转换真值表（或画出波形图），如表 8-35 所示。

由表 8-35 可以看出，电路每经过 5 个 CP 脉冲计数器状态重复一次，所以该计数器是五进制计数器。由状态转换表可以方便地得到工作波形，此处从略。

由以上分析可知，五进制计数器的模数 $M = 2n-1$，是一个奇数进制的计数器，该计数器无自启动能力，进入无效状态后，不能自动进入有效循环。

———————————

❶　计数器运行时，总是从某个起始状态开始，依次经过所有应包含的不重复的状态后完成一次循环。我们把一次循环所包含的状态数称为计数器的 "模数"，用 "M" 来表示。

表 8-35	同步五进制计数器状态表					
输入脉冲数	初 态			次 态		
	Q_2^n	Q_1^n	Q_0^n	Q_2^{n+1}	Q_1^{n+1}	Q_0^{n+1}
1	0	0	0	0	0	1
2	0	0	1	0	1	1
3	0	1	1	1	1	1
4	1	1	1	1	1	0
5	1	1	0	1	0	0
6	1	0	0	0	0	1
无效状态	0	1	0	1	0	0
	1	0	1	0	1	0

2. 异步计数器

异步计数器是指计数脉冲并不引至组成计数器的所有触发器的时钟脉冲端，有的触发器直接接受计数脉冲，有的则把其他触发器的输出当作时钟脉冲来控制它的状态变化。因此，每一个时钟脉冲到来，并不是所有的触发器都发生状态变化，而是各触发器的状态变化有先有后，不一定同步变化。异步计数器也分加法计数器和减法计数器，也有二进制计数器、十进制计数器和任意进制计数器。限于篇幅，这里不一一介绍，下面以十进制计数器为例介绍异步计数器的分析方法。

异步时序电路的分析方法要比同步时序电路的分析方法稍许复杂些。下面以图 8-62 所示电路为例介绍异步计数器的分析方法。

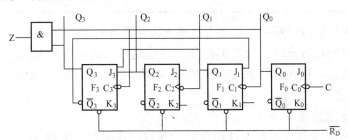

图 8-62　异步十进制计数器

图 8-62 所示电路为 J—K 触发器构成的 1 位异步十进制计数器。C 是计数脉冲输入端，Z 是向高位的进位信号。

（1）首先写方程式

时钟方程　　$C_0 = C，C_1 = Q_0^n，C_2 = Q_1^n，C_3 = Q_0^n$

输出方程　　$Z = Q_3^n Q_0^n$

驱动方程　　$J_0 = K_0 = 1，J_1 = \overline{Q_3^n}，K_1 = 1，J_2 = K_2 = 1，J_3 = Q_1^n Q_2^n，K_3 = 1$

J—K 触发器的特性方程为　　　　$Q^{n+1} = J\,\overline{Q^n} + \overline{K}Q^n$

将驱动方程代入 J—K 触发器的特性方程得到状态方程为

$$Q_3^{n+1} = Q_1^n Q_2^n \overline{Q_3^n} \qquad Q_0 \text{ 下降沿}$$

$$Q_2^{n+1} = \overline{Q_2^n} \qquad Q_1 \text{ 下降沿}$$

$$Q_1^{n+1} = \overline{Q_3^n}\, Q_1^n \qquad\qquad Q_0\ 下降沿$$

$$Q_0^{n+1} = \overline{Q_0^n} \qquad\qquad C\ 下降沿$$

（2）依次假设电路的初态，代入电路的状态方程，求出电路的次态，列出完整的状态转换真值表（或画出波形图），如表 8-36 所示。

需要注意的是，各触发器的状态改变不仅取决于状态方程，还决定于时钟条件是否满足，如果不满足（本例中为触发器的时钟脉冲没有下降沿），则触发器不翻转而保持现态不变，这样就没必要将现状态代入状态方程进行计算。计数器次态填写的顺序从低位触发器起逐位填写。

表 8-36　　　　　　　　　　　　　一位异步十进制计数器状态表

输入脉冲数	初　态				次　态				进位
	Q_3^n	Q_2^n	Q_1^n	Q_0^n	Q_3^{n+1}	Q_2^{n+1}	Q_1^{n+1}	Q_0^{n+1}	Z
1	0	0	0	0	0	0	0	1	0
2	0	0	0	1	0	0	1	0	0
3	0	0	1	0	0	0	1	1	0
4	0	0	1	1	0	1	0	0	0
5	0	1	0	0	0	1	0	1	0
6	0	1	0	1	0	1	1	0	0
7	0	1	1	0	0	1	1	1	0
8	0	1	1	1	1	0	0	0	0
9	1	0	0	0	1	0	0	1	1
10	1	0	0	1	0	0	0	0	0

（3）把真值表转换成时序图。异步十进制加法计数器的时序图如图 8-63 所示。在需要连成多位异步十进制计数器时，只要把低位的进位端接到高位的 C 端就可以了。从时序图我们可以清楚地看出，输入端 C 来 10 个时钟脉冲下降沿，才在输出端 Z 送出 1 个脉冲下降沿（Q_3 端也是如此）。

3. 集成计数器及应用

随着集成电路的发展，各种大规模集成计数器已产品化，并得到广泛应用，与一般时序电路一样，它们也可分为同步计数器和异步计数器两大类。例如异步二—五—十进制计数器 CT74LS290、同步二—八—十六进制计数器 CT74LS161 等，现以这两个集成计数器为例，说明它们的功能和扩展应用方法。

（1）异步集成计数器 CT74LS290。

1）电路组成。CT74LS290 是一个异步二—五—十进制计数器，其逻辑电路图如图 8-64 所示，应用时常用逻辑框图表示，如图 8-65 所示。

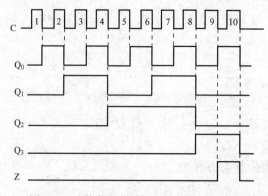

图 8-63　异步十进制加法计数器的时序图

由图 8-64 和图 8-65 可知：

F_0 触发器具有 T' 功能（因为 $J=K=1$），因此它是一个二进制计数器，若在 C_0 端输入时钟脉冲，则 Q_0 的输出信号是 C_0 脉冲的两分频。

F_1、F_2、F_3 三个触发器构成的是一个异步的五进制计数器，若在 C_1 输入时钟脉冲，则 Q_3 的输出信号是 C_1 脉冲的五分频。

如果将 CT74LS290 芯片作如图 8-65 所示的连接，即将 F_0 触发器的输出信号 Q_0 接到 F_1 触发器的时钟脉冲输入端 C_1，外加计数脉冲 CP 接 F_0 触发器的时钟脉冲输入端，就构成了一个十进制计数器。并且 Q_3、Q_2、Q_1、Q_0 输出的态序完全是按照 8421BCD 码变化的，因此这是一个 8421BCD 码十进制计数器。

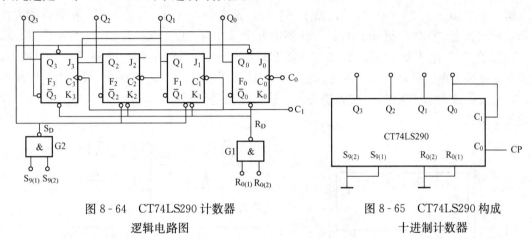

图 8-64　CT74LS290 计数器　　　　　图 8-65　CT74LS290 构成
逻辑电路图　　　　　　　　　　　十进制计数器

2) 电路功能。CT74LS290 集成计数器的逻辑功能如表 8-37 所示。由表可知 74LS290 集成计数器具有以下功能：

直接复位：当复位输入端 $R_{0(1)}$、$R_{0(2)}$ 全为"1"而置"9"输入端 $S_{9(1)}$、$S_{9(2)}$ 中有"0"时，则图 8-64 中与非门 G1 输出"0"电平，可使各触发器清零，此功能如表 8-37 中第 1、2 行所示。

直接置"9"：当置"9"输入端 $S_{9(1)}$、$S_{9(2)}$ 全为"1"，则图 8-64 中与非门 G2 输出"0"，可使触发器 F_0、F_3 置"1"，而 F_1、F_2 置"0"，也就是使整个计数器处于 8421BCD 码中的"9"状态：$Q_3 Q_2 Q_1 Q_0 = 1001$，这就是表 8-37 中第三行所示的置"9"功能。

表 8-37　　　　　　　　　　CT74LS290 集成计数器的逻辑功能表

$R_{0(1)}$	$R_{0(2)}$	$S_{9(1)}$	$S_{9(2)}$	Q_3	Q_2	Q_1	Q_0
1	1	0	×	0	0	0	0
		×	0				
0	×	1	1	1	0	0	1
×	0						
×	0	×	0	计数			
0	×	0	×	计数			
0	×	×	0	计数			
×	0	0	×	计数			

　　计数：如表 8-37 中第四、五、六、七行所示，置"9"输入端 $S_{9(1)}$、$S_{9(2)}$ 及复位输入端 $R_{0(1)}$、$R_{0(2)}$ 中均有"0"时，CT74LS290 内部各 J—K 触发器可实现计数功能。按什么进制计数，则应由外部连线而定，如按图 8-65 方式连线则构成十进制计数器，当然也可将内部的二进制、五进制计数器单独使用。

　　3）扩展应用：使用集成计数器可以构成任意进制计数器，常用两种方法。一种是反馈复位（反馈归零）法，即在二进制或十进制（8421 码）计数器的基础上加一个简单的与非门电路构成；另一种是级连法，即把两个以上的计数器串联起来构成。

　　【例 8-19】　用 CT74LS290 构成九进制计数器。

　　解　电路如图 8-66（a）所示，图 8-66（b）是这个电路的工作波形图，按其连接方式可知，它从初态"0000"开始计数后，计到第九个脉冲时，$Q_3Q_2Q_1Q_0$ 输出"1001"状态，Q_3 和 Q_0 的"1"电平加到 $R_{0(1)}$、$R_{0(2)}$，使 CT74LS290 计数器复位，回到"0000"初态，经过 9 个脉冲电路就循环一周，因此这是一个九进制计数器。状态"1001"只是瞬间出现一下，一旦复位成初态"0000"，它就消失了，这个电路是用反馈复位的方法跳过"1001"这个无效状态的。

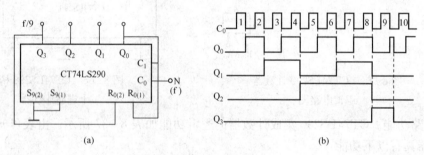

图 8-66　[例 8-19] 图
(a) 电路图；(b) 波形图

　　这种用反馈复位使计数器清零，跳过无效状态，构成所需进制计数器的方法，称为"反馈复位法"。

　　【例 8-20】　数字钟表的分、秒计数都是六十进制，试用 CT74LS290 构成六十进制计数器。

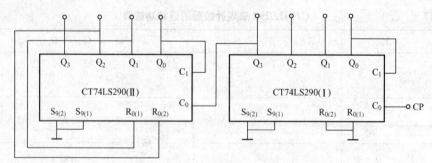

图 8-67　[例 8-20] 图

　　解　可用两片 CT74LS290 构成六十进制计数器，其电路如图 8-67 所示。其中个位片（Ⅰ）为十进制，十位片（Ⅱ）为六进制。

（2）同步集成计数器 CT74LS161。CT74LS161 是 4 位集成同步二进制加法计数器，图 8-68 是它的逻辑框图。图中：CO 为进位端，其逻辑式 $CO = Q_3 Q_2 Q_1 Q_0 CT_T$。仅当 $CT_T = 1$，且计数器状态为 1111 时，CO 端才为高电平，产生进位。

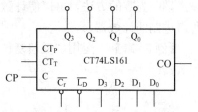

图 8-68　CT74LS161 的逻辑框图

$\overline{C_r}$：异步清零端，具有最高优先级，当 $\overline{C_r} = 0$ 时，强制 $Q_3 Q_2 Q_1 Q_0 = 0000$。

$\overline{L_D}$：同步置数端，具有次高优先级，低电平有效。当 $\overline{C_r} = 1$、且 $\overline{L_D} = 0$ 时，在 C 脉冲上升沿将预备数据 $D_3 D_2 D_1 D_0$ 置入各触发器中。

CT_P、CT_T：计数使能端，高电平有效。当 $\overline{C_r} = 1$，$\overline{L_D} = 1$，且 CT_P 和 CT_T 同时为 1 时，CT74LS161 处于计数状态；而当 CT_P 和 CT_T 中至少一个为 0 时，CT74LS161 处于保持状态。

C：同步计数脉冲，上升沿有效。在预置和计数状态时，所有触发器在 C 上升沿时刻转换状态。

表 8-38　　　　　　　　　　　　　CT74LS161 的逻辑功能表

输　入									输　出					说　明
$\overline{C_r}$	$\overline{L_D}$	CT_P	CT_T	CP	D_3	D_2	D_1	D_0	Q_3	Q_2	Q_1	Q_0	CO	
0	×	×	×	×	×	×	×	×	0	0	0	0	0	异步清零
1	0	×	×	∫	d_3	d_2	d_1	d_0	d_3	d_2	d_1	d_0		同步预置
1	1	1	1	∫	×	×	×	×	计　数					$CO = Q_3 Q_2 Q_1 Q_0$
1	1	0	×	×	×	×	×	×	保　持					$CO = CT_T Q_3 Q_2 Q_1 Q_0$
1	1	×	0	×	×	×	×	×	保　持					

1）功能介绍。CT74LS161 的逻辑功能如表 8-38 所示。集成计数器 CT74LS161 具有以下功能：

①异步清零。当清零控制端 $\overline{C_r} = 0$ 时，各触发器清成零状态。这种清零方式，不需与时钟脉冲 C 同步就可直接完成，因此称作"异步清零"。

②同步预置。当清零控制端 $\overline{C_r} = 1$，计数使能端 $CT_P = CT_T = $ "X"，预置控制端 $\overline{L_D} = 0$ 时，在外部时钟脉冲的上升沿，可将相应的数据置入各触发器中，即：$Q_0 = D_0$、$Q_1 = D_1$、$Q_2 = D_2$、$Q_3 = D_3$。

由于预置 $D_0 \sim D_3$ 数据进入各触发器中，需要有时钟脉冲配合，因此称做"同步预置"。

③保持。当 $\overline{L_D} = \overline{C_r} = 1$ 时，只要使能输入端 CT_P、CT_T 中有一个为 "0" 电平，此时无论有无计数脉冲 C 输入，各触发器的输出状态均保持不变。

④计数。当 $\overline{L_D} = \overline{C_r} = CT_P = CT_T = 1$ 时，进行计数，时钟上升沿有效。

由此可见，CT74LS161 的 $\overline{C_r}$ 端可对计数器直接清零，$\overline{L_D}$ 端可对计数器任意置数，CT_P、CT_T 端能控制计数器保持或计数，CO 能用于指示进位，在应用或分析时应注意这些信号。

2）扩展应用。由于 CT74LS161 也有异步清零的功能，所以采用反馈复位信号，使清零输入端 $\overline{C_r}$ 为零的方法，可以使计数器在按自然态序计数的过程中，跳过无效状态，构成我们所需进制的计数器。

【例 8 - 21】 运用"反馈复位法"，利用 CT74LS161 集成计数器构成自然态序的十进制计数器。

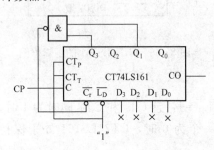

图 8 - 69　[例 6 - 21] 图

解 用反馈复位法构成的十进制计数器如图 8 - 69 所示，当计数器从"0000"状态开始计数，输入第十个脉冲（上跳沿）后，$Q_3 Q_2 Q_1 Q_0$ 出现 1010 状态，使"与非"门输出为"0"，令各触发器复位，完成一个十进制计数循环。

请注意图 8 - 69 中，要使控制输入端 $CT_P = CT_T = 1$，预置控制端 $\overline{L_D} = 1$，CT74LS161 才能正常按十进制计数，而 $D_0 \sim D_3$ 四个数据输入端对其构成十进制计数器无影响，因此可输入随意信号"×"。

利用 CT74LS161 具有的同步预置功能，通过反馈使计数器返回预置状态，也可以构成任意进制计数器。

【例 8 - 22】 利用 CT74LS161 集成计数器通过"反馈预置法"构成十进制计数器。

解 图 8 - 70（a）为用 74LS161 构成的按自然态序变化的十进制计数器的连线图。

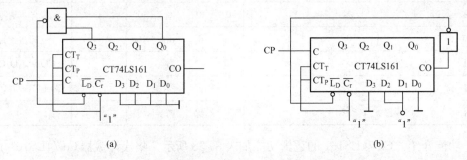

(a)　　　　　　　　　　　　　(b)

图 8 - 70　[例 8 - 22] 图

(a) 按自然态序变化；(b) 按非自然态序变化

当 CT74LS161 构成的计数器从初态"0000"开始计数，计到第九个脉冲后，$Q_3 Q_2 Q_1 Q_0$ 为"1001"状态，这时与非门输出"0"，使预置控制端 $\overline{L_D} = 0$，由于数据输入端 $D_0 \sim D_3$ 均接地，因此在第十个脉冲上跳沿到来时，各触发器被预置成 0000 状态，整个计数器按自然态序变化，十个脉冲循环一周，因此这是一个十进制计数器。与反馈复位法构成的十进制计数器相比较，它在第十个脉冲到来时，在 Q_3 输出端不会出现毛刺。

我们若选用 $Q_3 Q_2 Q_1 Q_0$ 组成的 16 个状态中的后十个独立状态为有效状态，前六个状态为无效状态，设置计数器的初态为 0110（6），由此开始计数，输入第九个脉冲后，计数器 $Q_3 Q_2 Q_1 Q_0$ 输出为"1111"（15），进位端 CO＝1，经反相器加到 $\overline{L_D}$ 的信号为 0，当第十个脉冲到来时，将计数器再预置为 0110，完成一个循环。该电路连接如图 8 - 70（b）所示，显然它是一个按非自然态序变化的十进制计数器。

例 8 - 22 告诉我们，利用 CT74LS161 集成计数器，运用"反馈预置法"可以构成其他任意进制的计数器。

把一个模数为 M_1 的计数器和一个模数为 M_2 的计数器串联起来，可以构成 $M = M_1 \times M_2$ 的大模数（进制）计数器（这种方法叫级联法）。限于篇幅，举例从略。

8.6.4 顺序脉冲分配器

在一些场合，有时需要有一些在时间上有一定顺序的信号来控制一些操作，能完成这类任务的时序电路就叫顺序脉冲发生器，或称分配器、节拍脉冲发生器。组成顺序脉冲分配器的电路有两类：一类是由一般计数器和译码器组成；另一类是由移位寄存器和译码器组成。

1. 一般计数器译码器型分配器

由计数器和译码器组成的分配器的逻辑电路如图 8-71（a）所示。图的左半部是集成计数器 CT74LS161，图的右半部分是集成译码器 CT74LS138，在 CT74LS138 的输出加非门反相。由图可知计数器给出的 8 个状态通过译码器译出，并分配给 8 条输出线 $P_0 \cdots P_7$。

在时钟脉冲作用下，$P_0 \cdots P_7$ 将依次给出一串脉冲，其工作波形如图 8-71（b）所示，脉冲的周期为 $8T_c$（T_c 为时钟脉冲的周期），$P_0 \cdots P_7$ 的输出依次比前一个输出滞后一个 T_c。

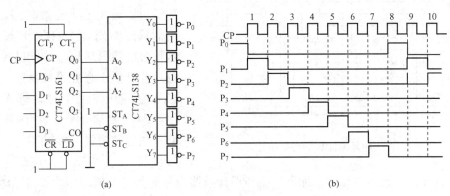

图 8-71 计数器型顺序脉冲分配器

（a）逻辑电路；（b）工作波形

图 8-71 的电路可以输出 8 个节拍脉冲。在实际应用中，需要多少个节拍，一般就采用多少进制的计数器，再配以相应的译码器，就可以得到所需的节拍数。当需要改变节拍的周期时，可通过改变 CP 脉冲的周期来实现。

图 8-71 的电路由于触发器的翻转时间不一样，在有两个或两个以上触发器同时发生状态变化的时候，可能在译码器的输出线上产生干扰脉冲。克服这一个缺点的方法是采用移位寄存器型的顺序脉冲分配器。

2. 移位寄存器型顺序脉冲分配器

（1）环形计数器型脉冲分配器。由于环形计数器每个触发器 Q 端的输出已经是顺序脉冲了，因此不再需要加入译码器，就已具有脉冲分配器的功能。如图 8-72（a）所示为 3 位 D 触发器组成的环形计数器逻辑电路，其工作波形如图 8-72（b）所示。与图 8-71（b）的波形比较，前三个脉冲是相同的。若要输出同图 8-71（b）一样的波形，环形计数器需用 8 个触发器构成。

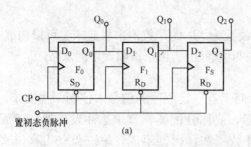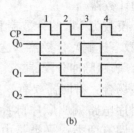

图 8-72 环形计数器

(a) 逻辑电路；(b) 工作波形

以上分析可知，环形计数器具有脉冲分配器的功能，可以直接用作分配器，并称为环形计数器型脉冲分配器。采用这种分配器不仅简化了线路，而且增加了可靠性，这是环形计数器型脉冲分配器的优点；不足的是，触发器利用状态不多，例如三个 D 触发器组成的环形分配器只能给出三个有效状态，n 个触发器只能给出 n 个有效状态。所以，这种分配器只适用于分配脉冲少的场合，并且由于存在无效状态，因而要求分配器开始工作时就进入有效时序，即需要启动，一般在开始工作前，通过预置强制触发器进入某一有效状态，或使用自启动电路。

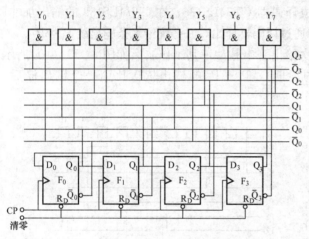

图 8-73 扭环形计数器型分配器

（2）扭环形计数器型脉冲分配器。扭环形计数器型分配器是由扭环形计数器与译码器组成的。图 8-73 是由 4 位 D 触发器组成的扭环形计数器型分配器，图的下半部为扭环形计数器。它的状态转换真值表见表 8-39。

表 8-39　　　　　　　　　　　扭环形计数器型分配器真值表

态序	Q_3	Q_2	Q_1	Q_0	译码逻辑
0	0	0	0	0	$Y_0 = \overline{Q}_3 \overline{Q}_0$
1	0	0	0	1	$Y_1 = \overline{Q}_1 Q_0$
2	0	0	1	1	$Y_2 = \overline{Q}_2 Q_1$
3	0	1	1	1	$Y_3 = \overline{Q}_3 Q_2$
4	1	1	1	1	$Y_4 = Q_3 Q_0$
5	1	1	1	0	$Y_5 = Q_1 \overline{Q}_0$
6	1	1	0	0	$Y_6 = Q_2 \overline{Q}_1$
7	1	0	0	0	$Y_7 = Q_3 \overline{Q}_2$

从表 8-39 可以看出，扭环形计数器从一种状态到另一种状态时，只有一个触发器翻转，无须经过中间过渡状态，这样用扭环形计数器和译码器组成的分配器也就不存在尖峰干扰。

利用译码器将扭环形计数器的 8 种有效状态进行译码,就可以产生 8 路顺序脉冲。需要指出的是,不论扭环形计数器是几位的,译码器中与门的输入端只接两根线。

环形计数器型脉冲分配器在 8 路输出的情况下,需要 8 个触发器,而扭环形计数型脉冲分配器只需 4 个触发器,但必须增加与门组成译码器。由于存在无效状态,扭环形计数器型脉冲分配器开始工作时也必须预置,或采用自启动电路,使之进入有效工作状态。

还有一些其他类型的脉冲分配器,例如格雷码计数器加译码器、计数器加多路数据选择器等都可构成顺序脉冲分配器,这里就不一一介绍了。

8.7 存 储 器

存储器是计算机和一般数字系统中必不可少的部件,它用来存放数据、资料和运算程序等二进制信息。目前大量使用的有半导体存储器、磁盘存储器和光盘存储器等。

8.7.1 半导体存储器

半导体存储器按存储功能来分,可以分为只读存储器(Read-Only Memory,简称 ROM)和随机存取存储器(Random Access Memory,简称 RAM)两大类。从制造工艺上分,可以分为双极型和 MOS 型。由于 MOS 型电路(尤其是 CMOS 电路)具有功耗低,集成度高的优点,所以目前大容量的半导体存储器都是采用 MOS 工艺制造的。

1. 只读存储器(ROM)

只读存储器在正常工作状态下只能从中读取数据,不能快速地随时修改或重新写入数据。ROM 的电路结构简单,它存储的数据在断电以后不会丢失。它的缺点是只适用于那些存储固定数据的场合。例如用于存放需要长期保存的常数、表格、程序、函数和字符等固定不变的信息。

只读存储器由存储矩阵、地址译码器和和输出缓冲器三个主要部分组成。

图 8-74 是具有 2 位地址输入码和 8 位数据输出的 ROM 电路,存储电路由二极管构成。地址译码器由 4 个二极管与门组成,2 位地址代码 A_1A_0 能给出 4 个不同的地址,地址译码器将这 4 个地址代码分别译成 $W_0 \sim W_3$ 四根线上的高电平信号;存储矩阵实际上是由 8 个二极管或门组成的编码器,当 $W_0 \sim W_3$ 每根线上给出高电平信号时,都会在 $D_0 \sim D_7$ 八根线上输出一个 8 位二进制代码。通常将每个输出代码叫一个"字",并把 $W_0 \sim W_3$ 叫做字线,把 $D_0 \sim D_7$ 叫做位线(或数据线),而 A_1、A_0 称为地址线。

输出端的缓冲器用来提高带负载的能力,并将输出的高、低电平变换为标准的逻辑电平。同时,通过给定 $\overline{EN}$ 信号实现对输出的三态控制。

字线和位线的每个交叉点都是一个存储单元。交叉点处接有二极管时相当于存 1,没有接二极管时相当于存 0。交叉点的数目也就是存储单元的数目。习惯上用存储单元的数目表示存储器的存储容量,并写成"(字数)×(位数)"的形式。例如图 8-74 中 ROM 的存储容量应表示成"4×8 位"。

ROM 器件的种类很多,从制造工艺上看,有二极管 ROM、双极型 ROM 和 MOS 型 ROM 三种,按存储内容存入方式的不同,又可以分成固定 ROM 和可编程 ROM。

固定 ROM 又称为掩模 ROM,这种 ROM 在制造时,生产厂家利用掩模技术把数据写入存储器中,一旦制成后,它存储的数据也就固定不变了。

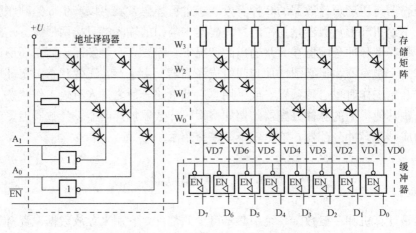

图 8-74　二极管 ROM 的电路结构

可编程 ROM 又可以细分为一次可编程存储器 PROM、光可擦除可编程存储器 EPROM、电可擦除可编程只读存储器 E^2PROM 等。

PROM 在出厂的时候，存储的内容全部是 1（或者全是 0），用户可以根据自己的需要，利用通用或专用的编程器，将其中的一些单元改写为 0（或者改写为 1）。

光可擦除可编程存储器 EPROM 是一种具有可擦除功能，擦除后即可进行再编程的 ROM 内存，其主流产品采用浮栅技术，存储单元多采用 N 沟道叠栅 MOS 管，结构和符号如图 8-75 所示。

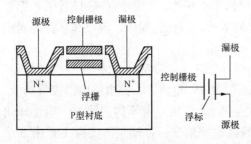

图 8-75　N 沟道叠栅 MOS 管的结构及符号

除了控制栅外还有一个没有外引线的栅极，称为浮栅。当浮栅上原来没有电荷时，给控制栅加上控制电压，浮栅中的电子跑到上层，下层出现空穴，由于感应，便会吸引电子，并开启沟道，使 MOS 管导通；而当浮栅上原来带有负电荷时，会在衬底表面感生正电荷，这使得 MOS 管的开启电压变高，如果给控制栅加上同样的控制电压，MOS 管仍处于截止状态。这样就实现了叠栅 MOS 管的开关功能。也即它可以利用浮栅是否积累有负电荷来存储二值数据。

EPROM 的写入过程如下：在漏极加高压，电子从源极流向漏极，导电沟道形成。在高压的作用下，对电子的拉力加强，能量使电子的温度极速上升，变为热电子，这种电子几乎不受原子核的束缚，在控制栅施加高压时，热电子能够跃过二氧化硅的势垒，注入到浮栅中。

在没有别的外力的情况下，电子会在浮栅中很好的保持。在需要消去浮栅中的电子时，利用紫外线进行照射，给电子足够的能量，电子即可逃逸出浮栅。

EPROM 的编程需要使用编程器完成。编程器是用于产生 EPROM 编程所需的高压脉冲信号的装置。编程时将 EPROM 的数据送到随机存储器中，然后启动编程程序，编程器便将数据逐行地写入 EPROM 中。

一片编程后的 EPROM，可以保持其数据大约 10~20 年，并能无限次读取。写入前必须先用紫外线照射它的透明视窗的方式把里面的内容清除掉。完成芯片擦除的操作要用到 EPROM 擦除器，这一类芯片比较容易识别，其封装中包含有石英玻璃窗，编程后的

EPROM 芯片的石英玻璃窗一般使用黑色不干胶纸盖住，以防止遭到阳光直射。老式电脑的 BIOS 芯片，一般是 EPROM，擦除窗口往往被印有 BIOS 发行商名称、版本和版权声明的标签所覆盖。

EPROM 芯片在空白状态时（用紫外光线擦除后），内部的每一个存储单元的数据都为 1（高电平）。

电可擦除可编程只读存储器 E^2PROM 也是利用浮栅技术生产的可编程存储器，其中构成存储单元的 MOS 管的结构如图 8-76 所示。它和叠栅 MOS 管的不同之处在于浮栅延长区和漏区 N^+ 之间的交叠处有一个薄的绝缘层。当漏极接地，控制栅上加上足够高的电压时，交叠区会产生一个很强的电场，在强电场的作用下，电子通过绝缘层到达浮栅，使浮栅带负电荷。这个现象称为隧道效应，因此，该 MOS 管也称为隧道 MOS 管。相反，当控制栅接地，漏极加一正电压，则产生与上述相反的过程，即浮栅放电。

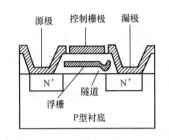

图 8-76 隧道 MOS 管剖面结构示意图

隧道 MOS 管也是利用浮栅是否积累有负电荷来存储二值数据的，不同的是隧道 MOS 管是用电擦除的，而且擦除的速度比较快。

E^2PROM 里面存储的信息是用户可更改的。数据的更改可通过加入高于普通电压的电压来擦除和重编程（重写）。不像 EPROM 芯片，E^2PROM 不需从计算机中取出即可修改。在一个 E^2PROM 中，当计算机在使用的时候是可频繁地重编程，E^2PROM 的寿命是一个很重要的设计考虑参数。E^2PROM 的一种特殊形式是闪存，其通常是应用个人电脑中的电压来擦写和重编程。

E^2PROM 一般用于即插即用（Plug and Play），也常用在接口卡中，用来存放硬件设置数据。另外，也常用在防止软件非法拷贝的硬件锁上面。

2. 随机存取存储器

随机存取存储器和只读存储器的根本区别在于，它在正常工作状态下就可以随时向存储器里写入数据或从中读出数据。根据所采用的存储单元工作原理的不同，RAM 又可以分为静态存储器（Static Random Access Memory，简称 SRAM）和动态存储器（Dynamic Random Access Memory，简称 DRAM）。动态存储器的存储单元结构非常简单，所以它的集成度远高于静态存储器，但它的存取速度又不如静态存储器快。随机存取存储器存在数据易丢失的缺点（即一旦停电后，所存储的数据将随之丢失）。

RAM 电路通常由存储矩阵、地址译码器和读/写控制电路（也叫输入/输出控制电路）三部分组成，如图 8-77 所示。

地址译码器将输入地址代码译成某一条字线的输出高、低电平信号。当某一条字线被选中时，与该字线相联系的存储单元就与数据线（位线）相通，以实现读数或写数。

读/写控制电路用于对电路的工作状态进行控制。当读/写控制信号 $R/\overline{W}=1$，执行读操作，将存储单元里的

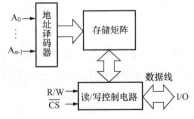

图 8-77 RAM 的结构框图

数据送到输入/输出端上。当 $R/\overline{W}=0$ 时，执行写操作，加到输入/输出端上的数据被写入存储单元中。

存储矩阵由许多存储单元构成，每个存储单元存放一位二进制数码（1 或 0）。和 ROM 的存储单元不同的是，RAM 存储单元的数据不是预先固定的，而是取决于外部输入的信息。要存得住这些信息，RAM 存储单元必须由具有记忆功能的电路构成。

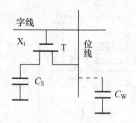

图 8-78 RAM 动态存储
单元的电路图

图 8-78 所示为一种动态 RAM 存储单元的电路图。数据存于电容 C_S 中，T 为门控管，通过控制 T 的导通和截止，可以把数据从存储单元送到位线上或者将位线上的数据写入存储单元（MOS 管是高阻元件，它的极间电阻极高，存储在电容 C_S 上的电荷，会因放电回路的时间常数很大而不能马上放掉，即电荷不会很快丢失）。

随机存取存储器是计算机的组成结构中一个很重要的部分，主要用作计算机的内存储器（简称内存）使用。我们平常所提到的计算机的内存指的就是动态内存（即 DRAM），动态内存中所谓的"动态"，是指当我们将数据写入 DRAM 后，经过一段时间，数据会丢失，因此需要额外设一个电路进行内存刷新操作。具体的工作过程如下：一个 DRAM 的存储单元存储的是 0 还是 1 取决于电容是否有电荷，有电荷代表 1，无电荷代表 0。但时间一长，代表 1 的电容会放电，代表 0 的电容会吸收电荷，这就是数据丢失的原因；刷新操作定期对电容进行检查，若电量大于满电量的 1/2，则认为其代表 1，并把电容充满电；若电量小于 1/2，则认为其代表 0，并把电容放电，以此来保持数据的连续性。

内存作为主板上的存储部件直接与 CPU 沟通，并用其存储数据，存放当前正在使用的（即执行中）数据和程序。它的物理实质就是一组或多组具备数据输入、输出和数据存储功能的集成电路，内存只用于暂时存放程序和数据，一旦关闭电源或发生断电，其中的程序和数据就会丢失。

8.7.2 磁盘存储器

磁盘存储器是利用磁记录技术在涂有磁记录介质的旋转圆盘上进行数据存储的辅助存储器，是一种应用广泛的直接存取存储器。在各种规模的计算机系统中，常用来存放操作系统、程序和数据，是对主存储器的扩充，其存储容量较主存储器大千百倍。

磁盘存储器通常由磁盘、磁盘驱动器和磁盘控制器构成。

磁盘是两面涂有可磁化介质的平面圆片，数据按闭合同心圆轨道记录在磁性介质上，这种同心圆轨道称为磁道。按盘基的不同，磁盘可以分为硬盘和软盘两类。硬盘盘基通常用非磁性轻金属材料制成；软盘盘基用挠性塑料制成。

磁盘驱动器是驱动磁盘转动并在盘面上通过磁头进行写入读出动作的装置，磁盘装在驱动器上，以恒速旋转。

磁盘控制器即为磁盘驱动器适配器，是计算机和磁盘驱动器的接口设备，它接收并解释计算机来的命令，向磁盘驱动器发出各种控制信号，检测磁盘驱动器的状态，按照规定的磁盘数据格式，把数据写入磁盘或从磁盘读出数据。

8.7.3 光盘存储器

光盘存储器利用激光可聚集成能量高度集中的极细光束这一特点，来实现高密度数据的存储。光盘存储器与磁盘存储器类似，也是由盘片、光盘驱动器和光盘控制器组成。

光盘盘片的形状与磁盘盘片类似，但记录材料不一样。按其用途可分为：①只读型光盘（CD-ROM），由厂家预先写入数据，用户不能更改，这种光盘主要用于存储文献和不需要修改的信息；②只写一次型光盘（W-ROM），可以由用户写信息，但只能写入一次，写后将永久存在盘上不可修改；③可重写型光盘，可重写型光盘类似于磁盘，可以重复读写，它的材料与只读型光盘有很大的不同，是磁光材料。

光盘存储信息的光道的结构与磁盘磁道的结构不同，它的光道不是同心环光道，而是螺旋型光道。

光盘驱动器是读取光盘的设备，通常固定在主机箱内，常用的光盘驱动器有 CD-ROM 和 DVD-ROM。光盘存储器根据激光束及反射光的强弱不同，完成信息的读写。写入信息时，将激光聚焦成直径不超过 $1\mu m$ 的激光束，照射到记录介质上，将其局部加热到能把介质熔化，形成一个小凹坑，改变光学特性。读出信息时，光电检查电路根据被激光照过的介质和没有被照过的介质对光的反射率的不同，便可读出所存储的信息。这种新型的信息存储装置目前已经成为微型计算机的标准配置。

8.7.4 移动存储器

移动存储器：移动存储器除上面提到的软磁盘存储器、光盘存储器外，还有闪存盘、存储卡、移动硬盘等品种。

闪存盘以闪存芯片（flash）作为存储介质，闪存芯片是一种半导体存储器，它兼有 ROM 和 RAM 存储器的特点。一方面，它可以像 ROM 那样，在断电后存储的数据仍然可以保留；另一方面，它又像 RAM 一样，可以随意存取数据。闪存盘通常采用 USB（通用串行总线）接口，可以兼容 PC、笔记本、苹果电脑、服务器等硬件平台。支持 Windows me/2000/XP 及 Linux 等操作系统，在 Windows 2000 以上版本下系统可以直接识别，无需驱动程序，在 BIOS 支持 USB 启动的系统中，可直接引导系统启动。

存储卡也以闪存芯片作为存储介质，外形呈很薄的长方形，广泛应用于数码相机、掌上电脑、MP3 随身听、数码录音机、手机等便携式设备上。读卡器是存储卡与 PC 机或笔记本电脑之间连接的桥梁，通过读卡器，可以使 PC 或笔记本电脑直接和存储卡进行数据交换。读卡器采用 USB 接口，直接由电脑的 USB 接口供电，使用 USB2.0 标准数据通信协议，传输速度高达 12Mb/s。

移动硬盘通常是由一块笔记本电脑用的 2.5in 硬盘，再配上接口电路和铝镁合金外壳而成。它一般通过一条专用线缆和 PC 机或笔记本电脑的 USB 口连接，由 PC 或笔记本电脑的 USB 口供电，并支持热拔插和即插即用。有的移动硬盘采用 IEEE1394 接口（也是一种高数据传输速率的接口，一般用于连接录像机等 DV 设备），当与 PC 或笔记本电脑连接时，需配备 1394 接口卡、1394 火线线缆和电源适配器。移动硬盘在 Windows 2000 及以上版本无需驱动程序，系统可以直接识别。

8.8 可编程逻辑器件

可编程逻辑器件 PLD 出现于 20 世纪 70 年代，是一类半定制型逻辑器件，它为允许用户最终把自己所设计的逻辑电路直接写入到芯片上提供了技术基础。使用这类器件可及时方便地研制出各种所需的逻辑电路，并可重复擦写多次，因而它的应用越来越受到重视，8.7节存储器中介绍的 PROM、EPROM、E^2PROM 皆属于可编程逻辑器件。

8.8.1　PLD 的基本结构及逻辑表示

1. PLD 的基本结构

PLD 的基本结构如图 8 - 79 所示，虚线框内是 PLD 的主体，由与阵列和或阵列构成。与阵列用来产生有关的与项，或阵列把所有的与项构成与或形式的逻辑函数。由于任何组合逻辑函数都可以用与－或表达式来表达，因而用与门－或门两级电路可实现任何组合逻辑电路，又因为任何时序逻辑电路是由组合逻辑电路加上存储元件构成的，所以 PLD 的与或结构对实现数字系统具有普遍意义。

图 8 - 79　PLD 的基本结构图

图 8 - 79 中的输入电路为了适应各种输入情况，每一个输入信号都配有缓冲电路，使它具有足够的驱动能力，同时产生原变量和反变量（互补信号）输出作为与门阵列的输入。PLD 的输出电路对不同的可编程逻辑器件有所不同：可以由或阵列直接输出，即构成组合方式输出；也可以通过寄存器输出，构成时序方式输出。

2. 逻辑符号及 PLD 的表示方法

由于 PLD 器件所用门电路输入端很多，为此在电路中采用一种新的逻辑表示法—PLD表示法。

（1）输入和输出缓冲器的逻辑表示。输入和输出缓冲器的常用结构有互补输出门和三态输出门电路，如图 8 - 80 所示。它们都有一定的驱动能力，所以称为缓冲器。

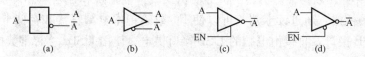

图 8 - 80　输入/输出缓冲器的逻辑表示
（a）、（b）互补输出；（c）高电平有效三态输出；（d）低电平有效三态输出

（2）基本门电路的 PLD 表示法。PLD 电路中采用两种基本门电路，与门和或门。一个 4 输入端与门的 PLD 表示法如图 8 - 81（a）所示。垂直线作为输入信号，水平线为所有垂直线的积，L_1＝ABCD。4 输入端或门的 PLD 表示法如图 8 - 81（b）所示。垂直线为乘积项，水平线为所有垂直线的或，L_2＝A＋B＋C＋D。输入信号和乘积项构成了与阵列，乘积项和逻辑函数构成了或阵列，这些阵列形成交叉点。

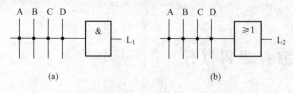

图 8 - 81　PLD 中与门和或门的逻辑表示法
（a）与门表示法；（b）或门表示法

（3）阵列交叉连接的逻辑表示。图 8 - 82 所示为一个基本的 PLD 结构图。

图中门阵列交叉点上的连接方式共
有三种情况：

1）硬线连接。硬线连接是固
定连接，不可以编程改变。

2）可编程连接。连接状态由
编程决定，是可编程的。

3）断开连接。交叉的二线没
有任何连接，是断开的。

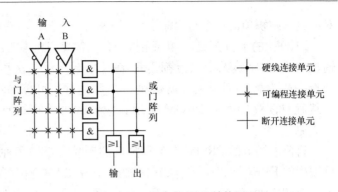

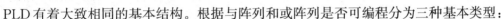

图 8-82 基本的 PLD 结构图

8.8.2 PLD 的类型及特点

1. PLD 的类型

PLD 有着大致相同的基本结构。根据与阵列和或阵列是否可编程分为三种基本类型：

（1）与阵列固定，或阵列可编程。如可编程只读存储器 PROM、可擦除可编程只读存储器 EPROM。

（2）与阵列、或阵列均可编程。如可编程逻辑阵列 PLA。

（3）与阵列可编程，或阵列固定。如可编程阵列逻辑 PAL、通用阵列逻辑 GAL、高密度可编程逻辑器件 HDPLD。

2. PLD 的性能特点

（1）减小系统的体积。单片 PLD 具有相当高的密度，能实现的逻辑功能大约是中小规模集成电路的 1~20 倍以上，高密度 PLD 器件甚至能达千倍。

（2）增强逻辑设计的灵活性。使用 PLD 器件设计的系统，可以不受标准系列器件在逻辑功能上的限制。在系统设计和系统调试过程中的任何阶段都能对 PLD 器件的逻辑功能进行修改，给系统设计提供了很大的灵活性。

（3）缩短设计周期。由于 PLD 具有可编程特性，用它来设计一个系统所需要的时间比传统方式大为缩短，而且在调试和生产阶段，对 PLD 器件的逻辑进行调整十分简便迅速，无需重新布线和更换印制板。

（4）提高系统处理速度。利用 PLD 与或两级结构可以实现任何逻辑功能，比用中小规模器件所需的逻辑级数少。这不仅简化了系统设计，而且减少了级间延迟，提高了系统的处理速度。

（5）降低系统的成本。采用 PLD 器件设计的系统，虽然单片 PLD 器件要比单片中小规模芯片贵，但由于 PLD 集成度高，而且测试与装配的工作量大大减少，加上避免了改变逻辑带来的重新设计和修改等一系列的问题，有效地降低了成本。

（6）提高系统的可靠性。用 PLD 器件设计的系统减少了芯片和印制板数量及相互间的连线，从而增加了系统的平均寿命和抗干扰能力，提高了系统的可靠性。

8.8.3 可编程存储器 PROM

PROM 是一种与阵列固定、或阵列可编程的 PLD 器件，它的地址译码器是一个固定的与阵列，存储矩阵是一个可编程的或阵列。因此用阵列图来描述 PROM 的结构更加方便和确切。一个 8×3 的 PROM 的阵列图如图 8-83 所示。

PROM 的与阵列是一个全译码阵列，即一个 n 输入阵列有 2^n 个地址译码与门，每一个与门的输出是一根字线，故 PROM 共有 2^n 根字线。对某一组特定的输入 $A_0 - A_{n-1}$，只有对应这个乘积项的一个与门输出为高电平。

　　PROM 的或阵列是一组或门，每一个或门的输出是一个数据输出，每一个或门的输出与 2^n 根字线的交叉点都是可编程结点。对一次可编程存储器 PROM，它的可编程结点一般为熔丝型开关或反熔丝型开关。对光可擦除可编程存储器 EPROM、电可擦除可编程只读存储器 E^2PROM 来说，它们的可编程结点采用的是浮栅技术（可参见相关的文献）。

　　目前市场上的 PROM 有各种类型的产品，规格多种多样，图 8-84 是紫外线擦除、电可编程的 EPROM2716 器件的引脚图。它是 $2^{11} \times 8$ 位可改写存储器，有 11 位地址线 $A_0 \sim A_{10}$，产生字线 2048 条；$D_7 \sim D_0$ 是 8 位数据输入/输出线，编程或读操作时，数据由此输入输出；$\overline{CS}$ 为片选控制信号，低电平有效；$\overline{OE}/PGM$ 为读出/写入控制端，低电平输出有效，高电平进行编程，写入数据。

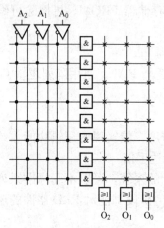

图 8-83　PROM 的阵列图

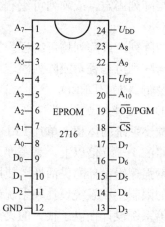

图 8-84　EPROM2716 器件的引脚图

8.8.4　可编程阵列逻辑（PAL）

　　可编程阵列逻辑 PAL 是用熔丝工艺制造的一次性可编程逻辑器件，主要由可编程的与阵列、不可编程的或阵列和输出电路组成，如图 8-85 所示。PAL 器件的结构（包括输入、输出、"与"项数目）是由生产厂家固定的。

　　PAL 每个输出包含的与项数目是由固定连接的或阵列提供的。在典型逻辑设计中，一般函数约包含 3～4 个与项，而现有 PAL 器件最多可为每个输出提供 8 个与项，因此，使用这种器件能很好地完成各种常用逻辑电路的设计。

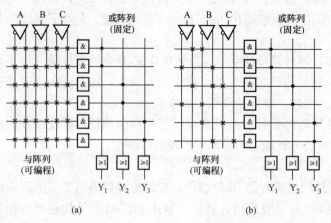

图 8-85　PAL 的基本电路结构

（a）编程前的内部结构；（b）编程后的内部结构

8.8.5 通用阵列逻辑（GAL）

可编程通用阵列逻辑器件 GAL 是在 PAL 基础上发展起来的新一代逻辑器件，它继承了 PAL 的与—或阵列结构，又利用灵活的输出逻辑宏单元 OLMC 来增强输出功能。现有的 GAL 器件可分为两类：一类与 PAL 器件基本相似，即与门阵列可编程、或门阵列固定连接，这类的器件有 GAL16V8、GAL16Z8、GAL29V8 等；另一类 GAL 器件的与门阵列和或门阵列都可编程，这一类的器件有 GAL39V18。下面以 GAL16V8 为例来说明 GAL 的电路结构和工作原理。图 8-86 是 GAL16V8 的片内逻辑阵列图。它由可编程与阵列、输出逻辑宏单元、输入缓冲器、反馈缓冲器和三态输出缓冲器组成，或阵列包含在输出逻辑宏单元中。

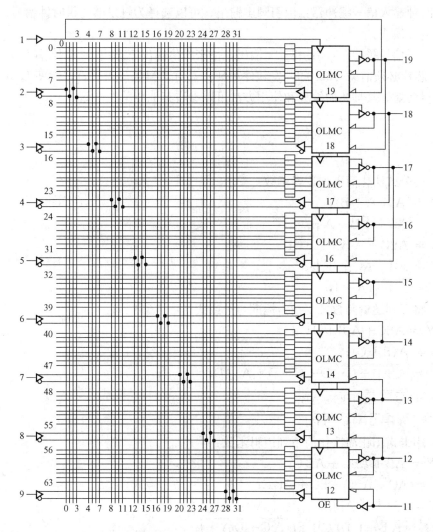

图 8-86 GAL16V8 的片内逻辑阵列图

可编程与门阵列由 $8 \times 8 = 64$ 个与门组成，最多形成 64 个乘积项，每个与门有 32 条输入线（16 个原变量，16 个反变量），但每一个变量在编程时只能取其一，故每个与门（一个乘积项）的实际最大变量数为 16。

输出逻辑宏单元（OLMC12-19）共 8 个，每个 OMLC 是一个逻辑单元，其中有或门、触发器、多路开关。GAL16V8 最多有 16 个引脚作为输入端，8 个输出端。每个宏单元的电路可以通过编程实现所有 PAL 输出结构实现的功能。

输入缓冲器：引脚 2～9 作为固定输入端，对输入信号提供原变量和反变量，并送到与门阵列。

输出缓冲器：引脚 12～19 作为输出缓冲器的输出端，提供输出信号和反馈信号，后者包括本级和相邻级。

输出反馈/输入缓冲器：即中间一列的 8 个缓冲器，使用本级输出或相邻级输出作为输入信号送到与门阵列，以便产生乘积项。

系统时钟输入信号缓冲器：由引脚 1 输出，可以选择为触发器提供时钟信号；也可以选择为电位信号模式。

输出选通信号缓冲器：由引脚 11 输出，用来提供输出三态门的控制使能信号。

GAL 芯片必须借助 GAL 的开发软件和硬件，对其编程写入后，才能使 GAL 芯片具有预期的逻辑功能。其具体的编程和使用方法可以参看其他相关的书籍。

习 题

8.1 用公式法化简下列逻辑函数：

(1) $Y = A\bar{B}(A+B)$；

(2) $Y = AB + \bar{A}\bar{B} + A\bar{B}$；

(3) $Y = ABC + A\bar{B} + AB\bar{C}$；

(4) $Y = AB + \bar{A}C + BCD$；

(5) $Y = \overline{AB + \overline{(A+B)}}$。

8.2 将下列逻辑函数式变换为标准与—或式：

(1) $Y = ABC + A\bar{B} + B\bar{C}$；

(2) $Y = \overline{\overline{A}(\bar{B}+C)}$；

(3) $Y = \overline{A+B+C+D} + \overline{C+D} + \overline{A+D}$；

(4) $Y = \overline{\overline{AC \cdot \overline{BD}} \; \overline{BC \cdot \overline{AB}}}$；

(5) $Y = \overline{A \oplus B \oplus \overline{C \oplus D}}$。

8.3 用卡诺图化简法化简下列逻辑函数：

(1) $Y = AB + \overline{AB}C + \overline{A}B\bar{C}$；

(2) $Y = \overline{AC} + \overline{AB}C + \overline{BC} + AB\bar{C}$；

(3) $Y = A\bar{B}\bar{C}D + AB\bar{C}D + A\bar{B} + A\bar{D} + \overline{ABC}$；

(4) $Y = (\overline{A}\bar{B} + B\bar{D})\bar{C} + BD\overline{\overline{A}\bar{C}} + \bar{D}\overline{\overline{A}+\bar{B}}$；

(5) $Y(A,B,C) = \sum m(0,1,2,5)$；

(6) $Y(A,B,C) = \sum m(0,2,4,6,7)$；

(7) $Y(A,B,C,D) = \sum m(0,1,2,5,6,7,8,9,13,14)$；

(8) $Y(A,B,C,D) = \sum m(3,4,5,6,9,10,12,13,14,15)$；

(9) $Y(A,B,C,D) = \sum m(0,2,7,13,15) + \sum d(1,3,4,5,6,8,10,)$;

(10) $Y(A,B,C,D) = \sum m(0,13,14,15) + \sum d(1,2,3,9,10,11)$。

8.4 用卡诺图化简下列具有约束条件 AB+AC=0 的逻辑函数:

(1) $Y = \overline{\overline{A} \ \overline{B}} + ABD(B + \overline{C}D)$;

(2) $Y(A,B,C,D) = \sum m(0,1,2,5,7,8,9)$;

(3) $Y(A,B,C,D) = \sum m(0,4,5,8)$;

(4) $Y(A,B,C,D) = \sum m(0,3,4,7,8,9)$。

8.5 图 8-87 (a)、(b) 所示为分立元件门电路:

(1) 写出 Y_1、Y_2 与 A、B、C 的逻辑关系式;

(2) 若 A、B、C 的波形如图 (c) 所示,试画出 Y_1、Y_2 的波形。

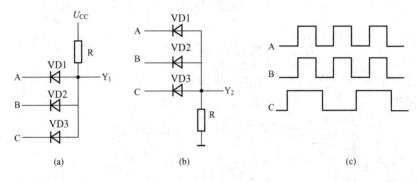

图 8-87 题 8.5 图

8.6 已知与非门及其输入端 A 的输入信号波形如图 8-88 所示,试分别画出输入端 B 接高电平、低电平和悬空三种情况时输出 Y 的波形。

图 8-88 题 8.6 图

8.7 已知电路及其两个输入端 A、B 的波形如图 8-89 所示,试画出电路的输出端 Y 的波形。

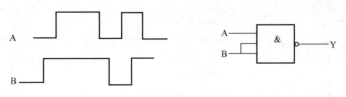

图 8-89 题 8.7 图

8.8 试用 OC 与非门 (74LS01) 实现如下的逻辑函数:

(1) $Y = AB + AC$;

(2) $Y = \overline{AB + CD + EF}$;

（3）$Y = \overline{D(A+C)}$；

（4）$Y = \overline{(A+B)(C+\overline{D})}$。

8.9　试分析图 8-90 所示各电路的逻辑功能。

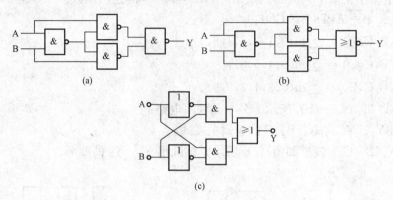

图 8-90　题 8.9 图

8.10　分析图 8-91 所示电路中 Y 的逻辑表达式，化简成最简的与或式，列出真值表，分析其逻辑功能。

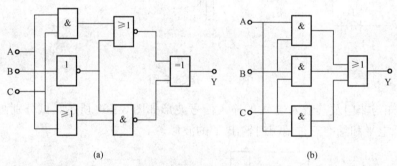

图 8-91　题 8.10 图

8.11　试分析图 8-92 所示电路的逻辑功能。

8.12　图 8-93 所示的两个电路是奇偶判断电路，其中判奇电路的功能是输入为奇数个 1 时，输出才为 1；判偶电路的功能是输入为偶数个 1 时，输出才为 1。试分析下面的哪个电路是判奇电路，哪个是判偶电路？

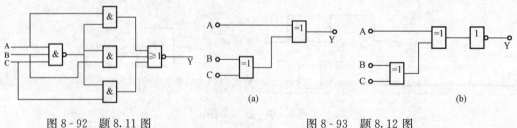

图 8-92　题 8.11 图　　　　　　　　图 8-93　题 8.12 图

8.13　图 8-94 所示是一个排队电路，对它的要求是当某个输入单独为 1 时，与该输入对应的输出也为 1。若有 2 个或 3 个输入为 1 时，则只能按 A、B、C 的排队次序，排在前面的这一对应的输出为 1，其余的只能为 0。请问该电路能否满足这一要求。

8.14 图 8-95 所示的逻辑电路是一个 1 位数值比较器,试具体分析其逻辑功能。

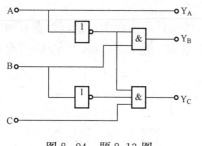

图 8-94 题 8.13 图

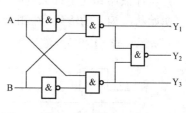

图 8-95 题 8.14 图

8.15 已知某组合逻辑电路的输入 A、B、C 及输出 Y 的波形如图 8-96 所示,试列出真值表,写出逻辑表达式。

8.16 某十字路口的交通管理灯需要一个报警电路,当红、黄、绿三种信号灯单独亮或者黄、绿灯同时亮时为正常情况,其他情况均属不正常。发生不正常情况时,输出端应输出高电平报警。试用与非门实现这一要求。

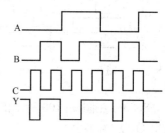

图 8-96 题 8.15 图

8.17 设计一个故障显示电路,要求:

(1) 两台电动机 A 和 B 正常工作时,绿灯 Y1 亮;

(2) A 或 B 发生故障时,黄灯 Y2 亮;

(3) A 和 B 都发生故障时,红灯 Y3 亮;

8.18 设计一个路灯控制电路,具体要求是当总电源开关闭合时,安装在三个不同地方的三个开关都能独立地控制灯的打开和熄灭;当总电源开关断开时,无论三个地方的开关是什么状态,路灯都不亮。

8.19 设计一个 4 人裁判表决电路,已知 4 人中有一个人是主裁判,其余 3 人是普通裁判,当主裁判同意时得两票,各个普通裁决同意时分别得 1 票,3 票以上表决通过。要求用与非门实现。

8.20 试用与非门组成半加器,用与或非门和非门组成全加器。

8.21 用译码器 74LS139 和 74LS138 及适当的逻辑门实现如下的逻辑函数:

(1) $Y = \overline{A}B + A\overline{B}$;

(2) $Y = \overline{A}B + \overline{A}C + ABC$;

(3) $Y = \overline{A}\,\overline{B}\,\overline{C} + A\overline{B}\,\overline{C} + AB\overline{C} + ABC$。

8.22 用集成数据选择器 74LS151 实现如下的逻辑函数:

(1) $Y = A\overline{B}\,\overline{C} + A\overline{B}C + \overline{A}\,\overline{B}C$;

(2) $Y = (A \odot B) \odot C$。

8.23 用 74LS48 和 LED 数码管设计一个 8 位数字显示系统 (5 位整数,3 位小数),要求具有熄灭有效数字前面和后面没有意义的 "0" 的功能。

8.24 为什么说门电路没有记忆功能,而触发器有记忆功能?

8.25 逻辑功能相同的触发器,触发方式是否相同?举例说明。

8.26 试比较电平触发、主从触发和边沿触发的特点。

8.27 图 8-51 所示的数码寄存器在存入数码时是否必须预先清零?

8.28　n位的二进制加法计数器，能计数的最大十进制数是多少？如果要计数的十进制数为100，需要几位二进制加法计数器？

8.29　异步计数器和同步计数器有何不同，二进制计数器和十进制计数器有何不同？

8.30　初始状态为0的输入为低电平有效的基本RS触发器，$\overline{R}_D$和$\overline{S}_D$端的输入信号波形如图8-97所示，求Q和$\overline{Q}$的波形。

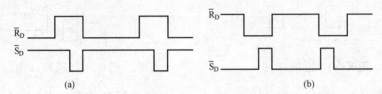

(a)　　　　　　　　　　(b)

图8-97　题8.30图

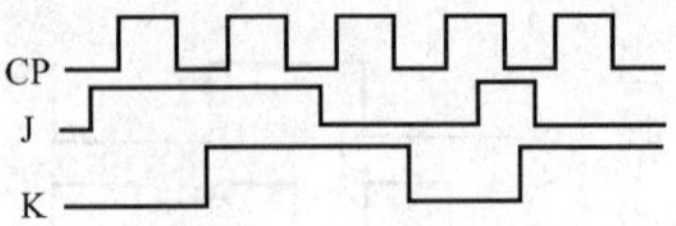

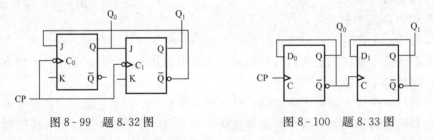

图8-98　题8.31图

8.31　JK触发器CP、J、K的波形如图8-98所示，试画出Q初值分别是0和1时的波形。

8.32　在图8-99所示的电路中，触发器的初态$Q_1Q_0=01$，则在第1个CP脉冲作用后，输出Q_1Q_0为多少？

8.33　在图8-100所示的电路中，触发器的初态$Q_1Q_0=00$，在第1个CP脉冲作用后，输出Q_1Q_0为多少？

图8-99　题8.32图　　　　　图8-100　题8.33图

8.34　已知图8-101（a）所示电路中各输入端的波形如图8-101（b）所示，工作前各触发器先置0，求Q_1、Q_2和Q_3的波形。

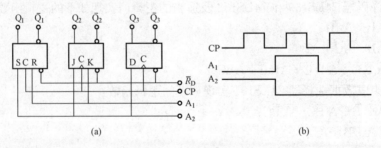

(a)　　　　　　　　　　(b)

图8-101　题8.34图

8.35　时序逻辑电路如图8-102所示，试分析输入X、Y与输出Q的逻辑关系，并说明它属于哪种触发器？

8.36　图8-103所示的时序逻辑电路，已知D触发器的初态为0，试画出在CP脉冲作用下输出F的波形。

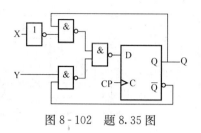

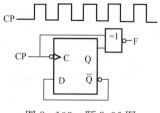

图 8-102　题 8.35 图　　　　　　　　图 8-103　题 8.36 图

8.37　在图 8-104（a）所示电路中，已知各触发器输入端的波形如图 8-104（b）所示。工作前各触发器先置 0，求 Q_1 和 Q_2 的波形。

8.38　时序逻辑电路如图 8-105 所示，触发器的初态 $Q_2Q_1Q_0 = 100$，在 CP 脉冲作用下，触发器的状态重复一次所需 CP 脉冲的个数为多少？

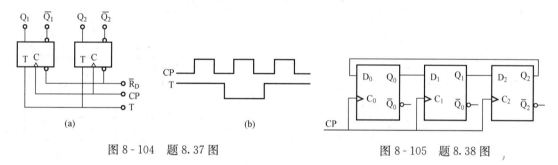

图 8-104　题 8.37 图　　　　　　　　图 8-105　题 8.38 图

8.39　在图 8-106（a）所示电路中，已知触发器输入端 D 和 CP 的波形如图（b）所示。工作前各触发器先置 0，求 Q_1 和 Q_2 的波形。

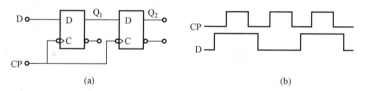

图 8-106　题 8.39 图

8.40　分析图 8-107 所示电路寄存数码的原理和过程，说明它是数码寄存器还是移位寄存器。

8.41　试分析图 8-108 所示电路是右移寄存器还是左移寄存器，设待存数码为 1001，画出 Q_4、Q_3、Q_2、Q_1 的波形，列出状态表。

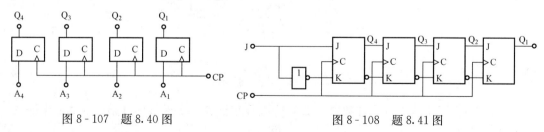

图 8-107　题 8.40 图　　　　　　　　图 8-108　题 8.41 图

8.42　图 8-109 所示电路是由两个 JK 触发器组成的时序逻辑电路，设开始时两个触发器的状态均为 0。

（1）写出两个触发器的翻转条件，画出 Q_2 和 Q_1 的波形；

（2）说明它是几进制计数器，是加法计数器还是减法计数器？是同步计数器还是异步计数器？

8.43　图 8-110 所示电路是一个十进制计数器。

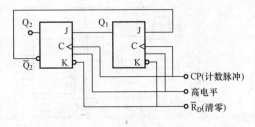

图 8-109　题 8.42 图

（1）写出各触发器的翻转条件，画出 Q_4、Q_3、Q_2、Q_1 的波形；

（2）判断是加法计数器还是减法计数器？是异步计数器还是同步计数器？

8.44　试分析图 8-111 所示电路，说明它是几进制计数器。

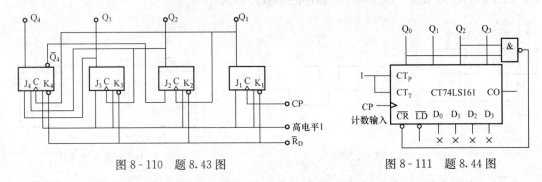

图 8-110　题 8.43 图　　　　　　　　　　图 8-111　题 8.44 图

8.45　试分析图 8-112 所示各电路，说明它是几进制计数器。

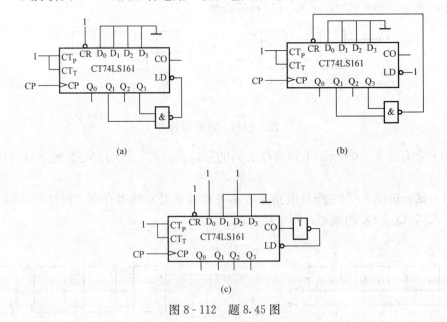

图 8-112　题 8.45 图

8.46　画出用 4 位二进制计数器 74LS161 按异步清零法实现下列进制计数器的电路图。

（1）六进制；

（2）十二进制；

（3）一百进制；

（4）BCD 十二进制。

8.47　画出用 4 位二进制计数器 74LS161 按同步置数法（分别用 CO 和 $Q_0 \sim Q_3$ 反馈到 $\overline{LD}$）实现下列进制计数器的电路图。

（1）十进制；

（2）十二进制。

8.48　画出图 8-113 所示的脉冲分配器的各 Q 端的波形图，设初值为 0。

8.49　画出用二—五—十进制异步计数器 74LS290 实现下列进制计数器的电路图。

（1）七进制；

（2）九进制。

8.50　256×4、1k×8 和 1M×1 的 RAM 各有多少根地址线和数据线？

8.51　用 EPROM2716 构成 4k×8 位的 EPROM，共需多少片？画出扩展的 EPROM 逻辑图。

8.52　试用 PLA 实现下列逻辑函数：

（1）$F_1 = A\overline{CD} + CD + ABD + \overline{A}BC$；

（2）$F_2 = A\overline{B}CF + \overline{BD} + \overline{B}EF$；

（3）$F_3 = ACF + \overline{B}EF + \overline{BD} + AC\overline{F}$。

8.53　分析图 8-114 所示 PAL 构成的逻辑电路，试写出输出和输入的逻辑关系式。

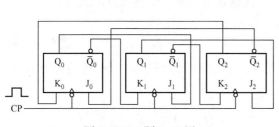

图 8-113　题 8.48 图

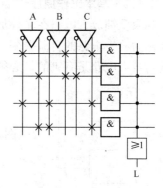

图 8-114　题 8.53 图

电工电子技术应用篇

第9章 信号发生器与变换电路

实际电路中广泛应用的信号波形，通常可由两种途径获得。其一是由振荡器直接产生，这种电路称信号发生器；其二是通过对周期信号整形得到，这种电路称波形变换器。振荡器和放大器一样，都是将直流电能转换为交流电能的转换装置，与放大器不同的是，它可以在无外加输入的情况下，能自动输出一定频率和幅度的信号波形。

信号发生器可分为正弦波和非正弦波两大类。正弦波发生电路广泛应用于通信、广播、电视等系统。而非正弦波（矩形波、三角波、锯齿波等）发生电路则广泛应用于测量仪器、数字系统及自动控制系统中。本章将讨论信号的发生及变换电路的原理及其典型电路。

9.1 正弦波振荡电路

9.1.1 基本工作原理

如果反馈放大电路在无外加输入信号的情况下，而有一定频率和幅度的信号输出，这种现象称为放大电路的自激振荡。产生的原因是系统存在着具有一定反馈深度的正反馈。自激振荡对放大电路是有害的，必须设法消除，而振荡电路正是要利用自激振荡。

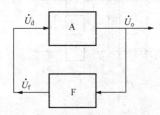

图 9-1 振荡电路原理框图

1. 振荡的条件

正弦波振荡电路是一个未加输入信号的正反馈闭环电路。其框图如图 9-1 所示。由图可知 $\dot{U}_f = \dot{U}_d$，二者比值应等于 1，即

$$\frac{\dot{U}_f}{\dot{U}_d} = \frac{\dot{U}_o}{\dot{U}_d} \times \frac{\dot{U}_f}{\dot{U}_o} = 1$$

即

$$AF = 1 \qquad\qquad (9-1)$$

式中：A、F 都是复数，即 $A = |A| \angle \varphi_a$、$F = |F| \angle \varphi_f$。

式（9-1）就是产生正弦波振荡的振荡条件。正弦波振荡条件可用幅度平衡条件和相位平衡条件来表示：

幅度平衡条件 $\qquad\qquad |AF| = 1 \qquad\qquad (9-2)$

相位平衡条件 $\qquad \varphi_a + \varphi_f = 2n\pi \,(n = 0, \pm 1, \pm 2, \cdots) \qquad (9-3)$

如果振荡电路在某一频率 f_0 上满足相位平衡条件，则电路就有可能振荡，此时 f_0 称为振荡频率。

2. 振荡建立与稳定

振荡器不需要外加输入信号不等于不要输入信号，振荡器是通过接通工作电源瞬间电路产生的扰动电压而获得输入信号的。通常扰动电压是频谱很宽而幅度很小的信号，振荡器从中挑选出满足相位平衡条件的频率分量进行放大，而其他频率分量因不满足相位条件而被滤

掉。在起振的过程中 $|AF|>1$，选中的频率分量经过放大—正反馈—再放大的循环放大，振荡幅度逐渐增大，但幅度不会无限增大，最终信号的幅度受到放大电路非线性的限制，即当幅度逐渐增大时，$|A|$ 将逐渐减小，最终使 $|AF|=1$ 达到幅度平衡条件，正弦波振荡器稳定输出。

振荡电路利用放大电路自身的非线性来达到稳幅目的的方式称为内稳幅。一般为改善输出波形，正弦波振荡电路通常也采用外接非线性元件组成稳幅电路达到稳幅。这种稳幅方式称为外稳幅。

3. 正弦波振荡电路的组成

从上述分析可知，正弦波振荡电路必须有三个基本环节，即放大电路、反馈环节和选频环节。为了稳定输出，反馈环节还需具有稳幅功能。选频环节通常由 R、C 元件，L、C 元件，或石英晶体组成，相应的振荡电路分别称为 RC 振荡电路、LC 振荡电路和石英晶体振荡电路。

9.1.2　RC 正弦波振荡电路

RC 正弦波振荡电路（又称文氏电桥振荡器）一般用于产生低频（几十千赫兹以下）信号。RC 正弦波振荡电路以 RC 串并联振荡电路最为常见，其电路如图 9-2 所示。

它由 RC 串并联电路作为选频环节和同相比例运算电路组成。振荡电路的输出电压 u_o 是 RC 选频环节的输入，输入电压 u_i 则是选频环节的输出。由 4.8 节可知该电路的谐振频率为

$$f = f_0 = \frac{1}{2\pi RC} \tag{9-4}$$

谐振时，u_o 和 u_i 同相，其反馈系数为

$$|F| = \frac{U_i}{U_o} = \frac{1}{3} \tag{9-5}$$

可见，当 $R_F=2R_1$ 时，有 $|A|=3$，$|AF|=1$。

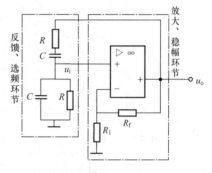

图 9-2　RC 振荡电路

起振时，使 $|AF|>1$，即 $|A|>3$ 或 $R_f=2R_1$。随着振荡幅度的增大，$|A|$ 将自动减小，直到满足 $|AF|=1$，振荡振幅达到稳定。在 RC 串并联振荡电路中，为了改善振荡信号，一般采用外稳幅电路。例如在图 9-2 所示的电路中，若 R_f 是一温度系数为负的热敏电阻，利用它的非线性可以自动稳幅。如起振时，由于 u_o 很小，流过 R_f 的电流也很小，发热少，阻值高，$R_f>2R_1$，即 $|AF|>1$。当 u_o 的幅度增大后，流过 R_f 的电流增大，R_f 因受热而降低其阻值，直到 $R_f=2R_1$ 时，振荡器稳定输出。

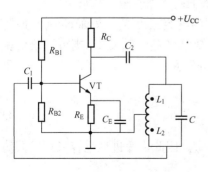

图 9-3　电感三点式振荡电路

9.1.3　LC 正弦波振荡电路

LC 正弦波振荡电路以 LC 谐振回路为选频网络，可产生频率高于 1GHz 的正弦波，由于 LC 谐振回路的品质因数高，故振荡频率的稳定性较好。LC 正弦波振荡电路常用分立元件组成，常见的形式有三点式和变压器反馈式两类，这里仅介绍三点式 LC 振荡电路。

1. 电感三点式振荡电路

图 9-3 所示为电感三点式振荡电路（又称 Hartly 振荡器）。振荡回路中的电感是中间带抽头的电感线圈，

抽头把电感线圈分成三端两部分，即 L_1 和 L_2 串联。电感线圈的三点分别和晶体管的三个电极相连。反馈量从 L_2 两端获得，这样能保证实现正反馈。反馈电压的大小可通过改变抽头的位置来调整。根据经验，通常选择反馈线圈 L_2 的匝数为整个线圈总匝数的 $1/8 \sim 1/4$。电感三点式振荡电路的振荡频率为

$$f_0 \approx \frac{1}{2\pi \sqrt{(L_1 + L_2 + 2M)C}} \tag{9-6}$$

式中：M 为线圈 L_1 与 L_2 之间的互感。

由式（9-6）可知，改变电容 C 可以调节振荡频率。但是，由于反馈量取自电感，若工作频率很高时，反馈电压中的高次谐波成分大，易产生高次谐波自激振荡，使输出波形失真。故该电路工作频率不宜太高，一般用于几十兆赫以下的振荡电路。

2. 电容三点式振荡电路

电容反馈式振荡电路如图 9-4 所示，它又称电容三点式振荡电路（又称 Colpitts 振荡电路）。反馈电压从 C_2 上取出，这样能保证实现正反馈。该电路的振荡频率近似等于 LC 回路的谐振频率，即

$$f_0 \approx \frac{1}{2\pi \sqrt{LC}} = \frac{1}{2\pi \sqrt{L \dfrac{C_1 C_2}{C_1 + C_2}}} \tag{9-7}$$

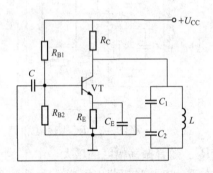
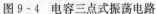
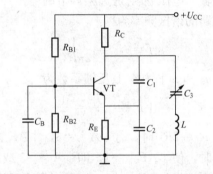

图 9-4　电容三点式振荡电路　　　　图 9-5　改进型电容三点式振荡电路

该电路的特点是输出波形较好，这是因为反馈电压取自电容，由于电容对于高次谐波阻抗很小，于是反馈电压中的高次谐波分量很小。

调节 f_0 要同时调节 C_1 和 C_2，并要保持 C_1 和 C_2 的比值不变，但同时会影响起振条件，因此这种电路适于产生固定频率的振荡器，频率可达 100MHz。

若要求频率 f_0 可调，有时采用图 9-5 所示的改进型的电容三点式（又称 clapp）振荡电路，该电路采用共基极接法，并在电感支路串了一个可变电容 C_3，改变 C_3 则可以改变振荡频率。选择 C_3 远小于 C_1 和 C_2，这样 C_1 和 C_2 主要起分压和反馈作用，而振荡频率主要由 L 和 C_3 决定，即频率为

$$f_0 \approx \frac{1}{2\pi \sqrt{LC_3}} \tag{9-8}$$

由于共基极电路的通频带要比共发射极电路的通频带宽，因此，改进型电容三点式振荡电路输出的正弦波频率可以很高，可达 1000MHz。

三点式 LC 电路的振荡频率严格讲不仅与 L、C 有关，还与晶体管的参数有关。而晶体

管的参数受温度的影响较大，所以，三点式 LC 电振荡器振荡频率的稳定度一般也很难突破 10^{-5} 数量级。当要求振荡频率的稳定度很高时，常采用石英晶体振荡器。

9.1.4　石英晶体振荡器

石英晶体谐振器是利用石英晶体作为选频元件的振荡电路。这种电路振荡频率的稳定度很高，有资料表明，石英晶体振荡电路的频率稳定度可达 $10^{-6} \sim 10^{-8}$，甚至达 $10^{-10} \sim 10^{-11}$ 数量级，所以它在要求频率稳定度高于 10^{-6} 以上的电子设备中得到了广泛的应用。

1. 石英晶体的特性及等效电路

（1）石英晶体的压电效应。石英晶体为 SiO_2 结晶体。若在石英晶体的两个电极间加一电场，晶片就会产生机械形变；反之，若在晶片的两侧加机械力，则在晶片相应的方向上产生电场，这种现象称为压电效应。若在晶体的两电极加交变电压，晶体就会产生机械振动，当外加交变电压的频率等于晶体的固有频率时，其振幅最大，这种现象称为压电谐振。晶体的固有（谐振）频率，取决于晶片的切割方式、几何形状和尺寸。因此，晶体的谐振频率十分稳定。

（2）石英晶体的符号和等效电路。石英晶体的符号和等效电路及特性曲线如图 9-6（a）、（b）和（c）所示。

当晶体不振动时，相当于一般电容器，用 C_0 表示，C_0 称晶体静态电容；晶体振动时，可用 RLC 串联谐振电路来表示，其中电感 L 模拟机械振动的惯性，电容 C 模拟晶片的弹性，电阻 R 模拟晶片振动时的摩擦损耗。由于晶片的等效电感 L 很大（$10^{-3} \sim 10^2 \mathrm{H}$），而电容 C 很小（$10^{-2} \sim 10^{-1} \mathrm{pF}$），回路的品质因数 Q 很大，可达

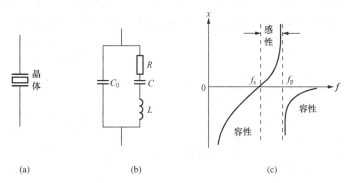

(a)　　　　　　　(b)　　　　　　　(c)

图 9-6　石英晶体振荡器

(a) 电路符号；(b) 等效电路；(c) 电抗—频率特性曲线

$10^4 \sim 10^6$。根据品质因数 Q 越大，频率的稳定度越高的特性，所以石英晶体的稳定度很高。

（3）石英晶体的电抗—频率特性。从石英晶体的等效电路可知，这个电路有两个谐振频率。当 L、C、R 支路串联谐振时，该支路的等效阻抗为纯电阻 R，其值很小。由于 C_0 很小（几个皮法～几十个皮法），其容抗与 R 相比很大，其分流作用可以忽略，此时石英晶体等效为一个很小的纯电阻 R，其串联谐振频率为

$$f_{\mathrm{s}} \approx \frac{1}{2\pi \sqrt{LC}} \tag{9-9}$$

当等效电路并联谐振时，石英晶体等效为一个很大的纯电阻。并联谐振频率为

$$f_{\mathrm{p}} \approx \frac{1}{2\pi \sqrt{L \dfrac{CC_0}{C+C_0}}} = f_{\mathrm{s}} \sqrt{1 + \frac{C}{C_0}} \tag{9-10}$$

由于 $C \ll C_0$，因此 f_{s} 和 f_{p} 两个频率非常接近。如果忽略石英晶体的等效电阻 R（即设 $R=0$）：则石英晶体在串联谐振时，其电抗为零；而在并联谐振时，为纯电阻且阻值为 ∞；

在 f_s 与 f_p 之间呈感性，在此区间之外呈容性。据此可画出石英晶体在 $R=0$ 时的电抗—频率特性，如图 9-6（c）所示。

2. 石英晶体振荡电路

石英晶体振荡电路形式多样，但可概括为两类基本电路，即串联型晶体振荡电路和并联型晶体振荡电路。前者石英晶体工作在串联谐振频率 f_s 处，利用阻抗为纯电阻且最小的特性来构成振荡电路；后者石英晶体工作在 f_s 和 f_p 之间，利用晶体作为电感与外接电容产生并联谐振来组成振荡电路。

（1）并联型晶体振荡电路。该电路如图 9-7 所示。此时石英晶体工作在 f_s 与 f_p 之间呈感性，构成电容三点式振荡电路。该电路的振荡频率为石英晶体和 C_1、C_2 组成的回路的并联谐振频率。一般 C_1、C_2、C_0 均远大于 C，且管子与回路间的耦合很小，电路振荡频率主要由 C 决定，因此谐振频率近似为

$$f_0 \approx \frac{1}{2\pi \sqrt{LC}} = f_s$$

由此可见，振荡频率基本上由晶体的固有频率 f_s 所决定，因此振荡频率稳定度很高。

（2）串联型晶体振荡电路。电路如图 9-8 所示。石英晶体接在正反馈回路中，当 $f = f_s$ 时，晶体产生串联谐振，呈电阻性，阻抗最小，正反馈最强，电路满足自激振荡条件。因此该电路振荡频率为 f_s，该电路具有很高的频率稳定度。

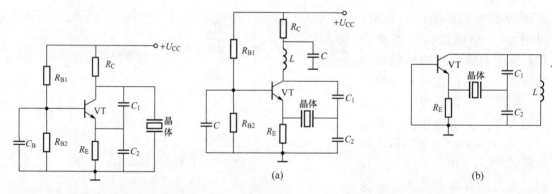

图 9-7　并联石英晶体振荡电路　　　　图 9-8　串联石英晶体振荡电路
（a）基本电路；（b）交流通路

9.2　555 定时器

555 定时器是一种多用途的数字—模拟混合集成电路，只要外接少量的阻容元件，就可以很方便地构成施密特触发器、单稳态触发器和多谐振荡器等应用电路。因而在信号的产生与变换、自动检测与控制、定时和报警、家用电器、电子玩具等诸多领域得到了广泛应用。

集成定时器根据内部器件类型可分为双极型和单极型两大类，而所有双极型产品，型号的最后 3 位数都是 555，所有 CMOS 型产品型号的最后 4 位数都是 7555，因此这类产品又称为 555 定时器。为了提高集成度，在一块芯片上集成两个定时器，称双定时器，型号分别为 556 和 7556。

9.2.1　555 集成电路的组成

图 9-9（a）、（b）所示分别为 555 定时器内部逻辑电路结构图和逻辑符号。对外有 8 个

引脚，各引脚的功能如图示。该电路由两个电压比较器 C1 和 C2、一个基本 RS 触发器、一个集电极开路的放电三极管 V 和三个 $5k\Omega$ 电阻构成的分压器组成。

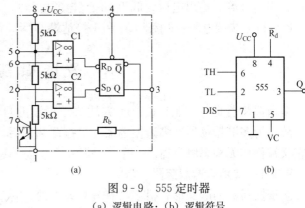

图 9-9　555 定时器
（a）逻辑电路；（b）逻辑符号

9.2.2　555 集成电路工作原理

当控制电压输入端悬空时，分压器为比较器提供参考电压。比较器 C1 的参考电压为 $2U_{CC}/3$，加在同相输入端；C2 的参考电压为 $U_{CC}/3$，加在反相输入端。对于比较器 C1 和 C2 的输入与输出关系为：

当 $u_+\geqslant u_-$ 时，输出 u_o 为高电平，即 "1" 态；

当 $u_+<u_-$ 时，输出 u_o 为低电平，即 "0" 态。

比较器的输出去触发基本 R—S 触发器，于是可得 555 定时器的逻辑功能表如表 9-1 所示。

表 9-1　　　　　　　　　　　　555 定时器的逻辑功能表

输　入			比较器输出	输　出	
$\overline{R}_d$	TH	TL	u_{C1}　u_{C2} $(\overline{R})$　$(\overline{S})$	放电管 V	Q
0	×	×	×	导通	0
1	$>\frac{2}{3}U_{CC}$	$>\frac{1}{3}U_{CC}$	0　1	导通	0
1	$<\frac{2}{3}U_{CC}$	$<\frac{1}{3}U_{CC}$	1　0	截止	1
1	$<\frac{2}{3}U_{CC}$	$>\frac{1}{3}U_{CC}$	1　1	不变	

各对外引脚的功能分别为：

2 端为低电平触发端（TL）：当输入电压高于 $U_{CC}/3$ 时，C2 的输出为 "1"；当输入电压低于 $U_{CC}/3$ 时，C2 的输出为 "0"，使基本 R—S 触发器置 "1"。

6 端为高电平触发端（TH）：当输入电压低于 $2U_{CC}/3$ 时，C1 的输出为 "1"；当输入电压高于 $2U_{CC}/3$ 时，C1 的输出为 "0"，使触发器置 "0"。

4 端为复位端（$\overline{R}_d$）：由此输入负脉冲（或使电位低于 0.7V），使触发器直接复位（置 "0"）。

5 端为电压控制端（VC）：可外加一电压来改变比较器的参考电压。不用时，经 $0.01\mu F$ 的电容接 "地"，以防止干扰的引入。

7 端为放电端（DIS）：当触发器的 $\overline{Q}$ 端为 "1" 时，放电晶体管 V 导通，外接电容元件通过 V 放电。

3 端为输出端（Q）：输出电流可达 200mA，因此可直接驱动继电器、发光二极管、扬声器、指示灯等。输出电压约低于 U_{CC}（电源电压）。

8 端和 1 端接电源：8 接 $+U_{CC}$ 和 1 接地端 GND，可在 5～18V 范围内使用。

9.3　多谐振荡器

多谐振荡器是一种能直接产生方波或矩形波的自激振荡器。由于方波中含有丰富的谐波，故称为多谐振荡器。多谐振荡器一旦振荡起来后，电路没有稳态，只有两个暂稳态，因此它又被称作无稳态触发器。

9.3.1　常用多谐振荡器

多谐振荡器的电路形式很多，有分立元件的，有门电路的，还有集成的多谐振荡器，下面介绍常用的几种。

1. 用集成运放构成多谐振荡器

图 9-10（a）、（b）所示为用集成运放构成的多谐振荡器及其工作波形。它由运放组成的滞回比较器和 RC 电路构成。其中滞回比较器起开关作用，RC 电路起延迟兼反馈作用。

设 $t=0$ 时，$u_C=0$，$u_o=+U_Z$，运放同相端对地的电压 U'_+ 为

$$U'_+ = \frac{U_Z R_1}{R_1 + R_2} = U_T \tag{9-11}$$

此时，$u_o=+U_Z$，通过 R 向 C 充电，u_C 呈指数规律增加。当 $t=t_1$、$u_C \geqslant U_T$ 时，u_o 跳变为 $-U_Z$，这时运放同相端对地电压 U''_+ 为

$$U''_+ = -\frac{U_Z R_1}{R_1 + R_2} = -U_T \tag{9-12}$$

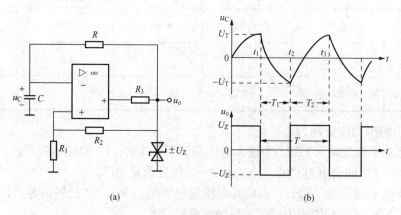

图 9-10　用集成运放构成多谐振荡器
(a) 逻辑电路；(b) 工作波形

此时，由于 $u_o=-U_Z$，因此电容 C 放电，u_C 呈指数规律减小。当 $t=t_2$，$u_C \leqslant -U_T$ 时，u_o 跳变为 $+U_Z$，接着电容 C 又被充电。如此周而复始即可得到幅值为 U_Z 的矩形波。把 $t_2 \sim t_3$ 称第一暂稳态，$t_1 \sim t_2$ 称第二暂稳态。

在放电时间 $t_1 \sim t_2$ 期间，电容 C 放电，放电时间常数 $\tau_1=RC$，u_C 的起始值 $u_C(0^+)=U_T$，终了值 $u_C(\infty)=-U_Z$。根据此三要素法求得电容 C 放电到 $-U_T$ 的时间为

$$t_{\mathrm{pL}} = \tau_1 \ln \frac{u_C(\infty) - u_C(0^+)}{u_C(\infty) + U_T} = RC\ln \frac{-U_Z - \dfrac{R_1}{R_1 + R_2}U_Z}{-U_Z + \dfrac{R_1}{R_1 + R_2}U_Z}$$

$$= RC\ln\left(1 + \frac{2R_1}{R_2}\right) \tag{9-13}$$

在充电时间 $t_2 \sim t_3$ 期间，电容 C 充电，充电时间常数 $\tau_2 = RC$，u_C 的起始值 $u_C(0^+) = -U_T$，u_C 的终了值 $u_C(\infty) = U_Z$。仿照式（9-13）求得电容 C 充电到 U_T 的时间为

$$t_{\mathrm{pH}} = RC\ln\left(1 + \frac{2R_1}{R_2}\right) \tag{9-14}$$

由此可得，该电路的周期为

$$T = t_{\mathrm{pL}} + t_{\mathrm{pH}} = 2RC\ln\left(1 + \frac{2R_1}{R_2}\right) \tag{9-15}$$

相应的振荡频率为

$$f = \frac{1}{T} = \frac{1}{2RC\ln(1 + 2R_1/R_2)} \tag{9-16}$$

输出波形的占空比为

$$D = \frac{t_{\mathrm{pH}}}{t_{\mathrm{pL}} + t_{\mathrm{pH}}} \tag{9-17}$$

由以上分析可知，充放电时间分别与充放电时间常数成正比。由于该电路的充放电时间常数相等，因而充放电时间相等，从而得到占空比固定为 50% 的矩形波。这种矩形波也称为方波。

2. 用 555 定时器构成多谐振荡器

由 555 定时器构成的多谐振荡器电路如图 9-11（a）所示，在这个电路中，定时元件除电容 C 外，还有两个电阻 R_A 和 R_B。

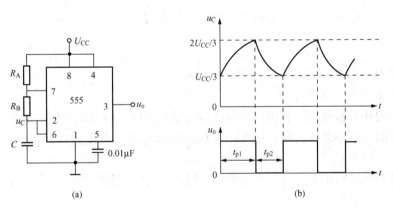

图 9-11 用 555 定时器构成多谐振荡器

(a) 逻辑电路；(b) 工作波形

接通电源 U_{CC} 后，它经电阻 R_A 和 R_B 对电容 C 充电，当 u_C 上升略高于 $2U_{CC}/3$ 时，比较器 C1（见图 9-9）输出为 "0"，将触发器置 "0"，u_o 为 "0"。这时 $\overline{Q}=1$，放电管 V（见图 9-9）导通，电容 C 通过 R_B 和 V 放电，u_C 下降。当 u_C 下降略低于 $U_{CC}/3$ 时，比较器 C2 的输出为 "0"，将触发器置 "1"，u_o 又由 "0" 变为 "1"。由于 $\overline{Q}=0$，放电管 V 截止，U_{CC}

又经 R_A 和 R_B 对电容 C 充电。如此重复上述过程，得到连续的矩形波 u_o，如图 9 - 11（b）所示。

第一个暂稳态的脉冲宽度 t_{p1}，即 u_C 从 $U_{CC}/3$ 充电上升到 $2U_{CC}/3$ 所需的时间为 $t_{p1} \approx (R_A + R_B)Cln2 = 0.7(R_A + R_B)C$；第二个暂稳态的脉冲宽度 t_{p2}，即从 $2U_{CC}/3$ 放电下降到 $U_{CC}/3$ 所需的时间为 $t_{p2} \approx R_B Cln2 = 0.7R_B C$。

因此，振荡周期为

$$T = t_{p1} + t_{p2} \approx 0.7(R_A + 2R_B)C \tag{9 - 18}$$

振荡频率为

$$f = \frac{1}{T} = \frac{1.43}{(R_A + 2R_B)C} \tag{9 - 19}$$

输出波形的占空比为

$$D = \frac{t_{p1}}{t_{p1} + t_{p2}} = \frac{R_A + R_B}{R_A + 2R_B} \tag{9 - 20}$$

如果要得到占空比可调而振荡频率不变的矩形波，应使电容的充放电时间常数不等且可调，而充放电时间常数之和不变。

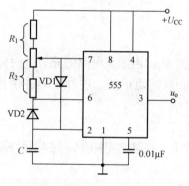

图 9 - 12　［例 9 - 1］图

【例 9 - 1】　试用 555 定时器设计一个占空比可调的多谐振荡器。电路的振荡频率为 10kHz，占空比 $D = 0.2$。若取电容 $C = 0.01\mu F$，试确定电阻的阻值。

解　由 555 组成的多谐振荡电路如图 9 - 12 所示，利用 VD1 和 VD2 两只二极管将电容 C 的充放电电路分开，即可实现多谐振荡器输出脉冲的占空比可调。由于振荡频率为

$$f = \frac{1}{T} = \frac{1.43}{(R_1 + R_2)C} = 10 \times 10^3 (Hz)$$

输出波形的占空比为

$$D = \frac{t_{p1}}{t_{p1} + t_{p2}} = \frac{R_1}{R_1 + R_2} = 0.2$$

由以上两式得 $R_1 = 2.86$（kΩ），$R_2 = 11.44$（kΩ）。

3. 用门电路构成多谐振荡器

（1）基本的环形振荡器。利用门电路的传输延迟时间，将奇数个门电路首尾相接，便构成一个最简单的环形多谐振荡器。图 9 - 13（a）所示电路是由 TTL 门电路组成的环形振荡器。其工作原理如下：

设某一时刻电路输出 $u_{o3} = 1$（高电平），经过 1 个传输延迟时间 t_{pd} 后，$u_{o1} = 0$（低电平）经过 2 个传输延迟时间 t_{pd} 后，$u_{o2} = 1$（高电平），经过 3 个传输延迟时间 t_{pd} 后，$u_{o3} = 0$（低电平），u_{o3} 的状态反馈到 G_1 门的输入端，经过 1 个传输延迟时间 t_{pd} 后，$u_{o1} = 1$、$0 \cdots$ 如此自动反复，于是在输出端便得到连续的方波，且周期为 $6t_{pd}$ 其工作波

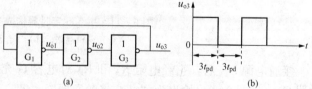

图 9 - 13　基本的环形振荡器

（a）逻辑电路；（b）工作波形

形如图 9 - 13 （b） 所示。

对于 n （n 为奇数） 个非门组成的环形振荡器，其周期 $T = 2nt_{pd}$。

（2）RC 环形振荡器。基本的环形振荡器电路振荡频率很高，且频率不可调。为了克服这些缺点，通常在环路中串接 RC 延时环节，组成 RC 环形振荡器，如图 9 - 14 （a） 所示。R 和 C 组成延时环节，R_s 为限流电阻，约为 100Ω。分析时 R_s 上的压降可忽略。

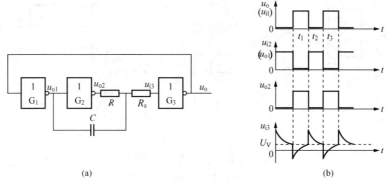

图 9 - 14　RC 环形振荡器

（a）逻辑电路；（b）工作波形

在第一个暂态（$t_1 \sim t_2$） 期间，$t = t_1$ 时，设 $u_{i1}(u_o)$ 由 "0" 变为 "1"，于是 $u_{o1}(u_{i2})$ 由 "1" 变为 "0"，u_{o2} 由 "0" 变为 "1"。由于电容电压不能跃变，故 u_{i3} 必定跟随 u_{i2} 发生负跳变。这个低电平保持 u_o 为 "1"，维持已进入的暂稳状态。

在这个暂态期间，u_{o2}（高电平）通过电阻 R 对 C 充电，并使 u_{i3} 逐渐上升。在 t_2 时，u_{o3} 上升到门电路的门槛电压 U_V（TTL 约为 1.4V），使 $u_o(u_{i1})$ 由 "1" 变为 "0"、u_{o1} （u_{i2}） 由 "0" 变为 "1"、u_{o2} 由 "1" 变为 "0"。同样由于电容电压不能跃变，u_{i3} 跟随 u_{i2} 发生正跳变。这个高电平保持 u_o 为 "0"。第一个暂态结束，进入第二个暂态。

在第二个暂态（$t_2 \sim t_3$） 期间，$t = t_2$ 时，u_{o2} 变为低电平，电容 C 开始放电。随着放电的进行，u_{i3} 逐渐下降。在 t_3 时刻，u_{i3} 下降到 U_V，使 $u_o(u_{i1})$ 又由 "0" 变为 "1"，第二个暂稳状态结束，返回第一个暂稳状态。又开始重复前面的过程。

由上述可知，造成触发器自动翻转的原因是电容 C 的充放电。由于充放电的时间常数不同，故两个暂稳状态的脉冲宽度也不同。经估算，振荡周期

$$T \approx 2.2RC \qquad (9 - 21)$$

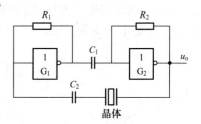

图 9 - 15　石英晶体振荡器

（3）石英晶体振荡器。与正弦波振荡电路一样，要得到频率稳定度高的矩形波可采用石英晶体振荡器，如图 9 - 15 所示。由石英晶体的频率特性可知，仅当在其串联谐振频率 f_s 处，它的阻抗为纯电阻，图中的两个门构成了正反馈，产生振荡，振荡频率等于 f_s，与电路中的 R、C 无关。R_1、R_2 用以确定反相器的静态工作点，C_2 起频率微调。

9.3.2　多谐振荡器的应用

1. 非正弦信号发生器

（1）矩形波发生器。多谐振荡器常用来直接产生方波或矩形波，故多谐振荡器也称为矩

形波发生器。多谐振荡器除直接产生方波或矩形波外，还可以通过对矩形波进行变换而得到三角波和锯齿波。

（2）三角波发生器。三角波可通过对方波积分得到，因此三角波信号发生器可在矩形波发生器的基础上加上一个积分电路得到，电路如图 9-16（a）所示。

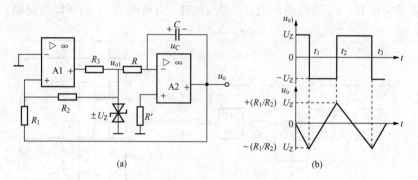

图 9-16　三角波信号发生器
（a）逻辑电路；（b）工作波形

设 $t=0$ 时，$u_C=0$，$u_{o1}=+U_Z$，则 $u_o=-u_C=0$。运放 A1 的同相端对地电压为

$$U_+ = \frac{U_Z R_1}{R_1 + R_2} + \frac{u_o R_2}{R_1 + R_2} \tag{9-22}$$

此时，u_{o1} 通过 R 向 C 恒流充电，u_C 线性上升，u_o 线性下降，U_+ 下降。当 U_+ 下降到略小于 0 时，A1 翻转，u_{o1} 跳变为 $-U_Z$，见图 9-16（b）中 $t=t_1$ 时刻波形。根据式（9-22）可知，此时 u_o 略小于 $-U_Z(R_1/R_2)$。

在 $t=t_1$ 时，$u_C=-u_o=U_Z(R_1/R_2)$，$u_{o1}=-U_Z$，运放 A1 的同相端对地电压为

$$U'_+ = -\frac{U_Z R_1}{R_1 + R_2} + \frac{u_o R_2}{R_1 + R_2} \tag{9-23}$$

此时，电容 C 恒流放电，u_C 线性下降，u_o 线性上升，U'_+ 也上升。当 U'_+ 上升到略大于 0 时，A1 翻转，u_{o1} 跳变为 U_Z，见图 9-16（b）中 $t=t_2$ 时刻波形。根据式（9-22）可知，此时 u_o 略大于 $U_Z(R_1/R_2)$，如此周而复始，就可在 u_o 端输出幅度为 $U_Z(R_1/R_2)$ 的三角波。同时在 u_{o1} 端得到幅度为 U_Z 的方波。$t_1 \sim t_2$ 期间，电容 C 恒流放电，放电电流 $i_C=-U_Z/R$，电容 C 上的电压变化量 $\Delta u_C=-2U_Z(R_1/R_2)$，得放电时间 t_{pL} 为

$$t_{pL} = \frac{C\Delta u_C}{i_C} = \frac{C\left(-\dfrac{2R_1}{R_2}U_Z\right)}{-\dfrac{U_Z}{R}} = 2RC\frac{R_1}{R_2} \tag{9-24}$$

$t_2 \sim t_3$ 期间，电容 C 恒流充电，同理得充电时间 $t_{pH}=2RC(R_1/R_2)$。

故该电路的振荡周期为

$$T = t_{pL} + t_{pH} = 4RC\frac{R_1}{R_2} \tag{9-25}$$

电路的振荡频率为

$$f = \frac{R_2}{4RCR_1} \tag{9-26}$$

（3）锯齿波信号发生器。锯齿波信号与三角波信号相比的不同点在于：锯齿波的上升时

间与下降时间不同，一般下降时间远小于上升时间。因此只需在图 9-16（a）所示的三角波发生器电路上作些改进，使电容 C 的充电电阻远小于放电电阻，就可得到下降时间远小于上升时间的锯齿波信号。图 9-17（a）为锯齿波信号发生器电路。由图可见，该电路充电电阻为 $R//R_4$，放电电阻为 R。只要 R_4 远小于 R，就可得到图 9-17（b）的电路工作波形。该电路的振荡周期和频率的分析与三角波发生器类似。

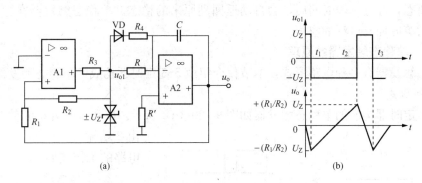

图 9-17　锯齿波信号发生器

（a）逻辑电路；（b）工作波形

2. 其他应用举例

【例 9-2】　试分析图 9-18 所示"叮咚"门铃电路的工作原理。

解　图中 555 接成多谐振荡器，当按钮 SB 断开时，电容 C_1 未被充电，4 端处于低电平，555 复位，扬声器不发声。当 SB 闭合时，U_{CC} 通过 VD1 给 C_1 快速充电，当 4 端达到高电平时，555 开始振荡，振荡的充电时间常数是 $(R_3+R_4)C_2$、放电时间常数是 R_4C_2，扬声器发出叮叮声音。松开 SB 时，电容 C_1 经 R_1 缓慢放电，只要 4 端处于高电平，555 就维持振荡，但充电电路串入了 R_2 使振荡频率降低，扬声器发出"咚咚"声音。直到 C_1 放电到低电平，555 停止振荡。

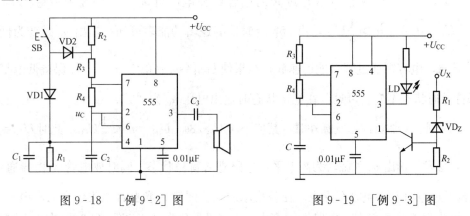

图 9-18　[例 9-2] 图　　　　图 9-19　[例 9-3] 图

【例 9-3】　图 9-19 是由 555 定时器组成的过电压监视电路，试说明其工作原理。

解　当监视电压 U_X 超过一定数值时，晶体管就饱和导通，使 555 的管脚 1 近似接地，于是 555 成为多谐振荡器而产生振荡方波，由引脚 3 输出，使发光二极管 LD 闪亮，发出过电压报警信号。

9.4　单 稳 态 触 发 器

单稳态触发器是一种常用的脉冲单元电路。单稳态触发器只有 1 个稳态，在没有外加触发脉冲作用时，电路将保持这个稳态不变；在外加触发脉冲作用后，电路会由稳态转到另一状态——暂态，经过一段时间后，会自动返回到原来的稳态。单稳态触发器在脉冲的整形、定时及延时等方面有广泛的应用。

9.4.1　单稳态触发器的原理

单稳态触发器有多种电路形式，本节仅介绍由 555 定时器构成的单稳态触发器。

1. 电路形式

用 555 定时器构成的单稳态触发器如图 9-20（a）所示。R 和 C 是外接元件，触发脉冲由 2 端输入。图 9-20（b）是该电路的工作波形。

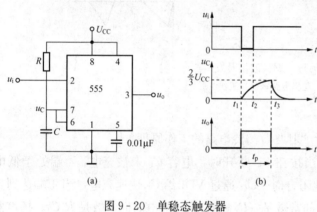

图 9-20　单稳态触发器
(a) 逻辑电路；(b) 工作波形

2. 工作原理

当未加触发脉冲时，u_i 为高电平（其值大于 $U_{CC}/3$），此时触发器处于稳定状态，究竟 u_o 是"1"还是"0"，可从以下两种情况来分析。

如果 $u_o = 0$，则 V［参见图 9-9（a）］饱和导通，$U_{TH} = u_C = 0 < \frac{2}{3} U_{CC}$，$U_{TL} = u_i > \frac{1}{3} U_{CC}$，由 555 定时器的逻辑功能表可知，触发器的状态保持不变。

如果 $u_o = 1$，则 V 截止，U_{CC} 通过 R 对电容 C 充电，当 u_C 上升略高于 $2U_{CC}/3$ 时，$U_{TH} = u_C > \frac{2}{3} U_{CC}$，$U_{TL} = u_i > \frac{1}{3} U_{CC}$，由 555 定时器的逻辑功能表可知，输出 u_o 跳变为低电平，此后 V 导通，电容则通过管对地迅速放，结果使 $U_{TH} = u_C = 0 < \frac{2}{3} U_{CC}$，$u_o$ 保持低电平不变，V 也保持导通状态不变。可见，在稳定状态时输出电压 u_o 为"0"。

在 t_1 时刻，u_i 加负向触发脉冲时（其值小于 $U_{CC}/3$），$U_{TL} = u_i < \frac{1}{3} U_{CC}$，此时 $U_{TH} = u_C = 0 < \frac{2}{3} U_{CC}$，触发器输出 u_o 就翻转为高电平，电路进入暂稳状态。同时放电管 V 由导通变为截止，电源通过电阻 R 对电容 C 充电。在暂稳态期间，即使 u_i 负脉冲消失，变为高电平（如 t_2 时刻），输出仍维持暂稳态，电路继续充电。当 u_C 上升略高于 $2U_{CC}/3$ 时（在 t_3 时刻），此时 $U_{TH} = u_C > \frac{2}{3} U_{CC}$，$U_{TL} = u_i > \frac{1}{3} U_{CC}$，所以触发器的输出 u_o 翻回到低电平，并维持在这一稳定状态。

输出的矩形脉冲宽度（暂稳状态持续时间）为

$$t_{\mathrm{P}} = RC\ln 3 = 1.1 RC \tag{9-27}$$

9.4.2　单稳态触发器的应用

单稳态触发器主要用于整形、定时和延时。因为任何外来波形只要能使单稳态触发器触发翻转，它就能输出一个定宽、定幅且边沿陡峭的矩形脉冲，即起到整形作用。如果用单稳态触发器的输出脉冲去控制某一电路，使该电路在 t_{p} 的时间内工作（或停止），就可以实现定时控制。单稳态触发器的波形整形示例如图 9-21 所示。

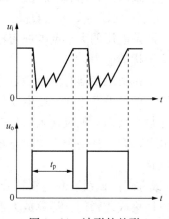

图 9-21　波形的整形

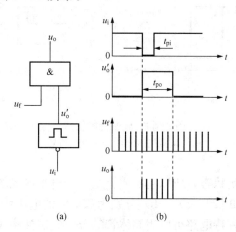

图 9-22　脉冲波形定时
（a）逻辑电路；（b）波形图

单稳态触发器脉冲波形的定时示例如图 9-22 所示。它是利用单稳态触发器输出的正脉冲去控制一个与门，在 t_{po} 这段时间内能让频率很高的 u_{f} 脉冲信号通过。否则，u_{f} 就会被单稳输出的低电平所禁止。

【例 9-4】　图 9-23 是一个简单的具有自动关断功能的微型照明电路，试说明其工作原理。

解　图中 555 定时器和 R_1 和 C_1 一起构成单稳态触发器。亮灯时间由定时元件 R_1 和 C_1 所选参数而定，图示所给参数约 4min 的延时。Z 为触摸按钮，VT 为驱动管，HW 为白炽灯，电阻 R_3 和 R_2 分别用作触发脚和复位脚的工作电阻。

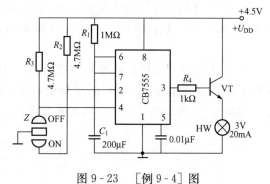

图 9-23　[例 9-4] 图

电路工作过程如下：要灯亮时，触摸一下 ON 端与地端，使单稳态触发器的触发端 2 获得一个负向触发脉冲，输出翻转成高电平，通过 R_4 和驱动管 VT 产生一个合适的电流使白炽灯 HW 发亮，经 4min 左右的延时后，输出回到低电平，灯熄灭。灯亮后，只要触摸 OFF 端与地端，单稳态触发器复位，而灯立即熄灭。

9.5　施密特触发器

施密特触发器不同于前述的各类触发器，它属于电平触发，对于缓慢变化的信号仍然适用，当输入信号达到某一定电压值时，输出电压发生突变。

9.5.1 施密特电路（滞回比较器）

凡输出和输入信号电压具有滞回电压传输特性的电路均称为施密特触发器。其传输特性和逻辑符号如图 9-24 所示。

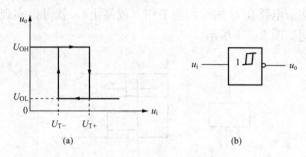

图 9-24 施密特触发器
(a) 电压传输特性；(b) 逻辑符号

施密特触发器的上、下限触发电平之差，称为电路的回差电压，也称为滞后电压或回差，用 ΔU 表示，即

$$\Delta U = U_{T+} - U_{T-} \qquad (9-28)$$

回差电压的大小反映施密特触发器消除干扰的能力。

施密特触发器有两个稳定状态。如果输入信号电平不变，则电路将一直稳定在某个状态；如果输入信号变化到某一电平，它将从一个稳定状态转变到另一个稳定状态，所以它实质上是一个电平触发的双稳态电路。

图 9-24 (a)、(b) 分别为该电路的电压传输特性（或称迟滞回线）和逻辑符号。

施密特电路可以用晶体管等分立元器件构成，也可以用集成逻辑门、运算放大器以及其他通用集成电路构成。本节主要介绍用集成逻辑门和集成定时器构成的施密特触发器。

1. 门电路构成的施密特触发器

图 9-25 (a) 电路是一种由门电路构成的施密特触发器。两级"非"门经电阻 R_2 进行正反馈，电阻 R_1 使输入信号综合起来。二极管 VD1、VD2 起限幅作用，防止过大的输入电压损坏门电路。该电路工作波形如图 9-25 (b) 所示。

当 u_i 增高到 U_{T+} 使门 1 的输入 u_{i1} 达到阈值电压 U_T 时，门 2 的输出对地电位变高，通过 R_2 的正反馈，使门 1 的输入电位变得更高，从而使 u_o 迅速变为高电平。称 U_{T+} 为接通电位。

当 u_i 下降到 U_{T+} 时，由于 u_o 为高电平，它通过 R_2 反馈回来，使 u_{i1} 仍大于 U_T。仅当 u_i 继续下降，直到降至 U_{T-} 时，u_{i1} 将降至 U_T，这时电路的状态发生翻转，门 1 截止，门 2 导通，输出 u_o 变为低电平，称 U_{T-} 为断开电位。

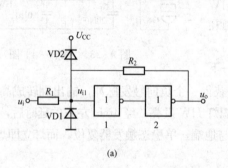
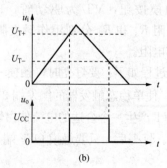

图 9-25 门电路构成的施密特触发器
(a) 逻辑电路；(b) 工作波形

2. 由 555 定时器构成的施密特触发器

由 555 定时器构成的施密特触发器如图 9 - 26（a）所示，将高电平触发端和低电平触发端并联到一起，作为触发电平的输入端，由输出端（3 脚）或放电输出端（7 脚）加上电阻 R 和电源 U_{DD} 输出。由放电输出端输出的信号高电平可由电源 U_{DD} 加以调节，来满足不同负载的要求。

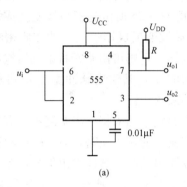
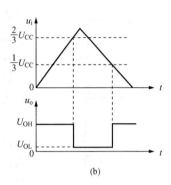

图 9 - 26　用 555 定时器构成的施密特触发器
(a) 逻辑电路；(b) 工作波形

设在施密特触发器的输入端输入如图 9 - 26（b）所示的三角波信号 u_i，其输出 u_o 为矩形波。其工作过程如下：

当 u_i 由 0V 逐渐上升，但一直小于 $U_{CC}/3$ 时，即 $U_{TH} = U_{TL} = u_i < U_{CC}/3$，由 555 定时器的逻辑功能表可知，V 截止，输出 u_{o1} 和 u_{o2} 为高电平。

当 $U_{CC}/3 \leqslant u_i < 2U_{CC}/3$ 时，$U_{TH} = U_{TL} = u_i < 2U_{CC}/3$，V 截止，输出 u_{o1} 及 u_{o2} 仍为高电平。u_i 继续上升，一旦 $u_i \geqslant 2U_{CC}/3$，$U_{TH} = U_{TL} = u_i > 2U_{CC}/3$，V 导通，输出 u_{o1} 及 u_{o2} 由高电平跳变为低电平。

u_i 若由 U_{CC} 开始作负增长，只要未降到 $U_{CC}/3$ 以下，$U_{TH} = U_{TL} = u_i > U_{CC}/3$，输出 u_{o1} 及 u_{o2} 仍保持低电平。

u_i 再继续下降，即 $u_i < U_{CC}/3$，$U_{TH} = U_{TL} = u_i < U_{CC}/3$，输出 u_{o1} 及 u_{o2} 保持高电平不变。输出 u_o 波形如图 9 - 26（b）所示。

不难看出图 9 - 26（a）电路中，接通电平 $U_{T+} = 2U_{CC}/3$，断开电平 $U_{T-} = U_{CC}/3$，它的回差 $\Delta U = U_{T+} - U_{T-} = U_{CC}/3$。

如果在控制端（5 脚）外加电压 U_X，则比较器 C1 和 C2 的参考电压，就分别变成 U_X 和 $U_X/2$，这个施密特触发器的接通电平 $U_{T+} = U_X/2$、断开电平 $U_{T-} = U_X$、回差 $\Delta U = U_X/2$，也就是说回差 ΔU 随控制端 U_X 的输入电压变化而变化。

9.5.2　施密特触发器的应用

利用施密特触发器的上述特点，不仅可以将边沿变化缓慢的信号波形，整形为边沿陡峭的矩形波，而且可以将叠加于矩形脉冲信号高、低电平上的噪声有效的清除。

（1）波形整形。在数字系统中，某些装置的输出信号可能是不规则的波形。例如将图 9 - 27 所示的 u_i，接在施密特电路的输入端，如果电路的回差较小，即回差电位为 $U_{T+} - U_{1-}$ 时，输出为 u_{o1}。若输入波形顶部的脉动是由干扰引起的，则显然干扰造成了不良后果，输出信号变成了三个脉冲。如果适当增加电路的回差，即回差电位为 $U_{T+} - U_{2-}$ 时，

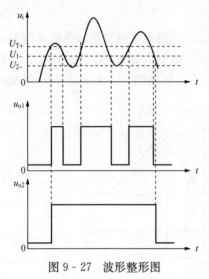

图 9-27 波形整形图

输出波形则会如 u_{o2} 所示，实现了整形作用。在这种应用场合，可以通过适当增加回差，提高电路的抗干扰能力。

（2）波形变换。利用施密特触发器可把边沿变化缓慢的周期性信号，如正弦波或三角波等变换成边沿很陡的矩形波。如图 9-26 所示为三角波变换成矩形波，图 9-28 为将正弦波变换成矩形波，即在施密特触发器的输入端加正弦波 u_i，则可由施密特触发器输出端得到相同频率的矩形波 u_o，其输出脉冲宽度 t_{po} 可通过调节回差 ΔU 的大小来调节。

（3）幅度鉴别。如果将一串幅度不相等的脉冲信号加到施密特触发器的输入端时，只有那些幅度大于 U_{T+} 的脉冲才会在输出端产生脉冲输出信号，图 9-29 所示为幅度鉴别图。可见，施密特触发器能将幅度大于 U_{T+} 的脉冲选出，可达到幅度鉴别的目的。

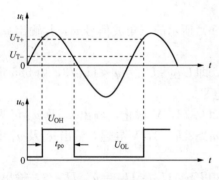

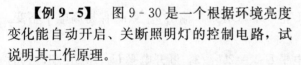

图 9-28 波形变换

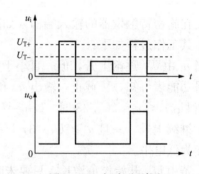

图 9-29 幅度鉴别图

【例 9-5】 图 9-30 是一个根据环境亮度变化能自动开启、关断照明灯的控制电路，试说明其工作原理。

解 电路中 555 定时构成施密特触发器，LDR1 为硫化镉光敏电阻，用作亮度传感，光敏电阻的阻值与光照强度成反比，即亮度越亮阻值越小。RP 为可调电阻，用来调节灵敏度。M 为电磁继电器，它由线圈和动断触点组成，当线圈一有电流流过时，触点就动作即断开，因

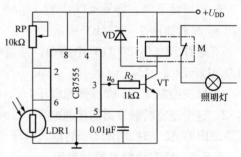

图 9-30 ［例 9-5］图

该触点串在照明回路，触点一断开，灯就熄灭。VD 为续流二极管。电路的工作过程为：当光线亮度下降到 RP 设定的强度以下时，LDR1 阻值增大，导致 555 的 2、6 脚的电压上升。当该电压上升到 $\frac{2}{3}U_{DD}$ 时，u_o 输出低电平，V 截止，M 的线圈无电流，触点 M 闭合，照明灯发光。当光线亮度增强时，光敏电阻的阻值减小，其电压降低，若降低到低于 $\frac{1}{3}U_{DD}$ 时，

则 u_o 输出高电平，V 导通，M 的线圈通电流，触点 M 断开，照明灯熄灭。

习　　题

9.1　图 9-31 是一个三角波发生电路，为了实现以下的几种不同的要求，u_R 和 u_S 应作哪些调整？

（1）u_{o1} 端输出对称矩形波，u_o 端输出对称三角波；

（2）对称的矩形波以及三角波的电平可以移动（例如使波形上移）；

（3）输出矩形波的占空比可以改变（例如占比空减少）。

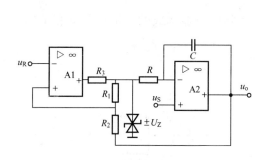 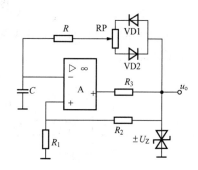

　　图 9-31　题 9.1 图　　　　　　　　　图 9-32　题 9.2 图

9.2　试证明：在图 9-32 所示的电路中，调节 RP 改变输出波形的占空比时周期 T 保持不变。设 A 为理想运算放大器，VD1、VD2 为理想二极管，稳压管的稳定电压值为 $\pm U_Z$。

9.3　已知电路如图 9-33 所示，试分析其工作原理。

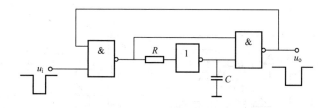

图 9-33　题 9.3 图

9.4　图 9-34 所示为 TTL 与非门构成的微分型单稳态电路。当输入 u_i 为 100Hz 方波时，试画出在此信号作用下 a、b、d、e 各点的波形及 u_o 的波形。

9.5　图 9-35 是两个 TTL 多谐振荡器，试分析其工作原理并画出 u_{i1}、u_{i2}、u_{o1} 和 u_{o2} 的波形。图中 R_1、R_2 均小于 R_{off}。

9.6　试用 555 时基电路构成一个频率为 50kHz 的脉冲信号发生器，画出其接线图并求出 R、C 的数值。

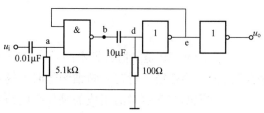

图 9-34　题 9.4 图

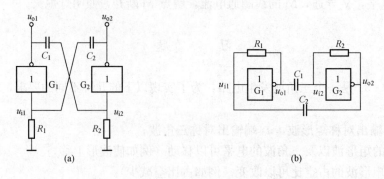

图 9 - 35　题 9.5 图

9.7　图 9 - 36 中两图依次是用 CMOS 施密特触发器构成的多谐振荡器和单稳态电路，试分析其工作原理。

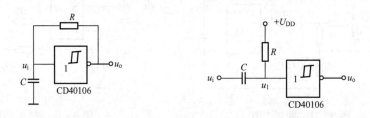

图 9 - 36　题 9.7 图

9.8　试分析图 9 - 37 所示温度控制电路的工作原理。

9.9　图 9 - 38 是由 555 定时器组成的门铃电路，试分析其工作原理，并说明 C_3 的作用。

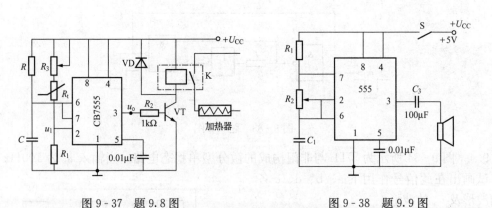

图 9 - 37　题 9.8 图　　　　　　图 9 - 38　题 9.9 图

9.10　图 9 - 39 是防盗报警电路，a、b 两点间由一根细铜丝接通，将该细铜丝置于盗窃者必经之处，当盗窃者行窃碰断细铜丝时，扬声器立即发出报警声。

（1）试说明 555 定时器组成的是什么电路？

（2）试分析报警电路的工作原理。

9.11　试分析图 9 - 40 所示模拟声响电路的功能。

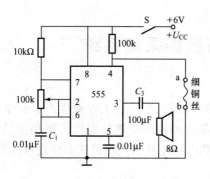

图 9-39 题 9.10 图

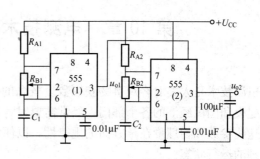

图 9-40 题 9.11 图

第 10 章　电测技术与数据采集系统

电测技术是人类对客观事物获取数量概念的一种认识过程。在工农业生产、科学研究、国防建设和国民经济的各个部门，经常需要对各种参数和物理量进行定性了解和定量掌握，确定这些参数和物理量在量方面的规律性，以便对其进行监视和控制，从而使设备或系统处于合理的运行状态。

工程中被测量可分为电量和非电量两类。对电量（如电压、电流、功率等）常使用电工仪表进行电测。对非电量（如温度、压力、速度、位移等）电测必须先将其变为电量，再进行电测。本章介绍基本电量、非电量的电测方法以及信号处理与数据采集系统。

10.1　电测的基本知识

测量的基础是仪表。因此，在介绍电测技术之前，先介绍电工仪表的基本知识。

电工仪表的种类繁多，有各种指示仪表、比较式仪表、数字式仪表、图示仪器等等，本课程主要介绍几种常用的直读式指示仪表。这类仪表的特点是将被测量变换为仪表指针的偏转角，直接读出被测量的值。

10.1.1　指示仪表的分类和符号

（1）按被测量的种类分类。指示仪表按被测量的种类分为电流表（又分为安培表、毫安表、微安表等）、电压表（又分为伏特表、毫伏表等）、功率表（瓦特表、千瓦表等）、电能表、频率表以及欧姆表（又分为电阻表、兆欧表）等。

（2）按准确度分类。目前我国生产的指示仪表按准确度分为 0.1、0.2、0.5、1.0、1.5、2.5 和 5.0 七个等级。通常 0.1、0.2 级仅用作计量标准仪表，0.5、1.0 级仪表用于实验室，1.5、2.5、5.0 级仪表用于一般工程测量。

（3）按工作原理分类。指示仪表按工作原理分类主要有磁电式仪表、电磁式仪表、电动式仪表等。

在仪表的面板上，通常都标有仪表的型式、准确度等级、电流种类绝缘耐压强度和放置等方式符号，如表 10-1 所示。使用电工仪表时，必须注意识别仪表面板上的标志符号。

表 10-1　　　　　　　　　　电工测量仪表上的几种符号

符　号	意　义
—	直流仪表
～	交流仪表
≈	交直流仪表
1.5	准确度等级 1.5 级
☆ 或 ⚡2kV	绝缘强度试验电压为 2kV

续表

符　　号	意　　义
⊥或↑	仪表直立放置
⌐或→	仪表水平放置
△B　△C	工作环境等级：B——温度$-20\sim+50℃$，相对湿度85%以下； C——温度$-40\sim+60℃$，相对湿度98%以下

10.1.2　常用指示仪表的工作原理

指示仪表按工作原理分为磁电式仪表、电磁式仪表、电动式仪表等，但他们的基本组成部分是相同的，即都是由驱动装置、反作用装置和阻尼装置三部分组成。

驱动装置的作用是驱动指针偏转，其驱动力矩由仪表中通入电流后产生的电磁作用力产生。因此，驱动力矩与通入的电流之间存在一定的关系

$$T = f(I) \qquad (10-1)$$

要使指针的偏转角 α 与被测量的大小成一定比例，必须有一个与偏转角 α 成比例的反作用力矩 T_c 与驱动力矩 T 相平衡，即

$$T = T_c \qquad (10-2)$$

当反作用力矩达到与驱动力矩相平衡时，指针就静止在一定的位置上。

由于转动总会有惯性，仪表在测量时指针从零位偏转到平衡位置时不会立即停止，而要在平衡位置左右经过一定时间的振荡才能静止下来。为了在测量时使指针很快地稳定在平衡位置，以缩短测量的时间，还需有一个与转动方向相反的阻尼力矩（或称制动力矩）。

指示仪表除驱动装置、反作用装置和阻尼装置外，还有由指针和刻度盘构成的读数以及起保护作用的外壳和装在外壳上的调节螺丝（校正器）等。下面对磁电式仪表、电磁式仪表、电动式仪三种仪表的基本结构、工作原理及主要用途加以阐述。

1. 磁电式仪表

磁电式仪表又称永磁式仪表，其测量机构如图 10-1 所示。在固定的永久磁铁的极掌与圆柱形铁芯之间的气隙中放置着绕在铝框上的可动线圈，当被测电流 I 通过可动线圈时，载流线圈在磁场中受到电磁力（力矩）的作用，从而带动指针偏转。驱动力矩 T 与电流 I 成正比，即 $T=K_1I$，K_1 是比例常数。

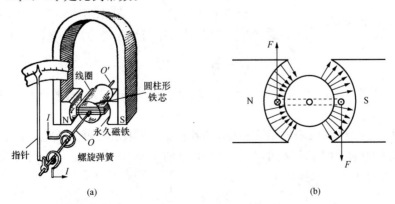

(a)　　　　　　　　　　　　　　(b)

图 10-1　磁电式仪表

（a）测量机构示意图；（b）磁电式仪表的转矩

当指针偏转时，与它相连的螺旋弹簧被扭转而产生一个反作用力矩 T_c。T_c 与指针偏角 α 成正比，即 $T_c = K_2\alpha$，K_2 也是比例常数。

当 $T_c = T$ 时，指针静止在一定位置上，此时可得

$$\alpha = \frac{K_1}{K_2}I = KI \tag{10-3}$$

可见磁电式仪表的指针偏转角度是与线圈中的电流成正比的。因此，可在刻度盘上作均匀刻度，根据偏转角的大小就可读出被测电量的大小。当线圈中无电流时，指针应指在零，如不在零位，可用校正器进行调整。

磁电式仪表的阻尼力矩由放置线圈的铝框产生。此铝框相当于另一个闭合线圈，当它随线圈一起转动时，将切割永久磁铁的磁力线，在框内感应出电流，这电流再与磁场作用，使铝框受到与转动方向相反的制动力矩，于是仪表的可动部分就受到阻尼作用，迅速静止在平衡位置。这是一种电磁阻尼。

如果线圈中通的是交流电，则因电流的方向不断在改变，使得线圈的平均转矩等于零，指针就无法偏转，所以磁电式仪表只能用来测量直流电，要测量交流电时必须经过整流。

磁电式仪表由于采用了磁性很强的永久磁铁和灵巧的动圈，故准确度高、耗能小，且不易受外界磁场的影响。此外，刻度均匀也是它的优点。但由于电流通过游丝，动圈的导线又很细，故过载能力差，结构也较复杂，价格较贵。

磁电式仪表主要用于直流电流和直流电压的测量，也常用作万用表的表头。

2. 电磁式仪表

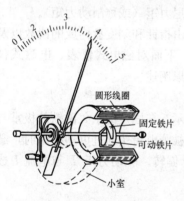

图 10-2　电磁式仪表

电磁式仪表又称动铁式或铁叶式仪表，按其结构形式可分为吸引型、排斥型和吸引-排斥型三种。图 10-2 为吸引-排斥型电磁式仪表的测量机构。在固定线圈中放置固定铁片和可动铁片各两个。当线圈通入电流时，定、动铁片均被磁化而相互吸引和排斥，使动片带动指针偏转。

由于定、动铁片被磁化的程度都近似地正比于线圈电流，而吸引力和排斥力又是两块铁片之间的互相作用，所以驱动力矩 T 与线圈电流 I 的平方成正比，即 $T = K_1 I^2$。

和磁电式仪表一样，反作用力矩 $T_c = K_2\alpha$ 也由螺旋弹簧产生。当驱动力矩与反作用力矩平衡时，$T = T_c$，故有

$$\alpha = \frac{K_1}{K_2}I^2 = KI^2 \tag{10-4}$$

由式（10-4）可知，电磁式仪表的转角 α 近似地与通过线圈的电流平方成正比，所以其表盘刻度是不均匀的。

电磁式仪表不但可以用来测量直流电，同时也可以用来测量交流电，因为当电流反向时，两铁片的磁化极性同时反向，相互作用力的方向保持不变。当通入交流电流 $i = \sqrt{2}I\sin\omega t$ 时，驱动力矩的平均值为

$$T = \frac{1}{T}\int_0^T K_1 i^2 \mathrm{d}t = \frac{K_1}{T}\int_0^T (\sqrt{2}I\sin\omega t)^2 \mathrm{d}t = K_1' I^2 \tag{10-5}$$

式中：I 是交流电流 i 的有效值。

由此可见，驱动力矩的平均值正比于交流电流的有效值的平方，所以指针所指示的读数即为交流电流的有效值。

电磁式仪表的优点是结构简单，成本低，交、直流都可用，且电流只通过固定线圈，故过载能力强。其缺点是刻度不均匀，因本身产生的磁场较弱，易受外界磁场影响，测量交流电时，还受铁片中磁滞和涡流的影响，因此准确度不高。

电磁式仪表主要用于测量交流电流和交流电压。

3. 电动式仪表

电动式仪表又称动圈式仪表，其测量机构如图 10 - 3 所示，主要由固定线圈和可动线圈构成。固定线圈分两部分绕在框架上以产生匀强磁场，可动线圈安装在转轴上，它可以在固定线圈内自由转动。当固定线圈通入电流 I_1 时将产生磁场，其磁感应强度 B 正比于电流 I_1，此时若在可动线圈中通入电流 I_2，则将形成驱动力矩 $T = K_1 I_1 I_2$。随着可动线圈的偏转，螺旋弹簧将产生反作用力矩 $T_c = K_2 \alpha$。当两个力矩平衡时，$T = T_c$，偏转角为

$$\alpha = \frac{K_1}{K_2} I_1 I_2 = K I_1 I_2 \tag{10 - 6}$$

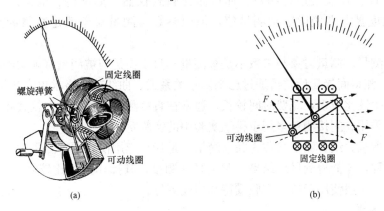

图 10 - 3　电动式仪表

(a) 测量机构示意图；(b) 电动式仪表的转矩

可见电动式仪表的偏转角 α 与二线圈的电流乘积成正比。如果电流 I_1、I_2 的方面同时改变，电磁力 F 的方向不会改变，驱动力矩 T 的方向也不会改变，故电动式仪表既能测量直流电，又能测量交流电。设通入两个线圈的电流分别为 $i_1 = \sqrt{2} I_1 \sin\omega t$ 和 $i_2 = \sqrt{2} I_2 \sin(\omega t + \varphi)$，则平均力矩为

$$
\begin{aligned}
T &= \frac{1}{T}\int_0^T K_1 i_1 i_2 \,\mathrm{d}t \\
&= \frac{2K_1}{T}\int_0^T I_1 I_2 \sin\omega t \sin(\omega t + \varphi)\,\mathrm{d}t \\
&= K_1' I_1 I_2 \cos\varphi
\end{aligned}
$$

达到平衡时的偏转角

$$
\begin{aligned}
\alpha &= \frac{K_1'}{K_2} I_1 I_2 \cos\varphi \\
&= K I_1 I_2 \cos\varphi
\end{aligned}
\tag{10 - 7}
$$

式中：I_1、I_2 是交流电 i_1、i_2 的有效值；φ 是 i_1 与 i_2 之间的相位差。

由式（10-7）可见，在测量交流电时，偏转角不但正比于两线圈电流有效值的乘积，而且正比于两电流相位差的余弦。因此，电动式仪表可用于交流或直流电路中测量电流、电压和电功率等电量。

这种仪表的优点是交、直流都可用，且用于交流时没有磁滞和涡流影响，故准确度比电磁式仪表高。其缺点是它的固定线圈类似于电磁式仪表，易受外界磁场影响；它的可动线圈类似于磁电式仪表，过载能力不强；此外，刻度不均匀，成本较高。

10.1.3　测量方法

对电测方法，从不同的角度出发，有不同的分类方法，本节重点阐述按测量的手段分类的直接测量、间接测量和组合测量，及按测量方式分类的偏差式测量、零位式测量和微差式测量。

1. 直接测量、间接测量和组合测量

（1）直接测量。测量对象与参数就是被测量本身，这类测量称直接测量。直接测量通常用按标准标定好的测量仪器或仪表进行测量，而直接获得被测量数值。直接测量并不意味着只是用直读式仪表进行测量，而许多比较式仪器，如电桥、电位差计等，虽不能直接从仪器刻度盘上直接读取被测量值，但因参数与测量对象就是被测量本身，所以属于直接测量。

（2）间接测量。测量对象与参数不是被测量本身，而是与被测量有确切函数关系的物理量（间接量）。测得间接量后，再通过已知函数关系式、曲线或表格求出未知量。

间接测量手续比较多，花费时间较长，通常在直接测量不便、误差较大和缺乏直接测量仪器等情况下采用。间接测量多用于科学实验中的实验室测量。

（3）组合测量。组合测量又称为联立测量，是指在应用仪表进行测量时，被测量必须经过求解联立方程，才能得到最后结果。对于联立测量，其操作过程比较复杂，花费时间长，但测量精度高，一般使用于科学实验或特殊精度测量。

2. 比较式测量

（1）偏差式测量。偏差式测量是指用仪表指针相对于刻度线的位移（偏差）直接表示被测量。如指针式的电压表、电流表等。

这种测量过程简单、迅速，但精度较低，广泛应用于工程测量。

（2）零位式测量。零位式测量（又称补偿式或平衡式测量）是指在测量的过程中，用指零仪表的零位指示检测测量系统是否处于平衡状态，达到平衡时，再用已知的基准量决定被测量的值。如用电位差计测量电动势。

这种测量过程复杂费时，但可获得较高的精确度，适用于测量变化缓慢的信号。

（3）微差式测量。微差式测量法是综合了偏差式和零位式测量法的优点而提出的一种测量方法。这种方法是将被测量的未知量与已知的标准量进行比较，并取得差值，用偏差式测量方法求得此偏差值。

这种方法反应快，不需要进行反复的平衡操作，测量精度高，特别适用于在线控制参数的检测，在工程中得到广泛的应用。

10.1.4　测量误差

任何仪表在测量中得到的读数 A_x 与被测量的实际数 A_0 之间总存在一定的误差。根据产生误差的原因不同，其误差常用以下各误差概念表示。

（1）绝对误差。仪表的指示值与被测量实际数之差称为绝对误差，用 ΔA 表示，即

$$\Delta A = A_x - A_0 \tag{10-8}$$

（2）相对误差。绝对误差与被测量真实值 A 的比值 $\Delta A/A_0$ 称为相对误差，即

$$\gamma = \frac{\Delta A}{A_0} \times 100\% \tag{10-9}$$

相对误差通常用来检查电测结果的准确度，γ 愈小，电测结果愈准确。

（3）附加误差。仪表在不正常的工作条件下（如温度影响、电磁干扰、测量方法不当、读数不准确等）引起的误差。为了减小附加误差，应采取必要措施，使仪表在正常情况下进行测量。

测量误差是由仪表本身存在的基本误差（即由结构不精确造成的固有误差）和附加误差构成，当仪表在正常情况下进行测量，此时可认为测量误差仅由基本误差造成。

（4）引用误差是指仪表在正常条件下进行测量可能产生的最大绝对误差 ΔA_m 与仪表的量程（满标值）A_m 之比，通常用百分数表示，即

$$\gamma_m = \frac{\Delta A_m}{A_m} \times 100\% \tag{10-10}$$

引用误差是一种实用方便的相对误差，通常用来表示指示仪表的准确度，即指示仪表的基本相对误差。不同准确度等级的指示仪表的基本相对误差见表 10-2。于是根据仪表的准确度可以确定测量的误差。例如在正常情况下用 0.5 级量程为 10A 的安培表来测量电流时，可能产生的最大绝对误差为

$$\Delta A_m = \gamma_m A_m = \pm 0.5\% \times 10 = \pm 0.05 (A)$$

在正常工作条件下，可以认为最大绝对误差是不变的。如用上述安培表来测量 8A 电流时，相对误差为 $(\pm 0.05/8) \times 100\% = \pm 0.525\%$，而用它来测量 1A 电流时，则相对误差为 $(\pm 0.05/1) \times 100\% = 5\%$。

表 10-2　　　　　　　　　　指示仪表的准确度和基本相对误差

准确度等级	基本相对误差（%）	符号	准确度等级	基本相对误差（%）	符号
0.1	±0.1	⓪.1	1.5	±1.5	①.5
0.2	±0.2	⓪.2	2.5	±2.5	②.5
0.5	±0.5	⓪.5	5.0	±5.0	⑤.0
1.0	±1.0	①.0			

【例 10-1】　　用量程为 100V 的 1.0 级电压表和用量程为 50V 的 1.5 级电压表来测量 40V 的电压时，其相对误差哪个大？

解　用量程为 100V 的 1.0 级表测量时，最大绝对误差为

$$\Delta A_{m1} = \pm 100 \times 1.0\% = \pm 1 (V)$$

相对误差　　　　　　　　　　$\gamma_1 = (\pm 1/40) \times 100\% = \pm 2.5\%$

用量程为 50V 的 1.5 级表测量时，最大绝对误差

$$\Delta A_{m2} = \pm 50 \times 1.5\% = \pm 0.75(V)$$

相对误差　　　　　　$$\gamma_2 = (\pm 0.75/40) \times 100\% = \pm 1.875\%$$

该例计算结果表明，电测结果的准确度不仅与仪表的准确度有关，而且还与被测量的大小有关。被测量越接近仪表量程，测量结果的相对误差越小。因此在选用仪表的量程时，希望被测量的值接近满标值，但要防止超出满标值使仪表受损，通常以使被测量值为满标值的 2/3 左右为宜。

10.2　测　量　放　大　电　路

对传感器输出进行放大的电路称测量放大电路，亦称传感器放大电路。传感器输出的电信号通常都很微弱，最小的约为 $0.1\mu V$ 且动态范围较宽，往往叠加有很大的共模干扰电压。测量放大器的作用是检测叠加在高共模电压上的微弱信号，并予放大后送到后面电路去处理。因此，测量放大路要求具有高输入阻抗、较强的共模抑制能力、较小的失调与漂移和较高的稳定性能。所以，传感器放大电路大多由运算放大器来实现。

最简单的测量放大电路是 7.3 节中介绍的反相输入、同相输入和差分输入比例运算电路。典型的测量放大电路是用三个集成运放构成，如图 7-25 所示电路。下面再介绍两种电路。

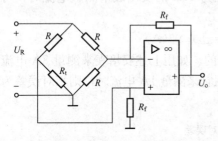

图 10-4　电桥放大电路

10.2.1　电桥放大电路

电桥作为传感器的接口电路，是非电量测量系统应用极为普遍的一种放大电路，许多传感器都是通过电桥接口电路，将被测非电量转换成电信号，并进行放大后送往下一级进行处理。电桥放大电路由电桥和运算放大器两部分组成，如图 10-4 所示电路。图中电桥的桥臂 R_t 为电阻传感器。

电桥电路有两种基本工作方式：平衡电桥和不平衡电桥。在传感器应用中主要是不平衡电桥，电桥中的一个或几个桥臂阻抗对初始值的偏差相当于被测量的大小或变化。

在图 10-4 所示电桥放大电路中，电桥电源与运算放大器共地，电阻传感器 $R_t = R(1+\delta)$，其相对变化率为

$$\delta = \frac{\Delta R}{R} \tag{10-11}$$

由于 R_f 引入的负反馈，运算放大器工作在线性区，则

$$\begin{cases} U_+ = U_- \\ \dfrac{U_R - U_-}{R} + \dfrac{U_o - U_-}{R_f} = \dfrac{U_-}{R} \\ \dfrac{U_R - U_+}{R} = \dfrac{U_+}{R_t} + \dfrac{U_+}{R_f} \end{cases}$$

当 $R_f \gg R$ 时，联立上述方程可解得

$$U_+ = \frac{R_t // R_f}{R_t // R_f + R} U_R \approx \frac{R_t}{R_t + R} U_R = \frac{1+\delta}{2+\delta} U_R$$

$$U_o = U_+ \frac{\delta}{R(1+\delta)} R_f$$

$$= U_R \frac{\delta}{2+\delta} \frac{R_f}{R}$$

当 $\delta \ll 2$ 时有

$$U_o \approx \frac{U_R}{2} \frac{R_f}{R} \delta \qquad (10\text{-}12)$$

可见，此时输出电压 U_o 与相对变量 δ 成正比。据此就可以测量 R_t 的变化。

10.2.2　电荷放大器电路

随着压电传感器的发展和应用，电荷放大器电路作为传感器的接口电路也被普遍采用。电荷放大器是一个有反馈电容 C_f 的高增益运算放大器电路。它的输入信号为压电传感器产生的电荷。当压电传感器的压电元件受外力作用时，在两个表面上分别出现等量的正、负电荷 Q，此时相当于一个以压电材料为介质的有源电容器，其容量为 C_a。当略去压电传感器泄流电阻 R_a 的作用，并认为放大器的输入电阻 R_i 趋于无穷大时，其等效电路可用图 10-5 来表示。

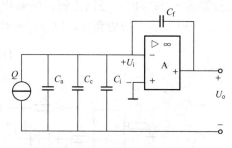

图 10-5　电荷放大器电路

根据运算放大器的基本特性，可求得电荷放大器的输出电压

$$U_o = \frac{-QA}{C_a + C_c + C_i + (1+A)C_f} = -U_i A \qquad (10\text{-}13)$$

式中：A 为放大器的电压放大倍数；C_c 为电缆分布电容；C_a 为传感器等效电容；C_i 为放大器的输入电容。

当 $A \gg 1$，$AC_f \gg C_a + C_c + C_i$ 时

$$U_o \approx \left| \frac{Q}{C_f} \right| \qquad (10\text{-}14)$$

可见，在电荷放大器电路中输出电压 U_o 与电缆电容 C_c 无关，而与 Q 成正比，这是电荷放大器的突出优点。

根据压电材料的特性，压电元件产生的电荷 Q 与外力 F 的关系为

$$F = \frac{Q}{d} \qquad (10\text{-}15)$$

式中：d 为压电元件的压电系数。

把式（10-14）代入式（10-15）得

$$F = \frac{C_f}{d} U_o \qquad (10\text{-}16)$$

由式（10-16）可见，通过测量电压 U_o，即可获得压力 F 的大小。

目前已有各种型号的单片测量放大电路的集成芯片。这些集成芯片与用运放组成的测量放大器电路相比，具有性能优异、体积小、结构简单、抗干扰能力强、使用方便等优点。由于篇幅限制，本书不作介绍，需要时请参考有关书籍。

10.3　电压—频率转换电路

电压—频率（U/F）转换电路是将输入的模拟电压信号转换成对应的频率信号输出。换句话说，电路的输出受外加输入电压的控制，故又称为压控振荡器（Voltage controlled oscillator，简称 VCO）。

10.3.1　U/F 转换电路的工作原理

可实现 U/F 转换的电路较多，下面用我们熟悉的电路来介绍其工作原理。在图 9 - 16 的三角波信号发生器的基础上，将积分器的反相输入端再外加控制信号电压 u_s，便构成了电压—频率转换电路，如图 10 - 6（a）所示，图（b）是它的工作波形。

由电路图 10 - 6（a）可知，积分器的输出电压 u_o 就是滞回比较器的输入信号，当 u_o 使比较器的 u_+ 过零时，滞回比较器的输出 u_{o1} 翻转。根据这个条件，可求得阈值电压 U_T，即当 $u_{o1} = +U_{Z1}$，二极管截止，则下限阈值电压为

$$U_{T-} = -\frac{R_1}{R_2}U_{Z1} \tag{10 - 17}$$

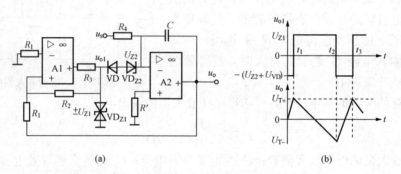

图 10 - 6　压控振荡器

（a）逻辑电路；（b）工作波形

当 $u_{o1} = -U_{Z1}$，二极管 VD 导通，这里取 $(U_{Z2} + U_{VD}) < U_{Z1}$，故 u_{o1} 被限幅为 $-(U_{Z2} + U_{VD})$ 则上限阈值电压为

$$U_{T+} = \frac{R_1}{R_2}(U_{Z2} + U_{VD}) \tag{10 - 18}$$

由以上分析可知，积分器视 u_{o1} 的极性不同而分时对 u_{o1} 和 u_s 积分。当 u_{o1} 为正时，VD 截止，积分器对 $u_s(>0)$ 积分，即通过 R_4 对电容 C 反向充电，则 u_o 按线性下降。当 $u_o \leqslant U_{T-}$ 时，u_{o1} 翻转为负；VD 导通，积分器对 u_{o1} 积分，即 u_{o1} 通过 VD 和 VD_{Z2} 使电容 C 放电。由于二极管和稳压管的动态电阻 $(r_d + r_{z2})$ 比 R_4 小得多，而放电比充电为快，故 u_o 迅速上升。当 $u_o \geqslant U_{T+}$ 时，u_{o1} 翻转为正。如此周而复始产生振荡。可以证明，电路的振荡频率为

$$f = \frac{1}{T} \approx \frac{R_2}{R_1 R_4 C} \frac{u_s}{U_{Z1} + U_{Z2} + U_{VD}} \tag{10 - 19}$$

可见，输出电压的频率与外加控制电压成正比。

从上述分析可知，电路中的二极管 VD 起开关作用，它使积分器在对控制信号电压 u_s 积分值达到使比较器输出翻转时，迅速将积分电容 C 放电，以便下一次再对 u_s 积分时，u_C

有一个初始基准值。

10.3.2　集成 U/F 转换器

U/F 转换是将模拟电压信号转换成频率信号，而计算机可以简单地通过定时和计数功能将频率信号转换成数字信号量，所以 U/F 转换也可视为一种 A/D 转换。目前国内外已生产出多种单片集成高精度 U/F 转换器，其型号有 LM331、BG832、AD651、ADVFC32 等。使用时注意各种芯片的特点。

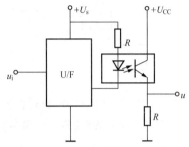

为了防止外电场和电源干扰，可直接采用光电耦合器对模拟电路和数字电路进行隔离，如图 10 - 7 所示。

图 10 - 7　U/F 转换器输出隔离电路

10.4　多路模拟开关与采样—保持电路

在数据采集系统中，被测量的电路通常是多路，为了让多通道共享 A/D 转换器，则需要多路开关，轮流切换各个被测电路与 A/D 转换器间的通断，使各电路分时占用 A/D 转换电路。模拟开关是一种在数字信号控制下将模拟信号接通与断开的元件或电路。根据实现切换功能所使用的开关元件，模拟开关可分为机械触点式开关和半导体（电子）模拟开关。机械触点式开关中最常用的是干簧继电器。电子模拟开关有二极管、三极管、场效应管、光耦合器件和集成模拟开关等。它们的体积小、切换速度快、易于控制等。下面先介绍由 CMOS 传输门组成的模拟开关和多路模拟开关。

10.4.1　多路模拟开关

1. CMOS 传输门

传输门主要用来传输受控信号。其逻辑电路和逻辑符号如图 10 - 8 所示。电路由一个增强的 NMOS 管（VT1）和一个增强的 PMOS 管（V2）组成，而 VT1 的源极、漏极分别和 VT2 的漏极、源极对应相连，分别作为输入端和输出端，两个栅极为一对控制端，分别接入 C 和 $\overline{C}$。为了使各管子的通道与衬底之间处于反相偏置而起隔离作用，VT1 的衬底接地或负电源，VT2 的衬底接 $+U_{DD}$。设控制信号的高、低电平分别为 U_{DD} 和 0，

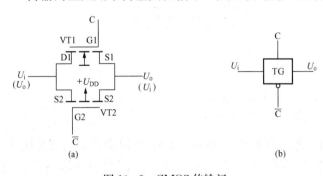

图 10 - 8　CMOS 传输门

（a）逻辑电路；（b）逻辑符号

而各管的开启电压为 $U_{GS(th)1}$ 和 $U_{GS(th)2}$。于是当 C＝0、$\overline{C}$＝1 时，只要输入信号的变化范围不超过 0～U_{DD}，则 VT1 和 VT2 同时截止，输入和输出之间呈现高阻状态，传输门截止；当 C＝1、$\overline{C}$＝0 时，VT1、VT2 管的栅极电位分别为 U_{DD} 和 0，当 $0 \leqslant U_i \leqslant U_{DD} - U_{GS(th)1}$ 时，VT1 管导通，当 $|U_{GS(th)2}| \leqslant U_i \leqslant U_{DD}$ 时，VT2 管导通，故当 C＝1 时，若输入信号在 0～U_{DD} 之间变化时，VT1 和 V2 至少有一个导通，使信号从输入端传送到输出端，$U_o = U_i$。

由于 MOS 管的漏、源极结构对称，可以互换使用，故传输门具有双向传输特性，即输入、输出端可以互换使用。

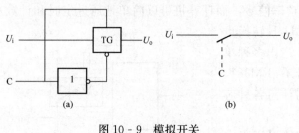

图 10 - 9 模拟开关
(a) 逻辑电路；(b) 逻辑符号

2. 双向模拟开关

利用 CMOS 传输门和 CMOS 反相器可以构成模拟开关（也可以构成触发器、寄存器、计数器等逻辑电路），如图 10 - 9 所示电路为单刀单投模拟开关的逻辑电路和逻辑符号。当 C＝1 时，模拟开关接通，当 C＝0 时，模拟开关断开。

根据上述原理还可以构成其他各种开关电路，如单刀双投模拟开关及多路开关等。

3. 集成多路模拟开关

集成多路模拟开关（MUX）的种类很多，在实际应用中，应首先考虑集成 MUX 的路数，常用集成 MUX 有四选一、双四选一、八选一、双八选一、十六选一等多种。其次，还有电压开关和电流开关之分。不同种类的多路模拟开关，除了外部引线排列、通道数等参数不同外，其工作原理和使用方法基本相同。作为示例下面介绍八选一多路开关 CD4051，其引脚排列和结构图如图 10 - 10（a）和（b）所示。

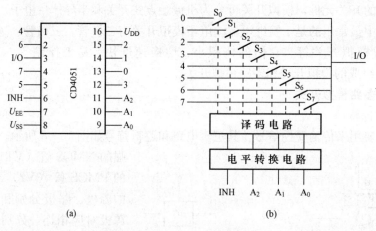

(a) (b)

图 10 - 10 CD4051 芯片
（a）引脚排列；（b）结构

CD4051 主要由逻辑电平转换电路、地址译码电路和多路 CMOS 模拟开关三部分组成。模拟开关作为输入信号的通道，译码电路控制各模拟开关的开启，为了适应不同的电平，它设置了电平转换电路，它将输入的 TTL 电平的控制信号转换为 CMOS 电平。

多路开关分时开通，通道开启的选择，取决于输入的地址控制信号，其真值表见表 10 - 3。地址控制信号由计算机或其他数字电路提供。

10.4.2 采样—保持电路

在实际应用（如计算机控制系统、数字仪表、数字通信及遥控、遥测等领域）中，经常要将模拟量转换为数字量后进行运算处理、数字显示或发送出去；然而这种（A/D）转换是需要一定的转换时间，为了改善在转换期间模拟信号变化而产生的转换误差，经常在 A/D

转换之前，引入一个采样—保持电路（Sample and Hold Circuits，简称 S/H）。

表 10 - 3 **CD4051 的真值表**

地 址 输 入				通道号	地 址 输 入				通道号
INH	A_2	A_1	A_0	S_i	INH	A_2	A_1	A_0	S_i
1	×	×	×	—	0	1	0	0	S_4
0	0	0	0	S_0	0	1	0	1	S_5
0	0	0	1	S_1	0	1	1	0	S_6
0	0	1	0	S_2	0	1	1	1	S_7
0	0	1	1	S_3	1	×	×	×	—

1. 采样定理

由上述可知，数字信号是模拟信号在一系列特殊时刻（采样时刻）的值。为了能用采样信号 U_s 逼真表示模拟信号 u_i，采样信号必须有足够高的频率。为了保证能将采样信号不失真地还原成模拟信号 u_i，必须满足

$$f_s \geqslant 2f_{i,\max} \tag{10-20}$$

式中：f_s 为采样频率；$f_{i,\max}$ 为输入信号 u_i 的最高频率分量的频率。

式（10 - 20）即为采样定理，也称为奈奎斯特定理。

2. 采样—保持电路工作原理

采样—保持电路的基本形式有串联型和反馈型两种，如图 10 - 11（a）、（b）所示。图中 A1、A2 分别为输入和输出缓冲放大器，主要作用是提高 S/H 电路的输入阻抗和减小输出阻抗，以便缓冲与前级和后级的连接矛盾。S 是模拟开关，开关的通断由控制信号 u_k 控制。C_H 是保持电容。

采样保持电路在 A/D 转换器的接口设备中起着模拟存储器的作用，它在一个特定的采样时刻上取出一个正在变化着的模拟电压信号值，并把这个电压值保存下来，直到收到新的采样命令为止。

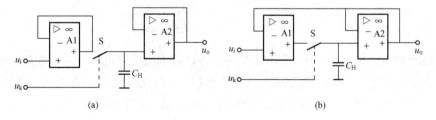

(a) (b)

图 10 - 11 采样—保持电路

（a）串联型；（b）反馈型

当开关 S 接通，S/H 电路处于采样跟踪状态，输入信号 u_i 通过 A1 对保持电容 C_H 快速充电，保持电容 C_H 的电压将跟踪输入电压的变化。因 A2 接成电压跟随器，所以在这个时间段有 $u_o = u_C = u_i$。

当开关 S 断开，S/H 电路处于保持状态，由于保持电容 C_H 没有放电回路，电容 C_H 上

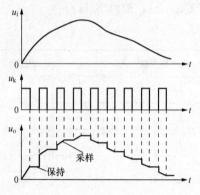

图 10 - 12　采样—保持电路工作波形

的电压将保持在模拟开关断开瞬间的输入电压，输出电压保持不变，直到收到新的采样命令为止。采样保持电路的输入和输出波形，如图 10 - 12 所示。

反馈型与串联型 S/H 电路的元件选择相同。串联型 S/H 电路中影响精度的是两个运算放大器的失调电压和模拟开关 S 的误差电压。而反馈型 S/H 电路中影响精度的只有运算放大器 A1 的失调电压。所以，反馈型 S/H 电路具有较高的输出精度和工作速度，集成 S/H 芯片多采用这种基本电路。

3. 集成 S/H 电路

目前大都将 S/H 电路所用的电路元件集成在一块芯片上，构成集成 S/H 电路，但保持电容 C_H 便于用户选择，采用外接式。集成 S/H 电路型号很多，其主要有通用型、高速型和高分辨率型三类。作为示例，下面介绍常用的 AD582 芯片。

AD582 电路结构及引脚排列图如图 10 - 13（a）、（b）所示。电路中保持电容 C_H 外接在 A2 的反向输入端和输出端之间，A2 相当于积分器，其等效电容为

$$C'_H = (1 + A_2)C_H \qquad (10 - 21)$$

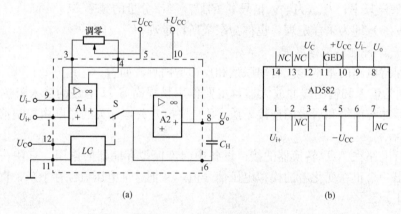

图 10 - 13　采样—保持电路

（a）逻辑电路；（b）AD582 的外引线排列图

当电路处于保持状态时，A1 工作在开环状态，故输出饱和电压，而使模拟开关断开时，开关两端有较大的电压，这有利于提高对保持电容 C_H 的充电速度。所以该芯片有较高的输出精度和工作速度，当 $C_H = 100\text{pF}$ 时，精度为 $\pm 0.1\%$，捕捉时间 $t_{AD} \leqslant 6\mu s$。

11 端为电源地，12 控制信号输入端，外接调零电位器一般为 $10\text{k}\Omega$，电源电压 $U_{CC} = 15\text{V}$。当控制信号 $U_C = 0$ 时，电路处于采样状态；当 $U_C = 1$ 时，电路处于保持状态。

10.5　D/A 转换器

模拟量和数字量的相互转换在检测、控制等数字系统中是必不可少的，且具有重要的地

位。例如，在计算机控制系统、数字仪表、数字通信及遥控、遥测等领域中，经常要将模拟量转换为数字量后进行运算处理、数字显示或发送出去；也经常将经过运算、处理后得出的数字量转换为模拟量，以便实现对被控制对象的控制等功能。能将模拟量转换成数字量的装置叫做模/数转换器（简称 A/D 转换器或 ADC）。能将数字量转换成模拟量的装置叫做数/模转换器（简称 D/A 转换器或 DAC）。本节先介绍 D/A 转换器。

各类集成 D/A 转换器都是由参考电压源、电阻网络和电子开关三个基本环节组成的。按解码网络的不同，可将 D/A 转换器分成权电阻网络 D/A 转换器、R—$2R$ 梯形电阻网络 D/A 转换器和权电流 D/A 转换器等多种。本节以倒 T 形电阻网络为例介绍其转换原理。

10.5.1　倒梯形电阻网络（D/A）转换器

（1）电路形式。图 10 - 14 是一个 4 位模数转换器原理电路，是由 R—$2R$ 倒梯形电阻网络、模拟电子开关及求和电流—电压转换电路组成。其中电子开关是由该位的数字代码所控制的。

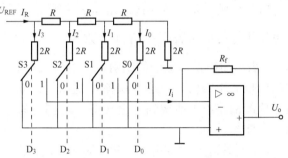

图 10 - 14　倒梯形电阻解码网络 D/A 转换器

（2）工作原理。由于梯形电阻网络只有 R 和 $2R$ 两种，其中任意一个节点中的两个分支的等效电阻都是相等的，均为 $2R$。因此由基准电压 U_{REF} 产生的电流，每经过一个节点，均被衰减 $1/2$，相当于形成二进制的位权电流。从基准电压 U_{REF} 输出的总电流是固定不变的，即 $I_R = U_{REF}/R$，而流入求和放大器的总电流为

$$I_i = \frac{I_R}{2^1}D_3 + \frac{I_R}{2^2}D_2 + \frac{I_R}{2^3}D_1 + \frac{I_R}{2^4}D_0$$

$$= \frac{U_{REF}}{2^4 R}(2^3 D_3 + 2^2 D_2 + 2^1 D_1 + 2^0 D_0)$$

运算放大器输出的模拟电压 U_o 为

$$U_o = -R_f I_i = -\frac{R_f U_{REF}}{2^4 R}(2^3 D_3 + 2^2 D_2 + 2^1 D_1 + 2^0 D_0)$$

如果输入的是 n 位二进制数，即

$$U_o = -\frac{R_f U_{REF}}{2^n R}(2^{n-1}D_{n-1} + 2^{n-2}D_{n-2} + \cdots + 2^1 D_1 + 2^0 D_0)$$

如取 $R_f = R$ 时，则上式变为

$$U_o = -\frac{U_{REF}}{2^n}(2^{n-1}D_{n-1} + 2^{n-2}D_{n-2} + \cdots + 2^1 D_1 + 2^0 D_0) \tag{10 - 22}$$

由式（10 - 22）可知，输出的模拟电压与输入的数字量成正比。括号中的是 n 位二进制数按"权"的展开式。可见，输入的数字量可以被转换为模拟电压输出，而且两者成正比。

倒梯形电阻网络 D/A 转换器的突出优点是转换速度快，在动态过程中的尖峰脉冲很小，使得电阻网络 D/A 转换器成为目前 D/A 转换器中速度较快的一种，也是用得最多的一种。

R—$2R$ 梯形电阻网络 D/A 转换器与其他类型转换器相比缺点是电阻数量多；优点是电

阻种类少，只有 R 和 $2R$ 两种，制造精度容易提高。

10.5.2　D/A 转换器的主要技术指标

（1）分辨率。分辨率是用来描述对输出量微小程度的敏感程度，定义为最小输出电压 U_{LSB}（对应的输入数字量最低位为 1，其他各位为 0）与最大输出电压 U_m（对应输入数字量各位位全为 1）之比，即

$$分辨率 = \frac{U_{LSB}}{U_m} = \frac{-\dfrac{U_{REF}}{2^n}}{-\dfrac{U_{REF}}{2^n}(2^n - 1)} = \frac{1}{2^n - 1} \tag{10-23}$$

由 D/A 转换器的转换特性可知，当最大输出电压 U_m 一定时，输入的数字量位数 n 越多，其 U_{LSB} 就越小，其分辨能力也就越高。由于分辨率仅决定于输入数字量的位数，因此有些手册上仅给出 D/A 转换器的位数 n，而不给出分辨率的百分比。

（2）转换误差。转换误差是用于说明 D/A 转换器实际上能达到的转换精度。转换误差可以用输出电压满度值的百分数表示，也可以用 LSB 的倍数表示。如转换误差为 $\frac{1}{2}$ LSB，表示输出模拟电压的绝对误差等于当输入数字量的 LSB＝1 时，其余各位均为 0 时输出模拟电压的一半。这些误差产生的原因有：各位模拟开关的压降不一定相等、各电阻阻值的偏差不可能做到完全相等、不同位置上的电阻阻值的偏差对输出模拟电压的影响不一样等。

（3）输出电压（或电流）建立时间。从输入数字信号起，到输出电压（或电流）达到稳定值所需要的时间，称为建立时间。由于倒梯形电阻网络数/模转换器是并行输入的，其转换速率较快。目前，像 10 位或 12 位单片集成数/模转换器（不包括运算放大器）的建立时间一般不超过 $1\mu s$。除以上主要参数外，还有精度、失调误差、温度系数等技术指标，使用时可查阅有关手册。

10.5.3　集成 D/A 转换器举例

数/模转换器集成电路芯片种类很多，按输入的二进制数的位数分，有 8 位、10 位、12 位和 16 位等。例如，8 位的 DAC0832、MC1408，10 位的 AD7520、AD7522，AD7533，12 位的 DAC1230、DAC1285，16 位的 AD7546、DAC725 等。下面以 10 位芯片为例介绍其应用。

AD7520 芯片的电路和引脚排列图如图 10-15（a）、（b）所示。AD7520 是采用 CMOS 工艺制成的大规模双列直插式 10 位数/模转换器，其内部含有一个 10 位 T 形电阻网络和 10 个 CMOS 双投模拟开关。芯片中已设置反馈电阻 R_f，运算放大器需外接。

$D_9 D_8 \cdots D_0$ 为数字量输入端，U_{DD} 为芯片的电源端，U_{REF} 是基准电压输入端，R_f 为反馈输入端，使用时将 R_f 输出端接到运算放大器的输出端即可。当运算放大器增益不够时，仍需外接反馈电阻。I_{o1}、I_{o2} 为电流输出端。

【例 10-2】　某 D/A 转换电路：

（1）当输入数字量为 10 000 000 时，输出电压为 5V，试问该电路的最小输出电压是多少？

（2）若某一系统中要求 D/A 转换器的转换精度小于 0.25%，试问这一 D/A 转换器能否应用？

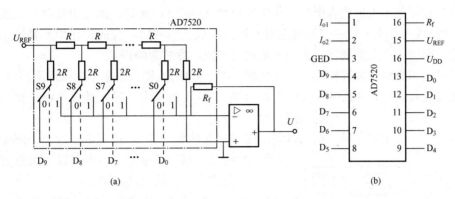

图 10 - 15　AD7520 芯片

(a) AD7250 电路；(b) 引脚排列图

解　依题意分析：

（1）D/A 转换器的分辨率为

$$\frac{U_{LSB}}{U_m} = \frac{1}{2^n - 1}$$

最小输出电压

$$U_{LSB} = \frac{U_m}{2^n - 1}$$

根据最大输出电压的表达式，$U_m = -\dfrac{U_{REF}}{2^n}(2^n - 1)$ 可得

$$U_{LSB} = \frac{U_m}{2^n - 1} = -\frac{U_{REF}}{2^n}$$

因此输出电压

$$U_o = -\frac{U_{REF}}{2^n} \sum_{i=0}^{n-1} D_i 2^i = U_{LSB} \sum_{i=0}^{n-1} D_i 2^i$$

由已知条件，当输入数字量为 10 000 000 时，输出电压为 5V，因此求得最小输出电压为

$$U_{LSB} = \frac{U_o}{D_i \times 2^7} = \frac{5}{128} = 39(\text{mV})$$

（2）题目要求 D/A 转换器的精度小于 0.25%，其分辨率应小于 $0.5\%\left(\text{转换精度等于}\dfrac{1}{2}\right.$ 乘以分辨率$\left.\right)$。由前面分析可知，8 位 D/A 转换器的分辨率用百分数表示时为

$$\frac{1}{2^n - 1} \times 100\% = 0.392\%$$

因此，这一 8 位 D/A 转换器可满足所设系统的精度要求。

10.6 A/D 转 换 器

模拟信号经采样保持后，得到的取样信号在时间上是离散的，但在幅度上仍是连续变化的，为了用数字量表示它，则须将它在幅度上也离散化，即将保持期间的信号幅度值用一个规定的最小基准单元去度量，其值用这个最小基准单元（称量化单位）的 n 倍（n 为整数）

来确定。当然可能出现量度有余数（小于量化单元部分），这时，规定用某种公式或取整归并为 $n+1$ 倍或舍弃成 n 倍。这种将连续的幅值经取整归并后，变成量化单元整数倍的过程称为量化。而用一个二进制代码去表示量化后的值，称之为编码。

完成量化和编码的装置称模—数转换器，即 A/D 转换器。根据工作原理不同 A/D 转换器可分成直接和间接转换器两大类。而在直接 A/D 转换器中，输入的模拟电压信号被直接转换成二进制数字代码，不经过任何中间变量；在间接 A/D 转换器中，首先把输入的模拟电压转换成某一种中间变量（例如时间、频率和脉冲宽度等），然后再把这个中间变量转换为二进制数字量输出。本书以逐次逼近式和积分式为例介绍 A/D 转换器。

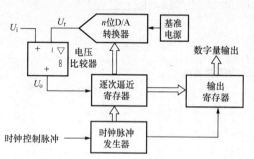

图 10-16 逐次逼近型 A/D 转换器原理框图

10.6.1 逐次逼近式 A/D 转换器

1. 组成

逐次逼近式 A/D 为直接型转换器，其原理框图如图 10-16 所示。它由电压比较器、D/A 转换器、基准电源、逐次逼近寄存器、控制逻辑时钟脉冲发生器等几部分组成。

2. 工作原理及过程

逐次逼近的基本思想类似于天平称重物，将输入的模拟信号与不同的参考电压 U_r 做多次比较，使转换所得的数字量在数值上逐次逼近输入模拟量对应的值。

在转换开始之前先将逐次逼近寄存器清零。开始转换之后，在时钟脉冲发生器输出的时钟脉冲作用下，首先将逐次逼近寄存器的最高位置"1"其余位全为"0"，使输出数字为 1000…0。这组数码被 D/A 转换器转换成相应的模拟电压 U_r，送到电压比较器与输入模拟电压 U_i 相比较，若 $U_i < U_r$，说明数字过大，故将最高位"1"清除；若 $U_i > U_r$，说明数字还不够大，应将最高位保留。然后，再按同样的方法将次高位置成"1"，并且通过比较的方法来确定这个"1"是否应该保留。电压比较器的输入与输出电压关系规定为

$$U_o = \begin{cases} 0, & U_i < U_r \\ 1, & U_i \geqslant U_r \end{cases} \tag{10-24}$$

这样逐位比较下去。一直到最低位为止。比较完毕后，逐次逼近寄存器中的状态就是与模拟电压对应数字量。该数字量同时存入输出寄存器，并在节拍脉冲发生器的输出控制有效时对外输出数字量。

可见，逐次逼近型 A/D 转换器的转换速度取决于时钟脉冲的频率和逐次逼近寄存器的位数，显然在相同的时钟脉冲频率下，位数越多，转换时间越长。

【**例 10-3**】 有一个逐次逼近型 8 位 A/D 转换器：

（1）输入电压 u_i 和 D/A 转换器的输出电压 u_o 的波形如图 10-16 所示，A/D 转换器的输出为多少？

（2）若已知 8 位 D/A 转换器的最高输出电压为 9.945V，当 $u_i = 6.436$V 时，电路输出状态为 D_7，D_6，…，D_0 是多少？

解 （1）根据逐次逼近型 A/D 转换器的工作原理可知，每当 CP 作用时，若 $U_r > U_i$，说明这组数字量过大，该位"1"清除改为"0"；若 $U_r < U_i$，说明这组数字量偏小，保留该位"1"。从该例波形图 10-17 可知：当最高位置"1"，输出模拟电压 $U_r > U_i$，因此最高位

改为置"0"；当最高位置"1"，转换成的模拟电压 $U_r < U_i$，该位保持原置"1"不变，按此规律分析得到 A/D 转换器的数字输出量为

$$D = 01001101$$

（2）已知 D/A 转换器 8 位，最高输出电压为 9.945V，因此 D/A 转换器最低位为 1 时，输出 U_o 的值应为

$$U_o = \frac{9.945}{2^n - 1} = 0.039(V)$$

当 $u_i = 6.436V$ 时，求得电路输出状态为

$$\frac{6.435}{0.039} = (165)_{10} = (10100101)_B$$

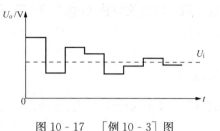

图 10-17　[例 10-3] 图

10.6.2　双积分型 A/D 转换器

1. 电路组成

双积分 A/D 转换器是一种间接 A/D 转换器，其原理框图如图 10-18 所示。双积分 A/D 转换器的电路包含积分器、电压比较器、计数器、时钟脉冲源和控制逻辑电路等几部分。输入电压与基准电压极性相反（U_i 为正，U_R 为负）。

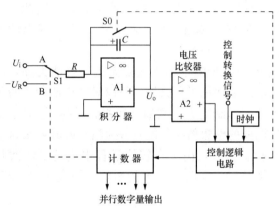

图 10-18　双积分型 A/D 转换器原理框图

2. 工作原理

工作原理是先对输入的模拟电压信号 U_i 进行固定时间的取样积分，然后对标准电压进行比较积分，当积分输出为零时获得与输入电压平均值成正比的时间间隔，并利用时钟脉冲和计数器将该时间间隔变换成正比于输入模拟信号的数字量。

当电路参数 R、C 和基准电压 U_R 确定不变，则反向比较积分的速率也不变，而积分过零时间的宽度正比于输入模拟电压的大小。于是在这个时间宽度里对固定频率的时钟脉冲进行计数，则计数结果就是正比于输入模拟电压的数字量输出。

整个转换过程分为两个阶段：

（1）定时取样积分阶段。当转换启动后，控制电路首先给出信号把开关 S0 闭合使电容 C 放掉全部电荷，同时控制电路将计数器清零。计数器清零时，输出一个信号控制模拟开关 S1，将开关 S1 合向 A，对 U_i 进行固定时间（$0 \sim T_1$）的积分，同时计数器从 0 开始计数。当 $t = T_1$ 时，对 U_i 积分停止，同时计数器的各位再次清零，并输出一个信号控制模拟开关 S1，使之与 A 断开，投至 B 侧。此时积分器的输出电压为

$$U_{o1} = -\frac{1}{RC}\int_0^{T_1} U_i dt = -\frac{T_1}{RC}U_i \tag{10-25}$$

由于 U_i 为正值，则 u_o 为负，并以与 U_i 大小对应的斜率下降，可见积分器的输出电压与 U_i 成正比。需要注意的是，U_i 应是输入模拟电压在 T_1 时间间隔内的平均值。

（2）比较读数阶段。当 $t = T_1$ 时，计数器再次清零并输出一个信号控制模拟开关 S1 接

使之与 A 断开，与 B 接通，积分器对反极性的基准电压 $-U_r$ 进行反方向积分，同时计数器从 0 开始计数。当积分器输出为 0（回到原始状态）时停止积分，同时计数器也停止计数。这一段时间为比较转换时间，用 T_2 表示，这时积分器的输出为零，由此得到

$$\frac{T_2}{RC}U_r = \frac{T_1}{RC}U_i \tag{10-26}$$

所以

$$T_2 = \frac{T_1}{U_r}U_i \tag{10-27}$$

式（10-27）表明，反向积分时间 T_2 与输入信号 U_i 成正比。计数器在 T_2 时间里对固定频率的时钟信号进行计数，则计数结果的数值将与 U_i 成正比，假定时钟脉冲信号的周期为 T_C，则计数结束后计数器中所存二进制数为

$$\frac{T_2}{T_C} = \frac{T_1}{T_C U_r}U_i \tag{10-28}$$

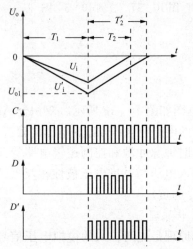

图 10-19　积分式 A/D 转换器的工作波形

当 U_i 取两个不同的数值时，反向积分时间 T_2 和 T_2' 也不相同，而且时间的长短与 U_i 的大小成正比。因此，计数器中的数字是与 U_i 成正比的。积分式 A/D 转换器的工作波形如图 10-19 所示。

积分式 A/D 转换器的最大优点是抗干扰能力强，由于转换器的输入端使用了积分器，所以对平均值为零的各种噪声有很强的抑制能力。例如，在积分时间 T_1 等于交流电网电压周期的整数倍时，能有效地消除或减弱来自电网的工频干扰。另外，由于在转换过程中进行了两次积分，所以转换结果不受时间常数的影响，如式（10-27）所表明的那样。

积分式 A/D 转换器的主要缺点是转换速率比较低，一般都在每秒几十次以内，因此这种转换器适用于数字表等对转换速度要求不高的精密仪器。

10.6.3　A/D 转换器的主要技术指标

（1）分辨率。以输出二进制数的位数表示分辨率，位数越多，误差越小，转换精度越高。

（2）转换精度。A/D 转换器的转换精度反映了实际 A/D 转换器在量化值上与理想 A/D 转换器进行模/数转换的差值，可表示成绝对误差或相对误差。

（3）转换速率。系指完成一次转换所需的时间。A/D 转换器的转换速度主要取决于转换电路的不同类型，一般是从接到转换控制信号开始，到输出端得到稳定的数字量为止所经过的时间，通常在几十微秒左右。间接 A/D 转换器的转换速率比直接 A/D 转换器的低得多。使用时，要根据实际需要注意选择合适类型的 A/D 转换器。其他技术指标请参考有关文献。

10.6.4　集成 A/D 转换器举例

目前使用的大多是单片集成 A/D 转换器，其种类很多。例如：双积分式的 ICL7106 $\left(3\frac{1}{2}位\right)$、ICL7109（12 位）、AD7555$\left(5\frac{1}{2}位\right)$；逐次逼近式的 ADC0809（8 位）、ADC579

（10 位）、AD1674（12 位）、MN5280 和 AD1380（16 位）等。作为示例下面对 ADC0809 进行简要介绍。图 10‑20 是 ADC0809 的结构图和引脚排列。由图可见，ADC0809 由一个 8 路模拟开关、一个地址锁存与译码器、一个 A/D 转换器和一个三态输出锁存器组成。多路开关可选通 8 个模拟通道，允许 8 路模拟量分时输入，共用 A/D 转换器进行转换。三态输出锁存器用于锁存 A/D 转换完的数字量，当 OE 端为高电平时，才可以从三态输出锁存器取走转换完的数据。

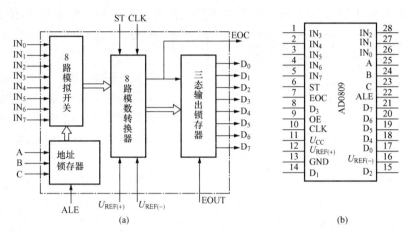

图 10‑20　ADC0809 芯片
(a) 芯片结构图；(b) 芯片引脚排列

$IN_0 \sim IN_7$ 为模拟量输入通道。ADC0809 要求输入模拟量为单极性信号，电压范围是 $0 \sim 5V$，若信号太小，必须进行放大；输入的模拟量在转换过程中应该保持不变，如若模拟量变化太快，则需在输入前增加采样保持电路。

A、B 和 C 为地址输入端，用于选通 $IN_0 \sim IN_7$ 上的一路模拟量输入。ALE 为地址锁存允许输入线，高电平有效。当 ALE 线为高电平时，地址锁存与译码器将 A、B、C 三条地址线的地址信号进行锁存，并经译码后选择数据通道，于是被选中通道的模拟量进入转换器进行转换。

$D_7 \sim D_0$ 为数字量输出端。ST 为转换启动信号，当 ST 上跳沿时，所有内部寄存器清零；下跳沿时，开始进行 A/D 转换；在转换期间，ST 应保持低电平。EOC 为转换结束信号。当 EOC 为高电平时，表明转换结束；否则，表明正在进行 A/D 转换。OE 为输出允许信号，用于控制输出锁存器向单片机输出已转换的数据。OE＝1，输出转换得到的数据；OE＝0，输出数据线呈高阻状态。

CLK 为时钟输入信号线。因 ADC0809 的内部没有时钟电路，所需时钟信号必须由外界提供，通常使用频率为 500kHz，$U_{REF(+)}$，$U_{REF(-)}$ 为参考电压。

由于 ADC0809 内部带有输出锁存器，所以它可以与 AT89S51 单片机直接相连。具体使用问题及其他芯片可参考有关文献。

10.7　数据采集系统

数据采集系统是将电测的模拟信号自动地进行采集并变换为数字量，再送到计算机中进行处理、传输、显示、存储或打印。数据采集系统广泛地应用于工业、农业、国防和日常生活等各个领域。

数据采集系统一般由传感器、多路开关、S/H 电路、A/D 转换器和计算机等组成，在设计数据采集系统时应考虑的主要因素是系统结构形式、通道数和变化速率、电测精度、分辨率和速度等。下面介绍几种常用的数据采集系统结构形式。

10.7.1 多通道共享 S/H 和 A/D 系统

多通道共享 S/H 和 A/D 系统采用分时转换工作方式，各路被测参数共用一个 S/H 和 A/D，系统结构如图 10-21 所示。

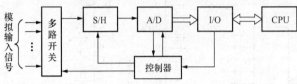

图 10-21 多通道共享 S/H 和 A/D 系统

在某一时刻，多路开关只选择其中某一路输出经 S/H 后进行 A/D 转换，转换结束后输出数字信号。在其转换期间，多路开关可以将下一路接通到 S/H 电路的输入端。系统重复上述操作，实现对多通道模拟信号的数据采集。

这种结构形式简单，所用芯片数目少，采集方式可按顺序或随机进行，适用于信号变化速率不高的场合。

10.7.2 多通道共享 A/D 系统

多通道共享 A/D 系统虽然也是分时转换系统，各路信号共用一个 A/D 转换器，但每一路通道都有一个 S/H，可以在同一指令控制下对各路信号同时采集，获得各路信号在同一时刻的瞬时值。多通道共享 A/D 系统结构如图 10-22 所示。模拟开关分时将各路 S/H 接到 A/D 上进行转换。这些同步采样的数据可描述各路信号的相位关系，故该结构又称为多通道同步数

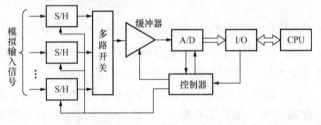

图 10-22 多通道共享 A/D 系统

据采集系统。三相瞬时功率测量系统常采用这种结构形式，它可以对同一时刻的三相电压、电流进行采样，然后进行计算获得瞬时功率。

10.7.3 多通道 A/D 系统

图 10-23 所示系统为多通道 A/D 系统，可见该结构形式的每个通道都有各自独立的 S/H 电路和 A/D 转换器，各个通道的信号可以独立进行采样和 A/D 转换，转换的数据经过接口电路送至计算机中处理。该结构形式适用于高速系统、分散远距离传输系统以及多通道并行数据采集系统，特别是在分散远距离传输的传输过程中，为了避免远距离传输模拟信号受干扰，还可以采用就近采样/保持和模数转换，转换的数字信号经过光电转换成光信号再传输，从而

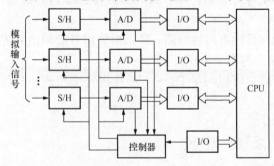

图 10-23 多通道 A/D 系统

使传感器和数据处理中心在电气上完全隔离，避免接地电位差引起的共模干扰。

10.8　非电量电测系统

在工程实践常遇到的被测量是长度、速度、位移、应力、压力、温度、流量、湿度、浓度等，它们都是非电物理量，简称非电量。用非电的方法直接测量这些物理量，不仅有时存在较大的困难，而且很难达到测量的精度要求。通常将各种非电量变换为电量（电动势、电压、电流、频率等），而后进行测量，这种方法称为非电量电测法。由于变换所得的电量与被测的非电量之间有一定的比例关系，因此通过对变换所得的电量的测量便可测得非电量的大小。

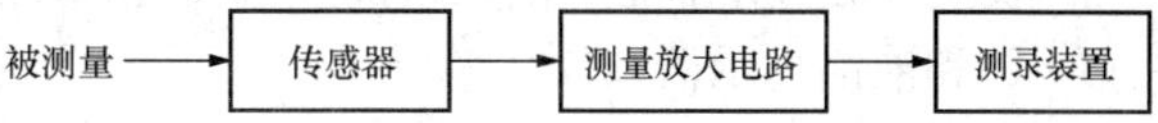

被测量 → 传感器 → 测量放大电路 → 测录装置

图 10 - 24　非电量电测系统基本结构框图

非电量电测系统的基本结构框图，如图 10 - 24 所示，主要由传感器、测量放大电路、指示器和记录仪组成。

10.8.1　传感器及分类

1. 传感器

传感器的作用是把被测的非电量变换为与其成确定对应关系的电量。传感器的种类繁多，各有各的变换功能。它在非电量电测系统中占有很重要的地位，它获得信息的准确与否，关系到整个测量系统的精确度。

2. 分类

传感器有多种分类方法，下面介绍根据工作原理的分类及典型应用。表 10 - 4 给出了按工作原理分类的名称和典型应用。

在工程实践中，一个被测量可有多种不同的电测方法和手段。例如温度，既可用热敏电阻或半导体温度计测量，也可以用热电偶测量，还可以用辐射式温度传感器以及其他类型的温度传感器测量。另一方面，不同的被测量又可能采用同一种电测方法或手段，例如力、压力、位移、加速度、液位等，均可用电容式传感器测量。因此，在非电量电测系统中，究竟采用哪一种传感器是首先要解决的问题。

正确选择传感器主要依据其使用要求，同时也要考虑经济性。使用要求主要有：

（1）被测量的性质（静态或动态测量）。

（2）测量精确度和稳定性。

（3）灵敏度和量程范围。

（4）工作条件和使用环境。

（5）其他特殊要求。

10.8.2　信号处理电路

传感器输出的信号通常是非常微弱的电信号，而且极易受到环境温度和其他干扰因素的影响。因而需要电测电路将传感器输出信号进行放大、处理和变换等。信号处理电路主要包括测量电路、放大电路、模拟开关、电压/频率转换电路、采样/保持电路等。

10.8.3　信号显示和记录

非电量电测的目的是要了解被测物理量的数值，信号的显示与记录是非电量电测系统中的重要环节。在电测系统中静态量的显示比较简单，而随时间变化的动态量的显示则比较困难。信号的显示与记录可分为模拟式、数字式和图像式。

模拟式显示与记录以模拟量来显示或记录被测量，也就是利用仪表指针的偏转角度标出的相对位置表示读数，如安培计、伏特计、功率表等指示器。模拟式记录仪器仪表目前用得最多的是笔式记录仪、光线示波器、磁带记录仪、X—Y记录仪等。

数字显示与记录将反映被测物理量变化的模拟信号，经模/数转换器后转换成数字信号，再经过译码、驱动及显示器件，最后将被测量以十进制数字形式显示，如数字电流表、数字转速表、数字频率计等，模/数转换、译码、显示电路等。

图像显示是用屏幕显示读数或测量的变化曲线。目前应用较广泛的是数字及字符显示器件（LED和液晶显示器）。

目前在非电量电测系统中广泛应用微型计算机，不仅能扩大系统的测量功能，而且也能改善对测量值的处理技术，并提高了可靠性。

表 10 - 4   **传 感 器 分 类 表**

传感器分类		转换原理	传感器名称	典型应用
转换形式	中间参量			
电参数	电阻	移动电位器触点改变电阻	电位器传感器	位移
		改变电阻丝或片的尺寸	电阻丝应变传感器、半导体应变传感器	微应变、力、负荷
		利用电阻的温度效应（电阻温度系数）	热丝传感器	气流速度、液体流量
			电阻温度传感器	温度、辐射热
			热敏电阻传感器	温度
		利用电阻的光敏效应	光敏电阻传感器	光强
		利用电阻的湿度效应	湿敏电阻传感器	湿度
	电容	改变电容的几何尺寸	电容传感器	力、压力、负荷、位移
		改变电容的介电常数		液位、厚度、含水量
		改变磁路的几何尺寸、导磁体位置	电感传感器	位移
		涡流去磁效应	涡流传感器	位移、厚度、硬度
		利用压磁效应	压磁传感器	力、压力
电参数	电感	改变互感	差动变压器	位移
			自整角机	位移
			旋转变压器	位移
	频率	改变谐振回路的固有频率	振弦式传感器	力、压力
			振同式传感器	气压
			石英谐振传感器	力、温度

续表

传感器分类		转换原理	传感器名称	典型应用
转换形式	中间参量			
电参数	计数	利用莫尔条纹	光栅	大角位移、大直线位移
		改变互感	感应同步器	
		利用拾磁信号	磁栅	
	数字	利用数字编码	角度编码器	大角位移
电量	电动势	温差电动势	热电偶	温度、热流
		霍尔效应	霍尔传感器	磁通、电流
		电磁感应	磁电传感器	速度、加速度
		光电效应	光电池	光强
	电荷	辐射电离	电离室	离子计数、放射性强度
		压电效应	压电传感器	动态力、加速度

习　　题

10.1　用量程是 250V、准确度为 0.2 级和 1.0 级的电压表测量 200V 的电压时，可能出现的最大绝对误差是多少？

10.2　已知实际电源为 220V 的交流电源，今有准确度为 1.5 级、满标值为 250V 和准确度为 1.0 级、满标值为 500V 两块电压表，若要较准确的测量，应选用哪一块表？

10.3　差动输入运算放大器广泛应用于测量仪表放大器的输入级，如图 10-25 所示。图中导线电阻 $R_{L1}=R_{L2}=1\Omega$，信号地和仪表地之间的电阻 R_G 上存在干扰电压 $u_G=0.1V$。试求：

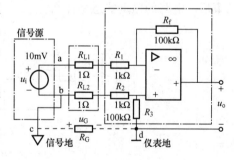

图 10-25　题 10.3 图

（1）根据图示数据，输出电压 u_0 为多大？（提示：$u_{ad}=u_i+u_G$）；

（2）如果运算放大器改为反相输入（提示：不接 R_{L2}，R_2、$R_3=0$）输出电压 u_0 将是多大？

10.4　用模拟开关 S0、S1 和三个集成运放组成的程控分压电路如图 10-26 所示，输出电压 U_0 受数字量 D_1D_0 控制，设 $U_i=0.9V$，试求 D_1D_0 为 00、10、01 和 11 时的 U_0 的大小。

10.5　在图 10-27 所示的 $R—2R$ 梯形电阻网络 D/A 转换电路中，如 $U_{REF}=5V$、$R=2k\Omega$、$R_f=6k\Omega$。试求：

（1）在输入 4 位二进制数 X=0101 时，输出电压 $U_0=$？

（2）在输入 4 位二进制数 X=1101 时，输出电压 $U_0=$？

10.6　在图 10-14 所示的电阻网络 D/A 转换电路中，如 $U_{REF}=5V$，$R=2k\Omega$，$R_f=$

$6k\Omega$，输入 4 位二进制数为 "1010"，则此转换电路的输出电压 $U_o =$ ？

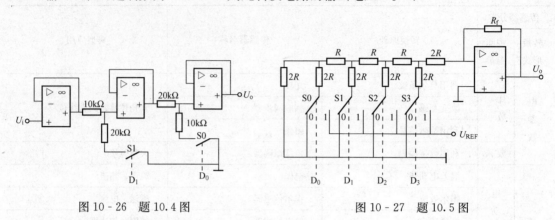

图 10 - 26　题 10.4 图　　　　　　　　图 10 - 27　题 10.5 图

10.7　某 D/A 转换器要求 10 位二进制数能代表 0～50V，试问此二进制数的最低位代表几伏？

10.8　在一个 8 位 T 形电阻网络 D/A 转换器中，若基准电压 $U_{REF} = -5V$，$R_f = R$，试求下列 3 种情况下的输出电压。

（1）开关全部接地；

（2）开关全部接 U_{REF}；

（3）输入二进制代码为 10110101。

10.9　在 4 位逐次逼近式 A/D 转换中，设 $U_{REF} = 5V$，$U_i = 4.1V$，说明逐次比较的过程和转换的结果。

10.10　逐次逼近式 A/D 转换器的 U_i 和 D/A 转换器部分的输出 u_o 的波形图 10 - 28（a）、（b）所示。图中 t_0 表示转换开始，t_1 表示转换结束。根据 u_i、u_o 的波形图，说明转换结束后，电路的输出状态是什么？

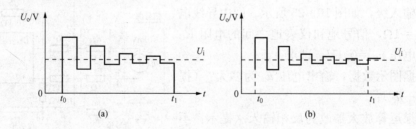

图 10 - 28　题 10.10 图

第11章　电力电子技术基础

　　电子技术的发展分为两大分支。一个分支是对信息进行处理的微电子技术；另一个分支是对电能进行变换的电力电子技术。前面章节的内容均属于微电子技术的范围，1957年晶闸管的问世标志了电力电子技术发展的开端。

　　电力电子技术（Power Electronics）介于电力、电子和自动控制三大电气工程技术领域之间，是一种利用电力电子器件对电能的某些参数或特性（如电压、电流、频率、相位、波形等）进行变换和控制的技术，其内容包括电力电子器件、变换电路和相应的控制技术。

　　由于篇幅所限，本章仅介绍电力电子技术中常用的基本知识。

11.1　电力电子器件

　　电力电子器件的种类比较多，但就其开关特性可分为以下三种类型。

　　（1）不可控型器件。这类器件通常为二端器件，除了改变加在器件两端的电压极性以外，不能主动控制器件的开通和关断。如功率二极管。

　　（2）半控型器件。这类器件通常为三端器件，通过控制信号只能控制其开通，而不能控制其关断。如普通晶闸管。

　　（3）全控型器件。这类器件通常也为三端器件，通过控制信号，既能控制其开通，也能控制其关断。如目前常用的门极可关断晶闸管（GTO）、电力晶体管（GTR）、电力场效应晶体管（P-MOSET）、绝缘栅双极型晶体管（IGBT）等。

11.1.1　晶闸管

　　晶闸管——晶体闸流管的简称（Thyristor），俗称可控硅SCR（Silicon Controled Rectifier）。晶闸管包括普通晶闸管和快速晶闸管（FST）、逆导晶闸管（RCT）、双向晶闸管（TRIAC）、光控晶闸管（LTT）及可关断晶闸管（GTO）等特种晶闸管。普通晶闸管简称晶闸管，其电压和电流容量已达到数千安、上万伏，但普通晶闸管的工作频率较低，一般在400Hz以下。

　　1. 晶体闸的基本结构

　　我们知道晶体管是由三层半导体构成的，在此基础上发展起来的晶闸管由P—N—P—N四层半导体构成的，它中间形成三个PN结J1、J2、J3，其结构示意和电路符号如图11-1所示。最外层的P1和N2分别引出阳极A和阴极K，中间的P2层引出控制极（或称门极）G。

　　晶闸管单管的外形按电流由小到大的顺序，有塑封式、螺栓式、平板式3种。此外，为了安装和连接方便，常将若干个晶闸管封装成模块形

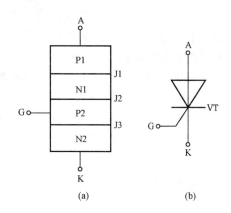

图11-1　普通晶闸管的结构示意和电路符号
(a) 结构示意；(b) 电路符号

式，在使用时固定在散热器上。

2. 晶闸管的工作原理

晶闸管具有导通和阻断（截止）两种工作状态。晶闸管的导通与截止是指当 J1、J2、J3 同时正偏时才能导通，其中只要有一个 PN 结反偏，则截止。为此，只有当晶闸管阳极与阴极之间加正向电压，且控制极与阴极之间也加正向电压（称触发信号）时，晶闸管才可以导通。如果在阳极与阴极之加反向电压，无论控制极是否加电压，晶闸管均不会导通，晶闸管处于反向阻断状态。

晶闸管导通的内部条件可以用图 11 - 2 所示的电路模型表示，即看成 PNP 和 NPN 型两个晶体管的互连，其连接原则是一个管子的基极与另一个管子的集电极相连。

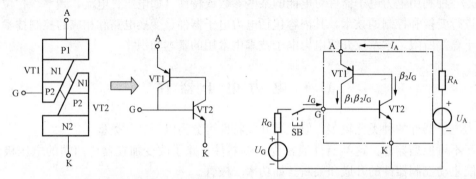

图 11 - 2　普通晶闸管的等效电路　　　图 11 - 3　晶闸管工作原理示意图

晶闸管工作原理如图 11 - 3 所示，在阳极 A 与阴极 K 之间加有正向电压 U_{AK}。在控制极加正触发脉冲（按钮 SB 闭合时获得），VT2 的发射结正偏，由 U_G 产生的控制极电流 I_G 就是 VT2 的基极电流 I_{B2}，VT2 的集电极电流 $I_{C2} = \beta_2 I_G$。而 I_{C2} 又是 VT1 的基极电流 I_{B1}，此时，VT1 的集电极电流 $I_{C1} = \beta_1 I_{C2} = \beta_1 \beta_2 I_G$。$I_{C1}$ 又流入 VT2 基极，再次被 VT2 放大。这样循环下去，反复放大，形成强烈的正反馈，使两个 BJT 迅速进入饱和状态，即晶闸管导通。

晶闸管导通后，它的导通状态可以完全依靠自身的正反馈作用来维持，所以，即使断开按钮 SB，使控制电流 I_G 消失，晶闸管仍然处于导通状态。因此，控制极的作用仅是触发晶闸管导通，导通后，控制极就失去了控制作用。若要晶闸管回到阻断状态，必须使阳极电流减小到不能维持其正反馈的数值，晶闸管才会自行关断，此时对应的阳极电流称为维持电流 I_H。根据上述原理，要使晶闸管由导通回到阻断状态，必须设法减小 I_A，使之小于 I_H，晶闸管方可恢复阻断状态。

综上所述，晶闸管相当于一个可控的单向导电开关，其导通必须同时具备两个条件：

（1）在阳极 A 与阴极 K 之间加一定的正向电压 U_{AK}。

（2）在控制极 G 与阴极 K 之间加一定的正向触发电压 U_{GK}。在实际应用中，U_{GK} 常采用正向触发脉冲信号。

3. 晶闸管的伏安特性

晶闸管的伏安特性即阳极和阴极之间电压 U_{AK} 与阳极电流 I_A 的关系曲线，如图 11 - 4 所示。

在 I 象限中，当晶闸管承受正向电压（$U_{AK} > 0$）且控制极开路（$I_G = 0$）时，晶闸管处于正向阻断状态，对应特性曲线的 OA 段。此时晶闸管阳、阴极之间呈现很大的正向电阻，只有很小的正向漏电流。当 U_{AK} 增加到正向转折电压 U_{BO} 时，J2 结被击穿，漏电流突然增大，从图中 A 点迅速经 B 点至 C 点，晶闸管转入导通状态。应该指出，这种导通是因正向击穿导致的，很容易造成晶闸管永久性损坏，实际应用中应避免这种现象发生。如前所述，晶闸管的正常导通应施加正向触发电压，如图 11 - 4 所示，触发电压形成的触发电流 I_G 越大，正向转折电压就越低，晶闸管就越容易导通。不同规格的晶闸管所需的触

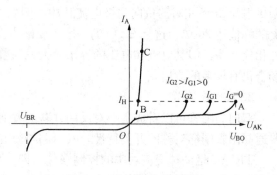

图 11 - 4　SCR 的伏安特性

发电流是不同的，一般情况下，晶闸管的正向平均电流越大，所需的触发电流也越大。晶闸管正向导通后，工作在 BC 段，和普通二极管正向特性相似，其导通压降约为 1V。

在第Ⅲ象限，晶闸管承受反向电压（$U_{AK} < 0$），处于反向阻断状态，此段特性与二极管反向特性很相似，反向漏电流很小。当反向电压超过反向击穿电压 U_{BR} 时，反向电流剧增，晶闸管反向击穿。

4. 晶闸管的主要参数

（1）额定正向平均电流 I_F。在规定环境温度（40℃）及标准散热条件下，晶闸管处于全导通时可以连续通过的最大工频正弦半波电流的平均值。

（2）维持电流 I_H。控制极断开后，维持晶闸管继续导通的最小电流。

（3）正向重复峰值电压 U_{FRM}。在晶闸管控制极开路且正向阻断情况下，可以重复加在晶闸管上的正向峰值电压。通常规定 U_{FRM} 为正向转折电压 U_{BO} 的 80%。

（4）反向重复峰值电压 U_{RRM}。在控制极开路时，可以重复加在晶闸管上的反向峰值电压。通常规定 U_{RRM} 为反向击穿电压 U_{BR} 的 80%。

除上述静态指标外，晶闸管还有一些动态指标，如断态电压临界上升率 du/dt、通态电流临界上升率 di/dt、开通时间 t_{on}、关断时间 t_{off} 等，使用时可查阅有关手册。

11.1.2　特种晶闸管

由于篇幅限制，本书只介绍门极可关断晶闸管（Gate-Turn-Off Thyristor，GTO）和双向晶闸管（Triode AC Switch，TRIAC）。

1. 门极可关断晶闸管

门极可关断晶闸管（GTO）也是晶闸管的一种派生器件，但可以通过在门极施加负的脉冲电流使其关断，因而属于全控型器件。其电路符号如图 11 - 5 所示。

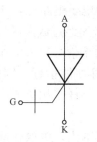

图 11 - 5　门极可关断晶闸管电路符号

和普通晶闸管相同的是，GTO 也具有 PNPN 4 层的半导体结构，外部也是引出阳极 A，阴极 K 和门极 G；而不同之处在于，GTO 是一种多元的功率集成器件，虽然外部只有 3 个极，但内部却包含几十个至几百个相当于并联的小 GTO 元。这种结构使得 GTO 承受 di/dt 的能力更强，开关速度也更快，小容量 GTO 的工作频率可达数十千赫。

GTO 的导通过程与普通晶闸管是一样的，但欲使 GTO 关断，必须在门极施加相当于

阳极电流 20% 左右的负向门极电流脉冲，例如一个 1000A 的 GTO，关断时门极负向脉冲电流的峰值达 200A，这是 GTO 的一个主要缺点。尽管 GTO 的控制性能与其他一些全控型器件相比要差，但其电流和电压的容量较大，与普通晶闸管接近，因而在兆瓦级以上的大功率场合仍有较多的应用。

2. 双向晶闸管

双向晶闸管可以看成是一对反向并联的普通晶闸管，这种结构使它在两个方向都具有与普通晶闸管同样对称的开关特性，其电路符号和伏安特性分别如图 11-6 (a)、(b) 所示。

TRIAC 是一种交流功率的控制器件，即正向或反向都具有能触发导通的开关特性，因此无所谓阳极与阴极。通常把通向主回路的两个引出端子分别称为 T1、T2 端，并假定靠近门极的端子为 T1 端。

双向晶闸管的两个晶闸管的触发导通都是由一个门极 G 来控制的，不仅在 I、III 象限都能触发导通，而且门极的极性可为正，也可为负。但出于提高触发灵敏度和换向能力的综合考虑，实际应用中，用双向晶闸管控制交流功率时，多采用门极极性为负的触发方式，如图 11-6 (c) 所示。

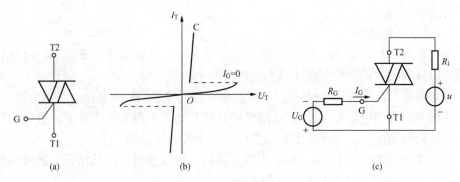

图 11-6 双向晶闸管

(a) 电路符号；(b) 伏安特性；(c) 触发方式

11.1.3　电力晶体管和电力场效应晶体管

1. 电力晶体管

电力晶体管（Giant Transistor，GTR）是一种耐高压、大电流的双极型晶体管（BJT）。

GTR 的工作原理、特性及电路符号与小功率的 BJT 类似，但在电力电子电路中，GTR 一般工作在开关状态，即工作在截止区或饱和区，仅在开关过程中才会快速经过放大区。对于 GTR 来说，最主要的特性是耐压高、电流大、开关特性好，而不像用于信号放大的小功率管那样注重单管电流放大系数、线性度、频率响应以及噪声和温漂等性能指标。因此，GTR 通常采用至少由两个单管按达林顿接法组成的单元结构，同 GTO 一样采用集成电路工艺将许多这种单元并联而成。

GTR 的开关速度要比普通晶闸管和 GTO 快得多，在中、小功率范围内，曾取代晶闸管和 GTO 得到了广泛的应用，但目前其地位已大多被绝缘栅双极型晶体管和电力场效应晶体管所取代。

2. 电力场效应晶体管

电力场效应晶体管（Power MOSFET，P-MOSFET）通常是指绝缘栅（MOS）型的场效应晶体管（FET），其中以 N 沟道增强型的为主。其电路符号如图 11 - 7 所示。

P-MOSFET 的工作原理与小功率的 MOSFET 相似，只是工艺上作了许多改进，使之可以通过较大的电流和承受较高的电压。

P-MOSEFT 是一种电压控制的全控型开关器件，与 GRT 相比，具有驱动功率小、工作频率高、热稳定性好等显著特点，但 P-MOSFET 的电流容量小、耐压低、通态电阻较大，一般只适用于功率不超过 10kW 的电力电子装置。

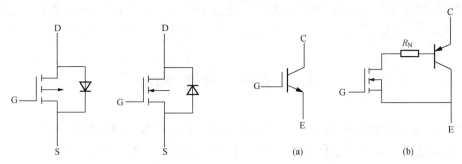

图 11 - 7　P-MOSFET 电路符号　　图 11 - 8　IGBT 的电路符号及等效电路

（a）电路符号；（b）等效电路

11.1.4　绝缘栅晶体管和 MOS 控制晶闸管

1. 绝缘栅双极型晶体管

绝缘栅双极型晶体管（Insulated-gate Bipolar Transistor，IGBT）是综合了 GTR 和 MOSFET 的优点复合而成的一种全控型器件，其电路符号和等效电路如图 11 - 8 所示。

IGBT 也是 3 端器件，具有栅极 G、集电极 C 和发射极 E。由等效电路可见，IGBT 是由 N 沟道的增强型 MOSEFT 与 PNP 双极晶体管构成的（称 N 沟道 IGBT，还有 P 沟道 IGBT）。因此，IGBT 的输入特性与 N 沟道增强型 MOSEFT 的转移特性相似，输出特性与双极晶体管的输出特性相似。不同的是，IGBT 集电极电流 I_C 是受栅—射极电压 U_{GE} 的控制。IGBT 的开通和关断由栅—射极间电压 U_{GE} 决定，当 U_{GE} 为正，且大于开启电压 $U_{GE(th)}$ 时，MOSFET 内形成导电沟道，并为 PNP 管提供基极电流，进而使 IGBT 导通。当栅—射极间开路或加反向电压时，MOSFET 内导电沟道消失，PNP 管的基极电流被切断，IGBT 即关断。

2. MOS 控制晶闸管

MOS 控制晶闸管（MOS Controlled Thyristor，MCT）是用 SCR 与 MOSFET 复合而成的，它的输入侧为 MOSFET 结构，输出侧为 SCR 结构。因此，MCT 兼有 MOSFET 的高输入阻抗，低驱动功率和开关速度快以及 SCR 耐压高、电流容量大的特点；同时，它又克服了 SCR 不能自动关断和 MOSFET 通态压降大的缺点。MCT 也有 P-MCT 和 N-MCT 两类，目前应用较多的为 P-MCT，其电路符号和等效电路如图 11 - 9 所示。

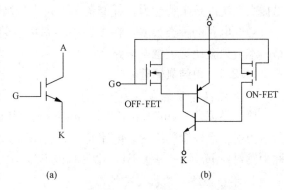

图 11 - 9　P-MCT 的电路符号及等效电路

（a）电路符号；（b）等效电路

　　MCT 是在 SCR 结构中集成了一对 MOSFET 管，这一对 MOSFET 管的作用是控制 SCR 的开通和关断，使 SCR 开通的 MOSFET 称为 ON-FET，使 SCR 关断的 MOSFET 称为 OFF-FET，这两个 MOSFET 的栅极连在一起构成 MCT 的门极 G。当门极相对于阳极加一负触发脉冲时，ON-FET 导通，它的漏极电流使 NPN 管导通，NPN 管的集电极电流又使 PNP 管导通，而 PNP 管的集电极电流反过来又维持 NPN 管的导通，形成正反馈自锁效应，使 MCT 保持导通状态。当门极与阳极之间加一正触发脉冲时，OFF-FET 导通，相当于短接 PNP 管的发射结而使 PNP 管截止，导致正反馈自锁效应不能继续维持而使 MCT 关断。

11.2　晶闸管触发电路

　　晶闸管控制极的触发信号是由专用电路提供的，该电路称为触发电路。触发信号可以是交流、直流或脉冲，但由于晶闸管在触发导通后控制极就失去控制作用，为了减少控制极损耗，故触发信号常采用脉冲形式。为了保证晶闸管电路可靠工作，对各类触发电路有以下基本要求：

　　（1）晶闸管属于电流控制器件，为了保证晶闸管可靠开通，触发电流应有一定裕量，一般可取所需触发电流大小的两倍左右，并按触发电流的大小决定触发信号的电压（4～10V）。但要注意勿超过晶闸管控制极允许的极限值。

　　（2）触发脉冲信号要有足够的宽度，以保证晶闸管有足够的时间完成开通过程。一般要求脉宽大于 $20\mu s$，脉冲前沿应较陡并具有一定的驱动功率。

　　（3）触发脉冲必须与主电路电源电压同步。为了使晶闸管在每一周期都能重复在相同的相位上触发导通，触发脉冲与主电路电源电压必须保持某种固定的相位关系。同步信号通常来自主电路的交流电源。

　　（4）触发脉冲应有可以控制的移相范围。移相范围的大小由主电路结构、负载性质和实际要求确定。

　　此外，实际应用中经常需要采用脉冲变压器或光耦合器将触发电路与主电路进行隔离，以提高系统的抗干扰能力，并避免主电路中较高的电压对触发控制电路构成威胁。

　　触发电路的种类很多，在中、小功率可控装置中常采用比较简单的单结晶体管触发电路。本节只介绍这类触发电路。

11.2.1　单结晶体管

1. 单结晶体管结构

　　单结晶体管（Uni-Junction Transistor，UJT）亦称双基极二极管。图 11-10（a）、（b）所示为单结晶体管的结构、电路符号。由图可见，它只有一个 PN 结，但有三个电极，分别称为发射极 E，第一基极 B1，第二基极 B2。B1、B2 之间有几千欧的电阻。

2. 单结晶体管的伏安特性

　　单结晶体管可以用图 11-11（a）所示的等效电路来表示。等效电路中 R_{B1} 为第一基极与发射极间的电阻，其值随发射极电流 I_E 而变，故用可变电阻表示，R_{B2} 为第二基极与发射极间电阻，其值与 I_E 无关，PN 结等效用二极管 VD 表示。

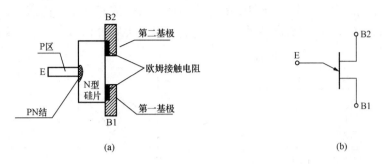

图 11 - 10　单结晶体管

（a）结构示意；（b）电路符号

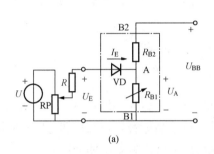 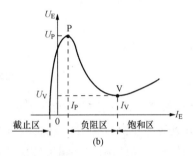

图 11 - 11　等效电路及伏安特性

（a）等效电路；（b）伏安特性

当发射极 E 不加电压，即 $U_E=0$ 时，U_{BB} 在 R_{B2} 和 R_{B1} 间分压，A、B1 两点之间的电压为

$$U_{AB1} = \frac{R_{B1}}{R_{B1}+R_{B2}}U_{BB} = \eta U_{BB} \tag{11-1}$$

其中

$$\eta = R_{B1}/(R_{B1}+R_{B2})$$

式中：η 称为分压比（或称分压系数），是单结晶体管的重要参数，其数值由单结晶体管的结构决定，一般在 0.3～0.9 之间。

如果在发射极 E 加电压 U_E，并使 U_E 由零开始逐渐增加，则可得到如图 11 - 11（b）所示的 I_E 与 U_E 的关系曲线。当 $U_E<U_A$ 时，PN 结因反偏而截止，I_E 为很小的漏电流。当 $U_E=U_A+U_D$（U_D 为 PN 结正向压降）时，PN 结导通，I_E 显著增大。PN 结由截止转变为导通时的转折点 P 称为峰点，该点电压 U_P、电流 I_P 称为峰点电压和峰点电流。PN 结导通后，随着 I_E 的增加，R_{B1} 及 U_E 下降。当 U_E 下降到 $U_E<U_V$，PN 结又因反偏而截止。特性曲线的最低点称谷点，该点电压 U_V、电流 I_V 称为谷点电压和谷点电流。谷点以后，R_{B1} 不再下降，I_E 继续增大时，U_E 略有上升。

综上所述，P、V 两点是单结晶体管工作状态的两个转折点，当 $U_E \geqslant U_P$ 时单结晶体管导通，当 $U_E<U_V$ 时重新恢复截止状态。在 P、V 两点之间为负阻区。

11.2.2　单结晶体管触发电路

1. 弛张振荡电路

单结晶体管振荡电路如图 11 - 12（a）所示。电源 U_{BB}、RP、R_4 和 C 构成充电回路；C、R_1 和单结晶体管 e-b1 构成放电回路。为了使电路处于自激振荡的工作状态，射极电压

u_E 与 i_E 的关系曲线（负载线）与单结晶体管的伏安特性应相交于负阻区。这样利用单结晶体管的负阻特性和 RC 的充放电特性，在 R_1 上可得到尖脉冲信号，用它来触发晶闸管。其工作原理如下：

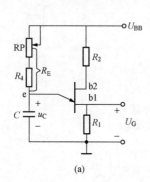 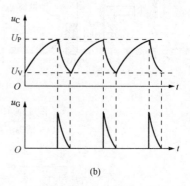

(a)   (b)

图 11 - 12   弛张振荡电路

(a) 电路图；(b) 工作波形

接通电源前，设电容 C 上的电压 $u_C = 0$。接通电源后，U_{BB} 通过 RP、R_4 对电容 C 充电，当 u_C 上升到等于单结晶体管的峰点电压 U_P 时，单结晶体管导通，E 和 B1 间的电阻突然减小，电容 C 经 R_1 和晶闸管控制极快速放电，在 R_1 上形成触发脉冲电压 u_G。

由于放电使电容电压下降，当 u_C 下降到等于单结晶体管的谷点电压 U_V 时，单结晶体管截止。电容 C 又转为充电，u_C 又转为上升。重复上述过程，电容 C 不断的充电、放电，单结晶体管不断的导通、截止，形成弛张振荡，这样在 R_1 上得到一系列前沿很陡的脉冲，如图 11 - 12 （b）所示。

2. 振荡条件

电路处于自激振荡的条件是工作点 Q 必须在发射结特性的负阻区。所以，振荡的主要条件是 R_E 的取值必须满足下列条件：

R_E 的最大值必须保证在 $u_E = U_P$ 时，流过 R_E 的电流大于峰点电流 I_P，即

$$\frac{U_{BB} - U_P}{R_{E(max)}} > I_P \tag{11-2}$$

R_E 的最小值必须保证在 $u_E = U_V$ 时，流过 R_E 的电流小于谷点电流 I_V，即

$$\frac{U_{BB} - U_V}{R_{E(min)}} < I_V \tag{11-3}$$

于是，要求 R_E 为

$$\frac{U_{BB} - U_P}{I_P} > R_E > \frac{U_{BB} - U_V}{I_V} \tag{11-4}$$

通常，R_E 取值在几千欧到几兆欧之间。

触发电路中的电位器 RP 是起移相控制作用的。改变 RP 的阻值，就改变了充电回路的时间常数 $\tau = (R_{RP} + R_4)C$，即改变了电容 C 充电的速度，因而改变了脉冲出现的位置。

功率较大的可控整流装置对触发电路的控制精度和稳定性要求较高，通常采用模拟触发电路或以微处理器为核心的数字触发电路，目前，已有许多通用的集成触发电路可供选用。

11.3　整流与滤波电路

将交流电转换成直流电的电路称为整流电路，整流也称为 AC—DC 变换。按整流元件
的特性整流电路可分为可控整流和不可控整流，按输入电源相数可分为单相整流和三相整
流，按输出波形又可分为半波整流和全波整流。

11.3.1　不可控整流电路

用整流二极管可组成不可控整流电路，这类电路的特点是在一定负载的情况下其输出电
压平均值与输入交流电压有效值的比值不变。

常见的几种不可控整流电路见表 11 - 1。由表 11 - 1 可见，半波整流电路的输出电压相
对较低，且脉动较大。两管全波整流电路则需要变压器的二次绕组具有中心抽头，且两个整
流二极管承受的最高反向电压相对较大。因此，在以上两种电路应用较少，而目前广泛使用
的是桥式整流电路。

这里以单相桥式整流电路为例，介绍其整流电路的工作原理。

单相桥式整流电路的工作原理如图 11 - 13 所示。设整流变压器二次侧电压为

$$u = \sqrt{2}U\sin\omega t$$

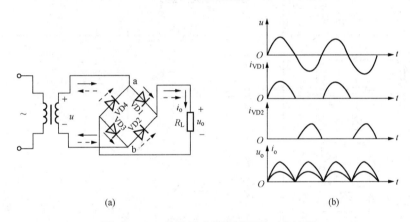

图 11 - 13　单相桥式整流原理及工作波形
(a) 电路图；(b) 工作波形

当 u 在正半周时，a 点电位高于 b 点电位，二极管 VD1、VD3 处于正向偏置而导通，
而 VD2、VD4 处于反向偏置而截止，此时电流的路径和流向如图 11 - 13 (a) 中实线箭头所
示；当 u 在负半周时，b 点电位高于 a 点电位，二极管 VD2、VD4 处于正向偏置导通，而
VD1、VD3 则处于反向偏置截止，此时电流的路径和流向如图 11 - 13 (a) 中虚线箭头所
示。可见，无论电压 u 是在正半周还是在负半周，负载电阻 R_L 上都有电流流过，而且方向
相同，因此在负载电阻 R_L 得到单向脉动电压和电流。单相桥式整流电路的主要工作波形如
图 11 - 13 (b) 所示。

若忽略二极管正向导通压降，单相桥式整流输出电压的平均值为

$$U_o = \frac{1}{\pi}\int_0^\pi \sqrt{2}U\sin\omega t\,\mathrm{d}\omega t = 2\frac{\sqrt{2}}{\pi}U = 0.9U \qquad (11 - 5)$$

流过负载电阻 R_L 的电流平均值为

$$I_o = \frac{U_o}{R_L} = 0.9\frac{U}{R_L} \tag{11-6}$$

流经每个二极管的电流平均值为负载电流的一半

$$I_D = \frac{1}{2}I_o = 0.45\frac{U}{R_L} \tag{11-7}$$

每个二极管在截止时承受的反向电压为 u 的最大值，即

$$U_{RM} = \sqrt{2}U \tag{11-8}$$

在选择桥式整流电路的整流二极管时，为了工作可靠，应使二极管的最大整流电流 $I_{VDM} > I_{VD}$，二极管的最高反向工作电压 $U_{VDRM} > U_{RM}$。

表 11-1　　　　　　　　　　常见的几种不可控整流电路

类型	电路	整流电压波形	整流电压平均值	每管电流平均值	每管承受最高反压
单相半波	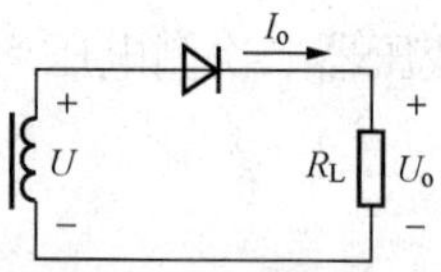	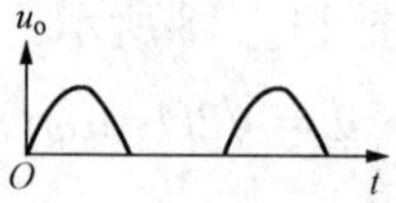	$0.45U$	I_o	$\sqrt{2}U$
单相全波	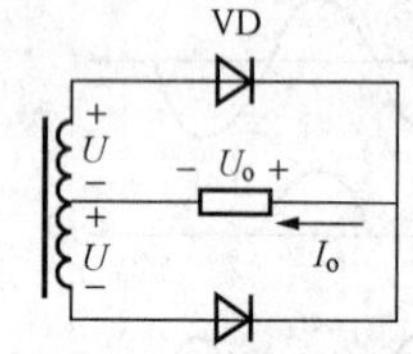	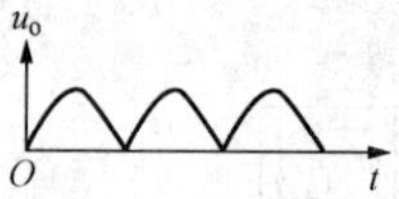	$0.9U$	$\frac{1}{2}I_o$	$2\sqrt{2}U$
单相桥式	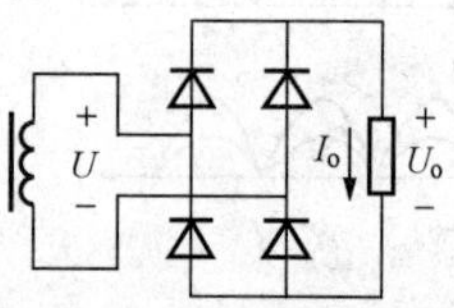	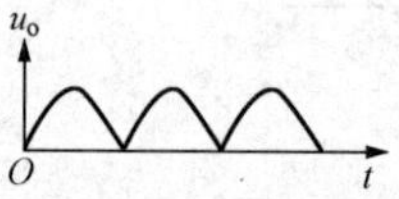	$0.9U$	$\frac{1}{2}I_o$	$\sqrt{2}U$
三相半波	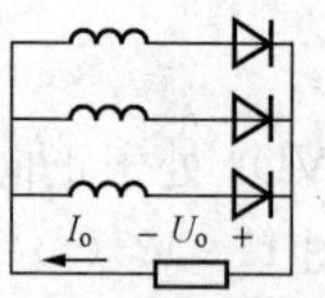	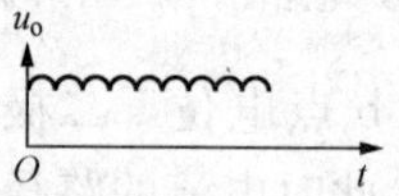	$1.17U$	$\frac{1}{3}I_o$	$\sqrt{3}\sqrt{2}U$
三相桥式	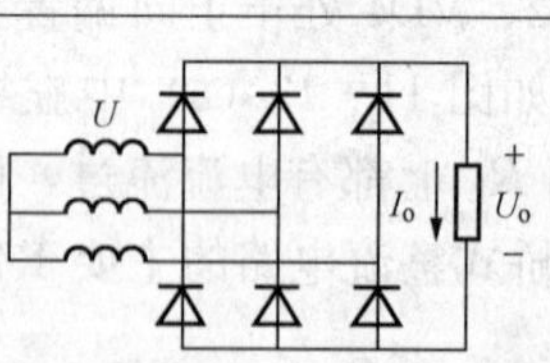	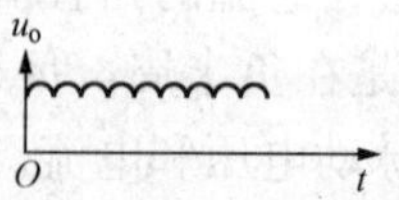	$2.34U$	$\frac{1}{3}I_o$	$\sqrt{3}\sqrt{2}U$

　　实际应用中经常使用将 4 个整流二极管封装在一起的整流桥模块，这些模块只有交流输入和直流输出引脚，可以减少接线，提高可靠性，使用起来非常方便。

　　单相整流电路常用于电子仪器中，其整流功率较小，一般为几瓦到几百瓦。若电气设备

要求的整流功率较大，达到几千瓦以上时，为了保证三相电网负载的平衡，通常采用三相整流电路。有关内容可参阅专业书籍。

【例 11 - 1】　试设计一台输出电压为 24V、输出电流为 1A 的直流电源，整流形式可采用半波整流或桥式整流，试确定两种形式整流电路的变压器二次侧电压的有效值，并选定相应的整流二极管。

解　（1）当采用半波整流电路时，变压器二次侧电压有效值为

$$U = \frac{U_o}{0.45} = \frac{24}{0.45} = 53.3(\text{V})$$

整流二极管承受的最高反向电压为

$$U_{RM} = \sqrt{2}U = 1.41 \times 53.3 = 75.15(\text{V})$$

流过整流二极管的平均电流为

$$I_{VD} = I_o = 1\text{A}$$

因此可选用 1 只 2CZ12B 整流二极管，其最大整流电流为 3A，最高反向工作电压为 200V。

（2）当采用桥式整流电路时，变压器副边电压有效值为

$$U = \frac{U_o}{0.9} = \frac{24}{0.9} = 26.7(\text{V})$$

整流二极管承受的最高反向电压为

$$U_{RM} = \sqrt{2}U = 1.41 \times 26.7 = 37.6(\text{V})$$

流过整流二极管的平均电流为

$$I_{VD} = \frac{1}{2}I_o = 0.5(\text{A})$$

因此可选用 4 只 2CZ11A 整流二极管，其最大整流电流为 1A，最高反向工作电压为 100V。

【例 11 - 2】　试证明单相桥式整流时变压器二次侧电流的有效值 $I = 1.11I_o$。

解

$$I_o = \frac{1}{\pi}\int_0^\pi I_m \sin\omega t \, d\omega t = \frac{2I_m}{\pi}$$

$$I = \sqrt{\frac{1}{\pi}\int_0^\pi (I_m \sin\omega t)^2 \, d\omega t} = \frac{I_m}{\sqrt{2}}$$

$$I = \frac{\pi}{2\sqrt{2}}I_o = 1.11I_o$$

11.3.2　可控整流电路

若把不可控整流电路中的二极管用晶闸管代替，则在负载一定的情况下，通过改变晶闸管触发信号的相位，就可以将交流电变换成电压平均值可调的直流电，故称这种整流电路为可控整流电路。

1. 单相半波可控整流电路

（1）电阻性负载。接有电阻性负载的单相半波可控整流电路如图 11 - 14（a）所示。由图可见，在交流电压 u 在正半周时，晶闸管 VT 承受正向电压，但在触发前并不导通。若在 t_1 时刻给门极加上触发脉冲 u_G，则晶闸管导通，负载上得到电压 u_o。当交流电压 u 下降到接近零值时，晶闸管正向电流小于维持电流而关断。在交流电压 u 在负半周时，晶闸管承受反向电压而不能导通，负载电压和电流为零。各电压和电流的波形如图 11 - 14（b）所示。

在正向电压作用期间，晶闸管不导通范围对应的角度称为控制角，用 α 表示；而晶闸管导通范围对应的角度称为导通角，用 θ 表示。在晶闸管承受正向电压期间，改变控制角 α，负载上的输出电压 u_o 波形随之改变，控制 α 角越小，则导通角 θ 越大，输出电压的平均值 U_o 也就越高。U_o 与 α 之间的关系为

$$U_p = \frac{1}{2\pi}\int_{\alpha}^{\pi}\sqrt{2}U\sin\omega t\,\mathrm{d}\omega t$$

$$=\frac{\sqrt{2}}{2\pi}U(1+\cos\alpha) = 0.45U\frac{1+\cos\alpha}{2}$$

(11 - 9)

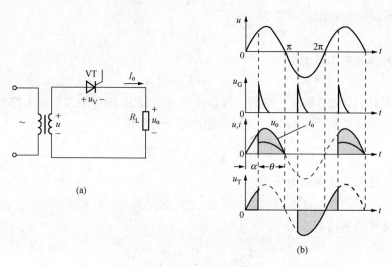

图 11 - 14　电阻性负载单相半波可控整流电路中各电压的波形
(a) 电路图；(b) 波形图

式中：U 为变压器二次侧电压的有效值。

负载电流 i_o 的平均值为

$$I_o = \frac{U_o}{R_L} = 0.45\frac{1+\cos\alpha}{2}\times\frac{U}{R_L}$$

(11 - 10)

晶闸管所承受的反向电压峰值为变压器二次侧电压的幅值，即 $\sqrt{2}U$。

由式（11 - 9）可见，当 $\alpha = 0$ 时，晶闸管在正半周全导通，$U_o = 0.45U$，输出电压的平均值最大，相当于单相半波不可控整流电压；当 $\alpha = 180°$ 时，$U_o = 0$，晶闸管全关断。

（2）电感性负载。在实际应用中，很多负载是电感性的，如电机的励磁绕组、各种电感线圈等，电感性负载可用电感 L_L 和电阻 R_L 串联表示。可控整流电路接电感性负载和接电阻性负载的情况大不相同，如图 11 - 15（a）所示。

当晶闸管刚触发导通时，电感中产生阻碍电流变化的感应电动势 e_L，回路中的电流 i_o 不能立即上升到 u_o/R_L 的值，而是由零逐渐上升，且在电流上升过程中，电动势 e_L 也逐渐减小；当电流 i_o 达到最大值时，感应电动势 e_L 为零；当电压 u 下降而使回路中的电流 i_o 减小时，电动势 e_L 改变极性，e_L 与 u 极性相同，晶闸管仍然导通；即使电压 u 经过零值变负以后，只要 e_L 大于 u，晶闸管继续承受正向电压，就一直有电流 i_o 流通，电阻 R_L 还在消耗能量，但消耗的能量不是由电源提供的，而是电感 L_L 中储存的电磁能；只要回路中的电流大于维持电流，晶闸管就不会关断，因而负载上会出现负

的电压，直至回路电流 i_{o} 小于维持电流，晶闸管关断。电路中各电压和电流的波形如图 11 - 15 （b）所示。

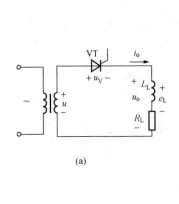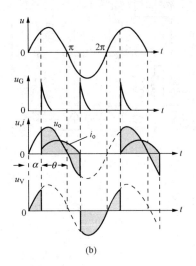

图 11 - 15　电感性负载半波可控整流电路
（a）电路图；（b）波形图

可见，单相半波可控整流电路接电感性负载时，晶闸管的导通角 θ 增大。负载电感越大，导通角 θ 越大，在一个周期中负载上负电压所占的比例就越大，整流输出电压的平均值就越小。为了使晶闸管在交流电压 u 降到零时能及时关断而不出现负电压，可以在电感性负载两端并联一个续流二极管 VD，如图 11 - 16 所示。

当交流电压 u 过零变负后，电感上的感应电动势 e_{L} 使二极管 VD 承受正向电压而导通，L_{L} 中的电流全部经 VD

图 11 - 16　有续流二极管的电感性负载半波可控整流电路

流通，电感性负载与 VD 构成回路。因此这个二极管称为续流二极管。此时负载两端的电压近似为零，晶闸管因承受反向电压而关断，电感 L_{L} 中的能量消耗于负载电阻 R_{L}。

2. 单相半控桥式整流电路

单相半波可控整流电路虽然有电路简单、调整方便、使用元件少等优点，但却有整流电压脉动大、输出电流小的缺点。较常用的单相可控整流电路是半控桥式整流电路（简称单相半控桥），如图 11 - 17 所示。这种电路与单相不可控桥式整流电路相似，但其中只有两个二极管被晶闸管代替，故有"半控"之称。单相半控桥式整流电路接电阻性负载时，各电压的波形如图 11 - 17 （b）所示。

当电压 u 为正半周时，晶闸管 VT1 和二极管 VD2 承受正向电压。如果在 $\omega t_1 = \alpha$ 处给 VT1 加一正向触发脉冲 u_{G} 使之导通，则电流的通路为

$$a \rightarrow VT1 \rightarrow R_{\mathrm{L}} \rightarrow VD2 \rightarrow b$$

此时 VT2 和 VD1 都承受反向电压而截止；当 u 过零时，VT1 自行关断；同理，在 u 为负半周时，晶闸管 VT2 和二极管 VD1 承受正向电压，如果在 $\omega t_2 = \pi + \alpha$ 处给 VT2 加一正向触发脉冲 u_{G} 使之导通，则电流的通路为

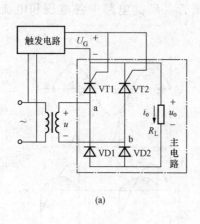
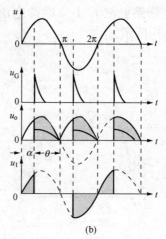

图 11 - 17　单相半控桥式整流电路

（a）原理图；（b）工作波形

$$b \to VT2 \to R_L \to VD1 \to a$$

此时 VT1 和 VD2 都承受反向电压而截止；当 u 过零时，VT2 自行关断。

　　无论是在 u 的正半周还是负半周，两个晶闸管 VT1 和 VT2 中，只有一个承受正向电压而具有导通的可能。所以，可以将 VT1 和 VT2 的门极相连，使用同一个触发脉冲信号 u_G。例如在 u 的正半周，t_1 时刻加到 VT1 和 VT2 门极的同一个触发脉冲只能使 VT1 导通，而此刻 VT2 因承受反向电压，虽然受到触发也不能导通。

　　与电阻性负载的单相半波可控整流相比，单相半控桥式整流的输出电压的平均值 U_o 要高 1 倍，即

$$U_o = \frac{1}{\pi}\int_0^\pi \sqrt{2}U\sin\omega t\,\mathrm{d}\omega t = 0.9U\frac{1+\cos\alpha}{2} \tag{11 - 11}$$

晶闸管和二极管承受的正、反向电压峰值均为 $\sqrt{2}U$。

输出电流平均值为

$$I_o = \frac{U_o}{R_L} = 0.9\frac{U}{R_L}\times\frac{1+\cos\alpha}{2} \tag{11 - 12}$$

流过晶闸管和二极管的电流平均值均为

$$I_{av} = I_{VD} = \frac{1}{2}I_o \tag{11 - 13}$$

　　与不可控整流电路一样，可控整流电路在中、大功率（10kW 以上）负载的应用场合通常采用三相可控整流的电路结构。有关内容可参阅专业书籍。

3. 单结晶体管的同步触发电路

　　在可控整流电路中，要求触发电路加到晶闸管上的触发脉冲必须与交流电压同步，以保证每半个周期触发电路送出的控制角 α 相等。单结晶体管的同步触发电路如图 11 - 18（a）所示，图 11 - 18（b）是电路各处的电压波形。电路中的 T_r 为同步变压器。同步变压器的一次侧与主电路接在同一交流电源上，以实现触发脉冲与主电路同步，二次侧经桥式整流和稳压管削波限幅后，得到梯形波电压 u_B［如图 11 - 18（b）中所示］作为触发电路的电源。由于 u_A 会受到交流电源电压波动的影响，因此采用电阻 R_3 和稳压管 VD_Z 组成限幅电路对 u_A 进行限幅，使

其成为幅值稳定的梯形波电压 u_B，从而可以避免电源电压波动对触发电路的影响。

由波形图可见，在电源半个周期内，电容可能进行数次充放电，电容在半个周期内的充放电过程，称为一个循环，电容在一个周期内工作两个循环。每次由充电转为放电时，在 R_1 上产生一个尖脉冲，而用每个循环中的第一个脉冲触发晶闸管（晶闸管一旦触发后，控制极就不起作用了）。

所谓同步就是当交流电源过零时，u、u_2 和 u_B 也同时过零。此时单结晶体管 b1、b2 之间的电压 u_{BB} 也过零，这样使管子内部 A 的电位 $u_A=0$〔见图 11-11（a）〕，而使电容上的电荷迅速泄放，即电容上的电压 $u_C=0$，这样就使得交流电压过零后在下一个半周开始时，电容总是从零开始充电。只要 RC 值不变，则每半个周期过零点到产生第一个脉冲的时间间隔是固定的。于是保证了每半个周期触发电路送出的控制角相等，实现了同步的功能。

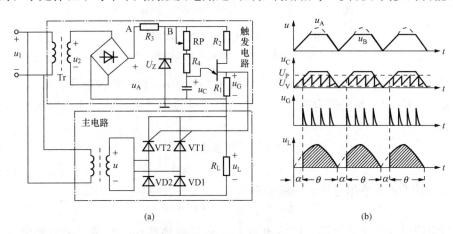

图 11-18　单结晶体管的同步触发电路

(a) 电路图；(b) 各处电压波形

第一个脉冲出现时滞后电源的角度，称触发脉冲的相位，显然它与电容的充电时间常数有关。若用第一个脉冲去触发晶闸管的话，那么这个相位就等于晶闸管的控制角 α。一般调节 RP 就可改变 α 的大小。实际中就是利用改变 α 的大小，达到控制输出电压 u_o 的目的。

11.3.3　滤波电路

整流电路可以将交流电转换为直流电，但脉动较大，在某些应用中，如电镀、蓄电池充电等，可直接使用脉动直流电源，但许多电子设备需要的是平稳的直流电源，为此，可在这种电路的整流电路后面增加滤波电路，将其交流成分滤除。下面介绍几种滤波电路。

1. 电容滤波电路

最简单的电容滤波电路是在整流电路的直流输出侧并联一个电容 C 组成，如图 11-19 所示。它是利用电容的能量存储功能来改善输出波形的。这里以半波整流电容滤波电路为例说明其工作原理。

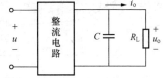

图 11-19　电容滤波电路

图 11-20（a）所示为半波整流电容滤波电路，设电容 C 上的初始电压为零。在二极管 VD 导通时，VD 中的电流一部分给负载供电，另一部分对电容 C 充电。如图 11-20（b）中的 0a 段所示，如果忽略二极管正向压降，电容电压（即输出电压）u_o 随电源电压 u 按正弦

规律上升，直至在 a 点达到 u 的最大值。此后，u 和 u_o 都开始下降，u 按正弦规律下降，当 $u < u_o$ 时，二极管 VD 承受反向电压而截止，电容对负载电阻 R_L 放电，负载中仍有电流，u_o 按指数规律由 b 点下降至 c 点。u_o 降至 c 点以后，在 u 的下一个周期，当 u 又大于 u_o 时，二极管再次导通，电容 C 再次被充电。这样循环下去，电容 C 周期性地充电和放电，使输出电压脉动减小。

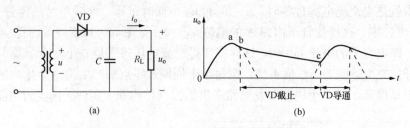

图 11-20　半波整流电容滤波电路
(a) 电路图；(b) 输出电压 u_o 的波形

电容 C 放电的快慢取决于时间常数 $(\tau = R_L C)$ 的大小，时间常数越大，电容放电越慢，输出电压 u_o 就越平稳，平均值也越高。一般用如下经验公式估算电容滤波时的输出电压平均值

$$U_o = U（半波整流）\tag{11-14}$$

$$U_o = 1.2U（全波整流）\tag{11-15}$$

为了获得较平稳的输出电压，一般要求 $R_L \geqslant (10 \sim 15)/(\omega C)$，即

$$R_L C \geqslant (3 \sim 5)T/2\tag{11-16}$$

式中：T 为交流电源电压的周期。滤波电容 C 一般选择体积小、容量大的电解电容器。应该注意，普通电解电容器的引线有正、负极之分，使用时正极必须接高电位端，如果接反会造成电解电容器的损坏。

由图 11-20 (b) 可见，加入滤波电容以后，二极管的导通时间缩短了，且在导通期间承受较大的冲击电流。此外，二极管承受的反向电压 $u_{VDR} = u + u_o$，当负载开路时，承受的反向电压最高，为 $U_{RM} = 2\sqrt{2}U$。

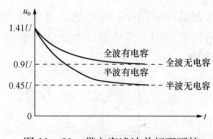

图 11-21　带电容滤波单相不可控整流电路输出特性

带电容滤波的单相不可控整流电路的输出特性如图 11-21 所示。由图可见，无论半波整流还是全波整流，负载开路（$I_o = 0$）时的输出电压平均值 U_o 均为 $\sqrt{2}U$。随着负载电流 I_o 的增加，U_o 降低，最终趋向与无电容滤波时的整流电压（图中虚线所示）。相比之下，半波整流的 U_o 随着负载变化下降的幅度更大。这说明电容滤波电路的带负载能力较差，只适用于负载较轻且变化不大的场合。

【例 11-3】　设计一带有电容滤波的单相桥式整流电路。要求输出电压 $U_o = 48V$，已知负载电阻 $R_L = 100\Omega$，交流电源频率为 50Hz，试选择整流二极管和滤波电容器。

解　流过整流二极管的平均电流为

$$I_{VD} = \frac{1}{2}I_o = \frac{1}{2} \times \frac{U_o}{R_L} = \frac{1}{2} \times \frac{48}{100} = 0.24(A)$$

根据式（11-15），变压器二次侧电压有效值为

$$U = \frac{U_o}{1.2} = \frac{48}{1.2} = 40(V)$$

整流二极管承受的最高反向电压为

$$U_{RM} = 2\sqrt{2}U = 2 \times 1.41 \times 40 = 112.8(V)$$

因此可选择 2CZ11B 作整流二极管。其最大整流电流为 1A，最高反向工作电压为 200V。

根据式（11-16），取 $R_L C = 5\frac{T}{2} = 5 \times \frac{0.02}{2} = 0.05$（s）

$$C = \frac{0.05}{R_L} = \frac{0.05}{100} = 500(\mu F)$$

实际应用时，可根据电容器产品的容量和耐压序列，选用 $470\mu F/100V$ 的电解电容器。

2. 电感滤波电路

电感滤波电路如图 11-22 所示，即在整流电路与负载电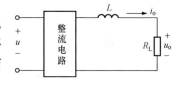
阻 R_L 之间串联一个电感 L，由于在电流变化时电感线圈中将
产生感应电动势来阻碍电流的变化，使电流脉动趋于平缓而
起到滤波作用。

图 11-22 电感滤波电路

电感滤波适用于负载电流较大的场合。它的缺点是制作
复杂、体积大、笨重且存在电磁干扰。

3. 复合滤波电路

如果单独使用电容或电感滤波的效果不能满足较高的滤波要求，则可以采用电容和电感
组成的 LC、CLC（π形）等复合滤波电路，其电路如图 11-23（a）、（b）所示。这两种滤
波电路适用于负载电流较大，要求输出电压脉动较小的场合。在负载较轻时，经常也可以采
用电阻替代电感，构成如图 11-23（c）所示的 CRC（π形）滤波电路，同样可以获得脉动
很小的输出电压。但电阻对交、直流均有压降和功率损耗，故只适用于负载电流较小的
场合。

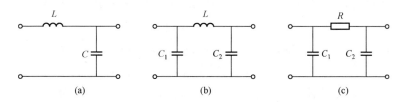

图 11-23 复合滤波电路

(a) LC 滤波电路；(b) LC（π形）滤波电路；(c) RC（π形）滤波电路

11.4 直流稳压电路（DC—DC）

经整流和滤波后的直流电压往往受交流电源的波动和负载变化的影响，稳定性能较差。
将不稳定或不可控的直流电压变换成稳定的、固定或可调直流电压的电路称为直流稳压电

路，它是一种应用最广泛的直流—直流（DC—DC）变换电路。

直流稳压电路按稳压调整器件的工作状态可分为线性直流稳压电路和开关直流稳压电路两大类。前者使用简便，但转换效率低、体积大；后者体积小、转换效率高，但控制电路较复杂。随着电力电子技术的快速发展，开关直流稳压电路（俗称开关电源）已得到了越来越广泛的应用。

11.4.1　线性直流稳压电路

用稳压二极管可以构成最简单的稳压电路，但这种稳压电路受稳压管最大稳定电流的限制，负载电流不能太大，而且输出电压不可调，稳定性也不够理想。线性直流稳压电路能够克服上述缺点，目前广泛应用于小功率的直流稳压。

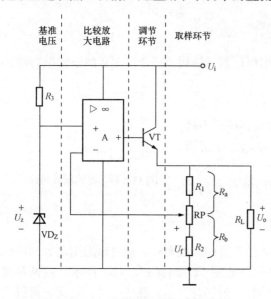

图 11-24　BJT 串联型线性稳压电路

1. BJT 串联型线性稳压电路

BJT 串联型线性稳压电路如图 11-24 所示，整个电路由四部分组成：

（1）基准电压由稳压二极管 VD_Z 和限流电阻 R_3 提供一个稳定的电压 U_Z，作为电路稳压调整、比较的基准。

（2）取样环节由 R_1、RP、R_2 构成，它将输出电压 U_o 的分压作为取样电压 U_f，送到比较放大环节。

（3）比较环节由运放 A 组成。运放 A 组成比较器，其作用是将取样电压 U_f 与基准电压 U_Z 经比较放大后去控制调整管 VT 的基极电位 U_B。

（4）调节环节由工作在线性放大区的功率管 VT 组成，VT 的基极电流 I_B 受比较放大电路输出 U_B 的控制，I_B 的改变又可使集电极电流 I_C 和集—射极电压 U_{CE} 改变，从而达到自动调整稳定输出电压的目的。

电路的工作原理如下：当输入电压 U_i 或输出电流 I_o 变化引起输出电压 U_o 增加时，取样电压 U_f 相应增大，U_f 与基准电压 U_Z 比较后，使 U_{BE} 下降，因此 VT 的基极电流 I_B 下降，使得 I_C 下降，U_{CE} 增加，U_o 下降，使 U_o 保持基本稳定。这一过程可表示如下：

$$U_o\uparrow \rightarrow U_f\uparrow \rightarrow U_{BE}\downarrow I_B\downarrow \rightarrow U_{CE}\uparrow \rightarrow U_o\downarrow$$

同理，当 U_i 或 I_o 变化使 U_o 降低时，调整过程相反，U_{CE} 将减小使 U_o 基本上保持不变。由此可见，串联型线性稳压电路是依靠电压负反馈来稳定输出电压的。

设 VT 的发射结电压 U_{BE} 可以忽略，则

$$U_f = U_Z = \frac{R_b}{R_a + R_b}U_o$$

因此
$$U_o = \left(1 + \frac{R_a}{R_b}\right)U_z \tag{11-17}$$

可见，调节电位器 RP 即可调节输出电压 U_o 的大小，但 U_o 必须大于 U_z。由于这种电路中的调整管与负载相串联，所以称为串联型稳压电路。

实际应用中常将串联型稳压电路外加过压、过流和过热保护电路并集成在一块硅片上，获得串联型的集成稳压器，如已有的三端集成稳压器产品。三端稳压器按输出电压是否可调分为固定输出和可调输出两类。

2. 三端固定输出集成稳压器

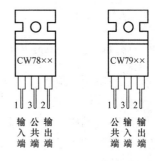

图 11 - 25　三端固定输出集成稳压器的外形和引线排列

三端是指稳压电路仅有输入、输出和接地三个接线端子。根据输出电压极性的不同，固定输出集成稳压器分为正电压的 CW78×× 系列和负电压输出的 CW79×× 系列。产品采用塑料或金属封装，塑料封装的三端固定输出集成稳压器的外形和引线排列如图 11 - 25 所示。

型号中 ×× 表示输出电压的大小，一般输出电压有 5、6、9、12、15、18、24V 等。例如 CW7805 输出 +5V 电压，CW7905 则输出 -5V 电压。这类三端稳压器在加装散热器的情况下，输出电流可达 1.5～2.2A。

使用时，要求输入电压 U_i 与输出电压 U_o 的差值为 2V 以上。当 $U_o=5～18V$ 时，最高输入电压为 $U_{im}=35V$，当 $U_o=20～24V$ 时，最高输入电压为 $U_{im}=40V$。集成稳压器静态电流 $I_D=8mA$。

三端固定输出集成稳压器具有体积小、使用方便、工作可靠等特点，现已成为一种标准器件，典型的应用电路有以下几种：

（1）基本应用电路。图 11 - 26 为 CW78×× 和 CW79×× 系列集成稳压器的基本接线图。图中 C_1、C_2 为消谐电容，用来抑制稳压电路的自激振荡，一般在 $0.1～1\mu F$ 之间。

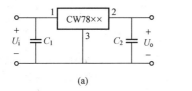
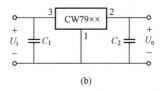

(a)　　　　　　　　　　　　　　　(b)

图 11 - 26　集成稳压器的基本接线

(a) CW78×× 的基本接线；(b) CW79×× 的基本接线

（2）提高输出电压的稳压电路。图 11 - 27 所示电路的输出电压 U_o 高于 CW78×× 的固定输出电压 $U_{××}$，提高后的输出电压 $U_o=U_{××}+U_Z$。

（3）扩大输出电流的稳压电路。当负载所需电流超过了三端集成稳压器所能提供的电流时，可通过外接 BJT 功率管的方法来扩大稳压电路的输出电流，电路如图 11 - 28 所示。图中 I_3 为稳压器公共端电流，其值很小，可以忽略不计，所以 $I_1≈I_2$，则可得

$$I_o=I_C+I_2=I_2+\beta I_B=I_2+\beta(I_1-I_R)$$

$$=(1+\beta)I_2+\beta\frac{U_{BE}}{R}$$

式中：β 为功率管的电流放大系数。

例如功率管 $\beta=10$，$U_{BE}=-0.3V$，电阻 $R=0.5\Omega$，$I_2=1A$，则可计算出 $I_o=5A$，可见 I_o 比 I_2 扩大了。图 11 - 28 中电阻 R 的作用是使功率管在输出电流较大时才能导通。

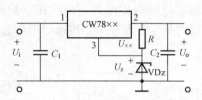

图 11-27　提高输出电压的稳压电路

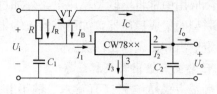

图 11-28　扩大输出电流的稳压电路

（4）输出正、负电压的稳压电路。图 11-29 所示为用 CW7815 和 CW7915 组成的输出 $\pm 15V$ 的稳压电路。

在实际应用中，常要求输出电压可调，虽可以应用 CW78 系列组成输出电压可调的稳压电路，但更常用已有可调输出集成稳压器实现，这种稳压器只需外加几个元件就可以构成精密可调的稳压器。

3. 三端可调输出集成稳压器

常用的三端可调输出集成稳压器有两个系列，CW117/217/317 系列输出正电压，CW137/237/337 系列输出负电压。塑料封装的三端可调输出集成稳压器的外形和引线排列如图 11-30 所示。

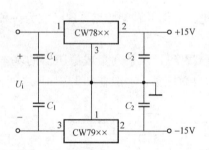

图 11-29　输出 $\pm 15V$ 的稳压电路

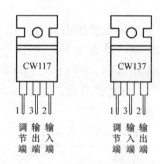

图 11-30　三端可调输出集成稳压器
的外形和引线排列

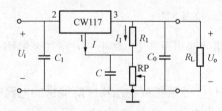

图 11-31　可调输出电压的稳压电路

三端可调输出稳压器的特点是它们具有调节端而没有公共端，内部所有偏置电流几乎全部流到输出端，流到调节端的电流极小；在输出端与调节端之间具有 1.25V（典型值）基准电压。它们既保持了三端的简单结构，又能在 1.25～37V 的范围内连续可调，并且稳压精度高、输出纹波小。

CW117 接成输出电压连续可调的稳压电路如图 11-31 所示。R_1 和 RP 组成输出电压的调整电路，图中的 C（常取 $10\mu F$）的作用是滤去 RP 两端的纹波电压；调节 RP 即可调节输出电压 U_o 的大小。由于 $U_{R1} = U_{31} = 1.25V$，并且 $I_1 \gg I$，所以输出电压

$$U_o \approx U_{R1} + I_1 R_P = 1.25\left(1 + \frac{R_{RP}}{R_1}\right) \tag{11-18}$$

若 R_1 取 240Ω，RP 选 $6.8k\Omega$ 的电位器，则 U_o 的可调范围为 1.25～37V。

各系列产品根据工作结温允许范围分为三类，由型号的数字字头表示。字头 1 表示 Ⅰ 类

（军品级），$-55\sim+150℃$；字头 2 表示Ⅱ类（工业级），$-25\sim+150℃$；字头 3 表示Ⅲ类（民品级），$0\sim+150℃$。例如 CW217 为Ⅱ类产品。这种集成稳压器的调压范围为$\pm1.25\sim\pm37V$，输出电流为 0.1A、0.5A、1.5A 三个等级。

在线性直流稳压电路中的调整管必须工作在线性放大区，因此，它的集电极功耗大，电路效率低一般只有$40\%\sim60\%$，而且输出电压越小，管耗越大，效率越低，配上散热器后将使稳压器结构笨重。因此，限制了线性直流稳压电路的应用，只能应用于小功率的电子设备。对于大功率电子设备常采用下面的开关直流稳压电路。

11.4.2　开关直流稳压电路

将直流电压通过半导体开关器件（调整管）转换为高频脉冲电压，再经高频滤波，得到纹波很小的平均直流输出电压，这种装置称开关电源。完成这种直流变换（DC—DC 变换）的电路称直流调压电路，亦称直流斩波器。它可以将大小固定的直流电压变换为大小可调的直流电压。利用这一特点可实现直流稳压，其相应的稳压电路，称开关直流稳压电路。

开关直流稳压电路的原理框图如图 11 - 32 所示。图 11 - 32 中，基准、采样、比较放大等环节的作用与线性直流稳压电路相同。它们的不同之处在于：其一，其调整管是一个由脉冲控制的开关管，即电子开关。当控制脉冲出现时开关管导通，即电子开关闭合，开关输出U_i，脉冲消失则开关断开，输出为零。其二，它们所调整的物理量是调整管导通时间t_{on}在一个开关周期 T 中所占的比例$D=t_{on}/T$，即占空比，进而调节输出电压值并使其稳定。

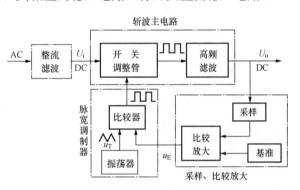

图 11 - 32　开关直流稳压电路的原理框图

在开关直流稳压电路中，核心环节是由开关调整管、高频滤波等构成的斩波主电路，下面重点介绍斩波主电路。

1. 直流调压电路

直流斩波主电路，又称直流调压电路，它可以将大小固定的直流电压变换为大小可调的直流电压。这种电路的拓扑结构很多，其中最基本的是降压型（Buck）电路和升压型（Boost）电路。

（1）串联降压型直流调压电路（Buck 电路）。图 11 - 33（a）所示为 Buck 电路，用 IG-BT 作为开关管 VT。它受脉冲电压u_G的控制（关于u_G将在后面介绍）。

为了便于分析电路的工作原理，假定：

1）电路中的各元件均为理想元件。

2）电容 C 足够大，使得输出电压U_o在一个开关周期内近似保持恒定（可用U_o表示）。

3）电感 L 足够大，电路工作在电感电流连续状态（稳态），并通过 L 的平均电流值为定值，用I_L表示。

电路工作过程中，开关管 VT 有导通、阻断两种状态。两种状态下，Buck 电路可分别用图 11 - 33（b）、（c）所示的电路等效。稳态工作过程的主要工作波形如图 11 - 34 所示。

$0\leqslant t\leqslant DT$ 期间，开关管 VT 处于导通状态。$t=0$ 时刻 VT 导通，二极管 VD 中的电流

迅速切换到开关管 VT。在开关管 VT 导通期间，由电源输入到电感 L 的能量为

$$W_{in} = u_L i_L DT \qquad (11\text{-}19)$$

此时，电感上的电压为

$$u_L = U_i - U_o$$

所以

$$W_{in} = (U_i - U_o) i_L DT \qquad (11\text{-}20)$$

$DT \leqslant t \leqslant T$ 期间，开关管 VT 处于阻断状态。在 $t = DT$ 时刻 VT 关断，开关管中的电流变为 0，电感中的电流 i_L 通过二极管 VD 续流。此 T_{off} 期间，由电感储存能量产生的感应电动势保持 i_L 方向不变，即电动势方向与电流方向一致，电感电流流过二极管把能量释放给负载。

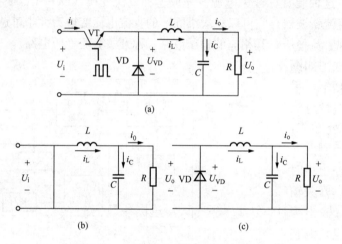

图 11-33　降压型开关直流稳压电路
（a）降压型斩波器原理图；（b）VT 导通时等效电路；
（c）VT 断开时等效电路

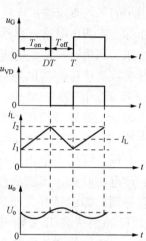

图 11-34　降压电路电感
电压电流波形

在开关管关断期间，电感释放至负载的能量为

$$W_{off} = u_L i_L (T - DT) \qquad (11\text{-}21)$$

此时电感相当于电源，故电感的电压与电流的方向相反，于是电感电压为

$$u_L = U_o - 0 = U_o$$

所以

$$W_{off} = u_L i_L (T - DT) = U_o i_L (T - DT) \qquad (11\text{-}22)$$

电感 L 在一个周期内储存的能量 W_{in} 应等于放出的能量 W_{off}，于是有

$$(U_i - U_o) i_L DT = U_o i_L (1 - D) T$$

$$U_o = D U_1 \qquad (11\text{-}23)$$

式（11-23）表明，当输入电压 U_i 为常数时，Buck 电路的输出电压平均值 U_o 与占空比 D 成正比。$0 \leqslant D \leqslant 1$，$D = 0$、$D = 1$ 对应着两种特殊的工作状态，即开关调整管始终阻断或导通。

若 Buck 电路在电能传输过程没有功率损耗，则有

$$U_i I_i = U_o I_o = D U_i I_o \qquad (11\text{-}24)$$

式中：I_i 为输入电流 i_i 的平均值；I_o 为输出电流 i_o 的平均值。

即

$$I_{\mathrm{i}} = DI_{\mathrm{o}} \tag{11-25}$$

由式（11-23）和式（11-25）可见，Buck 电路具有直流降压变压器的变换作用。
由于占空比 $D<1$，U_{o} 小于 U_{i}，又开关管与负载串联，故称串联降压型直流调压电路。

（2）并联升压型直流调压电路（Boost 电路）。图 11-35（a）所示为 Boost 电路，假定条件与 Buck 电路相同。在开关管 VT 导通、阻断两种状态下，Boost 电路可分别用图 11-35（b）、（c）所示的电路等效，稳态工作过程中，电感的电压和电流波形见图 11-36。

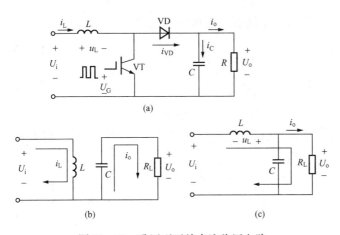

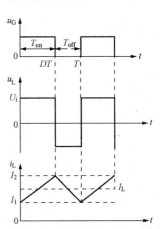

图 11-35　升压型开关直流稳压电路

（a）升压型斩波器原理图；（b）VT 导通时等效电路；

（c）VT 断开时等效电路

图 11-36　升压电路电感
电压和电流波形

设输入 U_{i} 接通时，VT 还未导通，U_{i} 通过 L、VD 使负载得到电压，并向 C 充电，稳态时 $i_{\mathrm{L}}=I_1$。当 VT 导通时，U_{i} 加到电感 L 上，电流 i_{L} 由 I_1 上升至 I_2，同时电容 C 向负载放电，隔离二极管 VD 承受反向电压而截止，在开关管 VT 导通（$0 \leqslant t \leqslant DT$）期间，由电源输入到电感 L 的能量为

$$W_{\mathrm{in}} = u_{\mathrm{L}} i_{\mathrm{L}} DT \tag{11-26}$$

开关管 VT 处于导通状态，电感上的电压由图 11-35（b）可得：

$$u_{\mathrm{L}} = U_{\mathrm{i}}$$

于是有

$$W_{\mathrm{in}} = U_{\mathrm{i}} i_{\mathrm{L}} DT \tag{11-27}$$

在此期间，由于 U_{i} 恒定，电感电流 i_{L} 近似按线性规律由 I_1 上升至 I_2，电感中的磁场能量增加，同时负载电流由电容 C 提供。

$DT \leqslant t \leqslant T$ 期间，开关管 VT 处于阻断状态。电感电流 i_{L} 通过二极管 VD 流向负载，并为电容 C 充电。在 T_{off} 期间，因电感储有能量产生的感应电动势保持 i_{L} 方向不变，即电动势方向与电流方向一致，电感电流流过二极管把能量释放给负载。

在开关管关断期间，电感释放至负载的能量为

$$W_{\mathrm{off}} = u_{\mathrm{L}} i_{\mathrm{L}} (T - DT) \tag{11-28}$$

此时电感相当于电源，故电感的电压与电流的方向相反，于是电感电压为

$$u_{\mathrm{L}} = U_{\mathrm{o}} - U_{\mathrm{i}}$$

所以

$$W_{\mathrm{off}} = u_{\mathrm{L}} i_{\mathrm{L}} (T - DT)$$

$$= (U_o - U_i)i_L(T - DT) \tag{11-29}$$

电感 L 在一个周期内储存的能量 W_{in} 应等于放出的能量 W_{off} 于是有

$$U_i D = (U_o - U_i)(1 - D)$$

$$U_i D = U_o - U_o D - U_i + U_i D$$

$$U_o(1 - D) = U_i$$

$$U_o = \frac{1}{1-D}U_i \tag{11-30}$$

由于占空比 $D < 1$，U_o 大于 U_i。因 Boost 电路在电能传输过程没有功率损耗，则有

$$U_i I_i = U_o I_o = \frac{1}{1-D}U_i I_o \tag{11-31}$$

于是可得

$$I_i = \frac{1}{1-D}I_o \tag{11-32}$$

式中：I_i 为输入电流 i_i（即 i_L）的平均值；I_o 为输出电流 i_o 的平均值。

由式（11-30）和式（11-32）可见，电路具有直流升压变压器的变换作用。因开关管与负载并联，故称并联升压型直流调压电路。

Buck 电路和 Boost 电路分别具有直流降压和升压变换的作用，若将两者串联，则可以构成既可以降压，也可以升压的直流变换电路。如 Buck—Boost 电路和 Cuk 电路，有关这两种电路请参考有关专业书籍。

2. 稳压原理

开关直流稳压电路是通过对输出电压脉冲宽度的自动调整来实现稳压的。具体是由脉宽调制器对 u_G 的脉宽的调制来达到对输出电压脉冲宽度调制的。

脉宽调制器是一个输入电压（载波信号）为锯齿波（由振荡器输出）、基准电压（调制信号）为 u_E 的电压比较器，u_E 是输出电压波动采样获得的差值信号。输出脉冲电压的脉宽受 u_E 的控制，而频率与载波电压（锯齿波）的频率相同。这种频率固定，脉冲宽度变化的控制方法称为脉冲宽度调制（Pulse Width Modulation，PWM）。其调制原理如下：

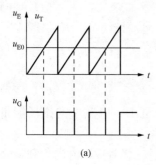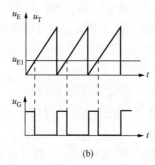

当输入电压 u_i 和负载都处于稳定状态时，输出电压 u_o 也稳定不变，设此时对应的误差信号 u_{E0} 和控制脉冲电压 u_G 的波形图如图 11-37（a）所示。如果输出电压 u_o 发生波动，例如 u_i 上升导致 u_o 上升，则比较放大电路使 u_E 下降为 u_{E1}，脉宽调制器的输出信号电压 u_G 的脉宽变窄，如图 11-37（b）所示，开关调

（a）　　　　　　　　　　　　（b）

图 11-37　u_o 脉宽调制波形

（a）u_o 稳定时的波形；（b）u_o 波动后的波形

整管的导通时间减小，于是 u_o 下降。通过上述自动调整，使输出电压 u_o 基本保持不变。输出电压 u_o 的稳定过程如下：

$$u_o \uparrow — u_E \downarrow — u_G（脉宽）\downarrow$$

$$u_o \downarrow$$

11.5　逆变电路（DC—AC）

将直流电变成交流电的电路，亦称逆变器（Inverter）。如果把直流电变成交流电后返送到交流电源上去，称为有源逆变。如果把直流电变成某一频率或频率可调的交流电供给负载，称为无源逆变。本书介绍无源逆变。无源逆变的典型应用有交流异步电动机变频调速，中、高频感应加热，功率超声波电源，电火花加工，高频逆变焊机，不间断电源（UPS）等。

逆变器按不同的功能有不同的分类方式，按输入电源型式可分为电压型和电流型；按输出电压相数可分为单相和三相逆变器；按输出波形分为矩形波和正弦波逆变器。下面主要介绍正弦波逆变器。

11.5.1　逆变器 SPWM 控制技术

1.SPWM 的理论基础

脉冲幅度相等、宽度按正弦规律变化的序列脉冲，它等效于一个正弦交流，这样的序列脉冲称为正弦脉宽调制（Sinusoidal Pulse Width Modulation，SPWM）波。它的理论基础是采样控制理论中的面积等效原理，即冲量相等而形状不同的窄脉冲加在具有惯性的环节上时，其效果基本相同。据此，可以用一系列幅度相等、宽度按正弦规律变化的序列脉冲代替正弦波。如图 11-38 所示。

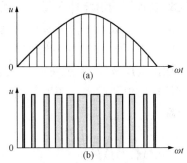

图 11-38　与正弦波等效的矩形脉冲
（a）正弦波；（b）等效 SPWM 波形

2.SPWM 波的生成方法

产生 SPWM 波有两种方法，即调制法和计算法。后者的计算是繁琐的，故适用性较差。这里只介绍调制法。

调制法是用模拟（或数字）电路构成三角波和正弦波发生器，用比较器确定它们的交点，由它们的交点就可以生成 SPWM 波形。如图 11-39 所示。

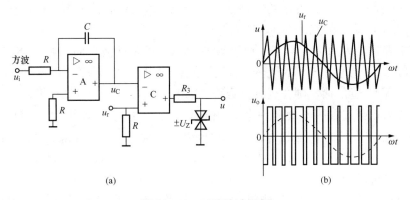

图 11-39　正弦脉冲调制
（a）原理电路；（b）双极式 SPWM 波形

通常称三角波信号电压 u_C 为信号（载波）电压，而称正弦信号电压 u_r 为参考（调制）电压。参考电压 u_r 的频率决定了输出电压的频率，调节它的幅值大小，就可以调节输出脉冲的宽度，也就是调节了输出等效交流电压的幅值。所以通过调节参考电压 u_r，既可调频，又可调幅。

3. SPWM 波形形式

SPWM 调制信号主要有单极式和双极式两种形式。

（1）单极式 SPWM 调制信号。单极式正弦波脉宽调制波形如图 11-40 所示，与图 11-39（b）相比，其特点是：在每半个周期内的载波信号 u_C 的方向不改变，即半个周期为正，半个周期为负，在一个周期内输出脉冲也是如此。在半个周期内，中间的脉冲宽，两边的脉冲窄，脉宽呈正弦分布，正负半周完全对称。

（2）双极式 SPWM 调制信号。图 11-39（b）所示波形则为双极式，双极式与单极式不同之处是各相输出脉冲在每半个周期内均有正负两种极性。载波信号电压 u_C 为有正、负两个方向的三角波，不像单极式调制波，载波信号为单方向三角波。

输出电压 u_o 的大小和频率均由参考电压 u_r 控制，当正弦参考电压 u_r 的大小和频率改变时，输出电压 u_o 的大小和频率就随之改变，但调制时必须注意 u_r 的幅值要小于 u_C 的幅值，否则使输出电压的大小频率失去控制。

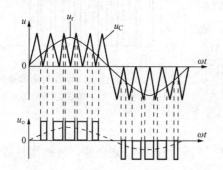

图 11-40　单极式正弦波脉宽调制波形

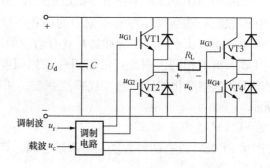

图 11-41　单相逆变电路原理图

11.5.2　单极性 SPWM 控制方式

图 11-41 所示为单相逆变电路原理图。逆变电路输入的直流电源一般由交流电经整流、滤波获得，也可由蓄电池获得（如 UPS）。

若调制电路输出为图 11-42（b）所示的单极式 SPWM 波形时，则电路工作于单极性 SPWM 控制方式。此时由 SPWM 信号的正脉冲驱动 VT1、VT4 管，用 SPWM 信号的负脉冲驱动 VT3、VT2 管的话，则在负载上会得到如图 11-42（c）所示的 SPWM 输出电压。

可见，等效正弦波电压 u_o 的频率与 u_r 相同，改变 u_r 的频率即可达到调频的目的。等效正弦波 u_o 的幅值（在输入直流电压 U_d 不变的情况下）取决于 u_C 与 u_R 的相对值，如果保持 u_R 不变，提高 u_C 的幅值，则 u_o 的幅值增大，反之，u_o 的幅值减小。

从电路图中可以分析出，当等效正弦波正半周时（见图 11-41），VT1、VT4 反复导通和关断，在负载上的电压 u_o 为正，即左"＋"，右"－"。而 VT3、VT2 在此期间一直处于截止。

在等效正弦波负半周时，VT1、VT4 管截止，在这段时间 VT3、VT2 反复导通和关断，其工作过程同正半周时完全相同，负载上的电压 u_o 为负，即右"＋"，左"－"，同正半周时完全相反。

11.5.3 双极性 SPWM 控制方式

与单极性 SPWM 控制方式对应，另一种控制方式称为双极性 SPWM 控制方式。单相逆变桥式电路采用双极性控制方式时的 SPWM 波形如图 11-43 所示。此时用图 11-43（b）所示的双极式 SPWM 调制脉冲信号的正脉冲驱动 VT1、VT4 管，用反相后的 SPWM 调制脉冲信号的负脉冲驱动 VT3、VT2 管的话，则在负载上电压波形如图 11-43（c）所示。输出电压的波形与图 11-43（b）所示信号波形完全相同，幅值为 U_d 的 SPWM 波形。

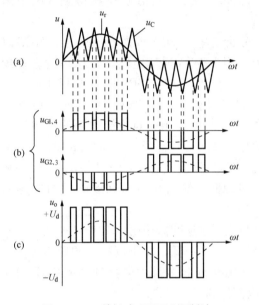

图 11-42 单极式 SPWM 调制波

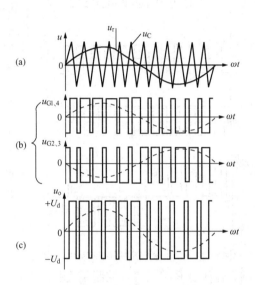

图 11-43 双极式 SPWM 调制波

可以看出，双极式逆变器产生负载电流的途径同单极式完全相同。不同的是双极式逆变器同一桥臂上的晶体管切换的次数远远大于单极式逆变器。因为双极式逆变器的工作模式决定了每个载波周期都要出现一次同一桥臂的上下开关的切换，而单极式逆变器是在调制正弦波的半个周期才出现一次切换。所以双极式逆变器的换向条件比单极式逆变器要严峻得多。但双极式逆变器在输出幅值很低的交流电压时，晶体管的导通和截止的时间十分接近。

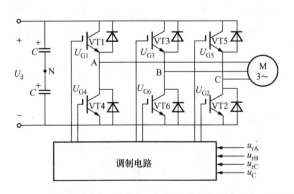

图 11-44 三相正弦波逆变电路

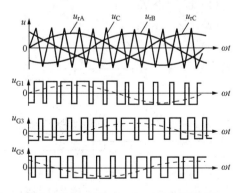

图 11-45 双极式三相 SPWM 调制波

11.5.4　三相桥式逆变电路的 SPWM 控制

三相桥式 SPWM 控制的逆变电路如图 11 - 44 所示。假设逆变电路采用双极性的控制方式，调制电路的控制信号如图 11 - 45 所示。A、B、C 三相的 SPWM 控制公用一个三角波载波信号 u_C，三相调制信号 u_{rA}、u_{rB}、u_{rC} 为对称三相电压。逆变电路同一相上下两臂的驱动信号是互补的，即 u_{G1}、u_{G3}、u_{G5} 分别反相得到（图中未画出）。

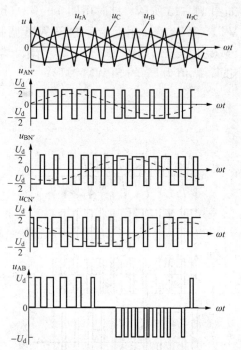

图 11 - 46　三相桥式逆变电路输出波形

分析过单相 SPWM 逆变电路的工作原理后，对于三相 SPWM 逆变电路工作原理就容易理解了。A、B、C 三相的 SPWM 控制规律相同。现以 A 相为例，当 $u_{rA} > u_C$ 时，使 VT1 导通、VT4 截止，则 A 相相对直流电源假想中性点 N 的输出电压 $u_{AN} = U_d/2$；当 $u_{rA} < u_C$ 时，使 VT4 导通，VT1 截止，则 $u_{AN} = -U_d/2$；其余两相控制规律相同。输出相电压和线电压的波形如图 11 - 46 所示。

与矩形波逆变器相比，SPWM 逆变器具有谐波分量小、噪声低、便于调频和调压等优点。目前，通用变频器多采用微处理器来实现 SPWM 控制，性能越来越完善，控制精度越来越高，因而得到了广泛应用。

习　　题

11.1　试推导单相半波整流电路变压器二次电流的有效值 I 与输出平均电流 I_o 的关系。设负载为电阻性。

11.2　带滤波器的桥式整流电路如图 11 - 47 所示，$U_2 = 20V$，现在用直流电压表测量 R_L 端电压 U_o，出现下列几种情况，试分析哪些是正常的？哪些发生了故障，并指明原因。

(1) $U_o = 28V$；

(2) $U_o = 18V$；

(3) $U_o = 9V$。

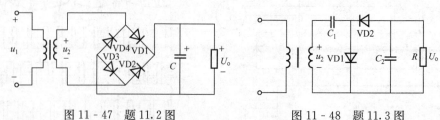

图 11 - 47　题 11.2 图　　　　　　　图 11 - 48　题 11.3 图

11.3　图 11 - 48 所示为二倍压整流电路。试证明 $U_o = 2\sqrt{2}U_2$，并标出 U_o 的极性。

11.4　设计一个桥式整流滤波电路，要求输出电压 $U_o = 20V$，输出电流 $I_o = 600mA$。

交流电源电压为 220V，50Hz。

11.5　有一整流电路如图 11 - 49 所示。

（1）试求负载电阻 R_{L1} 和 R_{L2} 上整流电压的平均值 U_{o1} 和 U_{o2}，并标出极性；

（2）试求二极管 VD1、VD2、VD3 中的平均电流 I_{VD1}、I_{VD2}、I_{VD3} 以及各管所承受的最高反向电压。

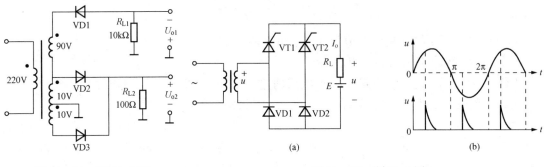

图 11 - 49　题 11.5 图　　　　　　　　　　图 11 - 50　题 11.6 图

（a）电路图；（b）波形图

11.6　已知单相半控桥式整流电路如图 11 - 50 所示，若 $u = 20\sin\omega t$（V），$E = 10$V，二极管 VD 及晶闸管 VT 的导通压降忽略不计，在控制极触发信号 u_G 的作用下见题 11.6（b）图，画出输出电压 u_o 和 i_o 的波形。

11.7　图 11 - 51 所示的串联型稳压电路，稳压管 VD_Z 的稳定电压值 $U_Z = 5.3$，VT2 的基—射极电压 $U_{BE} = 0.7$V，$R_1 = R_2 = 200\Omega$。试求：

（1）当 RP 的滑动端在最下端时，$U_o = 15$V，计算 RP 的数值；

（2）当 RP 的滑动端移至最上端时，计算输出电压 U_o。

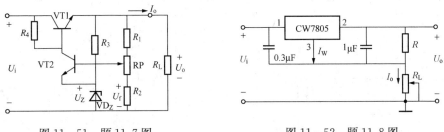

图 11 - 51　题 11.7 图　　　　　　　　　图 11 - 52　题 11.8 图

11.8　图 11 - 52 所示为三端集成稳压器组成的恒流电路。已知 7805 芯片 2、3 间的电压为 5V，$I_W = 4.5$mA。求电阻 $R = 100\Omega$、$R_L = 200\Omega$ 时，负载 R_L 上的电流 I_o 和输出电压 U_o 值。

11.9　三端集成稳压器 7805 组成如图 11 - 53 所示的电路。已知 VD_Z 的稳压值 $U_Z = 5$V，允许电流 5～40mA，$U_2 = 15$V，电网电压波动 ±10%，最大负载电流 $I_{max} = 1$A。试求：

（1）限流电阻 R 的取值范围；

（2）估算输出 U_o 的调整范围；

（3）估算三端稳压器的最大功耗。

11.10　单相半控桥式整流电路如图 11 - 17 所示，已知 $R_L = 20\Omega$，要求 U_o 在 0～60V 的范围内连续可调。

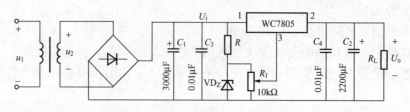

图 11 - 53　题 11.9图

（1）估算变压器二次侧电压值 U（考虑电压的 10% 波动）；

（2）求晶闸管控制角 α 的变化范围；

（3）如果不用变压器，直接将整流电路的输入端接在 220V 的交流电源上，要使 U_o 仍在 $0 \sim 60\text{V}$ 范围内变化，问晶闸管的控制角 α 又将怎样变化？

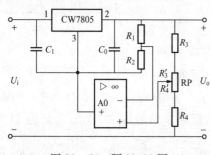

图 11 - 54　题 11.11图

11.11　图 11 - 54 所示电路为由 CW7805 和集成运放等组成的输出电压可调的稳压电路，设 $U_1 = 30\text{V}$、$R_1 = 2\text{k}\Omega$、$R_2 = 3\text{k}\Omega$、$R_3 = 500\Omega$、$R_4 = 2.5\text{k}\Omega$、$R_{RP} = 1.5\text{k}\Omega$。试求调节 RP 时的输出电压 U_o 的最大值和最小值。

11.12　由 CW117 构成的可调式恒流电路如图 11 - 55 所示，若 RP 的调节范围为 $1 \sim 120\Omega$，试求在理想情况下，负载电流 I_L 的可调范围（$U_{31} = 1.25\text{V}$）。

11.13　图 11 - 56 所示电路能根据不同的控制信号输出不同的直流电压，设 $U_i = 12\text{V}$、$R_1 = 120\Omega$、$R_2 = R_3 = 750\Omega$、$R_4 = 1\text{k}\Omega$、控制信号为低电平时 VT 截止、高电平时 VT 饱和导通（$U_{CES} \approx 0$）。试求控制信号分别为低电平和高电平时对应的 U_o 值。

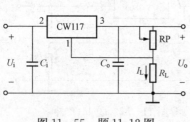

图 11 - 55　题 11.12图

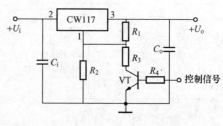

图 11 - 56　题 11.13图

11.14　将图 11 - 38（b）所示单相矩形波逆变电路的输出电压波形用傅里叶级数展开并计算基波的幅值和有效值。

第12章 变压器和电动机

变压器和电动机是两种最常用的动力设备。就其原理而言,都是以电磁感应作为工作基础的。本章先介绍变压器,而后介绍电动机。在电动机部分主要学习异步电动机,而简要介绍同步电动机、直流电动机和一些常用的控制电机。

12.1 变 压 器

12.1.1 变压器的分类及基本结构

变压器(transformer)是以互感现象为基础而制成的静止电器。它主要用于交流激励下实现不同回路间的能量或信号的传递。电力系统中的变压器是一台庞大的静止电器,信号电路中的变压器则可能是一个细巧的电气元件,其外形图如图 12-1 (a)、(b) 所示。

变压器的种类很多,根据其用途可分为电力系统中常用的电力变压器,电子电路中用的整流变压器、振荡变压器、输入变压器、输出变压器、脉冲变压器,调节电压用的调压器,测量用的互感器等;按其相数可分为单相、三相和多相变压器;按结构型式可分为芯式和壳式两种变压器;按冷却方式可分为以空气为冷却介质的干式变压器、以油为冷却介质的油浸变压器等。

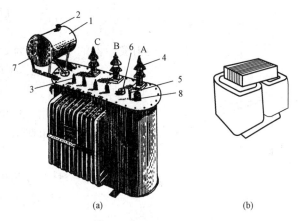

(a)   (b)

图 12-1 变压器外形图

(a) 电力系统中的变压器外形;(b) 信号电路中的变压器外形

尽管变压器的种类很多,外形和体积有很大差别,但它们的工作原理和基本结构是相同的。工作原理都是基于电磁感应原理,基本结构主要由铁芯(core)和绕组(winding)两部分组成。

铁芯是变压器的磁路部分,由厚度为 0.27mm、0.3mm、0.35mm 的冷轧高硅钢片经冲剪、叠制而成。按铁芯的结构不同,变压器可分为芯式变压器和壳式变压器。芯式变压器的特点是绕组包围铁芯,如图 12-2 (a) 所示,此类变压器多用于容量较大的变压器中。壳式变压器的特点是铁芯包围绕组,如图 12-2 (b) 所示,此类变压器适用于容量较小的变压器。

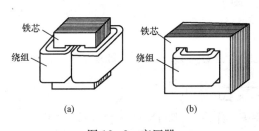

(a)   (b)

图 12-2 变压器

(a) 芯式变压器;(b) 壳式变压器

绕组是变压器的电路部分,它由包有绝缘材料的铜(或铝)导线绕制而成。变压器中与电源或信号源连接的绕组称为一次绕组(或原绕组),它从电源或信号源接受信号或能量;与负载连接的绕组称为二次绕组（或副绕组），它向负载提供信号或能量。一次绕组和二次绕组均可以由一个或几个线圈组成，使用时可根据需要把它们连接成不同的组态。也可以根据相对工作电压的大小分为高压绕组和低压绕组。

12.1.2 变压器的特性和额定值

变压器是传输电能的设备，对负载来说相当于电源，因而它的外特性和效率，则是我们关心的问题。

1. 变压器的外特性与电压变化率

当电源电压 U_1 不变、负载电流 I_2 变化时，一次、二次绕组阻抗上的电压降随之变化，因而使二次侧端电压 U_2 发生变化。U_2 随 I_2 的变化情况还与负载的功率因数 $\cos\varphi_2$ 有关。当 U_1、$\cos\varphi_2$ 一定时，U_2 和 I_2 的关系 $U_2 = f(I_2)$，称为变压器的外特性。

电阻和电感性负载的外特性曲线，为一条稍微向下倾斜的曲线，如图 12-3 所示。$\cos\varphi_2$ 愈低，曲线倾斜愈大。

由外特性曲线可知，对电阻和电感性负载，U_2 随 I_2 的增加而降低。变压器从空载到额定负载（$I_2 = I_{2N}$）时，二次侧端电压变化量 ΔU 和空载时二次侧端电压 U_{20} 比值的百分数，称为变压器的电压变化率，以 $\Delta U\%$ 表示，即

$$\Delta U\% = \frac{\Delta U}{U_{20}} \times 100\% = \frac{U_{20} - U_2}{U_{20}} \times 100\% \tag{12-1}$$

通常希望 $\Delta U\%$ 小，电力变压器的 $\Delta U\%$ 约为 $2\% \sim 3\%$。

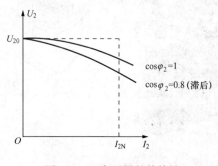

图 12-3 变压器的外特性

2. 变压器的损耗与效率

变压器的损耗有铜损耗和铁损耗。铜损耗 ΔP_{Cu} 是由一次绕组、二次绕组中的电流 I_1、I_2 在该绕组的电阻 R_1、R_2 上产生的损耗，即

$$\Delta P_{Cu} = I_1^2 R_1 + I_2^2 R_2$$

铁损耗是由交变磁通在铁芯内产生的磁滞损耗 ΔP_h 和涡流损耗 ΔP_e，即

$$\Delta P_{Fe} = \Delta P_h + \Delta P_e$$

变压器的铁损耗和铜损耗都可通过实验测出。变压器的总损耗

$$\Delta P = \Delta P_{Cu} + \Delta P_{Fe}$$

若变压器输出给负载的功率为

$$P_2 = U_2 I_2 \cos\varphi_2$$

从电源输入给变压器的功率为

$$P_1 = P_2 + \Delta P$$

变压器的效率为输出功率 P_2 与输入功率 P_1 比值的百分数，以 η 表示，即

$$\eta = \frac{P_2}{P_1} \times 100\% = \frac{P_2}{P_2 + \Delta P} \times 100\% \tag{12-2}$$

由式（12-2）可见，变压器的效率 η 与输出功率 P_2 有关，η 随 P_2 的变化曲线，如图 12-4 所示。通常变压器效率的最大值出现在 $50\% \sim 60\%$ 额定负载左右，故变压器不宜负载过轻，长期空载应断开电源。变压器的损耗很小，故效率很高，大容量变压器额定负载时的效率可

达 98%～99%。

3. 变压器的额定值

为了正确使用变压器，必须了解和掌握变压器的额定值。额定值常标在变压器的铭牌上，故也称为铭牌数据。

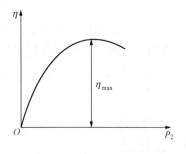

图 12 - 4　变压器的效率曲线

（1）额定电压 U_{1N}/U_{2N}。额定电压是根据变压器的绝缘强度和容许温升而规定的电压值，以 V（伏）或 kV（千伏）为单位。额定电压 U_{1N} 是指变压器一次侧（输入端）应加的电压，U_{2N} 是指输入端加上额定电压时二次侧的空载电压。在三相变压器中的额定电压都是指线电压。

使用变压器时，一次侧所接电源电压不允许超过额定电压，否则当一次侧外加电压超过额定电压较多时，主磁通会相应增大，导致铁芯过饱和，励磁电流和铁损耗将剧烈增加，造成变压器过热而损坏。

（2）额定电流 I_{1N}/I_{2N}。额定电流是根据变压器容许温升而规定的电流值，以 A（安）或 kA（千安）为单位。在三相变压器中都是指线电流。

（3）额定容量 S_N。额定容量即为额定视在功率，表示变压器输出电功率的能力，以 VA（伏・安）或 kVA（千伏・安）为单位。对于单相变压器

$$S_N = U_{2N}I_{2N} \approx U_{1N}I_{1N} \tag{12 - 3}$$

（4）额定频率 f_N。运行时变压器使用交流电源电压的频率。我国的标准工频为 50Hz，有些国家的工频为 60Hz。

（5）温升。变压器在额定值下运行时，变压器内部温度容许超出规定的环境温度（＋40℃)的数值，与绝缘材料的性能有关。

对于三相变压器，铭牌上还给出高、低压侧绕组的连接方式。

【例 12 - 1】　有一单相变压器，一次侧额定电压 $U_{1N}=220V$，二次侧额定电压 $U_{2N}=20V$，额定容量 $S_N=75VA$。求变压器的变比 k，二次侧和一次侧的额定电流 I_{2N} 和 I_{1N}。设空载电流忽略不计。

解　变比

$$k=\frac{U_{1N}}{U_{2N}}=\frac{220}{20}=11$$

二次侧电流

$$I_{2N}=\frac{S_N}{U_{2N}}=\frac{75}{20}=3.75(A)$$

一次侧电流

$$I_{1N}\approx\frac{1}{k}I_{2N}=\frac{3.75}{11}=0.34(A)$$

12.1.3　三相变压器

三相交流电压的变换，可用三台单相变压器组成的三相变压器或用一台三相变压器来进行。通常大容量采用三相变压器组，中小容量采用三相变压器。目前电力系统均采用三相制，因而三相变压器的应用极为广泛。

三相变压器的基本结构如图 12 - 5 所示。三对相同的高、低压绕组，分别套装在三个铁芯柱上。三相高压绕组的始、末端分别标以大写的 U$_1$、U$_2$、V$_1$、V$_2$、W$_1$、W$_2$；三相低压绕组的始、末端分别标以小写的 u_1、u_2、v_1、

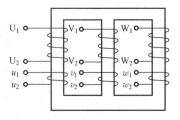

图 12 - 5　三相变压器基本结构图

v_2、w_1、w_2。

三相变压器每一相的工作原理和电压、电流的变换关系与单相变压器相同，因而当三相一次绕组所接的三相电源相电压对称时，三相二次绕组的相电压亦必对称。

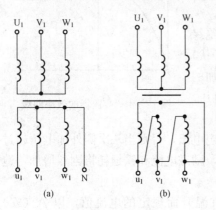

图 12 - 6　连接法

三相变压器的高压绕组和低压绕组都可联结成星形（用 Y 或 y 表示）或三角形（用 D 或 d 表示）。因此，三相变压器绕组的联结方式可有四种组合：Yy、Yd、Dd 和 Dy，其中前面的大写字母表示高压绕组的联结法，后面的小写字母表示低压绕组的联结法，星形联结有中线引出时，用 N（或 n）表示。三相变压器绕组最常见的联结方式是 Yyn 和 Yd，分别如图 12 - 6（a）、（b）所示。

三相变压器一次侧、二次侧线电压的比值，不仅与一次绕组、二次绕组的匝数比有关，而且与一次、二次绕组的接法有关。

当一次绕组、二次绕组均为星形联结，如图 12 - 6（a）所示时

$$\frac{U_{L1}}{U_{L2}} = \frac{\sqrt{3}U_{P1}}{\sqrt{3}U_{P2}} = \frac{N_1}{N_2} = k$$

当一次绕组为星形联结，二次绕组为三角形联结，如图 12 - 6（b）所示时

$$\frac{U_{L1}}{U_{L2}} = \frac{\sqrt{3}U_{P1}}{U_{P2}} = \sqrt{3}\,\frac{N_1}{N_2} = \sqrt{3}k$$

式中：U_{L1}、U_{L2} 分别为一次侧、二次侧的线电压；U_{P1}、U_{P2} 分别为一次侧、二次侧的相电压；N_1、N_2 分别为一次绕组、二次绕组的匝数。

三相变压器的额定电压、额定电流均指线电压、线电流。三相变压器的额定容量

$$S_N = \sqrt{3}U_{2N}I_{2N} \approx \sqrt{3}U_{1N}I_{1N} \tag{12 - 4}$$

式中：U_{2N}、I_{2N} 为三相变压器二次侧的额定电压、额定电流；U_{1N}、I_{1N} 为一次侧的额定电压和额定电流。

【例 12 - 2】　一台 Yd 联接（一次侧星接，二次侧三角形接）的三相变压器，额定容量 $S_N = 3150\text{kVA}$，$U_{1N}/U_{2N} = 35/6.3\text{kV}$。求一次侧、二次侧的额定电流 I_{1N} 和 I_{2N}，一次侧额定相电压 U_{1PN} 和二次侧额定相电流 I_{2PN}。

解　一次侧额定电流　$I_{1N} = \dfrac{S_N}{\sqrt{3}U_{1N}} = \dfrac{3150 \times 10^3}{\sqrt{3} \times 35 \times 10^3} = 51.96(\text{A})$

二次侧额定电流　$I_{2N} = \dfrac{S_N}{\sqrt{3}U_{2N}} = \dfrac{3150 \times 10^3}{\sqrt{3} \times 6.3 \times 10^3} = 288.68(\text{A})$

一次侧额定相电压　$U_{1PN} = \dfrac{U_{1N}}{\sqrt{3}} = \dfrac{35 \times 10^3}{\sqrt{3}} = 20\,207(\text{V})$

二次侧额定相电流　$I_{2PN} = \dfrac{I_{2N}}{\sqrt{3}} = \dfrac{288.68}{\sqrt{3}} = 166.67(\text{A})$

12.1.4　特殊用途变压器

1. 自耦变压器

前面介绍的变压器，其高压绕组、低压绕组都是互相绝缘的套装在同一个铁芯上，称为

双绕组变压器。如果把两个绕组合成一个，使低压绕组为高压绕组的一部分，则成为只具有一个绕组的变压器，这种变压器称为自耦变压器，其电路如图 12-7 所示。图中 N_1、N_2 分别为高压绕组和低压绕组的匝数。

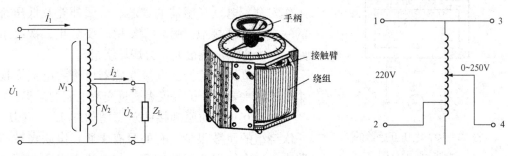

图 12-7 自耦变压器电路   图 12-8 调压器的外形和电路

自耦变压器的工作原理和电压、电流变换关系与双绕组变压器相同，也具有

$$\frac{\dot{U}_1}{\dot{U}_2} \approx \frac{N_1}{N_2} = k, \quad \frac{\dot{I}_1}{\dot{I}_2} \approx \frac{N_2}{N_1} = \frac{1}{k}$$

与双绕组变压器不同的是自耦变压器的一次、二次绕组之间既有磁的联系，也有电的联系，当绕组的公共部分断线时，高压会进入低压端，而危及人身和设备的安全。自耦变压器常常用在变比不太大的场合。

实验中常用的调压器，就是一种具有环形铁芯、二次绕组有一端是通过滑动触头引出的自耦变压器，其外形和电路如图 12-8 所示。用手柄移动触头的位置，就可以改变二次绕组的匝数，调节输出电压的大小。

使用调压器时，首先要把手柄旋至输出电压为零的位置，然后再旋动手柄使输出电压达到所需要的数值。此外，还要注意调压器的输入端、输出端不能对换使用，并且最好使其公共端和电源中性线相连接。

用三台单相自耦变压器可连接成三相自耦变压器，也有专门制造的三相自耦变压器。通常都连接成星形，如图 12-9 所示。

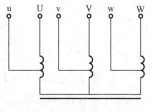

图 12-9 三相自耦变压器

2. 仪用互感器

互感器是专供测量等用的一种特殊用途的变压器，主要用于扩大测量仪表的量程以及使仪表与高压电路隔离，以保证仪表和工作人员的安全。按用途的不同，可分为电压互感器和电流互感器。

（1）电压互感器。电压互感器可将高压变换为低压，因而它可以扩大仪表测量交流电压的量程。它的工作原理与普通降压变压器类同。

被测电压加在一次绕组（高压绕组）两端，电压表并接在二次绕组（低压绕组）两端，如图 12-10 所示。因此一次侧被测电压 U_1 和二次侧电压表两端的电压 U_2 的关系为

$$U_1 = \frac{N_1}{N_2}U_2 = k_{\mathrm{u}}U_2$$

式中：k_{u} 称为电压变比。

测量时只要把电压表的实际读数 U_2 乘上互感器的电压变比 k_{u} 就是被测电压 U_1。通常

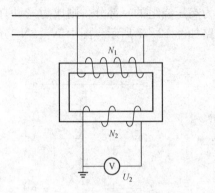

图 12 - 10　电压互感器的
原理接线示意图

电压互感器的二次电压设计成标准值 100V。电压互感器也可以接成三相使用。

由于电压互感器一次侧的电压往往比较高，为了工作安全，电压互感器的铁芯、金属外壳及低压绕组的一端都必须接地。另外，使用时要防止二次绕组短路，因为短路电流很大，会烧坏绕组。

（2）电流互感器。电流互感器可将大电流变换为小电流，主要用于扩大仪表测量交流电流的量程。

电流互感器的原理接线示意图如图 12 - 11 所示。一次绕组的匝数很少，有的只有 1 匝，串联在被测电路中。二次绕组的匝数较多，与电流表串联成闭合回

路。根据变压器的电流变换作用

$$I_1 = \frac{N_2}{N_1} I_2 = k_i I_2$$

式中：k_i 称为电流互感器的变流比。

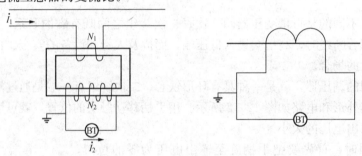

图 12 - 11　电流互感器的原理接线及其图形符号

因 $N_2 \gg N_1$，故 $I_2 \ll I_1$，电流互感器将被测大电流 I_1 变换为小电流 I_2。I_2 可由安培计测出，I_2 乘上变流比 k_i 即为被测电流 I_1。在配好电流互感器的安培计刻度上可直接标出被测电流值。电流互感器二次侧额定电流通常为 5A。

电流互感器的铁芯及二次绕组的一端必须接地以确保工作安全。使用电流互感器时二次绕组不允许断开，因为电流互感器一次绕组中的电流 I_1 决定于被测电路，被测电路不变则 I_1 不变，所形成的磁通势 $I_1 N_1$ 不变。当二次侧接通时，I_1 在二次绕组中感应出电流 I_2，形成的磁通势 $I_2 N_2$ 与 $I_1 N_1$ 的方向几乎相反，故对 $I_1 N_1$ 起去磁作用，因而铁芯中的磁通 Φ 不大，铁芯损耗不大。但当二次绕组断开时，因 $I_2 = 0$，$I_2 N_2 = 0$，而 $I_1 N_1$ 不变，故 Φ 将显著增大。这将使铁损大大增加，铁芯急剧发热。又由于二次绕组匝数多，可感应出上千伏的高压，给工作人员和设备都带来危险。故电流互感器运行时二次侧不得开路。

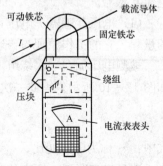

图 12 - 12　钳形电流表

如图 12 - 12 所示的钳形电流表，是一种配有特殊形式电流互感器的电流表，电流互感器的铁芯为钳形。测量电流时先按下压块，使可动铁芯张开，将欲测电流的导线套在铁芯中间，这样该导线就是电流互感器的一次绕组，其匝数 $N_1 =$

1。绕在铁芯上的二次绕组与电流表串联成闭合回路，于是可从电流表上读出被测电流值。用钳形电流表测量电流时，不用断开电路，甚为方便，但测量精度不高。

3. 电焊变压器

电焊变压器又称交流弧焊机，在生产中应用非常广泛，它的实质就是一台具有特殊外特性的降压变压器。为保证电弧焊的质量和电弧燃烧的稳定性，对电焊变压器有以下几点要求：

（1）电焊变压器电压一般由 220/380V 降低到空载电压约 60～75V，以保证启弧容易。但为操作者安全，U_{20}最高不超过 85V。

（2）为适应不同焊接工件和不同规格的焊条，要求焊接电流大小在一定范围内要均匀可调，因此在电焊变压器的二次绕组中经常串联一个可调铁芯电抗器，改变电抗器空气隙的长度就可调节焊接电流的大小，如图 12 - 13（a）所示。

（3）焊接过程中，电焊变压器的负载经常是从无载到短路或者从短路到无载之间急剧地变化。因此要维持负载电流稳定，即使发生短路时电流也不应太大。所以焊接变压器具有急剧下降的外特性，在额定负载时的输出电压 U_2（焊钳与工件间）约为 30V 左右。如图 12 - 13（b）所示。

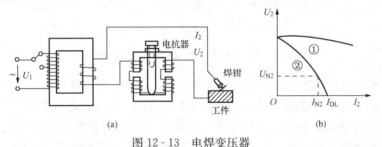

图 12 - 13 电焊变压器
(a) 原理图；(b) 外特性（①一般变压器；②电焊变压器）

4. 脉冲变压器

脉冲数字技术已广泛应用于计算机、雷达、电视、数字显示仪器和自动控制等许多领域。在脉冲电路中，常用变压器进行电路之间的耦合、放大及阻抗变换等，此种变压器称之为脉冲变压器。图 12 - 14 所示为脉冲变压器的简图。

脉冲变压器的结构和一般控制变压器类似，由导电的绕组和导磁的铁芯构成了脉冲变压器的核心部分。不过绝大多数脉冲变压器铁芯（实质上是磁心）做成环形；其绕组是双边或三边的，第三边绕组一般是为改善某种性能而设置的，绕组特点是通过改变三次绕组的绕向来改变输出端脉冲信号的极性。

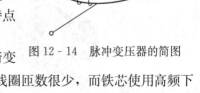

图 12 - 14 脉冲变压器的简图

对于脉冲变压器的要求是输出电压和电流的脉冲波形畸变最小。为此，应尽量增加激磁电感、减小漏磁电感，故它的线圈匝数很少，而铁芯使用高频下导磁率较高的铁氧体或坡莫合金磁心。

12.2 异步电动机

把电能转换成机械能的电机，称为电动机。电动机按照所用电能种类的不同，可分为交流电动机和直流电动机。交流电动机又分为异步电动机和同步电动机。

异步电动机又称为感应电动机（induction motor），它具有结构简单、价格便宜、运行可靠、维护方便等优点，是一种应用最广泛的交流电动机。异步电动机又分为三相异步电动机和单相异步电动机。

12.2.1　三相异步电动机的结构和工作原理

1. 三相异步电动机的结构

异步电动机主要由静止部分和转动部分组成，静止部分叫做定子（stator），转动部分叫做转子（rotor），这两部分之间由空气隙隔开。如图 12 - 15 所示。

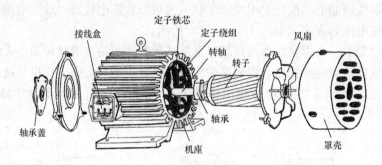

图 12 - 15　三相异步电动机（笼型）的构造

定子由机座、定子铁芯和定子绕组三部分组成。机座是电动机的支架，一般用铸铁或铸钢做成。定子是电动机磁路的一部分，为了减少铁损耗，定子铁芯一般由厚 0.5mm 且彼此绝缘的硅钢片叠压而成，并固定在机座中。在铁芯内圆周表面冲有槽孔，用以嵌置定子绕组。定子绕组由绝缘导线绕制而成。三相异步电动机具有三相对称的定子绕组，称为三相绕组。每相有两个出线端，三相定子绕组共六个出线端，通常将它们接在机座上的接线盒内。根据我国标准规定，用符号 U1、V1 和 W1 表示三个首端，用 U2、V2 和 W2 表示尾（末）端，且 U1 与 U2、V1 与 V2、W1 与 W2 分别为一相绕组的两个端子。出线端在接线盒上的布置如图 12 - 16（b）所示。根据电源电压和电动机的额定电压可把三相绕组接成星形或三角形，如图 12 - 16（c）所示。

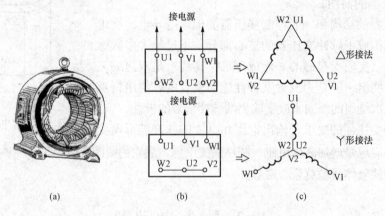

图 12 - 16　定子及其绕组接线

(a) 结构图；(b) 出线端子布置；(c) 绕组连接

转子由转轴、转子铁芯、转子绕组、风扇等组成。转子铁芯用硅钢片叠成圆柱形，其外圆周表面冲有槽孔，以便嵌置转子绕组。转子绕组是转子的电路部分。按其转子绕组构造不同，异步电动机可分为笼型和绕线型两种。

笼型转子是在转子铁芯和各槽内压进铜条，两端分别由一个铜环把所有的铜条全部接在一起，形成一个短路回路。假想去掉铁芯，绕组的形状就像一个鼠笼，故笼型异步电动机因此得名，如图 12 - 17 （a）所示。

为了节省铜材，简化制造工艺，中、小型电动机一般采用铸铝转子，如图 12 - 17 （c）所示。

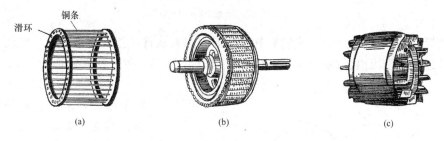

图 12 - 17　笼型电动机的转子

（a）笼型绕组；（b）笼型转子；（c）铸铝转子

绕线型的转子绕组构造与定子绕组类似，也是先用绝缘导体做成线圈，再一个一个地嵌入转子槽中，然后按一定规律连成三相绕组。将三相绕组接成星形，其三个尾端接在一起，三个首端接到固定在转轴上的三个互相绝缘的集电环上，再经一套电刷引出，以便在转子电路中接入附加电阻，而改善电动机的性能。图 12 - 18 为绕线型异步电动机转子结构，这些集电环

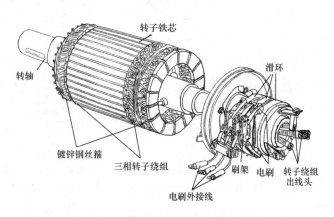

图 12 - 18　绕线型异步电动机转子结构

又称滑环，它们和转轴之间互相绝缘。绕线型异步电动机结构比较复杂，成本比笼型电动机高，适用于要求具有较大起动转矩以及有一定调速范围的场合，例如大型立式车床和起重设备等。

2. 旋转磁场

（1）旋转磁场的产生。为了便于分析，我们把分布在定子内圆周上的三相对称绕组用三个相同的单匝线圈来代替，如图 12 - 19 所示。

三相绕组 U1U2、V1V2、W1W2 在空间互差 120°。若将 U2、V2、W2 接于一点，U1、V1、W1 分别接到三相电源上，于是在三相绕组中便有三相交流电流通入，即

$$i_U = I_m \sin\omega t$$
$$i_V = I_m \sin(\omega t - 120°)$$
$$i_W = I_m \sin(\omega t - 240°) = I_m \sin(\omega t + 120°)$$

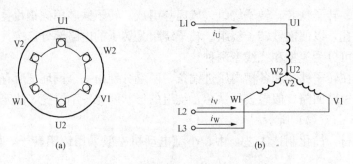

图 12-19　定子绕组示意图和接线图

(a) 定子绕组示意图；(b) 接线图

它们的波形如图 12-20 所示，我们取电流的正方向为从首端指向末端。当电流为正时电流从首端流进，末端流出。在示意图中分别用标志"⊕"和"⊙"表示流进和流出。

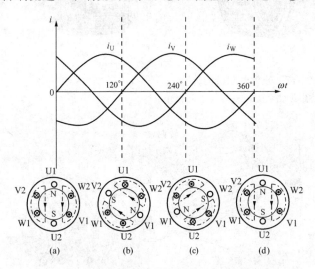

图 12-20　旋转磁场（两极）的形成

(a) $\omega t=0°$ 时；(b) $\omega t=120°$ 时；(c) $\omega t=240°$ 时；(d) $\omega t=360°$ 时

三相绕组通以三相电流后，对于每一相来讲它们各自将产生自己的交变磁场，但对于整个定子空间的磁场则是它们三者的合成磁场。我们感兴趣的是这个合成磁场，且关心的是它是个什么样性质的磁场。为了便于叙述，在图 12-20 中取 $\omega t=0°$、$\omega t=120°$、$\omega t=240°$、$\omega t=360°$ 几个时刻来分析。

当 $\omega t=0°$，i_U 为零，i_V 为负，i_W 为正，根据约定可在图中标出电流的方向。根据右螺旋定则，可画出 $\omega t=0°$ 时合成磁场图，如图 12-20 (a) 所示。对定子而言

磁力线从上方流出，相当于 N 极，从下方流进，相当于 S 极。因为磁极只能成对存在，故把一个 N 极和一个 S 极叫做一对极，常用 p 来表示磁极对数。可见上述这种绕组的布置方式产生的是两极磁场，即磁极对数 $p=1$。

当 $\omega t=120°$ 时，i_U 为正，i_V 为零，i_W 为负，于是可以标出电流的方向，且画出 $\omega t=120°$ 时的合成磁场图，如图 12-20 (b) 所示；与图 (a) 比较，磁场轴线在空间按顺时针方向转过了 120°。同理，可画出 $\omega t=240°$ 和 $\omega t=360°$ 时合成磁场，如图 12-20 (c)、(d) 所示。

由上可知，当定子三相对称绕组中通入三相交流电流后，它们共同产生的合成磁场是随电流的交变而在空间不断的旋转的，这就是旋转磁场。

以上介绍的是 $p=1$ 的旋转磁场，旋转磁场的极对数和三相绕组的安排有关。$p=1$ 的线圈安排情况是每相绕组只有一个线圈，绕组的首端之间互差 120°空间角。如果将定子每相绕组安排成由两个线圈串联而成，且绕组的首端之间互差 $\dfrac{120°}{2}=60°$ 的空间角，则将产生的旋

转磁场具有两对极，即 $p=2$，如图 12-21 所示。如果要产生 p 对极，则每相绕组必须均匀安放 p 个相串联的线圈，且相邻首端之间差 $\alpha = \dfrac{120^\circ}{p}$ 空间角。

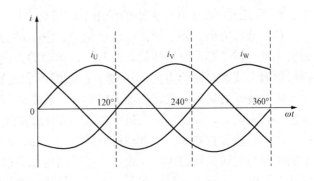

（2）旋转磁场的转速及方向。根据前面分析，电流变化一周时，对于 $p=1$ 的旋转磁场在空间旋转一周，对于 $p=2$ 的旋转磁场在空间转过 180°，比前者慢一半，可见旋转磁场的转速与极对数 p 有关。设 f_1 为电流的频率，n_0 为磁场的旋转速度，它们与 p 有下列关系式

$$n_0 = \frac{60 f_1}{p} \qquad (12\text{-}5)$$

n_0 的单位为 r/min（转/分钟）。

对于某一异步电动机来讲 f_1 和

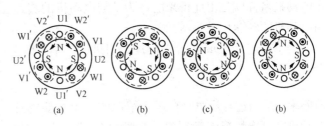

图 12-21 $p=2$ 的旋转磁场图

（a）$\omega t = 0^\circ$ 时；（b）$\omega t = 120^\circ$ 时；（c）$\omega t = 240^\circ$ 时；（d）$\omega t = 360^\circ$ 时

p 通常是一定的。所以，磁场转速是个常数。在我国，工频 $f_1 = 50\text{Hz}$，于是由式（12-5）可得出对应于不同极对数 p 的旋转磁场转速 n_0，见表 12-1。

表 12-1 　　　　　　　　　　　　不同极对数对应的旋转磁场转速

p	1	2	3	4	5	6
n_0（r/min）	3000	1500	1000	750	600	500

旋转磁场的旋转方向，从图 12-20 中看出为顺时针方向旋转，即与通入各相绕组的三相电流相序是一致的。如果改变电流的相序（即任意互换两根电源接线），则旋转磁场的旋转方向也随之改变，三相异步电动机的正、反转正是利用这一原理来实现的。

3. 异步电动机的转动原理

（1）电磁转矩及产生。三相异步电动机的定子绕组接通三相电源后，电动机内部在空间旋转磁场的作用下，转子会转动起来。为了形象起见，我们用一对旋转的磁极来模拟 $p=1$ 的旋转磁场，并以笼型电动机为例来说明其转动原理，如图 12-22 所示。

设磁极按逆时针方向以恒速 n_0 旋转，转子导体与磁场有相对运动，根据电磁感应原理，在转子导体内要感应电动势。同时由于转子导体接成短路，于是在感应电动势的作用下，转子导体中就产生了电流。载流导体处于旋转磁场中要受到电磁力的作用，该电磁力形成了力

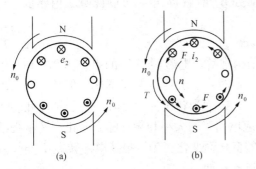

图 12-22 异步电动的转动原理

（a）感应电流及方向；（b）载流导体受力方向

矩，用 T 表示，转子在此力矩的作用下而转动。

（2）旋转方向。转子导体感应电动势、电流的方向如图 12 - 22 所示。分析时，可假定磁极不动，转子则顺时针转动，此时导体运动的方向和感应电动势的方向应满足右手定则。再根据磁力线和电流的方向，用左手定则即可确定转子的转动方向，如图 12 - 22（b）所示，可见转子的转向与旋转磁场方向相同。若要改变电动机原来的转向，则只要改变旋转磁场的旋转方向，即改变定子绕组中电流的相序就能实现。

（3）转速和转差率。由电动机转动原理可知，转子导体必须与磁场有相对运动。由于转子的转向与旋转磁场的转向一致，故可以断定二者转速不能相等，且 $n < n_0$，否则推动电动机转动的电磁转矩就不复存在了。所以，异步电动机的转速不可能达到旋转磁场的转速，异步电动机名称就是由此得来的。为了与电动机的转速相区别，称磁场旋转速度叫同步转速。而电动机的转速用 n 表示。

为了描述 n 与 n_0 的相差程度，引进转差率的概念，用 s 表示。它定义为

$$s = \frac{n_0 - n}{n_0} \quad \text{或} \quad s\% = \frac{n_0 - n}{n_0} \times 100\% \tag{12 - 6}$$

转差率 s 是描述异步电动机运行情况的一个重要物理量。在电动机起动瞬间，$n = 0$，$s = 1$。电动机在额定情况下运行时，一般额定转差率 $s_N = 0.01 \sim 0.06$，用百分数表示则为 $s_N = 1\% \sim 6\%$。

【例 12 - 3】 一台异步电动机的额定转速 $n_N = 730\text{r/min}$，电源频率为 50Hz，求其磁极对数 p 和额定转差率 s_N。

解 因为异步电动机的额定转速 n_N 略低于同步转速 n_0，而 $f = 50\text{Hz}$ 时，$n_0 = \frac{60 \times 50}{p}$，略高于 $n_N = 730\text{r/min}$ 的 n_0 只能是 750r/min，故磁极对数

$$p = 4$$

该电动机的额定转差率为

$$s_N = \frac{n_0 - n_N}{n_0} \times 100\% = \frac{750 - 730}{750} \times 100\% = 2.67\%$$

12.2.2 三相异步电动机的电磁转矩与机械特性

1. 三相异步电动机的电磁转矩

异步电动机的电磁转矩是由旋转磁场的每极磁通 Φ 和转子电流 I_2 相互作用而形成的。但因转子电路是感性的，转子电流 $\dot{I}_2$ 比转子电动势 $\dot{E}_2$ 滞后 ψ_2 角，可以证明三相异步电动机的电磁转矩的物理表达式为

$$T = K_T \Phi I_2 \cos\psi_2 \tag{12 - 7}$$

式中：K_T 为与电机结构有关的常数，叫做转矩结构常数；电磁转矩 T 的单位为 N·m（牛顿·米）。当电动机定子的外加电源电压和频率一定时，Φ 也基本保持不变。但 I_2 和 $\cos\psi_2$ 的大小与电动机的转速 n 即电动机的转差率 s 有关。因为当转速 n 变化时，转子导体和旋转磁场的相对运动速度发生变化，使转子绕组中感应电动势的大小和频率随之变化，转子绕组的感抗也变化，因此 I_2 和 $\cos\psi_2$ 会随着转差率 s 的变化而变化。为了描述电磁转矩 T 与转差率 s 的关系，可以推导出电磁转矩的参数表达式形式，即

$$T = K'_T \frac{sR_2 U_1^2}{R_2^2 + (sX_{20})^2} \tag{12 - 8}$$

式中：K'_T 是一个常数；R_2 为电动机转子电路每相绕组的电阻；X_{20} 为静止电抗，即为电动机刚接通电源而转子尚未转动时转子中每相绕组的感抗。

式（12 - 8）更具体地揭示了电磁转矩与外加电压 U_1、转差率 s，以及转子电路参数 R_2 和 X_{20} 之间的关系。由于 T 与 U_1 的平方成正比例，所以当电源电压波动时，对转矩的影响很大。

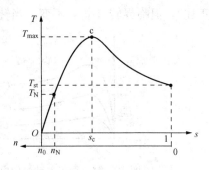

图 12 - 23　转矩—转差率特性
曲线 $[T = f(s)]$

当电源电压 U_1 和频率 f_1 恒定，R_2、X_{20} 都是常数时，从式（12 - 8）可见，电磁转矩 T 只随 s 而变化，于是可作 $T = f(s)$ 曲线如图 12 - 23 所示。此曲线称为异步电动机的转矩—转差率特性曲线。

利用式（12 - 8）和图 12 - 23 可说明异步电动机电磁转矩的变化规律。

当电动机空载运行时，转速 n 很高（可认为 $n \approx n_0$），因此 $s \approx 0$，$T \approx 0$。当 s 值尚小时（$s = 0 \sim 0.2$），分母中 $s^2 X_{20}^2$ 很小可忽略不计，故此时 $T \propto s$。当 s 值很大时，$s^2 X_{20}^2 \gg R_2^2$，R_2 可忽略，此时 $T \propto \dfrac{1}{s X_{20}^2}$，即 T 随 s 的增大而下降。转矩特性曲线由上升转变为下降的过程中，必然出现最大值。称此最大值为最大转矩或临界转矩，用 T_{max} 表示。对应于最大转矩的转差率称为临界转差率，用 s_c 表示，可由 $\dfrac{\mathrm{d}T}{\mathrm{d}s} = 0$ 求得，即

$$s_c = \frac{R_2}{X_{20}} \tag{12 - 9}$$

再将 s_c 代入式（12 - 8），则得

$$T_{max} = K'_T \frac{U_1^2}{2X_{20}} \tag{12 - 10}$$

由上述可见，T_{max} 与 U_1^2 成正比，而与转子电阻 R_2 无关；s_c 与 R_2 有关，R_2 愈大，s_c 也愈大。

从转矩特性曲线上还可看到这样一个特殊转矩，即对应于 $s = 1$ 的转矩，称此转矩为起动转矩，用 T_{st} 表示，将 $s = 1$ 代入式（12 - 8），即得出

$$T_{st} = K'_T \frac{R_2 U_1^2}{R_2^2 + X_{20}^2} \tag{12 - 11}$$

可见，T_{st} 与 U_1^2 及 R_2 有关，即当电源电压降低时，起动转矩会减小，当转子电阻适当增大时，起动转矩会增大。

除上述几个特殊的转矩外，还有电动机工作在额定负载时的电磁转矩，称为额定转矩，用 T_N 表示。它可以从电动机铭牌上读得额定功率（输出机械功率）和额定转速后，再用下列公式计算得到，即

$$T_N = \frac{P_{2N}}{\dfrac{2\pi n_N}{60}} = 9550 \frac{P_{2N}}{n_N} \tag{12 - 12}$$

式中：P_{2N} 的单位为 kW；n_N 的单位为 r/min；T_N 的单位为 N·m（牛顿·米）。

当电动机的电源电压 U_1 或电动机转子电阻 R_2 发生变化时，转矩特性曲线会发生变化。

图 12 - 24 和图 12 - 25 分别为外加电压降低时和转子电阻增加时的转矩特性曲线。从图 12 - 24和图 12 - 25 可以看出,当电源电压 U_1 下降时,最大转矩 T_{max} 明显下降(T_{max} 和 U_1^2 成正比),但临界转差率 s_c 不变。当转子电路电阻 R_2 增加时,T_{max} 不变,但 s_c 增大。

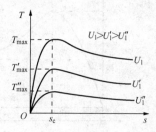
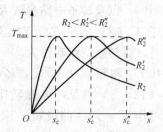

图 12 - 24　异步电动机的电源　　　　　图 12 - 25　异步电动机转子电路
电压变化对转矩特性的影响　　　　　　　　电阻对转矩特性的影响

2. 异步电动机的机械特性

在选择和使用电动机时,电动机的机械特性具有更实际的意义。机械特性曲线是表明电动机转速 n 与转矩 T 之间关系的曲线。图 12 - 26 为三相异步电动机的机械特性曲线,它的形状与转矩特性曲线类似,只不过是将转矩特性曲线沿顺时针方向旋转了 90°,并将其纵坐标由 s 改称 n。

通常异步电动机都工作在图 12 - 26 所示特性曲线的 ac 段。从这段曲线可以看出,当负载转矩有较大变化时,异步电动机的转速变化并不大。因此异步电动机具有硬的机械特性。

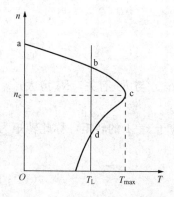

图 12 - 26　异步电动机的机械
特性 $[n = f(T)]$

图 12 - 26 中 T_L 为假设的某一负载转矩,它与 $n = f(T)$ 曲线有两个交点,如图 12 - 26 中的 b、d 两点。电动机正常运行时是工作在 b 点呢? 还是在 d 点? 读者可自行对异步电动机运行的稳定性进行分析。

三相异步电动机理想状况是在额定负载下工作,小于额定负载称轻载,大于额定负载称过载或重载。过载时电流将超过所允许的额定值。如果过载时间较短,电动机不至于立即过热,在温升允许时,是可以的。但过载时负载转矩不能超过最大转矩 T_{max},一旦超过,电动机就带不动负载了,电机会"堵转"(停转),俗称"闷车"。闷车时电动机的电流马上升高六七倍,电动机严重过热,以致烧毁。所以最大转矩反映了异步电动机的短时容许过载能力,它与额定转矩 T_N 的比值 λ 称为过载系数,即

$$\lambda = \frac{T_{max}}{T_N} \tag{12 - 13}$$

一般三相异步电动机的过载系数为 1.8~2.2。

在选用电动机时,必须考虑可能出现的最大负载转矩,而后根据所选电动机的过载系数算出电动机的最大转矩,它必须大于最大负载转矩,否则,就要重选电动机。

起动转矩 T_{st} 是表示异步电动机在起动瞬间具有的转矩。为了保证电动机的正常起动,

电动机的起动转矩必须大于负载阻转矩。通常用 T_{st} 和额定转矩 T_N 的比值T_{st}/T_N来衡量电动机的起动能力。对一般的异步电动机，此比值约为 1.7～2.2。

【例 12‑4】　某型号为 Y225M—4 的三相异步电动机，额定输出功率 $P_2=45kW$，额定转速 $n_N=1480r/min$，$T_{st}/T_N=1.9$，$T_{max}/T_N=2.2$，额定效率 $\eta_N=92.3\%$，额定功率因数 $\cos\varphi_N=0.88$。求额定输入功率 P_1、额定电流 I_N、额定转差率 s_N、额定转矩 T_N、起动转矩 T_{st} 和最大转矩 T_{max}。

解
$$P_1=\frac{P_2}{\eta_N}=\frac{45}{0.923}=48.8(kW)$$

4～100kW 的电动机通常都是 380V，△连接，则
$$I_N=\frac{P_2\times10^3}{\sqrt{3}U\cos\varphi\eta}=\frac{45\times10^3}{\sqrt{3}\times380\times0.88\times0.923}=84.2(A)$$

由已知 $n_N=1480r/min$ 可知，电动机是四极的，即 $p=2$，$n_0=1500r/min$，所以
$$s_N=\frac{n_0-n}{n_0}=\frac{1500-1480}{1500}=0.013$$
$$T_N=9550\frac{P_{2N}}{n_N}=9550\times\frac{45}{1480}=290.4(N\cdot m)$$
$$T_{st}=1.9\times290.4=551.8(N\cdot m)$$
$$T_{max}=2.2\times290.4=638.9(N\cdot m)$$

12.2.3　三相异步电动机的使用

1. 三相异步电动机的铭牌

电动机铭牌上的数据是额定数据，是正确使用电动机的依据。现以某异步电动机铭牌为例，来说明各数据的意义。

三相异步电动机		
型号　Y160M—4	功率　11kW	频率　50Hz
电压　380V	电流　22.6A	接法　△
转速　1460r/min	温升　75℃	绝缘等级　E
功率因数　0.84	重量　150kg	工作方式　连续

电动机的型号是电机类型、规格等的代号，由汉语拼音大写字母、国际通用符号和阿拉伯数字组成。其意义如下：

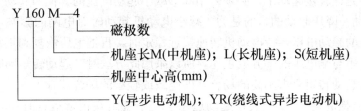

额定功率 P_N：在额定运行情况下，电动机轴上输出的机械功率，单位 W（瓦）或 kW（千瓦）。

额定电压 U_N：电动机在额定运行时定子绕组上应加的线电压值。如有些铭牌上常标为 220/380V 电压。表示电源电压的线电压为 220V 和 380V 都可以用于该电动机，但不同的电源电压，电动机定子绕组的连接方式是不同的，即 220V 接成三角形，380V 接成星形。

额定电流 I_N：电动机在额定运行时定子绕组的线电流，单位为 A（安）。若三相定子绕组有两种接法，就有两个相对应的额定电流值，大的数值对应于定子绕组采用三角形连接时的线电流值，小的数值为星形连接时的线电流值。

额定频率 f_N：电动机在额定运行时交流电源的频率。

额定转速 n_N：在额定频率、额定电压和额定输出功率时，电动机每分钟的转数，单位为 r/min。

额定功率因数 $\cos\varphi_N$：电动机在额定运行时定子电路的功率因数，通常在 $0.70\sim0.90$ 之间。

额定效率 η_N：电动机在额定运行时的效率，计算式为

$$\eta_N = \frac{P_N}{\sqrt{3}U_N I_N \cos\varphi_N} \times 100\% \tag{12-14}$$

异步电动机的 η_N 约为 $75\%\sim92\%$。

工作方式：电动机运行情况可分为连续运行、短时运行和断续运行三种基本方式。

2. 三相异步电动机的起动

电动机从接通电源开始转动，转速逐渐增高，一直达到稳定转速为止，这一过程称为起动过程。在实际生产过程中，电动机的起动和停车是常见的操作，然而电动机起动性能的优劣对生产有很大的影响。所以对于使用者来说，在选择电动机时，根据具体的使用条件考虑电动机的起动性能，并选择适当的起动方法以改善起动性能。

反映电动机起动性能的指标主要有起动转矩和起动电流。选择电动机时，根据所带机械负载的性质，选择具有足够起动转矩的电动机。

异步电动机起动时，起动电流一般为电动机额定电流的 $4\sim7$ 倍。电动机的起动电流虽然很大，但转子一经转动后，电流就迅速减小，所以起动电流对电动机本身不会产生危害。但过大的起动电流会引起电网电压的显著下降，这可能严重影响其他用电设备的正常工作。

（1）笼型异步电动机的起动。笼型异步电动机起动方法有两种：直接起动和降压起动。

1）直接起动。直接起动就是用刀开关和交流接触器将电动机直接接到具有额定电压的电源上。

直接起动法的优点是操作简单、无需很多的附属设备；主要缺点是起动电流较大。笼型异步电动机能否直接起动，根据三相电源的容量而定。通常在一般情况下，10kW 以上的异步电动机，就不允许直接起动了，必须采用能够减小起动电流的其他的起动方法。

2）降压起动。降压起动的目的是为了减小电动机起动时对电网的影响，其方法是在起动时降低电动机的起动电压，待电动机转速接近稳定时，再把电压恢复到正常值。由于异步电动机的起动转矩与端电压的平方成正比，所以采用此方法时，起动转矩同时减小，因此该方法只适用于对起动转矩要求不高的场合，即空载或轻载的场合。

（a）Y—△转换起动。Y—△转换起动适用于定子绕组在正常运行时要求三角形连接的笼型异步电动机，起动时先将定子绕组接成星形，待转速接近额定转速时再换接成三角形，故这种起动方法叫Y—△转换起动。

图 12-27 为采用三刀双投开关进行Y—△转换的起动接线图。起动时将 Q2 放在Y（起动）位置上，再合上电源开关 Q1，于是电动机在星形连接下起动，待转速接近额定转速后，迅速将 Q2 从"起动"位置倒向"运行"位置，于是就完成电动机的起动，电动机运行于三

角形连接。

起动时，电动机定子绕组星形连接，电动机每相定子绕组上的电压是电源线电压 U_L 的 $1/\sqrt{3}$，此时电路的线电流等于相电流，即流过每个绕组的电流（这里的 Z 是每相绕组的等效阻抗）为

$$I_{LY} = \frac{U_L/\sqrt{3}}{Z}$$

当电动机接近额定转速时，电动机定子绕组改为三角形连接，这时电动机每相绕组的电压为电源线电压 U_L。此时电路的线电流为

$$I_{L\triangle} = \sqrt{3}\,\frac{U_L}{Z}$$

比较以上两个电流得

$$\frac{I_{LY}}{I_{L\triangle}} = \frac{\dfrac{U_L/\sqrt{3}}{Z}}{\sqrt{3}\,\dfrac{U_L}{Z}} = \frac{1}{3} \tag{12-15}$$

即定子绕组星形连接时，由电源提供的起动电流仅为定子绕组三角形连接时的 1/3。

由于起动转矩与每相绕组电压的平方成正比，星形连接时的绕组电压降低了 $1/\sqrt{3}$，所以起动转矩将降到三角形连接的 1/3，即

$$T_{stY} = \frac{1}{3}T_{st\triangle} \tag{12-16}$$

丫—△转换起动限制了起动电流，但同时也减小了起动转矩，这是降压起动的缺点。常用的丫—△起动器有 QX2 系列手动起动器和 QX3、QX10 系列自动起动器。这些设备结构简单、成本低、寿命长、动作可靠，因此广泛应用于 4～100kW 的笼型异步电动机的起动中。

（b）自耦降压起动。利用三相自耦变压器将电动机在起动瞬间的端电压降低，其接线如图 12-28 所示。起动时，先把开关 Q2 扳到"起动"位置，合上 Q1 起动。当转速接近额定值时，将 Q2 扳向"工作"位置，切除自耦变压器，进入全压运转。

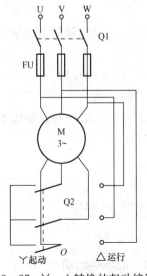

图 12-27 丫—△转换的起动接线图

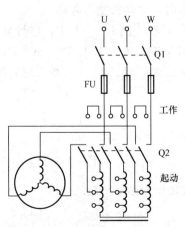

图 12-28 自耦降压起动接线图

设自耦变压器的电压比为 k_a，经过自耦变压器降压后，加在电动机上的电压为 U_L/k_a。此时电动机的起动电流 I'_{st} 便与电压成相同比例地减小，是原来在额定电压下直接起动电流 I_{stN} 的 $1/k_a$，即 $I'_{st} = \frac{1}{k_a} I_{stN}$。又由于电动机接在自耦变压器的二次侧，自耦变压器的一次侧接在三相电源侧，故电源所供给的起动电流为

$$I''_{st} = \frac{1}{k_a} I'_{st} = \frac{1}{k_a^2} I_{stN} \qquad (12\text{-}17)$$

由此可见，利用自耦变压器降压起动的笼型异步电动机，电网电流是直接起动电流的 $1/k_a^2$。由于加到电动机上的电压为直接起动的 $1/k_a$，因此，同直接起动相比，起动转矩也同样为直接起动的 $1/k_a^2$。

通常自耦变压器备有抽头，以便得到不同的电压（例如为电源电压的 70%、64%、55%），根据对起动转矩的要求而选用。

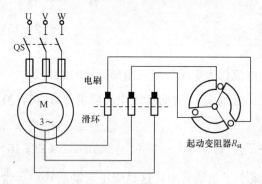

图 12-29　绕线型电动机起动时的接线图

（2）绕线型异步电动机的起动。对于绕线型转子异步电动机，通常在转子电路中串接大小适当的起动电阻 R_{st}（见图 11-29），就可达到减小起动电流的目的。同时，转子电路中接入起动电阻后，可提高转子电路的功率因数 $\cos\psi_2$，由式（12-8）可见，起动转矩也就提高了（参见图 12-25），所以它常用于要求起动转矩较大的生产机械上（例如卷扬机、锻压机、起重机等）。起动后，随着转速的上升将起动电阻逐段切除。

【例 12-5】　某型号为 Y225M-4 的三相异步电动机。其技术数据为：$P_N = 45\text{kW}$，$U_N = 380\text{V}$，$n_N = 1480\text{r/min}$，$\eta_N = 92.3\%$，$\cos\varphi_N = 0.88$，$I_{st}/I_N = 7.0$，$T_{st}/T_N = 1.9$，$T_{max}/T_N = 2.2$，$f = 50\text{Hz}$。

（1）如果负载转矩为 510.2N·m，试问在 $U = U_N$ 和 $U' = 0.9U_N$ 两种情况下电动机能否起动？

（2）采用 Y—△换接起动时，求起动电流和起动转矩。又当负载转矩为额定转矩 T_N 的 80% 和 50% 时，电动机能否起动？

解　（1）在［例 12-4］中，已计算出 $I_N = 84.2\text{A}$，$T_{st} = 551.8\text{N·m}$。

在 $U = U_N$ 时，$T_{st} = 551.8\text{N·m} > 510.2\text{N·m}$，所以能起动。

在 $U' = 0.9U_N$ 时，$T'_{st} = 0.9^2 \times 551.8 = 447(\text{N·m}) < 510.2\text{N·m}$，所以不能起动。

（2）　　　　　　　$I_{st\triangle} = 7I_N = 7 \times 84.2 = 589.4(\text{A})$

$$I_{st\curlyvee} = \frac{1}{3} I_{st\triangle} = \frac{1}{3} \times 589.4 = 196.5(\text{A})$$

$$T_{st\curlyvee} = \frac{1}{3} T_{st\triangle} = \frac{1}{3} \times 551.8 = 183.9(\text{N·m})$$

当负载转矩为额定转矩的 80% 时

$$\frac{T_{st\curlyvee}}{T_N 80\%} = \frac{183.9}{290.4 \times 80\%} = \frac{183.9}{232.3} < 1，故不能起动；$$

当负载转矩为额定转矩的 50％时

$$\frac{T_{stY}}{T_N 50\%} = \frac{183.9}{290.4 \times 50\%} = \frac{183.9}{145.2} > 1，故可以起动。$$

3. 异步电动机的反转

在异步电动机的工作原理中已指出，异步电动机的旋转方向是与旋转磁场的旋转方向一致的。由于旋转磁场的旋转方向决定于产生旋转磁场的三相电流的相序，因此要改变电动机的旋转方向只需改变三相电流的相序。实际上只要把电动机与电源的三根连接线中的任意两根对调，电动机的转向便与原来相反了。

4. 异步电动机的调速

调速就是电动机在同一负载下得到不同的转速，以满足生产过程的需要。有些生产机械，为了加工精度的要求，例如一些机床，需要精确调整转速。另外，像鼓风机、水泵等流体机械，根据所需流量调节其速度，可以节省大量电能。所以三相异步电动机的速度调节是它的一个非常重要的应用。

从转差率公式 $s = \dfrac{n_0 - n}{n_0}$ 得

$$n = (1-s)n_0 = \frac{60 f_1}{p}(1-s) \tag{12-18}$$

由式（12-18）可知，改变电源的频率 f_1、极对数 p、转差率 s 三者中任意一个量，都可以改变电动机的转速。

12.2.4　单相异步电动机

在工农业生产和日常生活中，广泛采用了三相异步电动机。但是在只有单相电源或所需功率较小时，使用单相电动机很方便，如电钻、电扇、电唱机、洗衣机等。常用的单相异步电动机有电容式和罩极式两种类型，它们都采用笼型转子，但定子有所不同。

1. 电容分相式异步电动机

单相异步电动机的定子绕组为单相绕组，转子为笼型绕组。当单相定子绕组中通入单相交流电时，在定子内会产生一个大小随时间按正弦规律变化而空间位置不动的脉动磁场。这样的脉动磁场不是旋转磁场，电动机不能像三相异步电动机那样自行起动。

解决这一问题的基本思想是设法使定子中有两相交流电通过，这是因为两相交流电也可以产生旋转磁场。如图 12-30 所示。而单相异步电动机在该旋转磁场的作用下，转子按旋转磁场的方向转动。

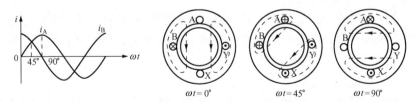

图 12-30　两相电流产生的旋转磁场（$p=1$）

电容分相式异步电动机结构如图 12-31 所示。在它的定子铁芯槽中对称放置着两组绕组，一组称主绕组（或工作绕组），另一组称副绕组（或起动绕组），当然副绕组主要是为解决起动问题而设置的，这两组绕组在空间间隔 90°。起动绕组串接电容器后与工作绕组并联

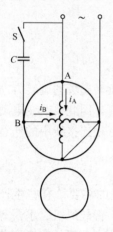

图 12 - 31　电容分相式异
步电动机结构示意图

接入电源。在同一单相电源作用下，选择适当的电容器容量，使工作绕组的电流和起动绕组的电流相位差近乎 90°。这样，在空间相差 90°的两个绕组，分别通有在相位上相差 90°或接近 90°的两相电流，也能产生旋转磁场。在这旋转磁场的作用下，电动机的转子就转动起来。在接近额定转速时，有的借助离心力的作用把开关 S 断开（在起动时是靠弹簧使其闭合的），以切断起动绕组。也有在电动机运行时不断开起动绕组（或仅切除部分电容）以提高功率因数和增大转矩。

除用电容来分相外，也可用电感和电阻来分相。工作绕组的电阻小、匝数多（电感大）；起动绕组的电阻大、匝数少，以达到分相的目的。

电动机的旋转方向由旋转磁场的旋转方向决定。要改变单相电容式电动机的转向，只需将起动绕组或工作绕组接到电源的两个端子对调即可。

2. 罩极式单相异步电动机

图 12 - 32 为罩极式单相异步电动机的结构示意图。它的结构特点是定子上有凸出的磁极，主绕组就绕在这个磁极上，在磁极表面约 $\frac{1}{4} \sim \frac{1}{3}$ 的部分，有一个凹槽，将磁极分成大、小两部分，在磁极小的部分套着一个短路环，每个磁极的定子绕组串联后接单相电源。当将电源接通时，磁极下的磁通分为 Φ_1 与 Φ_2 两部分。由于短路环的作用，罩极下的 Φ_1 与在短路环下的 Φ_2 之间产生了相位差，于是在电机中就产生一个旋转磁场，以解决单相异步电动机的起动问题。

罩极式单相异步电动机，构造简单，制造方便，但要改变转向非常麻烦。这种电动机起动转矩很小，故常用于小容量的设备，如风扇、电唱机及自动装置中。

下面讨论一下三相电动机缺相运转的问题。三相电动机接到

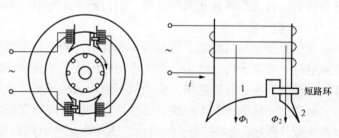

图 12 - 32　罩极式单相异步电动机结构示意图

电源的三根导线中，若由于某种原因断开一根，此时的三相电动机即为缺相运行状态。同单相电动机运行的原理一样，电动机还会继续旋转。如果在起动时就少了一相，则电动机不能起动。

电动机处于缺相运行状态时，如果电动机满负荷运行，这时其余两根线的电流将成倍增加，从而引起电动机过热，长时间运行会将电动机烧毁。异步电动机缺相运行对机械特性也产生了严重影响，最大转矩 T_{max} 下降了大约 40%，起动转矩 T_{st} 等于零。如果电动机满负荷运行，此时电动机有可能停车，电流将进一步加大，若没有过电流继电器和过热继电器的保护，将加快电动机的损毁。

12.3 同步电动机

在实际生产中，对那些低速、大功率，且长期工作的生产机械，用同步电动机驱动，有比异步电动机更明显的优点。

在大功率同容量的情况下，同步电动机（synchronous motor）与异步电动机相比显著的优点是同步电动机的功率因数较高，它不仅不会使电网的 cosφ 降低，相反的能够改善电网的功率因数；其次体积较之异步机要小。它有运行效率高，过载能力强，转速恒定等特点。所以对不要调速而又是低速、大功率的负载（如大型空压机，粉碎机、离心水泵，送风机等），采用同步电动机驱动无疑是经济的。

12.3.1 同步电动机的结构和工作原理

1. 同步电动机的结构

同步电动机由定子（电枢）和转子两大部分组成，其定子结构形式及作用与异步电动机一样，电枢绕组通以三相交流电而产生旋转磁场（电枢磁场），同步电动机的转子与异步电动机的转子差异较大，这是由于二者工作原理不同所致。同步电动机的转子是一个直流电磁铁，其磁极对数与电枢磁场极对数相同。大多数同步电动机转子结构制成凸极式，而高速运行的同步电动机则采用隐极式，如图 12-33 所示。凸极同步电动机转子通常由转轴、磁极、磁轭、励磁绕组和滑环等组成。隐极同步电动机转子为圆柱体，励磁绕组安装在转子槽内，隐极式同步电动机的空气隙是均匀的。

转子磁极（简称磁极）需用直流电流来励磁，直流电流经过电刷和滑环流入励磁绕组，其直流电流一般由直流发电机（励磁机）或硅整流装置提供。

同步电动机主要的额定数据有：

（1）额定电压 U_N（V 或 kV）是指加在定子绕组上的线电压。

（2）额定电流 I_N(A)是指电动机额定运行时，定子绕组流过的线电流。

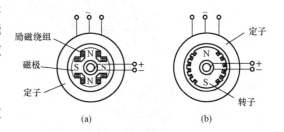

图 12-33 同步电动机转子结构示意图
(a) 凸极式；(b) 隐极式

（3）额定转速 n_N(r/min)是指电动机额定运行时的同步转速。

（4）额定功率因数 cosφ_N 是指电动机额定运行时的功率因数。

（5）额定效率 η_N 是指电动机额定运行时的效率。

（6）额定功率 P_N(kW) 是指轴上输出的有功功率。

$$P_N = \sqrt{3}U_N I_N \cos\varphi_N \eta_N \qquad (12-19)$$

（7）额定频率 f_N(Hz) 是指电动机额定运行规定的频率。

（8）额定励磁电压 U_{fN}(V) 是指电动机额定运行时的励磁电压。

（9）额定励磁电流 I_{fN}(A) 是指电动机额定运行时的励磁电流。

此外，电动机的铭牌上还给出绝缘等级等。

2. 同步电动机的工作原理

同步电动机是根据异性磁极相吸的原理而制造的。换言之，如果把异步电动机的转子制成一个与旋转磁场极对数相同的磁极，那么旋转磁场就会牵着转子转动，这时转子的转速就和旋转磁场的转速相同，也就是一个同步电动机了。同步电动机的工作原理如图 12 - 34 所示。同步电动机刚起动时，转子尚未励磁，当电动机的转速接近同步转速 n_0 时，才对转子励磁。这时，旋转磁场就能紧紧地牵引着转子一起转动，以后，两者转速便保持相等（同步），即

$$n = n_0 = \frac{60f}{p} \tag{12 - 20}$$

这也就是同步电动机名称的由来。

12.3.2　基本电磁关系及电压平衡方程

1. 基本电磁关系

与变压器、异步电动机一样，同步电动机的磁通也分为主（工作）磁通 $\dot{\Phi}$ 和漏磁通 $\dot{\Phi}_\sigma$，而且 $\dot{\Phi}$ 可以看成是电枢磁通 $\dot{\Phi}_a$ 与励磁磁通 $\dot{\Phi}_0$ 的合成。所以电动机中实际存在着 $\dot{\Phi}_a$、$\dot{\Phi}_0$、$\dot{\Phi}_\sigma$ 三个分量的磁通，他们分别在电枢每相绕组中感应电动势 $\dot{E}_a$、$\dot{E}_0$、$\dot{E}_\sigma$。

2. 电压平衡方程

图 12 - 35 给出了同步电动机定子绕组一相（A 相）各电量的正方向，图中的感应电动势 $\dot{E}$ 是由励磁磁通 $\dot{\Phi}_0$ 和电枢磁通 $\dot{\Phi}_a$ 分别感应的电动势之和。

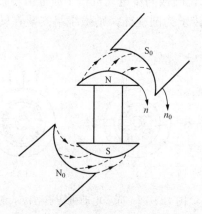
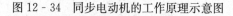

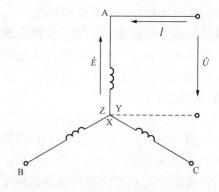

图 12 - 34　同步电动机的工作原理示意图　　　图 12 - 35　同步电动机各电量的正方向

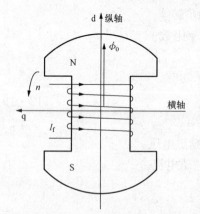

图 12 - 36　同步电动机的 d 轴和 q 轴

（1）凸极同步电动机

在分析之前先定义同步电动机转子上的两根轴线：一是把转子磁极 N、S 的中心线称为纵轴或 d 轴，通常选 d 轴正方向与励磁绕组产生磁通的正方向一致；沿转子正常旋转方向领先纵轴 90° 空间电角度的轴线为横轴或 q 轴。d 轴和 q 轴都与转子一起旋转，如图 12 - 36 所示。凸极同步电动机中的电枢磁通 $\dot{\Phi}_a$ 可分成两个分量：一个分量叫纵轴电枢磁通 $\dot{\Phi}_{ad}$，作用在纵轴方向；另一个分量叫横轴电枢磁通 $\dot{\Phi}_{aq}$，作用在横轴方向。其相量关系式可表示为

$$\dot{\Phi}_a = \dot{\Phi}_{ad} + \dot{\Phi}_{aq} \tag{12-21}$$

把定子电流 $\dot{I}$ 也分为两个分量 $\dot{I}_d$ 和 $\dot{I}_q$。电流相量间的关系为

$$\dot{I} = \dot{I}_d + \dot{I}_q \tag{12-22}$$

凸极同步电动机定子回路的平衡方程式为

$$\dot{U} = \dot{E} + \dot{I}(R_a + jX_\sigma) = \dot{E}_0 + \dot{E}_a + \dot{I}(r_a + jX_\sigma)$$

$$= \dot{E}_0 + \dot{E}_{ad} + \dot{E}_{aq} + \dot{I}(r_a + jX_\sigma)$$

$$= \dot{E}_0 + j\dot{I}_d X_{ad} + j\dot{I}_q X_{aq} + (\dot{I}_d + \dot{I}_q)(r_a + jX_\sigma) \tag{12-23}$$

式中：$\dot{E}_0$ 为由励磁磁通势产生的励磁磁通所感应的电动势；$\dot{E}_a$ 为由电枢磁通势产生的电枢磁通所感应的电动势；$\dot{E}_{ad}$ 为由纵轴电枢磁通势产生的电枢磁通所感应的电动势；$\dot{E}_{aq}$ 为由横轴电枢磁通势产生的电枢磁通所感应的电动势；X_{ad} 为凸极同步电机的纵轴电枢反应电抗；X_{aq} 为凸极同步电机的横轴电枢反应电抗；r_a 为定子每相绕组的电阻；X_σ 为电枢每相绕组的漏磁电抗。

当同步电动机容量较大时，定子绕组电阻很小，因此可忽略 r_a，同时将式（12-23）整理可得

$$\dot{U} = \dot{E}_0 + j\dot{I}_d(X_{ad} + X_\sigma) + j\dot{I}_q(X_{aq} + X_\sigma) + (\dot{I}_d + \dot{I}_q)r_a$$

$$= \dot{E}_0 + j\dot{I}_d X_d + j\dot{I}_q X_q \tag{12-24}$$

（2）隐极同步电动机

隐极同步电动机定子回路的平衡方程式为

$$\dot{U} = \dot{E} + \dot{I}(R_a + jX_\sigma) = \dot{E}_0 + \dot{E}_a + \dot{I}(r_a + jX_\sigma)$$

$$= \dot{E}_0 + j\dot{I}X_a + \dot{I}(r_a + jX_\sigma) \tag{12-25}$$

式中：X_a 为定子每相绕组的电枢反应电抗，亦即单位电流所产生的电枢反应电动势。

考虑 r_a 的压降很小而忽略，同时合并 $X_a + X_\sigma = X_t$ 称为同步电机每相绕组的同步电抗，是表征电枢反应磁通和漏磁通的综合参数。因此，式（12-25）可简化为

$$\dot{U} = \dot{E}_0 + j\dot{I}X_t \tag{12-26}$$

从原理上看，隐极同步电动机可作为凸极同步电动机的一种特例，即气隙均匀，其纵横轴同步电抗相等，即 $X_d = X_q = X_t$，把它带入式（12-24）可得

$$\dot{U} = \dot{E}_0 + j(\dot{I}_d + \dot{I}_q)X_t = \dot{E}_0 + j\dot{I}X_t \tag{12-27}$$

其结果与式（12-26）相同。

相应的简化等效电路和运行于容性的相量图如图 12-37 所示。

由相量图可以看出，电压 $\dot{U}$ 与电流 $\dot{I}$ 的夹角用 φ 表示，称为功率因数角；而 $\dot{U}$ 与 $\dot{E}_0$ 的夹角用 θ 表示，称为功角，θ 角不仅表

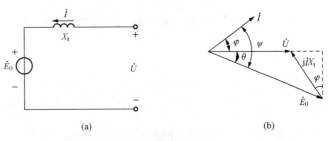

图 12-37 同步电动机的简化等效电路和相量图
（a）简化等效电路；（b）相量图

示 $\dot{U}$ 和 $\dot{E}_0$ 之间的时间相位差，同时也是 $\dot{\Phi}$ 与 $\dot{\Phi}_0$ 之间的空间电角，它具有双重的物理意义；$\dot{E}_0$ 与 $\dot{I}$ 之间的夹角为 Ψ，称为内功率因数角，与电机参数和负载有关，但无法测量，它与功率角 θ 的关系为 $\Psi = \varphi + \theta$。如果从 $\dot{E}_0$ 端点向 $\dot{U}$ 作垂线，该端点到垂足的距离联系了角 φ 与 θ，即

$$IX_{t}\cos\varphi = E_0\sin\theta \tag{12-28}$$

12.3.3　同步电动机的特性

1. 功角特性

同步电动机运行时，由电网输入的电功率为 P_1，扣除定子损耗 p_{Cu1} 后，大部分通过电磁感应作用转换为机械功率 P_2 输出；另一部分则用于补偿机械损耗 p_{mec}、定子铁耗 p_{Fe} 和附加损耗 p_{ad}，而输出机械功率和机械损耗、定子铁耗及附加损耗之和为电磁功率 P_{em}，它是电机经定子通过气隙传递给转子的总能量。因此，同步电动机的功率平衡方程为

$$P_1 = p_{Cu1} + P_{em} \tag{12-29}$$

和

$$P_{em} = p_{mec} + p_{Fe} + p_{ad} + P_2 \tag{12-30}$$

因此，若不计磁路饱和影响，忽略电枢电阻，电动机的输入功率 $P_1 \approx P_{em}$，则

$$P_{em} = 3UI\cos\varphi \tag{12-31}$$

将式（12-28）代入式（12-31）中，可得

$$P_{em} = \frac{3UE_0}{X_{t}}\sin\theta \tag{12-32}$$

因此，当 U、E_0 及励磁电流不变时，则可得到同步电动机的功角特性曲线，即 $P_{em} \sim \theta$ 曲线，如图 12-38 所示。

设同步电动机的角速度为 Ω（rad/s），则电磁转矩为

$$T_{em} = \frac{3UE_0}{\Omega X_{t}}\sin\theta \tag{12-33}$$

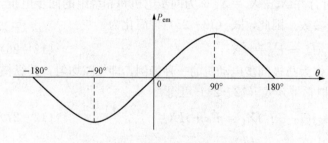

图 12-38　同步电动机的功角特性

同步电动机运行时 θ 总是负值，即 $\dot{\Phi}_0$ 滞后 $\dot{\Phi}$，所以电动机仅运行在曲线的左半部分。其右半部分为同步机的发电机运行状态。电动机在额定负载下，θ 在 $-30°$ 左右，此时对应的转矩称为额定转矩 T_N，最大转矩与额定转矩之比表示电动机的过载能力。同步电动机的过载能力不应低于 1.8 倍。

$$\lambda = \frac{T_{max}}{T_N} \tag{12-34}$$

2. 机械特性

当电源频率 f 一定时，同步电动机的转速 n 是恒定的，不随负载而变，所以它的机械特性 $n = f(T)$ 是一条与横轴平行的直线，如图 12-39 所示。这是同步电动机的基本特征，故恒速机械才选同步电动机。

同步电动机的转矩虽与转速 n 无关，但它与功角 θ 有关。当负载改变时 θ 作相应改变，使电磁转矩改变以便达到新的平衡状态。

3. 同步电动机的 V 形曲线

在负载制动转矩保持不变时，改变同步电动机的励磁电流，可以调节其功率因数，即可以使同步电动机相当于电感性、电阻性或电容性负载。这是同步电动机优于异步电动机的重要特点。

当同步电动机输出有功功率 P_2 恒定而改变其励磁电流时，其无功功率也是可以调节的。为简便起见，仍以隐极机为例，且不计磁路饱和影响，忽略电枢电阻，有 $P_1 \approx P_{em}$。而 P_2 恒定，励磁电流 I_f 变化时，若视 I_f 与 p_{Fe} 和 p_{ad} 无关，则 P_{em} 为常数，即

$$P_{em} = \frac{3UE_0}{X_t}\sin\theta = P_1 = 3UI\cos\varphi = 常数 \qquad (12\text{-}35)$$

即

$$E_0\sin\theta = 常数; \quad I\cos\varphi = 常数 \qquad (12\text{-}36)$$

表明调节励磁电流，$\dot{E}_0$ 只能沿直线 AA′ 变化，$\dot{I}$ 只能沿直线 BB′ 变化。如图 12-40 所示。$\cos\varphi = 1$，$\dot{U}$ 与 $\dot{I}$ 同相，$\varphi = 0$，无功功率为 0，电动机相当于纯电阻性负载，此时 I 最小，对应于 $\dot{E}_0$ 的 I_f 称为正常励磁电流；若增大励磁电流为 I_f'，因 $I_f' > I_f$，称为过励状态，$\dot{E}_0$ 增大为 $\dot{E}_0'$，使 $\dot{I}$ 超前于 $\dot{U}$，$\varphi' < 0$，$\sin\varphi' < 0$，电动机相当于电容性负载，此时可以提高电网的功率因数；若 I_f 减小为 I_f''，因 $I_f'' < I_f$，称为欠励状态，$\dot{E}_0$ 减小为 $\dot{E}_0''$，使 $\dot{I}$ 滞后于 $\dot{U}$，$\varphi'' > 0$，$\sin\varphi'' > 0$，电动机相当于电感性负载。

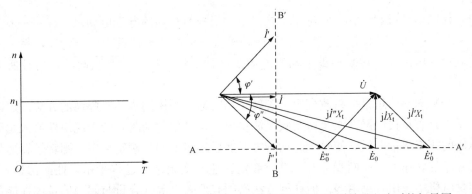

图 12-39　机械特性　　　　　　图 12-40　同步电动机不同励磁电流时的相量图

当同步电动机的功率和电压保持不变的条件下，电动机的电枢电流 I 和功率因数 $\cos\varphi$ 就与励磁电流 I_f 有关，I 随 I_f 呈 V 形变化，称为同步电动机的 V 形曲线，如图 12-41 所示。由于减小励磁电流时，E_0 下降，$P_{em,max}$ 减小，过载能力降低，对应的功率角 θ 增大。故在欠励区，当励磁电流减小到一定数值时，电动机就会失去同步，出现不稳定现象，图中虚线标出了电动机不稳定区域的界限。

调节励磁就可以调节电动机的无功功率和功率因数，这是同步电动机的主要优点。通常同步电动机多在过励状态下运行，以便从电网吸收超前电流（即向电网输出滞后电流），改善电网的功率因数。但是过励时，电机的效率将有所下降。

【例 12-6】　某车间原有功率 30kW，平均功率因数为 0.6。现新添设备一台，需用

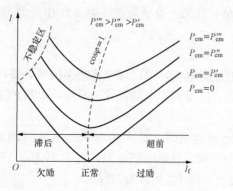

图 12 - 41　同步电动机的 V 形曲线

40kW 的电动机，车间采用了三相同步电动机，并且将全车间的功率因数提高到 0.96。试问这时同步电动机运行于电容性还是电感性状态？无功功率多大？

解　因将车间功率因数提高，所以该同步电动机运行于电容性状态。车间原有无功功率

$$Q = \sqrt{3}UI\sin\varphi = \frac{P}{\cos\varphi}\sin\varphi$$
$$= \frac{30}{0.6} \times \sqrt{1 - 0.6^2} = 40(\text{kvar})$$

同步电动机投入运行后，车间的无功功率

$$Q' = \sqrt{3}UI'\sin\varphi' = \frac{P'}{\cos\varphi}\sin\varphi' = \frac{70}{0.96} \times \sqrt{1 - 0.96^2} = 20.4(\text{kvar})$$

同步电动机提供的无功功率

$$Q'' = Q - Q' = 40 - 20.4 = 19.6(\text{kvar})$$

12.3.4　同步电动机的起动

同步电动机只有在定子旋转磁场与转子励磁磁场相对静止时，才能得到平均电磁转矩，稳定地实现机电能量转换。如将静止的同步电动机通入励磁电流后直接投入电网，则定子旋转场将以同步转速相对于转子磁场运动，转子上承受的是交变的脉振转矩，平均值为零。因此，同步电动机不能自起动，而必须借助其他起动方法。同步电动机常用的起动方法有下列三种。

（1）辅助电动机起动。通常选用与同步电动机极数相同的异步电动机（容量一般为主机的 5%～15%）作为辅助电机。先用辅助电动机将主机拖动至接近于同步转速，然后用自整步法将其投入电网，并切断辅助电动机电源。这种方法只适合于空载起动，而且所需设备多，操作复杂。

（2）变频起动。这是一种改变定子旋转磁场转速、利用同步转矩起动的方法。起动过程中，定子不是直接接电网，而是由变频电源供电。在开始起动时，转子绕组即通入励磁且把定子电源的频率尽量调低，使转子起动旋转，然后逐步上调至额定频率，则转子转速将随定子旋转磁场的转速上升而同步上升，直至额定转速。变频起动过程平稳，性能优越，在中、大型容量电机中应用日见增多。但这种方法必须有变频电源（容量与起动的具体性能要求有关），而且励磁机必须是非同轴的，否则在最初低速运转时无法产生所需的励磁电压。

（3）异步起动。同步电动机多数在转子上装有类似于异步电机笼形绕组的起动绕组（通称为阻尼绕组），因此，当定子接通电源时，便能产生使转子转动的异步转矩，并不断加速至接近同步速，此时，再加入励磁，就可以用自整步法将电机牵入同步。

异步起动方法简单易行，在中、小容量电机中有较多应用。其原理接线图如图 12 - 42 所示。起动前先把励磁绕组经 10 倍于励磁绕组电阻值的附加电阻短接，然后用异步电动机直接起动的方法将定子投入电网，依靠异步转矩起动并加速转

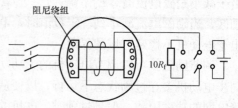

图 12 - 42　异步起动的原理接线图

子使之接近同步转速，再加入励磁电流（将转子绕组开关掷向励磁电源），依靠同步转矩将转子牵入同步。

*12.4 直流电动机

直流电动机是机械能和直流电能互相转换的旋转机械装置。直流电动机与交流电动机相比，虽然存在结构复杂、价格较高、维修麻烦等问题，但由于它的调速性能好和起动转矩较大，因此，对调速要求较高的生产机械（如龙门刨床、轧钢机等）或者需要较大起动转矩的生产机械（如起重机械、电力牵引设备等）往往采用直流电动机来驱动。但需要指出的是，近年来，交流电动机调速传动系统有了长足的发展，尤其是变频调速器的运用，使得一直在电气传动系统中占统治地位的直流电动机受到猛烈的冲击。

直流电动机主要由定子、转子和其他零部件组成。定子是采用直流励磁的磁极，转子铁芯表面的槽里嵌放绕组，转子又称为电枢。图 12 - 43 是直流电动机的基本工作原理图，图中用一对固定磁极表示由直流电流励磁产生的定子磁极，且图中只画出了代表电枢绕组的一个线圈。线圈的两端分别与两个彼此绝缘的铜片连接，铜片上各压着一个固定不动的电刷。

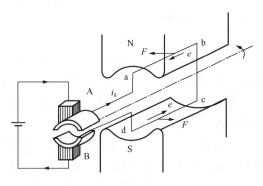

图 12 - 43　直流电动机基本工作原理图

工作时，电枢绕组通过电刷 A，B 接到直流电源上，电枢绕组中便有电流通过，称为电枢电流。在图 12 - 43 所示位置时，电枢电流的方向是 a→b→c→d。电流与磁场相互作用产生电磁力 F，用左手定则判断出 F 的方向如图中所示。它所形成的电磁转矩驱动电枢逆时针方向旋转。当电枢绕组转了 180° 时，由于 a 端的铜片换成与 B 电刷接触，d 端的铜片换成与 A 电刷接触，电枢电流的方向变为 d→c→b→a，从而保证了电磁转矩的方向仍然不变，电枢继续沿逆时针方向旋转。电枢电流方向的改变称为换向，换向用的铜片称为换向片。互相绝缘的换向片组合后的总体称为换向器。借助换向器的换向作用，在同一磁极下的电枢绕组各导体具有相同的电流方向，使电动机产生固定方向的电磁转矩，驱动负载运转。电磁转矩的大小与磁极磁通、电枢电流成正比，即

$$T = C_T \Phi I_a \tag{12 - 37}$$

式中：C_T 为电动机结构系数；Φ 为每极磁通，单位为 Wb；I_a 为电枢电流，单位为 A；T 的单位为 N·m。

电枢旋转时，电枢绕组切割磁场线而感应电动势 e，根据右手定则，其方向与电枢电流方向相反，故称为反电动势。它的大小可表示为

$$E = C_E \Phi n \tag{12 - 38}$$

式中：C_E 为决定于电机结构的电机常数；Φ 为每极磁通，单位为 Wb；n 为电枢转速，单位为 r/min。

直流电动机按照励磁方式可分为他励电动机、并励电动机、串励电动机和复励电动机，

下面分别讨论。

12.4.1 他励电动机（separately excited motor）

他励电动机的励磁绕组和电枢绕组分别由两个直流电源供电，如图 12 - 44 所示。在励磁电路中，励磁电流的大小为

$$I_f = \frac{U_f}{R_f} \qquad (12 - 39)$$

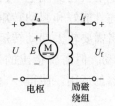

图 12 - 44　他励电动机

式中：U_f 为励磁电压；R_f 为励磁绕组的电阻。

在电枢电路中，电枢电流的大小为

$$I_a = \frac{U - E}{R_a} \qquad (12 - 40)$$

式中：R_a 为电枢绕组的电阻。

由式（12 - 38）和式（12 - 40）可得电动机的转速

$$n = \frac{E}{C_E \Phi} = \frac{U - R_a I_a}{C_E \Phi} \qquad (12 - 41)$$

从式（12 - 41）中可以看出，当电动机励磁电路开路时，励磁电流 $I_f = 0$，$\Phi \approx 0$，此时电动机电流很大，若电动机是空载或轻载，其转速会很快上升，这种现象称为"飞车"。这是一种很严重的事故。它会严重损坏电动机，甚至危及操作人员的安全。因此必须防止励磁电路开路。

若将式（12 - 37）中的 I_a 代入式（12 - 41）中，则可得转速与转矩之间的关系为

$$n = \frac{U}{C_E \Phi} - \frac{R_a}{C_E C_T \Phi^2} T \qquad (12 - 42)$$

由于 R_a 很小，在 U、U_f 不变的情况下，电动机的转速与转矩的关系，即电动机的机械特性曲线如图 12 - 45 所示。该曲线表明转速随转矩的增加稍有下降，机械特性为硬特性。

由式（12 - 42）可知，直流他励电动机的调速方法有三种，即改变电枢电压 U、励磁电流 I_f（即磁通 Φ）和电

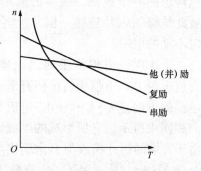

图 12 - 45　直流电动机的机械特性

枢电路电阻 R_a 的大小。能实现宽范围的平滑调速是他励电动机最主要的优点。

12.4.2 并励电动机（shunt motor）

图 12 - 46　并励电动机

并励电动机的励磁绕组和电枢绕组并联后共同由一个直流电源供电，如图 12 - 46 所示。并励电动机和他励电动机并无本质上的区别，只是供电方式不同，两者可以通用。因此有关他励电动机的结论、特性也完全适用于并励电动机。

12.4.3 串励电动机（series motor）

图 12 - 47 所示为串励电动机的电路图。这种电机的励磁绕组和电枢绕组串联，所以 $I = I_a = I_f$ 是同一电流。$U = U_a + U_f$。当磁路未饱和时，可以认为磁通 Φ 与电枢电流 I_a 成正比，即

$$\Phi = k I_a \qquad (12 - 43)$$

式中：k 为比例常数。

把式（12-43）代入式（12-37）中，可得到串励电动机的电磁转矩为

$$T = C_T\Phi I_a = C_T k I_a^2 \tag{12-44}$$

式（12-44）表明，串励电动机在磁路未饱和时，电磁转矩与电枢电流 I_a 的平方成正比。所以它的起动转矩和过载能力都比较大，通常用于起重、运输等场合。

串励电动机的转速 n 为

$$n = \frac{E}{C_E\Phi} = \frac{U-(R_a+R_f)I}{C_E\Phi} = \frac{U}{C_E\Phi} - \frac{R_a+R_f}{C_E C_T \Phi^2}T \tag{12-45}$$

式（12-45）表明，串励电动机在转矩较小时，有比较大的转速。随着转矩的增加，电枢电流增大，使磁通 Φ 增加，转速迅速下降。当转矩增加到一定值时，由于磁路的饱和，磁通的增加变慢，因而转速随转矩的增加而下降的速度减小。其机械特性为软特性，如图12-45所示。

12.4.4 复励电动机 （compound motor）

复励电动机有两个励磁绕组，一个与电枢绕组并联，另一个串联，共同由一个直流电源供电，如图12-48所示。其机械特性也因之介于并励电动机和串励电动机之间，如图12-45所示。并励绕组的作用大于串励绕组的作用时，机械特性接近并励电动机；反之机械特性接近于串励电动机。

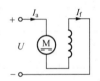

图 12-47　串励电动机

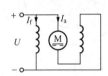

图 12-48　复励电动机

复励电动机既可以具有串励电动机的某些优点，适用于负载转矩变化较大，需要机械特性比较软的设备中，又可以像并励电动机那样在空载和轻载下运行。它在船舶、起重、机床和采矿等设备中都有应用。

*12.5 控 制 电 机

控制电机的主要作用是转换和传递控制信号，在自动控制系统中常用作检测、放大、执行和校正等元件使用，其容量和体积都比较小。控制电机的种类很多，这里只讨论常用的步进电动机、伺服电动机、测速发电机和自整角机。各种控制电机有各自的控制任务。

12.5.1 步进电动机

步进电动机是一种利用电磁铁的作用原理将输入脉冲信号转换成输出轴的角位移（或直线位移）的执行元件，因此步进电动机又称脉冲电动机。这种电动机每输入一个脉冲信号，输出轴便转动一个固定的角度，输出轴转过的总角度与输入脉冲数成正比，输出轴的转速则也是与脉冲频率成正比的。这种电机能快速起动、反转及制动，有宽广的调速范围，在数控技术、自动绘图及自动记录设备中得到广泛的应用。

根据步进电动机的结构特点，通常分为反应式和永磁式两种。反应式电动机的转子是由高导磁率的软磁材料制成，而永磁式电动机的转子则是一个永久磁铁。按照定子相数的不

同，又分为三相、四相、五相和六相等几种。反应式步进电动机转子惯性小、反应快和转速高，性能优良。

下面以三相反应式步进电动机为例说明其工作原理。其结构如图 12 - 49 所示，定子和转子都用硅钢片叠成。定子上具有 6 个均匀分布的磁极，磁极上绕有励磁绕组，每两个相对的磁极组成一相。转子上均匀分布很多齿（图中画出 4 个），其上无绕组。

若输入步进电动机的电信号波形如图 12 - 50 所示。在 T_1 期间 A 相绕组单独通电，由于磁力线总是力图从磁阻最小的路径通过，即要建立以 A—A′ 为轴线的磁场，因此，在磁力的作用下，如图 12 - 51（a）所示，转子总是将从前一步位置转到齿 1、3 与 A、A′ 极对齐的位置。在 T_2 期间 B 相绕组通电时，A，C 两相不通电，转子又顺时针方向转过去 30°，它的齿 2、4 和 B、B′ 极对齐，如图 12 - 51（b）所示。同样在 T_3 期间 C 相绕组通电，A，B 两相不通电，转子又顺时针方向转过 30°，它的齿 3、1 与 C、C′ 极对齐，如图 12 - 51（c）所示。

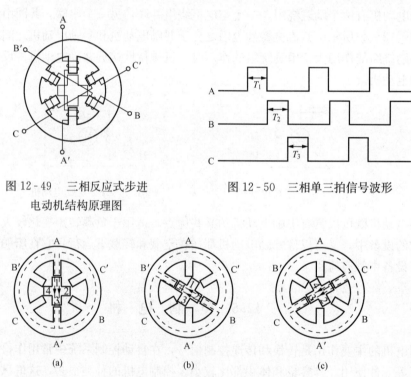

图 12 - 49　三相反应式步进
电动机结构原理图

图 12 - 50　三相单三拍信号波形

图 12 - 51　三相单三拍运行方式
（a）A 相通电；（b）B 相通电；（c）C 相通电

不难理解，如果 A、B、C 三相绕组输入周期性的信号（如图 12 - 50 所示），按 A—B—C—A…的顺序轮流通电，则步进电动机转子便顺时针方向一步一步地转动。每一步的转角为 30°，称为步距角。显然，步进电动机转子转动的角度取决于输入脉冲的个数，而转速的快慢则由输入脉冲的频率决定。频率越高，转速就越快。转子转动的方向由通电的顺序决定。上述的输入如果按 A—C—B—A…的顺序通电，电动机则按逆时针方向转动。

从一相通电换接到另一相通电的过程称为一拍，显然每一拍电动机转子转动一个步距角，图 12 - 50 所示波形表示三相励磁绕组依次单独通电运行，换接三次完成一个循环，称为三相单三拍通电方式。

步进电动机有多种通电方式，比较常用的还有三相双三拍和三相六拍等工作方式。图 12-52 为三相单、双六拍通电方式的信号波形，其通电顺序为 A—AB—B—BC—C—CA—A 或相反的顺序通电的，即需要六拍才完成一个循环，这种方式的步距角是三相单三拍时的一半。

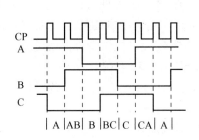

图 12-52　三相单、双六拍通电方式

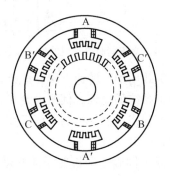

图 12-53　三相反应式步进
电动机典型结构图

无论采用何种通电方式，步距角 θ_b 与转子齿数 z 和拍数 N 之间都存在着如下关系，即

$$\theta_b = \frac{360^\circ}{zN} \tag{12-46}$$

既然转子每经过一个步距角相当于转了 $\frac{1}{zN}$ 转，若脉冲频率为 f，则转子每秒钟就转了 $\frac{f}{zN}$ 转，故转子每分钟的转速为

$$n = \frac{60f}{zN} \tag{12-47}$$

为了提高步进电动机的精度，通常采用较小的步距角，例如 3°、1.5°、0.75° 等。此时需要将转子做成多极式的，并在定子磁极上制作许多相应的小齿，如图 12-53 所示。

步进电动机使用时必须配备专用的驱动电路，它由脉冲分配器和功率放大电路组成。即

电脉冲输入 → 脉冲分配器 → 功率放大器 → 步进电动机 → 负载

其中脉冲分配器和功率放大器称为步进电动机的驱动电源；电动机带动的负载，如机床工作台（由丝杆传动）。

12.5.2　伺服电动机

伺服电动机又称为执行电动机，用在自动控制系统和装置中作为执行元件。它以电压作为输入量，以转速和转向作为输出量。根据输入的电压信号，不断变化转速和转向。伺服电动机有交流和直流之分。

1. 交流伺服电动机

交流伺服电动机实质上就是两相异步电动机，它的定子上装有空间位置互成 90° 角的两个绕组，如图 12-54 所示。其中一个绕组作为励磁绕组 N_f，它与电容器 C 串联后接至交流励磁电源 u_f；另一个绕组作为控制绕组 N_c，控制绕组常接在电子放大器的输出端，控制电压 u_c 作为信号输入该绕组。电压 u_c 与 u_f 的频率必须相同。选择适当的电容 C 的值使两个绕

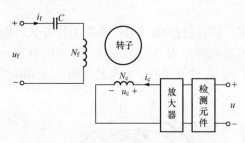

图 12 - 54　交流伺服电动机的原理接线图

组中的电流 i_c 和 i_f 相位差为 90°，这两相电流就在上述电动机定子内部空间产生一个旋转磁场。交流伺服电动机的转子一般采用高电阻的笼型转子，它在旋转磁场的作用下，产生转矩而转动。

图 12 - 55 是交流伺服电动机在不同控制电压下的机械特性曲线，U_c 为额定控制电压的有效值。由图 12 - 55 可见：在一定负载转矩下，控制电压越高，则电动机的转速越高；在一定的控制电压下，负载增加，转速下降。此外，由于转子电阻较大，机械特性曲线陡降较快，特性很软，不利于系统的稳定。伺服电动机的电源频率有 50Hz 和 400Hz 两种。

加在控制绕组上的控制电压反相时（保持励磁电压不变），由于旋转磁场的旋转方向发生了变化，使电动机转子反转。

为了减小伺服电动机转子的转动惯量，以提高响应速度，通常采用空心的薄壁杯形转子取代笼形转子，其结构如图 12 - 56 所示。转子用铝合金制成，放在内定子和外定子之间的气隙中，杯底与转轴相连。由于转子转动惯量极小，因此电动机对控制电压的反应很灵敏。

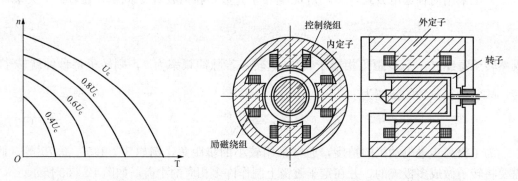

图 12 - 55　交流伺服电动
　　机的机械特性曲线

图 12 - 56　杯形转子伺服电动机的结构图

2. 直流伺服电动机

直流伺服电动机的基本结构及工作原理和他励直流电动机相类似。为了适应各种不同伺服系统的需要，直流伺服电动机从结构上作了许多改进，如无槽电枢伺服电动机、空心杯形电枢伺服电动机、无刷直流执行伺服电动机、扁平形结构的直流力矩电动机等。这些类型的电动机具有转动惯量小、机电时间常数小、对控制信号响应速度快、低速运行特性好等特点。

直流伺服电动机既可采用电枢控制，也可采用磁场控制，但通常采用电枢控制。它的励磁绕组和电枢分别采用两个独立电源供电。电枢控制时，其控制电路如图 12 - 57 所示。图中将励磁绕组接于恒定电压 U_f，建立的磁通 Φ 也是定值，而控制电压 U_c 接到伺服电动机电枢两端。

图 12 - 58 是直流伺服电动机不同控制电压下（U_c 为额定控制电压）的机械特性曲线 $n = f(T)$。由图 12 - 58 可见：在一定的负载转矩下，当励磁不变时，磁通不变，调节电枢

电压 U_c，就可以调节电动机的转速。当控制电压 $U_c = 0$ 时，电动机立即停转。要电动机反转，可改变电枢电压 U_c 的极性。

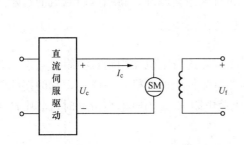
图 12 - 57　直流伺服电动机的控制电路

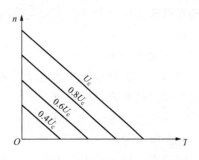
图 12 - 58　机械特性曲线（励磁不变）

伺服系统的应用非常广泛，有位置伺服系统、速度伺服系统、增量运动伺服系统等。测量物体的重量有多种方式，图 12 - 59 所示称重系统是利用伺服系统来实现的一个例子。

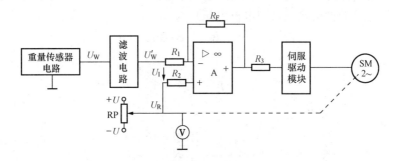
图 12 - 59　伺服称重系统

图 12 - 59 中的电位器 RP 是一种特殊的电位器，通常称为旋转反馈电位器，它的调节轴是同伺服电动机连在一起的，所以当伺服电动机旋转时，电位器滑线端也同步运动。假设称重之前（重量传感器没有重物作用）系统处于平衡状态，伺服电动机静止，此时运算放大器的输入电压一定为零，所以运算放大器的输出偏差电压也为零。下面讨论该系统的称重过程。

当开始称重时，重量传感器电路输出的电压 U_W 经滤波电路滤掉干扰信号后输出到运算放大器的反向输入端，为 U'_W，由于伺服电动机处于静止状态，所以电位器的输出电压 U_R 仍然保持不变，这样，运算放大器的输入电压 U_I 就不再为零，运算放大器输出的偏差电压至伺服驱动模块输入端，伺服驱动模块将此电压进行放大后驱动伺服电动机旋转。

电位器的滑线端随电动机的旋转同步运动，电位器的输出电压 U_R 也随之变化，当该电压变至同称重电压 U'_W 相等时，运算放大器的输入电压 U_I 重新为零。运算放大器输出的偏差电压亦为零，伺服电动机停止转动，系统又处于一个新的平衡状态。

此时测量电位器输出电压的增量 ΔU_R，若系统各元件的输入和输出的关系均为线性关系的话，ΔU_R 同重物的重量一定成正比。换句话说，测出 ΔU_R 的数值，也就间接地测出了被称物体的重量。

12.5.3　测速发电机

测速发电机是一种测量转速的信号元件，它将输入的机械转速变换为电压信号输出。其输出电压与转速成正比，在自动控制系统中用来测量和调节转速，也可将它的输出电压反馈到电子放大器的输入端以稳定转速。

测速发电机除传统上的直流和交流两种外，还有采用新原理、新结构研制成的霍尔效应测速发电机。

1. 直流测速发电机

直流测速发电机分永磁式和他励式两种。永磁式测速发电机无须励磁绕组，其永久磁极用矫顽磁力较高的永磁材料制成。他励式的结构和直流伺服电动机是一样的，它的接线图如图 12-60 所示。励磁绕组上加电压 U_1，电枢接负载电阻 R_L。当电枢被带动时，其中产生电动势 E，输出电压为 U_2。

直流测速发电机的基本公式之一，即

$$E = K_E \varPhi n \tag{12-48}$$

式（12-48）表明，直流测速发电机的电动势 E 是正比于磁通 $\varPhi$ 与转速的乘积的。在他励测速发电机中，如果保持励磁电压 U_1 为定值，则磁通 $\varPhi$ 也是常数；因此，E 正比于 n。

直流测速发电机的输出电压（即电枢电压）为

$$U_2 = E - I_2 R_a = K_E \varPhi n - I_2 R_a$$

而

$$I_2 = \frac{U_2}{R_L}$$

于是

$$U_2 = \frac{K_E \varPhi}{1 + \dfrac{R_a}{R_L}} n \tag{12-49}$$

式（12-49）表示直流测速发电机有负载时输出电压 U_2 与转速 n 的关系。如果 $\varPhi$，R_a 及 R_L 保持为常数，则 U_2 与 n 之间呈线性关系。

输出电压 U_2 的大小，除与转速有关外，还与负载电阻 R_L 有关。空载时，$R_L = \infty$，$I_2 = 0$，因此

$$U_2 = E = K_E \varPhi n$$

输出电压即为电动势。R_L 愈小，电流 I_2 愈大，在一定转速 n 下，输出电压 U_2 下降得也就愈多。不仅如此，当 R_L 减小时，线性误差就增加，特别在高速时。图 12-61 所示的是直流测速发电机的输出特性曲线 $U_2 = f(n)$。

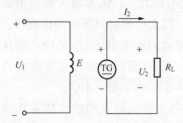　　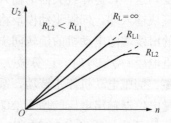

　　图 12-60　他励测速发电机的接线图　　　图 12-61　直流测速发电机的输出特性

线性误差主要是由于电枢反应而产生的。所谓电枢反应就是电枢电流 I_2 产生的磁场对磁极磁场的影响，使电机内的合成磁通小于磁极磁通。电流 I_2 愈大，磁通减小得愈多。

因此，负载电阻 R_L 愈小和转速 n 愈高时，电流 I_2 就愈大，磁通 Φ 就愈小，线性误差也就愈大。所以在直流测速发电机的技术数据中列有"最小负载电阻和最高转速"一项，就是在使用时所接的负载电阻不得小于这个数值，转速不得高于这个数值，否则线性误差会增加。

2. 交流测速发电机

交流测速发电机分同步式和异步式两种，这里只介绍异步式的。

异步式测速发电机的结构与交流伺服电动机的结构相似，它的定子上有两个绕组，一个作励磁用，称为励磁绕组；另一个输出电压，称为输出绕组。两个绕组轴线互相垂直，其原理图如图 12-62 所示。在分析时，杯形转子可视作由无数并联的导体条组成，和笼型转子一样。

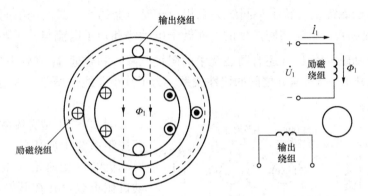

图 12-62　交流测速发电机的原理图（静止时）

在测速发电机静止时，将励磁绕组接到交流电源上，励磁电压为 $\dot{U}_1$，其值一定。这时在励磁绕组的轴线方向产生一个交变脉动磁通，其幅值设为 Φ_1。由于这脉动磁通与输出绕组的轴线垂直，故输出绕组中并无感应电动势，输出电压为零。

当测速发电机由被测转动轴驱动而旋转时，就有电压 $\dot{U}_2$ 输出。输出电压 $\dot{U}_2$ 和励磁电压 $\dot{U}_1$ 的频率相同，$\dot{U}_2$ 的大小和发电机的转速 n 成正比。通常测速发电机和伺服电动机同轴相连，通过发电机的输出电压就可测量或调节电动机的转速。

测速发电机的输出电压是其转速的线性函数，这是它的主要特性。分析如下：

当发电机旋转时，在励磁绕组轴线方向的脉动磁通 Φ_1 和图 12-62 一样，由

$$U_1 \approx 4.44 f_1 N_1 \Phi_1$$

可知，Φ_1 正比于 U_1。

除此以外，杯形转子在旋转时切割 Φ_1 而在转子中感应出电动势 E_r 和相应的转子电流 I_r，如图 12-63 所示。E_r 和 I_r 与磁通 Φ_1 及转速 n 成正比，即

$$I_r \propto E_r \propto \Phi_1 n$$

转子电流 I_r 也要产生磁通，两者也成正比，即

$$\Phi_r \propto I_r$$

磁通 Φ_r 与输出绕组的轴线一致，因而在其中感应

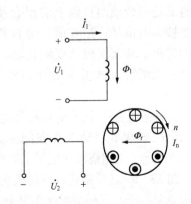

图 12-63　交流测速发电机的原理图

出电动势，两端就有一个输出电压 $\dot{U}_2$。U_2 正比于 $\varPhi_r$，即

$$U_2 \propto \varPhi_r$$

根据上述关系就可得出

$$U_2 \propto \varPhi_1 n \propto U_1 n$$

上式表明，当励磁绕组加上电源电压 $\dot{U}_1$，测速发电机以转速 n 转动时，它的输出绕组中就产生输出电压 $\dot{U}_2$，$\dot{U}_2$ 的大小与转速 n 成正比。当转动方向改变，$\dot{U}_2$ 的相位也改变 $180°$。这样，就把转速信号转换为电压信号。输出电压 $\dot{U}_2$ 的频率等于电源频率 f_1，与转速无关。

实际上交流测速发电机没有像上面所讲的那样理想，而是有线性误差的，主要由于 $\varPhi_1$ 并非常数。因为励磁绕组与转子杯间的关系相当于变压器的一、二次绕组间的关系，所以 $\varPhi_1$ 是由励磁电流和转子电流共同产生的。而转子电动势和转子电流与转子转速有关，因此当转速变化时，励磁电流 $\dot{I}_1$（还有励磁绕组的阻抗压降）和磁通 $\varPhi_1$ 都将发生变化。这样，就破坏了输出电压 U_2 与转速 n 之间的线性关系。为了减小非线性误差，常用电阻较大的非磁性材料作转子。

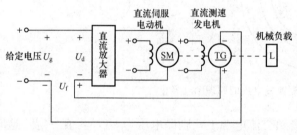

图 12 - 64   恒速控制系统的原理图

图 12 - 64 是直流测速发电机在恒速控制系统中应用的一例。直流伺服电动机经过变速箱（图上未画出）带动机械负载，并在其输出轴上连接一测速发电机。如果负载转矩由于某种原因增大时，电动机的转速便下降，测速发电机的输出电压因而减小。将测速发电机的输出电压 U_f 反馈（负反馈）到输入端，与给定电压 U_g 比较，使差值电压 $U_d = U_g - U_f$ 增大，经放大后加到电动机电枢上的电压也增大，从而使电动机的转速回升。反之亦然。这样，当负载转矩发生变化时，转速就可以近于不变。改变给定电压，便能得到所要求的转速。

12.5.4 自整角机

自整角机广泛应用于随动系统中，能对角位移或角速度的偏差进行自动整步。自整角机通常是两台或两台以上的组合使用，产生信号的自整角机称为发送机。它将轴上的转角变换为电信号；接收信号的自整角机称为接收机，它将发送机发送的电信号变换为转轴的转角，从而实现角度的传输、变换和接收。自整角机按自整角输出量可分为控制式和力矩式两种。这里主要介绍控制式自整角机，关于力矩式自整角机读者可查阅有关资料。

自整角机有一个三相对称绕组 D1D4，D2D5，D3D6，称为整步绕组，也叫同步绕组，它们的匝数相等，轴线在空间互差 $120°$，连接成星形；还有一个单相绕组 Z1Z2，如图 12-65所示。三相绕组在定子上，单相绕组在转子上；也可以相反。两者原理相同。

图 12-66 是控制式自整角机的工作原理图。左边的是发送机，右边的是接收机，两者结构完全一样。三相绕组放在定子上。两边的三相绕组用三根导线对应地连接起来。发送机的单相绕组作为励磁绕组，接在单相交流电源上，其电压 U_1 为定值。接收机的单相绕组作

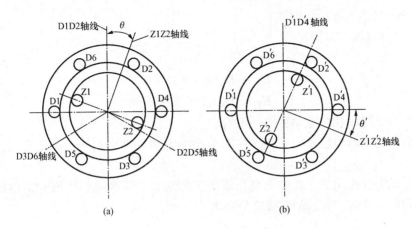

图 12 - 65 自整角机示意图

(a) 发送机;(b) 自整角变压器

为输出绕组,其输出电压 U_2 由定子磁通感应产生,输出绕组接交流伺服电动机的控制绕组。此时,接收机是在变压器状态下工作,故在控制式自整角机系统中的接收机称为自整角变压器。

发送机的转子励磁绕组轴线与定子 D1 相绕组轴线相重合的位置作为它的基准电气零位,其转子的偏转角为 θ,即为该两轴线间的夹角。自整角变压器的基准电气零位是转子输出绕组轴线与定子 D'1 相绕组轴线相垂直的位置,其转子的偏转角为 θ'。图 12 - 66 是发送机和自整角变压器的示意图。若 $\theta=\theta'$,失调角 $\delta=\theta-\theta'=0$,自整角此时的位置叫协调位置。

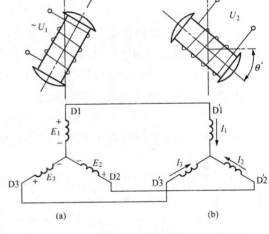

图 12 - 66 控制式自整角机的工作原理图

(a) 发送机;(b) 自整角变压器

1. 三相整步绕组的电动势和电流

当发送机的励磁绕组通入励磁电流后,产生交变脉动磁通,其幅值为 Φ_m。设转子偏转角为 θ [图 12 - 66 (a)],则通过 D1 相绕组的磁通幅值为

$$\Phi_{1m} = \Phi_m\cos\theta \tag{12-50}$$

因为定子三相绕组是对称的,励磁绕组轴线和 D2 相绕组轴线的夹角为 $\theta+240°$,和 D3 相绕组轴线的夹角为 $\theta+120°$,于是,通过 D2 相绕组和 D3 相绕组的磁通幅值分别为

$$\Phi_{2m} = \Phi_m\cos(\theta+240°) = \Phi_m\cos(\theta-120°) \tag{12-51}$$

$$\Phi_{3m} = \Phi_m\cos(\theta+120°) \tag{12-52}$$

那么,在三相整步绕组中感应出电动势,其有效值分别为

$$E_1 = 4.44fN\Phi_{1m} = 4.44fN\Phi_m\cos\theta \tag{12-53}$$

$$E_2 = 4.44fN\Phi_{2m} = 4.44fN\Phi_m\cos(\theta-120°) \tag{12-54}$$

$$E_3 = 4.44fN\Phi_{3m} = 4.44fN\Phi_m\cos(\theta+120°) \tag{12-55}$$

式中：N 为整步绕组每相绕组的匝数。

若令 $E=4.44fN\Phi_{m}$，则

$$E_1 = E\cos\theta \qquad\qquad (12-56)$$
$$E_2 = E\cos(\theta - 120°) \qquad\qquad (12-57)$$
$$E_3 = E\cos(\theta + 120°) \qquad\qquad (12-58)$$

式中：E 为 $\theta=0$ 时 D1 相中电动势的有效值。

由上面分析可见，在定子每相绕组中感应出的电动势是同相的，但是它们的有效值不相等。

在这些电动势的作用下，自整角变压器的三相绕组的每个绕组中流过的电流也是同相的，但是有效值不相等。它们的有效值分别为

$$I_1 = \frac{E_1}{|Z|} = \frac{E}{|Z|}\cos\theta = I\cos\theta \qquad\qquad (12-59)$$

$$I_2 = \frac{E_2}{|Z|} = \frac{E}{|Z|}\cos(\theta - 120°) = I\cos(\theta - 120°) \qquad\qquad (12-60)$$

$$I_3 = \frac{E_3}{|Z|} = \frac{E}{|Z|}\cos(\theta + 120°) = I\cos(\theta + 120°) \qquad\qquad (12-61)$$

式中：$|Z|$ 为发送机和自整角变压器每相定子电路的总阻抗模。

自整角变压器的三相绕组电流就是发送机绕组电流，只不过对发送机而言，电流是"流出"的，对于接收机（自整角变压器）而言，电流是"流入"的。

三相整步绕组中星点连线中的电流为

$$I_0 = I_1 + I_2 + I_3 = 0$$

连线中并没有电流，实际线路中并不需要连接此线，分析时连接只不过为了便于分析而已。

2. 自整角变压器的输出电压

自整角变压器的三相绕组电流都产生脉动磁场，并分别在自整角变压器的单相输出绕组中感应出同相的电动势，其有效值为

$$E'_1 = KI_1\cos(\theta' + 90°) = KI\cos\theta\cos(\theta' + 90°) \qquad\qquad (12-62)$$
$$E'_2 = KI_2\cos(\theta' + 90° - 120°) = KI\cos(\theta - 120°)\cos(\theta' - 30°) \qquad\qquad (12-63)$$
$$E'_3 = KI_3\cos(\theta' + 90° + 120°) = KI\cos(\theta + 120°)\cos(\theta' + 210°) \qquad\qquad (12-64)$$

式中：K 为一比例系数。

自整角变压器输出绕组两端的电压的有效值 U_2 为上列各电动势之和，即

$$U_2 = E'_1 + E'_2 + E'_3$$

经过三角运算后得出

$$U_2 = \frac{3}{2}KI\sin(\theta - \theta') = U_{2max}\sin\delta \qquad\qquad (12-65)$$

式中：$U_{2max}=\frac{3}{2}KI$ 是输出绕组的最大输出电压。

显然，当自整角变压器在协调位置即 $\delta=0°$ 时。U_2 也等于零；当失调角 δ 增大时，输出电压 U_2 随之增大；当 $\delta=90°$ 时，达到最大值 U_{2max}。输出电压还随发送机转子转动方向的改变而改变其极性。当 $\delta=1°$ 时输出的电压值叫比电压，比电压越大，控制系统越灵敏。

控制式自整角机转轴不直接带动负载，而是将失调角转变为与失调角成正弦函数的电压输出，通常输出电压经电子放大器放大后去控制伺服电动机，以带动从动轴旋转。

自整角机的应用越来越广泛，常用于位置和角度的远距离指示，如在飞机、舰船之中用于角度位置、高度的指示，雷达系统中用于无线定位等；另一方面用于远距离控制系统中，如轧钢机轧辊控制和指示系统、核反应堆的控制棒指示等。

<h2 style="text-align:center">习　　题</h2>

12.1　一台单相变压器一次绕组匝数 $N_1 = 460$ 匝，接于 220V 电源上，空载电流略去不计。现二次侧需要三个电压，$U_{21} = 110V$，$U_{22} = 36V$，$U_{23} = 6.3V$，电流分别为 $I_{21} = 0.2A$，$I_{22} = 0.5A$，$I_{23} = 1A$，负载均为电阻性。试求：

(1) 二次绕组匝数 N_{21}、N_{22}、N_{23} 各为多少？

(2) 变压器一次侧电流是多少？其容量至少应为多少？

12.2　有一台单相照明变压器，容量为 10kVA，电压为 3300/220V，要求变压器在额定情况下运行。试问：

(1) 在二次侧可接多少盏 40W、220V 的白炽灯。

(2) 可接 40W、220V、$\cos\varphi = 0.5$ 的日光灯多少盏？（每灯附带的镇流器功率损耗为 8W）。

12.3　有一台三相变压器，额定容量 $S_N = 5000kVA$，额定电压 $U_{1N}/U_{2N} = 10kV/6.3kV$，Yd 联结（一次侧星接，二次侧三角形接），试求：

(1) 一次侧、二次侧的额定电流；

(2) 一次、二次侧的额定相电压和相电流。

12.4　一台变压器容量为 10kVA，在满载情况下向功率因数为 0.95（滞后）的负载供电，变压器的效率为 0.94，求变压器的损耗。

12.5　如果将自耦调压器具有滑动触头的输出端错接在电源上，会产生什么后果？

12.6　应如何使用大量程的钳形电流表测量导线中较小的电流？

12.7　一台八极异步电动机，额定频率 $f_N = 50Hz$，额定转速 $n_N = 720r/min$。试求：

(1) 它的额定转差率 s_N；

(2) 若有外力使转子转速上升到 1000r/min，此时的转差率是多少？

(3) 若外力使转子反转，转速为 300r/min，此时转差率是多少？

12.8　已知一台笼型电动机，当定子绕组三角形连接并接于 380V 电源上时，最大转矩 $T_{max} = 60N \cdot m$，临界转差率 $s_c = 0.18$，起动转矩 $T_{st} = 36N \cdot m$。如果把定子绕组改成星形连接，再接到同一电源上，最大转矩和起动转矩各变为多少？并大致画出两种情况下的 $T_{max} = f(s)$ 曲线。

12.9　表 12-2 是由产品样本中查得的一台笼型三相异步电动机的技术数据：

(1) 求这台电动机直接起动时的起动电流、起动转矩和最大转矩；

(2) 如果电源电压降为额定电压的 80%，该电动机的起动电流、起动转矩和最大转矩各变为多大？

表 12-2 笼型三相异步电动机的技术数据

型号	额定功率 (kW)	额定电压 (V)	满载时				堵转电流 与额定电流之比	堵转转矩 与额定转矩之比	最大转矩 与额定转矩之比
			转速 (r/min)	电流 (A)	效率 (%)	功率因数 $\cos\varphi$			
Y225S—8	18.5	380	730	41.3	89.5	0.76	6.0	1.7	2.0

(3) 如果负载转矩 $T_2 = 150\text{N} \cdot \text{m}$，该电动机能否用星形—三角形换接起动？

12.10 某一台电动机的铭牌数据如下：

  2.8kW   Dy   220/380V

  10.9/6.3A 1370r/min   50Hz

  $\cos\varphi = 0.84$ 转子 84V Y 22.5A 试说明上述数据的意义，并求：

(1) 额定负载时的效率；

(2) 额定转矩；

(3) 额定转差率。

12.11 Y 200L—4 型三相异步电动机的额定功率为 30kW，额定电压为 380V，三角形接法，频率为 50Hz。在额定负载下运行时，其转差率为 0.02，效率为 92.2%，线电流为 56.8A。试求：

(1) 额定转矩；

(2) 电动机的功率因数。

12.12 题 12.11 中电动机的 $T_{st}/T_N = 2$，$I_{st}/I_N = 7$。试求：

(1) 用 Y—△换接起动时的起动电流和起动转矩；

(2) 当负载转矩为额定转矩的 60% 和 80% 时，电动机能否起动？

12.13 题 12.11 中，如果采用自耦变压器降压起动，而使电动机的起动转矩为额定转矩的 85%。试求：

(1) 自耦变压器的变比；

(2) 电动机的起动电流和线路上的起动电流各为多少？

12.14 一台三相异步电动机，在接通三相电源（即直接起动）时，有一相电源没有接通（这种情况下称为缺相，相当于单相异步电动机）。试问这时电动机能否起动？如果三相异步电动机在运转时，有一相电源断开，试问此时电动机能否继续转动？

12.15 一直流他励电动机，电枢电阻 $R_a = 0.25\Omega$，励磁绕组电阻 $R_f = 153\Omega$，电枢电压和励磁电压 $U_a = U_f = 220\text{V}$，电枢电流 $I_a = 60\text{A}$，效率 $\eta = 0.85$，转速 $n = 1000\text{r/min}$。试求：

(1) 励磁电流和励磁功率；

(2) 电动势；

(3) 输出功率；

(4) 电磁转矩（忽略空载转矩不计）。

12.16 有一直流并励电动机，$P_2 = 2.2\text{kW}$，$U = 220\text{V}$，$I = 13\text{A}$，$n = 750\text{r/min}$，$R_a = 0.2\Omega$，$R_f = 220\Omega$，T_0 可以忽略不计。试求：

(1) 输入功率 P_1；

(2) 电枢电流 I_a；

（3）电动势 E；

（4）电磁转矩 T。

12.17 一台四相的步进电动机，转子齿数为 50，试求各种通电方式下的步距角。

12.18 一台五相步进电动机，采用五相十拍通电方式时，步距角为 $0.36°$。试求输入脉冲频率为 $2000\,\mathrm{Hz}$，电动机的转速。

第13章 电气自动控制技术

现代生产机械大多由电力拖动，为了对生产机械和生产过程进行控制，往往要求对拖动生产机械和设备的电动机进行控制，此称为电气控制。电气控制有多种方法，其中最简单、最基本、也是应用最广泛的是用继电器—接触器组成的控制系统。这种系统线路简单、抗干扰能力强，但是这种控制系统要改变控制程序时必须重新接线。

随着电子技术和计算机技术的发展，在继电器—接触器控制系统的基础上发展了可编程控制系统。这种控制系统是以微型计算机为核心的新型工业控制装置。不管哪种控制系统都少不了控制电器，本章先介绍常用控制电器，然后介绍继电器—接触器控制系统，在此基础上再介绍可编程控制系统。

13.1 常用控制电器

常用控制电器也称低压电器，控制电器是指 1kV 以下，用来切换、控制、调节和保护用电设备的电器。常用的低压电器包括主令电器、接触器、继电器、熔断器、刀开关、低压断路器（自动空气开关）等。随着电子技术的发展，电子电器已成为自动电器的重要组成部分。

13.1.1 开关

1. 刀开关

刀开关是一种手动控制电器，刀开关的结构简单，主要由刀片（动触点）和刀座组成，其外形及电路符号如图 13-1 所示。

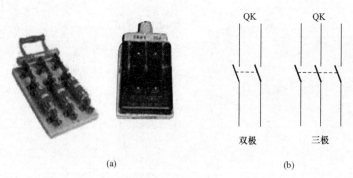

图 13-1 刀开关
(a) 外形；(b) 电路符号

刀开关一般作为不频繁地手动接通和分断交、直流电路或作隔离开关用。不带灭弧罩的刀开关只作隔离开关和接通或切断小电流的交直流电路用；带灭弧罩的刀开关则可以切断额定电流以下的负荷电路。

2. 组合开关（转换开关）

组合开关用以接通与切断控制电器的用电，它的结构紧凑、体积小、操作方便。图13-2为 Hz 13系列组合开关的结构图与接线图。

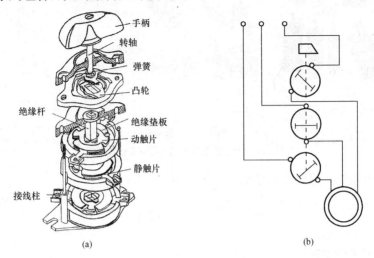

手柄
转轴
弹簧
凸轮
绝缘杆
绝缘垫板
动触片
静触片
接线柱

(a)　　　　　　　　　　　(b)

图13-2　组合开关

(a) 结构图；(b) 接线图

Hz 13系列组合开关有若干对动触片与静触片。静触片与静触片之间均隔以绝缘材料，装在胶木盒内。它由若干单线旋转开关叠成，用公共轴的转动使各对静、动触点闭合或断开。

Hz 13系列组合开关有单极、双极、三极与四极几种，通过的额定电流有 13、25、60、130A 几种。

Hz 13系列组合开关可用于电动机主电路、控制电路及电磁阀的接通与断开。

13.1.2　熔断器

熔断器是最简单有效的电路短路保护电器。主要由熔丝或熔片（俗称保险丝）和固定熔丝的绝缘管或绝缘座所组成。熔断器中的熔丝或熔片用电阻率较高的低熔点合金组成，如铅锡合金等。熔断器在使用时串接在被保护的电路中，电路正常工作时，熔丝不熔断。当电路发生短路故障时，熔丝（片）立即熔断，起到对电路的保护作用。

常用的熔断器种类很多，在工业上应用的主要有陶瓷插拔式熔断器、陶瓷螺旋式熔断器和有填料管式熔断器，其外形及电路符号如图13-3所示。

应当注意，熔断器只对电路短路故障有保护作用，而对电路过载无保护作用。这是因为短路电流非常大，瞬时即将熔丝熔断。对于电路过载情况，熔断器的保护作用就不可靠了。因为在电路过载时，虽然电流比正常工作时的电流要大些，但熔丝熔断所花的时间也要长一些，如果熔丝额定电流选得较大，过载电流可能根本就不能令熔丝熔断，其后果往往使得电器烧毁而得不到保护，所以，我们一般只用熔断器作短路保护。

为使熔断器真正起到保护作用，必须正确选择熔丝的额定电流。一般来讲，在照明、电热设备电路中，熔丝的额定电流 I_{RN} 必须等于或稍大于全部用电器的额定电流 I_N 之和，即

$$I_{RN} \geqslant I_N \tag{13-1}$$

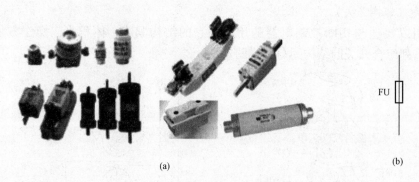

图 13 - 3　熔断器

(a) 各种熔断器外形图；(b) 电路符号

对于一台电动机，熔丝的额定电流可估算为

$$I_{RN} \geqslant \frac{I_{st}}{1.5 \sim 2.5} \qquad (13 - 2)$$

这里的 I_{st} 为电动机的起动电流。

13.1.3　低压断路器

低压断路器，也叫自动空气开关（简称空气开关）。它是低压开关中性能最完善的电器，它不仅可以接通、切断负荷电流，也能在电路出现短路、过载和欠电压与失电压时自动跳闸实现保护。低压断路器的外形及原理结构如图 13 - 4 所示。主触头通常是由手动的操动机构来闭合的。大电流的空气断路器，其主触头也可以通过电磁铁操动机构或电动机操动机构来闭合。断路器的脱扣机构是一套连杆装置，当主触头闭合后就被锁钩锁住，如果电路中发生故障，脱扣机构在有关脱扣器的作用下将锁钩脱开，主触头在释放弹簧的作用下迅速分断。在正常情况下，欠电压脱扣器的衔铁是吸住的，主触头才得以闭合。电路发生短路故障时，串接在主电路中的电流继电器的过电流脱扣器线圈产生较强的磁力，把衔铁往上吸而顶开锁钩；主触头在弹簧拉力的作用下断开主电路，从而起到短路保护作用。线路电压严重下降或

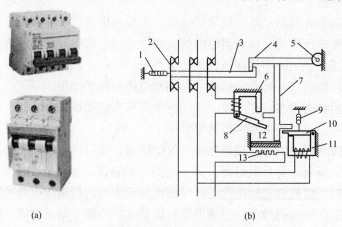

图 13 - 4　低压断路器的外形及原理结构图

(a) 外形图；(b) 原理结构

1、9—弹簧；2—触点；3—锁键；4—搭勾；5—轴；6—过电流脱扣器；7—杠杆；

8，10—衔铁；11—欠电压脱扣器；12—双金属片；13—发热元件

断电时，并联在主电路上的欠电压脱扣器线圈的磁吸力大大下降，衔铁在弹簧作用下释放而顶开锁钩。主触头在弹簧拉力的作用下断开主电路，从而起到欠压保护作用。当线路发生过载时，过载电流使双金属片受热弯曲撞击杠杆，使锁扣脱扣，主触头在弹簧拉力的作用下断开主电路，从而起到过载保护作用。当电路和电源电压都恢复正常时，必须重新复位合闸后才能工作。

断路器应用广泛，与刀开关和熔断器的组合相比，具有结构紧凑、安装方便、操作安全等特点。脱扣器可重复使用，不必更换。现在工业和民用领域，断路器正逐渐取代刀开关和熔断器组合结构。

13.1.4 交流接触器

接触器是一种用来频繁接通和断开交、直流主电路及大容量控制电路的自动切换电器。其外形及原理结构图如图13-5所示。

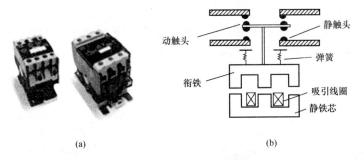

(a)   (b)

图13-5 交流接触器的外形及原理结构图

(a) 外形图；(b) 原理结构图

交流接触器主要由电磁机构、触点（头）系统和灭弧装置三部分组成，交流接触器的电磁机构包括线圈、铁芯与衔铁。当线圈接上交流电源时，铁芯磁化，吸合衔铁，与衔铁连接在一起的触点系统动作。

触点又称触头，触点是接触器用以分断与闭合电路用的执行部分。接触器的触点分主触点和辅助触点两种。其文字符号为KM，电路图形符号见图13-6。主触点用以接通或断开电动机、电炉等设备所在的主回路。交流接触器的主触点一般三对，触点固定不动的部分称静触点，与衔铁机构连接在一起，随着衔铁动作的部分称为动触点。辅助触点用以接通或断开电流较小的控制回路。

交流接触器的主触点一般制成常开触点，辅助触点常开与常闭都有。"常开"与"常闭"是指电磁铁未通电时触点所处的状态。只要电磁铁一通电，常开触点就闭合，常闭触点就断开，所以常开触点常称为动合触点，常闭触点常称为动断触点。

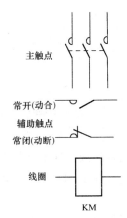

图13-6 接触器的电路符号

13.1.5 控制继电器

继电器是一种根据电量（如电压、电流）或非电量（如时间、转速、温度、压力等）的变化，接通或断开控制电路，用以自动控制与保护电气传动装置的电器。控制继电器动作的参量称为信号。继电器的种类很多，本书只介绍电气传动自动控制系统中常用的几种继电器的构造、动作原理与特性。

1. 时间继电器

时间继电器是一种感受部分在感受信号（线圈通电或断电）后，自动延时输出信号（触点闭合或断开）的电器。时间继电器的种类很多，如空气阻尼式（简称空气式）、电磁式、电动机式与电子式等。在由继电器、接触器组成的继电接触控制电路中，以空气阻尼式时间继电器用得较多，这里只介绍空气阻尼式时间继电器。

空气阻尼式时间继电器是利用空气阻尼来获的延时动作的，可分为通电延时型和断电延时型两种，通电延时型结构如图13-7（b）所示。

它由一个中间继电器加上由气室和伞形活塞等构成的延时结构组成，伞形活塞将气室分成上下两气室。当吸引线圈1通电后，衔铁2被铁芯5吸住，这时胶木块11和挡板12脱开（平时弹簧3将挡板12拉住，使它和胶木块11紧贴着）。挡板脱离后，伞形活塞7在弹簧13和自重的作用下往下移动。活塞下移，造成活塞下面气室6里的空气受压缩，使活塞上下气压形成压力差，从而阻碍活塞迅速下移。待空气自进气孔10进入上气室后，使活塞上下气压压力差逐渐减小，活塞才能逐渐下移，当移到一定位置，挡板4将动断触点断开，使动合触点闭合。

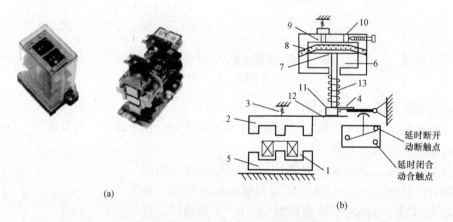

(a)　　　　　　　　　　(b)

图13-7　时间继电器的原理结构图
（a）时间继电器外形图；（b）通电延时的继电器
1—吸引线圈；2—衔铁；3、13、14—弹簧；4—挡板；5—铁芯；6—气室；7—伞形活塞；
8—橡皮膜；9—出气孔；10—进气孔；11—胶木块；12—挡板

活塞从线圈通电到从上面移到下面所需要的时间称为时间继电器的延时，通过调节螺钉调节进气孔10的大小，就可以调节延时的时间。这种类型的时间继电器叫做通电延时型时间继电器。

当吸引线圈1断电以后，在弹簧3的作用下，活塞上移，活塞上部空气的压力加大致使出气孔9被冲开，空气逸出，活塞回到原位。

如果将图13-7（b）中的电磁系统转过180°，就可得到断电延时型时间继电器。延时闭合的动合触点是指时间继电器线圈通电后，经一段时间才闭合的触点；延时断开的动断触点是指时间继电器线圈通电后，经一段时间才断开的触点；延时断开的动合触点是指时间继器线圈通电后，立即闭合，而线圈断电后要延时一段时间才断开触点；延时闭合的动断触点是指时间继电器线圈通电后，立即断开，而线圈断电后要延时一段时间才闭合的触点。

时间继电器的文字符号为 KT，电路符号见图 13-8。

2. 热继电器

热继电器是一种过电流继电器，具有动作时间随电流的增加而减小的反时限保护特性，广泛用于电动机及其他电气设备的过载保护。热继电器常用双金属片式，其工作原理及电路符号见图 13-9。

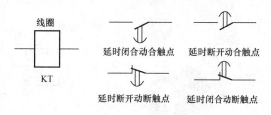

图 13-8　时间继电器的电路符号

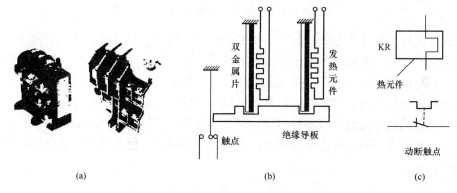

图 13-9　双金属片热继电器
（a）外形图；（b）工作原理图；（c）图形符号

双金属片是用两种不同线膨胀系数的金属片以机械辗压方式，使之紧密黏合在一起，一端被固定，另一端为自由端。热元件串联于被保护的负载电路中，其中通过负载电流而发热，双金属片被热元件加热而弯曲。当热元件中流过的电流为过载电流时，经过一定时间，双金属片温度逐渐升高，弯曲加大，其自由端推动导板断开动断触点，从而断开控制电路，再经其他电器断开负载电路，使电动机等电气设备得到过载保护。

热继电器的主要技术数据是整定电流。所谓整定电流，就是热元件通过的电流超过此值的 20％时，热继电器应当在 20min 内动作。整定电流与电动机的额定电流一致。

13.1.6　按钮和行程开关

1. 按钮

按钮也是一种手动控制电器，用于远距离操作接触器、继电器或用于控制电路发布指令及电气连锁。按钮的结构示意图如图 13-10（b）所示。

按钮有两类触点，即动合触点和动断触点。按钮的文字符号为 SB，其电路符号见图 13-10（c），按钮的选择，主要根据使用场合、触点的数目、种类以及按钮的颜色。一般地说，停止按钮用红色，看起来醒目，以免误操作。

2. 行程开关

行程开关主要是将生产机械的位移变成电信号，以实现对机械运动的电气控制。行程开关广泛地应用在各类机床、起重机械等设备上，实现行程控制、限位保护或程序控制之用，

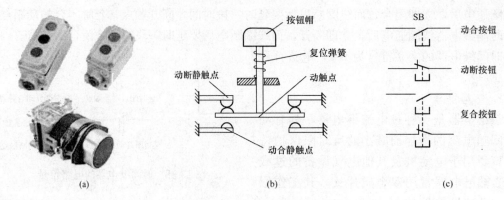

图 13 - 10　按钮结构示意图

(a) 各种按钮外形图；(b) 结构示意；(c) 电路符号

也可以作开关电路与计数之用。其外形及原理结构如图 13 - 11 (a)、(b) 所示。

　　有触点的行程开关是利用生产机械的某些运动部件的碰撞而动作的。当运动部件撞到行程开关时，它的触点改变状态，接通或断开有关控制电路。有触点的行程开关可分为直线运动的与旋转运动的两类。前者的结构与按钮相似，后者具有转动的杠杆与滚轮。

　　行程开关的触点有动合与动断两种。其文字符号为 ST，电路图形符号见图 13 - 11 (c)。通常一个行程开关同时具有这两种触点，当运动部件撞到行程开关时，动合触点闭合，动断触点断开。

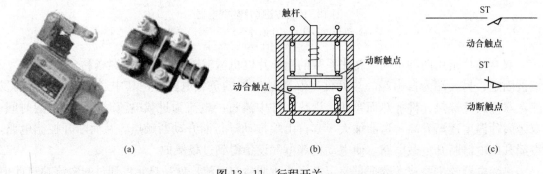

图 13 - 11　行程开关

(a) 外形图；(b) 原理结构图；(c) 电路符号

　　除了机械型的行程开关以外，近年来无触点接近开关在工业中也得到大量的应用。接近开关又称无触点行程开关，是以不直接接触方式进行控制的一种位置开关。它不仅能代替有触点行程开关来完成行程控制和限位保护，还可用于高速计数、测速、检测零件尺寸等。

13.2　继电器—接触器控制系统及应用

　　继电器—接触器控制系统是由操作者通过主令电器接通继电器、接触器等组成的电路，进而控制电动机，实现电动机的起动、制动、正反转、调速与停车的控制。

　　本节首先介绍一些基本控制电路，并讨论三相异步电动机典型的继电接触控制电路。

13.2.1 基本控制电路

任何复杂的控制线路，都是由一些基本的单元电路组成的，本节以三相异步电动机的继电接触控制为例，介绍一些基本控制电路。

1. 点动控制

图13-12为点动控制的实际接线图，它由按钮和接触器组成。这种实际接线图对初学者来说，一目了然。但是，当控制线路里的元器件较多时，将每个元件的实际图形都画出来，既麻烦，又不便读图。为了设计与读图的方便，一般画出控制线路的电气原理图，并将电动机或其他用电设备的主电路与含有控制电器的控制电路分开画。电气元件的线圈、触点均用符号表示，每个电器的触点则按该电器的线圈未接通电源时的状态画出。控制电路中各个电器线圈在图中的位置按所控制机构的动作先后次序排列。图13-13所示为图13-12相对应的点动控制电气原理图。

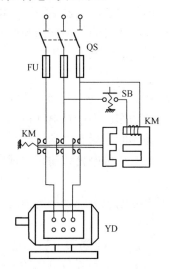
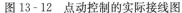

图13-12 点动控制的实际接线图

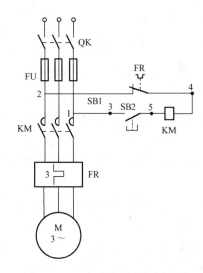

图13-13 点动控制电气原理图

当电动机需要点动时，先合上开关QK，此时电动机尚未接通电源，按下按钮SB2，接触器KM线圈通电，衔铁吸合，带动它的三对动触点KM闭合，电动机接通电源运转。松开按钮后，接触器线圈断电，衔铁靠弹簧力释放，动合触头KM断开，电动机断电停转。因此，只有按下SB2时，电动机才能运转，松手后就停转，所以叫做点动。点动控制常用于快速行程控制和地面控制行车等场合。

2. 自锁控制

自锁控制又称自保持控制，是继电器—接触器控制系统用得最多的一种控制方式。

带有自锁控制功能的三相异步电动机直接起动电路的控制原理图如图13-14所示。为了借助按钮起动后电动机长期运转，如果像点动控制那样，那么操作人员的手便始终不能松开按纽，这显然是不现实的。解决这个问题的关键在于设法保证接触器线圈长期处于通电状态。其方法是在按钮的动合触点两端并联交流接触器KM的一对动合辅助触点，这样就使该电路有了"自锁"功能。

当电动机起动时，按下SB2，交流接触器线圈通电，交流接触器KM串在主电路中的和并在SB2的触点闭合，电动机通电起动旋转。由于并在SB2两端辅助触点KM的作用，即

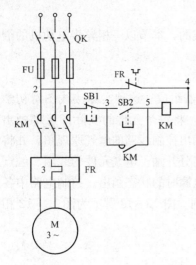

图 13-14　电动机自锁控制原理图

使松开按钮 SB2，交流接触器线圈仍然能够保持接通状态，从而保持电动机一直运行。这种依靠接触器自身辅助触点而使其线圈一直保持通电的控制方式称为自锁控制。这一对起自锁作用的触点称自锁触点。

要使电动机 M 停转，只要按下按钮 SB1，将控制电路断开即可。这时接触器 KM 断电释放，KM 的主触点将电动机从主电路上断开，电动机停止旋转。当手松开按钮 SB1 后，它的动断触点在弹簧的作用下又恢复到原来的动断状态，但这时 SB2 和接触器辅助动合触点均已呈动合状态，接触器线圈仍处于断电状态。

上述控制电路还具有短路保护、过载保护和欠压保护等功能。在短路保护环节中，熔断器 FU 作为电路的短路保护，但不能起过载保护的目的。这是因为一方面熔断器的规格必须根据电动机起动电流大小作适当选择，另一方面还要考虑到熔断器保护特性的反时特性和分散性。

在过载保护环节中，热继电器 FR 具有过载保护作用。由于热继电器的热惯性比较大，即使短时间内热元件流过几倍额定电流，热继电器也不会动作。因此在电动机起动时间不长的情况下，热继电器是经得起电动机起动电流冲击而不动作的。只有电动机较长时间过载的情况下 KR 才会动作，断开控制电路，接触器断电释放，电动机停止转动，实现电动机过载保护。

在欠电压保护和失电压保护中，欠电压保护是指当电源电压下降到一定值时，控制电路自动切断主电路，以免电动机在低压下运行而实施的一种保护措施。失电压保护（又称零电压保护）是指当供电电源突然停电，再次来电后，电动机不能随之通电转动的一种保护措施，从而防止了电源电压恢复时，电动机突然起动运转造成设备和人身事故的发生。

欠电压保护和失电压保护是依靠接触器本身的电磁结构来实现的。当电源电压由于某种原因而严重欠电压或失电压时，交流接触器由于吸力不足衔铁自行释放，电动机停止旋转。当电源电压恢复正常时，接触器也不能自动通电，只有再次按下起动按钮 SB2 后电动机才能起动。

3. 互锁控制

在继电器—接触器控制电路中，常常涉及到互锁控制。所谓的互锁控制是指利用两个继电器的常闭触点起互相控制的作用、即一个继电器接通时，利用其自身的常闭触点的断开来封锁另一个继电器线圈的通电。

图 13-15 所示的三相异步电动机正反转控制电路就是使用互锁控制的例子。

在生产过程中，往往需要电动机能够实现正反转运行。如机床工作台的前进与后退、主轴的正转与反转、行车起重吊钩的上升与下降等都要求电动机能够正反转运行。从前面学习三相异步电动机的工作原理可知，只要将接到三相电源三根导线中的任意两根对调就可实现三相异步电动机的正反转运行的要求。在图 13-15 所示电路中使用了两个交流接触器 KM1 和 KM2，这两个交流接触器分别用作正转运行和反转运行的主电路开关。但必须注意，这两个接触器不能同时接通，若同时接通，将有两根电源线通过闭合的主电路触点而将电源短路。所以三相异步电动机正反转控制电路必须采用互锁控制。

在图 13-15 所示控制电路中，利用接触器的动断辅助触点 KM1 和 KM2 起互相控制的作用。如果 KM1 接触器通电时，利用其串在 KM2 接触器线圈回路中的动断触点 KM1 的断开封锁了 KM2 接触器线圈的通电，即使误操作按 KM2 接触器的起动按钮 SB2，接触器 KM2 也不能动作，反过来也是如此。

图 13-15 所示三相异步电动机正反转控制电路有个缺点，就是在正转过程中若要改为反转运行，必须先按 SB0 按

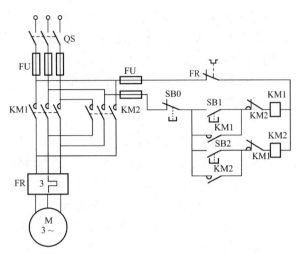

图 13-15 三相异步电动机正反转控制电路

钮，释放正转工作接触器的触点，给反转接触器线圈的通电创造条件。再按反转按钮，电动机反转运行。因此它是"正—停—反"控制电路。这样的操作在实际工作中是非常不方便的。直接实现正反转的变换控制是按下正转按钮电动机就做正转运行，按下反转按钮电动机就做反转运行，不必先把电动机停下来再作变换。直接用正反转按钮进行正反转变换控制的电路如图 13-16 所示（略去主电路）。

在这个控制电路中，正转起动按钮 SB1 的动合触点用来接通正转接触器 KM1 的通电，其动断触点则串在反转接触器 KM2 的线圈电路中。也就是说当按

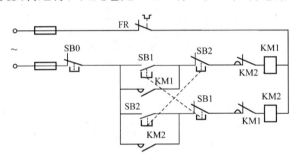

图 13-16 带按钮互锁的三相异步
电动机正反转控制电路

下 SB1 的同时，将反转接触器 KM2 的线圈电路同时断开。若此时电动机正在反转运行，则反转接触器线圈断开。在断开的同时，串在正转接触器线圈电路中的动断触点 KM2 接通，正转接触器线圈 KM1 通电，正转接触器动作，电动机正转运行，反之亦然。这样在需要改变电动机转动方向时，就不必先按停止按钮了，直接操作正反转按钮即可实现电动机的正反转运行的变换。但这种电路最后停机需按停止按钮。

图 13-16 所示三相异步电动机正反转控制电路既有接触器的互锁，又有按钮的互锁，保证了电路方便可靠地工作，这种方式在继电器—接触器控制系统中常常被采用。

13.2.2 时间控制

1. 控制方法

在生产过程中，往往需要对时间进行控制，在继电器—接触器控制系统中的时间控制通常是利用时间继电器进行的延时控制。经常使用的有延时闭合与延时断开两种延时控制方法。

（1）延时闭合控制。延时闭合控制是通电延时控制，即时间继电器线圈通电后，常开触点并不立刻闭合，而是延迟一定的时间后再闭合。延迟时间的长短可通过调整时间继电器的

延时设定来实现，在实际的控制过程中利用这些延时触点对控制对象进行延时闭合控制。当然，不难推断，利用同一个继电器上的动断触点可得到同动合触点完全相反的效果。

用时间继电器实现的延时闭合控制如图 13-17 所示。当按下起动按钮 SB2 后，时间继电器 KT 线圈通电，KT 的动合触点闭合自锁。KT 的延时动合触点要延时一定时间后才闭合，当延时动合触点 KT 闭合后，接触器 KM 通电，接触器的动合触点闭合，接通主电路上的负载。

按下停止按钮 SB0，时间继电器线圈 KT 断电，电路中 KT 的所有动合触点释放，接触器 KM 断电，接触器触点释放，断开负载同主电路的连接。

（2）延时断开控制。延时断开控制是断电延时控制，即时间继电器线圈通电后，时间继电器的动合触点立刻闭合。但是继电器线圈断电后，继电器的动合触点却要延时一定的时间后才断开。断电延迟时间的长短通过调整时间继电器的延时设定来实现。在实际的控制过程中利用这些断电延时触点对控制对象进行延时断开控制。

用时间继电器实现的延时断开控制如图 13-18 所示。当按下起动按钮 SB2 后，时间继电器 KT 线圈通电，KT 的所有动合触点闭合，接触器 KM 通电，接触器的动合触点闭合，接通主电路上的负载。

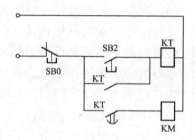

图 13-17　延时闭合控制

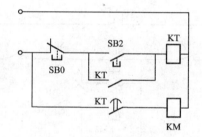

图 13-18　延时断开控制

按下停止按钮 SB0，时间继电器线圈 KT 断电，但电路中 KT 的断电延时常开触点并不立即释放，延时一定时间以后，断电延时常开触点释放，此时接触器 KM 才断电，接触器触点释放，断开负载同主电路的连接。

2. 三相异步电动机星—三角起动控制电路

图 13-19 为三相异步电动机 Y—△降压起动常采用的控制电路。

笼型异步电动机的三相绕组六个抽头都引出来，起动时，定子绕组先接成星形，待转速上升至额定转速时，将定子绕组接线由星形改接成三角形，电动机便进入全压运行状态，通过改变电动机绕组的连接方式降低绕组电压以达到限制起

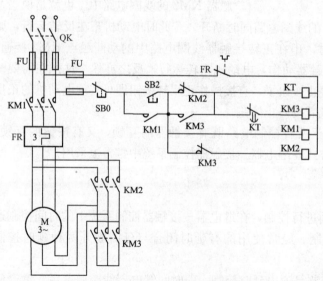

图 13-19　星—三角降压起动控制电路

动电流的目的。因功率在 4kW 以上的异步电动机正常运行时均为三角形连接，故都可以采用 Yd 起动方法。

图 13-19 所示电路的工作原理如下：合上总开关 QK，按下按钮 SB2，KT、KM3 通电吸合，KM3 动断联锁触点动作使 KM2 线圈断开不能通电，另外 KM1 也通电吸合并自锁，电动机接成星形降压起动。当电动机的转速接近额定转速时，时间继电器 KT 延时到所设定的时间时，其动断触点断开，因而 KM3 和时间继电器断电释放，KM2 通电吸合，电动机定子绕组连接成三角形正常持续运行。

13.2.3　行程控制

行程控制就是利用行程开关实现某些同生产机械运动位置有关的控制。如龙门刨床、导轨磨床等设备中的工作部件往往需要作自动往复运动，这就需要行程控制电路来实现这种功能。

用行程开关作自动限位停止的可逆运行的控制电路如图13-20所示。

工作平台在起始位置时，行程开关动断触点 ST2 被压开，所以只有接触器线圈 KM1 可以通电。按下正向起动按钮 SB1，交流接触器触点 KM1 动作，电动机正转，工作平台由左向右方向运动，同时被压开的动断触点 ST2 释放而闭合。当工作平台运动至 ST1 位置时，行程开关动断触点 ST1 被压开，KM1 断电，电动机停止转动，工作平台停止运动。此时

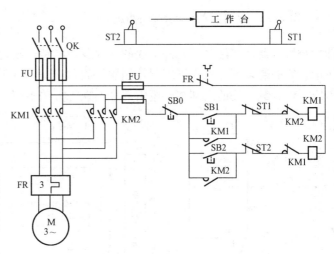

图 13-20　用行程开关作自动限位停止的可逆运行的控制电路

只有接触器线圈 KM2 支路可以通电。按下反向起动按钮 SB2，交流接触器触点 KM2 动作，电动机反转，工作平台由右向左方向运动，被压开的动断触点 ST1 释放而闭合。当工作平台运动至 ST2 位置时，行程开关动断触点 ST2 被压开，KM2 断电，电动机停止转动，工作平台停止运动。工作平台正好工作了一个循环。

该线路的控制特点是使机械设备每次能够停在规定的地点，它适用于各种上下、左右、进退移动能够自动停止的生产机械设备的位置控制，是一种半自动的行程控制电路。

13.3　PLC 控 制 系 统

PLC 可编程序控制器，英文名称 Programmable Logic Controller 的缩写。可编程控制器是一种数字运算的电子系统装置，专为在工业环境下应用而设计。

PLC 是以微处理技术、电子技术和可靠的工艺为基础的，综合了计算机、通信、自动化控制理论，并结合工业生产的特定要求而发展起来的，用于生产过程自动化和电气传动自动化操作的工业装置。目前，PLC 控制技术已在世界范围内广为流行，已成为当前和今后

电机控制的主要手段和重要的基础设备之一。

13.3.1　可编程控制系统及 PLC

1. 可编程控制系统

传统的继电器—接触器（简称继电接触器）控制系统由 3 部分组成，即输入、输出和逻

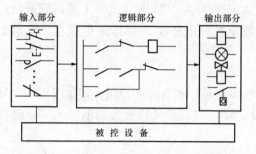

辑部分。其中，输入部分是指按钮、开关等输入设备，输出部分是指继电器、电磁阀、指示灯等各种执行器件，逻辑部分是指由各种继电器—接触器用导线连接而成并具有一定逻辑功能的控制线路。由此可见，传统的继电接触器控制系统是一种由物理器件连接而成的控制系统，如图 13-21 所示。

图 13-21　继电接触控制系统的组成

若将继电接触器控制系统中的逻辑部分取代为由微处理器、存储器等硬件支持，而由软件代替继电器、接触器等元件构成的硬件逻辑电路，则构成了可编程控制系统，如图 13-22 所示，它的逻辑部分称为可编程控制器，简称 PLC。可见 PLC 控制系统也是由上述三部分组成，两者最主要的区别在于逻辑部分实现的方法不同。

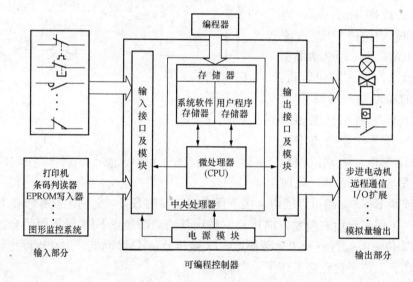

图 13-22　PLC 的硬件组成部分

2. PLC 的组成

PLC 是由微处理器、存储器、输入输出模块等组成，其硬件结构如图 13-22 所示。PLC 控制系统的控制作用是通过程序来实现，所以，可编程控制器实质上是一种专门为工业控制而设计的专用计算机，因此它的硬件结构同计算机十分类似。

（1）微处理器（CPU）。微处理器主要作用是处理并运行用户程序，监控输入、输出电路的工作状态，并作出逻辑判断，协调各部分的工作，必要时作出应急处理。

（2）存储器部分。PLC 的存储器有两种类型三个区域。两种类型是只读存储器 ROM 和随机存储器 RAM；三个区域是系统软件存储器区、用户软件存储器区和数据存储

器区。

只读存储器 ROM 中的内容是由 PLC 制造厂家写入的系统程序,并固化在 ROM 中。系统程序是用来控制和完成 PLC 各种功能的程序,主要包括检查程序、翻译程序、监控程序等。该程序用户不能修改。

随机存储器 RAM 是可读可写存储器,RAM 一般存放用户程序、运算数据、逻辑变量和输入输出数据等内容。

系统程序存储器主要存放系统管理和监控程序以及对用户程序进行编译处理的程序。用户程序存储器用来存放用户根据生产过程和工艺要求编制的程序,该程序可以通过编程器进行编程或修改。

编程器是 PLC 不可缺少的外部设备,它不仅能对程序进行输入、检查、修改、调试,还能对 PLC 的工作状态进行监控。

(3) 输入输出(I/O)接口部分。PLC 的输入输出接口部分是与被控制设备相连接的部件。为实现对工业设备或生产过程的检测与控制,要求 PLC 能直接与现场相连,这是 PLC 的重要特点之一。然而与 PLC 输入部分和输出部分相连器件的电压都很高,一般在 DC24V 或 AC240V 之间,电流达几安培。所以,输入输出接口部分必须具有电平转换和隔离功能,以便 PLC 能直接与传感器或执行器件相连。

输入接口接受现场设备(如按钮、行程开关、传感器等)的控制信号,并将这些信号转换成 CPU 能接受和处理的数字信号。

输出接口接受经 CPU 处理过的数字信号,并把它转换成输出设备能接受的电压或电流信号,去驱动输出设备(如接触器、电磁阀、指示灯等)。可编程控制器的输出接口有多种形式:继电器输出、晶体管输出、固态继电器输出、晶闸管输出等。

(4) 电源部分。PLC 的电源部分是将交流电源转换为供 PLC 的中央处理器、存储器等电子电路工作所需要的直流电源。它的好坏直接影响 PLC 的功能和可靠性,因此目前大部分 PLC 采用开关电源,对于外部交流电源有很宽的电压调节适应范围。

13.3.2 可编程控制器工作原理

可编程控制器是采用"顺序扫描、不断循环"的工作方式,即 PLC 的 CPU 按先后从第一条指令开始执行用户程序,直至遇到结束符后又返回执行第一条指令,如此周而复始地不断循环。这个过程可分为如图 13-23 所示的输入采样、程序执行和输出刷新三个阶段。

(1) 输入采样(刷新)阶段。在输入采样阶段,PLC 以扫描方式顺序读入所有输入端子的状态(触点接通还是断开),并将此状态存入输入锁存器,在把输入各端子的状态全部扫描完毕后,将输入锁存器的内容(即反映当前各输入端子的状态)存入输入映像存储器,即输入刷新。随即关闭输入端子,转入程序执行阶

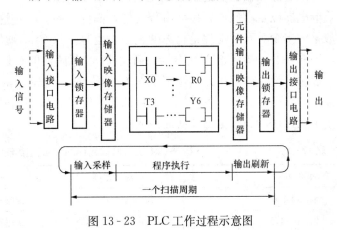

图 13-23 PLC 工作过程示意图

段。在程序执行和输出刷新期间，即使输入端子状态变化，输入锁存器的内容也不会改变，要是改变，也只能在下一个扫描周期开始的输入刷新（采样）阶段被读入。

（2）程序执行阶段。在用户的程序执行阶段，PLC 总是按先左后右、先上后下的顺序对每条指令进行扫描，并从输入映像存储器中读入输入端子的状态。与此同时，若程序运行中需要读入某输出状态或中间结果状态，则也在此时从元件输出映像存储器读入，然后进行逻辑运算，运算结果再存入输出映像存储器中。所以，对于每个元件来说，元件输出映像存储器所存储的内容，会随着程序执行的进程而变化。

（3）输出刷新阶段。待所有指令执行完毕后，PLC 进入输出刷新阶段。把元件输出映像存储器的内容送至输出锁存器，由输出接口电路驱动相应输出设备工作，这才是 PLC 的实际输出。

PLC 经历的这三个工作过程，称为一个扫描周期。然后又周而复始地重复上述过程。因此，其输入和输出存储器不断被刷新（I/O 刷新）。在一个扫描周期内输入刷新之前，若外部输入信号状态没有变化，则此次的输入刷新就没有变化，经运算处理后，相应的输出刷新也无变化，输出的控制信号也没有变化，只是重新被刷新一次。若在一个扫描周期内，输入刷新之前，外部输入信号状态发生了变化，则此次输入刷新就有了变化，经运算处理后，其输出刷新也可能有变化，输出的控制信号亦可能有变化。不管输出控制信号有无变化，一个扫描周期内对输出只刷新一次这是 PLC 的一个特点。

前一次和后一次输出状态的变化，要经历一个扫描周期的时间，这就使得可编程控制器的控制响应速度显得有些"迟缓"，即存在"输入/输出滞后"的现象，但 PLC 几毫秒～几十毫秒的响应延迟对一般工业系统的控制来说，其速度能满足要求。从另外一个角度看，PLC 的这种扫描工作方式却大大提高了系统的抗干扰能力，使可靠性增强。

13.3.3　可编程控制器的编程语言及编程原则

对于一个可编程控制器而言，指令是最基础的编程语言，各种型号的可编程控制器的指令都大同小异，使用符号不完全相同，但编程原理和方法是一致的。所以，掌握了一种型号可编程控制器的指令系统，触类旁通，再理解其他型号可编程控制器的指令系统就不难了。现以 FP1—C24 系列的 PLC 为例，介绍可编程控制器的编程语言及编程原则。

1. PLC 的编程元件

与继电器—接触器控制系统的逻辑部分相似，PLC 内部也有相应的继电器，PLC 内部等效继电器以及存储单元称为编程元件，简称元件。不过这都是"软"元件。其元件的种类和数量的多少关系到编程是否方便灵活，也是衡量 PLC 硬件功能强弱的一个指标。

PLC 内部应有"软"继电器，就是 PLC 存储器的存储单元。它们也用"线圈"和"触点"表示，当写入该单元的逻辑状态为"1"时，则表示相应继电器线圈通电，其动合触点闭合，动断触点断开。各种编程元件的代表字母、数字编号及点数因机型不同而有差异。其常用编程元件的编号范围及功能说明见表 13-1。

表 13-1　　　　　　　　FP1—C24 系列编程元件的编号范围与功能说明

元件名称	代表字母	编号范围	功能说明
输入继电器	X	X0～XF　共 16 点	接收外部输入设备的信号
输出继电器	Y	Y0～Y7　共 8 点	输出程序执行结果给外部输出设备

续表

元件名称	代表字母	编号范围	功能说明
辅助继电器	R	R0～R62F　共 1008 点	在程序内部使用，其触点在程序内部使用
定时器	T	T0～T99　共 100 点	延时定时继电器，其触点在程序内部使用
计数器	C	C100～C143　共 44 点	减法计数继电器，其触点在程序内部使用
通用"字"寄存器	WR	WR0～WR62　共 63 个	每个 WR 由相应的 16 个辅助继电器 R 构成

PLC 内部的"软"继电器也有"线圈"和"触点"，通常用⊣⊢、⊣/⊢图形符号分别表示编程元件的常开和常闭触点，用⊣[ ]⊢（或⊣○⊢）表示线圈。

2. 可编程控制器的编程语言

可编程控制器是按顺序的规定逐步进行工作的，因此，了解它的编程语言和编程方式对于理解可编程控制器的工作原理是十分重要的。

PLC 常用的编程语言有四种：梯形图、指令助记符（指令语句表）、流程图（SFC）及高级语言（汇编语言、BASIC、C 语言）。梯形图和助记符是 PLC 最主要、最基本的编程方法，并且两者常常联合使用。

（1）梯形图编程语言。梯形图是从继电接触器控制系统的电路图演变而来，具有形象、直观、实用的特点，并为广大电气人员所熟悉，是中小型 PLC 的主要编程语言。

用梯形图进行编程时，只要按梯形图前后顺序把逻辑行输入到计算机中去，计算机就可自动将梯形图转换成 PLC 能接受的机器语言，存储并执行。

图 13-24 是笼型电动机直接起动（其继电接触器控制电路见图 13-13）的梯形图。图中 X1 和 X0 分别表示 PLC 继电器的动断和动合触点，它们分别与图 13-13 中的停止按钮 SB1 和起动按钮 SB2 相对应。Y0 表示输出继电器的线圈和动合触点，它与图 13-13 中的接触器 KM 相对应。两边的直线分别称为左右母线。

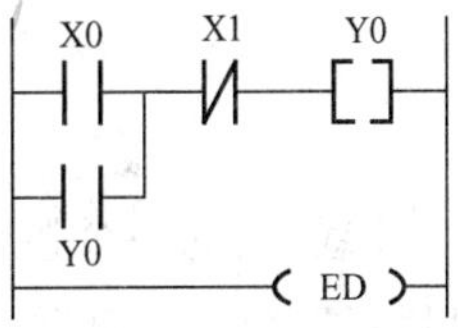

图 13-24　笼型电动机直接启动控制的梯形图语言程序

梯形图语言有如下几个主要特点：

1）梯形图两侧的垂直公共线称为公共母线。梯形图按从左到右，自上而下的顺序排列，每一逻辑行（或称梯级）起始于左母线，然后是触点的串并联结，最后是线圈与右母线相连。

2）在分析梯形图逻辑关系时，为了借助继电接触器控制电路图的分析方法，可想象左右两侧母线是电源的两根线，一个假想的"概念电流"从左母线通过两根母线之间编程元件的触点和线圈等流向右母线。这个"概念电流"只是用来形象地描述用户程序执行中满足线圈接通的条件，不是梯形图中每个梯级流过的物理电流。"概念电流"沿母线从上到下、从左到右的方向流动。

3）根据梯形图中各触点的状态和逻辑关系，求出与图中各线圈对应的编程元件的导通或关断，称为梯形图的逻辑解算。梯形图上的逻辑解算是按从上到下，从左到右的顺序进行的。前面的逻辑解算结果，马上可以被后面的逻辑解算所利用。在逻辑解算过程中，是利用输入映像存储器中的值，而不是根据解算瞬时外部输入触点的状态来进行的。

4）梯形图中各编程元件的常开和常闭触点均可无限次地使用。

5）PLC内部的辅助继电器、定时器、计数器等的线圈不能直接驱动输出。

（2）指令助记符语言。指令助记符语言或称为指令语句表语言，它类似于计算机的汇编语言，但比汇编语言容易理解。助记符语言比较直观易懂，编程也简单，便于工程人员掌握，但其中的逻辑关系很难一眼看出，不如梯形图语言那样直观。

3.可编程控制器的编程原则

梯形图语言编程基本原则是：

（1）程序的编写应按自上而下、从左至右的方式编写。

（2）编程的顺序应体现"左重右轻、上重下轻"的原则。即串联多的电路尽量放上部，并联多的电路尽量靠近左母线。

如图 13 - 25（a）、（b）所示为两个逻辑功能完全相同，而梯形图（b）体现了"左重右轻、上重下轻"的编程原则，所以程序简化了。

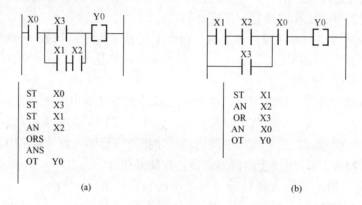

图 13 - 25　梯形图及指令语句表

（3）梯形图的一个逻辑行只能有一个线圈，不允许有两个线圈在一个逻辑行内串联。线圈右边与右母线直接相连，不得插入其他元件。线圈不得直接与左母线相连。

（4）避免画出无法编程的梯形图。触点应画在水平线上，不能画在垂直分支上，对于无法编程的梯形图必须重新安排。像图 13 - 26（a）中触点 X3 被画在垂直分支线上，就难以正确识别它与其他触点之间的关系，也难于判断通过触点 X3 对输出继电器线圈的控制方向。因此应根据自上而下、从左至右的原则对输出继电器线圈 Y0 的控制路径改画成图 13 - 26（b）所示的形式。

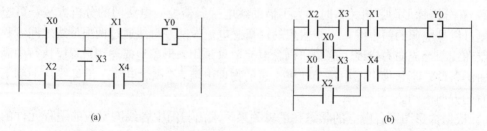

图 13 - 26　梯形图

（5）梯形图的逻辑关系简单、清楚。梯形图中的控制触点都是软触点，无数量上的限制，所以不必考虑触点的数量，编号相同的触点也可在梯形图中多处出现。画出的梯形图的逻辑关系应尽量清楚，便于阅读检查和输入编程。

例如图 13-27（a）所示的梯形图中的逻辑关系就不够清楚，给编程带来不便。

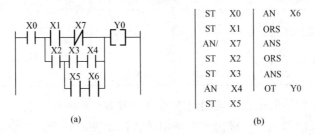

图 13-27　梯形图及指令语句表

改画后的梯形图如图 13-28（a）所示。对应程序如图 13-28（b）所示。

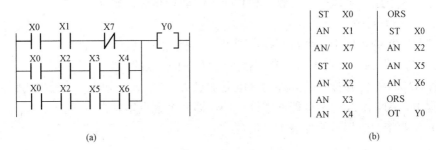

图 13-28　梯形图及指令语句表

改画后的程序虽然指令的条数增多，但逻辑关系清楚，便于编程。

以上是梯形图语言编程的基本要求，要想编出合理、清楚、简捷的程序，还要在实践中不断地总结和提高。

13.3.4　FP1 系列 PLC 基本指令

FP1 系列 PLC 的指令系统由基本指令和高级指令组成。可编程控制器的基本指令分基本顺序指令、基本功能指令、控制指令和比较指令这四种类型。下面重点介绍一些常用的基本指令。每条指令及其应用实例都以梯形图和助记符两种编程语言对照说明。

1. ST、ST/ 和 OT 指令

ST：起始指令，以动合触点开始一逻辑运算，它的作用是将一动合触点接到母线上。另外，在分支接点处也可使用。

ST/：起始反指令，以动断触点开始一逻辑运算，它的作用是将一动断触点接到母线上，其他同上。

ST 和 ST/指令能够操作的元件为继电器触点 X、Y、R，定时器/计数器触点 T/C。

OT：输出指令，将运算结果输出到指定的继电器，是继电器线圈的驱动指令。这条指令能够操作的元件为 Y 继电器和 R 继电器。

ST、ST/和 OT 指令应用示例如表 13-2。

使用 OT 指令应注意以下几点：

（1）该指令不能直接从母线开始（应用步进指令时除外）。

（2）该指令不能串联使用，在梯形图中位于一个逻辑行的末尾，紧靠右母线。

表 13 - 2　　　　　　　　　　　**ST、ST/和 OT 指令应用示例**

梯　形　图	助　记　符
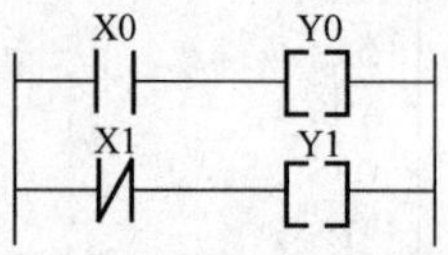 X0　　　　Y0 X1　　　　Y1	0　ST　X0 1　OT　Y0 2　ST/　X1 3　OT　Y1

（3）该指令连续使用时相当于输出继电器（Y 或 R）并联在一起。

（4）可编程控制器如未进行输出重复使用的特别设置，对于某个输出继电器只能用一次 OT 指令，否则，可编程控制器按出错对待。

上面梯形图的逻辑功能是当触点 X0 闭合时，继电器 Y0 接通。当触点 X1 断开时，继电器 Y1 接通。继电器 Y 可以驱动无数个和它同名的动断和动合触点。

2. AN 和 AN/指令

AN：“与”指令，用于一个常开触点同另一个触点的串联。

AN/：“与非”指令，用于一个常闭触点同另一个触点的串联。

AN 和 AN/指令能够操作的元件为继电器触点 X、Y、R，定时器/计数器触点 T/C。

在编程中，AN 和 AN/指令能够连续使用，即几个触点串联在一起。

AN 和 AN/指令应用示例见表 13 - 3。

表 13 - 3　　　　　　　　　　　**AN 和 AN/指令应用示例**

梯　形　图	助　记　符
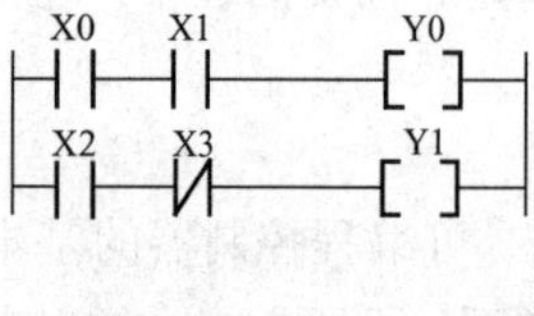 X0　X1　　　Y0 X2　X3　　　Y1	0　ST　X0 1　AN　X1 2　OT　Y0 3　ST　X2 4　AN/　X3 5　OT　Y1

3. OR 和 OR/指令

OR：“或”指令，用于一个常开触点同另一个触点的并联。

OR/：“或非”指令，用于一个常闭触点同另一个触点的并联。

OR 和 OR/指令能够操作的元件为继电器触点 X、Y、R，定时器/计数器触点 T/C。

OR 和 OR/指令能够连续使用，即几个触点并联在一起。

OR 和 OR/指令应用示例见表 13 - 4。

表 13 - 4　　　　　　　　　　　**OR 和 OR/指令应用示例**

梯　形　图	助　记　符
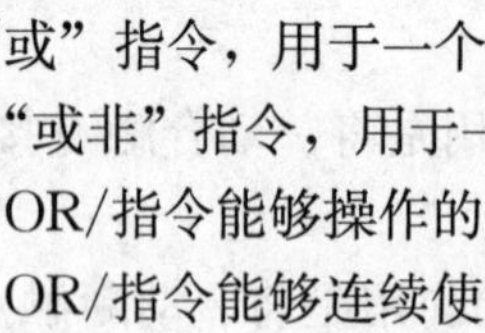 X0　　　　Y0 X1 X2	0　ST　X0 1　OR/　X1 2　OR　X2 3　OT　Y0

4. ANS 和 ORS 指令

ANS：组"与"指令，用于触点组和触点组之间的串联。

ORS：组"或"指令，用于触点组和触点组之间的并联。

在一些逻辑关系复杂的梯形图中，触点间的连接并不是简单的串并联关系，要完成这样复杂逻辑关系的编程，必须使用 ANS 和 ORS 指令。

ANS 和 ORS 指令应用示例见表 13-5、表 13-6。

表 13-5　　　　　　　　　　　　ANS 指令应用示例

梯 形 图	助 记 符
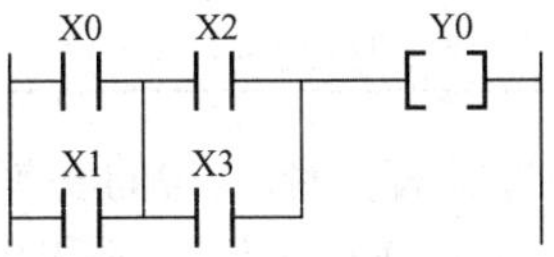	0　ST　X0 1　OR　X1 2　ST　X2 3　OR　X3 4　ANS 5　OT　Y0

表 13-6　　　　　　　　　　　　ORS 指令应用示例

梯 形 图	助 记 符
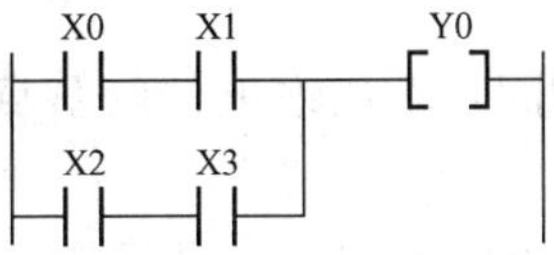	0　ST　X0 1　AN　X1 2　ST　X2 3　AN　X3 4　ORS 5　OT　Y0

使用 ANS 和 ORS 指令注意以下几点：

(1) 每一指令块均以 ST（或 ST/）开始。

(2) 当两个以上指令块串联或并联时，可将前面块的并联或串联结果作为新的"块"参与运算。

(3) 指令块中各支路的元件个数没有限制。

(4) ANS 和 ORS 指令不带使用元件。

5. PSHS、RDS 和 POPS 指令

PSHS：推入堆栈指令，即将在该指令处以前的运算结果存储起来。

RDS：读出堆栈指令，读出由 PSHS 指令存储的运算结果。

POPS：弹出堆栈指令，读出并清除由 PSHS 指令存储的结果。

PSHS、RDS 和 POPS 实际上是用来解决如何对具有分支的梯形图进行编程的一组指令，不能单独使用。PSHS 指令和 POPS 指令在堆栈程序中各出现一次（开始和结束时），而 RDS 指令在程序中视连接在同一点的支路数目的多少可多次使用。PSHS、RDS 和 POPS 指令应用示例见表 13-7。

PSHS 指令用在梯形图分支点处最上面的支路，它的功能是将在左母线到分支点之间的运算结果存储起来，以备下面的支路使用。

表 13 - 7　　　　　　　　　　PSHS、RDS 和 POPS 指令应用示例

梯　形　图	助　记　符
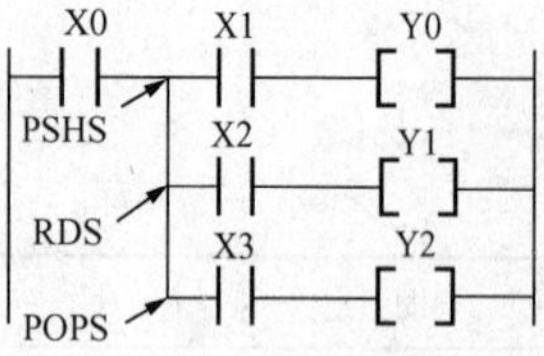	0　ST　X0 1　PSHS 2　AN　X1 3　OT　Y0 4　RDS 5　AN　X2 6　OT　Y1 7　POPS 8　AN　X3 9　OT　Y2

RDS 指令用在 PSHS 指令支路以下，POPS 指令以上的所有支路，它的功能是读出由 PSHS 指令存储的运算结果，实际上是将左母线到分支点之间的梯形图同当前使用 POPS 指令的支路连接起来的一种编程方式。

POPS 指令用在梯形图分支点处最下面的支路，也就是最后一次使用由 PSHS 指令存储的运算结果，它的功能是先读出由 PSHS 指令存储的运算结果，同当前支路进行逻辑运算，最后将 PSHS 指令存储的内容清除，结束分支点处所有支路的编程。

6. DF 和 DF/指令

DF：上升沿微分指令，当检测到控制触点闭合的一瞬间，输出继电器的触点仅接通一个扫描周期。

DF/：下降沿微分指令，当检测到控制触点断开的一瞬间，输出继电器的触点仅接通一个扫描周期。

DF 和 DF/指令应用示例见表 13 - 8。

表 13 - 8　　　　　　　　　　DF 和 DF/指令应用示例

梯　形　图	助　记　符
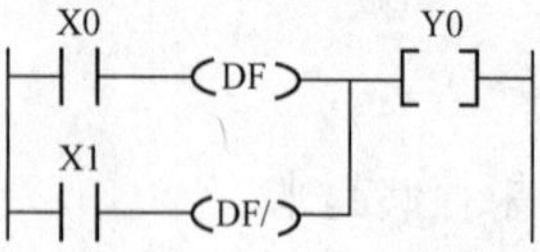	0　ST　X0 1　DF 2　ST　X1 3　DF/ 4　ORS 5　OT　Y0

注意 DF 和 DF/指令只有在检测到触点的状态发生变化时才有效，如果触点一直是闭合或断开的，则 DF 和 DF/指令是无效的，即指令只对触发信号的上升沿和下降沿有效。

在实际编程中，利用微分指令可以模拟按钮的动作。DF 和 DF/指令无使用次数限制。

7. TMR、TMX、TMY 指令

TMR：以 0.01s 为单位设置延时闭合的定时器。

TMX：以 0.1s 为单位设置延时闭合的定时器。

TMY：以 1s 为单位设置延时闭合的定时器。

TM 指令的功能是一减法计数型预置定时器。TM 后面的 R、X 和 Y 分别表示预置时间单位，使用预置时间单位和预置值来设定延时时间。

例如 FP1—C24 型可编程控制器共有 100 个定时器，它们的编号为 T0～T99。

定时器的预置时间（也就是延时时间）为：预置时间单位×预置值。

预置时间单位分别为

$$R=0.01s$$
$$X=0.1s$$
$$Y=1s$$

预置值只能用十进制数给出，编程格式是在十进制数的前面加一大写英文字母"K"，其取值范围为 K0～K32767。

TMR、TMX、TMY 指令应用示例见表 13 - 9。

表 13 - 9　　　　　　　　　　TMR、TMX、TMY 指令应用示例

梯 形 图	助 记 符
	0　ST　X0 1　TM　X3 　　 K　50 4　ST　T3 5　OT　Y0

在本例中：定时器编程格式 TMX3 K50。

在这里 TM 为定时器，X 表示预置时间单位取 0.1s，3 表示使用了 100 个定时器中的第 3 号定时器，K50 表示预置值为十进制数 50，则定时器的预置时间（也就是延时时间）为

$$0.1s\times50=5s$$

当然如果取定时器编程格式分别为：TMR3 K500 和 TMY3 K5 的话，其预置时间同样是 5s。至于取哪一种编程格式，完全看编程方便的需要。

对于例子中所给出的梯形图，当控制触点 X0 闭合，3 号定时器启动，延时 5s 后，3 号定时器的触点 T3 闭合，输出继电器 Y0 接通。

注意在定时器被起动后但并未到达延时时间的期间内，断开定时器的控制继电器触点（X0），则其运行中断，且已经过的时间被复位为 0，定时器的触点不动作，一切须从头开始。

8. CT 指令

CT：计数器指令，减法计数型预置计数方式。

CT 指令应用示例见表 13 - 10。

例如 FP1—C24 型可编程控制器共有 44 个计数器，它们的编号为 C100～C143。

和定时器一样，对应每个计数器编号，都有一组编号相同的 16 位 SV 和 EV 存储单元，有多少个计数器，就有多少个同计数器编号——对应的 SV 和 EV 存储单元。

对于这个例子，当控制触点 X0 闭合到第 10 次时（PLC 每检测到一次上升沿时，经过值存储单元"EV100"减 1），计数器触点 C100 闭合，随后输出继电器 Y0 接通。当计数器复位触点闭合时，经过值存储单元 EV100 复位，计数器触点 C100 释放，输出继电器 Y0 断电。

表 13 - 10　　　　　　　　　　　　　　**CT 指 令 应 用 示 例**

梯 形 图	助 记 符
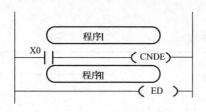	0　ST　X0 1　ST　X1 2　CT　100 　　K　　10 5　ST　C100 6　OT　Y0

和定时器一样，计数器也可以用预置值存储器单元"SV100"对预置值进行十进制常数设定，其原理和过程同定时器相同，这里就不再赘述了。

9. ED 和 CNDE 指令

ED：结束指令，表示主程序结束。

CNDE：条件结束指令，当控制触点闭合时，可编程控制器不再继续执行程序，返回起始地址。ED 和 CNDE 指令的使用方法如图 13 - 29 所示。

图 13 - 29　ED/CND 使用方法

程序运行的顺序是：

当 X0 断开时，PLC 执行完程序 I 后并不结束，直到程序 II 被执行完之后才结束全部程序，并返回起始地址。在这次程序的执行中，CNDE 不起作用，只有 ED 起作用。

当 X0 接通时，PLC 执行完程序 I 后遇到 CNDE 指令不在继续执行 CNDE 以下的程序，而是返回起始地址，重新执行程序 I。

FP1C24 型 PLC 的基本指令有 42 条，以上介绍的是其中的部分指令。对于高级指令以及同指令有关的其他内容可参见产品的技术和编程手册。

13.3.5　编程举例

1. 基本应用程序

许多在工程中应用的程序都是由一些简单、典型的基本程序组成的，因此，掌握一些基本程序的设计原理和编程技巧，对编写一些大型的、复杂的应用程序是十分有利的。

自锁和联锁控制也是可编程控制系统最基本的环节，常用于内部继电器、输出继电器的控制电路。

（1）自锁控制。自锁控制梯形图如图 13 - 30 所示，闭合触点 X1，输出继电器 Y0 通电，它所带的触点 Y0 闭合，这时即使将 X1 断开，继电器 Y0 仍保持通电状态。断开 X0，继电器 Y0 断电，触点 Y0 释放。再想起动继电器 Y0，只有重新闭合 X1。

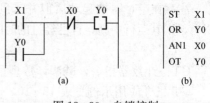

图 13 - 30　自锁控制

（2）联锁控制。不能同时动作的联锁控制如图 13 - 31 所示。在这个控制线路中，无论先接通哪一个继电器后，另外一个继电器都不能通电。也就是说两者之中任何一个起动之后都会把另一个的起动控制回路断开，从而保证任何时候两者都不能同时启动。

以一方的动作与否为条件的联锁控制见图 13 - 32。继电器 Y1 能否通电是以继电器 Y0

是否接通为条件的。将 Y0 作为联锁信号串在继电器 Y1 的控制线路中，只有继电器 Y0 通电后，才允许继电器 Y1 动作。继电器 Y0 断电后，继电器 Y1 也随之断电。在 Y0 闭合的条件下，继电器 Y1 可以自行起动和停止。

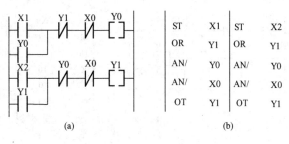

图 13-31 联锁控制

在可编程控制器的应用编程中，自锁、联锁控制得到了广泛的应用。尤其是联锁控制在应用编程中起到连接程序的作用。它能够将若干段程序通过控制触点沟连起来。下面给出的是总操作和分别操作控制程序。

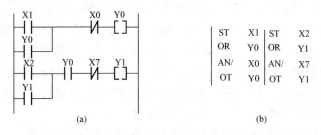

图 13-32 以一方的动作与否为条件的联锁控制

（3）时间控制。在可编程控制器的工程应用编程中，时间控制是非常重要的一个方面。

1）延时断开控制。在可编程控制器中提供的定时器都是延时闭合定时器，图 13-33 所示的是两个延时断开的定时器控制线路。

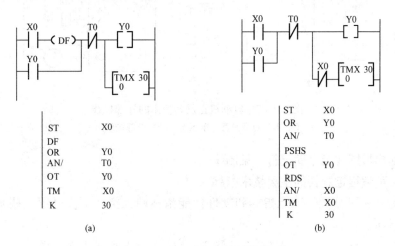

图 13-33 延时断开控制梯形图

图 13-33（a）、（b）两个梯形图表示的时间控制线路虽然都是延时断开控制，但还是有些不同的。对于图（a），当 X0 闭合后，立即起动定时器，接通输出继电器 Y0。延时 3s 以后，不管 X0 是否断开，输出继电器 Y0 都断电。对于图（b），当 X0 闭合后，输出继电器 Y0 立即接通，但定时器不能起动，只有将 X0 断开，才能起动定时器。从 X0 断开后算起，延时 3s 后输出继电器 Y0 断电。

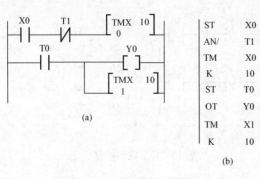

(a)

ST	X0
AN/	T1
TM	X0
K	10
ST	T0
OT	Y0
TM	X1
K	10

(b)

图 13-34　闪烁控制梯形图

2）闪烁控制。图 13-34 所示的梯形图是一闪烁控制线路。其功能是输出继电器 Y0 周期性接通和断开。所以该电路又称振荡电路。

当 X0 闭合后，输出继电器 Y0 闪烁，接通和断开交替进行，接通时间 1s 由定时器 T1 决定，断开时间 1s 由定时器 T0 决定。

2．编程方法举例

现以笼型电动机正反转控制电路为例来介绍用 PLC 控制的编程方法。

（1）确定 I/O 点数及其分配。电动机正反转控制的输入输出点数及其分配示意如图 13-35（a）所示。停止按钮 SB0、正转起动按钮 SB1、反转起动按钮 SB2，这三个外部按钮须接在 PLC 的三个输入端子上，可分别分配 X0、X1、X2 来接收输入信号；正转接触器线圈 KM1 和反转接触器线圈 KM2 须接在两个输出端子上，可分别分配为 Y1 和 Y2。共需用 5 个 I/O 点，即外部接线如图 13-35（b）所示。按下 SB1 电动机正转；按下 SB2 则反转。在正转时如要求反转，必须先按下 SB0。自锁和互锁触点是内部的"软"触点，不占用 I/O 点。

在图 13-35 的外部接线图中，输入边的直流电源 E 通常是由 PLC 内部提供的，输出边的交流电源是外接的。"COM"是两边各自的公共端子。

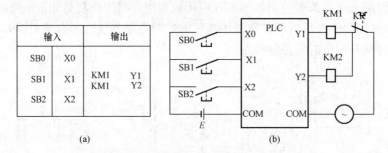

（a）

（b）

图 13-35　电动机正反转控制的外部接线
（a）I/O 点数及其分配示意；（b）外部接线图

（2）编制梯形图和指令助记符，见图 13-36。

13.3.6　可编程控制器的主要技术指标

PLC 性能指标可分硬件性能指标和软件性能指标两大类。下面介绍一些基本的、常见的技术性能指标。

（1）输入/输出点数（I/O 点数）。此指 PLC 外部输入和输出端子数。这是一项重要的技术指标。通常小型机有几十个点，中型机有几百个点，大型机超过千点。

（2）扫描速度。此指 1K 字指令所需的时间（ms/K）。例如 20ms/K 字，表示扫描 1K 字指令需要的时间是 20ms。有时也可用执行一步指令所需时间来衡量的。

（3）内存容量。一般指用户程序存储容量。内存容量越大，说明 PLC 可运行的程序越多，越复杂。通常 16 位机的 PLC 的内存容量以字或 K 字为单位。约定 16 位二进制为一个字（即两个 8 位字节），每 1024 个字为 1K 字。生产厂家在生产可编程控制器时，已按照机器型号的不同，设置了不同容量的存储器，小型机从 1K~几 K 字，大型机 1M~几 M 字。用户可根据控制对象的不同的复杂程度，预估所需容量，进而选择机型。

（4）指令系统。指令系统的指令种类和指令数量是衡量 PLC 软件功能强弱的重要指标。PLC 的指令一般可分为基本指令和高级指令，指令的种类和数量越多，其软件功能越强。

（5）指令执行时间。此指 CPU 执行一步指令所需时间。一般执行一步指令需要几~十几微秒。

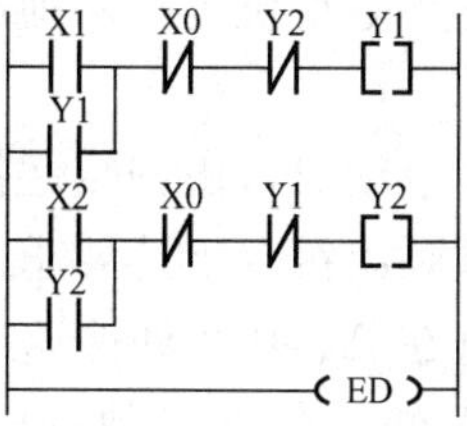

地址	指令	
0	ST	X1
1	OR	Y1
2	AN/	X0
3	AN/	Y2
4	OT	Y1
5	ST	X2
6	OR	Y2
7	AN/	X0
8	AN/	Y1
9	OT	Y2
10	ED	

(a)　　　　　　　　　(b)

图 13-36　电动机正反转的梯形图和指令语句

（a）编制梯形图；（b）指令语句

（6）内部寄存器。PLC 内部有许多寄存器用以存放变量状态、中间结果、数据等。还有许多内部继电器，如内部辅助继电器、定时/计数器、移位寄存器、特殊功能继电器等。这些寄存器和以寄存器形式出现的内部继电器，常可以给用户提供许多特殊功能或简化整个系统设计。因此寄存器的配置情况是衡量 PLC 硬件性能的一个重要指标。

此外，不同 PLC 还有一些其他指标，如输入/输出方式、软件支持、高功能模块、网络功能、通信功能、远程 I/O、工作环境和电源等级等。

习　　题

13.1　试画出三相笼型电动机既能连续工作、又能点动工作的继电接触器控制电路。

13.2　试分析图 13-37 中所示电路的工作原理。

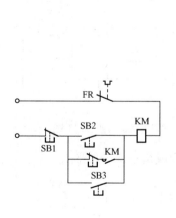

图 13-37　题 13.2 图

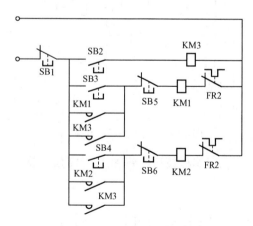

图 13-38　题 13.3 图

13.3　图 13-38 所示控制电路是两台电动机集中起停和单独起停的继电接触器控制电路，试分析其工作原理。

13.4　今要求三台笼型电动机 M1、M2、M3 按照一定顺序起动，即 M1 起动后 M2 才可起动，M2 起动后 M3 才可起动。试绘出控制电路。

13.5　试画出对三相笼型异步电动机进行两地起停控制的继电接触器控制电路图，要求有过载和短路保护功能。

13.6　有两台三相笼型异步电动机，由一组起停按钮操作，但要求第一台电动机起动后第二台电动机才能延时起动。试画出符合上述要求的控制电路，并简述其工作过程。

13.7　有一个生产机构，可在 A、B 两处往返运行。现要求在 A 处起动后，当运行到 B 处时停一段时间，再自动返回 A 处；在 A 处停一段时间后，再返回 B 处。试画出满足上述要求的继电接触器控制电路图。

13.8　有两台三相笼型异步电动机，一台为主轴电动机，一台为液压泵电动机。要求：

（1）主轴电动机必须在液压泵电动机起动后才能起动；

（2）若液压泵电动机停车，主轴电动机应同时停车；

（3）主轴电动机可以单独停车；

（4）有短路和过载保护。

试画出满足上述要求的继电接触器控制电路图。

13.9　有两台三相笼型异步电动机，分别为 M1 和 M2。根据下列五个要求，分别画出控制电路图。

（1）电动机 M1 先起动后，M2 才能起动，M2 并能单独停车。

（2）电动机 M1 先起动后，M2 才能起动，M2 并能点动。

（3）电动机 M1 先起动，经过一定延时后 M2 能自行起动。

（4）电动机 M1 先起动，经过一定延时后 M2 能自行起动，M2 起动后，M1 立即停车。

（5）起动时，M1 起动后 M2 才能起动；停止时，M2 停止后 M1 才能停止。

13.10　写出图 13-39 所示梯形图的指令程序。

13.11　图 13-40 所示梯形图可否直接编程？绘出改进后的等效梯形图。

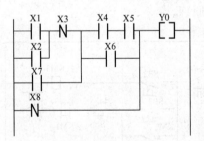

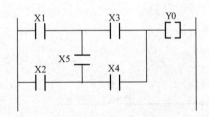

图 13-39　题 13.10 图　　　　　　图 13-40　题 13.11 图

13.12　利用编程技巧，将图 13-41 所示梯形图变成指令最少的形式。

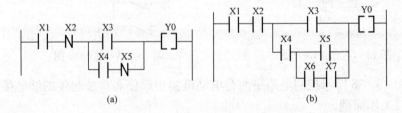

(a)　　　　　　　　　　　(b)

图 13-41　题 13.12 图

13.13　写出图 13 - 42 中两个梯形图的指令语句表，然后说明各梯形图的功能。

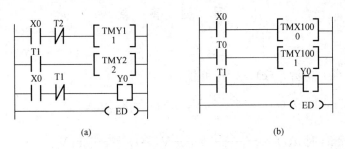

图 13 - 42　题 13.13 图

13.14　有两台三相笼型异步电动机 M1 和 M2，要求 M1 先起动，经过 5s 以后 M2 自行起动；M2 起动后，M1 立即停车。试用 PLC 实现上述控制要求，画出梯形图，并写出指令语句表（助记符）。

13.15　有 8 个彩灯排成一行，自左至右依次每秒有一个灯点亮（只有一个灯亮），循环三次后，全部灯同时点亮，3s 后全部灯熄灭。如此不断重复进行，试用 PLC 实现上述控制要求。

习 题 答 案

第1章

1.1 (a)、(b) 电源，(c)、(d) 负载

1.2 $0{\leqslant}t{\leqslant}2$ms 时 $u(t)=\dfrac{5\times10^3}{2}t$V，$i(t)=2.5$mA

$2{\leqslant}t{\leqslant}8$ms 时 $u(t)=-\dfrac{5\times10^3}{6}t+\dfrac{20}{3}$V，$i(t)=-\dfrac{5}{6}$mA

1.3 $0{\leqslant}t{\leqslant}1$s 时 $i(t)=2$A，$u(t)=20t$V

$1{\leqslant}t{\leqslant}2$s 时 $i(t)=0$A，$u(t)=20$V

$2{\leqslant}t{\leqslant}3$s 时 $i(t)=2t-4$A，$u(t)=10t^2-40t+60$V

$3{\leqslant}t{\leqslant}4$s 时 $i(t)=-2t+8$A，$u(t)=-10t^2+80t-120$V

$t{\geqslant}4$s 时 $i(t)=0$A，$u(t)=40$V

1.4 $0{\leqslant}t{\leqslant}1$ms 时，$u(t)=2t\times10^3$V，$i(t)=2\times10^{-3}$A，$C=1\mu$F

1.5 $0{\leqslant}t{\leqslant}1$s 时，$u(t)=1$mV，$i(t)=0.2t$A，

$1{\leqslant}t{\leqslant}2$s 时，$u(t)=t-2$mV，$i(t)=0.1t^2-0.4t+0.5$ $i(2)=0.1$mA

1.6 -560W，-540W，600W，320W，180W

1.7 (c) 电动势源：$I=1$A，$P=-2$W，电激流源：$U=-2$V，$P=2$W，

(d) 电动势源：$I=-2$A，$P=2$W，电激流源：$U=1$V，$P=-2$W

1.8 1A，-10W

1.9 -1.8A

1.10 $U_{AB}=I_1R_1-E_1$

1.11 -1A，1V

1.12 (1) P 沟道耗尽型；(2) $U_{GS(Off)}=3$V；(3) $I_{DSS}=-8$mA

1.13 第一种

第2章

2.1 6V

2.2 $\dfrac{rU_1}{R-R_1+r}$

2.3 -5.84V，1.96V

2.4 -4V

2.5 0V

2.6 10V

2.7 $V_e=0$V，$V_b=0.7$V，$V_c=3$V

2.8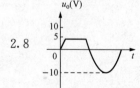

2.9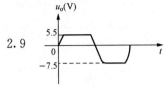

2.10　1) 10.7Ω, 2) 5Ω

2.11　图 (a) 1A, 10V；图 (b) 24V, 1A

2.12　2A

2.13　$U_s=8V$

2.14　S断开, 全为0；S接通, $\frac{1}{3}$A, $\frac{1}{3}$A, $\frac{2}{3}$A, $\frac{4}{3}$A

2.15　0.99A, -0.611A, 0.343A, -0.376A, 0.645A, 0.268A

2.16　-17.2W, 2.8W, -13.6W

2.17　1.42A, 0.5A, 0.277A, 1.14A　0.223A

2.18　200Ω, 200Ω

2.19　10Ω

2.20　$\frac{38}{23}$A

2.21　-0.4A

2.22　-1V

2.23　$P_1=52$W, $P_2=78$W

2.24　2.5A

2.25　$\frac{1}{3}$A

2.26　5A

第3章

3.1　(1) $u_c(0_+)=u_c(0_-)=U_s$, $u_{R2}(0_+)=u_c(0_+)=U_s$

$\quad\quad i_2(0_+)=\dfrac{U_s}{R_2}$, $U_{R1}(0_+)=0, i(0_+)=0$

$\quad\quad$(2) $i(\infty)=\dfrac{U_s}{R_1+R_2}$, $U_{R1}(\infty)=\dfrac{R_1}{R_1+R_2}U_s$

$\quad\quad i_c(\infty)=0$

3.2　$i_L(0_+)=i_L(0_-)=\dfrac{U_s}{R_1}$, $u_{R1}(0_+)=U_s$

$\quad\quad u_L(0_+)=-\dfrac{R_2}{R_1}U_s$, $i(\infty)=\dfrac{U_s}{R_1+R_2}$, $u_L(\infty)=0$

3.3　$t=0_+$时: R_1: 1A, 2V, R_2: 1A, 8V

$\quad\quad C_1$ 和C_2: 1A, 0, L_1 和L_2: 0, 8V

$\quad\quad$稳态时: R_1: 1A, 2V, R_2: 1A, 8V

$\quad\quad C_1$ 和C_2, 0V, 8V L_1 和L_2: 1A, 0A

3.4　200Ω

3.5　$u_c=5e^{-2.5\times10^4t}$V, $i_c=-e^{-25\times10^4t}$

3.6　8.21V　0.82mA

3.7　$u_c = Ue^{-\frac{t}{RC}}$，$i_k = \frac{U}{r} + \frac{U}{R}e^{-\frac{t}{RC}}$

3.8　$u_c = 100(1 - e^{-0.1t})$V

　　　$i = 10^{-4}e^{-0.1t}$A

3.9　$u = 9(1 - e^{-1.67 \times 10^5 t})$V

3.10　$u_c = 20(1 - e^{-25t})$V

3.11　$u_c = 20(1 - 15e^{-0.04t})$V

3.12　$u_c = 150 - 100e^{-3.33 \times 10^{-2}t}$V；$i = 50e^{-3.33 \times 10^{-2}t}$μA

3.13　$u_c = 10 + 40e^{-50t}$V

3.14　$i = 2e^{-5 \times 10^4 t}$A

3.15　$u_c = -5 + 15e^{-10t}$V

3.16　$u_c = \dfrac{R_2}{R_1 + R_2}U + \left[U(1 - e^{-\frac{t_1}{R_1 C}}) - \dfrac{R_2}{R_1 + R_2}U \right] e^{-\frac{R_1 + R_2}{R_1 R_2 C}(t - t_1)}$

3.17　3.68V

3.18　$U_c = 0.865e^{-10^5 (t - t_p)}$V

　　　$u_c = -0.865e^{-10^5 (t - t_p)}$V

3.19　$u_c = -0.78e^{-5(t - 0.5)}$V

　　　$u_R = -u_c$

3.20　$i = 12 - 9e^{-100t}$A

3.21　$i = 2(1 - e^{-100t})$A；$i_1 = 3 - 2e^{-200t}$A；$i_2 = 2e^{-50t}$A

3.22　$i_1 = 2 - e^{-2t}$A；$i_2 = 3 - 2e^{-2t}$A；$i_L = 5 - 3e^{-2t}$A

3.23　$u_0 = 10 + 2e^{-80t}$V

3.24　$R = r = \sqrt{\dfrac{L}{C}}$

第 4 章

4.1　220 $\underline{/0°}$ V，10$\underline{/90°}$A，$5\sqrt{2}\underline{/-45°}$A

　　　$u = 311\sin\omega t$V，$i_1 = 14.1\sin(\omega t + 90°)$ A，$i_2 = 10\sin(\omega t - 45°)$ A

4.2　$u = 311\sin(\omega t + 30°)$ V，$i = 5\sqrt{2}\sin(\omega t - 37.1°)$ A

4.3　(1) 1581$\underline{/-71.6°}$ Ω，(2) 972$\underline{/59°}$ Ω

4.4　6Ω，15.9mH

4.5　16Ω，60mH，1452var

4.6　9.2kΩ，0.5V

4.7　$i_1 = \sqrt{2}\sin(1000t - 45°)$ A

　　　$i_2 = \sqrt{2}\sin(1000t + 45°)$ A

4.8　(1) 4.3Ω，(2) 17.5mH

4.9　(1) $i = 7.143\sin(314t - 45°)$ A

　　　(2) $u_1 = 71.43\sin(314t + 8.1°)$ V

　　　　　$u_2 = 71.43\sin(314t - 8.1°)$ V

(3) 153.6W，204.7W，358.3W

(4) 204.7var，153.6var，358.3var

(5) 255.9VA，255.9VA，505.9VA

4.10 (1) $i_1 = 44\sqrt{2}\sin(314t - 53.1°)$ A

　　　　$i_2 = 22\sqrt{2}\sin(314t - 36.9°)$ A

　　　　$i = 65.4\sqrt{2}\sin(314t - 47.7°)$ A

　　(2) 5812W，7741var，9680VA

　　　　3870W，2906var，4840var

　　(3) 9683W，10 642var，14 388VA

4.11 15.6Ω 22.85Ω

4.12 141.4V 10A

4.13 $U = 220$V，$I_1 = 15.6$A，$I_2 = 11$A，$R = 10$Ω

　　$L = 31.8$mH，$C = 159.2\mu$F，$I = 11$A

4.14 $\sqrt{5}e^{j63°}$ V

4.15 (1) 523.9Ω，1.67H

　　(2) 0.5，2.59μF

4.16 (1) 18.2A，18.2A，18.2A，0

　　(2) 0，18.2A，18.2A，18.2A

4.17 (2) 22A，22A，22A，−16.1A

　　(3) 4840W

4.18 $\dfrac{I_p}{I'_p} = 1$ $\dfrac{I_L}{I'_L} = \dfrac{\sqrt{3}}{3}$，$\dfrac{P}{P'} = 1$

4.19 (1) 超过，(2) 528.7μF，38.3A，(3) 41 只

4.20 $u_2 = 0.0517 + 0.851\sin(314t + 31.63°)$ V

4.21 $U = 123.3$V，$I = 45.83$A，$P = 800$W

4.22 $C_1 = 1\mu$F，$L_1 = 1$H

4.23 $C = 0.037$F；$L = 0.333$H；$R = 8$Ω；$I_{3m} = 50$A；$P = 10.9$kW

4.24 1V，0.048V

4.25 能

4.26 1092kHz，215kΩ

第5章

5.1 (1) 1T，(2) 18V

5.3 0.5×10^6 (1/H)，0.796×10^7 (1/H)，600A，9550A，10 150A

5.4 1A

5.5 (1) 0.35A，(2) 1.6×10^{-3}Wb

5.6 (1) 180.5 匝，(2) 260.5 匝，8180.5 匝，(3) 2.9A，90.6A

5.7 0.538A

5.8 63W，0.29

5.9 $P_{cu} = 50$W；$P_{Fe} = 300$W

5.10   200 匝；300 匝；

5.11 $R_m = 5305(1/H)$ $Hl = 1273A$

5.12 $U = 99.90V$

5.13   1.5

5.14   50mW

5.15 $\dot{U}_2 = 1\underline{/0°}$

5.16 $n = 100$

5.17 $n = 100$

5.18   j1Ω

第6章

6.1   (a) 能，(b) 不能，(c) 不能，(d) 不能

6.2   (1) $I_B = 50\mu A$，$I_c = 2mA$，$U_{CE} = 6V$

6.3 $R_C = 2.5k\Omega$ $R_B = 200k\Omega$

6.4 $A_u = -164.4$；$A_u = -109.6$

6.5   (1) $I_B = 49.6\mu A$，$I_c = 3.27mA$，$U_{CE} = 8.3V$

       (2) $r_{be} = 0.67k\Omega$，$A_u = -181$，$A_{us} = -73$

       (3) $r_i = 0.74k\Omega$，$r_0 = 3.3k\Omega$

6.6   (2) $I_B = 23\mu A$，$I_c = 1.15mA$，$U_{CE} = 8.3V$

6.7   (1) $I_B = 18.2\mu A$，$I_c = 1.11mA$，$U_{CE} = 5.34V$

       (3) $r_i = 6.23k\Omega$ $r_0 \approx 3.9k\Omega$

       (4) $A_u = -14.8$；$A_{us} = -13.5$，$U_0 = 203mV$

       (5) $r_i = 1.8k\Omega$ $r_0 \approx 3.9k\Omega$，$A_u = -65$；$A_{us} = -48.5$，$U_0 = 0.731V$

6.8   (3) $A_u = -\dfrac{\beta(R_C /\!/ R_{B2} /\!/ R_L)}{r_{be}}$；(4) $r_i = R_{B1} /\!/ r_{be}$，$r_0 = R_C /\!/ R_{B2}$

6.9   (1) $I_B = 7.16\mu A$，$I_c = 0.716mA$，$U_{CE} = 3.77V$

       (3) $r_i = 0.038k\Omega$ $r_0 = 6.8k\Omega$，$A_u = 88.8$

6.10   (1) $I_B = 1.95\mu A$，$I_c = 0.97mA$，$U_{CE} = 5.4V$

       (3) $r_i = 70.6k\Omega$ $A_u = 1$

6.11   (1) $I_{B1} = 28.6\mu A$，$I_{c1} = 1.43mA$，$U_{CE1} = 3.22V$，

           $I_{B2} = 36\mu A$，$I_{c2} = 1.78mA$，$U_{CE2} = 5.97V$

       (2) $r_i = 2.64k\Omega$ $r_0 = 0.11k\Omega$

       (3) $A_u = A_{u1} = -27$，$A_{u1} = -62.93$，$A_{u2} = 0.989$，$A_u = -62.25$

6.12   (1) $U_{DS} = 8$，$I_D = 0.33mA$；(2) $A_u = 1$，$r_i = 1.33M\Omega$

6.13 $I_{B2} = 11.46\mu A$，$I_{c2} = 0.46mA$，$U_{CE2} = 8.76V$，$A_d = 32.4$

6.14   (3) $U_{C3} = -0.6V$

第7章

7.1 $A_u = 1$

7.2 $u_o = \left(1 + \dfrac{R_f}{R_1}\right)u_{i2} - \dfrac{R_f}{R_1}u_{i1}$

7.3 $u_o = \left(1 + \dfrac{R_f}{R_1}\right)u_{i2} - \dfrac{R_f}{R_1}u_{i1}$

7. 4　$u_o = \left(1 + \dfrac{R_{i2}}{R_3}\right)(u_{i2} - u_{i1})$

7. 5　$10u_{i1} - 2u_{i2} - 5u_{i3}$

7. 6　$-10\mathrm{V}$

7. 7　$u_o = \dfrac{2R_f}{R_1}u_i$

7. 8　$5.5\mathrm{V}$

7. 9　$u_o = -\displaystyle\int \left(\dfrac{u_{i1}}{R_1C} + \dfrac{u_{i2}}{R_2C}\right)\mathrm{d}t$

7. 10　$u_o = \displaystyle\int \dfrac{u_i}{RC}\mathrm{d}t$

7. 11　$u_o = \dfrac{1}{RC}\displaystyle\int (u_{i2} - u_{i1})\mathrm{d}t$

7. 12　$u_o = -\left(\dfrac{R_2}{R_1} + \dfrac{C_1}{C_2}\right)u_i - R_2C_1\dfrac{\mathrm{d}u_i}{\mathrm{d}t} - \dfrac{1}{R_1C_2}\displaystyle\int u_i\mathrm{d}t$

7. 13　(1) $A_{uf} = 75$；(2) $\mathrm{d}A_{uf}/A_{uf} = \pm 1.5\%$

7. 15　(1) $F = 0.0385$，$A_{uf} = 26$；(2) $\mathrm{d}A_{uf}/A_{uf} = 0.014\%$；(3) $r_{if} = 385\mathrm{k\Omega}$

7. 16　带通滤波器

7. 17　滞回比较器

7. 18　单门限电压比较器

7. 19　(1) $u_o = -u_i$；(2) $u_o = u_i$；(3) $u_o = u_i$；(4) $u_o = -u_i$

7. 21　$R_1 = 10\mathrm{k\Omega}$

7. 22　$u_o = 10 - 2u_i$

7. 23　(1) $V_e = -0.7\mathrm{V}$　$V_c = 6\mathrm{V}$　$V_b = 0\mathrm{V}$

　　　(2) $\beta = 50$

7. 24　(3) $0 \sim \pi$

第 8 章

8. 1　(1) $Y = A\overline{B}$, (2) $Y = A + \overline{B}$, (3) $Y = A$, (4) $Y = AB + \overline{A}C$, (5) $Y = \overline{A}B + A\overline{B}$

8. 2　(1) $Y = ABC + A\overline{B}C + A\overline{B}\,\overline{C} + AB\overline{C} + \overline{A}B\overline{C}$

　　　(2) $Y = ABC + AB\overline{C} + A\overline{B}C + A\overline{B}\,\overline{C} + \overline{A}B\overline{C}$

　　　(3) $Y = AC + BC + D$；(4) $Y = \overline{A}\,\overline{C} + \overline{C}\,\overline{D} + \overline{B}$

　　　(5) $Y = \overline{A}\,\overline{B}CD + \overline{A}\,BC\overline{D} + AB\overline{C}\,\overline{D} + \overline{A}BCD + A\overline{B}\,\overline{C}\overline{D} + A\overline{B}CD + AB\overline{C}D + ABC\overline{D}$

8. 3　(1) $Y = B$, (2) $Y = \overline{C}$,

　　　(3) $Y = A\,(\overline{B} + \overline{C} + \overline{D})$,

　　　(4) $Y = AB + \overline{A}\,\overline{C}\,\overline{D} + \overline{A}\,\overline{B}\,\overline{C} + BCD$

　　　(5) $Y = \overline{B}C + \overline{A}\,\overline{C}$,

　　　(6) $Y = AB + \overline{C}$,

　　　(7) $Y = \overline{C}\,\overline{D} + \overline{B}\,\overline{C} + \overline{A}BC + \overline{A}C\overline{D} + BC\overline{D}$,

　　　(8) $Y = AB + B\overline{D} + B\overline{C} + A\overline{C}D + AC\overline{D} + \overline{A}\,\overline{B}CD$；

　　　(9) $Y = \overline{A} + BD$,

　　　(10) $Y = AD + AC + \overline{A}\,\overline{B}$

8.4　（1）$Y=B+AD$，（2）$Y=A+\overline{B}\,\overline{C}+BD+\overline{B}\,\overline{D}$，

　　　（3）$Y=B\overline{C}+\overline{C}\,\overline{D}$，（4）$Y=A+\overline{C}\,\overline{D}+CD$

8.5　（1）$Y_1=ABC$，$Y_2=A+B+C$

　　　（2）波形图

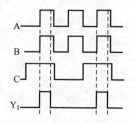 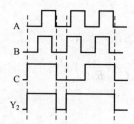

8.6　（1）B 接高电平和悬空时输出 Y 的波形，且 $Y=1$，如图（a）所示。

　　　（2）B 接低电平时输出 Y 的波形，如图（b）所示。

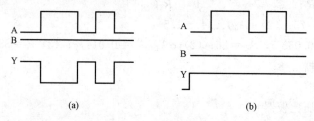

8.7

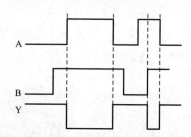

8.9　（a）$Y=\overline{A}B+A\overline{B}$是实现异或逻辑功能的电路，（b）$Y=\overline{A}\,\overline{B}+AB$ 为实现同或逻辑功能的电路，（c）$Y=\overline{A}B+A\overline{B}$为实现异或逻辑功能的电路。

8.10　（a）图最简与或式：$Y=\overline{A}\,\overline{B}\,\overline{C}+ABC$

真值表：

A	B	C	Y	A	B	C	Y
0	0	0	1	1	0	0	0
0	0	1	0	1	0	1	0
0	1	0	0	1	1	0	0
0	1	1	0	1	1	1	1

逻辑功能：电路可以实现三位输入的判一致功能。

（b）图最简与或式：$Y=AB+BC+CA$

真值表：

A	B	C	Y	A	B	C	Y
0	0	0	0	1	0	0	0
0	0	1	0	1	0	1	1
0	1	0	0	1	1	0	1
0	1	1	1	1	1	1	1

逻辑功能：三人表决电路，只要有两个或三个输入为1，输出就是1。

8.11　$Y = \overline{A}\,\overline{B}\,\overline{C} + ABC$，电路具有判一致的逻辑功能。

8.12　(a) 图 $Y = ABC + A\overline{B}\,\overline{C} + \overline{A}B\overline{C} + \overline{A}\,\overline{B}C$　是判奇电路

　　　(b) 图 $Y = \overline{A}BC + A\overline{B}C + AB\overline{C} + \overline{A}\,\overline{B}\,\overline{C}$　是判偶电路

8.13　$Y_A = A$，$Y_B = \overline{A}B$，$Y_C = \overline{A}\,\overline{B}C$

　　　列出的真值表如下：

A	B	C	Y_A	Y_B	Y_C
0	0	0	0	0	0
0	0	1	0	0	1
0	1	0	0	1	0
0	1	1	0	1	0
1	0	0	1	0	0
1	0	1	1	0	0
1	1	0	1	0	0
1	1	1	1	0	0

能满足排队电路的要求。

8.14　逻辑功能为：A<B 时，$Y_1 = 0$；A=B 时，$Y_2 = 0$；A>B 时，$Y_3 = 0$

8.15　逻辑表达式：$Y = \overline{A}\,\overline{B}\,\overline{C} + B$

8.16　红、绿、黄灯分别用 A、B、C 表示，且灯亮用"1"表示，灯灭用"0"表示，报警信号用"Y"表示，根据逻辑功能列出的真值表为：

A（红）	B（黄）	C（绿）	Y	A（红）	B（黄）	C（绿）	Y
0	0	0	1	1	0	0	0
0	0	1	0	1	0	1	1
0	1	0	0	1	1	0	1
0	1	1	0	1	1	1	1

逻辑表达式：$Y = \overline{\overline{A}\,\overline{B}\,\overline{C} \cdot \overline{AC} \cdot \overline{AB}}$

用与非门实现的电路图：

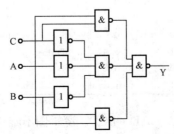

8.17 电动机正常工作为 0，发生故障为 1。灯亮为 1，灯灭为 0，根据逻辑功能列出的真值表和电路图如下：

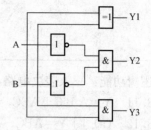

A	B	Y1	Y2	Y3
0	0	1	0	0
0	1	0	1	0
1	0	0	1	0
1	1	0	0	1

8.18 用 S 表示电源总开关，用 A、B、C 表示安装在三个不同地方的分开关，用 Y 表示路灯。开关断开用"0"表示，闭合用"1"表示。灯不亮用"0"表示，灯亮用"1"表示。真值表为：

S	A	B	C	Y	S	A	B	C	Y
0	0	0	0	0	1	1	0	0	1
0	0	0	1	0	1	1	0	1	0
0	0	1	1	0	1	1	1	1	1
0	0	1	0	0	1	1	1	0	0
0	1	1	1	0	1	0	1	1	0
0	1	1	0	0	1	0	1	1	0
0	1	0	1	0	1	0	0	1	1
0	1	0	0	0	1	0	0	0	0

逻辑表达式：$Y = SA\overline{B}\,\overline{C} + SABC + S\overline{A}B\overline{C} + S\overline{A}\,\overline{B}C$

逻辑图：

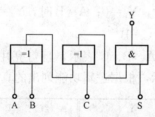

8.19 四个裁判为 A、B、C、D，其中 A 为主裁判，用 Y 表示电路的输出。真值表为：

A	B	C	D	Y	A	B	C	D	Y
0	0	0	0	0	1	0	0	0	0
0	0	0	1	0	1	0	0	1	1
0	0	1	0	0	1	0	1	0	1
0	0	1	1	0	1	0	1	1	1
0	1	0	0	0	1	1	0	0	0
0	1	0	1	0	1	1	0	1	1
0	1	1	0	0	1	1	1	0	1
0	1	1	1	1	1	1	1	1	1

逻辑表达式为：$Y = \overline{\overline{AB} \cdot \overline{AC} \cdot \overline{AD} \cdot \overline{BCD}}$。逻辑图不唯一。

8.20　半加器 $Y = \overline{A \cdot \overline{AB} \cdot B \cdot \overline{AB}}$, $C = \overline{\overline{AB}}$

逻辑电路图：

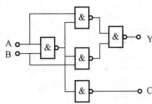

全加器：

$Y_i = \overline{\overline{A_i}\overline{B_i}\overline{C_{i-1}} + \overline{A_i}B_iC_{i-1} + A_i\overline{B_i}C_{i-1} + A_iB_i\overline{C_{i-1}}}$,

$C_i = \overline{\overline{A_i}\overline{B_i}\overline{C_{i-1}} + \overline{A_i}B_iC_{i-1} + \overline{A_i}B_i\overline{C_{i-1}} + A_i\overline{B_i}\overline{C_{i-1}}}$

逻辑电路图：

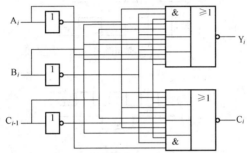

8.21　(1) 用 74LS139 实现时，接线方式为：令 $G=1$，74LS139 的输出 Y_1 和 Y_2 通过与非门输出即可得到 Y。

　　　(2) 用 74LS138 实现时，接线方式为：令 $G_1=1$，$G_{2A}=G_{2B}=0$，将 74LS138 的输出 Y_1、Y_2、Y_3、Y_7 通过与非门输出即可得到 Y。

　　　(3) 用 74LS138 实现时，接线方式为：令 $G_1=1$，$G_{2A}=G_{2B}=0$，将 74LS138 的输出 Y_0、Y_1、Y_4、Y_7 通过与非门输出即可得到 Y。

8.22　(1) 令 74LS151 的 $G=0$，D_1、D_4、D_5 为 "1"，其他的数据输入端（D 端）为 "0"。

　　　(2) 令 74LS151 的 $G=0$，D_1、D_2、D_4、D_7 接 "1"，其他的数据输入端（D 端）为 "0"。

8.23

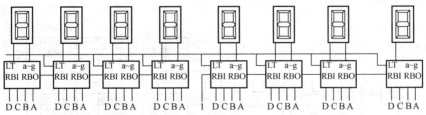

　　　上图所示电路实现动态灭零的过程如下：电路上电后，个位显示 0，因为不是译码状态，故个位的 RBO＝0，所以后面都满足灭灯条件，而熄灭。而最高位设置为灭灯条件，而熄灭。同时最高位不是工作在译码状态，故 RBO＝0，使次高位灭 0，以此类推。

8.32 $Q_1 Q_0 = 10$

8.33 $Q_1 Q_0 = 01$

8.34

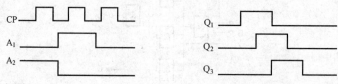

8.35 JK 触发器

8.36 输出 F 的波形图如下：

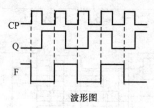

波形图

8.37

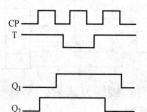

8.38 3 个

8.39

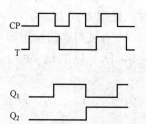

8.40 并行输入、并行输出的数码寄存器。

8.41

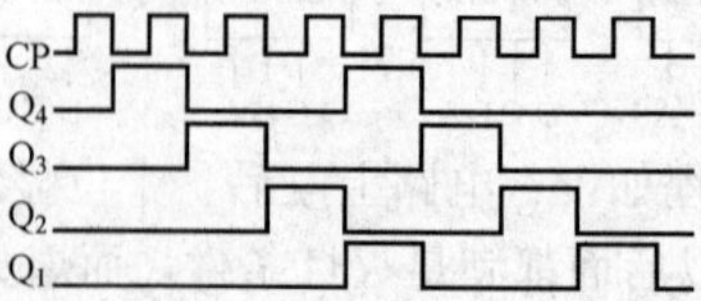

CP顺序	J	Q_4	Q_3	Q_2	Q_1	存取过程
0	0	0	0	0	0	清零
1	1	1	0	0	0	存入一位
2	0	0	1	0	0	存入二位
3	0	0	0	1	0	存入三位
4	1	1	0	0	1	存入四位
5	0	0	1	0	0	取出一位
6	0	0	0	1	0	取出二位
7	0	0	0	0	1	取出三位
8	0	0	0	0	0	取出四位

8.42 (1) Q_1 的翻转条件：$J = Q_2 = 1$。Q_2 的翻转条件：$J = Q_1 = 1$，且当 $Q_2 = 1$ 时，

若 $J=Q_1=0$，由于 $K=1$，Q_2 也会由 1 翻转为 0。波形图如下：

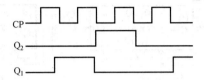

（2）三进制同步加法计数器。

8.43 是十进制异步加法计数器。

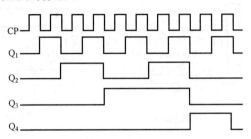

8.44 五进制计数器。

8.45 （a）十一进制计数器，（b）十进制计数器，（c）十一进制计数器

8.46

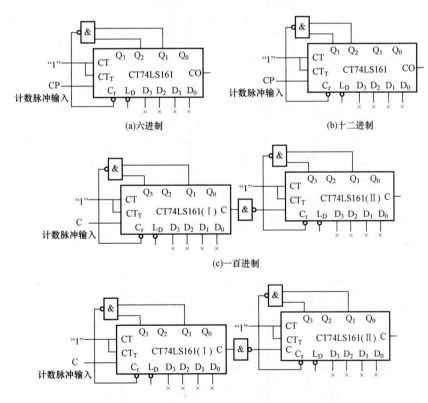

(a)六进制　　　(b)十二进制

(c)一百进制

(d)BCD十二进制

8.47 （1）十进制

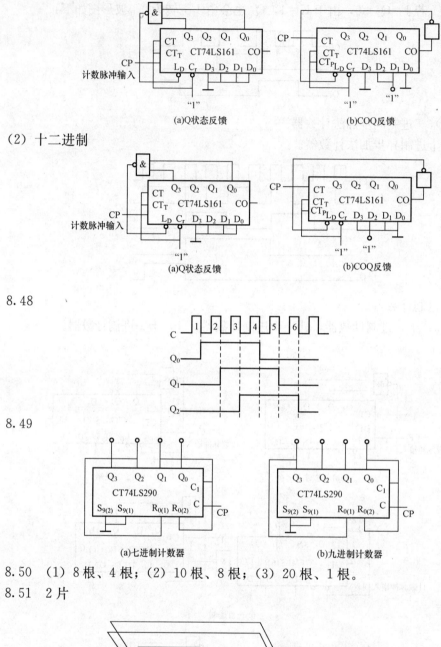

(a)Q状态反馈　　　　　　　(b)COQ反馈

（2）十二进制

(a)Q状态反馈　　　　　　　(b)COQ反馈

8.48

8.49

(a)七进制计数器　　　　　　　(b)九进制计数器

8.50　（1）8根、4根；（2）10根、8根；（3）20根、1根。

8.51　2片

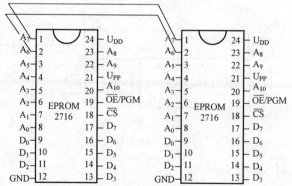

8.52

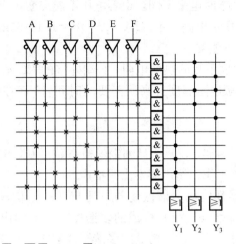

8.53　$L=\overline{A}BC+AB\overline{C}+\overline{A}\,\overline{B}C+A\,\overline{B}C$

第9章

9.1　(1) $U_R=0$，$U_S=0$；(2) $U_S=0$ 保持矩形波对称，增大 U_R 使三角波上移；(3) 减小 U_S 使矩形波占空比减小。

9.2　$t_{pL}=(R+RP_1)C\ln\left(\dfrac{2R_1+R_2}{R}\right)$；$t_{pH}=(R+RP_2)C\ln\left(\dfrac{2R_1+R_2}{R}\right)$；

$$T=t_{pL}+t_{pH}=(2R+RP)C\ln\left(\dfrac{2R_1+R_2}{R}\right)$$

9.3　该电路为单稳态电路，U_i 从高电平变为低电平时触发 U_o。输出固定宽度的低电平脉冲。

9.4

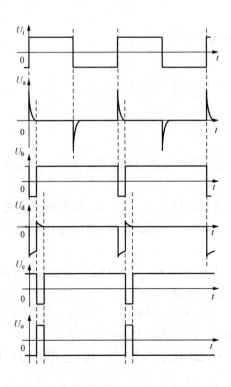

9.5 提示：u_{o1}、u_{o2}稳态时电平不同，电容电压不能突变，充电支路决定翻转时刻

9.6 采用如图 9 - 11 所示电路，令 $(R_A+2R_B)C=1.43/50$kHz 即可，取值不唯一。

9.7 提示：电容电压不能突变

9.8 提示：Rt 为负温度系数的热敏电阻，6 端外接的 RC 动态电路的充电时间设置成大于加热器使热敏电阻温度升高所需要的时间，555 在整个过程中构成了一个单稳态触发电路。

9.9 C3 起隔直作用

9.10 (1) 可控多谐振荡器；(2) 一旦细铜丝被盗贼碰断，555 定时器的异步清零端失效，多谐振荡器工作，扬声器发出警报声。

9.11 两个 555 定时器都构成多谐振荡器，且 555（2）构成的多谐振荡器频率较高，它的异步清零端受 555（1）构成的多谐振荡器的输出脉冲控制，只有 555（1）输出为高电平时，555（2）构成的多谐振荡器工作，扬声器发出声响；555（1）输出为低电平时，555（2）构成的多谐振荡器处于异步清零状态，输出低电平，扬声器不响。

第 10 章

10.1 0.5V 和 2.5V

10.2 应选量程为 250V 的 1.5 级电压表。

10.3 (1) $U_o=-100U_i=-1$V；(2) $U_o=-100(U_i+U_G)=-11$V

10.4 0.9V、0.6V、0.3V、0.2V

10.5 (1) $-\dfrac{25}{16}$V；(2) $-\dfrac{65}{16}$V

10.6 -9.357

10.7 0.048 9V

10.8 (1) 0；(2) 4.98V；(3) 3.54V

10.9 1101

10.10 (a) 01010101，(b) 0101010101

第 11 章

11.1 $I=\dfrac{\pi}{2}I_0=1.57I_0$

11.2 (1) 负载 R_L 开路；(2) 滤波电容开路；(3) 正常；(4) 有一个二极管开路且电容开路。

11.4 (1) 二极管最大反向电压大于 23.4V，最大整流电流大于 300mA；(2) 滤波电容器 C 大于 900μF；(3) 选变压器二次侧电压有效值 $U_2=17$V，电流有效值 $I_2=0.7$A

11.5 (1) $U_{o1}=45$V，$U_{o2}=9$V；(2) $I_{VD1}=4.5$mA，$I_{VD2}=I_{VD3}=45$mA；$U_{RMD1}=141$V，$U_{RMD2}=U_{RMD3}=28.3$V

11.7 (1) $R_{RP}=100\Omega$；(2) $U_o=10$V

11.8 (1) $I_o=54.5$mA；(2) $U_o=15.9$V

11.9 (1) 0.365k$\Omega<R<2.04$kΩ；(2) $U_0=5\sim10$V；(3) $P_M=14.8$W

11.10　(1) U＝74V；(2) α＝36.9°～180°，(3) α＝116.9°～180°

11.11　U_{omin}＝4.5V，U_{omax}＝18V

11.12　0.01～1.25A

11.13　5.16V，9V

11.14　U_{olM}＝1.27U_i；U_{ol}＝0.9U_i

第12章

12.1　(1) 230匝，75.3匝，13.2匝；(2) 0.2A，46.2VA

12.2　(1) 250盏；(2) 104盏

12.3　(1) I_{1N}＝288.68A　I_{2N}＝458.23A；(2) U_{1NP}＝5773.7V　U_{2NP}＝6300V　I_{1NP}＝288.68A　I_{2NP}＝264.57A

12.4　0.606kW

12.7　(1) 0.04，(2) －0.33，(3) 1.4

12.8　20N・m，12N・m

12.9　(1) 247.8A，411N・m，484N・m；　(2) 198.2A，263N・m，309.8N・m；(3) 不能

12.10　(1) 80.4％；(2) 19.5N・m；(3) 0.087

12.11　(1) 194.9N・m；(2) 0.87

12.12　(1) 132.5A，129.9N・m

12.13　(1) 1.53，(2) 259.9A，169.8A

12.15　(1) 1.44，316.3W；(2) 205V；(3) 11.5kW；(4) 110N・m

12.16　(1) 2.86kW；(2) 12A；(3) 217.6V；(4) 28N・m

12.17　四相单四拍或双四拍1.8°；四相八拍0.9°

12.18　120r/min

第13章

13.2　该电路是电动机既能点动又能连续运行的控制电路

13.5～13.8、13.14

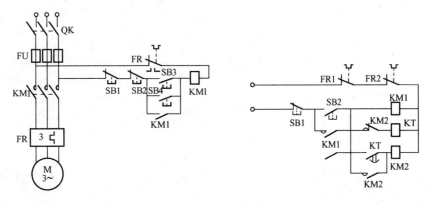

题13.5答案　　　　　　　　　　　　题13.6答案

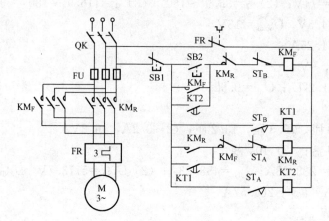

题 13.7 答案

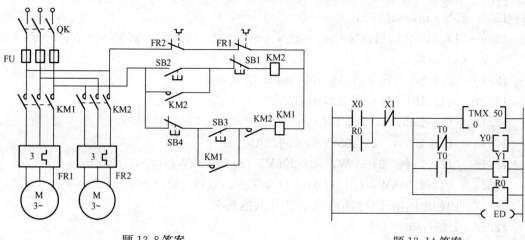

题 13.8 答案

题 13.14 答案

参 考 文 献

[1] 秦曾煌. 电工学（上、下册）. 7 版. 北京：高等教育出版社，2009.

[2] 王鸿明. 电工与电子技术（上、下册）. 北京：高等教育出版社，2005.

[3] 叶挺秀等. 电工电子学. 2 版. 北京：高等教育出版社，2004.

[4] 刘全忠主编. 电子技术. 2 版. 北京：高等教育出版社，2004.

[5] 秦曾煌. 电工学简明教程. 北京：高等教育出版社，2001.

[6] 浣喜明主编. 电力电子技术. 北京：高等教育出版社，2004.

[7] 李翰荪. 电路分析基础（上册）. 3 版. 北京：高等教育出版社，2004.

[8] 邱关源. 电路. 4 版. 北京：高等教育出版社，2000.

[9] 李海等. 电工技术. 北京：中国电力出版社，2010.

[10] 史仪凯主编. 电工技术. 北京：科学出版社，2005.

[11] 史仪凯主编. 电子技术. 北京：科学出版社，2005.

[12] 李守成. 电工电子技术. 成都：西南交通大学出版社，2002.

[13] 杨世彦. 电工学（中册）. 北京：机械工业出版社，2003.

[14] 徐淑华. 电工电子技术. 北京：电子工业出版社，2003.

[15] 陈新龙. 电工电子技术. 北京：电子工业出版社，2004.

[16] 林红主编. 电工技术. 北京：清华大学出版社，2003.

[17] 史仪凯主编. 电工电子及应用技术. 北京：科学出版社，2005.

[18] 贺益康等. 电力电子技术. 北京：科学出版社，2004.

[19] 付植桐. 电工技术. 北京：清华大学出版社，2001.

[20] 张镜. 电路. 重庆：重庆大学出版社，2003.

[21] 周良权主编. 模拟电子技术基础. 4 版. 北京：高等教育出版社，2009.

[22] 周良权主编. 数字电子技术基础. 3 版. 北京：高等教育出版社，2008.

[23] 阎石主编. 数字电子技术基础. 5 版. 北京：高等教育出版社，2006.

[24] 杨晖等. 大规模可编程逻辑器件与数字系统设计. 北京：北京航空航天大学出版社，1998.

[25] 杨福生主编. 电子技术（电工学 II）. 北京：高等教育出版社，1998.

[26] 陈振源主编. 电子技术基础. 北京：高等教育出版社，2001.

[27] 刘全盛主编. 数字电子技术. 北京：机械工业出版社，2001.

[28] 唐育正主编. 数字电子技术. 上海：上海交通大学出版社，2001.